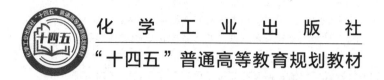

应用电化学

Applied Electrochemistry

潘春跃　主编

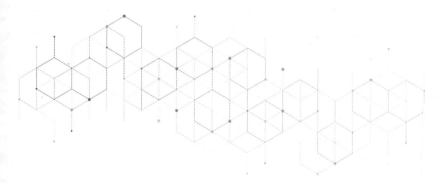

·北京·

内容简介

《应用电化学》分为理论篇和应用篇两大部分。理论篇包括第 1 章电化学理论基础、第 2 章电化学研究方法和第 3 章电化学工程基础。应用篇包括第 4 章电化学合成、第 5 章电化学能量转换和储存、第 6 章电化学腐蚀与防护、第 7 章电化学表面处理与加工、第 8 章金属电解提取与精炼。各章都安排了思考题与习题。在内容选取上侧重于电化学基本原理的应用,对于设备、工艺过程等只做简要介绍,同时注重从实际应用角度分析问题,并能够在一定程度上反映应用电化学发展,适当介绍应用电化学新的应用和成果。

本书既能作为应用化学等专业的教科书,同时也能为电化学相关领域研究者和工程技术人员提供参考。

图书在版编目(CIP)数据

应用电化学 / 潘春跃主编. -- 北京:化学工业出版社,2024.12. -- (化学工业出版社"十四五"普通高等教育规划教材). -- ISBN 978-7-122-47030-0

I. O646

中国国家版本馆 CIP 数据核字第 2024HD0091 号

责任编辑:李 琰 宋林青　　文字编辑:葛文文
责任校对:边 涛　　　　　　装帧设计:韩 飞

出版发行:化学工业出版社
　　　　(北京市东城区青年湖南街 13 号　邮政编码 100011)
印　　装:北京云浩印刷有限责任公司
787mm×1092mm　1/16　印张 24¼　字数 601 千字
2025 年 5 月北京第 1 版第 1 次印刷

购书咨询:010-64518888　　　　　售后服务:010-64518899
网　　址:http://www.cip.com.cn
凡购买本书,如有缺损质量问题,本社销售中心负责调换。

定　价:68.00 元　　　　　　　　版权所有　违者必究

前言

从1800年伏打电堆问世以来,电化学历经两百多年的发展。电化学应用于化工、能源、材料、冶金、机械、环保、电子、航天、生物等领域,形成了对社会经济发展不可或缺的电化学工业体系。电化学应用于其它学科形成了众多新的电化学分支,如电分析化学、熔盐电化学、有机电化学、量子电化学、材料电化学、生物电化学、环境电化学等。

电化学工业主要包括电解工业和电池工业这两个大的体系。氯碱工业(主要产品为Cl_2和$NaOH$)已成为最重要的电化学工业,其次是铝的电解生产。近年来,随着电子产品和新能源汽车需求的增长,电池产业(特别是锂电池产业)发展迅速,已成为电化学最受关注的应用领域。金属腐蚀过程及其防护是电化学传统的重要应用领域,从历史上看腐蚀科学的研究极大地促进了电化学的发展。电镀以及电化学加工、电铸、阳极氧化等也是电化学重要的应用。

严格来说,应用电化学并不是一门独立的学科,关于其研究对象和体系还没有一致的看法。顾名思义,应用电化学就是电化学的应用(一般指在工业领域的应用)。对于任何一个电化学反应的实际应用和有效控制,一方面需要研究电化学反应的方向和限度,以及反应中的能量转换,即从热力学角度进行分析。另一方面,还必须研究电极在不平衡状态下的性质、电化学反应速率的影响因素以及反应机理,即从动力学角度进行分析。除此之外,还要从工程学角度考虑实际电化学过程的传质、传热、电荷传递以及设备等问题。可见,应用电化学涉及内容十分广泛。工业电化学(也称电化学工艺)研究实际工业电化学生产的工艺过程,包括工艺流程设计、技术经济分析、环保安全等,属于工艺学的范畴。电化学工程主要研究电化学单元操作过程和设备,如质量与能量传递、反应器设计、过程放大等。而应用电化学以电化学理论和电化学工程理论为基础,侧重于从电化学角度来研究工业应用中遇到的问题。可以认为应用电化学是理论电化学和工业电化学之间的桥梁。

目前许多高校都将应用电化学列为应用化学、材料化学等专业的必修课。编者从1993年开始在中南大学为本科生讲授应用电化学课程,基于多年实际教学经验编写了本书。编者在编写中力争做到精选内容和典型实例,在内容选取上侧重于电化学基本原理的应用,对于设备、工艺过程等只做简要介绍。希望本书能够在一定程度上反映应用电化学的发展,适当介绍应用电化学新的应用和成果,如在第 4 章中介绍了电化学合成氨、二氧化碳的电还原、功能材料的电化学合成等领域的新进展,在第 5 章中对锂电池与锂离子电池的研究前沿进行了介绍,在第 7 章中介绍了现代电沉积技术等,并在各章安排了思考题与习题。

  本书编写过程中参考了国内外电化学相关的文献,书末所列参考资料也仅仅给出了相关教材和专著,而未将期刊文献、学位论文等一一列出。为此,向本书所引参考文献的作者致谢。

  本书由中南大学潘春跃主编,唐新村、陈善勇参与了编写,全书最后由潘春跃定稿。在本书的编写过程中得到了中南大学本科生院和化学化工学院、化学工业出版社的大力支持,纪效波教授等同仁以及编者的学生都为本书的撰写提供了帮助,在此一并表示感谢。特别要感谢已退休多年的王开毅教授,是他鼓励和帮助编者在中南大学首次开设应用电化学课程。

  希望本书既能作为应用化学等专业的教科书,同时也能为电化学相关领域研究者和工程技术人员提供参考。

  限于编者水平,书中疏漏和不妥之处在所难免,敬请读者批评指正。

潘春跃
2024 年 6 月

目录

第一篇 理论部分

第1章 电化学理论基础 001

1.1 电化学简介 002
 1.1.1 电化学的研究对象 002
 1.1.2 电化学的发展与应用 003
 1.1.3 电化学反应装置 004
 1.1.4 电解液的基本性质 007
 1.1.5 法拉第定律 009
1.2 电化学热力学 011
 1.2.1 电动势与理论分解电压 012
 1.2.2 电池的热效应 013
1.3 电极与溶液界面的结构和性质 015
 1.3.1 双电层的形成 015
 1.3.2 电极电势 016
 1.3.3 双电层结构的研究方法 019
 1.3.4 零电荷电势 022
 1.3.5 双电层结构模型 022
1.4 不可逆电极过程概论 025
 1.4.1 电极过程的基本步骤与速率表征 026
 1.4.2 极化与过电势 028
 1.4.3 不可逆电化学反应装置 029
1.5 电子转移和电化学极化 030
 1.5.1 电子转移的动态平衡与极化本质 030
 1.5.2 单电子反应的 Butler-Volmer 方程 032
 1.5.3 电化学极化基本参数 036
 1.5.4 Butler-Volmer 方程的讨论 038
1.6 传质与浓度极化 042
 1.6.1 液相传质方式 042

1.6.2　稳态扩散传质　　　　　　　　　　　　　　　044
　1.6.3　可逆电极反应的稳态浓差极化方程　　　048
　1.6.4　对流扩散　　　　　　　　　　　　　　　051
　1.6.5　浓度极化与电化学极化的比较　　　　　　053
1.7　电极与溶液界面上的吸附　　　　　　　　　　054
　1.7.1　界面特性吸附　　　　　　　　　　　　　055
　1.7.2　无机阴离子的特性吸附　　　　　　　　　055
　1.7.3　有机物的吸附　　　　　　　　　　　　　056
1.8　电催化　　　　　　　　　　　　　　　　　　059
　1.8.1　电催化的影响因素　　　　　　　　　　　059
　1.8.2　氢电极过程电催化　　　　　　　　　　　061
　1.8.3　氧电极过程电催化　　　　　　　　　　　066
思考题与习题　　　　　　　　　　　　　　　　　　069

第2章　电化学研究方法　　　　　　　　　072

2.1　概述　　　　　　　　　　　　　　　　　　　073
　2.1.1　电化学测量的基本思想　　　　　　　　　073
　2.1.2　电化学测量方法分类　　　　　　　　　　074
　2.1.3　电化学测量实验装置　　　　　　　　　　075
2.2　稳态极化曲线法　　　　　　　　　　　　　　079
　2.2.1　稳态极化的特点　　　　　　　　　　　　079
　2.2.2　稳态极化曲线的测定　　　　　　　　　　080
　2.2.3　稳态极化曲线测定的应用　　　　　　　　081
　2.2.4　流体力学方法（旋转圆盘电极法）　　　　082
2.3　线性电势扫描伏安法　　　　　　　　　　　　084
　2.3.1　暂态测量方法的特点　　　　　　　　　　084
　2.3.2　单程线性电势扫描伏安法　　　　　　　　086
　2.3.3　循环伏安法　　　　　　　　　　　　　　090
　2.3.4　线性电势扫描伏安法的应用　　　　　　　093
2.4　交流阻抗法　　　　　　　　　　　　　　　　096
　2.4.1　交流阻抗的基本概念　　　　　　　　　　097
　2.4.2　电化学系统的等效电路　　　　　　　　　100
　2.4.3　电化学阻抗谱分析　　　　　　　　　　　102
　2.4.4　交流阻抗法的应用　　　　　　　　　　　105
思考题与习题　　　　　　　　　　　　　　　　　　109

第3章 电化学工程基础　　111

3.1 概述　　112
　3.1.1 工业电化学过程的分析　　112
　3.1.2 电化学过程的主要技术指标　　113
　3.1.3 电化学工程中的优化　　116
3.2 电化学反应器中的传质与传热　　118
　3.2.1 电化学工程中的传质过程　　118
　3.2.2 电化学工程中的热传递与热衡算　　120
3.3 电势和电流分布　　121
　3.3.1 电势分布　　122
　3.3.2 一次电流分布　　122
　3.3.3 二次电流分布　　123
　3.3.4 电流分布的准数分析　　125
3.4 电化学反应器　　126
　3.4.1 电化学反应器概述　　126
　3.4.2 电化学反应器的分类　　127
　3.4.3 电化学反应器的连接与组合　　130
3.5 电极和膜材料　　133
　3.5.1 阳极材料　　133
　3.5.2 阴极材料　　136
　3.5.3 多孔性隔膜　　137
思考题与习题　　138

第二篇　应用部分

第4章　电化学合成　　140

4.1 概述　　141
4.2 氯碱生产　　142
　4.2.1 食盐水溶液电解的理论基础　　143
　4.2.2 隔膜电解法　　147
　4.2.3 离子膜电解法　　150
4.3 其它无机物的电化学合成　　153
　4.3.1 次氯酸盐、氯酸盐和高氯酸盐　　154
　4.3.2 锰化合物　　155

    4.3.3　氨气　156
4.4　有机电化学合成　160
    4.4.1　有机电化学合成概述　160
    4.4.2　己二腈的电解合成　163
    4.4.3　二氧化碳的电还原　164
    4.4.4　电化学聚合　168
4.5　功能材料的电化学合成　173
    4.5.1　电化学制备纳米材料　173
    4.5.2　电化学沉积制备有序结构的纳微功能材料　174
    4.5.3　电化学合成金属有机框架材料　176
    4.5.4　电化学沉积制备半导体薄膜　178
思考题与习题　181

第5章　电化学能量转换和储存　182

5.1　概述　183
5.2　电池的性能参数　185
    5.2.1　电压　185
    5.2.2　电流和放电速率　187
    5.2.3　电池容量　187
    5.2.4　能量密度　190
    5.2.5　功率密度　192
    5.2.6　其它性能参数　192
    5.2.7　电池性能测试　194
5.3　常见一次电池　195
    5.3.1　锌锰电池　196
    5.3.2　其它一次电池　198
5.4　常见二次电池　199
    5.4.1　铅酸电池　199
    5.4.2　银锌电池　202
    5.4.3　镍镉电池　203
    5.4.4　镍氢电池　205
5.5　锂电池与锂离子电池　207
    5.5.1　概述　207
    5.5.2　常见锂电池　209
    5.5.3　锂离子电池　210
    5.5.4　SEI 膜与锂枝晶生长　215
    5.5.5　固态锂电池　218
    5.5.6　锂硫电池　220

5.6 超级电容器 223
　　5.6.1 超级电容器的特点和类型 223
　　5.6.2 超级电容器的工作原理 224
　　5.6.3 超级电容器电极材料 227
5.7 燃料电池 228
　　5.7.1 概述 228
　　5.7.2 燃料电池的主要类型 230
5.8 液流电池和金属空气电池 234
　　5.8.1 液流电池 234
　　5.8.2 金属空气电池 235
5.9 电化学在新能源开发中的应用 237
　　5.9.1 电化学与氢能开发 237
　　5.9.2 光电化学电池 240
思考题与习题 241

第6章 电化学腐蚀与防护 243

6.1 概述 244
　　6.1.1 金属腐蚀的分类 244
　　6.1.2 腐蚀程度的表征 245
6.2 电化学腐蚀热力学 247
　　6.2.1 电化学腐蚀热力学判据 247
　　6.2.2 电势-pH 图 248
　　6.2.3 电势-pH 图的应用 249
6.3 电化学腐蚀动力学 251
　　6.3.1 共轭体系和稳定电势 251
　　6.3.2 腐蚀电池 253
　　6.3.3 电化学腐蚀电极过程 256
　　6.3.4 电化学腐蚀过程的动力学分析 259
　　6.3.5 金属腐蚀过程的图解分析 262
6.4 金属的钝化 265
　　6.4.1 金属的钝化现象 265
　　6.4.2 金属钝化的影响因素 266
　　6.4.3 钝化机理 267
6.5 实际腐蚀问题 269
　　6.5.1 局部腐蚀 269
　　6.5.2 大气腐蚀 276
　　6.5.3 土壤腐蚀 278
　　6.5.4 海水腐蚀 279

6.6 腐蚀防护与控制 281
　　6.6.1 腐蚀防护方法概述 281
　　6.6.2 阴极保护 282
　　6.6.3 阳极保护 286
　　6.6.4 缓蚀剂 286
思考题与习题 292

第 7 章　电化学表面处理与加工　294

7.1 概述 295
7.2 金属电沉积 296
　　7.2.1 电沉积热力学 296
　　7.2.2 金属电沉积的电极过程 297
　　7.2.3 电结晶过程 298
7.3 电镀 305
　　7.3.1 电镀简介 305
　　7.3.2 电镀液的分散能力、覆盖能力和整平能力 306
　　7.3.3 电镀的主要影响因素 308
　　7.3.4 典型电镀 310
　　7.3.5 电镀合金 314
7.4 现代电沉积技术 316
　　7.4.1 复合镀 316
　　7.4.2 刷镀 317
　　7.4.3 化学镀 318
　　7.4.4 非金属材料表面处理 322
　　7.4.5 脉冲电镀 324
　　7.4.6 喷射电沉积 324
7.5 其它电化学加工技术 327
　　7.5.1 电化学氧化 327
　　7.5.2 电泳涂装 330
　　7.5.3 电化学抛光、清洗与浸蚀 331
　　7.5.4 电铸 333
思考题与习题 334

第 8 章　金属电解提取与精炼　336

8.1 金属电解提取与精炼的基本原理 337

8.1.1	金属电解提取与精炼的特点	337
8.1.2	阴极过程	338
8.1.3	阳极过程	340
8.1.4	金属电解提取与精炼的工程问题	341
8.2	锌的电解提取	343
8.2.1	湿法炼锌的生产流程	343
8.2.2	锌电解提取的电极过程	345
8.2.3	锌电解提取的工艺控制	345
8.3	铜的电解精炼	347
8.3.1	铜精炼的生产流程	347
8.3.2	铜电解精炼的电极过程	348
8.3.3	铜电解精炼的工艺控制	350
8.4	铝的电解提取	351
8.4.1	熔盐电解简介	351
8.4.2	铝电解提取原理	358
8.4.3	铝电解提取工艺及其控制	361
8.5	电解法制备金属粉末	366
思考题与习题		369

附录　370

附录1　常用电极反应的标准电极电势（298.15K，101.325kPa）　370
附录2　符号表　372

参考文献　375

第一篇 理论部分

第 1 章 电化学理论基础

1.1 电化学简介

1.1.1 电化学的研究对象

电化学（electrochemistry）是研究第一类导体（电子导体）和第二类导体（离子导体）形成的带电界面性质及界面上所发生变化的科学。

第一类导体一般为金属、碳等电子导体以及无机半导体或有机半导体，依靠电子（或空穴）导电，通常为固态，习惯上称为电极（electrode）。第二类导体包括液态离子导体、固态离子导体等，依靠离子定向运动实现电流输送，电化学中习惯上用电解质（electrolyte）来表示。两类导体特点见表 1-1。

表 1-1 两类导体的比较

项目	电子导体	离子导体
载流子	自由电子或空穴	正、负离子
温度升高	导电性下降	导电性增加
物质的输运	无	有
分子聚集规则性增加	导电性增强	导电性减弱
压力增大	导电性增强	导电性减弱

电子导体中的电子或空穴可以在电场作用下定向迁移形成电流。当没有电流通过时，导体处于宏观的静电平衡状态。此时，导体内各处的电场强度为零。处于静电平衡的导体其电场和电荷分布具有以下特点：导体是等势体，导体的表面是等势面；导体表面任一点的场强方向都垂直于该点表面；导体内部不带电，如果导体带电或出现感应电荷，这些电荷只能分布于导体表面；导体表面任意处的面电荷密度均与该处的场强成正比。

电活性物质（即发生电化学反应的物质）在电极上得到或失去电子被还原或氧化。将这种发生在电子导体和离子导体界面上有电子得失的化学变化称为电化学反应（electrochemical reaction），常称为电极反应（electrode reaction）。电化学反应实际涉及电流通过两类导体及其电荷在电极/电解质界面的两相转移界面时所发生的一系列变化（包含多个基元步骤），在电化学中将这一系列变化用电极过程（electrode process）来表述。也可以说电化学就是研究电化学反应或电极过程的科学。

电化学反应可以看作是涉及界面电荷转移的特殊异相催化氧化还原反应，其主要特点见表 1-2。因此，电化学反应服从异相催化反应和氧化还原反应的一般规律。首先，电极反应速率与界面性质及面积有关。真实表面积、活性中心的形成与毒化、表面吸附等影响界面状态的因素对反应速率都有较大影响。其次，电极反应速率与反应物或产物在电极表面附近液层中的液相传质，或与新相生成过程（如金属电结晶、生成气体等）的动力学都密切相关。

更值得关注的是电化学反应的特殊性。与一般的异相催化反应比较，电极相当于异相反应的催化剂。由于电极表面上存在双电层和表面电场，它极大地影响电化学反应的速率。许多电极反应，电势改变 $1\sim2V$，反应速率可改变 10^{10} 倍。我们知道，加催化剂可以提高化学反应的速率，但任何催化剂也没有这样大的力量可以轻而易举地使反应速率提高 10 个数量级。而且电场强度是可以连续变化的，因此反应速率也可以连续改变。与一般的氧化还原反应不同的是，电化学反应所涉及的氧化反应和还原反应可以在空间上分隔开来，电子不直接接受而经外电路传递至界面发生转移。

表 1-2 电化学反应的主要特点

作为氧化还原反应的特征		作为异相催化反应的特征	
一般的	特殊的	一般的	特殊的
反应中有电子得失	①电子不直接接受而经外电路传递；②氧化还原反应可在空间中分隔	①反应速率与界面的性质、状态、面积有关；②反应速率与传质速率有关；③反应与新相生成有关	①界面上存在双电层及界面电场，电场因素对反应影响较大；②在一定范围内可连续地、任意地改变电场方向和强度，从而改变反应方向和速率

1.1.2 电化学的发展与应用

从电化学的发展历史中可以看到许多有意思的科学研究过程和科学研究的方法，有兴趣的读者可以参阅相关资料。1950 年以前电化学发展的重要事件见图 1-1。

1950 年以后，以科学家弗鲁姆金为代表的许多学者认识到必须从动力学角度去研究电流通过电极所引起的变化，逐步发展形成了电极过程动力学，这已成为现代电化学的主体内容。

经典电化学的主要内容包括电化学热力学、界面双电层和电极过程动力学。电化学热力学适用于平衡电化学体系。电极过程动力学适用于非平衡电化学体系，这也是经典电化学最重要的研究内容。界面双电层则为二者变化的桥梁。从 20 世纪 60 年代开始，现代电化学引入统计力学和量子力学，开始了在微观水平上研究电化学反应，建立和发展了现场谱学电化学技术。

电化学的应用包括在工业上的应用和在其它学科的应用（如电分析化学等）。本书主要介绍电化学在工业领域的应用。图 1-2 列举了一些在工业上有重要价值的电化学反应。

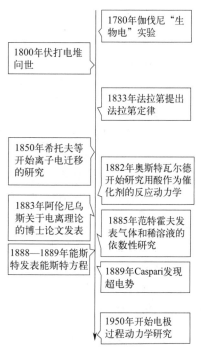

图 1-1 1950 年以前电化学发展的重要事件

电化学在工业领域的应用主要包括电解工业和电池工业两个大的体系。重要的实际应用包括以下几方面：

① 电合成无机物和有机物。如氯碱工业、己二腈的电合成，以及高锰酸钾、四乙基铅等的电合成。

② 化学电源。例如锌锰电池、铅蓄电池、镉镍电池、氢镍电池、金属锂及锂离子电池、燃料电池、空气电池等。

③ 金属腐蚀与防护。如采用防腐涂层、电化学保护等方法对金属进行防护。

④ 金属的电解提取与精炼。如通过电解法从水溶液中提取出锌、镉、锰、铬、镍、钴、

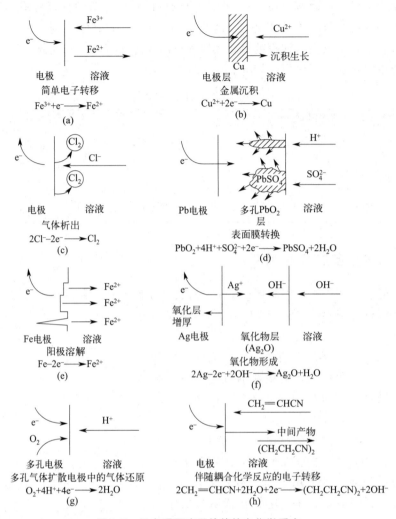

图 1-2 具有重要应用价值的电化学反应

铅、锡、铜等金属。通过电解精炼来提纯铜、银、金等。采用熔融电解质制取铝、镁、钙、锂等轻金属。

⑤ 材料表面处理与电解加工。包括电镀、化学镀、阳极氧化、电泳涂装、电铸、电解切削、电解研磨等。

1.1.3 电化学反应装置

电化学反应必须在特定的反应装置中进行。实际能独立工作的电化学反应装置是多个电极/电解质界面的集合体，称为电化学池（electrochemical cell），有时简称为电池（在工业上称为电化学反应器）。电化学池包括自发电池（或称原电池，galvanic cell）和电解池（工业上称为电解槽，electrolytic cell）两大类（见图 1-3）。电化学池的基本单元由两个电极和电解质构成。在自发电池中化学能转变为电能，而在电解池中电能转变为化学能。电池中所发生的总化学反应由两个独立的氧化反应和还原反应（称为半反应，half-reaction）构成。

（1）电极

电极是构成电化学池的最重要的基本单元。需要注意在电化学文献中电极的概念并不一

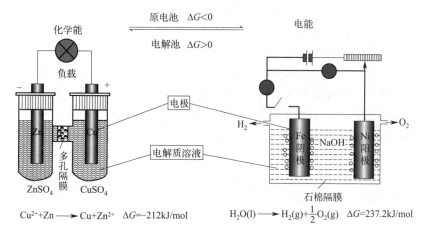

图 1-3 电化学池工作原理示意图

致。法拉第在 1833 年首先提出的电极概念,指电池中插在电解液中的金属。现代电化学认为电极实质上是由一连串相互接触的物相构成的多相系统,包括进行电化学反应的氧化还原电对和传导电子的导体。习惯上电极指组成电极系统的电子导体,常根据电子导体种类命名电极,如铜电极、铂电极等。有时电极指的是电极两相系统或相应的电极反应,这时往往根据电活性氧化还原对中的特征物质命名,如甘汞电极、氢电极。有时也可以根据电极金属部分的形状命名,如滴汞电极、转盘电极。有些根据电极的功能命名,如参比电极、离子选择电极等。

在电化学反应装置中两个电极之间存在电势差(通常称为电压),电势较高的电极称为正极(positive electrode),电势较低的称为负极(negative electrode)。在电场力的作用下,正电荷从电势高处向低处移动。正极和负极之间的电势差等于将单位正电荷从正极移到负极电场力所做的功。因为电场力做功使电势能减少,所以,对于电子来说,电势升高,电势能降低;电势降低,电势能升高。当电极达到更负的电势时,电子的能量就升高,当此能量高到一定程度时,电子就从电极转移到电解液中物种的空电子轨道上。在这种情况下,就发生了电子从电极到溶液的流动(产生还原电流)。同理,通过外加正电势使电子的能量降低,当达到一定程度时,电解液中溶质上的电子将会转移到电极上更合适的能级。电子从溶液到电极的流动,产生氧化电流。

电化学中规定,电流通过两类导体界面时,使正电荷由电极进入溶液的电极为阳极(anode)。反应物在阳极上失去电子被氧化,发生阳极反应。反之,使正电荷自溶液进入电极的为阴极(cathode),反应物在阴极上得到电子被还原,发生阴极反应。

在自发电池中,电流自正极经外电路流向负极。负极发生氧化反应向外电路给出电子,故为阳极;正极接受外电路电子发生还原反应,故为阴极。与自发电池相反,在电解池中,电流自正极经内电路流向负极。正极是阳极,负极是阴极。自发电池变为电解池时(如蓄电池放电后再充电),其正负极符号不变,但原来的阴极变为阳极,原来的阳极变为阴极。这也是人们习惯用正负极来表示自发电池两个电极的原因。

(2)电解质

电化学反应中涉及的第二类导体为离子导体,习惯上称为电解质。电解质可以是液体或者固体,最常见的为电解质溶液。电解质溶液又可以分成水溶液、非水溶液和熔融盐三类。

① 电解质溶液。常简称为电解液，一般由电活性物质、溶剂、电解质盐等组成。电解液是构成电化学体系、完成电化学反应不可缺少的条件。电化学反应器中的各种传递过程（传质、传热、导电等）都与电解液的性质及其流体力学状态密切相关。

在电解质溶液中，电活性物质参与电极反应。电解质盐（狭义的电解质）使溶液具有离子导电能力。它可能也参与电极反应，这时在电化学体系中起离子导体和反应物双重作用。一些电解质只起导电作用，在所研究的电势范围内不发生电化学反应，称为支持电解质（supporting electrolyte），或称局外电解质（foreign electrolyte）。一般要求支持电解质在溶剂中溶解度要高，在整个应用电势范围内保持惰性，不与体系中的溶剂或电极反应有关的物质发生反应，且在电极表面不发生特性吸附。

溶剂对电解质盐的解离具有重要影响。介电常数很小的溶剂不太适合作为电化学体系的介质。由于电极反应可能对溶液中存在的杂质非常敏感，如即使在 10^{-4} mol/L 浓度下，有机物种也常常能被从水溶液中强烈地吸附到电极表面，因此溶剂必须仔细纯化。电化学实验中常用溶剂的性质见表1-3。

表1-3 常用溶剂的物理性质

溶剂	沸点/℃	凝固点/℃	蒸气压/Pa	相对密度	介电常数	偶极矩/D	黏度/cP[①]	电导率/(S/cm)
水	100	0	23.76	0.997	78.3	1.76	0.89	5.49×10^{-8}
无水乙酸	140	−73.1	5.1	1.069	20.3	2.82	0.78	5×10^{-9}
甲醇	64.70	−97.6	125.03	0.787	32.7	2.87	0.54	1.5×10^{-9}
四氢呋喃	66	−108.5	197	0.889	7.58	1.75	0.64	—
碳酸丙烯酯	241.7	−49.2	—	1.20	64.9	4.9	2.53	1×10^{-8}
硝化甲烷	101.2	−28.55	36.66	1.131	35.9	3.56	0.61	5×10^{-9}
乙腈	81.60	−45.7	92	0.776	36.0	4.1	0.34	6×10^{-10}
二甲基甲酰胺	152.3	−61	3.7	0.944	37.0	3.9	0.79	6×10^{-8}
二甲亚砜	189.0	18.55	0.60	1.096	46.7	4.1	2.00	2×10^{-9}

① 1cP=10^{-3} Pa·s。

② 熔融电解质和离子液体。加热熔化成液体后有较高的离子电导率的物质称为熔融电解质（fused electrolyte）或熔盐电解质。室温熔盐又称离子液体（ionic liquid），主要是由特定的有机阳离子（如烷基咪唑类、烷基吡啶类、季铵盐类和季鏻盐类阳离子）和无机阴离子（如 Cl^-、$AlCl_4^-$ 等）构成的在室温或近室温条件下呈液态的介质。离子液体的导电机理与熔融电解质相同。

③ 固态电解质。固态电解质是指在电场作用下由于离子移动而具有导电性的固态物质。由于固体电解质中的离子可以在外电场作用下快速移动，故固体电解质有时也称为快离子导体。不同的固态电解质具有不同的离子传导机理。对于无机固态电解质，一般认为晶体缺陷对离子传导起了重要作用。

（3）隔膜

隔膜不是一个电化学体系的必备单元，但是电化学反应装置在很多场合都会使用隔膜，如氯碱工业中的离子交换膜、锂离子电池用的聚丙烯隔膜等。隔膜的主要作用是将电池分隔为阳极区和阴极区，保证阴极、阳极上的反应物、产物不互相接触和干扰。根据隔膜是否具有离子选择透过性，可以分为普通隔膜（一般为多孔膜，英文常用 diaphragm）和离子选择交换膜（具有选择性的隔膜，英文常用 membrane）。

1.1.4 电解液的基本性质

电解质溶液是最常见的电解质。在此,仅对与电化学应用密切相关的电解液的几个基本性质做简要介绍。关于电解质溶液理论的介绍请参阅相关专著。

(1) 离子的电迁移和迁移数

离子在电场作用下的定向运动称为电迁移(electric migration)。离子的电迁移速度除与其本性有关外,还受溶剂性质、电解液浓度、温度等因素及电极之间电势梯度的影响。通常将单位电势梯度下离子的运动速度称为离子淌度(ionic mobility)或离子电迁移率(符号u),其单位为$(m/s)/(V/m)=m^2/(s \cdot V)$。表1-4给出了部分离子在无限稀释溶液中的离子淌度(称为离子绝对淌度)u_0。

表1-4 25℃时无限稀溶液中的离子淌度

正离子	$u_0/[m^2/(s \cdot V)]$	负离子	$u_0/[m^2/(s \cdot V)]$
H^+	36.30×10^{-8}	OH^-	20.50×10^{-8}
K^+	7.62×10^{-8}	SO_4^{2-}	8.27×10^{-8}
Ba^{2+}	6.59×10^{-8}	Cl^-	7.91×10^{-8}
Na^+	5.19×10^{-8}	NO_3^-	7.40×10^{-8}
Li^+	4.01×10^{-8}	HCO_3^-	4.61×10^{-8}

由于电解液中存在多种离子,它们在电场作用下都可电迁移,因此引入离子迁移数(transport number)t_i这一概念来表示第i种离子对导电的贡献,其定义为

$$t_i = \frac{Q_i}{\sum Q_i} \tag{1-1}$$

或

$$t_i = \frac{I_i}{\sum I_i} \tag{1-2}$$

式中,Q_i为第i种离子迁移的电量;I_i为第i种离子迁移的电流。

离子迁移的电量取决于该离子的运动速度(淌度)及其荷载的电量(由离子价态及浓度决定),因此离子迁移数还可表示为

$$t_i = \frac{|z_i| u_i c_i}{\sum |z_i| u_i c_i} \tag{1-3}$$

式中,z_i为离子的价态;u_i为离子的淌度;c_i为离子的浓度。

当电解质存在多种离子时,所有离子的迁移数之和应为1,即$\sum t_i = 1$。在电化学研究中常采用添加支持电解质的方法来减小电活性粒子的迁移数,以此消除电迁移的影响。

(2) 电解液的电导及电导率

电解液的导电性能可用电导(conductance)L来表示。电导是电阻(R)的倒数,即$L=1/R$。为了比较不同物质的导电能力,引入电导率(conductivity)的概念。电导率κ也称为比电导,是单位长度(1m或1cm)、单位截面积($1m^2$或$1cm^2$)的电解液具有的电导,其单位为西门子/米,符号为S/m [1S=1A/V (即$1\Omega^{-1}$)]。κ是电阻率ρ的倒数,即

$$\kappa = \frac{1}{\rho} = L \times \frac{l}{A} \tag{1-4}$$

式中,A为电解液的导电截面积;l为电解液的长度。

在电化学的理论研究中还经常应用其它电导率单位,如摩尔电导率(molar conductivity)。

当距离为单位长度（1m）的平行电极间放置含有1mol电解质的溶液时，该溶液具有的电导称为溶液的摩尔电导率（Λ_m），其单位为 S·m²/mol 或 m²/(Ω·mol)。如果溶液的物质的量浓度为 c，则摩尔电导率为

$$\Lambda_m = \frac{\kappa}{c} \tag{1-5}$$

电导率是表征电解液导电性能好坏的重要参数。电化学中常见的电解液以及材料的电导率见表1-5。

表1-5 常见电解液与材料的电导率

第一类导体、超导体、绝缘体的电导率（25℃）				
物质		κ /(S/cm)	物质	κ /(S/cm)
金属	Cu	5.6×10^5	超导体	10^{20}
	Al	3.5×10^5	石墨	2.5×10^2
	Pt	1.0×10^5	半导体(Si)	0.01
	Pb	4.5×10^4	绝缘体 水	10^{-7}
	Ti	1.8×10^4	玻璃	约 10^{-14}
	Hg	10×10^4	云母	10^{-16}

电解质水溶液（25℃）的电导率			
物质	电导率/(S/cm)		
	0.1mol/L	1.0mol/L	10mol/L
NaCl	0.011	0.086	0.247
KOH	0.025	0.233	0.447
H_2SO_4	0.048	0.246	0.604
CH_3COOH	0.0004	0.0013	0.0005

熔融盐电解质的电导率				
体系	电导率/(S/cm)			温度/℃
	$w_{Al_2O_3}$ 为0%	$w_{Al_2O_3}$ 为10%	$w_{Al_2O_3}$ 为20%	
$Al_2O_3 + Na_3AlF_6$	—	—	1.52	900
	—	1.83	1.63	940
	2.23	2.02	1.80	1000

电解液电导率的影响因素包括离子的种类、离子的迁移率和离子的数量。组成电解质的正负离子的电量（价态）及其运动速度（淌度）对电导率有重要影响。另外，电解液的浓度决定单位体积溶液中导电质点的数量。因而，浓度增大时，导电离子数量增多，电导率增大。但需注意的是，当浓度增加到一定程度后，离子间距离减小，相互作用增强，使离子运动速度减小，电导率减小。因此，上述两种相反的作用可能导致电导率与浓度的关系曲线出现最大值，如图1-4所示。

一般而言，温度升高使离子运动速度加快，电解液的电导率将增大。在很多电

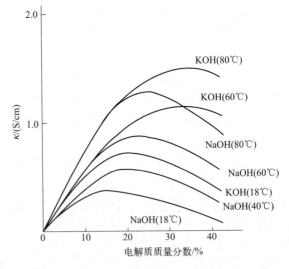

图1-4 电解液的浓度对电导率的影响

化学反应器中都发生电解析气，使电解液中充满气泡，成为气-液两相混合体系，此时真实

电导率会减小。

(3) 电解液的活度及活度系数

电解质溶液是非理想溶液,在处理实际体系的热力学问题时应该用活度(activity)代替浓度。但电解质中单种离子活度难以实际测量,往往采用平均活度 $a_\pm$ 及平均活度系数 $\gamma_\pm$。

$$a_\pm = \gamma_\pm m_\pm \tag{1-6}$$

式中,$a_\pm$ 为电解质的平均活度;$\gamma_\pm$ 为电解质的平均活度系数;$m_\pm$ 为电解质的平均质量摩尔浓度。$m_\pm$ 可按式(1-7)计算。

$$m_\pm = (v_+^{v_+} v_-^{v_-})^{\frac{1}{v}} m \tag{1-7}$$

式中,v_+ 为电解质分子中正离子的数目;v_- 为电解质分子中负离子的数目;v 为电解质分子中正、负离子的总数,$v = v_+ + v_-$;m 为电解质的浓度(一般是质量摩尔浓度)。

例如,对于 K_2SO_4,$v_+ = 2$,$v_- = 1$,$v = 1+2 = 3$,所以 $(v_+^{v_+} v_-^{v_-})^{\frac{1}{v}} = 4^{\frac{1}{3}} = 1.6$。因此,对 1-1 型电解质,$m_\pm = m$,对于 1-2 型或 2-1 型电解质(如 $CuCl_2$、K_2SO_4),$m_\pm = 4^{\frac{1}{3}} m = 1.6m$。

电解质的平均活度系数($\gamma_\pm$)可以实测,一般从有关手册查出。表 1-6 为一些常用电解质的 $\gamma_\pm$。$\gamma_\pm$ 数值的大小反映电解质溶液中正负离子的相互作用以及离子与溶剂的相互作用,与离子的价态、浓度、溶剂性质、温度等因素皆有关。$\gamma_\pm$ 偏离 1 的大小,反映电解液偏离理想溶液的程度。显然,$\gamma_\pm$ 愈接近于 1,电解液则愈接近于理想溶液。

表 1-6 一些电解质水溶液的平均活度系数 $\gamma_\pm$(25℃)

电解质水溶液	质量摩尔浓度 m/(mol/kg)								
	0.001	0.005	0.01	0.05	0.10	0.50	1.0	2.0	4.0
HCl	0.965	0.928	0.904	0.830	0.796	0.757	0.809	1.009	1.762
NaCl	0.966	0.929	0.904	0.823	0.778	0.682	0.658	0.671	0.783
KCl	0.965	0.927	0.901	0.815	0.769	0.650	0.605	0.575	0.582
HNO_3	0.965	0.927	0.902	0.823	0.785	0.715	0.720	0.783	0.982
NaOH			0.899	0.818	0.766	0.693	0.679	0.700	0.890
$CaCl_2$	0.887	0.783	0.724	0.574	0.518	0.448	0.500	0.792	2.934
K_2SO_4	0.89	0.78	0.71	0.52	0.43				
H_2SO_4	0.830	0.639	0.544	0.340	0.265	0.154	0.130	0.124	0.171
$BaCl_2$	0.88	0.77	0.72	0.56	0.49	0.39	0.39		
$CuSO_4$	0.74	0.53	0.41	0.21	0.16	0.068	0.047		
$ZnSO_4$	0.734	0.477	0.387	0-202	0.148	0.063	0.043	0.035	

1.1.5 法拉第定律

1833 年英国科学家 M. Faraday 提出的法拉第电解定律揭示了电化学反应中物质数量与电量之间的关系。法拉第定律本质是物质守恒定律和电荷守恒定律在电化学过程中的具体体现。自法拉第定律提出后,电化学进入了定量化学的时期。法拉第定律是最严格的实验定律之一,适用于所有电化学过程。它不受物质种类和性质、温度、压力、电解质溶液的组成和浓度、电极材料和形状等因素的影响,在水溶液、非水溶液或熔融盐中均可使用。

法拉第定律的正确表述为:在电化学反应中,通过两类导体界面的电量与界面上生成的

物质的质量成正比。其数学表达式为

$$G = \frac{QM}{nF} \tag{1-8}$$

式中，F 为法拉第常数（定义为 1mol 电子的电量），$F=96485.309\text{C/mol}$（C 为库仑），如以电化学工程中常用的安时（Ah）表示，$1F$ 相当于 26.8Ah/mol；Q 为通过的电量；n 为电化学反应中得失的电子数；M 为生成物质的摩尔质量。

电化学反应中每通过 $1F$ 电量，应生成 $1/n\,\text{mol}$ 的物质。由于每一电化学反应器都有两个电极，因此通过 $1F$ 电量时，每个界面上皆应生成 $1/n\,\text{mol}$ 的物质。例如，对于析氯反应 $2Cl^- \longrightarrow Cl_2 + 2e^-$，$n=2$，即每生成 1 个 Cl_2 分子需 2 个电子，所以每通过 $1F$ 电量，应生成 0.5mol 的 Cl_2，即 35.5g Cl_2。

在处理实际问题时，为方便运用法拉第定律计算，引入电化当量（electrochemical equivalent，符号 K）和理论耗电量（theoretical electric consumption，符号 k）两个概念。它们的定义为

$$K = \frac{G}{Q} = \frac{M}{nF} \tag{1-9}$$

$$k = \frac{1}{K} \tag{1-10}$$

即电化当量为界面上通过单位电量时所生成的物质的质量。当使用不同的单位时，同一物质的电化当量具有不同的数值。理论耗电量是电化当量的倒数。例如，对于析氯反应，Cl_2 的电化当量 $K=1.323\text{g/Ah}$，则生成 1t Cl_2 的理论耗电量为 755.86kAh。表 1-7 给出了一些常见物质的电化当量及理论耗电量。

表 1-7 常用元素的电化当量

元素	元素符号	原子量	化合价	密度 /(g/cm³)	电化当量 K /(g/Ah)	理论耗电量 k /(kAh/t)
铁	Fe	55.85	2 3	7.866	1.0416 0.694	9.601×10³
镍	Ni	58.69	2 3	8.90	1.095 0.730	9.132×10² 1.3699×10³
铬	Cr	52.01	3 6	7.138	0.647 0.324	1.546×10³ 3.086×10³
钛	Ti	47.90	2 4	4.526	0.894	1.119×10³ 2.237×10³
钴	Co	58.94	2 3	8.83	1.099 0.733	9.099×10² 1.364×10³
铜	Cu	63.54	1 2	8.93	2.372 1.186	4.216×10² 8.43×10²
铝	Al	26.98	3	2.69	0.373	2.681×10³
镁	Mg	24.32	2	1.737	0.454	2.203×10³
锰	Mn	54.93	2 3	7.3	1.025 0.683	9.756×10² 1.464×10³
锌	Zn	65.38	2	7.140	1.220	8.197×10²
锑	Sb	121.76	3	6.09	1.514	6.605×10²

续表

元素	元素符号	原子量	化合价	密度 /(g/cm³)	电化当量 K /(g/Ah)	理论耗电量 k /(kAh/t)
钨	W	183.76	5 6	19.24	1.374 1.145	7.278×10^2 8.734×10^2
氧	O	16	-2		0.597	1.675×10^2
氢	H	1.008	$+1$		0.041	2.439×10^4
氯	Cl	35.457	-1		1.323	7.559×10^2
溴	Br	79.904	-1		2.982	3.35×10^2
氟	F	19.00	-1		0.709	1.410×10^3

显然,对于工业电解,物质的电化当量愈大,理论耗电量愈小,愈为有利,因为这使电耗降低。反之,对于化学电源,电化当量愈小则更有利,因为这将使产生单位电量所需的活性物质的量减少。

在电化学科研和生产中常发现电化学反应的产物少于(有时也可能多于)法拉第定律的理论计算值。可能的原因包括,电极发生了其它的反应,即副反应,如氯碱工业的阳极反应为析 Cl_2 反应,但有时同时发生析 O_2 反应,使析 Cl_2 电流效率降低;或者由于次级反应的发生,消耗了反应产物;也可能是化学反应或机械作用等其它原因导致产物的消耗或产物的生成。为此,提出了电流效率(η_I)这一概念,其定义以两种方式给出,即

对于一定的电量

$$电流效率=\frac{电极反应实际生成的物质量}{按法拉第定律计算应生成的物质量} \tag{1-11}$$

对于一定量物质

$$电流效率=\frac{按法拉第定律计算所需的电量}{实际消耗的电量} \tag{1-12}$$

在化学电源中,则常以"活性物质利用率"来表示相似的概念,即一个电极的实际容量(能释出的电量)与理论容量(按法拉第定律计算)之比。

1.2 电化学热力学

通过热力学分析可以判断一个化学反应在指定的条件下进行的方向和能达到的限度。如果一个化学反应设计在电池中进行,在电池中化学能转化为电能(或者反之),通过热力学研究同样能判断该电池反应进行的方向(或者能量转换的方向)与限度(电化学反应对外电路所能提供的最大能量)。这就是电化学热力学研究的主要内容。

电化学热力学研究首先需要解决两个问题:一是电化学热力学适用的条件;二是将电化学参量与常用的热力学函数相关联。我们知道热力学只能严格地适用于平衡体系。应用热力学方法来处理电化学反应时,严格来说只适用于可逆电池。在电化学中,"可逆"是一个常见术语,需要注意在不同的场合其内涵并不完全相同。在电化学热力学中,所谓可逆电池应满足两个条件:

① 热力学可逆性。严格意义上的热力学可逆是指当对一个过程施加一个无穷小的反向推动力时，就能使得过程反向进行，并使体系与环境都恢复到原来的状态。对于电化学体系而言，热力学可逆性即能量可逆，放电时所消耗的能量恰好等于充电时所需的能量。要达到这一要求必须使得充放电时的电流无限小。但所有的实际电化学过程都是以一定的速率进行的，所以它们不可能具有严格的热力学上的可逆性。实际上，电池在接近平衡条件下工作，尽管不是严格意义上热力学可逆，但热力学公式依然适用。在这种情况下，可以将这些过程看作实际可逆过程。如采用一个极大的电阻可以使电池转为"实际可逆"电池。

② 化学可逆性。即电池的两个电极必须是可逆电极，也就是电极反应的可逆。电池充电时两电极上发生的反应，应该是放电时电极反应的逆反应。化学不可逆电池不可能具有热力学可逆性。需要注意的是，化学可逆电池也可能不是以热力学可逆的方式进行工作。

为将可测的电化学参量与热力学函数相关联，人们引入了电池电动势这一概念。因而，电化学热力学的重要任务就是测定或计算电池的电动势。

1.2.1 电动势与理论分解电压

电动势（electromotive force）为可逆电池的电压，用符号 E 来表示，即当电流趋于零时（体系在热力学上处于平衡状态，反应以可逆方式进行）电池的开路电压。它代表自发电池可能输出的最高电压或电解池工作时所需的最低电压。对于电解池而言，某一物质电解所需的最小电压称为理论分解电压。如果电池反应可逆进行，电动势在数值上与理论分解电压相同。

我们知道电功为电势差和电量的乘积，可逆电功（即最大电功）为

$$W_{max} = QE = nFE \tag{1-13}$$

式中，Q 为电池输出的电量；n 为参与电化学反应的物质的物质的量（或者说是电化学反应的转移电子数）；F 为法拉第常数。

由热力学理论可知，体系吉布斯（Gibbs）自由能的减少 ΔG 等于体系对外界所做的最大非体积功 W_{max}。如只考虑电功这一非体积功，显然有

$$\Delta G = -W_{max} = -nEF \tag{1-14}$$

由此可见，可以通过可逆电池的电动势 E 这一物理量与热力学函数吉布斯自由能关联起来，从而可以用热力学来分析电化学反应的方向和限度。根据式(1-14)可以用热力学函数来计算电池的电动势，也可以通过测量电动势来计算热力学函数。

当电池反应进度 $\xi = 1\text{mol}$ 时，摩尔吉布斯自由能变为

$$\Delta G_m = -nEF/\xi = -zEF \tag{1-15}$$

式中，ξ 为电池反应进度；z 为 1mol 电池反应中参与反应的电子的物质的量（可理解为电池反应式中的计量系数）；ΔG_m 的单位为 J/mol。可知，在宏观上原电池电动势的大小取决于电池反应的摩尔吉布斯自由能变。

对于等温等压的可逆化学反应，摩尔 Gibbs 自由能变 ΔG_m 为

$$\Delta G_m = -RT\ln K \tag{1-16}$$

式中，K 为化学反应的平衡常数。

当各物质处于标准状态时，式(1-15) 可写为

$$\Delta G_m^{\ominus} = -zE^{\ominus}F \tag{1-17}$$

由
$$\Delta G_m^\ominus = -RT \ln K^\ominus$$
可以得到
$$E^\ominus = (RT/zF) \ln K^\ominus \tag{1-18}$$

式中，$E^\ominus$ 称为标准电动势；$K^\ominus$ 为电池反应的标准平衡常数。

对于可逆电池反应
$$aA + bB \rightleftharpoons cC + dD$$

根据热力学原理有
$$\Delta G_m = \Delta G_m^\ominus + RT \ln \frac{a_C^c a_D^d}{a_A^a a_B^b}$$

将式(1-15) 和式(1-17) 代入上式可得
$$E = E^\ominus - \frac{RT}{zF} \ln \frac{a_C^c a_D^d}{a_A^a a_B^b} \tag{1-19}$$

式(1-19) 即为电动势的能斯特方程。式中，E 为电动势或理论分解电压；$E^\ominus$ 为标准电动势或标准分解电压；z 为 1mol 电池反应中参与反应的电子的物质的量（或电化学反应中得失的电子数目）；T 为反应温度，K；a 为电池反应中组分的活度。

根据能斯特方程，只要知道反应组分的活度、标准电池电动势即可求出任一温度下的电池电动势。当 $T = 298.15\text{K}$ 时，有
$$E = E^\ominus - \frac{0.05916}{z} \lg \prod_B a_B^{\nu_B} \tag{1-20}$$

式中，ν_B 为反应组分在电池反应中的计量系数；a_B 为反应组分的活度。对于气体，用压力（$p/p^\ominus$）表示。除非特别指明，对于有 H_2O 参与的电极反应，$a_{H_2O} = 1$。对于任何固体纯净物或单质，其活度亦为 1。但对于合金应标明其活度。在工程计算上常近似地以浓度代替活度。

能斯特方程是电化学热力学的重要方程。由能斯特方程可知，电动势的大小由电池中进行的反应和温度、浓度等条件决定，与电池的尺寸和结构无关。标准电动势 $E^\ominus$ 的数值，可由热力学数据根据式(1-17) 计算。

对于电动势的物理意义在很长一段时间内并不清楚。现在认为，自发电池的电动势其物理意义可以理解为构成电池各相界面的电势差的代数和。我们知道，任何两个导体相的接触界面都会存在一定的界面电势差。在电池中包含一系列界面和界面电势差，如电极与溶液接触形成的界面、不同金属接触形成的界面、不同电解质溶液或浓度不同的同种溶液所形成的界面等。电动势也可定义为自发电池正确断路时终端相的内电势之差。所谓正确断路是指将电池的两个电极用同一种金属与电势计相连（即终端相为相同材料），这样终端相的内电势差等于外电势差，因此电动势可以实测。

在电化学中，电池的电动势是一个可以精确测量的重要的物理量。注意，只有在可逆条件下测定电动势，才能得到具有热力学意义的数值。实际常用电势差计利用补偿法和比较法来测量电动势。

1.2.2 电池的热效应

电池的热效应即电池与环境的热交换，其研究对于实际应用有很重要的意义，如电池放热的抑制、电解过程热平衡控制等。

(1) 可逆电池热效应

反应焓变 ΔH 是在没有非体积功的情况下的恒温恒压反应热，故电池短路时（不做电

功，直接发生化学反应），热效应 $Q_p=\Delta H$。而电池化学反应释放出的化学能包括电池对外做的最大电功和可逆放电时与环境交换的热量 Q_r（$Q_r>0$，表示吸热；$Q_r<0$，表示放热），即

$$\Delta H_m = \Delta G_m + Q_r \tag{1-21}$$

已知 $\Delta G_m = -zEF$，电池反应的熵变

$$\Delta S_m = -(\partial \Delta G/\partial T)_p = zF(\partial E/\partial T)_p \tag{1-22}$$

将 $\left(\dfrac{\partial E}{\partial T}\right)_p$ 称为电动势（或理论分解电压）的温度系数，它反映电化学反应器工作时与环境的热交换关系。实验中测出电动势与温度的关系曲线，其斜率即为电动势在该温度下的温度系数。

可逆电池在恒压下进行化学反应时，摩尔吉布斯自由能的变化可以由 Gibbs-Helmholtz 方程式(1-23) 来计算

$$\Delta G_m = \Delta H_m - T\Delta S_m \tag{1-23}$$

则

$$\Delta H_m = -zEF + zFT(\partial E/\partial T)_p \tag{1-24}$$

我们知道等温可逆电池反应热效应为

$$Q_r = T\Delta S_m = zFT(\partial E/\partial T)_p \tag{1-25}$$

① 当 $\left(\dfrac{\partial E}{\partial T}\right)_p = 0$ 时，$Q_r = zFT(\partial E/\partial T)_p = 0$，说明体系与环境无热交换，电池做功的能量全部来自反应的焓变，化学能全部转变为电能。

② 当 $\left(\dfrac{\partial E}{\partial T}\right)_p < 0$ 时，$Q_r = zFT(\partial E/\partial T)_p < 0$。说明体系向环境放热，即反应的焓变大于电池做功所需的能量，一部分化学能转变为电能，另一部分化学能以热的形式放出。

③ 当 $\left(\dfrac{\partial E}{\partial T}\right)_p > 0$ 时，$Q_r = zFT(\partial E/\partial T)_p > 0$。说明体系自环境吸热，即反应的焓变不足以供电池做功，尚需吸热。

(2) 不可逆电池热效应

实际电化学过程均有一定电流通过，破坏了电极反应的平衡状态，都为不可逆过程。在不可逆电池中等温等压下发生的化学反应，体系状态函数的变化量 ΔG_m、ΔH_m、ΔS_m、ΔU_m 都与反应在相同始末状态下可逆电池相同，但过程函数 W 和 Q 发生了变化。

由热力学第一定律得体积功为 0 时的电池反应的内能变化为

$$\Delta U_m = Q_R - W(\partial E/\partial T)_{P_f,\max} \tag{1-26}$$

对于电池实际放电过程，当放电时电池的端电压为 V 时，不可逆过程的电功 W_i 可表示为

$$W_i = zFV \tag{1-27}$$

电池不可逆放电过程的热效应为

$$Q_i = \Delta U_m + W_i = zFT(\partial E/\partial T)_p - zF(V-E) \tag{1-28}$$

其中，$zFT(\partial E/\partial T)_p$ 为电池可逆放电时产生的热效应。$-zF(V-E)$ 为由电化学极化、浓差极化、电极和溶液电阻引起的电压降的存在，电池克服各种阻力放出的热量。显然，电池放电时放出的热量主要与放电条件有关。

对于等温、等压下发生的不可逆电解反应，环境对体系做电功，当施加在电解槽上的槽压为 V 时，不可逆过程电功

$$W_i = -zVF \tag{1-29}$$

则不可逆电解过程热效应为

$$Q_i = \Delta U_m + W_i = zFT(\partial E/\partial T)_p + zF(E-V) \tag{1-30}$$

1.3 电极与溶液界面的结构和性质

在不同的电极表面上，同一电极反应的速率却不相同，有时这种差别可以超过十几个数量级。造成这种差别的主要原因是电极与溶液界面的结构和性质的差异。因此需要研究电极/溶液界面的结构和性质（现代电化学往往将电极与溶液界面的性质作为其序章）。

电极和溶液界面的化学性质和电性质对电极反应有重要影响。电极与溶液界面的化学性质主要指电极材料的化学性质及表面状况。电极材料不同，或者说电极的化学组成不同，对于电极反应速率有极大的影响，其研究成为电化学催化理论的基础。

电极与溶液界面的电性质则指电极与溶液界面电场的强度及其分布，它们同样对电化学反应速率产生巨大的影响。电极与溶液接触时，在界面附近会出现一个性质跟电极和溶液自身均不相同的三维空间，通常称为界面区。常用双电层理论来描述电极/溶液界面的结构和性质。

1.3.1 双电层的形成

两种不同物体相接触时，由于某些带电粒子或偶极子发生了向界面的富集，因此界面将出现游离电荷（电子和离子）或取向偶极子的重新排布，形成大小相等、符号相反的两层界面荷电层，称为双电层（electric double layer）。

双电层的存在将形成相间界面电势差。电极与溶液界面的剩余电荷并不多，如 $0.1 \sim 0.2 \text{C/m}^2$，界面电势差也不超过1V。然而由于两层相反的电荷相距仅约 10^{-10} m，其电势梯度和电场强度甚高，达 10^{10} V/m，因而对于发生在电极/溶液界面上的电子迁移反应产生极大的影响。

根据两相界面区双电层形成的原因和结构上的特点，可将双电层分为离子双层、偶极双层和吸附双层三类（见图1-5）。

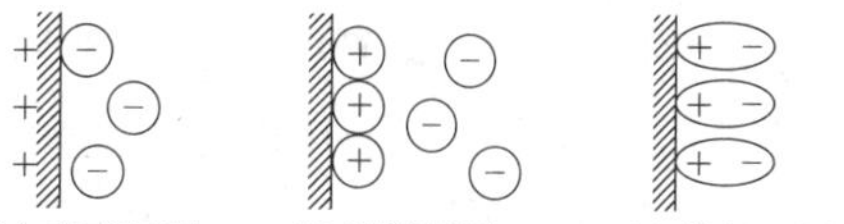

① 离子双层（ionic double layer）。带电质点（电极一侧含金属离子和电子，溶液一侧为离子）因电化学势不同而在两相间自发地转移，或者通过外电路向界面两侧充电，这样在界面两侧都出现了剩余电荷，而且两侧剩余电荷的数量相等且符号相反，就形成了

(a) 离子双层　(b) 吸附双层　(c) 偶极双层

图1-5　三种双电层示意图

双电层。这种双电层叫离子双层。离子双层产生的电势差就叫离子双层电势差（φ_q）。

② 吸附双层（adsorption double layer）。溶液一侧荷电粒子在电极表面发生吸附时（可能是物理吸附，也可能是化学吸附），又靠静电作用吸引了溶液中符号相反的荷电粒子，也形成了双电层，叫作吸附双层，其电势差叫吸附双层电势差（φ_{ad}）。

③ 偶极双层（dipolar double layer）。任何一种金属与溶液的界面上都存在偶极双层。由于金属表面的自由电子有向表面以外"膨胀"的趋势（可导致其动能的减少），但金属中金属离子的吸引作用又将使它们的势能升高，故电子不可能逸出表面过远（0.1～0.2nm），于是紧靠金属表面形成正端在金属相内、负端在金属相外的偶极双层。溶液中不带电的极性分子（例如水）在电极表面定向排布，偶极的一端朝向界面，另一端则朝向该分子所属的一相，也形成偶极双层。由此形成的电势差叫偶极双层电势差（φ_{dip}）。

通常电极和溶液（M/S）界面电势差是上述三种双电层的电势差之和

$$\varphi = \varphi_q + \varphi_{ad} + \varphi_{dip} \tag{1-31}$$

上述三种双电层是各自独立存在的。但三种双层叠加在一起而难以严格地区分。在三种双层中，只有离子双层是分布在相界面两侧的（相间电势差），而偶极双层和吸附双层都在界面一侧，并非严格意义上的相间电势差。对于电化学反应来说，离子双层具有特别重要的意义。为此，下面对离子双层形成的原因做进一步讨论。

有些电极与溶液相接触时可以自发地形成离子双层。以 Zn 电极插入 $ZnCl_2$ 溶液为例（参见图 1-6）。

金属 Zn 电极由固态晶格上的离子和自由电子组成。金属中的 Zn^{2+} 有可能向溶液相转移，这取决于两相中 Zn^{2+} 的电化学势。带电粒子 Zn^{2+} 在相互接触的金属相（s）与溶液相（l）间转移达到平衡时，有 $\bar{\mu}^s_{Zn^{2+}} = \bar{\mu}^l_{Zn^{2+}}$。若 $\bar{\mu}^s_{Zn^{2+}} > \bar{\mu}^l_{Zn^{2+}}$，$Zn^{2+}$ 就会从电极上溶解下来进入溶液，这样电极上就出现了剩余的负电荷（电子留在金属上）。电子再靠静电力与溶液中的剩余正电荷（如 Zn^{2+}）相互吸

图 1-6 自发双层的形成

引，排布在 M/S 界面两侧，就开始形成离子双层，并出现了相间电势差 φ_q。随着相间电势差的增大，Zn^{2+} 向溶液中的转移受到阻碍，其速度逐渐变小，而 Zn^{2+} 从溶液向电极上转移的速度则逐渐增大。当二者速度相等时，Zn^{2+} 的转移达到平衡（动态平衡），即 Zn^{2+} 净的转移没有了，φ_q 也不再变化而保持一定值。

有些体系不能自发地形成离子双层，例如将纯汞放入 KCl 溶液中，汞相当稳定，不易被氧化，同时 K^+ 也很难被还原，因而它常常不能自发形成离子双层。但可以在外电源作用下强制形成离子双层。若将汞电极与外电源负极接通，外电源向电极上供应电子，在其电极电势达到 K^+ 还原电势之前，电极上无电化学反应发生。这时电子只能停留在汞上，使汞带负电。

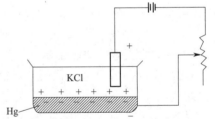

图 1-7 强制形成离子双层示意图

这一层负电荷吸引溶液中相同数量的正电荷（例如 K^+），遂形成汞表面带负电、溶液带正电的双层（见图 1-7）。若电源换向，双层电势差将改变符号。

对于强制形成的离子双电层而言，在一定的电势范围内（如对于 Hg/KCl 体系为 $-1.6V < \varphi < 0.1V$），φ_q 的大小、方向可任意改变。注意在这种情况下，外界提供的电荷全部富集于相界面而不消耗于任何电化学反应。

1.3.2 电极电势

在电池中存在的诸多相界面中，电极与溶液相互接触形成的界面在电化学中具有特殊的

地位，其界面电势差对于电化学反应有重要影响，因此，在电化学中将电极/溶液的相间电势差定义为电极电势（electrode potential），用符号 φ 表示。很多文献上也称为电极电位，电化学文献中有时简称为电势或电位。

可以用双电层理论来解释电极电势产生的原因。电极和溶液（M/S）界面电势差是上述三种双电层的电势差之和。因为电极和溶液（M/S）界面存在双电层，包括离子双层、吸附双层和偶极双层，双电层的电势差就是电极电势。

因为单一的电极/溶液界面电势差（称为绝对电极电势）难以直接测量，因此在电化学中述及的电极电势通常都是指相对电极电势（relative electrode potential）。实际上它是一个特殊的电动势，即由研究电极与参比电极构成的可逆电池的电动势。可以用一个参比电极作为基准，用电势差计测量这个电池两端的电压即为相对电极电势。实际测量时，将待测电极与参比电极（如标准氢电极）组成无液接电势的电池。由于电势差计采用对消法进行测量，在电势差计达到平衡时，测量电路中没有电流流过，电池相当于处于开路状态，因此测量出来的电池电压即为待测电极的电极电势。

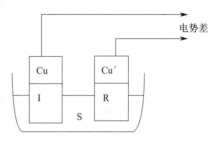

图 1-8 电极电势的测量体系

如图 1-8 所示，Cu、Cu′分别代表与待测电极 I、参比电极 R 相接触的两个铜表笔。

所测电势差可表示为被测体系中各个接触界面的内电势差之和

$$(\varphi^{Cu}-\varphi^{I})+(\varphi^{I}-\varphi^{S})+(\varphi^{S}-\varphi^{R})+(\varphi^{R}-\varphi^{Cu'})=\Delta\varphi^{Cu-I}+\Delta\varphi^{I-S}+\Delta\varphi^{S-R}+\Delta\varphi^{R-Cu'} \quad (1-32)$$

据式(1-32)可知，所测电势差同电极溶液界面电势差 $\Delta\varphi^{I-S}$（绝对电极电势）之间的差值为 $\Delta\varphi^{Cu-I}+\Delta\varphi^{S-R}+\Delta\varphi^{R-Cu'}$。当溶液浓度改变或极化电流流过电极时，电极溶液界面电势差 $\Delta\varphi^{I-S}$ 将发生改变。如果 $\Delta\varphi^{Cu-I}$、$\Delta\varphi^{S-R}$ 和 $\Delta\varphi^{R-Cu'}$ 保持恒定，则其变化值 $\Delta\varphi$ 就等于 $\Delta\varphi^{I-S}$ 的变化值，即 $\Delta\varphi=\Delta(\Delta\varphi^{I-S})$。事实上，由于参比电极的稳定性质，$\Delta\varphi^{Cu-I}$、$\Delta\varphi^{S-R}$ 和 $\Delta\varphi^{R-Cu'}$ 确实是恒定不变的。这表明 $\Delta\varphi$ 就代表了电极溶液界面电势差 $\Delta\varphi^{I-S}$ 的变化。因而，采用参比电极测定的电势差就是相对电极电势 φ。

采用不同的参比电极，可以建立不同的电极电势标度，应用最广泛的是氢标电极电势。即以标准氢电极（standard hydrogen electrode）为参比电极的相对电极电势，简称电极电势，其符号为 SHE。标准氢电极由压力为 101.325kPa 的 H_2 饱和的镀铂黑的铂电极浸入 H^+ 活度是 1 的溶液中所组成，如图 1-9 所示。人为规定标准氢电极的平衡电势在任何温度下均等于零（即所谓氢标），以 $\varphi^{\ominus}(H^+/H_2)=0.0000V$ 表示。在固体物理等理论研究中，则采用无穷远处真空中电子电势为零作参考点，

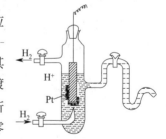

图 1-9 氢电极示意图

这样给出的电极电势就是真空电子标准电极电势，氢标电极电势较真空电子标准电极电势的值负 $(4.5\pm0.2)V$。如无特别说明，电极电势都是指相对于标准氢电极的电势，标注应为"vs. SHE"。

在实际研究中，应根据不同的介质选择合适的参比电极。这将在第 2 章中进一步讨论。

相对电极电势不仅可以测量，而且也可计算。如将任一电极反应表示为

$$O+ne^- \rightleftharpoons R$$

对于可逆电极反应，电极处于平衡状态下的相对电极电势称为平衡电极电势（φ_e）或

可逆电极电势（φ_r）。可以证明，φ_e 可由电极电势的能斯特公式式(1-33)计算

$$\varphi = \varphi^{\ominus} + \frac{RT}{nF}\ln\frac{a_O}{a_R} \tag{1-33}$$

式中，a_O 表示氧化态物质的活度；a_R 表示还原态物质的活度；n 为反应中得失的电子数目（或用符号 z 表示）。式(1-33)是电化学中用于计算 O/R 电对平衡电势的非常重要的公式。当 $a_O = a_R = 1$ 时，$\varphi_e = \varphi^{\ominus}$，称为标准电极电势（即参加电极反应物质的活度都等于 1 时的电极电势）。表 1-8 列出了一些常见反应的 $\varphi^{\ominus}$ 值。

在 25℃时，若采用十进对数，式(1-33)可写为：

$$\varphi = \varphi^{\ominus} + \frac{0.05916}{n}\lg\frac{a_O}{a_R} \tag{1-34}$$

因为计算电极电势时采用活度很不方便，为此引入形式电势 $\varphi^{\ominus\prime}$。由式(1-33)有

$$\varphi_e = \varphi^{\ominus} + \frac{RT}{nF}\ln\frac{a_O}{a_R} = \varphi^{\ominus} + \frac{RT}{nF}\ln\frac{\gamma_O c_O}{\gamma_R c_R} \tag{1-35}$$

定义形式电势为在物质 O 和 R 的浓度比为 1 且介质中各种组分的浓度均为定值时的氢标电极电势，即

$$\varphi^{\ominus\prime} = \varphi^{\ominus} + \frac{RT}{nF}\ln\frac{\gamma_O}{\gamma_R} \tag{1-36}$$

式中，γ_O、γ_R 是物质 O 和 R 的活度系数。式(1-36)为标准电势与形式电势之间的关系。引入形式电势，根据式(1-37)可以用浓度来计算电极电势

$$\varphi_e = \varphi^{\ominus\prime} + \frac{RT}{nF}\ln\frac{c_O}{c_R} \tag{1-37}$$

实际应用时常常直接用浓度代替活度进行近似计算。

根据 $\varphi^{\ominus}$ 值可以列出所谓的标准电势序，如 Li、K、Na、Mg、Al、Zn、Fe、Cd、Pb、H、Cu、Ag、O、Cl、Au、F。在上述序列中，位置越左的 $\varphi^{\ominus}$ 值越负，越右的 $\varphi^{\ominus}$ 值越正。$\varphi^{\ominus}$ 越负表示氧化还原对的还原态的还原能力越强，即越易氧化；$\varphi^{\ominus}$ 越正则表示氧化还原对中氧化态的氧化能力越强，即越易还原。例如：Li 的 $\varphi^{\ominus}$ 最负，即 Li 最易氧化，具有最强的还原能力；而 F 的 $\varphi^{\ominus}$ 最正，即 F 易还原，具有最强的氧化能力。

表 1-8　水溶液中电极的标准电极电势及其温度系数（25℃）

电极反应	$\varphi^{\ominus}$/V	$d\varphi^{\ominus}/dT$/(mV/K)
$Li^+ + e^- \rightleftharpoons Li(s)$	−3.040	−0.59
$K^+ + e^- \rightleftharpoons K(s)$	−2.924	−1.07
$Ca^{2+} + 2e^- \rightleftharpoons Ca(s)$	−2.84	−0.21
$Na^+ + e^- \rightleftharpoons Na(s)$	−2.713	−0.75
$Mg^{2+} + 2e^- \rightleftharpoons Mg(s)$	−2.356	+0.81
$Al^{3+} + 3e^- \rightleftharpoons Al(s)$	−1.676	+0.53
$Ti^{2+} + 2e^- \rightleftharpoons Ti(s)$	−1.630	—
$2H_2O(l) + 2e^- \rightleftharpoons H_2(g) + 2OH^-$	−0.828	−0.80
$Zn^{2+} + 2e^- \rightleftharpoons Zn(s)$	−0.763	+0.10
$Cr^{3+} + 3e^- \rightleftharpoons Cr(s)$	−0.740	+0.47
$Fe^{2+} + 2e^- \rightleftharpoons Fe(s)$	−0.447	+0.05

续表

电极反应	$\varphi^{\ominus}$/V	$d\varphi^{\ominus}/dT$/(mV/K)
$Cd^{2+} + 2e^- \rightleftharpoons Cd(s)$	−0.4025	−0.09
$Ni^{2+} + 2e^- \rightleftharpoons Ni(s)$	−0.257	+0.31
$Sn^{2+} + 2e^- \rightleftharpoons Sn(s)$	−0.136	−0.28
$Pb^{2+} + 2e^- \rightleftharpoons Pb(s)$	−0.126	−0.38
$Fe^{3+} + 3e^- \rightleftharpoons Fe(s)$	−0.037	—
$2H^+ + 2e^- \rightleftharpoons H_2(g)$	0.00	0.00
$Cu^{2+} + 2e^- \rightleftharpoons Cu(s)$	+0.340	+0.01
$O_2(g) + 2H_2O(l) + 4e^- \rightleftharpoons 4OH^-$	+0.401	−0.44
$Cu^+ + e^- \rightleftharpoons Cu(s)$	+0.520	−0.06
$Hg_2^{2+} + 2e^- \rightleftharpoons 2Hg(l)$	+0.796	−0.31
$F_2 + 2H^+ + 2e^- \rightleftharpoons 2HF(aq)$	+3.053	—
$Ag^+ + e^- \rightleftharpoons Ag(s)$	+0.799	−1.00
$Hg^{2+} + 2e^- \rightleftharpoons Hg(l)$	+0.854	—
$Pt^2 + 2e^- \rightleftharpoons Pt$	+1.188	—
$O_2(g) + 4H^+ + 4e^- \rightleftharpoons 2H_2O(l)$	+1.229	−0.85
$Cl_2 + 2e^- \rightleftharpoons 2Cl^-$	+1.358	−1.25
$Au^{3+} + 3e^- \rightleftharpoons Au(s)$	+1.520	—
$F_2 + 2e^- \rightleftharpoons 2F^-$	+2.87	—

1.3.3 双电层结构的研究方法

双电层的存在产生了电极/溶液的相间电势差，或者说电极电势取决于双电层结构。那么，如何探明双电层的结构呢？鉴于电极与溶液界面的微观结构难以直接观测，对于这种情况我们往往采用间接方法进行研究。即测量某些可检测的界面参数（如界面张力、界面电容、剩余电荷密度、粒子吸附量等），根据某种界面结构模型推算这些界面参数，倘若二者接近，则可认为所提模型反映了界面的真实结构。

（1）两种电流和两种电极

通过电极与溶液界面的电流可能参加两种过程。一种是参与电化学反应，这部分电流称为电化学反应电流或法拉第电流（Faradaic current，I_F）。另一种可能改变双电层结构，这部分电流称为充电电流或电容电流（capacitive current）或非法拉第电流（non-Faradaic current，I_C）。

如果某种电极，通向其界面的电流只改变其双层电容，不发生电化学反应，即 $I_F = 0$，$I = I_C$，则称该电极为理想极化电极。反之，如果界面的电流全部用于电化学反应，即 $I_C = 0$，$I = I_F$，则这种电极称为不极化电极，其特点是电极反应完全在平衡电势（φ_e）下进行，即完全可逆。实际电极一般介于以上两种电极之间，即 I_C 和 I_F 均不为零，$I = I_F + I_C$。

对于这种简单的电极体系，可以给出相应的电化学反应的等效电路，如图1-10所示，相当于电阻和电容并联电路。等效电路在电化学研究中很有用，在第3章中还将专门进行介绍。

当电阻 $R \to \infty$ 时，表示电化学反应阻力极大，$I_F \to 0$，全部电流用于双层充电，电极成为理想极化电极。对于理想极化电极而言，不发生电化学反应，外电源输送的电量全部用来改变界面上电荷的分布和剩余电荷密度（单位面积上的剩余电荷数，而非体积电荷密度）。因为通电中没有任何电化学反应发生，电荷全部用来给电极充电，因而特别适于研究界面的构造和性质。如汞与除氧的 KCl 溶液组成的 Hg/KCl 体系，在 $-1.6\sim$ 0.1V 的电势范围内接近于理想极化电极。对 KCl 溶液中的

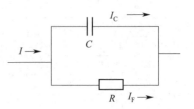

图 1-10　简单电极体系的等效电路

汞电极来说，因为电极电势处在水的稳定区，所以既不会引起溶液中 K^+ 还原和金属汞氧化，又不会发生 H^+ 或 H_2O 还原及 OH^- 或 H_2O 的氧化。

相反，若电化学反应阻力很小，当 $R\to 0$ 时，电流全部通过 R，则电流将全部流过界面，双电层电势差维持不变。这就是理想不极化电极。理想不极化电极的电化学反应速率非常快，外线路传输的电子一到电极上就反应了，所以电极表面双层结构没有任何变化，于是电极电势也不会变化。绝对的理想不极化电极是不存在的，只是当电极上通过电流不大时，可近似地认为是不极化电极。

(2) 电毛细曲线法

当两相接触时形成相界面，这个界面与相邻的两相相比有一自由能过剩。单位界面上的能量过剩（即比自由能）定义为界面张力（interfacial tension），也称作表面张力（surface tension）。界面张力有力图缩小两相界面面积的倾向。对电极体系来说，界面张力不仅与界面层的物质组成有关，而且与电极电势有关。实验结果表明，电极电势的变化也会改变界面张力的大小，我们把这种现象称为电毛细现象。界面张力与电极电势的关系曲线叫作电毛细曲线。通过电毛细现象来研究界面性质与结构的方法称为电毛细曲线法。

李普曼（Lippmann）最先研究了 Hg/溶液界面的电毛细现象。液态金属电极的界面张力可以用毛细管静电计测量（见图 1-11）。实验测出电毛细曲线，即电极电势 φ 与界面张力 σ 的关系曲线，见图 1-12（图中同时给出了表面剩余电荷密度 q 随电极电势的变化曲线）。

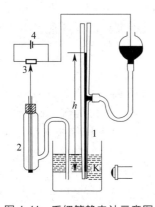

图 1-11　毛细管静电计示意图
1—毛细管；2—参比电极；3—可变电阻；4—蓄电池组

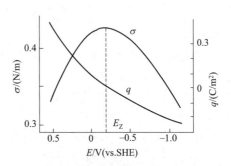

图 1-12　汞电极表面电荷密度 q 及界面张力 σ 随电极电势 φ 的变化

由图 1-12 可知，电毛细曲线的形状类似抛物线，有一极大值。当电极电势 φ 发生变化时，实际对应着电极表面荷电状态的变化，即剩余电荷的数值发生了变化。无论是正电荷还是负电荷，同性电荷的排斥作用呈现出使界面面积增大的倾向，故界面张力将减小。表面剩余电荷密度（单位电极表面上的剩余电荷量）越大，界面张力就越小。显然，界面上剩余电

荷密度为零时的界面张力最大。此时，电极一侧表面剩余电荷 $q^M=0$（不管溶液一侧），$\sigma=\sigma_{max}$，该点对应的电势叫零电荷电势（zero charge potential），用符号 φ_Z 表示。

在恒温恒压下可推导出描述电极电势、界面张力及电极表面的剩余电荷密度 q^M 三者关系的李普曼（Lippmann）方程式

$$q^M = -\left(\frac{\partial \sigma}{\partial \varphi}\right)_{T,p,\mu_i} \tag{1-38}$$

式(1-38)中括号外标出的化学势 μ 表示溶液组分保持恒定。这是因为在溶液浓度增大时，同一 φ 下的 σ 值会有所下降，电毛细曲线的位置会发生相应的变化。这里 q^M 单位为 C/m^2，φ 为 V，σ 为 N/m。界面双电层电极一侧的剩余电荷密度 q^M 本身有符号，若为负电荷时，q^M 为负。根据李普曼方程，可以由电毛细曲线的斜率计算 q^M。电毛细曲线左半部分，$\varphi > \varphi_Z$，$q^M > 0$，电极表面带正电荷；右半部分：$\varphi < \varphi_Z$，$q^M < 0$，电极表面带负电荷。

(3) 微分电容法

对于理想极化电极，可将电极与溶液界面视为电容性元件。如向电极表面引入微小电量 dq，将使溶液一侧产生等量的异号电荷 dq，从而引起界面电势变化 $d\varphi$。显然，电极界面不同时，dq 引起的 $d\varphi$ 值不同，遂引出微分电容（C_d）

$$C_d = \frac{dq}{d\varphi} \tag{1-39}$$

式(1-39)中，温度、压力和溶液中各组分的化学势均维持恒定。在电化学中都是使用电荷密度（单位为 C/m^2）来表示电量，故电容单位为 F/m^2。可见双电层界面电容表征界面在一定电势扰动下相应的电荷贮存能力。因此，可用 C_d 来反映电极与溶液界面的结构及其变化，包括电极的表面状态、真实表面积、吸附及表面膜的生成、剩余电荷、零电荷电势等。

图 1-13 是 Hg 在 KCl 溶液中的微分电容曲线。由图 1-13 可以看到，微分电容随电极电势和溶液浓度而变化。在同一电势下，随着溶液浓度的增加，微分电容值也增大。如果把双电层看成平板电容器，则电容增大，意味着双电层有效厚度减小，即两个剩余电荷层之间的有效距离减小。在稀溶液中，微分电容曲线将出现最小值（图 1-13 中曲线 1～3）。溶液越稀，最小值越明显。随着浓度的增加，最小值逐渐消失（图 1-13 中曲线 4、5）。

实验表明，出现微分电容最小值的电势就是同一电极体系的电毛细曲线最高点所对应的电势，即零电荷电势。这样零电荷电势就把微分电容曲线分成了两部分，左半部分（$\varphi > \varphi_Z$）电极表面剩余电荷密度为正值；右半部分（$\varphi < \varphi_Z$）电极表面剩余电荷密度为负值。

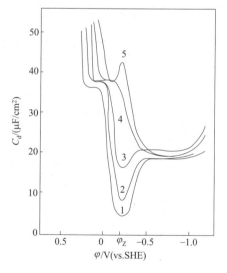

图 1-13 Hg 在 KCl 溶液中的微分电容曲线
1—KCl 浓度为 0.0001mol/L；2—KCl 浓度为 0.001mol/L；3—KCl 浓度为 0.01mol/L；
4—KCl 浓度为 0.1mol/L；
5—KCl 浓度为 1.0mol/L

通过电毛细曲线和微分电容曲线均可求出电极表面剩余电荷密度。但前者是对电势的微分，而后者是对电势的积分。对于反映 q^M 值的变化量来说，显然使用微分电容曲线求 q^M 能得出更精确的结果。另外，电毛细曲线的直接测量

只能用于液态金属电极（如汞、镓等），微分电容的测量则可不受此限制。因此在双电层研究工作中，微分电容比电毛细曲线具有更重要的意义。

1.3.4 零电荷电势

电化学家伏鲁姆金在1927年提出零电荷电势概念，即电极表面剩余电荷密度为零时的电势。虽然处于零电荷电势 φ_Z 的电极，其表面上不存在离子双层，因而也不会出现由于表面剩余电荷而引起的相间电势，但由于偶极双层的存在，界面电势差并不等于零。

零电荷电势在电化学中，尤其是研究双层结构时有重要的意义。因为很多界面性质都与 φ_Z 有关。有人（如 Grahame）曾倡议建立以 φ_Z 为起点的电势标度，称为合理电势，或称零标电极电势（φ_a），即 $\varphi_a = \varphi - \varphi_Z$。合理电势的影响因素包括表面剩余电荷的符号和数量，双电层中的电势分布情况，各种无机离子、有机物种在界面上的吸附行为，以及电极表面上气泡附着情况、电极被溶液润湿情况等。

根据 φ_Z 可以判断电极表面带电状况。显然，当 $\varphi_a > 0$ 时，电极表面带正电；$\varphi_a < 0$，电极表面带负电；$|\varphi_a|$ 愈大，电极表面电荷密度愈大。

表1-9为一些 φ_Z 的实验数据。必须注意，由于测量困难，引自不同文献中的 φ_Z 值往往并不相等，而某些工业应用颇重要的金属，如 Fe、Ni，又常缺乏可靠的数据，有文献曾报道其 φ_Z 分别为 $-0.37V$ 和 $-0.30V$ 左右。

表1-9 一些金属的零电荷电势

电极材料		溶液组成/(mol/L)	φ_Z/V(vs. SHE)
Hg		0.01(NaF)	-0.19
Pb		0.01(NaF)	-0.56
Ti		0.001(NaF)	-0.71
Cd		0.001(NaF)	-0.75
Cu		0.01~0.001(NaF)	-0.75
Ga		0.008($HClO_4$)	-0.68
Sb		0.002(NaF)	-0.14
Sn		000125~0.005(Na_2SO_4)	-0.42
In		0.01(NaF)	-0.65
Bi	(111)面	0.01(KF)	-0.42
	多晶	0.0005(H_2SO_4)	-0.40
Ag	(111)面	0.001(KF)	-0.46
	(100)面	0.005(NaF)	-0.61
	(110)面	0.005(NaF)	-0.77
	多晶	0.0005(Na_2SO_4)	-0.70
Au	(110)面	0.005(NaF)	0.19
	(111)面	0.005(NaF)	0.50
	(100)面	0.005(NaF)	0.38
	多晶	0.005(NaF)	0.25

1.3.5 双电层结构模型

实验测出的有关电极与溶液界面间的参量应当是界面区双电层结构的某些反映。不过单凭这些测定结果，尚无法确定离子在双电层中的具体分布状况。对于这种无法直接观测的双电层结构，构建有充分实验数据支撑的模型显得尤为重要。

1853 年，亥姆霍兹（Helmholtz）提出平板电容器模型（紧密层模型）。20 世纪初 Gouy 和 Chapman 不谋而合地提出扩散双电层模型。1924 年，斯特恩（Stern）将 Helmholtz 模型和 Gouy-Chapman 模型结合建立了 GCS 模型。GCS 模型认为，离子双层具有双重性，即分散性和紧密性。在金属电极一侧，由于其电导率很高，全部剩余电荷集中在电极表面。而在溶液一侧则分为两部分：一部分是紧密层（compact layer），它由距电极表面一个水化离子半径处的剩余电荷组成，厚度为几埃❶；另一部分为分散层（diffuse layer），是距电极表面较远的具有剩余离子电荷和电势梯度的液层，其厚度随电极表面的剩余电荷密度、溶液浓度和温度变化，在溶液较稀和电极表面电荷密度高时，则其厚度减小，甚至可以忽略，即分散层不存在。

如图 1-14 所示，以 φ_a 表示双电层电势差（$\varphi_M - \varphi_S$），则相应地可以将电极与溶液间的电势差也分为两部分：紧密层电势差（$\varphi_a - \varphi_1$）与分散层电势差 φ_1。这里的 φ_a 和 φ_1 都是相对于本体溶液内部的电势 φ_S（规定为零）而计算的。

分散层是由离子热运动引起的，其厚度及电势分布只与电解液浓度、温度、电解质的价态及分散层中剩余电荷密度有关，而与离子个性无关。在电极过程动力学中分散层电势 φ_1 具

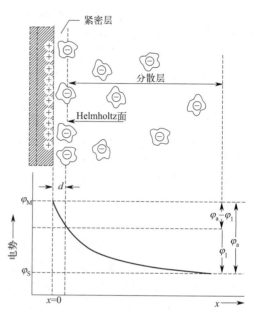

图 1-14 电极与溶液界面的结构及电势分布

有重要的意义，因为它表示反应粒子在电化学反应前具有的能量，任何改变 φ_1 的因素，都可能影响电极反应的速率。

根据 GCS 模型，可以将双电层电容看作是由紧密层电容 C_H 与分散层电容 C_G 串联组成（见图 1-15）。

基于 GCS 模型，根据溶液中离子与电极表面间库仑力作用和离子热运动的关系可获得在距电极表面 x 处溶液中电势梯度与电势 φ_x 的关系。假定双电层中溶液一侧的电荷靠近电极表面的最小距离为 1 个离子半径，即图 1-14 中的距离 d，当 $x=d$ 时，$\varphi_x=\varphi_1$。由此可求出电极表面剩余电荷密度。假设 d 不随电势差而改变，紧密层电容 C_H 也将不随电势差而变化，即 C_H 为恒定值，$C_H = q/(\varphi_a - \varphi_1)$，推导可得

图 1-15 双电层中串联的紧密层电容与分散层电容

$$\varphi_a = \varphi_1 + \frac{q}{C_H} = \varphi_1 + \frac{1}{C_H}\sqrt{2\varepsilon_0\varepsilon_r cRT}\left[\exp\left(\frac{zF\varphi_1}{2RT}\right) - \exp\left(-\frac{zF\varphi_1}{2RT}\right)\right] \qquad (1\text{-}40)$$

分散层电容为

---

❶ 1 埃（Å）等于 10^{-10} 米。

$$C_G = \frac{dq}{d\varphi_1} = zF\sqrt{\frac{\varepsilon_0\varepsilon_r c}{RT}}\left[\exp\left(\frac{zF\varphi_1}{2RT}\right) - \exp\left(-\frac{zF\varphi_1}{2RT}\right)\right] \tag{1-41}$$

式(1-40)称为 Stern 双电层方程。式中，ε_0 为真空介电常数；ε_r 为相对介电常数；c 为电解质浓度。假设正、负离子半径相同，根据 Stern 公式可以计算双电层电容 C_d 随电解质浓度和电极电势的变化行为，即不同浓度下的微分电容曲线。基于 Stern 双电层方程可以得到：

① 电极表面剩余电荷密度很小和溶液浓度又很低时，双层中离子与电极间库仑力作用的能量远远小于离子热运动的能量，即 $zF\varphi_1 \ll RT$。如果浓度 c 很小，可略去不计，近似地得出 $\varphi_a \approx \varphi_1$，即整个双电层都是分散层。当 $\varphi_1 = 0$ 时，即 $\varphi_a = 0$，也就是说此时处于零电荷电势。对式(1-41)进行数学分析可知，分散层电容 C_G 有极小值。这就解释了稀溶液微分电容曲线有极小值且对应 φ_Z 的现象。

② 电极表面剩余电荷密度较大和溶液浓度又不太小（仍然属于较稀的溶液）时，双层中离子与电极的库仑力作用的能量，远远大于离子热运动的能量，即 $zF\varphi_1 \gg RT$。$|\varphi_1|$ 增长的倍数将远远小于 $|\varphi_a|$ 增长的倍数。随着 $|\varphi_a|$ 的增大或 c 的增大，φ_1 在 φ_a 中所占的比例越来越小，尽管 φ_1 的绝对值并不很小，但是它相对于电极与溶液界面间总电势差来说，φ_1 在其中所占的比例很小，可将 φ_1 略去不计。整个双电层以紧密层为主，分散层所占的比例很小。

由于 GCS 模型没有考虑电极表面溶剂介电常数在巨大场强作用下的变化，也没有考虑离子与电极表面的特性吸附作用，所以它与实际情况还是有不少偏差。1947 年，Grahame 提出了离子特性吸附的问题。他指出某些离子不仅受静电力的作用，而且还受一种特性吸附力的作用，这种力并非静电力。于是在 GCS 模型的基础上提出了修正的 GCS 模型。主要修正在于将紧密层分为内紧密层与外紧密层。

电极表面存在负的剩余电荷时，水化的正离子并非与电极直接接触，二者之间存在着一层吸附水分子。在这种情况下，正离子距电极表面稍远些，其水化膜基本上未被破坏。由这种离子电荷构成的紧密层，可称为外紧密层或外亥姆霍兹层（outer Helmholtz plane, OHP），见图 1-16(a)。电极表面的剩余电荷为正时，溶液中构成双电层的水化负离子如果发生特性吸附，则能挤掉吸附在电极表面上的水分子而与电极表面直接接触。其结构模型如图 1-16(b) 所示。紧密层中负离子的中心线与电

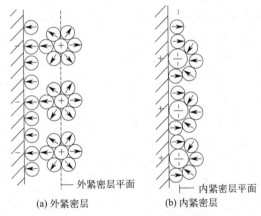

图 1-16 内、外紧密层示意图

极表面距离比正离子小得多，即这种情况下紧密层的厚度薄得多，可称为内紧密层或内亥姆霍兹层（inner Helmholtz plane, IHP）。正是由于负离子形成的内紧密层比由正离子形成的外紧密层薄得多，故电极表面有正的剩余电荷时，微分电容比表面剩余电荷为负时大得多。

1963 年，Bockris 等在 Grahame 模型的基础上考虑了水偶极子在界面上的定向排列情况，提出了 Bockris 模型，也称为 BDM（Bockris-Devanathan-Müller）模型。这是目前公认的双电层模型（如图 1-17 所示）。其要点可以总结如下：

① 电极/溶液界面的双电层溶液一侧由若干"层"组成。最靠近电极的一层为水分子层

或由水分子与特性吸附物质组成的内紧密层。第二层为水化离子剩余电荷层。第三层为分散层（OHP层与溶液本体之间）。

② 紧密层的结构取决于两相中剩余电荷接近的程度，并与离子的水化程度有关。内紧密层（IHP）为电极表面至特性吸附离子的电中心位置（距离 x_1 处）；外紧密层（OHP）为电极表面至最接近电极的溶剂化离子（非特性吸附离子）的中心位置（距离 x_2 处）。

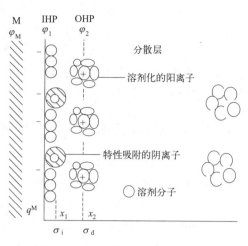

图 1-17　电极/溶液界面双电层模型

③ 水分子是偶极子，即使在金属表面没有施加任何表面电荷，位于第一层的水结构也非常有序。第一层水在金属表面有序排布主要是受局部电场的作用，水分子间的氢键作用使得其结构化程度随离开金属表面距离的增大而迅速降低。在强电场作用下，电极表面上吸附的第一层水分子可以达到介电饱和，因而其相对介电常数降至 5 左右。从第二层水分子开始，相对介电常数逐渐增大，第二层水分子相对介电常数为 32 左右。而正常结构水分子相对介电常数为 78.5。

④ 溶剂分子是金属/溶液界面区的主要组分，它的存在对双电层现象有很大影响。水偶极子的取向受到界面上电场的强烈影响。在没有表面电荷时，金属表面水分子的偶极伸向溶液侧并可在很大角度范围内取向。当引入表面电荷后，水分子的取向将发生很大的变化，这类偶极取向的变化对吸附层中的电场有很强的影响。BDM 模型认为，微分电容曲线上"驼峰"（图 1-13 中曲线 5）的出现是水偶极子随着金属表面电荷密度变化而发生重新取向的结果。

⑤ 由各种不同的水化正离子（例如它们的半径可能相差一倍以上）构成外紧密层时，双电层电容基本上恒定在 $0.16\sim0.18\text{F/m}^2$。这现象是由水分子在电极上的吸附引起的。在电极与溶液界面上出现的水分子偶极层，也相当于一个电容器。它与外紧密层所代表的电容器相串联。这种情况下的双电层电容，仅取决于水的偶极层。所以说，由任何正离子构成的双电层，其电容值均相差不多。

需说明的是由于超载吸附可能存在三电层。在表面剩余量随电极电势的变化曲线上，电极表面荷正电时，理应吸引溶液中的负离子，排斥正离子形成双电层，但实验结果却是双电层中仍然存在着一定数量的正离子。而且，随着电极电势向正的方向变化，正离子的数量急剧增大。这个现象是因为负离子的特性吸附使得紧密层中负离子电荷数超过了电极表面的剩余电荷数，这种情况称为超载吸附。超载吸附使紧密层中出现了过剩的负电荷，于是又通过库仑力吸引溶液中的正离子，形成三电层。

1.4 不可逆电极过程概论

任何实际的电化学过程都是以一定的反应速率进行的，必然偏离平衡态。比如发生化学反应生成新的物质，会使体系偏离化学平衡。再如当溶液体系中存在浓度梯度时，会产生物质的传递——扩散，使体系偏离物质平衡。因而实际上电化学反应器中进行的都是不可逆电极过程（irreversible electrode process）。电化学动力学以不可逆电极过程为主要研究对象，研究电极过程的反应机理、反应速率及其影响因素，也称为电极过程动力学。本节可以看作是电极过程动力学的引言。

1.4.1 电极过程的基本步骤与速率表征

电化学反应是在两类导体界面发生的有电子参加的氧化或还原反应。在电极与溶液界面发生的电化学反应不可避免地会涉及一些相关的物理和化学变化。在电化学中，习惯上将电极/溶液界面区的电化学反应、化学转化和液相传质过程等一系列变化的总和统称为电极过程。一般情况下，电极过程大致由以下一些单元步骤（或称分部步骤）构成：

① 反应粒子由溶液内部向电极表面的传输，称为液相传质步骤。

② 活化态反应物粒子在电极表面得失电子生成活化态产物粒子，称为电荷传递步骤（charge transfer process，CTP），也叫电子转移步骤。

③ 产物粒子由电极表面向溶液内部扩散的步骤，也属液相传质；或者反应产物形成气体、晶体，叫新相生成步骤。

在①与②之间，还可能存在前置的表面转化步骤，如反应粒子在电极表面吸附、络离子配位数降低；而在②与③之间也可能存在后继的表面转化步骤，如粒子的解吸、复合、分解、歧化。还应指出，一些工业电化学过程在③之后可能存在均相化学反应形成产物，如无机电合成中 $NaClO$、$NaClO_3$ 的生成。此外，有时还可能存在若干平行的表面转移步骤。

对任一电极反应

$$O+ne^- \rightleftharpoons R$$

图 1-18 给出了一般电极过程示意图。图中 O_{bulk} 表示本体溶液中的 O 粒子，O_{surf} 表示电极表面区的 O 粒子，O' 表示活化态的 O 粒子，O'_{ads} 表示吸附的活化态 O 粒子。R 粒子同理。

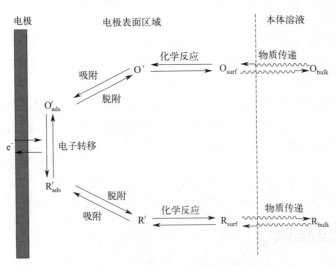

图 1-18 一般电极过程示意图

电极过程的核心步骤是电子转移步骤。量子理论研究表明，电子通过隧道效应实现跃迁转移。电子跃迁会涉及一系列变化，即使是在溶液中发生的最简单的两种粒子间的单电子转移反应，也会涉及电子跃迁（约10^{-16}s）、化学键长度的变化（原子核间距离的变化，约10^{-14}s）、溶剂分子的重新取向（约10^{-11}s）、离子氛的重新排布（约10^{-8}s）等变化。每一种变化所需时间的数量级差别很大，电子跃迁的速度比其它变化快得多。

根据现代电子转移理论，离子在电极上进行电子转移反应的活化能与其价数的平方成正比，即2价离子直接放电生成中性物种的反应活化能是1价离子放电生成中性物种的4倍。因此，反应物同时得失两个电子的概率很小。故一般情况下，多电子反应包含多个单电子转移步骤，而且其前置和后续表面转化步骤也可能有好多个。至于整个电极过程中究竟包含哪些单元步骤，应当通过理论分析和实验结果来推断。

由于电极反应是在电极与溶液界面进行的，所以可用一般表示异相反应速率的方法来表示其速率，即用单位时间单位面积参加反应的物质数量$v=\mathrm{d}n/A\mathrm{d}t$ 表示 [mol/(s·m²)]。根据法拉第定律

$$I=\mathrm{d}Q/\mathrm{d}t=(\mathrm{d}n/\mathrm{d}t)nF=vAnF$$

所以电流密度
$$i=I/A=nFv \tag{1-42}$$

对于一定的反应，nF是常数，所以i完全取决于v，即i可以表示电极反应的速率。因此，在电化学中，电流密度就是电化学反应速率的同义语。由于电流密度易于检测，因此电化学反应及工业电化学过程的速率可以方便地实现快速的在线测量及调控，这是其它化学反应及化学工程所不能相比的。

如前所述，电极过程一般由多个单元步骤串联组成。各个单元步骤的特性不同，每个步骤单独进行时的速率会有很大差异，或者说它们所蕴藏的反应能力有很大差异。这就意味着存在一个瓶颈步骤，整个电极反应的速率主要由这个瓶颈步骤的速率决定，而其它单元步骤的反应能力则未得到充分发挥。如果电极过程达到了稳态，则连续进行的各个单元步骤的速率都应当相同，都等于瓶颈步骤速率。这个控制着整个电极过程速率的单元步骤，称为速率控制步骤（rate-determining step，RDS），有时也被称为"最慢步骤"。但所谓"最慢"并非指各分步步骤的实际进行速率，因为当连续反应稳态地进行时，每一个步骤的净速率都是相同的，这里所谓"最慢"是就反应进行的"困难程度"而言的。

因为整个电极过程的速率由控制步骤决定，故改变控制步骤的速率就能改变整个电极过程的速率。也就是说，整个电极过程所表现的动力学特征与速率控制步骤的动力学特征相同。可见速率控制步骤在电极过程动力学研究中有着重要的意义。

需要注意的是速率控制步骤是可能变化的。当电极反应进行的条件改变时，可能使控制步骤的反应能力大大提高，或者使某个单元步骤的反应能力大大降低，以至于原来的控制步骤不再是整个电极过程的瓶颈步骤。这时速率控制步骤就会变化。当控制步骤改变后，整个反应的动力学特征也就随之发生变化。例如，原来由液相传质控制的电极过程，当采用强烈的搅拌而大大提高了传质速率时，则电子转移步骤就可能变成瓶颈步骤，这样电子转移步骤就成为控制步骤了。

另外，有些情况下控制步骤可能不止一个。根据理论计算，若反应历程中有一个活化自由能比其余的高出8~10kJ/mol以上，即能构成"合格的"控制步骤，即整个连续反应的进行速率完全取决于此控制步骤的进行速率。但如果反应历程中最高的两个活化能相差不到4~5kJ/mol，则相应的两个步骤的绝对速率差不超过5~7倍，在这种情况下，就必须同时

考虑两个控制步骤的协同影响,即反应处在"混合控制区"。

另一个需要说明的问题是,速率控制步骤以外的其它步骤均可近似地认为处于平衡状态,称为准平衡态。对准平衡态下的过程可以用热力学方法处理,使问题简化。比如,对处于准平衡态的电子转移步骤,就可以使用 Nernst 方程计算电极电势(需要用粒子表面浓度)。对准平衡态下的表面转化步骤,可以用吸附等温式计算吸附量,采用平衡常数来处理化学转化平衡等。

1.4.2 极化与过电势

无电流通过(即外电流等于零)的电极体系的电极电势处于平衡电势。但实际运行的电极体系都会有一定的电流通过,将有电化学净反应发生,此时电极过程偏离平衡状态,电极电势将因此而偏离平衡电势。电化学中将当电流通过电极时其电极电势偏离平衡电极电势的现象,称为电极的极化(polarization)。

实验结果表明,在有电流通过电化学反应装置时,不论是原电池还是电解池,阴极的电极电势总是比平衡电势更负,而阳极的电极电势总是比平衡电势更正。可以说当电极电势偏离平衡电势向负方向移动时,电极上总是发生还原反应,称为阴极极化。反之,称为阳极极化。

为了表示极化的大小,通常定义在某一电流密度下电极的电极电势与其平衡电极电势之差为过电势(overpotential),也称为过电位、超电势、超电压,即

$$\eta = \varphi - \varphi_e \tag{1-43}$$

按照这一定义,在阳极极化时,$\varphi > \varphi_e$,所以 $\eta = \varphi - \varphi_e > 0$;而在阴极极化时,$\varphi < \varphi_e$,$\eta = \varphi - \varphi_e < 0$。一般论及过电势时,常系指其绝对值,也称为极化值,即 $\Delta \varphi = |\varphi - \varphi_e|$。在本书中过电势绝对值也用带下标的 η 表示,阴极过电势用 $\eta_c = \varphi_{c,e} - \varphi_c$ 表示,阳极过电势用 $\eta_a = \varphi_a - \varphi_{a,e}$ 表示。

电流通过电极时为什么发生极化?电极极化具有什么样的规律?极化对反应速率有什么样的影响?如何来研究极化过程?这些问题就是电极过程动力学研究的核心内容。也可以说电极过程动力学就是研究极化的科学。

电流通过时之所以发生极化,是因为电极过程偏离了平衡态。我们知道电极过程是由一系列串联的单元步骤所组成,只要其中一个步骤偏离平衡态就会造成电极的极化。根据引起极化的原因不同,常见的极化包括两类:

① 电化学极化(electrochemical polarization)。电化学极化指当电极过程为电荷传递步骤控制时,由电极反应本身的"迟缓性"而引起的极化。电化学极化实质是电荷积累从而导致电极内电势及双电层电势差的变化。以阴极极化为例,由于通过外线路传输到电极上的电子"转移迟缓",不能及时与电极表面的反应物粒子反应,故电子积累在电极表面造成双电层剩余电荷密度的变化,从而使界面电势差偏离了平衡状态下的界面电势差。电极过程动力学中通常按照速率控制步骤区分极化和过电势。当电子转移步骤成为速率控制步骤时产生的过电势称为电子转移过电势。

② 浓度极化(concentration polarization)。浓度极化也称为浓差极化,指当电极过程由液相传质步骤控制时电极所产生的极化。当电化学反应具有很大速率的反应能力时,尽管电极反应本身没有任何困难,可以在平衡电势附近进行,但是在电极表面附近的液层中,由于反应消耗的反应粒子得不到及时补充,或是聚集在电极表面附近的产物不能及时疏散开,这

时的电极电势就相当于把电极浸在一个较稀或较浓的溶液中的平衡电势，其值自然会偏离依照溶液本体浓度计算出的平衡电势，即发生了极化，这就是浓度极化。浓度极化的本质也是电荷积累引起电极内电势及双层电势差变化而导致。仍以阴极极化为例，因为电极表面消耗的反应物得不到及时补充，流入电极的电子没有反应物与之反应，就会在电极表面积累，从而使电极电势偏离平衡电势。此时产生的过电势称为浓度过电势。

除上述两种极化外，如果电极过程中还包含其它类型的基本步骤并成为控制步骤，那么就会发生其它类型的极化。如表面转化控制引起的表面转化极化、电结晶步骤缓慢引起的电结晶极化等。由原子进入晶格的困难引起的过电势常称为结晶过电势。

要想研究某种极化的动力学规律，就要采取措施使导致该种极化的步骤成为速率控制步骤，这样整个电极过程的动力学规律就反映出了该种极化的动力学规律。比如要研究电化学极化，则可对溶液加强搅拌以加速液体的流动，使得液相传质步骤没有任何困难，此时测量稳态极化曲线就可研究电化学极化的动力学规律。

为了完整而直观地反映出一个电极的极化性能，通常通过实验测定电极电势（或过电势）与电流密度（或电流强度）的关系曲线，这种曲线就叫作极化曲线。在实际工作中也常用 $\lg i$ 与 η 的关系表示极化曲线。在电化学中，如给定（或控制）电流密度，测量相应的电极电势，所得到的极化曲线称为恒（控）电流极化曲线，即 $\varphi=f(i)$ 曲线；反之，若给定（控制）电极电势，测量相应的电流密度，所得到的极化曲线称为恒（控）电势极化曲线，即 $i=f(\varphi)$ 曲线。

1.4.3　不可逆电化学反应装置

前面的讨论都是针对单个电极而言的。然而，若完全将电化学装置两极反应分解为单个电极反应来研究有其缺点，即忽视了两个电极之间的相互作用，而这类相互作用在不少电化学装置中是不容忽视的。因此，我们一方面要将装置分解为单个电极反应来分别加以研究，另一方面又必须将各个电极反应综合起来加以考虑。

对于两个可逆电极浸在同一溶液中的电化学装置来说，仅仅在电流趋近于零时，反应才是可逆的，两极间电势差可以用它们的平衡电势差来表示。只要有一定大小的电流通过电化学装置，两电极都会发生极化，其电极电势将偏离平衡电势。另外，电化学装置中的一系列电阻（主要是溶液电阻，还可能有电极本身导电性差产生的电阻、电极表面存在高阻膜的电阻、材料接触不良产生的电阻等）相对应的电势降，也引起两极间电势差的变化，这时两极间电势差就不等于它们的平衡电势差了。实验表明，对于原电池来说，这个电势差变小，即电池做电功的能力变小；而对电解池来说，电势差变大，即电解过程所要消耗的电能增多。随着电流的增加，这种变化更加明显。所以说，在有明显电流通过电化学装置时，整个装置中所进行的全部过程总是不可逆的。若分别以 φ_a 和 φ_c 表示阳极和阴极的电势，并以 I 表示电流，R 表示系统中的欧姆电阻，对于原电池，阴极是正极，阳极是负极，而且考虑到电池内部的欧姆电势降使电池所输出的电压减小，那么原电池两极间的端电压为

$$V=\varphi_c-\varphi_a-IR$$

阴极过电势 $\eta_c=\varphi_{c,e}-\varphi_c$，阳极过电势 $\eta_a=\varphi_a-\varphi_{a,e}$，故有

$$V=(\varphi_{c,e}-\eta_c)-(\eta_a+\varphi_{a,e})-IR=E-(\eta_a+\eta_c)-IR \tag{1-44}$$

式中，$E=\varphi_{c,e}-\varphi_{a,e}$，为原电池的电动势。

相反，对于电解池，阳极是正极，阴极是负极，电解池内部的欧姆电势降使电解池中消

耗的电能增大,即电解池两极间的端电压增大。电解槽工作时的电压称为槽电压,它大于电解反应的理论分解电压,也与电解电流有关

$$V=\varphi_a-\varphi_c+IR$$

故 $$V=(\eta_a+\varphi_{a,e})-(\varphi_{c,e}-\eta_c)+IR=E+(\eta_a+\eta_c)+IR \tag{1-45}$$

式中,$E=\varphi_{a,e}-\varphi_{c,e}$,为电解池的理论分解电压。

从原电池与电解池两电极的极化曲线上可以看出端电压的变化趋势(见图 1-19)。因为电解池中阳极电势比阴极电势正,所以随着电流的增大,两条极化曲线间距越来越大[图 1-19(a)]。也就是说,电解时的电流越大,所消耗的能量也就越多。在原电池中刚好相反,这时阳极电势比阴极电势负[图 1-19(b)],所以原电池两极间电势差随着电流的增大而减小,即原电池所做的电功变小。因为原电池与电解池的阴、阳极所对应的正、负极恰恰相反,故二者端电压变化趋势也相反。

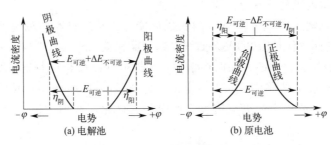

图 1-19 电池中两电极的极化曲线

1.5 电子转移和电化学极化

电子在电极/溶液界面上的异相转移是电化学反应的核心步骤。由电子转移步骤迟缓引起的极化称为电化学极化或活化极化。我们知道,电极电势是影响电极过程的主要因素。因此研究电化学极化主要是研究电极电势对电子转移速率的影响及其机理。电化学动力学理论对于这一问题的研究基于化学动力学的原理,始于电极电势对电极反应活化能影响的研究,主要目的是构建能定量分析电极电势与电流密度关系的动力学模型。

1.5.1 电子转移的动态平衡与极化本质

考虑电极上发生如下基元反应:

$$O+ne^- \underset{k_2}{\overset{k_1}{\rightleftharpoons}} R$$

用 O、R 分别表示氧化态和还原态物质,k_1 和 k_2 分别是正、逆反应的速率常数。

根据化学反应动力学,如果正向反应是基元反应,则其逆向反应也必然是基元反应,而且逆过程按原来的路径返回,即正、逆方向进行时必经过同一个活化配合物,此原理称为微观可逆性原理。把此原理应用于宏观平衡体系时,可得到精细平衡原理:平衡时体系中每一

个基元反应在正、逆两个方向进行反应的速率相等。

根据质量作用定律，可知正反应速率为 $\vec{v}=k_1 c_O$，逆反应的反应速率为 $\overleftarrow{v}=k_2 c_R$，则反应的净速率 $v=\vec{v}-\overleftarrow{v}$。将正、逆反应的反应速率用电流密度来表示

$$\vec{i}=zF\vec{v}, \overleftarrow{i}=zF\overleftarrow{v} \tag{1-46}$$

由于正向反应是还原反应，故 $\vec{i}$ 称为还原电流密度；而逆向反应是氧化反应，故 $\overleftarrow{i}$ 称为氧化电流密度。它们代表同一电极上发生的方向相反的还原反应和氧化反应的绝对速率（即微观反应速率），统称为绝对电流密度。显然对于整个反应有

$$i=\vec{i}-\overleftarrow{i} \tag{1-47}$$

式中，i 为净反应电流密度。在稳态条件下，i 等于外电流密度。在电流发生变化的瞬间，即非稳态情况下，净反应电流密度与外电流密度并不相等，因为此时外电流还包括双层充电电流，但一般情况下双层充电电流远远小于反应电流，且充电时间很短暂，故在充电电流可忽略的情况下，i 可近似看作外电流密度。

在平衡电势下，外电流密度 $i=0$，故有

$$\vec{i}=\overleftarrow{i}=i_0 \tag{1-48}$$

式中，i_0 称为交换电流密度。

在发生极化时，电极电势偏离平衡电势，产生净的电流密度，此时绝对电流密度 $\vec{i}$ 和 $\overleftarrow{i}$ 也将发生变化。阴极极化时，$\vec{i}>\overleftarrow{i}$，发生净的还原反应，$i>0$；阳极极化时，$\vec{i}<\overleftarrow{i}$，发生净的氧化反应，$i<0$。

在化学动力学中，可以用 Arrhenius 公式计算速率常数

$$k=A\exp\left(-\frac{E_a}{RT}\right) \tag{1-49}$$

式中，E_a 为反应活化能；A 称为指前因子或频率因子。

根据过渡态理论，速率常数可用下式表示

$$k=\frac{k_B T}{h} K_c^{\ominus} \tag{1-50}$$

式中，k_B 是玻尔兹曼常数；h 为普朗克常数；$K_c^{\ominus}$ 是由反应物生成活化配合物的平衡常数。已知平衡常数与标准摩尔活化吉布斯自由能 $\Delta G^{\ominus}$ 的关系为

$$\Delta G^{\ominus}=-RT\ln K_c^{\ominus} \tag{1-51}$$

代入式(1-50)得

$$k=\frac{k_B T}{h}\exp\left(-\frac{\Delta G^{\ominus}}{RT}\right)=A\exp\left(-\frac{\Delta G^{\ominus}}{RT}\right) \tag{1-52}$$

指前因子 $A=k_B T/h$。这是用过渡态理论研究电化学动力学中将要用到的一个重要公式。图 1-20 给出了由该式得到的反应过程中标准 Gibbs 自由能变简图。图 1-20 中从反应物到活化配合物的标准自由能的变化为 $\Delta \vec{G}^{\ominus}$，而从产物到活化配合物的标准自由能的变化为 $\Delta \overleftarrow{G}^{\ominus}$，整个反应的标准自由能的变化为 $\Delta_r G^{\ominus}$。

对于电极反应，电极电势强烈地影响发生在其表面上的电极反应速率。通过考虑下列反应可以容易地看到电极电势的影响

$$\mathrm{Na}^+ + \mathrm{e}^- \underset{}{\overset{\mathrm{Hg}}{\rightleftharpoons}} \mathrm{Na(Hg)}$$

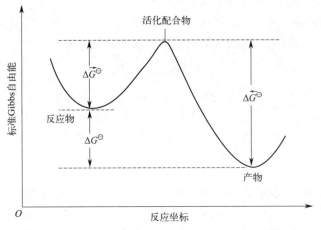

图 1-20　反应过程中标准 Gibbs 自由能变简图

将 Na^+ 溶解在乙腈中，以 Hg 作电极，反应生成钠汞齐。反应过程中，反应物的稳定态为 Na^+ 处于 OHP 平面上，电子处于电极表面，此时 Na^+ 与电子距离为外紧密层厚度；产物的稳定态为钠原子溶解在汞中形成钠汞齐，此时 Na^+ 与电子距离为 Na 中核与电子的距离。Gibbs 自由能沿着反应坐标的投影如图 1-21(a) 所示，当两者速率相等时，体系处于平衡态，汞的电极电势是 φ_e。

现在假设电极电势向正方向移动，即 $\varphi > \varphi_e$，根据电磁学原理，电势升高，电子能量降低，所以此时作为反应物的电子能量降低，如图 1-21(b) 所示。由于还原的能垒升高，氧化的能垒降低，故发生净的氧化反应，有净阳极电流流过。若电极电势向负方向移动，即 $\varphi < \varphi_e$，则电子的能量升高，如图 1-21(c) 所示，此时还原能垒降低，氧化能垒升高，故发生净的还原反应，有净阴极电流流过。以上讨论用过渡态理论定性地显示了电极电势影响电极反应的净速率和方向的过程，说明了阴极极化和阳极极化的本质。

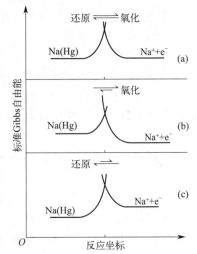

图 1-21　电极反应过程中自由能变化的简单示意图
(a) 在平衡电势时；(b) 在比平衡电势更正的电势时；(c) 在比平衡电势更负的电势时

1.5.2　单电子反应的 Butler-Volmer 方程

20 世纪 20 年代，Butler（巴特勒）和 Volmer（伏尔摩）将过渡态理论应用于电极反应，建立了可定量预测 i 与 φ 关系的模型，即 Butler-Volmer 电极过程动力学方程。Butler-Volmer 方程是经典电化学理论中应用最广泛的公式。

单步骤单电子过程是最简单的电极过程，可以看作基元反应。所以我们首先研究单电子步骤的电极过程动力学特征，然后再推广到多电子电极过程。

考虑如下单电子反应

$$O + e^- \underset{k_2}{\overset{k_1}{\rightleftharpoons}} R$$

我们的目的是得到 i 与 φ 的关系，公式推导的主线是：通过 $i=zFv$ 将 i 与 v 关联，v 通过质量作用定律与 k 相关联，通过过渡态理论的速率常数表达式将 k 与 $\Delta G^{\ominus}$ 联系起来，再通过 $\Delta G=-nFE$ 将 $\Delta G^{\ominus}$ 与过电势 $\Delta \varphi$ 关联，最终得到 i 与 φ 的关系。

(1) 电流密度与活化自由能的关系

考虑平面电极，假定溶液中离子浓度只沿 x 轴变化，即与电极表面平行的液面为等浓度面。对于反应物 O，将距电极表面 x 处液面在极化开始后 t 时刻的浓度记为 $c_O(x,t)$，则表面浓度为 $c_O(0,t)$。没有特性吸附时，$c_O(0,t)$ 就是 OHP 面的 O 粒子浓度。同理，产物 R 的表面浓度为 $c_R(0,t)$。根据质量作用定律，正逆反应的速率分别为

$$\vec{v}=k_1 c_O(0,t) \quad \overleftarrow{v}=k_2 c_R(0,t)$$

式中，k_1 和 k_2 分别是正、逆反应的速率常数。对应的绝对电流密度为

$$\vec{i}=Fk_1 c_O(0,t), \overleftarrow{i}=Fk_2 c_R(0,t) \tag{1-53}$$

根据过渡态理论的速率常数表达式(1-52)，有

$$k_1=A_1\exp\left(-\frac{\Delta \vec{G}^{\ominus}}{RT}\right) \quad k_2=A_2\exp\left(-\frac{\Delta \overleftarrow{G}^{\ominus}}{RT}\right) \tag{1-54}$$

式中，$\Delta \vec{G}^{\ominus}$ 和 $\Delta \overleftarrow{G}^{\ominus}$ 分别是正、逆反应的标准摩尔活化吉布斯自由能变；A_1 和 A_2 分别是正、逆反应的指前因子。这样就可以得到电流密度与活化吉布斯自由能变的关系式

$$\vec{i}=Fk_1 c_O=A_1 F c_O\exp\left(-\frac{\Delta \vec{G}^{\ominus}}{RT}\right) \tag{1-55}$$

$$\overleftarrow{i}=Fk_2 c_R=A_2 F c_R\exp\left(-\frac{\Delta \overleftarrow{G}^{\ominus}}{RT}\right) \tag{1-56}$$

以下推导为了形式上的简单，将 $c_O(0,t)$ 简记为 c_O，$c_R(0,t)$ 简记为 c_R。

(2) 电极电势对活化自由能的影响

为了使问题简化，在此做两个假设：①电极/溶液界面上仅有 O 和 R 参与的单电子转移步骤，而没有其它任何化学步骤；②双电层中分散层的影响可以忽略。

现在来考虑电极电势对正、逆反应活化自由能的影响。选择形式电势 $\varphi^{\ominus\prime}$ 作为电势的参考点。假设当电极电势等于 $\varphi^{\ominus\prime}$ 时，自由能随反应坐标的变化曲线如图 1-22 所示。

此时正、逆反应的标准摩尔活化吉布斯自由能分别是 $\Delta \vec{G}_0^{\ominus}$ 和 $\Delta \overleftarrow{G}_0^{\ominus}$。则 $\varphi^{\ominus\prime}$ 下的正、逆反应的反应速率常数 $k_1^{\ominus}$ 和 $k_2^{\ominus}$ 满足下式

$$k_1^{\ominus}=A_1\exp\left(-\frac{\Delta \vec{G}_0^{\ominus}}{RT}\right) \tag{1-57}$$

$$k_2^{\ominus}=A_2\exp\left(-\frac{\Delta \overleftarrow{G}_0^{\ominus}}{RT}\right) \tag{1-58}$$

如果将电势从 $\varphi^{\ominus\prime}$ 变化到一个新值 φ，此时电子的能量将发生变化。因为标准摩尔活化吉布斯自由能是指反应进度 $\xi=1\mathrm{mol}$ 时的自由能变化，故需要考虑 1mol 电子能量的变化值。

电极电势的改变值 $\varphi-\varphi^{\ominus\prime}$ 就是双电层界面电势差的改变值 $\Delta(\varphi_M-\varphi_S)$。由于反应粒子处于 OHP 平面，故驱动电极反应的电势差是紧密层电势差。根据假设，分散层的影响可以

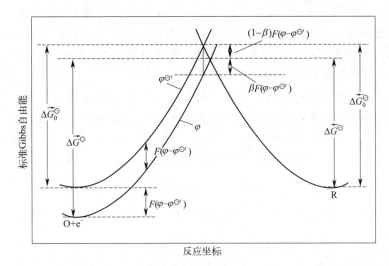

图 1-22　电势的变化对于氧化和还原反应的标准活化 Gibbs 自由能的影响

忽略，故紧密层电势差即为双层电势差 $\varphi_M-\varphi_S$，所以当电势由 $\varphi^{\ominus\prime}$ 变化到 φ 后，紧密层电势差的改变值就等于电极电势的改变值 $\varphi-\varphi^{\ominus\prime}$。

根据电场中电势的定义，将 $-1C$ 电量的电子电势升高 $1V$，电场所做的功为 $1J$，则将 $1mol$ 电子电势改变 $\Delta(\varphi_M-\varphi_S)$ 所做的功为 $W_电=F\Delta(\varphi_M-\varphi_S)$。另外，根据吉布斯自由能的定义得知，在等温等压的条件下，当体系发生变化时，体系吉布斯自由能的减少等于对外所做的最大非体积功。此时非体积功只有电功一种，则 $1mol$ 电子的 Gibbs 自由能变为：

$$\Delta G = -W_电 = -F\Delta(\varphi_M-\varphi_S) = -F(\varphi-\varphi^{\ominus\prime}) \tag{1-59}$$

因此，若 $\varphi>\varphi^{\ominus\prime}$，$O+e^-$ 的自由能曲线将下移 $F(\varphi-\varphi^{\ominus\prime})$；若 $\varphi<\varphi^{\ominus\prime}$，$O+e^-$ 的曲线将上移 $-F(\varphi-\varphi^{\ominus\prime})$。

图 1-22 所示为 $\varphi>\varphi^{\ominus\prime}$ 时的情况。显然，此时正反应的活化自由能增大了电子总能量变化的一个分数，这个分数用 β 表示，称为传递系数，其值在 0 到 1 之间，与曲线中交叉区域的形状有关。而逆反应的活化自由能减少了电子总能量变化的一个分数，这个分数刚好是 $1-\beta$。于是可以得到电势为 φ 时的正、逆反应的标准摩尔活化吉布斯自由能变为

$$\overrightarrow{\Delta G^{\ominus}} = \overrightarrow{\Delta G_0^{\ominus}} + \beta F(\varphi-\varphi^{\ominus\prime}) \tag{1-60}$$

$$\overleftarrow{\Delta G^{\ominus}} = \overleftarrow{\Delta G_0^{\ominus}} - (1-\beta)F(\varphi-\varphi^{\ominus\prime}) \tag{1-61}$$

(3) 电极电势与电流密度的关系

将式(1-60) 和式(1-61) 分别代入式(1-55) 和式(1-56)，得

$$\overrightarrow{i} = A_1 F c_O \exp\left(-\frac{\overrightarrow{\Delta G_0^{\ominus}}}{RT}\right) \exp\left[-\frac{\beta F(\varphi-\varphi^{\ominus\prime})}{RT}\right] \tag{1-62}$$

$$\overleftarrow{i} = A_2 F c_R \exp\left(-\frac{\overleftarrow{\Delta G_0^{\ominus}}}{RT}\right) \exp\left[\frac{(1-\beta)F(\varphi-\varphi^{\ominus\prime})}{RT}\right] \tag{1-63}$$

将 $k_1^{\ominus}$ 和 $k_2^{\ominus}$ 的表达式(1-57)、式(1-58) 代入以上两式，得：

$$\overrightarrow{i} = F k_1^{\ominus} c_O \exp\left[-\frac{\beta F(\varphi-\varphi^{\ominus\prime})}{RT}\right] \tag{1-64}$$

$$\overleftarrow{i}=Fk_2^{\ominus}c_R\exp\left[\frac{(1-\beta)F(\varphi-\varphi^{\ominus\prime})}{RT}\right] \tag{1-65}$$

$k_1^{\ominus}$ 和 $k_2^{\ominus}$ 是 $\varphi^{\ominus\prime}$ 下正、逆反应的反应速率常数。这两个常数间是否有联系呢？设电极处于 $\varphi^{\ominus\prime}$ 下，根据 $\varphi^{\ominus\prime}$ 的定义，此时溶液中 O 与 R 的本体浓度 $c_O^{\ominus}=c_R^{\ominus}$，则此时平衡电势为

$$\varphi_e=\varphi^{\ominus\prime}+\frac{RT}{F}\ln\frac{c_O^0}{c_R^0}=\varphi^{\ominus\prime}$$

即在此情况下电极体系本身就处于平衡状态，正、逆反应速率相等。根据质量作用定律，有 $k_1^{\ominus}c_O^0=k_2^{\ominus}c_R^0$，即 $k_1^{\ominus}=k_2^{\ominus}$。令 $k_1^{\ominus}=k_2^{\ominus}=k$，$k$ 称为标准速率常数，单位常用 cm/s。

将 k 代入式(1-64) 和式(1-65)，得：

$$\overrightarrow{i}=Fkc_O(0,t)\exp\left[-\frac{\beta F(\varphi-\varphi^{\ominus\prime})}{RT}\right] \tag{1-66}$$

$$\overleftarrow{i}=Fkc_R(0,t)\exp\left[\frac{(1-\beta)F(\varphi-\varphi^{\ominus\prime})}{RT}\right] \tag{1-67}$$

这样就可得到净电流密度与电极电势的关系式

$$i=\overrightarrow{i}-\overleftarrow{i}=Fk\left\{c_O(0,t)\exp\left[-\frac{\beta F(\varphi-\varphi^{\ominus\prime})}{RT}\right]-c_R(0,t)\exp\left[\frac{(1-\beta)F(\varphi-\varphi^{\ominus\prime})}{RT}\right]\right\} \tag{1-68}$$

此公式在动力学研究中非常重要。为了纪念两位开创者，将此公式以及由它导出的一些其它公式如式(1-72) 统称为 Butler-Volmer 公式。

(4) 电流密度-过电势公式

在平衡电势可定义的情况下 ($c_O^0\neq 0$、$c_R^0\neq 0$)，当 $\varphi=\varphi_e$ 时，外电流密度 $i=0$，此时 $\overrightarrow{i}=\overleftarrow{i}=i_0$。平衡态时 O 和 R 的本体浓度与表面浓度相等，即 $c_O(0,t)=c_O^0$，$c_R(0,t)=c_R^0$，所以对于式(1-66)和式(1-67)有

$$i_0=Fkc_O^0\exp\left[-\frac{\beta F(\varphi_e-\varphi^{\ominus\prime})}{RT}\right]=Fkc_R^0\exp\left[\frac{(1-\beta)F(\varphi_e-\varphi^{\ominus\prime})}{RT}\right] \tag{1-69}$$

当电极极化到某一电势 φ 时，将式(1-66) 作如下变形：

$$\overrightarrow{i}=Fkc_O(0,t)\frac{c_O^0}{c_O^0}\exp\left[-\frac{\beta F(\varphi-\varphi_e+\varphi_e-\varphi^{\ominus\prime})}{RT}\right]$$

$$=Fkc_O^0\frac{c_O(0,t)}{c_O^0}\exp\left[-\frac{\beta F(\varphi-\varphi_e)}{RT}\right]\exp\left[-\frac{\beta F(\varphi_e-\varphi^{\ominus\prime})}{RT}\right]$$

将式(1-69) 代入，过电势 $\eta=\varphi-\varphi_e$，得到

$$\overrightarrow{i}=i_0\frac{c_O(0,t)}{c_O^0}\exp\left(-\frac{\beta F\eta}{RT}\right) \tag{1-70}$$

同理可得

$$\overleftarrow{i}=i_0\frac{c_R(0,t)}{c_R^0}\exp\left[\frac{(1-\beta)F\eta}{RT}\right] \tag{1-71}$$

这样就可得到净电流密度的另一种表达式

$$i=i_0\left\{\frac{c_O(0,t)}{c_O^0}\exp\left(-\frac{\beta F\eta}{RT}\right)-\frac{c_R(0,t)}{c_R^0}\exp\left[\frac{(1-\beta)F\eta}{RT}\right]\right\} \quad (1-72)$$

此公式称为电流密度-过电势公式。式中,$c_O(0,t)/c_O^0$ 和 $c_R(0,t)/c_R^0$ 反映了 O 和 R 通过液相传质的供给情况。

1.5.3 电化学极化基本参数

描述电荷传递步骤动力学特征的物理量称为动力学参数。从式(1-68) 和式(1-72) 可看出,k、β、i_0 是最基本的三个动力学参数,在电极动力学研究中有很重要的意义。

(1) 传递系数

从上述推导过程中,我们可以对传递系数 β 作如下定义:当电势偏离形式电势时,还原反应过渡态活化自由能的改变值占电子总自由能改变值的比例。它的物理意义是很直观的,反映了改变电极电势对反应活化自由能的影响程度。

β 是能垒的对称性的度量,它由两条吉布斯自由能曲线的对称性决定,其值在 0 到 1 之间。如 H^+ 在汞电极上的还原,$\beta=0.5$;Ti^{4+} 在汞电极上还原为 Ti^{3+} 的反应,$\beta=0.42$;Ce^{4+} 在铂电极上还原为 Ce^{3+} 的反应,$\beta=0.75$。大多数体系 β 值在 0.3~0.7 之间,在没有确切的测量时通常将之近似为 0.5。

实际上,如图 1-20 所示,自由能曲线是非线性的,故两条势能曲线的交叉区域在不同电势下夹角是不同的,即 β 是随电极电势而变化的。然而在大多数实验中,可研究的电势变化范围相对而言是很窄的,在此电势区间内交叉区域的夹角变化很小,故可以近似认为 β 是定值。

(2) 标准速率常数

当电极电势等于形式电势时,正、逆反应速率常数相等,称为标准速率常数。在 $\varphi^{\ominus\prime}$ 下,当反应物与产物浓度都为单位浓度时,k 在数值上就等于电极反应的绝对反应速率。所以它的物理意义很明确,简单来说,k 反映了电极反应的反应能力与反应活性,反映了电极反应的可逆性。k 值较大的体系可逆性好,而 k 值较小的体系可逆性差。

表 1-10 给出了一些电化学反应体系的标准速率常数。可见对于同一个反应,电解液组成和电极对 k 值影响很大。最大可测量的速率常数在 1~10cm/s 范围内,而已有报道中最小的 k 值较 10^{-9}cm/s 还要小,因此电化学涉及十个数量级的动力学反应活性。应注意到即使 k 值较小,但当施加足够大的过电势时,仍然可以获得较大的反应速率。

将式(1-69) 化简,可得

$$\frac{c_O^0}{c_R^0}=\exp\left[\frac{F(\varphi_e-\varphi^{\ominus\prime})}{RT}\right] \quad (1-73)$$

将上式取对数,化简后就得到了 Nernst 公式:

$$\varphi_e=\varphi^{\ominus\prime}+\frac{RT}{F}\ln\frac{c_O^0}{c_R^0} \quad (1-74)$$

也就是说,在平衡状态下,动力学方程转化成了热力学方程,说明动力学和热力学对于平衡态性质的描述是一致的。这也是对 Butler-Volmer 公式合理性的一次证明。热力学仅描述平衡状态,动力学却描述了平衡状态的达到和平衡状态的动态保持这两个方面。对于一个电极反应,平衡状态是由 Nernst 方程来表征的,所以一个合理的电极动力学模型,必须在平衡电势下导出 Nernst 方程。

表 1-10 一些电化学反应体系的标准速率常数

电极反应	支持电解质	温度/℃	电极	$k/(\text{cm/s})$
$Fe^{3+}+e^-\Longleftrightarrow Fe^{2+}$	1mol/L $HClO_4$	25	Pt	2.2×10^{-3}
$Fe^{3+}+e^-\Longleftrightarrow Fe^{2+}$	1mol/L HCl	21	石墨	1.2×10^{-4}
$Ni^{2+}+2e^-\Longleftrightarrow Ni$	0.5mol/L $NaClO_4$	20	Hg	5.14×10^{-9}
$Ni^{2+}+2e^-\Longleftrightarrow Ni$	0.2mol/L KNO_3	20	Hg	1.24×10^{-10}
$Cd^{2+}+2e^-\Longleftrightarrow Cd$	0.5mol/L Na_2SO_4	20	Hg	$(4.2\sim4.5)\times10^{-2}$
$Cd^{2+}+2e^-\Longleftrightarrow Cd$	1mol/L KNO_3	20	Hg	约 6×10^{-1}
$Pb^{2+}+2e^-\Longleftrightarrow Pb$	1mol/L $HClO_4$	—	Hg	2.0
$Pb^{2+}+2e^-\Longleftrightarrow Pb$	1mol/L $NaClO_4$	—	Hg	3.3

(3) 交换电流密度

交换电流密度表示平衡电势下电极/溶液界面上 O 和 R 交换电子的速率，其物理意义与标准速率常数是一样的，显然二者之间存在着一定的联系。在式(1-73)两边同时取 $(-\beta)$ 次幂，得到

$$\left(\frac{c_O^0}{c_R^0}\right)^{-\beta}=\exp\left[-\frac{\beta F(\varphi_e-\varphi^{\ominus\prime})}{RT}\right] \tag{1-75}$$

代入 i_0 的表达式(1-69)，可得

$$i_0=Fk(c_O^0)^{1-\beta}(c_R^0)^{\beta} \tag{1-76}$$

该式表明，交换电流密度与标准速率常数成正比。二者均可反映电极反应的可逆性。

交换电流密度代表着平衡条件下的电极绝对反应速率，所以凡是影响反应速率的因素，例如溶液的组成和浓度、温度、电极材料和电极表面状态等，也都必然会影响 i_0，表 1-11 中列出了某些电极反应的 i_0，从中可以看出不同电极反应的 i_0 数值相差之大。在研究任一电极反应时，我们都力求了解其 i_0 值（可由文献中查出或测量）。

表 1-11 室温下某些电极反应的交换电流密度

电极材料	电极反应	电解质溶液	$i_0/(\text{A/cm}^2)$
汞	$2H^++2e^-\Longleftrightarrow H_2$	0.125mol/L H_2SO_4	8×10^{-13}
镍	$2H^++2e^-\Longleftrightarrow H_2$	0.25mol/L H_2SO_4	6×10^{-6}
铂	$2H^++2e^-\Longleftrightarrow H_2$	0.25mol/L H_2SO_4	1×10^{-3}
镍	$Ni^{2+}+2e^-\Longleftrightarrow Ni$	1.0mol/L $NiSO_4$	2×10^{-9}
铁	$Fe^{2+}+2e^-\Longleftrightarrow Fe$	1.0mol/L $FeSO_4$	1×10^{-8}
钴	$Co^{2+}+2e^-\Longleftrightarrow Co$	1.0mol/L $CoCl_2$	8×10^{-7}
铜	$Cu^{2+}+2e^-\Longleftrightarrow Cu$	1.0mol/L $CuSO_4$	2×10^{-5}
锌	$Zn^{2+}+2e^-\Longleftrightarrow Zn$	1.0mol/L $ZnSO_4$	2×10^{-5}

同一个电极上进行的不同反应，其交换电流密度值可以有很大的差别。例如将一个铂电极浸入含有 0.001mol/L 的 $K_3Fe(CN)_6$ 和 1.0mol/L 的 HBr 溶液中，各种反应的 i_0 如下：

H^+/H_2 $i_0=10^{-3}\text{A/cm}^2$

Br_2/Br^- $i_0=10^{-2}\text{A/cm}^2$

$Fe(CN)_6^{3-}/Fe(CN)_6^{4-}$ $i_0=4\times10^{-5}\text{A/cm}^2$

可见溶液中的三个反应以各自不同的速率进行着粒子交换。

同一个反应在不同的电极材料上进行，交换电流也可能相差很多。因为不同电极材料对于同一反应的催化能力不同。例如表 1-11 中，析氢反应在汞电极上和铂电极上进行时，i_0 相差了 9 个数量级。

另外，i_0 还与溶液浓度有关。交换电流密度与反应物和产物浓度的关系可从式（1-76）直接看出，并可应用该式进行定量计算。

电极反应的可逆性指的是电极反应维持平衡的能力，平衡越难被破坏，则可逆性越好；平衡越容易被破坏，则可逆性越差。交换电流密度越大，电极反应的可逆性越好。对于两种极端情况：理想极化电极 i_0 趋于零，电极电势可任意改变，为完全不可逆电极；理想不极化电极 i_0 趋于无穷，电极电势保持平衡电势不变，是完全可逆电极。对于相同的反应速率，i_0 愈大，极化和过电势愈小；反之 i_0 愈小，极化和过电势愈大。所以，通常可用 i_0 来表征电极反应的可逆性。表 1-12 反映了这一关系。

表 1-12　i_0 对电极性质及电极过程的影响

i_0	$i_0 \to 0$	i_0 小	i_0 大	$i_0 \to \infty$
电极性质	理想极化电极	易极化电极	难极化电极	不极化电极
电极反应的可逆性	完全不可逆	可逆性小，产生高过电势	可逆性大，低过电势	完全可逆
η-i 关系	φ 可任意改变	半对数关系 $\eta=a+b\lg i$	线性关系 $\eta=Ki$	φ 几乎不变，$\varphi \to \varphi_e$

1.5.4　Butler-Volmer 方程的讨论

（1）电化学极化基本方程

1.5.2 节中所得到的 Butler-Volmer 公式同时考虑了电荷传递和物质传递的影响，在本节中我们将主要研究只发生电化学极化时的动力学规律。若只发生电化学极化，液相传质步骤没有任何困难，则粒子表面浓度与本体浓度差别很小，于是式（1-72）变为：

$$i = i_0 \left\{ \exp\left(-\frac{\beta F \eta}{RT}\right) - \exp\left[\frac{(1-\beta) F \eta}{RT}\right] \right\} \tag{1-77}$$

此时绝对电流密度为

$$\vec{i} = i_0 \exp\left(-\frac{\beta F \eta}{RT}\right) \tag{1-78}$$

$$\overleftarrow{i} = i_0 \exp\left[\frac{(1-\beta) F \eta}{RT}\right] \tag{1-79}$$

式（1-77）就是电化学极化下的 Butler-Volmer 公式，它是电化学极化的基本动力学方程。由方程可知，电化学反应过程中只有部分电能能够引起电极电势的变化，并且过电势是电化学反应速率的调节器。

图 1-23 给出了 $\beta=0.5$ 时，根据式（1-78）、式（1-79）作出的电化学极化曲线。阴极极化和阳极极化的曲线是对称的。但如果 $\beta \neq 0.5$，则阴、阳极极化曲线是不对称的。

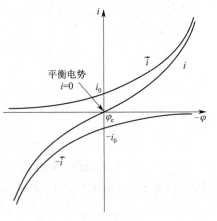

图 1-23　电化学极化的极化曲线（$\beta = 0.5$）

电化学极化的基本动力学方程在高过电势和低过电势下可以进行简化，从而得到不同的近似公式，下面分别进行讨论。

① 在高过电势区简化处理——塔菲尔方程

在过电势较高时（一般认为大于 120mV），正、逆反应的电流密度相差很大，故 Butler-Volmer 公式中绝对值较小的指数项可忽略。对阴极极化来说，若过电势很高，因为 $\eta<0$，故由式(1-78)和式(1-79)可知 $\vec{i} \gg \overleftarrow{i}$，可将 Butler-Volmer 公式中第二项略去不计，简化成

$$i \approx \vec{i} = i_0 \exp\left(-\frac{\beta F \eta}{RT}\right) \tag{1-80}$$

取对数化简得

$$\eta_c = -\eta = -\frac{2.3RT}{\beta F}\lg i_0 + \frac{2.3RT}{\beta F}\lg i \tag{1-81}$$

同理，对阳极极化来说，若过电势很大，可将 Butler-Volmer 公式中第一项略去不计，简化成

$$i \approx -\overleftarrow{i} = -i_0 \exp\left(-\frac{(1-\beta)F\eta}{RT}\right) \tag{1-82}$$

取对数化简得

$$\eta_a = -\frac{2.3RT}{(1-\beta)F}\lg i_0 + \frac{2.3RT}{(1-\beta)F}\lg(-i) \tag{1-83}$$

在一定条件下，公式中的 T、β、i_0 等都是常数，可以看出电流密度的对数与过电势呈直线关系。可以用两个常数 a 和 b 将它们改写为

$$\eta = a + b\lg|i| \tag{1-84}$$

阴极极化和阳极极化的 a 和 b 分别对应式(1-81)和式(1-83)的相应项，单位都是 V。常数 a 和 b 之间存在关系：

$$a = -b\lg i_0 \tag{1-85}$$

于是塔菲（Tafel）公式也可写为 $\eta = b\lg(|i|/i_0)$。

对于阴极极化

$$b = \frac{2.3RT}{\beta F} \tag{1-86}$$

对于阳极极化

$$b = \frac{2.3RT}{(1-\beta)F} \tag{1-87}$$

需要指出的是 Tafel 公式的适用条件，可以认为当两个指数项的绝对值相差超过 100 倍时，就可以认为 Tafel 形式是正确的。以阴极极化为例，假设 $\beta=0.5$，$T=298\text{K}$，$\vec{i}=100\overleftarrow{i}$。将式(1-80)和式(1-81)代入，解得 $\eta_c=118\text{mV}$。对于阳极极化计算结果也相同，说明 $\eta>118\text{mV}$ 时即可使用 Tafel 公式，此时误差小于 1%。将 $\eta_c=118\text{mV}$ 代入式(1-80)，可得 $i \approx 10i_0$，说明 $i>10i_0$ 时可使用 Tafel 公式。

但是，如果液相传质速率比较慢，当施加大于 118mV 的过电势时，可能观察不到 Tafel 关系。因此必须排除液相传质过程对电流的影响，才能得到很好的 Tafel 关系。

η 对 $\lg|i|$ 作图所得半对数极化曲线称为 Tafel 线，它是一个有效的导出动力学参数的方法，可以计算电极过程的一些重要参数，如交换电流密度、电荷传递系数等。

② 在低过电势区简化处理——线性极化方程

将指数函数按泰勒级数展开，有以下形式

$$e^x = 1 + x + \frac{x^2}{2!} + \frac{x^3}{3!} + \cdots, \text{显然, 若} |x| \ll 1, \text{则} e^x \approx 1 + x.$$

如果过电势足够小, 使 Butler-Volmer 公式中的两个指数项满足以上条件, 则可近似为

$$i = i_0 \left\{ \left[1 - \frac{\beta F \eta}{RT}\right] - \left[1 + \frac{(1-\beta)F\eta}{RT}\right] \right\} = -i_0 \frac{F\eta}{RT} \tag{1-88}$$

所以

$$\eta = \frac{RT}{Fi_0}|i| \tag{1-89}$$

上式表明在平衡电势附近较窄的电势范围内, 净电流与过电势呈线性关系, 所以称为线性极化公式。

通过误差分析可得, 在 $\beta = 0.5$, $T = 298\text{K}$, 当 $\eta < 12\text{mV}$ 时, 得 $i \approx 0.5i_0$, 误差<1%, 即 $i < 0.5i_0$ 时可使用线性极化公式。需注意的是线性极化公式的误差受传递系数影响较大, 如果 $\beta \neq 0.5$, 其适用电势范围还要减小, 而 Tafel 公式的适用条件不受传递系数影响。

注意到 η/i 具有电阻的量纲, 相当于一个电阻, 称为电荷传递电阻（有时称为极化率或极化电阻）, 一般用 R_{ct} 来表示, 即

$$R_{ct} = \frac{\eta}{|i|} = \frac{RT}{Fi_0} \tag{1-90}$$

该参数是 η-i 曲线在原点 ($i = 0$, $\eta = 0$) 处斜率的负倒数。通常将 R_{ct} 看作电极等效电路中的电化学反应电阻 R_r, 它可以从一些实验（如电化学阻抗谱）中直接得到。需要注意的是, R_{ct} 只是一个形式上的等效电阻, 并非真实存在的电阻。

通过电荷传递电阻可以方便地判断动力学难易程度。显然, R_{ct} 大, 则 i_0 小, 电极可逆性差; R_{ct} 小, 则 i_0 大, 电极可逆性好。这与电阻越大反应越难进行的直观判断是一致的。

(2) 多电子反应

前面的讨论限于得失一个电子的单电子反应。实际的电极反应通常很复杂, 多电子反应总是分成好多个步骤进行, 其中有电子转移步骤, 也有表面转化步骤。

当代电子转移理论研究表明, 电化学反应中一个基元电子转移反应一般只涉及一个电子交换。这样, 若整个过程中涉及 z 个电子的变化, 则必须引入 z 个电子转移步骤。此外, 它还可能涉及其它的基元反应, 如电极表面上的吸、脱附步骤或远离界面的化学转化反应。在一系列连续进行的单元步骤中, 常常会有一个是速率控制步骤（RDS）。速率控制步骤以外的其它各步骤可认为处于准平衡态。将控制步骤前后的平衡步骤合并, 简化为以下三个步骤。

$$A + z'e^- \rightleftharpoons R \text{(RDS 之前步骤的净结果)}$$
$$R + e^- \rightleftharpoons S \text{(RDS)}$$
$$S + z''e^- \rightleftharpoons Z \text{(RDS 之后步骤的净结果)}$$

对于多电子反应, 可以通过单电子步骤的动力学公式以及所有步骤的电势关系、中间态粒子浓度关系来推导多电子反应的 Butler-Volmer 公式。在此略去推导过程, 给出多电子反应的电流密度-过电势公式

$$i = i_0 \left\{ \frac{c_A(0,t)}{c_A^0} \exp\left(-\frac{\vec{\alpha}F\eta}{RT}\right) - \frac{c_Z(0,t)}{c_Z^0} \exp\left[\frac{\overleftarrow{\alpha}F\eta}{RT}\right] \right\} \tag{1-91}$$

式中, $\vec{\alpha} = z' + \beta$, $\overleftarrow{\alpha} = z'' + 1 - \beta$。显然, $\vec{\alpha} + \overleftarrow{\alpha} = z$。式 (1-91) 与单电子步骤的电流密度-

过电势公式(1-72)在形式上完全一样，只是传递系数变成了$\vec{\alpha}$和$\overleftarrow{\alpha}$。可见在多电子反应中，传递系数是可以大于1的。

需指出的是，在推导式(1-91)的过程中认为RDS只进行了一次，但是有些反应机理中，某些基元步骤需要重复几次才能进行下一步骤。当总反应发生一次时，构成该反应的一系列基元步骤中某步骤发生的次数称为化学计算数。在电化学研究中，常把RDS的计算数记作ν。显然，RDS单电子步骤重复ν次，总反应才进行一次，消耗z个电子，那么总的电流密度就不再是RDS电流密度的z倍，而是z/ν。即$i=(z/\nu)i_{RDS}$。若RDS的计算数为ν，可以证明，式(1-91)仍然成立，但是传递系数发生了变化，此时

$$\vec{\alpha}=z'/\nu+\beta, \overleftarrow{\alpha}=z''/\nu+1-\beta \tag{1-92}$$

显然，$\vec{\alpha}+\overleftarrow{\alpha}=z/\nu$。

下面对以上结果进行简单讨论：

① 对于单电子步骤反应，传递系数β的物理意义很直观，它反映了改变电极电势对反应活化自由能的影响程度。但是对于多电子反应则不同。由于复杂反应的表观活化能是组成总反应的各基元反应活化能的代数组合，此时表观活化能并没有明确的物理意义，所以此处传递系数$\vec{\alpha}$和$\overleftarrow{\alpha}$不能看作是改变电极电势对表观活化自由能的影响程度。但是可以认为它们反映了改变电极电势对多电子反应的还原反应和氧化反应速率的影响程度。

② 对于前几节讨论的单电子步骤反应，可以看作是多电子反应的特例。此时$z'=z''=0$，$\vec{\alpha}=\beta$，$\overleftarrow{\alpha}=1-\beta$，式(1-72)与式(1-91)等价。

③ 由于反应涉及的总电子数z常常可以通过电量法或从反应物和产物的化学知识获得，所以通过动力学参数测量获得传递系数$\vec{\alpha}$和$\overleftarrow{\alpha}$的值后，可以估算z'和z''以及RDS传递系数β的值，从而推断RDS在反应历程中的位置。

④ 对于氧化反应，此时z''为RDS之前失去的电子数，z'为RDS之后失去的电子数。

⑤ 如果液相传质足够快，式(1-91)既可以表示电化学极化的动力学过程，也可以表示表面转化极化的动力学过程，区别就在于传递系数的计算公式不同。

对于多电子反应，如果只发生电化学极化，基本动力学方程变为

$$i=i_0\left\{\exp\left(-\frac{\vec{\alpha}F\eta}{RT}\right)-\exp\left[\frac{\overleftarrow{\alpha}F\eta}{RT}\right]\right\} \tag{1-93}$$

一般将上式称为普遍的Butler-Volmer公式。像单电子反应的Butler-Volmer公式一样，只是将传递系数β和$1-\beta$换为$\vec{\alpha}$和$\overleftarrow{\alpha}$。前者称为还原反应的传递系数，后者称为氧化反应的传递系数。普遍的Butler-Volmer公式在不同的电势区间也可以近似为Tafel公式和线性极化公式。

在高过电势下，可略去式(1-93)中的某一指数项而得出Tafel公式。其形式仍然为：
$$\eta=a+b\lg|i|$$

阴极极化
$$\eta_c=-\frac{2.3RT}{\vec{\alpha}F}\lg i_0+\frac{2.3RT}{\vec{\alpha}F}\lg i \tag{1-94}$$

阳极极化
$$\eta_a=-\frac{2.3RT}{\overleftarrow{\alpha}F}\lg i_0+\frac{2.3RT}{\overleftarrow{\alpha}F}\lg(-i) \tag{1-95}$$

阴极极化和阳极极化的a和b分别对应式(1-94)和式(1-95)的相应项，单位都是V。可见a和b之间满足$a=-b\lg i_0$，于是Tafel公式也可写为$\eta=b\lg(|i|/i_0)$。

在低过电势下，同样可以通过$|x|\ll1$时$e^x\approx1+x$近似为线性极化公式：

$$\eta = \frac{\nu RT}{zFi_0}|i| \tag{1-96}$$

通过上式同样可以得到电荷传递电阻为:

$$R_{ct} = \frac{\eta}{|i|} = \frac{\nu RT}{zFi_0} \tag{1-97}$$

(3) 分散层对电极反应速率的影响——ψ_1 效应

在前面动力学讨论中,均假定双电层中分散层的影响可以忽略。然而,在稀溶液中,特别是当电极电势接近零电荷电势时,双电层主要由分散层构成,此时 ψ_1 随电势的变化就比较明显。若发生了离子的特性吸附,则 ψ_1 的变化更大。

按照双电层模型以及电极动力学公式,可以认为 $\Delta\psi_1$ 对电极动力学的影响主要表现在紧密层电势差及紧密层反应物粒子浓度的变化两个方面。分散层对动力学的总体影响表现为表观量 k 和 i 与电极电势呈函数关系。由于 ψ_1 与支持电解质浓度有关,故表观量 k 和 i 也是支持电解质浓度的函数。通常把上述影响称为 ψ_1 效应。Frumkin 最早阐述了这一现象,故有时也称为 Frumkin 效应。由于 i 随 ψ 变化,故即使是单纯的电化学极化,在 ψ_1 效应较明显时,高过电势区的 Tafel 曲线也不再是线性关系。

1.6 传质与浓度极化

液相传质是电极过程中重要的不可缺少的步骤。如果液相传质步骤成为电极过程的控制步骤,就会发生浓度极化。如果电荷传递速率很快(即电化学极化较小),而传质较慢,则总的电极过程由液相传质步骤控制。

对于工业电化学过程,液相传质缓慢往往成为提高生产强度和电化学反应器时空产率的障碍。以下的粗略估计可以说明液相传质的影响。如果反应粒子与电极表面的每一次碰撞都可能引起电子转移,则当反应粒子浓度为 1mol/L 时,电极反应速率应能达到 $10^5 A/cm^2$,但是实际上一般工业电化学过程,其最高电流密度仅为 $1\sim10 A/cm^2$。唯有在电解加工中,由于电解液高速流动,强化传质,电流密度可达 $10^2\sim10^3 A/cm^2$。

在上一节中已经建立了电极反应的电流密度-电势特征关系式,可以看出,电流密度不仅受自身反应速率常数的影响,还受粒子表面浓度的影响,而粒子表面浓度又由液相传质速率决定。

液相传质速率一般用流量或通量来表示,为单位时间内通过单位截面积的物质的量,单位是 $mol/(m^2 \cdot s)$。下面讨论中假定溶液中粒子浓度只沿着 x 轴变化,在 y 轴和 z 轴方向上无浓度变化,即只考虑沿 x 方向的一维物质传递流量。

1.6.1 液相传质方式

液相传质,即物质在溶液中从一个地方迁移到另一个地方。在液相中的传质有电迁移、扩散、对流三种方式。

(1) 电迁移（electric migration）

荷电粒子在电场（即电势梯度）作用下的定向运动称为电迁移。若以 $J_{i,e}$ 表示离子的电迁移流量，则应有

$$J_{i,e} = \pm u_i E c_i \tag{1-98}$$

式中，c_i 为 i 离子的浓度；u_i 为 i 离子的淌度；E 为电场强度。式中正号用于正离子，负号用于负离子。

(2) 扩散（diffusion）

溶液中某一组分在浓度梯度（即化学势梯度）作用下由高浓度处向低浓度处的迁移称为扩散。若以 $J_{i,d}$ 表示 i 离子扩散流量，根据 Fick 第一定律，有

$$J_{i,d} = -D_i \left(\frac{dc_i}{dx}\right) \tag{1-99}$$

式中，D_i 为 i 离子的扩散系数；$\dfrac{dc_i}{dx}$ 为 i 离子在 x 方向（通常是垂直电极表面的方向）的浓度梯度。

(3) 对流（convection）

对流是溶液中的粒子随液体流动而迁移的传质现象。根据引起溶液对流的原因可分为两类：一类是自然对流，即由溶液内部浓度差或温度差引起密度差所产生的对流，还可能是由电解析气引起的对流；另一类是强制对流，即由人为的机械搅拌产生的对流。强制对流的方法很多，如搅拌溶液、旋转电极、振动电极等。

如以 $J_{i,c}$ 表示对流流量，则应有

$$J_{i,c} = v_x c_i \tag{1-100}$$

式中，v_x 为垂直电极表面的流速；c_i 为 i 离子的浓度。

考虑上述三种传质后，i 离子传质的总流量为

$$J_{i(x)} = J_{i,e} + J_{i,c} + J_{i,d} \tag{1-101}$$

即

$$J_{i(x)} = \pm E_x u_i c_i - D_i \frac{dc_i}{dx} + v_x c_i \tag{1-102}$$

对于所有的离子而言，总的传质流量 J 为

$$J = \sum J_i \tag{1-103}$$

这些离子运动所产生的电流密度为传质流量乘以离子所带电量，即流经该处的电流密度为

$$i_x = \sum z_i F J_{i(x)} \tag{1-104}$$

式中，z_i 为离子的价态；F 为法拉第常数。

则

$$i_x = FE_x \sum |z_i| u_i c_i - F \sum z_i D_i \left(\frac{dc_i}{dx}\right) + F v_x \sum c_i z_i \tag{1-105}$$

根据溶液电中性的原理，$\sum c_i z_i = 0$，所以上式中第三项等于零，即对流传质不产生净电流，则

$$i_x = FE_x \sum |z_i| u_i c_i - F \sum z_i D_i \left(\frac{dc_i}{dx}\right) \tag{1-106}$$

而某一种离子迁移的电量为

$$i_i = FE_x z_i u_i c_i - Fz_i D_i \left(\frac{dc_i}{dx}\right) \tag{1-107}$$

若 t_i 为该离子的迁移数，即 $i_i = t_i i_x$，显然，只有在无扩散 $\left(\frac{dc_i}{dx}=0\right)$ 时，$t_i i_x$ 才能表示电迁流量，这是应该注意的。

以上三种传质虽然可能同时存在，但条件不同，或在反应器的不同空间位置时，三者的主次却不同。三种传质方式的比较见表 1-13，传质模型及相应的典型浓度、电场、速度分布见图 1-24。

表 1-13　三种传质方式的比较

项目	对流	扩散	电迁移
迁移粒子	所有组分	所有组分都可能	荷电粒子
本质起因	溶液中的不平衡力（密度梯度）	浓度梯度（化学势梯度）	电场（电势梯度）
		电化学势梯度	

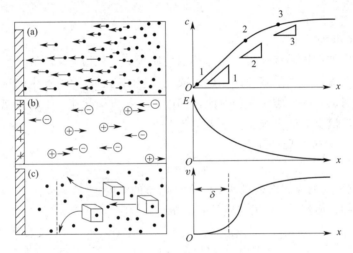

图 1-24　传质模型及相应典型浓度、电场、速度分布图
(a) 扩散；(b) 电迁移；(c) 对流

1.6.2　稳态扩散传质

采用支持电解质并在静止的溶液中，有可能将一个电活性物质在电极附近的物质传递限制为仅发生扩散传质。为此下面对扩散现象进行更深入的探讨。

(1) 稳态扩散与非稳态扩散

一般来说，在电极反应的开始阶段，由于反应粒子浓度变化的幅度比较小，且主要局限在距电极表面很近的静止液层中，因而液相传质过程不足以完全补偿由电极反应所引起的消耗。这时浓度极化就会不断发展，即电极表面液层中浓度变化的幅度越来越大，出现浓度变化的液层也越来越厚。此时的传质过程属于"非稳态过程"或"暂态过程"。然而，在浓度极化发展的同时，反应粒子消耗和补充的相对强度也在逐渐发生变化，使浓度极化的发展越来越缓慢。当表面液层中指向电极表面的反应粒子的流量已足以完全补偿由电极反应而引起的反应粒子的消耗时，传质就会进入"稳态过程"。此时表面液层中浓度极化现象仍然存在，但是却不再发展。在稳态过程中，溶液中的粒子沿着某一方向会产生一定的净流量，但此过程中溶液内各点浓度均保持恒定，不随时间而变化。

必须明确，稳态并不是平衡态，虽然两种状态下溶液内各点浓度均不随时间而变化，但平衡态下粒子净流量为零，而稳态下净流量不为零。从非平衡态热力学中的最小熵产生原理可知，当体系偏离平衡态不远时，当处于稳态时熵产生速率最小。平衡态是熵产生为零的状态，而稳态是熵产生最小的状态。

电极表面上稳态传质过程的建立，必须先经过一段非稳态阶段。在非稳态过程中，传质液层内各点浓度是随时间而变化的，即稳态下浓度只与空间位置有关，而非稳态下浓度既是空间位置的函数，又是时间的函数。处于稳态过程的扩散称为稳态扩散，处于非稳态过程的扩散称为非稳态扩散。显然，稳态扩散流量与时间无关，为恒量；而非稳态扩散的扩散流量是随时间而变化的。

对于已经处在稳态扩散的系统，如果受到外界因素（例如改变电流密度、温度，溶液受到搅拌等）的影响，使原来的稳态遭到破坏，则又会出现非稳态扩散。一般情况下，经过一段时间又可达到新的稳态。实际上，任何一个稳态都是由非稳态逐步过渡而达到的，而且稳态又常常会在外界干扰下而重新出现非稳态。所以说，稳态与非稳态的关系十分密切。

还需要指出，由于反应粒子不断在电极上消耗，电解过程中反应粒子的整体浓度一般总是逐渐减小的。但一般电化学测量时间都比较短，只要电解液总量不是特别小，就可以忽略整体浓度的变化。

稳态扩散过程的数学处理比较简单，只要能找到稳态下扩散粒子的浓度分布函数，即可根据 Fick 第一定律计算流量。而对于非稳态扩散，反应粒子的浓度同时是空间位置与时间的函数，因而数学处理要复杂得多，在大多数情况下，需要按照特定的起始条件和边界条件求解 Fick 第二定律，得到包含时间变量的浓度分布函数 $c(x,t)$。

（2）电极表面的扩散层

在实际的电极体系中，电极表面及其附近液层中的反应粒子传质和浓度分布可以用图 1-25 近似描述。在此需要区分电极表面各个液层的范围及电极表面浓度的含义。如果没有特性吸附，离电极表面最近的是外紧密层（厚度约 10^{-9} m），其次是分散层（厚度 $10^{-9} \sim 10^{-8}$ m），然后是扩散层（厚度 $10^{-5} \sim 10^{-4}$ m），对流区域从扩散层内部延伸到溶液深处。

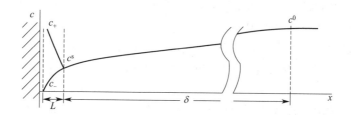

图 1-25 电极表面和附近液层中反应粒子的浓度分布

L—分散层厚度；δ—扩散层厚度；c^s—电解质表面浓度；c^0—电解质本体浓度；c_+、c_-—正、负离子浓度

在远离电极表面的体相，对流速度可能远大于扩散和电迁速度，因而对流成为主要的传质方式，扩散和电迁移常可忽略；在电极表面附近的薄层液体中，只要采用静态溶液（不搅拌或振荡溶液），由于电极表面的阻滞作用，液流速度一般都很小，因而起主要作用的是扩散及电迁移过程。而当对流与扩散交叠，即成为所谓对流扩散时，二者的影响则都应考虑。

为了研究扩散传质的规律，需要将对流和电迁移的影响尽量消除。加入大量支持电解质就可以消除电迁移的影响。在电化学研究和实际应用中往往会加入支持电解质。其作用可归纳为四点。第一，支持电解质可以大大降低电活性粒子的电迁移传质速度，用以消除电迁移效应。第二，高浓度离子的存在可以提高溶液的电导率，因此降低了工作电极和参比电极之间的溶液电阻，提高了对工作电极电势的控制和测量精度。第三，即使在电极上有离子的产生或消耗，支持电解质也可以使溶液保持恒定的离子强度，从而消除电解质总量变化产生的影响。第四，支持电解质可使分散层大大压缩，确保双电层厚度相对于扩散层很薄，并能消除 ψ_1 效应。

通常支持电解质的浓度在 $0.1\sim1.0\,\mathrm{mol/L}$ 的范围内，即对电活性组分来说是大量过量的。一般支持电解质的浓度超过电活性离子浓度 50 倍，则溶液内的电流主要由支持电解质离子来传输，电活性离子的电迁移速率将大大减小，故电活性离子的消耗主要由扩散来补充。在这种情况下，可以认为电极表面附近薄层液体中仅存在扩散传质过程。因而，在研究浓度极化时重点讨论电极表面附近液层中的扩散过程。

扩散主要发生在电极表面附近的液层中。所谓扩散层，是指电极表面双电层以外溶液中具有浓度梯度的液层。在非稳态扩散时，扩散范围随时间而变化，扩散层厚度也不断变化；在稳态扩散时，扩散范围不随时间改变，存在固定的扩散层厚度。当电极表面有气体析出时，扩散层厚度将下降。

由图 1-25 可见，双电层内的离子也存在非常大的浓度差，但由于双电层内电势梯度很大，各种离子浓度受双层电场的影响，不服从扩散传质的规律，而服从 Boltzmann 分布。所以研究扩散传质规律时，应把双电层的边界处作为扩散层的起点。通常情况下，双电层厚度一般在 $10^{-9}\sim10^{-8}\,\mathrm{m}$，而扩散层厚度一般为 $10^{-5}\sim10^{-4}\,\mathrm{m}$。因为扩散层比双电层大约厚 4 个数量级，故将双电层的边界作为扩散层的起点在实践中是完全允许的。在扩散层的末端，浓度梯度趋于零，其浓度等于溶液的本体浓度。

研究电化学极化时，i 粒子表面浓度记为 $c_i(0,t)$，在没有特性吸附时，$c_i(0,t)$ 可以理解为 OHP 面的粒子浓度，即此时的 $x=0$ 的液面表示 OHP 面。在研究浓度极化时，仍然需要将表面浓度记为 $c_i(0,t)$（通常简记为 c_i^s），但它指的是扩散层起点的粒子浓度，即此时的 $x=0$ 的液面表示分散层外表面。当然，如果剩余电荷密度较大或溶液浓度较大或存在大量支持电解质，则分散层厚度可忽略，此时两种情况下 $x=0$ 的液面基本处于同一位置。

（3）稳态扩散传质与电极过程速率

为了研究扩散规律，首先讨论一种理想稳态扩散状况。如图 1-26 所示，扩散传质区和对流传质区可以截然划分，从而可以消除对流的影响。

此时，溶液中的浓度场分布不随时间变化，扩散流量可由前已述及的 Fick 第一定律表示，即 $J_{i,\mathrm{d}}=-D_i\dfrac{\mathrm{d}c_i}{\mathrm{d}x}$。

因为扩散层中浓度为线性分布，故

$$J_{i,\mathrm{d}}=D_i\frac{c_i^0-c_i^s}{l} \tag{1-108}$$

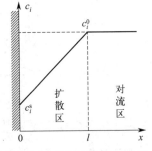

图 1-26 理想情况下扩散层中反应粒子的浓度分布

式中，c_i^0 为 i 离子在体相的浓度；c_i^s 为 i 离子在电极表面的浓度；l 为扩散层厚度。离子的扩散系数（D_i）离子的半径、介质的黏度、温度、浓度有关。水化作用使离子半径平均化，大多数无机离子的扩散系数约为 $1\times 10^{-9}\mathrm{m}^2/\mathrm{s}$，而且在 $1\sim 4\mathrm{mol/L}$ 范围内变化不大，仅略有下降。温度上升时，D_i 值则略有提高。表 1-14 及表 1-15 列出了一些离子和分子的扩散系数。

表 1-14 一些离子在无限稀释时的扩散系数

离子	$D/(\mathrm{m}^2/\mathrm{s})$	离子	$D/(\mathrm{m}^2/\mathrm{s})$
H^+	9.34×10^{-9}	Cl^-	2.03×10^{-9}
Li^+	1.04×10^{-9}	NO_3^-	1.92×10^{-9}
Na^+	1.35×10^{-9}	Ac^-	1.09×10^{-9}
K^+	1.98×10^{-9}	BrO_3^-	1.44×10^{-9}
Pb^{2+}	0.98×10^{-9}	SO_4^{2-}	1.08×10^{-9}
Cd^{2+}	0.72×10^{-9}	CrO_4^{2-}	1.07×10^{-9}
Cu^{2+}	0.71×10^{-9}	$\mathrm{Fe(CN)}_6^{3-}$	0.89×10^{-9}
Zn^{2+}	0.70×10^{-9}	$\mathrm{Fe(CN)}_6^{4-}$	0.74×10^{-9}
Ni^{2+}	0.69×10^{-9}	$\mathrm{C}_6\mathrm{H}_5\mathrm{COO}^-$	0.86×10^{-9}
OH^-	5.23×10^{-9}		

表 1-15 一些物质分子在稀的水溶液中的扩散系数

分子	$D/(\mathrm{m}^2/\mathrm{s})$	分子	$D/(\mathrm{m}^2/\mathrm{s})$
O_2	$1.8\times 10^{-9}(20℃)$	NH_3	$1.8\times 10^{-9}(20℃)$
H_2	$4.2\times 10^{-9}(25℃)$	$\mathrm{CH}_3\mathrm{OH}$	$1.3\times 10^{-9}(20℃)$
CO_2	$1.5\times 10^{-9}(20℃)$	$\mathrm{C}_2\mathrm{H}_5\mathrm{OH}$	$1.0\times 10^{-9}(20℃)$
Cl_2	$1.2\times 10^{-9}(20℃)$		

对于实际电极过程传质，对流的影响往往不能忽略。一般情况下对流都是从扩散层内部延伸到溶液深处，扩散区内也存在着对流传质过程。这种存在对流作用的扩散过程，可称为对流扩散。

对于稳态对流扩散，一种简化的处理方式是假设依然可以将扩散区和对流区分开（见图 1-27），只是扩散层的厚度改为扩散层有效厚度 δ。需指出的是，在厚度 δ 内的扩散层实际上是存在对流的，可以称为对流扩散层。这样就可以参照理想稳态扩散方程，将扩散层厚度 l 变为 δ，则扩散流量为

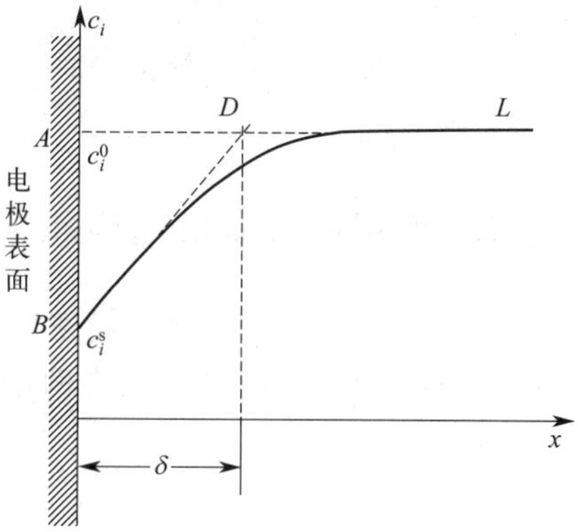

$$J_{i,\mathrm{d}}=D_i\frac{c_i^0-c_i^\mathrm{s}}{\delta} \quad (1\text{-}109)$$

式中，δ 为对流扩散层厚度。

$$\delta=\frac{c_i^0-c_i^\mathrm{s}}{(\mathrm{d}c_i/\mathrm{d}x)_{x=0}} \quad (1\text{-}110)$$

图 1-27 对流扩散情况下反应粒子的浓度分布

在稳态扩散条件下，可由扩散流量计算稳态扩散电流密度。假定存在以下电极反应

$$\mathrm{O}+z\mathrm{e}^-\Longleftrightarrow \mathrm{R}$$

O 粒子扩散到电极表面参加电极反应，稳态下产生恒定的反应电流密度。扩散流量与阴极电流密度之间存在如下关系：

$$i=zF(-J_{\mathrm{O,d}})=zFD_\mathrm{O}\frac{c_\mathrm{O}^0-c_\mathrm{O}^\mathrm{s}}{\delta} \quad (1\text{-}111)$$

式中，z 表示 1 个 O 粒子还原所得的电子数。因为流量是以沿着 x 轴方向为正，而溶液中反应粒子流动方向与 x 轴的方向相反，故 $J_{O,d}$ 为负值。已知还原电流密度为正值，故 $i = zF(-J_{O,d})$。

需注意的是，式(1-111) 中的 z 特指 1 个 O 粒子还原所得的电子数，如果反应式为 $\nu O + ze^- \rightleftharpoons R$，则 $i = (z/\nu)F(-J_{O,d})$。另外 z 与反应粒子荷电荷数 z_i 也要区分清楚，如对于反应 $Fe^{3+} + e^- \rightleftharpoons Fe^{2+}$，$z=1$ 而 $z_i = 3$。

通电后，反应粒子消耗，c_O^s 减小，$(c_O^0 - c_O^s)$ 增大，导致扩散流量及扩散电流增大，当 c_O^s 趋于零时，对应最大的扩散电流密度称为极限扩散电流密度（i_d），有时简称极限电流密度 (limiting current density)，即

$$i_d = zFD_O \frac{c_O^0}{\delta} \tag{1-112}$$

将式(1-112) 代回式(1-111)，得到

$$i = i_d \left(1 - \frac{c_O^s}{c_O^0}\right) \tag{1-113}$$

及

$$c_O^s = c_O^0 \left(1 - \frac{i}{i_d}\right) \tag{1-114}$$

另外，假如反应产物 R 也可溶的话，则 O 粒子的液相传质步骤、电荷传递步骤、R 粒子的液相传质步骤为三个串联进行的单元步骤，它们对应的电流密度相等，所以电流密度也可用产物流量表示。显然，生成 1 个 R 粒子在电极上传递 z 个电子，产物 R 的扩散流量与 x 轴同向，为正值，故

$$i = zFJ_{R,d} = zFD_R \frac{c_R^s - c_R^0}{\delta} \tag{1-115}$$

式中，z 表示生成 1 个 R 粒子电极上传递的电子数；c_R^0 表示产物粒子 R 的本体浓度；c_R^s 为 R 的表面浓度。

1.6.3 可逆电极反应的稳态浓差极化方程

对于可逆电极反应，电荷传递与表面转化步骤的进行无任何困难，其反应速率完全由液相传质步骤控制。以阴极极化为例进行分析。假定溶液中存在大量支持电解质，对于以下反应

$$O + ze^- \rightleftharpoons R$$

在开路状态下，电极的平衡电势可由 Nernst 公式计算

$$\varphi_e = \varphi^{\ominus'} + \frac{RT}{zF} \ln \frac{c_O^0}{c_R^0}$$

若对电极施加极化，使其电极电势从平衡电势（或稳定电势）变化到 φ，假设反应速率完全由液相传质步骤控制，只发生浓度极化。由于此时电极反应可逆，故电化学步骤近似处于与电极电势 φ 相应的热力学平衡状态，即 O 与 R 的表面浓度与 φ 符合 Nernst 方程

$$\varphi_e = \varphi^{\ominus'} + \frac{RT}{zF} \ln \frac{c_O^s}{c_R^s}$$

反应达稳态时，在上式中出现的 c_O^s 可通过式(1-114) 来计算，而根据 c_R^s 的不同，可分

为三种情况进行讨论。

（1）产物不溶

如果产物 R 是不溶的（如形成气体或固相沉积物等），则其活度 $a_R = 1$，于是其平衡电势

$$\varphi_e = \varphi^{\ominus} + \frac{RT}{zF}\ln a_O^{\ominus} = \varphi^{\ominus\prime} + \frac{RT}{zF}\ln c_O^0 \tag{1-116}$$

在极化电势 φ 下有

$$\varphi = \varphi^{\ominus} + \frac{RT}{zF}\ln a_O^s = \varphi^{\ominus\prime} + \frac{RT}{zF}\ln c_O^s \tag{1-117}$$

将式(1-114)代入式(1-117)，结合式(1-116)，得

$$\varphi = \varphi^{\ominus\prime} + \frac{RT}{zF}\ln\left[c_O^0\left(1 - \frac{i}{i_d}\right)\right] = \varphi_e + \frac{RT}{zF}\ln\left(1 - \frac{i}{i_d}\right) \tag{1-118}$$

显然过电势为

$$\eta_c = \varphi_e - \varphi = -\frac{RT}{zF}\ln\left(1 - \frac{i}{i_d}\right) \tag{1-119}$$

根据式(1-118)作图，可得产物不溶时的浓度极化曲线，如图 1-28 所示。

将式(1-119)写为指数形式：

$$1 - \frac{i}{i_d} = \exp\left(-\frac{zF\eta_c}{RT}\right) \tag{1-120}$$

如果过电势足够小，使 $\left|-\frac{zF\eta_c}{RT}\right| \ll 1$，将指数函数按泰勒级数展开，可近似为

$$1 - \frac{i}{i_d} \approx 1 - \frac{zF\eta_c}{RT} \tag{1-121}$$

注意到 η_c/i 具有电阻的量纲，可以定义一个低过电势下的物质传递电阻 R_{mt} 为：

$$R_{mt} = \frac{\eta_c}{i} = \frac{RT}{zFi_d} \tag{1-122}$$

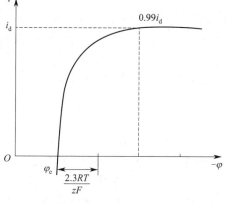

图 1-28　还原产物不溶时的稳态浓度极化曲线

由此可见仅在较小的过电势下，液相传质所控制的电极反应特性才与一个电阻元件类似。对比电荷传递电阻表达式，可见 R_{mt} 与 R_{ct} 具有相似的表示形式。同时也可知道，当产物不溶时，无论是电化学步骤控制还是液相传质步骤控制，在低过电势下，电极反应特性均可等效为一个电阻元件。

若为阳极极化 $R - ze^- \rightleftharpoons O$，产物不溶时，$a_O = 1$，仿照上述推导可得出

$$\varphi = \varphi_e - \frac{RT}{zF}\ln\left(1 - \frac{i}{i_d}\right) \tag{1-123}$$

$$\eta_a = -\frac{RT}{zF}\ln\left(1 - \frac{i}{i_d}\right) \tag{1-124}$$

与阴极极化公式具有相同的形式。

（2）产物可溶且产物初始浓度为零

如果产物 R 是可溶的，则需要计算反应产物的表面浓度。产物扩散层有效厚度用 δ_R 表示，由式(1-115)可知

$$i = zFD_R \frac{c_R^s - c_R^0}{\delta_R} \tag{1-125}$$

若反应开始前还原态产物不存在，也不考虑电极反应在溶液或电极内部引起的反应产物积累，即认为 $c_R^0 = 0$，则式(1-125)简化为

$$i = zFD_R \frac{c_R^s}{\delta_R} \tag{1-126}$$

可推出：

$$c_R^s = \frac{\delta_R}{zFD_R} i \tag{1-127}$$

若将电流密度用反应物表示，结合式(1-112)有

$$i = zFD_O \frac{c_O^s - c_O^0}{\delta_O} = i_d - zFD_O \frac{c_O^s}{\delta_O} \tag{1-128}$$

可推出：

$$c_O^s = \frac{\delta_O}{zFD_O}(i_d - i) \tag{1-129}$$

将式(1-127)和式(1-129)代入能斯特方程，整理后得到

$$\varphi = \varphi^{\ominus\prime} + \frac{RT}{zF}\ln\frac{\delta_O D_R}{\delta_R D_O} + \frac{RT}{zF}\ln\left(\frac{i_d}{i} - 1\right) \tag{1-130}$$

注意到该式右边最后一项在 $i = i_d/2$ 时消失，因此，把相应于 $i = i_d/2$ 的电极电势定义为半波电势（half-wave potential），用 $\varphi_{1/2}$ 表示，即

$$\varphi_{1/2} = \varphi^{\ominus\prime} + \frac{RT}{zF}\ln\frac{\delta_O D_R}{\delta_R D_O} \tag{1-131}$$

这样，式(1-130)可简化为

$$\varphi = \varphi_{1/2} + \frac{RT}{zF}\ln\left(\frac{i_d}{i} - 1\right) \tag{1-132}$$

在一定的对流条件下，δ_O 和 δ_R 均为常数；在含有大量支持电解质的溶液中，D_O 和 D_R 也很少随反应体系的浓度而变化。因此，$\varphi_{1/2}$ 可以看作是一个不随反应体系浓度改变的常数，它只取决于反应物和产物的特性，是 O/R 体系的特征参数。但是支持电解质的组成和含量会影响半波电势，因此在测定半波电势时，需要注明支持电解质的组成和浓度（可称为基底）。

如果 O 与 R 均溶解于液相中，且二者的结构相似，则往往有 $\delta_O \approx \delta_R$ 和 $D_O \approx D_R$，代入式(1-131)中可得 $\varphi_{1/2} \approx \varphi^{\ominus\prime}$。应用这一关系，可以根据半波电势的数值来估计 O/R 电对的形式电势。这种方法对于由有机化合物组成的氧化还原电对较为适用。

在直角坐标中，式(1-132)的具体形式见图 1-29(a)。在半对数坐标中，式(1-132)的具体形式见图 1-29(b)。

若为阳极极化 $R - ze^- \rightleftharpoons O$，产物可溶时，$c_O^0 = 0$，仿照上述推导可得出

$$\varphi = \varphi_{1/2} - \frac{RT}{zF}\ln\left(\frac{i_d}{i} - 1\right) \tag{1-133}$$

与阴极极化公式具有相同的形式，其中 $\varphi_{1/2}$ 的表达式仍为式(1-131)。

(3) 产物可溶且产物初始浓度不为零

如果 O 与 R 都是可溶的，且初始浓度均不为零，即 O/R 电对的两种形式均在本体溶液中存在时，则必须区别进行阴极极化时发生完全浓度极化 $c_O^s = 0$ 时的阴极极限电流密度

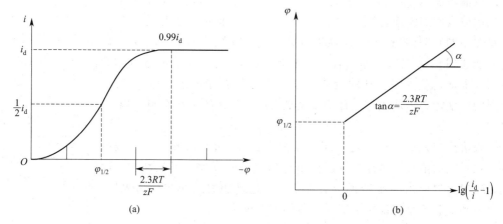

图 1-29　还原产物可溶且初始浓度为零时的稳态浓度极化曲线 (a)和半对数曲线 (b)

$i_{d,c}$，和进行阳极极化时 $c_R^s=0$ 时的阳极极限电流密度 $i_{d,a}$。此种情况下可推导出（推导过程略）

$$\varphi=\varphi^{\ominus\prime}+\frac{RT}{zF}\ln\frac{\delta_O D_R}{\delta_R D_O}+\frac{RT}{zF}\ln\left(\frac{i_{d,c}-i}{i-i_{d,a}}\right) \quad (1-134)$$

注意到该式右边最后一项在 $i=(i_{d,c}+i_{d,a})/2$ 时消失，而前两项刚好为式(1-131)中的半波电势 $\varphi_{1/2}$。因此，式(1-134)可写为

$$\varphi=\varphi_{1/2}+\frac{RT}{zF}\ln\left(\frac{i_{d,c}-i}{i-i_{d,a}}\right) \quad (1-135)$$

需要注意的是，$\varphi_{1/2}$ 对应的电流密度 $i=(i_{d,c}+i_{d,a})/2$。

图 1-30 是此公式对应的极化曲线。当 $i=0$ 时，$\varphi=\varphi_e$；当发生阳极极化时，电流开始变负，直到出现 $i_{d,a}$；当发生阴极极化时，电流开始变正，直到出现 $i_{d,c}$。

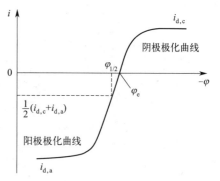

图 1-30　O 与 R 均可溶，且初始浓度均不为零时的稳态浓度极化曲线

1.6.4　对流扩散

在实际的电化学反应器中，电解液不可能绝对静止，因此，扩散与对流大多共同存在，称为对流扩散。湍流的数学处理相当复杂，故主要分析液体按层流方式流动时的对流扩散传质过程。另外，由于自然对流的定量处理也极复杂，而且它的传质能力一般远小于人为搅拌的强制对流作用，因而处理时往往略去自然对流的影响。换言之，主要研究在人为强制层流条件下液体中的传质过程。由于数学推导比较复杂，本节中只介绍对流扩散的基本原理及所得到的主要结论。

（1）边界层

流体力学中将固体表面附近存在速度梯度的液层称为边界层。边界层与流体两个重要性质黏性和黏着性密切相关。黏度 μ 是液体黏性大小的一种度量，其单位为 Pa·s。在研究液体运动时，还常采用运动黏度 ν 度量液体黏性（$\nu=\mu/\rho$，ρ 为液体密度），ν 的单位为 m^2/s。

假设液体以恒速 u_0 流过物体表面，由于黏性作用，形成了速度梯度。从固体表面到流速达到 u_0 之间这段存在速度梯度的液层称为边界层（见图 1-31）。严格来说，黏性影响是逐步减小的，只能在无穷远处流速才能达到 u_0，但从实际上看，如果规定流速为 $0.99u_0$ 的地方作为边界层界限，则该界限以外的流体已经可以近似看作理想流体。因此，边界层的厚度定义为从固体表面至流速为 $0.99u_0$ 处的垂直距离，以 δ_B 表示。

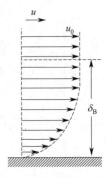

图 1-31 边界层中的液流速度分布

平板边界层是最简单的边界层（见图 1-32）。边界层开始于平板的首端。在平板的前部，边界层厚度较小，流速梯度较大，因此黏性作用较大，这时边界层内的流动属于层流流态，这种边界层叫层流边界层。理论分析和实验测量都证实了层流边界层的厚度为

$$\delta_B(x) = 5\sqrt{\frac{\nu x}{u_0}} \tag{1-136}$$

式中，ν 为液体的运动黏度；x 为距液流冲击原点 O 的距离。

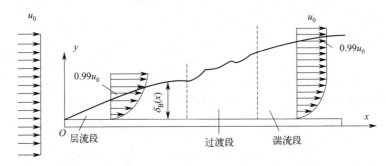

图 1-32 平板边界层示意图

(2) 对流扩散传质规律

研究如图 1-33 所示的平板电极，设各点流速均为 u_0，流动方向与电极表面平行的液流在坐标原点 O（$x=0$，$y=0$）处开始接触电极表面。显然电极表面存在层流边界层，根据式(1-136)，其厚度为：

$$\delta_B(x) = 5\sqrt{\frac{\nu y}{u_0}} \tag{1-137}$$

式中，y 为平板电极上某一点距原点 O 的距离。

因为反应粒子在电极表面上消耗，则电极表面将出现反应粒子的浓度变化，出现扩散层。假设溶液中加入大量支持电解质以消除电迁移传质的影响。计算结果表明，扩散层厚度 δ 与边界层厚度 δ_B 间存在下列近似关系：

$$\frac{\delta}{\delta_B} \approx \left(\frac{D_i}{\nu}\right) \tag{1-138}$$

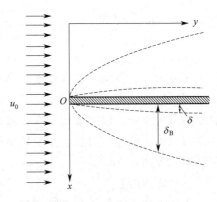

图 1-33 平板电极边界层厚度与扩散层厚度的关系

将式(1-137) 代入式(1-138) 中，可得：

$$\delta \approx 5 D_i^{1/3} \nu^{1/6} y^{1/2} u_0^{-1/2} \tag{1-139}$$

ν 与 D 的单位都是 m^2/s，但它们在数值上的差别很大。水溶液中离子与分子的 D 的数量级一般是 10^{-9}，而水溶液 ν 的数量级则是 10^{-6}。代入式(1-136)，可得 δ 约为 δ_B 的十分之一。

边界层与扩散层是不同的物理概念。前者的厚度较大，只由电极的几何形状与流体动力学条件所决定；后者则不仅具有较小的厚度，而且除几何及流体动力学条件外还依赖于反应粒子的扩散系数，即使在同一电极上、同一液流条件下，具有不同扩散系数的反应粒子也能形成不同厚度的扩散层。扩散系数愈大，相应的扩散层也愈厚。

在扩散层内部，仍然存在液体的运动，因而其中的传质过程是扩散和对流两种作用的联合效果。即使在稳态下，扩散层中各点的浓度梯度亦非定值。然而，由于在 $x=0$ 处液流速度为 0，可认为 $x=0$ 处只存在扩散过程而不存在对流过程，因此可以根据 $x=0$ 处的浓度梯度值来定义扩散层厚度的有效值（如图 1-27 所示）

$$\delta = \frac{c_i^0 - c_i^s}{(dc_i/dx)_{x=0}}$$

引入扩散层的有效厚度 δ 可使问题大大简化。由于 δ 通常是未知的，为方便起见，可将它与 D 结合起来组成另一个常数 $k=D/\delta$，常数 k 称为物质传递系数，单位是 m/s。这样，式(1-111) 变为

$$i = zFk(c_O^0 - c_O^s)$$

假如反应产物 R 也可溶的话，则

$$i = zFk(c_R^0 - c_R^s)$$

对于如图 1-33 所示的平板电极，可认为扩散层有效厚度

$$\delta \approx D_i^{1/3} \nu^{1/6} y^{1/2} u_0^{-1/2} \tag{1-140}$$

于是得到电极表面上各处的电流密度及极限扩散电流密度为

$$i \approx zFD_i^{2/3} \nu^{-1/6} y^{-1/2} u_0^{1/2} (c_i^0 - c_i^s) \tag{1-141}$$

$$i_d \approx zFD_i^{2/3} \nu^{-1/6} y^{-1/2} u_0^{1/2} c_i^0 \tag{1-142}$$

可以看出，在理想扩散中，i 与 D_i 成正比；而在对流扩散中，扩散系数的影响有所减弱。

由式(1-141)可见，液体流速 u_0 越大，电流密度越大。显然，加强搅拌可使电流密度增大。在实际工作中，可以应用各种办法达到搅拌目的。例如采用搅拌器、通入气体、使电解液流动、使电极运动等。

1.6.5 浓度极化与电化学极化的比较

电化学极化的大小是由电化学反应速率决定的，它与电化学反应本质有关。各种反应的活化能相差比较悬殊，因此反应速率的差别是以数量级计的。通过前面对电化学极化的讨论可知，电化学极化具有的基本特征为：

① 电化学极化不受搅拌的影响。实验时改变搅拌强度，电极反应速率、极化曲线以及相关的动力学参数不会有明显变化。

② 极化电势与电流关系，在高过电势时符合塔菲尔方程，低过电势时符合线性极化公式。

③ 电化学极化与电极实际面积、电极表面状态和温度有关。提高温度、增大电极真实表面积（例如采用多孔电极）等都能提高电化学反应速率，降低电化学极化。表面活性物质在电极溶液界面的吸附或形成覆盖层可大幅度地降低反应速率。

浓度极化是由扩散速率决定的。气相扩散很自由，主要取决于分子量和分子直径。液相扩散相对不自由，扩散的活化能也低，因此各种物质在同种介质中的扩散系数大都在同一数量级。例如，在气相中一般在 10^{-1} 数量级，在水溶液中一般为 10^{-5} 数量级，在固体电解质中一般为 10^{-9} 数量级。温度对扩散系数的影响较小（大约每摄氏度 2%）。浓度极化具有的基本特征为：

① 在一定的电极电势范围内，出现一个不受电极电势变化影响的极限扩散电流密度。

② 浓差极化的动力学公式与电化学极化不同，基本动力学公式为式(1-118)、式(1-132)、式(1-134)。

③ 改变扩散速率如减少扩散层的厚度对电流密度影响很大。例如，快速旋转电极或溶液流速很快的情况下，扩散层厚度可比自然对流低一两个数量级。因此，电流密度和极限扩散电流密度随着溶液搅拌强度的增大而增大。

④ 扩散电流密度与电极表面的真实表面积无关，而与电极表面的表观面积有关。

电化学极化与浓差极化的比较见表 1-16。

表 1-16 电化学极化与浓差极化的比较

项目	电化学极化	浓差极化
极化曲线形式	低电流密度下，η-i 成正比；高电流密度下，η-$\lg i$ 成正比	反应产物不溶时，η-$\lg i_d/(i_d-i)$ 成正比；可溶时，η-$\lg i/(i_d-i)$ 成正比
搅拌溶液对电流密度的影响	不改变电流密度	增大电流密度
电极材料及表面状态对反应速率的影响	有显著的影响	无影响
改变界面电势分布对反应速率的影响	有影响	无影响
反应速率的温度系数	一般比较高（活化能高）	较低
电极真实表面积对反应速率的影响	反应速率与电极的真实表面积成正比	若扩散层厚度超过电极表面的粗糙度，则反应速率正比于表观面积，与真实表面积无关

1.7 电极与溶液界面上的吸附

电极/溶液界面上的吸附现象对电极过程动力学有重大影响。表面活性粒子不参与电极反应时，吸附改变电极表面状态和双电层中电势分布，从而影响反应粒子在电极表面的浓度和电极反应的活化能，使电极反应速率发生变化。当表面活性粒子是反应物或产物时，就会直接影响有关步骤的动力学规律。因而，在实际工作中，常利用界面吸附对电极过程的影响来控制电化学过程。如在电镀中常常加入各种添加剂以提高镀层的质量。应用缓蚀剂以减少介质对金属的腐蚀。

1.7.1 界面特性吸附

所谓吸附,是指某种物质的分子或原子、离子在固体或溶液的界面富集的一种现象。促使这些物质在溶液界面富集的原因,可能是分子间力的作用,即所谓物理吸附;也可能是某种化学力作用的结果,通常称为化学吸附。由带电荷的电极吸引溶液中带相反电荷符号的离子,使该离子在电极界面聚集,称为静电吸附。

电解液中的离子或有机分子在电极界面上由库仑力以外的作用力引起的粒子吸附称为特性吸附,也称为接触吸附。因为它与金属和被吸附物种的特性有关,故称为特性吸附。特性吸附往往是由与金属表面原子间有类似于化学键的表面键力而引起的。水溶液中的粒子在库仑力作用下在电极表面吸附时,通常隔着电极表面的水分子层吸附在电极上。但是特性吸附发生时,粒子可以突破水分子层直接吸附到电极表面。特性吸附的离子甚至有可能与电极之间发生部分电荷转移,部分地具有共价键性质。

离子特性吸附时,需要脱除自身的水化膜并挤掉原来吸附在电极表面上的水分子,将引起系统吉布斯自由能的增大。因此,只有那些离子与电极间的相互作用(包括镜像力、色散力和化学作用等)所引起的系统吉布斯自由能的降低,超过了上述吉布斯自由能的增加,离子的特性吸附才有可能发生。因为特性吸附靠的是库仑力以外的作用力,不管电极表面有无剩余电荷,特性吸附都有可能发生。

有特性吸附时(例如 KI 溶液中汞电极吸附 I^-)和无特性吸附时(如 Na_2SO_4 溶液中的汞电极)的零电荷电势并不一样。由图 1-34 的电毛细曲线可清楚地看出,两条曲线的零电荷电势的差值就是 I^- 吸附双层的电势差。当电极表面负的剩余电荷过多,对 I^- 的排斥作用足够大时,I^- 特性吸附消失,汞在 KI 与 Na_2SO_4 溶液中的两条电毛细曲线重合。由图 1-34 可以看出,在 φ_Z(KI) 下 KI 溶液中汞表面上剩余电荷为零,而在 Na_2SO_4 溶液中汞表面带负电。图 1-35 为二者的双电层结构示意。在 KI 液中电极表面剩余电荷为零时仍然存在负离子的特性吸附。Na_2SO_4 溶液中的离子双层和 KI 溶液中的吸附双层造成的界面电势差一样,故电极电势相同。

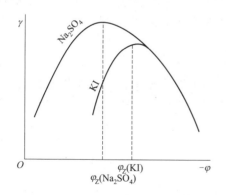

图 1-34　Hg 在 Na_2SO_4 和 KI 溶液的电毛细曲线

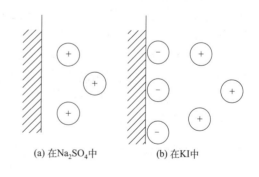

图 1-35　$\varphi = \varphi_Z$(KI) 时 Hg 在 Na_2SO_4 和 KI 溶液中的双电层结构(图中未画出水分子)

1.7.2 无机阴离子的特性吸附

一般的无机阳离子活性很小,很少发生特性吸附。只有高价的 Th^{4+} 和 La^{3+} 等才有活性。但尺寸较大、价数较低的阳离子（如 Tl^+、Cs^+）也发生特性吸附。在无机离子中，除 F^- 外几乎所有的阴离子都或多或少会发生特性吸附。所以，下面重点讨论无机阴离子的特性吸附。

由于无机阴离子本身带有负电荷，它们可以在荷正电的电极表面上富集，这种吸附为离子静电吸附。许多无机阴离子如卤素离子、S^{2-}、OH^-、CN^- 等，在汞和其它一些金属表面上除静电吸附之外，还发生非库仑力引起的吸附，即特性吸附，其吸附键具有化学键的性质。因此，阴离子在电极表面上的浓度大于仅存在静电吸附的表面浓度。

可以从电毛细曲线的实验结果来分析无机阴离子的特性吸附规律。用 Hg 电极在不同无机盐溶液中测得的电毛细曲线如图 1-36 所示。可见卤素离子在汞电极上特性吸附引起的零电荷电势向负方移动的数值顺序为 $I^- > Br^- > Cl^-$。这与它们在汞电极上特性吸附能力大小的顺序一致。

当电极表面荷正电时，除了有阴离子的特性吸附之外，还有离子的静电吸附，故界面张力下降较多。当电极表面荷负电时，电极对阴离子有静电排斥作用，静电吸附就不存在了。

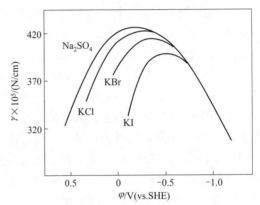

图 1-36　无机阴离子特性吸附对电毛细曲线的影响

但由于特性吸附的特点，可在不带电或带少量同种电荷的电极表面上发生特性吸附。阴离子可在带负电的电极表面上发生特性吸附。只有当电势较负，静电斥力很大时，静电斥力大于特性吸附作用力，阴离子的特性吸附才消失。

阴离子的特性吸附使电毛细曲线最高点（即零电荷电势）向负移动，这是由于阴离子被吸附之后，改变了双电层结构和金属表面的带电情况。例如，图 1-36 是有特性吸附的电毛细曲线，曲线最高点所对应的电势是汞表面发生 I^- 特性吸附的零电荷电势。此时汞表面不带电荷，界面上有特性吸附的 I^-，由于它的静电作用吸引溶液中的 K^+，在靠近界面的液相中形成吸附双电层，吸附双电层的电势差引起零电荷电势变化。在这同一电势下不发生特性吸附的汞表面上却是带负电。

由以上的例子可以看出，当金属电势保持不变时，若其表面发生特性吸附，往往会引起金属表面电荷的变化。无机阴离子特性吸附的影响反映在微分电容曲线上是使电容值升高，其原因是电极表面与活性离子之间相互作用，使阴离子发生变形，从而使二者之间的距离减小，所以微分电容值升高。

1.7.3　有机物的吸附

凡能够强烈降低界面张力，容易吸附于电极表面的物质，都被称为表面活性物质。它们的分子、原子、离子等就是表面活性粒子。除了前面介绍的无机阴离子在电极与溶液界面区的特性吸附以外，很多有机化合物的分子和离子也都能在界面上吸附。有机物的分子和离子在电极与溶液界面区的吸附对电极过程的影响很大。例如电镀中使用的有机添加剂和以减缓金属腐蚀为目的有机缓蚀剂，大多都具有一定的表面活性。

与阴离子发生特性吸附类似，有机物的活性粒子向电极表面转移时，必须先脱除自身的一部分水化膜，并且排挤掉原来在电极上存在的吸附水分子。这两个过程都将使系统的吉布斯自由能增大，在电极上被吸附的活性粒子与电极间的相互作用（包括憎水作用力、镜像力和色散力引起的物理作用以及与化学键类似的化学作用），则将使得系统的吉布斯自由能减少。只有后面这种作用超过了前者，系统的总吉布斯自由能减少，吸附才能发生。

有机物在电极表面吸附时会出现两种情况。一种是被吸附的有机物在电极表面保持自身的化学组成和特性不变。这种被吸附的粒子与溶液中同种粒子之间很容易进行交换，可以认为吸附是可逆的。另一种是电极与被吸附的有机物间的相互作用特别强烈，能改变有机物的化学结构而形成表面化合物，使被吸附的有机物在界面与溶液间的平衡遭到破坏，这是一种不可逆的吸附。

(1) 有机物的可逆吸附

当电极表面剩余电荷密度很小时，对于在电极与溶液界面间发生可逆吸附的脂肪族化合物，以其分子中亲水的极性基团（例如丁醇中的 OH 基）朝着溶液（见图 1-37），而其不能水化的碳链（分子的憎水部分）则向着电极。而且这种脂肪化合物的碳链越长，其表面活性越大。这类化合物在电极与溶液界面上的吸附，与它们在空气与溶液界面上的吸附相近。

但是，一些芳香族化合物（如甲酚磺酸、2,6-二甲基苯胺等）、杂环化合物（如咪唑和噻唑衍生物等）和极性官能团多的化合物（如多亚乙基多胺、聚乙二醇等）的活性粒子与电极间的作用远比它们与空气间的作用大得多，因而它们在电极上吸附要比在空气与溶液的界面上吸附容易得多。而且，同一种粒子在各种不同材料的电极上吸附能力的差别也很明显。

有表面活性的有机分子发生特性吸附的规律及其对界面性质的影响，可以通过电毛细曲线和微分电容曲线来观察。图 1-38 中的实线和虚线分别表示存在

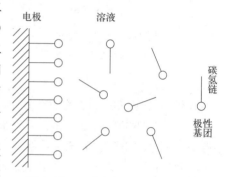

图 1-37 丁醇在电极上吸附示意图

和不存在有机物分子吸附的电毛细曲线。由图 1-38 可见，有机物分子的吸附总是发生在零电荷电势附近一段电势区间内。表面活性物质吸附会使界面张力下降，这是吸附引起表面吉布斯自由能减少的结果。

在溶液中不存在任何表面活性物质时，电极表面总是吸附着一定数量的水分子。因此，对于有机物分子与电极间相互作用很弱的吸附过程来说，可以认为有机物在电极表面上的吸附实质上是有机物分子取代水分子的过程。由于水分子的极性较强，电极表面有剩余电荷时能加强水分子在电极表面的吸附。在零电荷电势附近，水在电极表面上的吸附量最少，它们与电极的联系也最弱，故这时有机物分子最容易取代水分子而被吸附于电极上。电极上吸附有机物后，在零电荷电势附近的一段电势范围内，界面张力下降了。有机分子的浓度越大，界面张力下降得越多，发生吸附的电势范围越宽。

电毛细曲线方法研究有机物吸附的灵敏度和重现性并不好，使用更广泛的方法还是微分电容法。图 1-39 中实线为电极表面存在有机物分子吸附时的微分电容曲线，虚线为不存在有机物吸附的曲线。可以看出，有机物分子的吸附发生在零电荷电势附近一段电势区间内，φ_z 附近双层电容降低，两侧则出现很高的电容峰值。对此实验现象的解释是，在界面层中相对介电常数很大的水分子被相对介电常数小而体积较大的有机分子所取代，加大了两层电荷间距离。尤其在 φ_z 附近的电势范围内，电极表面的水分子最容易被有机分子所取代，所以界面微分电容值就明显下降。当电极/溶液界面被有机分子全部覆盖，界面微分电容达到

极限值，在曲线两侧出现电容峰。

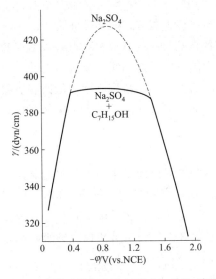

图 1-38　正庚醇对汞在 0.5mol/L Na_2SO_4 溶液中所测电毛细曲线的影响
（1dyn＝10^{-5}N）

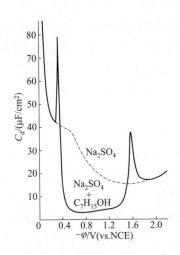

图 1-39　正庚醇对汞在 0.5mol/L Na_2SO_4 溶液中微分电容曲线的影响

有机物在电极上的吸附，还存在着空间取向的问题。例如含有—OH、—CHO、—CO、—CN 等基团的有机物在汞电极上吸附时，若吸附覆盖度 $\theta_A \approx 1$，则有机物分子的烃链将垂直于电极表面。对于芳香族及杂环化合物在电极上有两种被吸附的方式。当电极表面荷正电时，由于 π 电子云与正电荷之间的相互作用，有机分子的平面趋向于和电极表面平行，形成平卧的吸附层。当电极表面荷负电时，则转变为芳环平面与电极表面垂直的吸附层。

各种类型表面活性物质在电极表面上吸附的一般规律，它们在不同电极上的吸附能力，以及对各类电极过程的影响程度等，目前还不能用理论解决，还需通过实验来选择表面活性物质。

（2）有机物的不可逆吸附

研究发现很多种有机物（例如甲醇、苯和萘等）在铂电极上的吸附是不可逆的。在有机物分子与催化活性很高的铂电极接触时，会有脱氢、自氢化、氧化和分解等化学变化发生，所形成的产物被吸附于电极上。在这种电极上吸附的有机物总量中，属于物理吸附的只占很小一部分，不足 1%。这种不可逆吸附过程跟有机物与催化活性电极间的化学作用有密切的关系，而且在铂电极上的吸附层结构特性和组成，也取决于有机物与电极间的相互作用，所以人们必须研究对吸附粒子的组成、结构以及与电极界面间键的性质有影响的各种因素（例如电极电势、溶液 pH 值等）。

通过对不同电势下有机物吸附动力学的研究，有可能了解电极电势对有机物表面覆盖度的影响。当电极电势从吸附量最大的电势下向负的方向或者向正的方向移动时，被吸附的有机物有可能脱附。在一般情况下，脱附的原因是电极上被吸附的物质发生电氧化或电还原。

（3）有机物吸附对电极过程的影响

在很多情况下，有机物吸附对电极过程存在阻化作用。如在电镀中经常加入有机添加剂，在多数情况下它们增大了阴极变化。具有表面活性的有机分子在电极表面吸附并定向排列，取代了原来在电极表面定向吸附的水分子，形成了一个新的附加的吸附偶极层，改变了界面上的电势分布，从而影响电极反应速率。关于有机物吸附对电极过程的阻化原因有几种解释：

① 电极表面上存在有机物的吸附层，反应粒子须先穿过吸附层才能到达电极表面，为此需要越过一定的位能垒，如果这种位能垒够高，以至于反应粒子穿透吸附层的过程成了新的控制步骤，吸附层对电极反应的阻化效应称为"穿透效应"。

② 吸附层的主要作用是阻化了表面层中的化学转化速率，使得化学转化步骤成为速率控制步骤，形成了与电极电势无关的阻化作用，叫作"动力效应"。

③ 在电极表面被有机活性物质覆盖后，覆盖面上根本不能发生电化学反应，这种阻化作用叫作吸附层的"封闭效应"。

上述几种有机物吸附层对电极反应的影响机理并不相互排斥，因此有可能同时出现一种以上的阻化效应。

1.8 电催化

电极可分为两种类型：第一类电极，直接参加电极反应，并有所消耗（如阳极溶解）或生长（阴极电沉积），它们大都属于金属电极过程；第二类电极，本身并不直接参加电极反应和消耗，因而被称为"惰性电极"或"不溶性电极"，但对电化学反应的速率和反应机理却有重要影响，这一作用往往称为电化学催化或电催化。

电催化（electrocatalysis）是在电场作用下，存在于电极表面或溶液相中的物质（可以是电活性的和非电活性的物种）能促进或抑制在电极上发生的电子转移反应，而物质本身并不发生变化的一类化学作用。在电催化过程中，如果固定在电极表面或存在于电解液中的催化剂本身发生了氧化-还原反应，成为底物的电荷传递媒介体（mediator），促进底物的电子传递，这类催化作用又称为氧化-还原电催化或媒介体电催化。

1.8.1 电催化的影响因素

电催化作用既可由电极材料本身产生，也可通过电极表面修饰和改性后获得，也可能来自溶液中的添加剂。通常所说的电催化剂主要是指电极材料。电催化剂的选择需要综合考虑催化剂的导电性、稳定性和催化活性等多种因素，基本要求为：

① 高的催化活性。电极反应具有高的反应速率，在较低的过电势下进行，以降低槽压和能耗。

② 良好的选择性。对给定电极反应具有高的催化活性，对其它副反应则催化活性低，使其难以发生。

③ 良好的电子导电性。至少与导电材料（例如石墨粉、银粉）充分混合后能提供不引起严重电压降的电子通道，即电极材料的电阻不太大。

④ 高的稳定性。在实现催化反应的电势范围内催化表面不至于因电化学反应或杂质及中间产物的作用而过早地失去催化活性。另外，要求其耐蚀并具有一定的机械强度。

电催化作用主要体现在电极反应过电势的降低或在某一给定的电势下电流的增加。通过测定电极反应的电势与电流（密度）关系，可以对电催化剂的催化活性进行评估。我们知道，交换电流密度 i_0 代表着平衡电势下的反应速率，交换电流密度 i_0 愈高，电化学反应的过电势则愈低，因而可以采用 i_0 作为评价不同电极电催化活性的参数。但需要特别注意，严格来说，只有电极反应机理相同时，才可以采用 i_0 来评价不同电极对某一反应的电催化活性。从塔菲尔方程可知，反映电极反应机理的另一动力学参数塔菲尔斜率 b 值是不可忽略的因素。当反应机理不同时，i_0 值较小的电极材料，也可因其 b 值较低，在高电流密度区间，反而具有较高的电催化活性（见图1-40电极材料1）。

一般认为，电催化作用主要是通过表面吸附来影响中间态粒子的能量，而这些中间态粒子在形成和脱除时涉及的能量效应，将影响反应的活化能。基于对上述电催化机理的认识，影响电催化活性的主要因素包括能量、空间和表面三方面。能量因素，即催化剂对电极反应活化能产生的影响。这主要由催化剂材料的化学性质决定。空间因素，即由于电催化过程往往涉及反应粒子或中间粒子在电极表面吸附键的形成和断裂，因此要求这些粒子与催化剂表面具有一定的空间对应关系。表面因素，包括电催化剂的比表面和表面状态，如表面缺陷的性质、浓度、各种晶面的暴露程度等，主要由

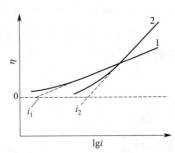

图1-40 塔菲尔斜率对电催化活性影响的示意图

催化剂的制备工艺决定。电极比表面积的增大，将使真实电流密度降低，有利于减小过电势。

（1）催化剂的结构和组成

电催化反应发生在电极/电解液的界面，反应物分子必须与电极发生相互作用，而这种相互作用的强弱主要取决于催化剂的结构和组成。如对于过渡金属及其化合物这类最常用的电催化剂而言，其催化活性与过渡金属原子存在可形成化学吸附键的空电子轨道有密切关系。由于过渡金属的原子结构中都含有空余的 d 轨道和未成对的 d 电子，含过渡金属的催化剂与反应物分子接触时，这些电催化剂的空余 d 轨道上将形成各种化学吸附键，达到分子活化的目的，从而降低了反应的活化能。过渡金属催化剂的活性不仅依赖于电催化剂的电子因素（即 d 轨道的特征），电催化剂的比表面和表面状态、反应粒子的吸附位置及类型等几何因素对催化也有重要影响。

（2）吸附

化学动力学已经阐明吸附对异相催化有重要作用。对于电催化而言，吸附同样是影响催化过程的重要因素。需要注意的是，电催化与气-固反应比较另有特点：电极表面的吸附与界面电场及电极电势有关，如受零电荷电势及电极表面剩余电荷的影响。由于电催化中的吸附发生在电极与溶液界面上，受溶剂（如水分子）和惰性的溶质分子、离子在电极表面的竞争吸附的影响，反应粒子及中间态粒子在电极表面的吸附较弱，吸附速率较慢，可能成为速率控制步骤。对于反应历程复杂的多电子反应，电极表面的吸附还与空间因素密切相关，希望表面粒子与被吸附态粒子之间具有适当的空间对应关系。

（3）催化剂的氧化还原电势

催化剂的活性与其氧化还原电势密切相关。特别是对于媒介体催化，催化反应在媒介体氧化-还原电势附近发生。

（4）催化剂载体

催化剂载体对电催化活性亦有很大影响。电催化剂的载体通常可分为基底电极（常采用贵金属电极和碳电极）和将电催化剂固定在电极表面的载体（多用聚合物膜和一些无机物膜）。载体必须具备良好的导电性及抗电解液腐蚀性。载体的作用分两种情况。一种情况是载体仅作为一种惰性支撑物，催化剂负载条件不同只引起活性组分分散度的变化。另一种情况是载体与活性组分存在某种相互作用，这种相互作用的存在修饰了催化剂的电子状态，其结果可能会显著地改变电催化剂的活性和选择性。

此外，电催化剂的表面微观结构和状态、溶液中的化学环境等也都是影响电催化活性的重要因素。

1.8.2 氢电极过程电催化

氢电极过程是最常见的气体电极过程。氢电极过程包括氢的阴极还原析出和阳极氧化。由于氢电极反应在工业上的广泛应用，对其电催化过程的研究具有十分重要的意义。

（1）氢的阴极还原析出（析氢反应）

氢析出反应的总过程一般表示为

$$2H_3O^+ + 2e^- \longrightarrow H_2 + 2H_2O \quad （酸性介质）$$

或

$$2H_2O + 2e^- \longrightarrow H_2 + 2OH^- \quad （中性或碱性介质）$$

氢析出反应的最终产物是分子氢。然而，两个水化质子在电极表面的同一处同时放电的机会非常小，因此电化学反应的初始产物应该是氢原子而不是氢分子。考虑到氢原子具有高度的化学活泼性，可以认为在电化学步骤中首先生成吸附在电极表面上的氢原子，然后再按某种方式脱附而生成氢气分子。如此，在氢析出反应历程中可能出现的基本步骤主要有下列三种。

① 电化学反应步骤

电化学还原产生吸附于电极表面的氢原子

$$H_3O^+ + e^- + M \longrightarrow MH + H_2O \quad （酸性介质）$$

或

$$H_2O + e^- + M \longrightarrow MH + OH^- \quad （中性或碱性介质）$$

② 复合脱附步骤

$$MH + MH \longrightarrow 2M + H_2$$

③ 电化学脱附步骤

$$MH + H_3O^+ + e^- \longrightarrow H_2 + H_2O + M \quad （酸性介质）$$

$$MH + H_2O + e^- \longrightarrow H_2 + M + OH^- \quad （中性或碱性介质）$$

如果电化学反应步骤为控制步骤，称为"迟缓放电机理"；复合脱附步骤为控制步骤，称为"复合脱附机理"；电化学脱附步骤为控制步骤，称为"电化学脱附机理"。也有人认为在电极上各反应步骤的速率近似，反应属于联合控制。

对于析氢反应，动力学方程大多数情况下符合 Tafel 公式。Tafel 常数 a 是指电流密度为 $1A/cm^2$ 时过电势的数值，它与电极材料、电极表面状态、溶液组成以及实验温度有关。过电势的大小反映了电极催化活性的高低。析氢过电势的大小基本上取决于 a 的值，因此 a 的值越小，氢超电势也越小，其可逆程度越好，电极材料对氢的催化活性也越高。

三种析氢反应机理的 Tafel 曲线斜率 b 不同。已知阴极极化的 Tafel 公式为

$$\eta_c = -\frac{2.3RT}{\vec{\alpha}F}\lg i_0 + \frac{2.3RT}{\vec{\alpha}F}\lg i = a + b\lg i \tag{1-143}$$

斜率 $b = \frac{2.3RT}{\vec{\alpha}F}$。传递系数可由公式 $\vec{\alpha} = z'/\nu + \beta_r$ 计算得出。

① 迟缓放电机理。此时 $z'=0$，$r=1$，故 $\vec{\alpha}=\beta$，假设 $\beta=0.5$，$T=298K$，将其它常数代入后，得出 $b=0.118V$。因为 β 值有所不同，故 b 会在 118mV 左右变化。

② 复合脱附机理。此时 $z'=1$，$r=0$，$\nu=1/2$，故 $\vec{\alpha}=2$，假设 $\beta=0.5$，$T=298K$，可得 $b=0.0295V$。

③ 电化学脱附机理。此时 $z'=1$，$r=1$，$\nu=1$，故 $\vec{\alpha}=1+\beta$，假设 $\beta=0.5$，$T=298K$，可得 $b=0.039V$。

需要注意的是，上述计算是在均匀光滑表面和吸附氢低表面覆盖度的情况下才适用的。事实上，大多数固体电极的表面显然是不均匀的，必然会影响动力学公式中的反应速率常数项，而且在电极表面上吸附氢原子的覆盖度可能达到比较大的数值。如果考虑到这些因素，则复合脱附机理和电化学脱附机理也可能出现斜率约为 118mV 的半对数极化曲线。

斜率 b 的数值在大多数洁净的金属表面具有比较接近的数值（100～140mV），在室温下接近于 0.116V。这就意味着电流密度 i 每增加 10 倍，超电势增加约 0.116V。表示表面电场对氢析出反应的活化效应大致相同。有时也观察到较高的 b 值（>140mV）。引起这种现象的可能原因之一是在所涉及的电势范围内电极表面状态发生了变化。在氧化了的金属表面上，也往往测得较大的 b 值。

表 1-17 为氢气在不同金属上析出时常数 a 和 b 的数值。本表只笼统地给出了酸性介质与碱性介质，并没有具体给出介质组成及浓度，而 a 值与金属本性、金属表面状态、溶液组成及温度等因素都有关系，故表中 a 值数据仅供参考。

按照 Tafel 关系式中 a 值的大小，可将常用电极材料分为三类：

①低过电势金属，a 值在 0.1～0.3V 之间，其中最重要的是 Pt 系贵金属。

②中过电势金属，a 值在 0.5～0.7V 之间，其中最主要的金属是 Fe、Co、Ni、Cu、W、Au 等。

③高过电势金属，a 值在 1.0～1.5V 之间，主要有 Cd、Hg、Tl、Zn、Ga、Bi、Sn 等。

高过电势金属析氢反应可逆性差，交换电流密度小；低过电势金属析氢反应可逆性好，交换电流密度大。表 1-18 给出了在 H_2SO_4 溶液中某些金属上氢电极反应的 i_0。从中可见不同金属反应活性差别之大。需要注意的是，表 1-18 中 i_0 的大小顺序与表 1-17 中常数 a 的大小顺序并非完全对应，这是因为 a 值和 i_0 不仅与金属本身有关，还与测试时的金属表面状态以及溶液组成、浓度有关。

表 1-17 氢气在不同金属上析出常数 a 和 b 的数值

金属材料	酸性介质		碱性介质	
	a/V	b/V	a/V	b/V
Ag	0.95	0.10	0.73	0.12
Al	1.00	0.10	0.64	0.14
Au	0.40	0.12	—	—
Be	1.03	0.12	—	—
Bi	1.84	0.12	—	—
Cd	1.40	0.12	1.05	0.16
Co	0.62	0.14	0.60	0.14
Cu	0.87	0.12	0.96	0.12
Fe	0.70	0.12	0.76	0.11
Ge	0.97	0.12	—	—
Hg	1.41	0.114	1.54	0.11
Mn	0.8	0.10	0.90	0.12
Mo	0.66	0.08	0.67	0.14
Nb	0.8	0.10	—	—
Ni	0.63	0.11	0.65	0.10
Pb	1.56	0.11	1.36	0.25
Pd	0.24	0.03	0.53	0.13
Pt	0.10	0.03	0.31	0.10
Sb	1.00	0.11	—	—
Sn	1.20	0.13	1.28	0.23
Ti	0.82	0.14	0.83	0.14
Tl	1.55	0.14	—	—
W	0.43	0.10	—	—
Zn	1.24	0.12	1.20	0.12

表 1-18 在 1mol/L H_2SO_4 中，析氢反应的 i_0 值

分类	金属	H_2SO_4 浓度/(mol/L)	i_0/(A/m^2)
低过电势金属	Pt	0.25	10
	Pd	0.50	10
	Rh	0.25	6
	Ir	0.50	2
中过电势金属	Ni	0.25	6×10^{-2}
	Au	1.00	4×10^{-2}
	Nb	0.50	4×10^{-3}
	W	0.25	3×10^{-3}
	Ti	1.00	6×10^{-5}
高过电势金属	Cd	0.25	2×10^{-7}
	Pb	0.25	5×10^{-8}
	Hg	0.125	8×10^{-9}

对于氢电极过程，电极与反应粒子之间的主要作用是氢原子在电极表面的吸附。H_2 析出过程中先经历电化学还原步骤形成吸附于电极表面的氢原子，即先形成 M-H 键；然后再发生 M-H 键的断裂，形成氢分子。因此，电极材料对 H_2 析出的电催化性能与 M-H 键的强度密切相关。对于过渡金属及其合金上氢气的电催化析出，M-H 键的强度越大，越有利于反应步骤中吸附氢原子的形成，该基元反应的速率亦越大。但 M-H 的强度大时，复合脱附或化学脱附步骤（即 M-H 键断裂）的发生必然需要克服较大的活化能，导致 M-H 键断裂形成 H_2 分子以相对较慢的速率进行。

那些析 H_2 过电势高的电极材料（如 Hg、Pb、Zn）对氢的吸附弱，氢析出速率一般由形成吸附氢的速率控制（即迟缓放电），这时增强吸附有利于降低控制步骤的活化能，提高反应速率。此外，还应考虑电极表面覆盖度的变化对吸附键强弱的影响。

吸附氢键（M-H）增强时，析 H_2 反应速率首先提高，但氢键如过强，反应速率反而降低。因此，一般认为，中间价态粒子具有适中的能量（适中的吸附键强度及表面覆盖度）时，可能对应最高的反应速率。实验结果也证明了这一点。图 1-41 给出了氢气在一些过渡金属上析出时交换电流密度 i_0 对 M-H 吸附键强度的火山形关系曲线，该图被认为是当前氢气析出反应电催化研究中最满意的关系。由火山形曲线左、右支的斜率可以预期，在左边的金属上，由于 M-H 键的键能较小，氢气析出反应的速率控制步骤是导致 M-H 键形成的电化学还原步骤；而在右边的金属上，速率控制步骤则是电化学脱附步骤；在火山形曲线上端的金属上，速率控制步骤则为复合脱附。这一现象通常被称为"火山形效应"（volcano plots）。

前已提及催化剂活性中心的电子构型是影响电催化活性的一个主要因素。这是由于过渡金属催化剂都含有空余的 d 轨道和未成对的 d 电子，能形成各种特征的化学吸附键。而过渡金属催化剂的电子构型则决定了化学吸附键的强度，因而具有中等强度的 M-H 键的形成可通过改变电极表面电子状态实现，这样就可实现电催化的目的。例如，氢气在 Co 和 Ni 上析出时具有中等大小的过电势值，但当 Co 和 Ni 形成合金时对氢析出反应却具有很高的电催化活性，其析氢过电势甚至比在平滑铂电极上还低。

对于氢气的析出反应，还有一大类催化剂是金属氧化物。早期研究认为金属氧化物在氢气析出的电势范围是不稳定的，但后来发现如果氢气在低的过电势下析出时，金属氧化物则呈现了较高的稳定性。氢气在金属氧化物电极上析出时，Tafel 曲线的斜率 b 在 30～60mV 之间，低于氢气在金属电极上析出时的数值。可以认为电化学脱附是速率控制步骤。

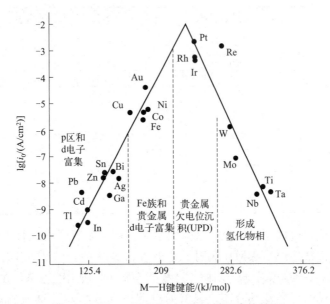

图 1-41　析 H_2 反应的 i_0 与 M-H 键强度的关系

（2）氢的阳极氧化

对于氢气的氧化反应，过去认为研究意义不太大，但自 20 世纪 80 年代以来，受燃料电池研究的推动,这一过程已得到很大重视。但对氢气的氧化过程的研究还远不如析氢还原过程充分。

氢在光滑电极表面上氧化,可分成以下几个步骤:
① 氢气分子的溶解及扩散到达电极表面。
② 溶解氢在电极上的解离吸附,包括化学解离吸附和电化学解离吸附。

化学解离吸附 $\qquad H_2 + 2M \rightleftharpoons 2MH_{ad}$

电化学解离吸附 $\qquad H_2 + M - e^- \rightleftharpoons H^+ + MH_{ad}$

③ 吸附氢的电化学氧化 $\qquad MH_{ad} - e^- \rightleftharpoons H^+ + M$

依据上述的反应机理不难看出,不同电极对 H_2 氧化的催化活性同样与形成的 M-H 键的强度有关。可以预期,适中的 M-H 键的强度对应的催化剂活性最高。

在上述各单元步骤中,到底哪一个单元步骤是整个阳极氧化反应过程的控制步骤,与电极材料、电极的表面状态以及极化电流的大小等因素有关,可以根据阳极极化曲线的形状进行判断。下面以光滑铂电极在酸性溶液中的氢阳极氧化反应为例进行说明。

由图 1-42 可见,阳极极化开始后很快出现极限电流,因为 Pt 电极的交换电流密度很大,氢气分子的扩散成为控制步骤,故极化开始后很快出现极限扩散电流。但是随着电极电势继续变正,阳极电流开始下降。在高极化区 ($\eta > 1.2V$) 出现了数值很低且完全与搅拌速度无关的电流,表示此时电极反应速率完全受表面反应速率控制。在 1.0V 附近铂电极上开始形成氢的吸附层,故氢的吸附速率与吸附氢的平衡覆盖度都大大降低了,引起电流密度下降。但由于在 1.2~1.5V 电势范围内电极表面状态还在不断发生变化,很难判断在这一段极化曲线上电极反应速率是否完全由分子氢的极限吸附速率控制。

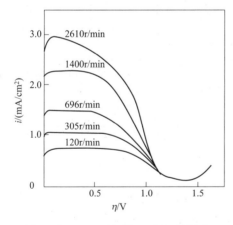

图 1-42 0.5mol/L 的 H_2SO_4 溶液中旋转 Pt 盘电极的极化曲线

曲线旁注明的数值为电极转速,氢气压力为 0.1MPa

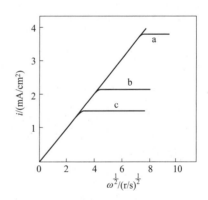

图 1-43 氢阳极反应极化曲线上极限电流随电极转速 ω 的变化

过电势为 45mV,a 为 0.5mol/L 的 H_2SO_4,b 为 1mol/L 的 HCl,c 为 1mol/L 的 HBr

由图 1-43 可见,在低极化区,极限电流的数值与 $\omega^{1/2}$ 成正比,说明此时氢气分子的扩散为控制步骤。然而,若增大极化,极限电流的数值不随 ω 而变化,说明此时不再是扩散控制,很可能是分子氢的解离吸附速率也不很大,分子氢在电极上的解离吸附步骤就变成整个电极反应的控制步骤了。同时还可看到,当电极表面上有 Cl^- 和 Br^- 等表面活性阴离子吸附时,控制步骤的转化发生得更早些,这是活性阴离子减弱了氢吸附键的缘故。

1.8.3 氧电极过程电催化

与氢电极过程类似，氧电极过程也是最常见的气体电极过程，包括氧气的阴极还原和氧气阳极氧化析出反应。虽然氧电极反应是一类重要的反应，但由其复杂性和反应的不可逆性，人们对氧电极过程的认识远远不如氢电极过程。

氧电极过程主要有以下特点：

① 氧电极过程是复杂的四电子反应，中间态粒子多，过程复杂，对反应机理的研究相当困难。

② 氧电极反应的可逆性差，交换电流密度很小（见表1-19）。即使在Pt、Pd、Ag、Ni这样一些常用作氧电极催化剂的表面上，交换电流密度数值也低至$10^{-7} \sim 10^{-6} A/m^2$。若用氢电极反应的标准来衡量，都只能算作是高过电势金属。因此，氧电极反应总是伴随着很高的过电势，而几乎无法在平衡电势附近研究这一反应的动力学。

③ 极小的交换电流密度使测量稳定电势的重现性变得很差，因为需经过很长的时间才能达到稳定电势。

表1-19 某些金属上氧电极反应的交换电流密度（25℃）

金属	i_0(在 0.1mol/L $HClO_4$ 中)/(A/m^2)	i_0(在 0.1mol/L NaOH 中)/(A/m^2)
Pt	1×10^{-6}	1×10^{-6}
Pd	4×10^{-7}	1×10^{-7}
Rh	2×10^{-8}	3×10^{-9}
Ir	4×10^{-9}	3×10^{-10}
Au	2×10^{-8}	4×10^{-11}
Ag	—	4×10^{-6}
Ru	—	1×10^{-4}
Ni	—	5×10^{-6}
Fe	—	6×10^{-7}
Cu	—	1×10^{-4}
Re	—	4×10^{-6}

(1) 氧的阴极还原（吸氧反应）

由于氧还原反应的复杂性，可能存在多种反应机理和历程。在氧还原反应的机理研究中，主要分为直接四电子途径与二电子途径两大类型。

① 直接四电子反应途径

$$O_2 + 4H^+ + 4e^- \longrightarrow 2H_2O \quad \varphi^{\ominus} = 1.229V \quad （酸性溶液）$$

或

$$O_2 + 2H_2O + 4e^- \longrightarrow 4OH^- \quad \varphi^{\ominus} = 0.401V \quad （碱性溶液）$$

② 二电子反应途径

二电子途径首先是还原形成中间产物 H_2O_2（或 HO_2^-），然后进一步电化学还原或催化分解。

酸性溶液中：

$$O_2 + 2H^+ + 2e^- \longrightarrow H_2O_2 \quad \varphi^{\ominus} = 0.67V$$

$$H_2O_2 + 2H^+ + 2e^- \longrightarrow 2H_2O \quad \varphi^{\ominus} = 1.77V$$

或发生歧化反应：

$$2H_2O_2 \longrightarrow 2H_2O + O_2 \quad （催化分解）$$

碱性溶液中：

$$O_2 + H_2O + 2e^- \longrightarrow HO_2^- + OH^- \quad \varphi^{\ominus} = -0.065V$$

$$HO_2^- + H_2O + 2e^- \longrightarrow 3OH^- \quad \varphi^{\ominus} = 0.867V$$

或发生歧化反应：$\qquad 2HO_2^- \longrightarrow 2OH^- + O_2$

直接四电子途径实际上是由一系列连串步骤组成的，涉及吸附中间产物甚至过氧化物中间体的形成，它与二电子途径的区别只是在于液相中没有产生过氧化物中间体。二电子反应途径不仅对能量转换不利，而且由于在碱性介质中 HO_2^- 的平衡浓度很低，即便找到能使 HO_2^- 迅速分解的催化剂，也难以在接近平衡电势下获得足够大的电流。特别是对于燃料电池，氧气只有经历四电子途径的还原才是期望发生的。

因此，对氧气还原的电催化研究主要有两个目的：第一，避免经历二电子途径，产生过氧化氢；第二，必须在尽可能高的电势下进行工作。如果只是让氧还原成过氧化氢，其电极电势只有还原为水的一半，同时由于氧气还原为过氧化氢，只有两电子参加反应，只能产生较小的电流。

如果用逐步还原的方法，第一步先还原为过氧化氢，接着再还原为水也是不可行的，因为，在该电势下过氧化物中间体的平衡浓度很低，只有 10^{-18} mol/L，导致进一步还原的电流很低，因而基本上无实用价值。如果通过过氧化氢歧化为氧气和水，要求该步反应速率非常高，这也是不现实的。

氧气还原是经历四电子途径还是二电子途径，主要取决于氧气与电极表面的作用方式，电催化剂的选择则是实现二电子途径或四电子途径的关键。而区别四电子途径还是二电子途径的方法是检测反应过程中是否存在过氧化物中间产物或中间体，该方法可以通过旋转圆盘电极和旋转环盘电极等技术实现。

氧气与电极表面的作用方式对其经历的还原途径有直接的影响。分子轨道理论表明氧分子的 π 电子占有轨道与催化剂活性中心的空轨道重叠，从而削弱了 O—O 键，导致 O—O 键键长增大，达到活化的目的。同时催化剂活性中心的占有轨道可以反馈到 O_2 的 π^* 轨道，使 O_2 吸附于活性中心表面。

氧还原过程的关键是使 O—O 键断裂，倘若氧分子的两个氧原子都与催化剂表面作用，受到足够的活化则是有利的。有研究提出氧分子在电极表面有三种吸附模式，如图 1-44 所示。

(a) Griffiths 模式（侧基式）   (b) Pauling 模式（端基式）   (c) 双中心模式（桥式）

图 1-44 氧分子在电极表面的不同吸附模式

① 侧基式。氧分子中的 O—O 键与电极表面平行，两个氧原子同时与一个过渡金属原子（M）作用，这种作用较强，能使 O—O 键减弱或伸缩，以至于断裂，因此有利于 O^2 的四电子还原反应。在铂电极表面可能发生这种吸附。

② 端基式。氧分子仅有一个氧原子与电极表面的过渡金属原子（M）作用，发生吸附，因此只有一个原子受到较强的活化，这有利于二电子反应，大多数电极材料上的氧还原反应，可能以此模式进行。

③ 桥式。氧分子的两个氧原子分别被电极表面的两个原子吸附、活化。这有利于四电子反应，但只能在电极表面的原子排列（即空间因素）合适时发生。

有效吸附于电极表面的分子氧得到了活化，可以进一步发生电化学还原。氧气还原的机理十分复杂，其经历何种历程，产生何种中间体，与 O_2 和催化剂活性中心的作用方式有关。在侧基式吸附模型中，O_2 的 π 电子轨道与催化剂活性中心金属的 d_{z^2} 轨道侧向配位，而金属活性中心充满的 d_{xz} 或 d_{yz} 电子反馈到 O_2 的 $π^*$ 轨道上导致 O_2 吸附到催化剂的表面。催化剂和 O_2 之间较强的相互作用能减弱 O—O 键，甚至引起 O_2 分子在催化剂表面的解离，有利于四电子途径。

在端基式吸附模型中，O_2 的 $π^*$ 轨道与过渡金属活性中心的 d_{z^2} 轨道端向配位，氧气在电极表面按这种方式吸附时只有一个原子受到活化，因此有利于二电子途径。在大多数电极上氧气的吸附是按这种模型进行的。这种作用伴有部分电荷迁移，相继生成过氧化物和超氧化物，过氧化物吸附态还可以在溶液中形成 O—O· 自由基，也可以通过化学脱附得到还原产物 H_2O，其过程可表示为：

$$M^X + O_2 \longrightarrow M^Z\!-\!\underset{O}{O} \longrightarrow M^{Z+1}\!-\!\underset{O\cdot}{O} \longrightarrow M^{Z+2}\!-\!\underset{O}{O} \xrightarrow[4H^+]{2H^+} \begin{matrix} \xrightarrow{2e^-} M + H_2O_2 \\ \xrightarrow{4e^-} M + 2H_2O \end{matrix}$$

桥式吸附要求催化剂活性中心之间位置合适，且拥有能与 O_2 分子 π 轨道成键的部分充满轨道。氧气分子通过 O—O 桥与两个活性中心作用，促使两个氧原子均被活化。这一模型显然有利于实现四电子还原途径。氧气在含有两个过渡金属原子的双核配合物上的电化学还原就是按这种吸附模型进行的。其过程可表示为：

$$M^X + O_2 \longrightarrow M^Z\!\begin{matrix}O\\|\\O\end{matrix} \xrightarrow{2H^+} M^Z\!\begin{matrix}OH\\ \\OH\end{matrix} \xrightarrow[2H^+]{4e^-} M^Z + 2H_2O$$

在酸性电解质中，氧气还原反应有比较高的过电势。目前，研究较多的阴极电催化剂是贵金属和过渡金属配合物催化剂，如 Pt、Pd、Ru、Rh、Os、Ag、Ir 及 Au 等。早期曾直接使用铂黑作为电催化剂，后来用的催化剂大多数是 Pt/C。

(2) 氧的阳极氧化析出（析氧反应）

氧析出反应是主要的阳极过程之一，其水溶液中总反应为

$$2H_2O \longrightarrow O_2 + 4H^+ + 4e^- \quad \text{（酸性介质）}$$

$$4OH^- \longrightarrow O_2 + 2H_2O + 4e^- \quad \text{（碱性介质）}$$

水溶液中氧气的析出只能在很正的电势下进行，可供选择的电极材料只有贵金属或处于钝态的金属（例如，碱性介质中可用 Fe、Co、Ni 等）。事实上，在氧气的析出电势区，即使贵金属表面上也存在吸附氧层或氧化物层。因此，表面氧化物的电化学稳定性、厚度、形态、导电性等是影响氧气析出电催化活性的主要因素。

氧气析出反应的总反应虽然是氧气还原反应的逆过程，但其动力学步骤与氧气还原反应的逆过程并不相同，主要原因在于氧气析出在较正的电势下进行，此时金属表面氧化形成了氧化物层，而氧化物层的氧原子直接参与了反应。由于当前对氧化物层的性质了解不够，有关反应机理尚无一致看法。通常认为，在酸性介质中氧气析出的机理为：

① $M + H_2O \xrightarrow{RDS} M\!-\!OH + H^+ + e^-$

② $M\!-\!OH \xrightarrow{快} M\!-\!O + H^+ + e^-$

③ $2M\!-\!O \longrightarrow O_2 + 2M$

而在碱性介质中，O_2 析出的机理为：

① $M + OH^- \xrightarrow{快} M-OH^-$

② $M-OH^- \longrightarrow M-OH + e^-$

③ $M-OH^- + M-OH \longrightarrow M-O + M + H_2O + e^-$

④ $2M-O \longrightarrow O_2 + 2M$

在低电流密度下，步骤③为速率控制步骤；而在高电流密度下，步骤②为速率控制步骤。

由于氧气析出反应发生的电势常伴随有电极表面含氧物种的形成，因此氧气析出过程中可能存在的中间体比较难检测出，但表面和含氧物种（如OH）的相互作用无疑是电极反应活性的决定因素。

思考题与习题

1. 第一类导体和第二类导体有什么区别？
2. 试说明工作电极、辅助电极和参比电极应具有的性能和用途。
3. 为什么不能用普通电压表测量电动势？应该怎样测量？
4. 什么是电流效率？简述提高电流效率的可能途径。
5. 简述影响电解液导电性的主要因素。
6. 简述电动势与电极电势的不同。
7. 理想极化电极与理想不极化电极有何区别？它们在电化学中各有什么作用？
8. 什么是双电层？研究双电层结构有何意义？试简要介绍双电层结构的研究方法。
9. 零电荷电势可用哪些方法测定？零电荷电势说明什么现象？
10. "标准电极电势为零，那就是电极表面的剩余电荷为零"的说法是否正确？为什么？
11. 怎样用电毛细曲线和微分电容曲线求电极表面的剩余电荷密度和零电荷电势？
12. 什么是极化现象？为什么会产生极化现象？
13. 塔菲尔公式中的常数 a、b 各有什么物理意义？
14. 扩散层、分散层、边界层是否是同一个概念？它们有何不同？
15. 试总结比较平衡电势、标准电势、稳定电势、极化电势、过电势这几个概念。
16. 电化学极化与浓度极化有何区别？
17. 试述测量极化曲线的基本原理。
18. $S_2O_8^{2-}$ 在汞阴极上放电，为什么加入支持电解质后，极限电流不是降低而是增加？
19. 溶液中有哪几种传质方式，产生这些传质过程的原因是什么？
20. 稳态扩散和非稳态扩散的特点是什么，可用什么定律来描述？
21. 为什么卤素离子在汞电极上吸附依 $F^- < Cl^- < I^-$ 的顺序而增强，特性吸附在电毛细曲线和微分电容曲线上有何表现？
22. 说明标准电极反应速率常数 k 和交换电流密度 i_0 的物理意义，并比较两者的区别。
23. 为什么有机物在电极上的可逆吸附总是发生在一定的电势区间内？
24. 什么叫界面特性吸附？怎样判断是否有特性吸附发生？
25. 什么叫电化学催化？它有何特点？

26. 写出可逆电池 Zn|ZnCl$_2$(0.1mol/L), AgCl(固)|Ag 的电极反应和电池反应, 并计算该电池 25℃时的电动势。

27. 计算 25℃时氯化银电极 Ag|AgCl(固), KCl (0.5mol/L) 的平衡电势。

28. 画出电极 Cd|CdCl$_2$ ($a=0.001$) 在平衡电势时的双电层结构示意图和双电层内电势分布图。已知该电极的零电荷电势为 $-0.71V$。

29. 市场上自制热敷袋, 其主要成分是铁屑、碳粉、木屑与少量 NaCl、水等, 它在使用之前, 需要开启塑料袋上的小孔, 轻轻揉搓就会放出热量。其主要原理是利用原电池反应放热, 当使用完后还会发现铁生锈, 根据上述现象分析热敷袋中, 铁和碳粉的主要作用、氯化钠的作用。写出有关反应式。

30. 电池 Ag|AgCl(s)|KCl(aq)|Hg$_2$Cl$_2$(s)|Hg(l), 在 298K 时的电动势 $E=0.0455V$, $(\partial E/\partial T)_P = 3.38 \times 10^{-4} V/K$, 写出该电池的反应, 并求出 $\Delta_r H_m$、$\Delta_r S_m$ 及可逆放电时的热效应 Q_r。

31. 25℃时, Zn 从 ZnSO$_4$(1mol/L)溶液中电沉积的速度为 $0.03 A/cm^2$ 时, 阴极电势为 $-1.013V$。已知电极过程的控制步骤是电子转移步骤, 还原反应传递系数 $\beta = 0.45$ 以及 1mol/L ZnSO$_4$ 溶液的平均活度系数 $\gamma_\pm = 0.044$。试问 25℃时该电极的交换电流密度是多少?

32. 已知下列反应在 25℃下的标准电极电势:

$O_2 + 4H^+ + 4e^- \rightleftharpoons 2H_2O$ 标准电极电势 = 1.229V

$H_2O_2 + 2H^+ + 2e^- \rightleftharpoons 2H_2O$ 标准电极电势 = 1.77V

求反应 $O_2 + 2H^+ + 2e^- \rightleftharpoons H_2O_2$ 的标准电极电势。

33. 在 0.1mol/L ZnCl$_2$ 溶液中电解还原锌离子时, 阴极过程为浓差极化。已知锌离子的扩散系数为 $1 \times 10^{-5} cm^2/s$, 扩散层有效厚度为 $1.2 \times 10^{-2} cm$。试求: (1) 20℃时阴极的极限扩散电流密度; (2) 20℃时测得阴极过电势为 0.029V, 相应的阴极电流密度应为多少?

34. 若电极 Zn|ZnSO$_4$ ($a=1$) 的双电层电容与电极电势无关, 数值为 $36\mu F/cm^2$。已知该电极的 $\varphi_e = 0.763V$, $\varphi_0 = -0.63V$。试求: (1) 平衡电势时的表面剩余电荷密度; (2) 通过一定大小的电流, 使电极电势变化到 $\varphi = 0.32V$ 时的电极表面剩余电荷密度。

35. 25℃时用 0.01A 电流电解 0.1mol/L CuSO$_4$ 和 1mol/L H$_2$SO$_4$ 的混合水溶液, 测得电解槽两端电压为 1.86V, 阳极上氧析出的过电势为 0.42V, 已知两极间溶液电阻为 50Ω, 试求阴极上铜析出的过电势 (假定阴极上只有铜析出)。

36. 25℃时将两个面积相同的电极置于某电解液中行进电解。当外电流为零时, 电解池端电压为 0.832V; 外电流密度为 $1A/cm^2$ 时, 电解池端电压为 1.765V。已知阴极反应的交换电流密度为 $1 \times 10^{-9} A/cm^2$, 参加阳极反应和阴极反应的电子数均为 2, 还原反应传递系数为 1.0, 溶液欧姆电压降为 0.4V。问: (1) 阳极过电势 ($i=1A/cm^2$) 是多少? (2) 25℃时阳极反应的交换电流是多少? (3) 上述计算结果说明了什么问题?

37. Pt|Fe(CN)$_6^{3+}$ (20mmol/L), Fe(CN)$_6^{4+}$ (20mmol/L), NaCl (1.0mmol/L) 在 25℃时的 $i_0 = 2.0 mA/cm^2$, 这个体系的电子传递系数为 0.50, 计算: (1) 标准反应速率常数 k 值; (2) 溶液中两种络合物浓度都为 1mol/L 时的交换电流密度 i_0; (3) 电极面积为 $0.1 cm^2$, 溶液中两种络合物浓度为 $10^{-4} mol/L$ 时的电荷传递电阻。

38. 298K 时, 以 Pt 为阳极, Fe 为阴极, 电解浓度为 1mol/kg 的 NaCl 水溶液 (活度系数为 0.66)。设电极表面有 $H_2(g)$ 不断逸出时的电流密度为 $0.1A/cm^2$，Pt 上逸出 $Cl_2(g)$ 的超电势可近似看作零。Tafel 常数 $a=0.73V$，$b=0.11$，$\varphi^{\ominus}(Cl_2/Cl^-)=1.36V$，计算实际的分解电压。

39. 298K 时，用 Pb 为电极来电解 $0.100mol/dm^3$ H_2SO_4 ($\gamma_{\pm}=0.265$)。在电解过程中，把 Pb 阴极与另一摩尔甘汞电极相连接，当 Pb 阴极上氢开始析出时，测得 $E_{分解}=1.0685V$，试求 H_2 在 Pb 电极上的超电势（H_2SO_4 只考虑一级电离），已知摩尔甘汞电极的氢标电势 $\varphi_{甘汞}=0.2800V$。

40. 电流密度为 $0.1A/cm^2$ 时，H_2 和 O_2 在 Ag 电极上的超电势分别为 $0.90V$ 和 $0.98V$。今将两个 Ag 电极插入 $0.01mol/kg$ 的 NaOH 溶液中，通电（$0.1A/cm^2$）发生电解反应，电极上首先发生什么反应？此时外加电压为多少？

已知：$\varphi^{\ominus}(OH^-/O_2)=0.401V$，$\varphi^{\ominus}(OH^-/H_2)=-0.828V$。

41. 25℃稀 H_2SO_4 溶液中，析氢反应过电势随汞阴极上电流密度的变化如下：

电流密度 $i\times 10^{11}/(A/m^2)$	2.9	6.3	28	100	250	630	1650	3300
过电势 η /V	0.60	0.65	0.73	0.79	0.84	0.89	0.93	0.96

求汞阴极上析氢反应的交换电流密度和传递系数。

第 2 章
电化学研究方法

2.1 概述

实际电极过程的热力学和动力学理论分析离不开实验数据的支撑。因此，需要通过实验来对具体电极过程开展定性的或定量的研究。习惯上将电化学方法和分析技术结合而形成的一整套电化学实验技术和理论称为电化学研究方法（或电化学测试，或电化学测量方法）。本章简要介绍电化学测量方法的基本原理和几种重要的电化学测量方法。

2.1.1 电化学测量的基本思想

对于待研究的电化学体系而言，在不同条件下由于内部的变化必然产生不同的外在表现。为了研究未知的内部电极过程规律，人为地改变某些参数（可看作是一种扰动信号），研究体系会相应地产生变化（即有响应信号），通过响应信号的测定并借助于电化学相关理论分析响应信号随扰动信号的变化行为，可以获得对未知内部电极过程规律的认识。这就是电化学测量的基本思路（见图2-1）。

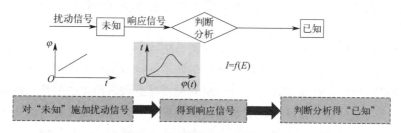

图2-1 电化学测量的基本思路

在电化学测量中，通常施加各种形式的电场于研究电极，通过测量电极上电参数的变化，分析和判断电极过程的历程和规律。在电化学测量中施加的扰动信号和响应信号包括多种电化学参量，如电势、电流、电量、电容及交流阻抗等。

由于实际电极过程非常复杂，电极反应总包含有许多步骤。因此，在进行电化学测量时，首先必须分析电极过程各步骤及相互间的联系，通过控制实验条件，突出主要矛盾，使希望研究的分步骤在电极总过程中占据主导地位。这也可以说是电化学测量的基本原则。比如要测量双电层电容，就必须突出双电层的充电过程，而降低其它过程的影响。可以选择适当的溶液和电势范围，使电极处于理想极化状态，从而消除电荷传输的影响。各种暂态测量方法的共同特点在于缩短单向极化持续时间，使扩散传质过程的重要性居于电荷传递过程（常简称传荷过程）的重要性之下，以便测量电荷传递速率。

电化学测量一般包括实验条件的选择和控制、实验数据的测量以及实验结果的解析三个基本步骤。

（1）实验条件的选择和控制

电化学测量的具体实验条件主要包括电化学系统的设计及极化条件的选择。这需要根据研究的目的来确定。例如通过采用大面积的辅助电极或采用Luggin毛细管，使所研究的电极占据突出的地位；采用超微电极或旋转圆盘电极等以控制扩散传质过程。在电化学研究中极化程度控制常见的方式有以下几种。

① 采用大幅度的极化条件。不论传荷过程进行快慢，即不论电极的可逆性如何，原则上只要施加足够大的极化，就可使反应物的表面浓度下降至零，电极处于极限扩散状态，电流与控制的电极电势无关，仅取决于扩散传质的速率。

② 采用小幅度的极化条件，同时采用短的单向极化持续时间。可以消除浓差极化的影响，电流-电势关系可简化为线性关系。

③ 采用较大幅度的极化条件，浓差极化不可忽略。对于很快的传荷速率，即电极处于可逆状态，电流密度-电势关系转化为能斯特方程。对于传荷速率并非很快也非很慢的情况，即电极处于准可逆状态时，电流密度-电势关系符合 Butler-Volmer 方程。

(2) 实验数据的测量

实验测量包括电极电势、极化电流、电量、阻抗、频率、非电信号（如光学信号）等物理量的测量。测量要保证足够的精度和足够快的测量速度。现代测量仪器如电化学综合测试系统可方便、准确地完成测量工作。在上述各种参数中，电势和电流是最重要的。因此，正确测量电极电势和通过电极的电流是电化学测量的基础。

(3) 实验结果的解析

这是电化学测量的重要步骤。实验结果的解析以理论推导的电极过程物理模型和数学模型（数学方程）为基础。每一种电化学测量方法都有各自特定的数据处理方法，经过适当的解析才能从实验结果中得到感兴趣的信息。

可以采用极限简化法、方程解析法或曲线拟合法等不同方法来对实验结果进行解析。极限简化法应用某些极限条件，对物理模型或数学模型进行简化；方程解析法直接应用数学方程对实验结果进行解析；曲线拟合法通过调整物理模型或数学模型中的待定电化学参数，使得该模型的理论曲线可以最佳地逼近实验测量的结果。曲线拟合的过程可以通过计算机程序来方便地进行，如电化学阻抗谱的拟合程序和循环伏安曲线的拟合程序等。

2.1.2 电化学测量方法分类

电化学测量方法总体上可以分为两大类：一类是电极过程处于稳态时进行的测量，称为稳态测量方法；另一类是电极过程处于暂态时进行的测量，称为暂态测量方法。

在指定时间范围内，如果电化学系统的参量（电极电势、电流密度、电极表面附近液层中粒子的浓度分布、电极界面状态等）不变，那么这种状态称为电化学稳态（steady state）。暂态是相对稳态而言的。当极化条件改变时，电极体系会经历一个不稳定的、电化学参量随时间而变化的阶段，这一阶段称为暂态（non-steady state）。

在电化学测量中，也常常根据控制电参量的不同将其分为以下三类方法：

① 恒电势法（potentiostatic method），也称为控制电势法。使电极电势按某种控制的形式偏离平衡值，测量体系的电流、电量或阻抗。如电势阶跃、线性电势扫描、脉冲电势扫描等。

② 恒电流法（galvanostatic method），也称为控制电流法。让某种控制形式的电流通过电极，测定相应的电极电势。

③ 恒库仑法（constant coulometry），让某种控制形式的电量通过电极，测定相应的电

极电势。

电化学测量方法还可以根据被测参量分类。伏安法测量电势-电流关系，如经典的极化曲线法、极谱法。计时电位法或充电曲线法（chronopotentiometry）测量电势-时间关系。计时电流法或计时安培法（chronoamperometry）测量电流-时间关系。计时电量法或恒电势库仑法（chronocoulometry）测量电量-时间关系。

根据被控制参量随时间变化关系分为：松弛法（relaxation method），指被控制的电流或电势具有脉冲的形式；动电势法（potentio-dynamic method），被控制的电势随时间线性地变化；阻抗法（impedance method），采用正弦波极化方式。

2.1.3 电化学测量实验装置

(1) 电极体系与电解池

在电化学测量中一般都使用三电极体系。由图 2-2 可见，电解池由三个电极组成。研究电极也称为工作电极（working electrode，WE），是实验的研究对象。辅助电极也称为对电极（counter electrode，CE）。参比电极（reference electrode，RE）用来测量研究电极的电势变化。

整个测量体系由两个回路构成。极化电源、电流表、辅助电极、研究电极构成的回路称为极化回路。在极化回路中有极化电流通过，可对极化电流进行测量和控制。极化电源为研究电极提供极化电流。电流表用于测量极化电流。因为辅助电极本身也会发生极化，而且研究电极和辅助电极之间大段溶液上引起的欧姆压降也很大，所以极化回路中电压的变化不能代表研究电极的电势变化。电压表、参比电极、研究电极构成的回路称为测量回路。在测量回路中只有极小的测量电流（一般小于 10^{-7} A），所以基本不会对研究电极的极化状态和参比电极的稳定性造成干扰。

可见，在电化学测量中采用三电极体系，既可使研究电极上通过较大的极化电流，又不妨碍研究电极的电极电势的控制和测量。因此在绝大多数情况下，采用三电极体系进行测量。

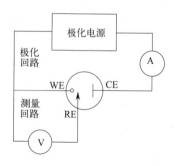

图 2-2　三电极测量体系示意图

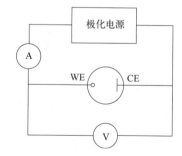

图 2-3　二电极测量体系示意图

在某些特殊情况下，也可以采用二电极体系（见图 2-3）。例如使用微电极作为研究电极的情况。由于微电极的表面积很小，只要通过很微小的极化电流强度，就可产生足够大的电流密度，使电极实现足够大的极化。而辅助电极的表面积要大得多，同样的电流强度在辅助电极上只能产生极微小的电流密度，因而辅助电极几乎不发生极化。同时，由于极化电流很小，辅助电极和研究电极之间的溶液欧姆压降也非常小。因此，极化回路中电压的变化基本等于研究电极的电势变化，故可采用两电极体系测量。

由图 2-2 可见，在三电极体系电路中同时属于极化回路和测量回路的公共部分除研究电极外，还有参比电极与研究电极之间的溶液，这部分溶液的欧姆电阻一般用 R_L 表示。研究表明电解质溶液服从欧姆定律，所以极化电流 I 将会在这一溶液电阻上产生一个可观的电压降 IR_L，称为溶液欧姆压降。由于这一压降位于参比电极和研究电极之间，所以被附加在测量的电极电势上造成误差。辅助电极和研究电极之间溶液的欧姆电阻一般用 R_S 表示。

电极界面双电层可以等效成一个双层电容 C_d，同时，电极界面上还在进行着电化学反应，反应电流引起了电化学极化过电势，这一电流、电势关系可以等效成一个电化学反应电阻 R_r（或 R_{ct}）。总的极化电流等于双电层充电电流和电化学反应电流之和，且反应电阻两端的电压正是通过改变双层荷电状态建立起来的，就等于双层电容两端的电压。综合考虑 R_L、C_d 和 R_r 之间的关系，电极体系的等效电路可表示为图 2-4 所示的形式。

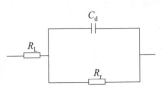

图 2-4 电极体系的等效电路

电解池的结构对电化学测量影响较大。这里讨论的电解池是指在实验室中进行电化学测量时使用的小型电解池。几种实验室常用的电解池见图 2-5。

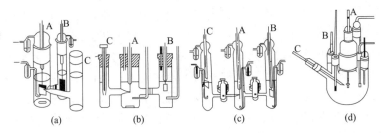

图 2-5 实验室常用的电解池（A 为 WE，B 为 CE，C 为 RE）
(a)～(c) H 型电解池；(d) 金属腐蚀研究用电解池

在电解池设计和选用时，注意电解池的体积要适当，同时要选择适当的研究电极面积和溶液体积之比。应正确选择辅助电极的形状、大小和位置，以保证研究电极表面的电流分布均匀。

（2）研究电极

研究电极作为电化学测量的主体，其选用的材料、结构形式、表面状态对于电极上发生的电化学反应影响很大。

电极材料的选择依据包括背景电流、电势窗范围、表面活性、导电性、重现性和稳定性以及表面吸附性能等。几种常见电极材料的本体电阻率见表 2-1。

表 2-1 几种电极材料的本体电阻率

电极材料	电阻率 $\rho/(\Omega \cdot cm)$	电极材料	电阻率 $\rho/(\Omega \cdot cm)$
铂	1.1×10^{-5}	热解石墨，c 轴	0.3
铜	1.7×10^{-6}	光谱石墨	1×10^{-3}
高定向热解石墨，a 轴	4×10^{-5}	玻碳	4×10^{-3}
高定向热解石墨，c 轴	0.17	碳纤维	7.5×10^{-4}
热解石墨，a 轴	2.5×10^{-4}		

汞的化学稳定性较高，在汞电极上氢的超电势也比较高，所以汞可以在较宽的电势范围

内当作惰性电极使用。由于汞电极具有这些特点，在电化学研究中得到了广泛的应用。汞电极包括滴汞电极（dropping mercury electrode，DME）、静汞电极、悬汞电极、汞池电极、汞齐电极、汞膜电极等。碳是最常用的电极材料之一。碳电极包括石墨电极、玻碳（glassy carbon，GC）电极、碳纤维（carbon fiber）电极等。

由于固体电极表面状态的复杂性，电极体系的准备过程会极大地影响电化学测量的结果。为了得到有意义的尽可能重现的测量结果，应该高度重视电极体系的准备过程，包括电极材料的制备、电极的绝缘封装、电极表面预处理和溶液的净化等。

以铂电极为例，通常采用的表面预处理方法有三种。一是浸入有机溶剂（如甲醇）中，可用于清除有机吸附物。二是机械抛光，例如可用市售的金刚石抛光膏或氧化铝抛光膏，按照粒度由粗到细依次抛光，最后放入纯水中进行超声波清洗。三是电化学抛光，对于难以进行机械抛光的铂电极，如铂丝电极和铂环电极，常常采用电化学抛光。

（3）参比电极

参比电极的性能直接影响着电极电势测量或控制的稳定性、重现性和准确性。不同场合对参比电极的要求不尽相同，应根据具体对象合理选择参比电极。参比电极的主要性能要求包括：

① 参比电极应为可逆电极，电化学反应处于平衡状态，可用 Nernst 方程计算不同浓度时的电势值。

② 参比电极应该不易极化，以保证电极电势比较稳定。

③ 参比电极应具有良好的稳定性。温度系数要小，电势随时间的变化要小。参比电极应具有好的恢复特性。当有电流突然流过，或温度突然变化时，参比电极的电极电势都会随之发生变化。当断电或温度恢复原值后，电极电势应能够很快回复到原电势值，不发生滞后。

④ 参比电极应具有好的重现性。快速的暂态测量时参比电极电阻要小，以提高系统的响应速率。

常用的水溶液体系参比电极参见图 2-6，包括可逆氢电极（reversible hydrogen electrode，RHE）、甘汞电极（calomel electrode）、汞-氧化汞电极、汞-硫酸亚汞电极、银-氯化银电极等。

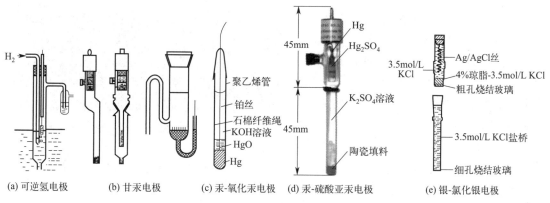

图 2-6 常用的水溶液体系参比电极示意

常见参比电极的电极电势见表 2-2。

表 2-2　298.15K 下几种常见参比电极的电极电势

电极名称	电极组成	φ/V(vs. SHE)
0.1mol/L 甘汞电极	$Hg\mid Hg_2Cl_2(s), KCl(0.1mol/L)$	0.3337
标准甘汞电极(NCE)	$Hg\mid Hg_2Cl_2(s), KCl(1.0mol/L)$	0.2801
饱和甘汞电极(SCE)	$Hg\mid Hg_2Cl_2(s), KCl(饱和溶液)$	0.2444
银-氯化银电极	$Ag\mid AgCl(s), KCl(0.1mol/L)$	0.2880
氧化汞电极	$Hg\mid HgO(s), NaOH(0.1mol/L)$	0.164
硫酸亚汞电极	$Hg\mid Hg_2SO_4(s), SO_4^{2-}(a=1)$	0.6158
硫酸铅电极	$Pb(Hg)\mid PbSO_4(s), SO_4^{2-}(a=1)$	−0.3507

目前，各类文献中用到三种氢参比电极，即一般氢电极、标准氢电极和可逆氢电极，需注意三者的不同。标准氢电极（standard hydrogen electrode，SHE）的定义为：铂电极在氢离子活度为 1 的理想溶液中，并与 100kPa 压力下的氢气平衡共存时所构成的电极。此种电极为电化学所规定的一级标准电极，其标准电极电势被人为规定为零［其绝对电势在 25℃下为（4.44±0.02）V］。此电极反应完全可逆。但氢离子活度为 1 的理想溶液实际中并不存在，故而该电极只是一个理想模型。当列举其它参比电极的电势时，如无特别说明，应该都是相对于标准氢电极的电势，标注应为"vs. SHE"。

一般氢电极（normal hydrogen electrode，NHE）的定义为：铂电极浸在浓度为 1mol/L 的一元强酸中并放出压力约一个标准大气压❶的氢气。因其较标准氢电极易于制备，故为旧时电化学常用标准电极。但由于这样的电极并不严格可逆，故电压并不稳定，现在已经被弃用。

可逆氢电极（reversible hydrogen electrode，RHE）为标准氢电极的一种。其与标准氢电极在定义上的唯一区别便是可逆氢电极并没有氢离子活度的要求，所以可逆氢电极的电势和 pH 有关。利用能斯特方程可以很容易地推导出可逆氢电极电势的具体表达式为 $E=-0.05916\text{pH}\,(25℃)$。RHE 常用于催化相关的文献中。

在实际研究中，应根据不同的介质选择合适的参比电极。通常在氯化物介质中可选用甘汞电极，在硫酸盐介质中宜选用硫酸亚汞电极，在碱性介质中可选用氧化汞电极。人们常常用饱和甘汞电极（saturated calomel electrode，SCE）取代标准氢电极，这时文献中常标以"vs. SCE"，即表示相对饱和甘汞电极的电势。在已知饱和甘汞电极在 25℃时的电极电势为 0.2438V 时，如某电势标示为 0.2V（vs. SCE），则它的氢标电极电势应为 $\varphi_H=0.2\text{V}+0.2438\text{V}=0.4438\text{V}$。

(4) 电化学测试仪器

电压表、电流表、恒电势仪、极谱仪、pH 计、电导率仪、自动电势滴定仪、电池充放电测试系统等是进行电化学分析测试的基本工具。20 世纪 80 年代，恒电势仪是国内电化学研究中最重要的仪器。现在已普遍采用电化学工作站（electrochemical workstation）来进行电化学测量（见图 2-7）。将各种测量元件集合而成的电化学工作站是电化学测量系统的简称。

图 2-7　电化学工作站测试系统

在电化学测量中只能测量电流强度值，要得到电流密度就需要除以电极面积。如果电极

---

❶　一个标准大气压（1atm）等于 101325Pa。

表面是原子级平滑的表面并有规则的边界，就很容易计算它的面积 A。但实际上，绝大多数真实电极的表面远没有那么光滑，所以面积的概念需要加以界定。图 2-8 显示了电极面积的两种测量表示。一种是微观面积（又叫真实面积），这是原子级计量的面积，包括了对原子级表面上起伏、裂隙等粗糙情况的考虑，可以称为电极的真实面积。另一种是表观面积（又叫几何面积、投影面积），它是对电极边界做正投影得到的截面面积。

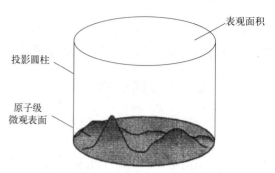

图 2-8 电极面积的两种测量表示

显然，微观面积 A_m 总是大于表观面积 A_g，可将二者之比定义为粗糙度 ρ

$$\rho = A_m / A_g \tag{2-1}$$

一般情况下，镜面抛光的金属表面的粗糙度为 2～3。高质量的单晶表面的粗糙度可低至 1.5。液态金属（如汞）电极的表面可认为是原子级光滑的，粗糙度为 1。

2.2 稳态极化曲线法

稳态极化曲线法是研究电极过程动力学最基本的方法，在电化学基础研究和应用领域都有广泛的用途。本节以稳态极化曲线测定为例介绍稳态测量方法的特点和相关概念。

2.2.1 稳态极化的特点

在指定的时间范围内，如果电化学系统的参量（如电极电势、电流密度、电极界面附近液层中粒子的浓度分布、电极界面状态等）变化甚微或基本不变，那么这种状态称为电化学稳态。注意绝对的稳态是不存在的。对于实际研究的电化学体系，当电极电势和电流稳定不变（实际上是变化速度不超过一定值）时，就可以认为体系已达到稳态，可按稳态方法来处理。

需要指出的是稳态不等于平衡态，平衡态只是稳态的一个特例。稳态时电极反应仍以一定的速度进行，只不过是各参量（电流、电势）不随时间变化而已。而电极体系处于平衡态时，净的反应速率为零。

首先，电极界面状态不变意味着界面双电层的荷电状态不变，所以用于改变界面荷电状态的双电层充电电流为零。其次，电极界面状态不变意味着电极界面的吸附覆盖状态也不变，所以吸脱附引起的双电层充电电流也为零。稳态系统既然没有上述两种充电电流，那么稳态电流就全部用于电化学反应，极化电流密度就对应着电化学反应的速率，这是稳态的第一个特点。如果电极上只有一个电极反应发生，那么稳态电流就代表这一电极反应的进行速率；如果电极上有多个反应发生，那么稳态电流就对应着多个电极反应总的速率。

稳态系统的另一个特点是在电极界面上的扩散层范围不再发展，扩散层厚度 δ 恒定，扩散层内反应物和产物粒子的浓度只是空间位置的函数，而和时间无关。这时，在没有对流和电迁移影响下的扩散层内，反应物和产物的粒子处于稳态扩散状态，扩散层内各处的粒子浓度均不随时间改变，这时电极上的扩散电流也为恒定值。

2.2.2 稳态极化曲线的测定

测量稳态极化曲线时，按照所控制的自变量可分为控制电流法和控制电势法。控制电流法与控制电势法各有特点，要根据具体情况选用。对于单调函数的极化曲线，即一个电流密度只对应一个电势，或者一个电势只对应一个电流密度的情况，控制电流法与控制电势法可得到同样的稳态极化曲线。

对于极化曲线中有电流极大值时，只能采用恒电势法。用恒电势法测得的镍在 0.5mol/L 的 H_2SO_4 溶液及不同含量 NaCl 溶液中的阳极极化曲线如图 2-9 所示。镍和其它过渡金属一样，容易发生阳极钝化。由于这种极化曲线为 S 形，对应一个电流有几个电势值。对于有钝化行为的极化曲线需用恒电势法测定，而不宜用恒电流法。

电化学测量按照控制变量的给定方式不同可分为阶跃法和慢扫描法。阶跃法是电流或电压按一定幅值和时间间隔阶跃，测定电极电势或电流得到极化曲线。阶跃幅值的大小及时间间隔的长短应根据实验要求而定。当阶跃幅值足够小时，测得的极化曲线就接近于慢扫描极化曲线了。

慢扫描法测定稳态极化曲线就是利用慢速线性扫描信号控制恒电势仪或恒电流仪，使极化测量的自变量连续线性变化，同时自动测绘极化曲线的方法。应用较为广泛的是控制电势慢扫描法，又称为线性电势扫描法（linear sweep voltammetry，LSV），或叫作动电势扫描法。

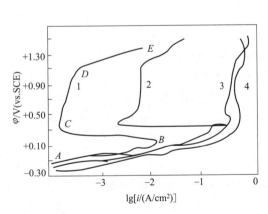

图 2-9 镍在不同浓度 NaCl 溶液中的阳极极化曲线
NaCl 的质量分数：1—0%；2—0.1%；
3—0.5%；4—3.5%

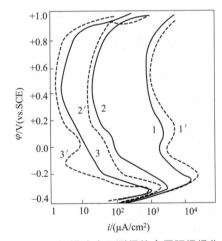

图 2-10 不同扫描速度下测得的金属阳极极化曲线
实线为控制电势慢扫描法，虚线为电势阶梯波法
扫描速度：1，1′—360V/s；2，2′—6V/s；3，3′—0.4V/s

电极稳态的建立需要一定的时间，对于不同的体系，达到稳态所需的时间不同。因此，扫描速度不同，得到的结果就不一样。图 2-10 给出了不同扫描速度下测得的金属阳极极化曲线。可明显看出，扫描速度不同，测量结果有很大差别。

为了测得稳态极化曲线，扫描速度必须足够慢。如何判断测得的极化曲线是否达到稳态呢？可依次减小扫描速度，测定数条极化曲线，当继续减小扫描速度而极化曲线不再明显变化时，就可以确定此速度下测得的是稳态极化曲线。

2.2.3 稳态极化曲线测定的应用

由稳态极化曲线可以分析判断电极过程的控制步骤。例如金属电沉积过程的稳态阴极极化曲线如图 2-11 所示。OA 段为线性极化区，AB 段为弱极化区，BC 段为 Tafel 区。OC 段为电化学步骤控制，CD 段为混合控制，DE 段为扩散控制。对溶液加强搅拌时，图 2-11 中曲线发生了变化（虚线）。这是因为搅拌对原电化学控制的电势区间无影响，只改变扩散步骤作为控制步骤的电极过程。

由稳态极化曲线可以获取电极反应动力学参数。如塔菲尔直线外推法测定交换电流密度。当 $I \gg I_0$ 时，电极处于强极化区，Butler-Volmer 公式可简化为 Tafel 公式

阴极极化：
$$\eta_c = -\frac{2.3RT}{\vec{\alpha}F}\lg I_0 + \frac{2.3RT}{\vec{\alpha}F}\lg I \tag{2-2}$$

阳极极化：
$$\eta_a = -\frac{2.3RT}{\overleftarrow{\alpha}F}\lg I_0 + \frac{2.3RT}{\overleftarrow{\alpha}F}\lg I \tag{2-3}$$

阴极极化、阳极极化 Tafel 直线的斜率分别为

$$b_c = -\frac{2.3RT}{\vec{\alpha}F} \tag{2-4}$$

$$b_a = \frac{2.3RT}{\overleftarrow{\alpha}F} \tag{2-5}$$

根据阴极、阳极 Tafel 直线的斜率可分别求出表观传递系数。如图 2-12 所示，将阴极、阳极两条 Tafel 直线外推到交点，交点的横坐标应为 $\lg I_0$，纵坐标应为 $\eta=0$，即对应于平衡电势 φ_e。

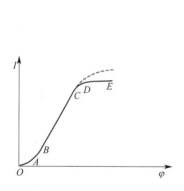

图 2-11 金属电沉积过程的稳态阴极极化曲线

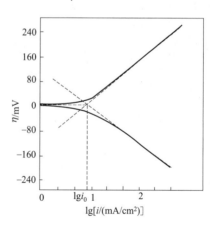

图 2-12 Tafel 直线外推法测定交换电流密度示意图

当不存在浓差极化，且电极处于线性极化区时，Butler-Volmer 公式可简化为线性极化方程

$$\eta = \frac{\nu RT}{zFi_0}|I| \tag{2-6}$$

或

$$R_{ct} = \frac{\eta}{|I|} = \frac{\nu RT}{zFI_0} \tag{2-7}$$

式中，ν 为 RDS 单电子步骤重复次数；z 为电极总反应电子转移数。如电极处于阴极线

性极化区，极化曲线 η_c-I 是一条直线，由直线的斜率可得极化电阻 R_{ct}，由此可计算交换电流密度 I_0。

2.2.4 流体力学方法（旋转圆盘电极法）

在稳态极化曲线测定经典方法中，只有电化学反应速率比较慢才能保证浓度极化影响较小，因此难以用于速率快的电化学反应（测量上限标准速率常数一般约为 10^{-5}cm/s）。为此，人们提出了应用流体力学方法如旋转圆盘电极法来进行测量。如果电极的最大转速为 10000r/min，则标准速率常数测量上限可达 $0.1\sim1$cm/s。

当电极和溶液之间发生相对运动时，反应物和产物的物质传递过程受到强制对流的影响，这一类电化学测量方法称为流体动力学方法（hydrodynamic method），也称为强制对流技术。流体动力学方法的优点是可保证电极表面扩散层厚度均匀分布，并可人为地加以控制，使得液相扩散传质速率在较大范围内调节。这样，一方面可以保证电极表面上的电流密度、电极电势及传质流量比自然对流条件下更均匀、稳定；另一方面，降低物质传递过程对电荷传递动力学的影响，可以研究更快速的电极反应。此外，采用流体动力学方法，可更快地达到稳态，提高测量精度。

能够实现强制对流的电化学技术主要包括两类：一类是电极处于运动状态的体系，如旋转圆盘电极、滴汞电极、振动电极；另一类是强制溶液流过静止的电极，如处于流动溶液中的网状电极和颗粒状电极（流动床电极），以及溶液在其内部流动的管道电极。

设计流体动力学电极比设计静止电极要困难得多，理论处理也相对较复杂，在对电化学问题进行处理前要先解决流体动力学方面的问题（即确定溶液流速的分布和转速、溶液黏度及密度之间的函数关系），很少能够得到收敛的或精确的解。目前最为方便且广泛应用的是旋转圆盘电极（rotating disk electrode，RDE）。这种电极具有严格的理论处理，并且容易采用各种材料制造。

旋转圆盘电极是把一个电极材料作为圆盘嵌入绝缘材料做的管中。电极结构如图 2-13 所示。旋转圆盘电极实际使用的电极是金属圆盘的底部表面，而整个电极绕通过其中心并垂直于盘面的轴转动。旋转的圆盘拖动其表面上的液体，并在离心力的作用下把溶液由中心沿径向甩出。圆盘表面的液体由垂直流向表面的液流补充。如图 2-14 所示。

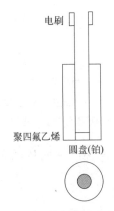

图 2-13 旋转圆盘电极

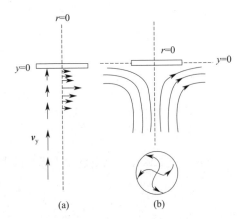

图 2-14 旋转圆盘附近的流速的矢量表示（a）和总流线（或流动）（b）的示意图

对于电化学研究用的旋转圆盘电极,根据流体力学理论可推导出扩散层的有效厚度 δ

$$\delta = 1.61 D_i^{1/3} \nu^{1/6} \omega^{-1/2} \tag{2-8}$$

式中,D_i 为反应物的扩散系数,cm/s;ν 为溶液的动力黏度,cm/s;ω 为旋转圆盘电极的旋转角速度,rad/s。结合 Fick 第一定律,可以得到旋转圆盘电极上扩散电流密度为

$$i = 0.62 z F D_i^{2/3} \nu^{-1/6} \omega^{1/2} (c_i^0 - c_i^s) \tag{2-9}$$

极限扩散电流密度 i_d 为

$$i_d = 0.62 z F D_i^{2/3} \nu^{-1/6} \omega^{1/2} c_i^0 \tag{2-10a}$$

引入物质传递系数,$k = 0.62 D_O^{2/3} \omega^{1/2} \nu^{-1/6}$,可得

$$i_d = z F k c_i^0 \tag{2-10b}$$

对一般的固体电极来说,电极表面上各部分扩散层厚度不同,各部分电流密度是不均匀的,这意味着电极表面上各处的极化情况不同,使数据处理变得复杂。而旋转圆盘电极的扩散层厚度和电流密度分布均匀。

对于某些体系,由于浓度极化的影响,在自然对流下,无法用稳态法测定电极动力学参数。但如果采用旋转圆盘电极,则可使液相传质加速,并可利用外推法消除浓度极化影响,从而测定电极动力学参数。

设圆盘电极上发生反应 $O + ze^- \rightleftharpoons R$,假设反应不可逆(即电化学步骤控制或混合控制),进行阴极极化,在高过电势下,圆盘电流为

$$i = z F k c_O^s \tag{2-11}$$

如果将液相传质无任何困难时(即无浓度极化)的电流记为 i_e,则

$$i_e = z F k c_O^0 \tag{2-12}$$

已知

$$c_O^s = c_O^0 \left(1 - \frac{i}{i_d}\right)$$

将上式、式(2-11)和式(2-12)联立得到

$$\frac{1}{i} = \frac{1}{i_e} + \frac{1}{i_d} \tag{2-13}$$

式(2-13)称为 Koutecky-Levich 方程(K-L 方程)。

将式(2-10a)代入式(2-13),得:

$$\frac{1}{i} = \frac{1}{i_e} + \frac{1}{0.62 z F D_i^{2/3} \nu^{-1/6} c_i^0} \omega^{-1/2} \tag{2-14}$$

在阴极强极化条件下,给定一个过电势 η_1,测不同 ω 下的稳态电流密度 i,作 $1/i$-$\omega^{-1/2}$ 曲线,得一条直线,外推至 $\omega^{-1/2} = 0 (\omega \to \infty)$ 处,可得 η_1 所对应的电化学极化电流密度 $i_{e,1}$(如图 2-15 曲线 1 所示)。以此类推,可得一系列过电势 η_i 对应的电化学极化电流密度 $i_{e,i}$,作 Tafel 曲线,即可求出动力学参数。但是,如果反应可逆或接近可逆,则 i_e 非常大,故截距太小而难以精确计算 i_e(如图 2-15 曲线 2 所示)。

采用旋转圆盘电极还可以判断电极过程的控制步骤。在某一过电势下,若随着旋转圆盘电极转速的增加,电流密度并不随之改变,则说明传质速度不影响反应速率,是

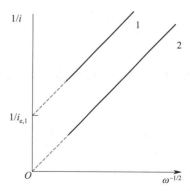

图 2-15 Koutecky-Levich 曲线

电化学步骤控制。若随着转速的增加，电流密度也增加，则说明是液相传质控制或混合控制；用 $1/i$-$\omega^{-1/2}$ 作图，若得到过原点的直线，说明是液相传质控制；若得到不过原点的直线，说明是混合控制。

需要说明的是旋转圆盘电极的实验应用条件。以上得出的数学关系式只适用于层流条件，且自然对流可以忽略的情况。为了保证层流条件，圆盘表面的粗糙度与扩散层有效厚度 δ 相比必须很小，即要求电极表面具有高光洁度。

这些关系式也不适用于很小或很大的 ω 值。当 ω 很小时，自然对流不可忽略，且流体动力学边界层厚度很大，当其接近圆盘半径的大小时，推导公式的近似性就被破坏了。可求出 ω 的下限为 $\omega>10\nu/r^2$，其中 ν 为液体的运动黏度，r 为圆盘半径。如果转速太高往往会发生湍流，故 ω 的上限由湍流的出现所限定。可求出非湍流的上限为：$\omega<2\times10^5\nu/r^2$。在大多数研究中，$\omega$ 范围是：$10\text{rad/s}<\omega<1000\text{rad/s}$。

因为旋转圆盘电极上的反应产物连续地从圆盘表面移除，因此为了获得产物（特别是中间产物）的相关信息，可在圆盘外围加一个独立的圆环电极，把圆环电极的电势维持在一定值并测量环电极的电流，就可以了解在盘电极表面所发生的一些情况。此电极称为旋转环盘电极（rotating ring disk electrode，RRDE）。将一个同轴共面的圆环电极套在圆盘电极外围，其间用极薄的环形绝缘材料把它们隔开，其结构如图 2-16 所示。

图 2-16　旋转环盘电极结构示意图

■ 轴和环导电材料
□ 绝缘体
■ 电极材料

单独的环也可以用作电极，当圆盘保持开路时圆环就是一个单独的电极，称为旋转圆环电极（rotating ring electrode，RRE）。

2.3 线性电势扫描伏安法

在电化学的各种研究方法中，电位扫描技术应用得最为普遍，广泛用于测定各种电极过程的动力学参数和鉴别复杂电极反应的过程。线性电势扫描伏安法属于控制电势的暂态测量方法，为此，下面先简要介绍电化学暂态测量方法的特点。

2.3.1　暂态测量方法的特点

当电极极化条件改变时，电极会从一个稳态向另一个稳态转变，其间所经历的不稳定的、电化学参量显著变化的阶段就称为暂态（transient state）或暂态过程。暂态法测量时间极短，电极表面破坏很小，液相中杂质粒子也来不及影响电极表面。因此与稳态法相比，暂态法有利于研究反应产物能在电极表面上累积或电极表面在反应时不断受到破坏的电极过程（如电沉积、阳极溶解反应等），有利于研究电极表面的吸脱附过程，有利于研究复杂电极过程。与稳态比较，暂态过程具有以下特点：

① 暂态过程存在双电层充电电流密度 i_c。在暂态过程中，极化电流包括法拉第电流密度 i_F 和充电电流密度 i_c 两个部分，总电流密度 $i=i_F+i_c$。暂态过程的显著特点是存在双层充电电流密度，这是由双电层电荷分布改变所产生的。双电层充电电流密度 i_c 为

$$i_c=\frac{\mathrm{d}q}{\mathrm{d}t}=\frac{\mathrm{d}[-C_d(\varphi-\varphi_Z)]}{\mathrm{d}t}=-C_d\frac{\mathrm{d}\varphi}{\mathrm{d}t}+(\varphi-\varphi_Z)\frac{\mathrm{d}C_d}{\mathrm{d}t} \quad (2-15)$$

式中，取负号是因为规定阴极电流为正；C_d 为双电层的电容；φ 为电极电势；φ_Z 为零电荷电势。

双电层充电电流密度包括两个部分：一个是电极电势改变时，需要对双电层充电，以改变界面的荷电状态的双电层充电电流密度，这一双电层充电电流密度即为式(2-15)中等号右侧的第一项；另一个是双电层电容改变时，所引起的双电层充电电流密度，为式(2-15)中等号右侧的第二项。通常情况下，没有表面活性物质吸脱附时，双电层电容 C_d 随时间变化不大，此项可忽略。

当电极过程达到稳态时，电化学参量均不再变化，φ 和 C_d 也不再变化。很明显，式(2-15)中等号右侧的两项都为零，即 i_c 为零。也就是说，当电极过程处于暂态时，存在双电层的充电过程，而一旦达到稳态时，i_c 为零，不再有双电层充电过程。

② 扩散层内反应物和产物粒子的浓度与时间有关。在暂态过程中，电极/溶液界面附近的扩散层内反应物和产物粒子的浓度，不仅是空间位置的函数，而且是时间的函数，$c=c(x,t)$。

由图 2-17 可以看出，在同一时刻，浓度随离开电极表面的距离而变化；在离电极表面同一距离处，浓度又随时间的变化而变化；随着时间的推移，扩散层的厚度越来越大，扩散层向溶液内部发展，当达到对流区时，建立起稳态的扩散，这时的扩散层厚度达到最大，扩散层内粒子浓度不再随时间而变化。

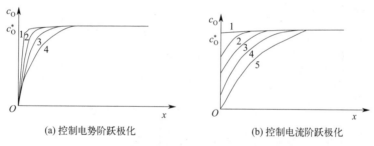

(a) 控制电势阶跃极化　　(b) 控制电流阶跃极化

图 2-17　平板电极表面液层中反应物浓度分布的发展
1~5 代表不同时间，数字越大表示时间越长

可见，非稳态扩散过程比稳态扩散过程多了时间这个影响因素。因此，可以通过控制极化时间来控制浓差极化。通过缩短极化时间，减小或消除浓差极化，突出电化学极化。这样，对于快速的电化学反应，仍然以电化学极化为主，排除了浓差极化的干扰，因此可以研究快速电化学反应的动力学参数。

暂态法按照控制自变量的不同，可分为控制电流方法和控制电势方法。按照极化波形的不同，可分为阶跃法、方波法、线性扫描法和交流阻抗法等。按照研究手段的不同，可分为两类：一类应用小幅度扰动信号，电极过程处于传荷过程控制，采用等效电路的研究方法；另一类应用大幅度扰动信号，浓差极化不可忽略，通常采用方程解析的研究方法，而不能采用等效电路的研究方法。

由于暂态过程比稳态过程更加复杂，因而暂态测量往往能比稳态测量给出更多的信息。暂态测量方法具有如下特点：

① 暂态法可研究快速电化学反应。它通过缩短极化时间，代替旋转圆盘电极的快速旋转，降低浓差极化的影响。当测量时间 $t<10^{-5}$ s 时，暂态扩散电流密度高达几十安培每平方厘米，这就不至于影响快速电化学反应的研究。

② 暂态法有利于研究表面状态变化快的体系，如电沉积和阳极溶解等过程。因为这些过程中，反应产物能在电极上积累，或者电极表面在反应时不断受到破坏，因而用稳态法很难测得重现性良好的结果。

③ 暂态法有利于研究电极表面的吸脱附和电极的界面结构，也有利于研究电极反应的中间产物和复杂的电极过程。这是因为，由于暂态测量的时间短，液相中极反应的中间产物和复杂的电极过程。这是因为，由于暂态测量的时间短，液相中的杂质粒子来不及扩散到电极表面上。

2.3.2 单程线性电势扫描伏安法

线性电势扫描伏安法是控制电极电势以恒定的速率变化，即连续线性变化，同时测量通过电极的响应电流。电极电势的变化率称为扫描速率，为一常数，即 $v=\mathrm{d}\varphi/\mathrm{d}t=\mathrm{const}$（常数）。测量结果常以 $i\text{-}t$ 或 $i\text{-}\varphi$（$i\text{-}E$）曲线表示，其中 $i\text{-}\varphi$ 曲线也叫作伏安曲线（voltammogram）。

线性电势扫描伏安法中常用的电势扫描波形如图 2-18 所示。采用连续三角波扫描的方法称为循环伏安法。

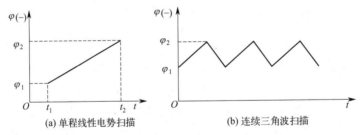

图 2-18 线性电势扫描伏安法中常用的电势波形

单程线性电势扫描，选择 φ_i 为初始电势，阴极极化电势关系式为

$$\varphi(t)=\varphi_i-vt \tag{2-16}$$

对于简单电极反应，若使用小幅度单程线性扫描（通常 $\Delta\varphi\leqslant 10\mathrm{mV}$），即极化持续时间很短，此时浓度极化可以忽略，电极处于电荷传递过程控制。当进行大幅度单程线性电势扫描时，浓度极化不能忽略，典型的伏安曲线如图 2-19 所示。由图 2-19 可见，当电势从没有还原反应发生的较正电势开始向电势负方向线性扫描时，还原电流密度先是逐渐上升，到达峰值后又逐渐下降。在电势扫描的过程中，随着电势的移动，电极的极化越来越大，电化学极化和浓差极化相继出现。随着极化的增大，反应物的表面浓度不断下降，

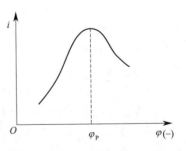

图 2-19 线性电势扫描伏安曲线

扩散层中反应物的浓度差不断增大，导致扩散流量增加，扩散电流密度升高。当反应物的表

面浓度下降为零时，就达到了完全浓差极化，扩散电流密度达到了极限扩散电流密度。但此时扩散过程并未达到稳态，电势继续扫描相当于极化时间的延长，扩散层的厚度越来越大，相应的扩散流量逐渐下降，扩散电流密度降低。这样，在电势扫描伏安曲线上，就形成了电流密度峰。

根据理论推导（此略），在越过峰值后扩散电流密度 i_d 的衰减符合 Cottrell 方程

$$i_d(t) = zFc_O^* \sqrt{\frac{D_O}{\pi t}} \tag{2-17}$$

式中，c_O^* 为初始浓度；D_O 为反应物 O 的扩散系数。

在线性电势扫描过程中，电极电势始终在以恒定的速率变化，自始至终存在着双电层充电电流密度。一般而言，双电层充电电流密度在扫描过程中并非常数，而是随着 C_d 的变化而变化的。当电极表面上不存在表面活性物质的吸脱附，并且进行小幅度电势扫描时，在小的电势范围内双电层电容 C_d 可近似认为保持不变。同时，由于扫描速率恒定，所以此时双电层充电电流密度恒定不变，即 $i_c = -C_d \frac{d\varphi}{dt} = \text{const}$。在很多大幅度电势扫描的情况下，也经常近似地认为双电层电容 C_d 保持不变，因而双电层充电电流密度 i_c 保持不变。

扫描速率的大小对 i-φ 曲线影响较大。由式(2-15) 可知，双电层充电电流密度 i_c 随着扫描速率的增大而线性增大。由后面的讨论可知，用于电化学反应的法拉第电流密度 i_F 也随着扫描速率 v 的增大而增大，但并不是和 v 成正比例的关系。当扫描速率 v 增大时，i_c 比 i_F 增大得更多，i_c 在总电流中所占的比例增加。相反，当扫描速率 v 足够慢时，i_c 在总电流中所占比例极低，可以忽略不计，这时得到的 i-φ 曲线即为稳态极化曲线。

我们知道，电极过程是由许多基本过程（或基本步骤）所组成的，如双电层充电过程、电化学反应过程、扩散传质过程。某一个基本过程没有达到稳态时，表现出来的结果就是这个过程的参量处于变化之中。单程线性电势扫描伏安法大幅度运用时，浓差极化不可忽略。

热力学定义系统状态发生改变时，系统和环境都能完全复原的过程称为可逆过程，反之，系统和环境不能完全复原的过程则称为不可逆过程。在热力学上没有准可逆过程的概念。而在电化学中，可逆性一般是指电极过程偏离平衡程度的难易程度，即极化的大小。电化学可逆性不仅仅服从热力学可逆性定义，同时兼顾了动力学的特性。按电极过程可逆性可分成三种情况来讨论。

(1) 可逆电极体系

可逆电极过程指电极反应是可逆反应（服从热力学可逆性定义），电极反应速率很快（兼顾了动力学的特性），电流密度接近于零或者工作电流密度虽然不接近零但电极反应接近平衡，即电荷传递步骤的正、逆反应速率可近似认为相等，电极电势与表面浓度的关系满足能斯特方程。此时电极上只存在浓度极化而不存在电化学极化。

如果测量开始，溶液中只有反应物 O 存在，而没有产物 R 存在，定义参数 $\sigma = \frac{nF}{RT}v$，v 为扫描速率。引入无量纲电流密度函数 $\chi(\sigma t)$

$$\chi(\sigma t) \equiv \frac{i(\sigma t)}{nFAc_O^* \sqrt{\pi D_O \sigma}} \tag{2-18}$$

式中，c_O^* 为初始浓度；D_O 为反应物 O 的扩散系数。可以得到电流密度 i 同无量纲电流密度函数 $\chi(\sigma t)$ 之间存在以下关系

$$i = nFAc_O^* \sqrt{\pi D_O \sigma} \chi(\sigma t) \quad (2-19)$$

由式(2-19)可知,电流密度 i 正比于反应物的初始浓度 c_O^* 和扫描速率的平方根 $v^{1/2}$。

通过解扩散方程可以得到电流密度-时间关系,由于电势同时间呈线性关系,可以转化成电流密度-电势关系。具体求解的数学处理比较复杂,在此只给出相关的重要结果。可得到无量纲电流密度函数与电势之间的关系(如图 2-20 所示)。

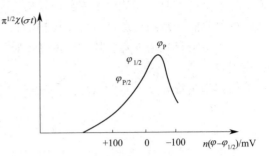

图 2-20 用无量纲电流密度函数表示的理论线性电势扫描伏安曲线(25℃)

峰值电势 φ_P 为

$$\varphi_P = \varphi_{1/2} - 1.109 \frac{RT}{nF} \quad (2-20)$$

式中,$\varphi_{1/2}$ 为半波电位。

峰值电流密度 i_P 为

$$i_P = 0.4463 nFAc_O^* D_O^{1/2} \left(\frac{nF}{RT}\right) v^{1/2} \quad (2-21)$$

25℃下,式(2-21)变为

$$i_P = (2.69 \times 10^5) n^{3/2} AD_O^{1/2} v^{1/2} c_O^* \quad (2-22)$$

式(2-22)称为 Randles-Sevcik 方程。式中,i_P 为峰值电流密度,A;n 为电极反应的得失电子数;A 为电极的真实表面积,cm^2;D_O 为反应物的扩散系数,cm^2/s;c_O^* 为反应物初始浓度,mol/cm^3;v 为扫描速率,V/s。

如果实验中测得的伏安曲线上电流峰较宽,峰值电势 φ_P 难以准确测定,可以使用 $i = i_P/2$ 处的半峰电势 $\varphi_{P/2}$

$$\varphi_{P/2} = \varphi_{1/2} + 1.09 \frac{RT}{nF} \quad (2-23)$$

由式(2-20)和式(2-23)可知,$\varphi_{1/2}$ 几乎位于 φ_P 和 $\varphi_{P/2}$ 的正中间,即

$$\varphi_{1/2} = \varphi_P + 1.109 \frac{RT}{nF} = \varphi_{P/2} - 1.09 \frac{RT}{nF} \quad (2-24)$$

对于可逆体系而言,φ_P 和 $\varphi_{P/2}$ 之间的差值是确定的,不随扫描速率而变化,即

$$|\varphi_P - \varphi_{P/2}| = 2.20 \frac{RT}{nF} \quad (2-25)$$

25℃时,

$$|\varphi_P - \varphi_{P/2}| = \frac{56.5}{n} mV \quad (2-26)$$

由上述得到可逆电极体系伏安曲线的特点:

① φ_P 和 $\varphi_{P/2}$ 以及 $|\varphi_P - \varphi_{P/2}|$ 均与扫描速率无关,$\varphi_{1/2}$ 几乎位于 φ_P 和 $\varphi_{P/2}$ 的正中间。这些电势数值可用于判定电极反应的可逆性。

② 峰值电流密度 i_P 以及伏安曲线上任意一点的电流密度都正比于 $v^{1/2} c_O^*$。这是因为 v 越大,暂态扩散层厚度越薄,扩散速率越大,达到伏安曲线上任意一点的电势所需时间越短,因而电流密度越大。

③ 若已知 D_O,则据 Randles-Sevcik 方程式(2-22),可以计算得失电子数 n,并可进行反应物浓度 c_O^* 的定量分析。

需要注意的是应用 Randles-Sevcik 方程时需要消除残余电流密度的影响。没有被研究的电活性物质时也存在的电流密度称为残余电流密度，可能由杂质、吸附以及双电层等因素导致。残余电流密度的存在，导致峰电流的误差，可以通过空白试验降低其影响。

(2) 不可逆体系与准可逆体系

不可逆电极过程指电极反应是不可逆反应（完全不可逆电极过程），或者电极反应尽管可逆，但在工作条件下，正向反应速率与逆向反应速率相差很大（兼顾了动力学的特性），电极反应动力学非常慢（即交换电流密度很小）。对于不可逆电极反应，电化学极化和浓差极化同时存在，表面即时浓度与即时电势的关系不满足能斯特方程。

对于完全不可逆体系，定义无量纲变量 $b=\dfrac{\alpha F}{RT}v$，可以推出电流 i 同无量纲电流密度函数 $\pi^{1/2}\chi(\sigma t)$ 之间存在以下关系

$$i=FAc_O^* D_O^{1/2} b^{1/2} \pi^{1/2} \chi(\sigma t) \tag{2-27}$$

25℃下峰值电流 i_P 为

$$i_P=(2.99\times 10^5)\alpha^{1/2} nAD_O^{1/2} v^{1/2} c_O^* \tag{2-28}$$

式中，α 为电极反应的传递系数；A 为电极的真实表面积，cm^2；D_O 为反应物的扩散系数，cm^2/s；c_O^* 为反应物的初始浓度，mol/cm^3；v 为扫描速率，V/s。

可知，电流密度 i 与峰值电流密度 i_P 正比于反应物的初始浓度 c_O^* 和扫描速率的平方根 $v^{1/2}$。这一点同可逆体系相同。用 i_P-$v^{1/2}$ 作图，则可得一条直线，由直线斜率可求出传递系数 α。

可以推出 25℃下伏安曲线上的峰值电势 φ_P

$$\varphi_P=\varphi^{\ominus\prime}-\dfrac{RT}{\alpha F}\left(0.780+\ln\dfrac{\sqrt{D_O}}{k^{\ominus}}+\ln\sqrt{\dfrac{\alpha F}{RT}v}\right) \tag{2-29}$$

$k^{\ominus}$ 是形式电势 $\varphi^{\ominus\prime}$ 下的标准反应速率常数。可知 φ_P 是扫描速率的函数。扫描速度 v 每增大 10 倍，φ_P 向扫描的方向移动 $\dfrac{1.15RT}{\alpha F}$。

25℃时，

$$|\varphi_P-\varphi_{P/2}|=\dfrac{47.7}{\alpha}\text{mV} \tag{2-30}$$

$|\varphi_P-\varphi_{P/2}|$ 值与 $k^{\ominus}$ 有关，$k^{\ominus}$ 越小，这个差值越大。这正是反应受电荷传递过程影响时的动力学特征。

由式(2-28)和式(2-29)可以得到 i_P 和 φ_P 的关系式

$$i_P=0.227 nFAc_O^* k^{\ominus}\exp\left[-\dfrac{\alpha F}{RT}(\varphi_P-\varphi^{\ominus\prime})\right] \tag{2-31}$$

如果已知 $\varphi^{\ominus\prime}$，在不同的扫描速度下，用 $\ln i_P$-$(\varphi_P-\varphi^{\ominus\prime})$ 作图，可得一条直线，由直线的斜率和截距可求出 α 和 $k^{\ominus}$。

由式(2-28)可得，当 $n=1$，$\alpha=0.5$ 时，i_P(完全不可逆)=$0.785 i_P$(可逆)，即完全不可逆体系的 i_P 低于可逆体系的 i_P。

当 $n=1$，$\alpha=0.5$ 时，$|\varphi_P-\varphi_{P/2}|$(完全不可逆)=95.4mV，$|\varphi_P-\varphi_{P/2}|$(可逆)=56.5mV。可见，完全不可逆体系的 $|\varphi_P-\varphi_{P/2}|$ 大于可逆体系的 $|\varphi_P-\varphi_{P/2}|$。

准可逆电极过程指电极反应尽管是可逆反应，电极反应动力学不是很快也不是很慢，但是电化学极化和浓度极化同时存在。表面即时浓度与即时电势的关系也不满足能斯特方程。

对于准可逆的简单电极反应，定义参数 Λ

$$\Lambda \equiv k^{\ominus} \sqrt{\frac{RT}{D_O^{1-\alpha} D_R^{\alpha} Fv}} \tag{2-32}$$

准可逆体系伏安曲线的形状及其电流峰的参数取决于传递系数 α 和参数 Λ。准可逆体系伏安曲线的峰值电流密度 i_P、峰值电势和半波电势的差值 $|\varphi_P - \varphi_{1/2}|$、峰值电势和半峰电势的差值 $|\varphi_P - \varphi_{P/2}|$ 均介于可逆体系和完全不可逆体系相应数值之间。

Λ 是表征传荷过程的参数 $k^{\ominus}$ 和表征传质过程的参数 $\sqrt{D\dfrac{Fv}{RT}}$ 的比值，因此它是表征两个电极基本过程在总的电极过程中重要性的参量。Λ 值是决定电极体系可逆性的重要参数。当 $\Lambda \geqslant 15$ 时，电极体系处于可逆状态；当 $\Lambda \leqslant 10^{-2(1+\alpha)}$ 时，电极体系处于完全不可逆状态。

可以看出，Λ 不仅取决于体系本身的性质，而且可以通过调节扫速 v 而发生变化，从而使体系表现出不同的可逆性质。例如，随着扫速 v 的增大，体系的峰值电流密度 i_P 可以从可逆行为变化到准可逆行为，再变化到完全不可逆行为，如图 2-21 所示。

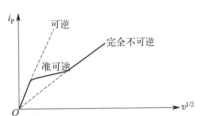

图 2-21 随着扫描速率的增大 i_P 从可逆行为向不可逆行为的转变

这一现象可以定性地作如下理解：扫速 v 越快，达到一定电势下所需时间就越短，暂态扩散层厚度越薄，扩散流量越大，扩散速率越快，浓差极化在总极化中所占比例就越小，相应的电化学极化所占比例上升，逐步偏离电化学平衡状态，Nernst 方程不再适用，电极由可逆状态变为准可逆状态，进而成为完全不可逆状态。

2.3.3 循环伏安法

控制研究电极的电势以速率 v 从 φ_i 开始向电势负方向扫描，到时间 $t = \lambda$（相应电势为 φ_λ）时电势改变扫描方向，以相同的速率回扫至起始电势，然后电势再次换向，反复扫描，即采用的电势控制信号为连续三角波信号。记录下的 i-φ 曲线，称为循环伏安曲线（cyclic voltammogram），如图 2-22 所示。这一测量方法称为循环伏安法（cyclic voltammetry，CV）。

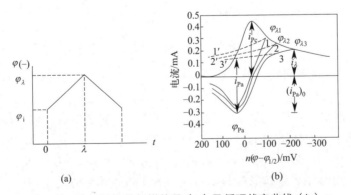

图 2-22 三角波电势扫描信号（a）及循环伏安曲线（b）

电势扫描信号可表示为

$$\varphi(t) = \varphi_i - vt \quad (0 \leqslant t \leqslant \lambda) \tag{2-33}$$

$$\varphi(t) = \varphi_i - v\lambda + v(t-\lambda) = \varphi_i - 2v\lambda + vt \quad (t > \lambda) \tag{2-34}$$

式中，λ 为换向时间；$\varphi_i - v\lambda = \varphi_\lambda$，$\varphi_\lambda$ 为换向电势。

对于电化学反应 $O + ne^- \rightleftharpoons R$，正向扫描（即向电势负方向扫描）时发生阴极反应；反向扫描时，则发生正向扫描过程中生成的反应产物 R 的重新氧化的反应，这样反向扫描时也会得到峰状的 i-φ 曲线。如果使用连续三角波扫描可以得到多次循环伏安曲线（见图 2-23）。

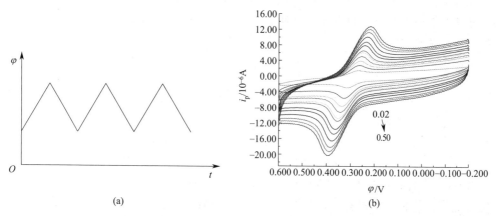

图 2-23　连续三角波电势扫描（a）与多次循环伏安曲线（b）

对于 CV 图的解析，首先要确定氧化峰和还原峰。在图 2-22 的 CV 曲线上，阴极反应的电流密度是阴极电流密度，对应的峰为还原峰。阳极反应的电流密度是阳极电流密度，对应的峰为氧化峰。可以根据电位判断：对于同一氧化还原电对，峰电位较正的峰是氧化峰，峰电位较负的峰是还原峰。也可以根据扫描方向出峰位置来判断：从低电压向高电压扫描，从电极上抽提电子，出峰是氧化峰；从高电压向低电压扫描，给电极注入电子，出峰是还原峰。

循环伏安法的理论处理与单程线性扫描法相同。在 $t \leqslant \lambda$ 期间，正扫的循环伏安曲线规律与前述的单扫伏安法完全相同。在 $t > \lambda$ 期间，回扫的伏安曲线与 φ_λ 值有关，但是当 φ_λ 控制在越过峰值 φ_P 足够远时，回扫伏安曲线形状受 φ_λ 的影响可被忽略。具体地说，对于可逆体系，φ_λ 至少要超过 $\varphi_P (35/n)$ mV；对于准可逆体系，φ_λ 至少要超过 $\varphi_P (90/n)$ mV。通常情况下，φ_λ 都控制在超过 $\varphi_P (100/n)$ mV 以上。

循环伏安曲线上有两组重要的测量参数：①阴、阳极峰值电流密度 i_{Pc}、i_{Pa} 及其比值 i_{Pc}/i_{Pa}；②阴、阳极峰值电势 φ_{Pa}、φ_{Pc} 及其差值 $|\Delta \varphi_P| = \varphi_{Pa} - \varphi_{Pc}$。

在循环伏安曲线上测定阳极的峰值电流密度 i_{Pa} 不如阴极峰值电流密度 i_{Pc} 方便。这是因为正向扫描时是从法拉第电流为零的电势开始扫描的，因此 i_{Pc} 可根据零电流密度基线得到；而在反向扫描时，φ_λ 处阴极电流密度尚未衰减到零，因此测定 i_{Pa} 时就不能以零电流密度作为基准来求算，而应以 φ_λ 之后正扫的阴极电流密度衰减曲线为基线。在电势换向时，阴极反应达到了完全浓差极化状态，此时阴极电流密度为暂态的极限扩散电流密度，符合 Cottrell 方程，即按照 $i \propto t^{-1/2}$ 的规律衰减。在反向扫描的最初一段电势范围内，产物 R 的重新氧化反应尚未开始，此时电流密度仍为阴极电流密度衰减曲线。因此可在图上画出阴极电流密度衰减曲线的延长线，以其作为求算 i_{Pa} 的电流密度基线，如图 2-22 所示。在图中，当分别在三个不同的换向电势 $\varphi_{\lambda 1}$、$\varphi_{\lambda 2}$ 和 $\varphi_{\lambda 3}$ 下回扫时,所得三条回扫曲线各不相同,应以各自的阴极电流密度衰减曲线(图中虚线)为基线计算 i_{Pa}。

若难以确定 i_{Pa} 的基线,可采用下式计算

$$\left|\frac{i_{Pa}}{i_{Pc}}\right| = \left|\frac{(i_{Pa})_0}{i_{Pc}}\right| + \left|\frac{0.485 i_\lambda}{i_{Pc}}\right| + 0.086 \tag{2-35}$$

式中,$(i_{Pa})_0$ 是未经校正的相对于零电流基线的阳极峰值电流密度;i_λ 为电势换向处的阴极电流密度。

在实际的循环伏安曲线中,法拉第电流密度是叠加在近似为常数的双电层充电电流密度上的,通常可以双电层充电电流密度为基线对 i_{Pc}、i_{Pa} 进行相应的校正。

(1) 可逆体系

对于产物稳定的可逆体系,循环伏安曲线两组参数具有下述重要特征:

① $|i_{Pa}| = |i_{Pc}|$,$\left|\dfrac{i_{Pa}}{i_{Pc}}\right| = 1$,并且峰电流密度比与扫描速度 v、换向电势 φ_λ、扩散系数 D 等参数无关。

② $|\Delta \varphi_P| = \varphi_{Pa} - \varphi_{Pc} \approx \dfrac{2.3RT}{nF}$,或 $|\Delta \varphi_P| = \varphi_{Pa} - \varphi_{Pc} \approx \dfrac{59}{n}$ mV (25℃)。

尽管 $|\Delta \varphi_P|$ 与换向电势 φ_λ 稍有关系,但 $|\Delta \varphi_P|$ 基本上保持为常数,并且不随扫速 v 的变化而变化。这是可以理解的,因为单程电势扫描时,可逆体系的峰值电势就不随 v 的变化而变化。

(2) 准可逆体系

准可逆体系循环伏安曲线两组测量参数的特征为:

① $|i_{Pa}| \neq |i_{Pc}|$。

② 准可逆体系的 $|\Delta \varphi_P|$ 比可逆体系的大,即 $|\Delta \varphi_P| = \varphi_{Pa} - \varphi_{Pc} > \dfrac{59}{n}$ mV (25℃),并且伴随着扫速 v 的增大而增大。

由前述可知,不可逆体系进行单程线性电势扫描时,随着扫描速率 v 的增大,峰值电势向扫描的方向移动,即阴极峰电势 φ_{Pc} 向电势负方向移动,阳极峰电势 φ_{Pa} 向电势正方向移动,因此 $|\Delta \varphi_P|$ 随扫速增大而增大。

$|\Delta \varphi_P|$ 值以及 $|\Delta \varphi_P|$ 随扫描速率 v 的变化特征是判断电极反应是否可逆和不可逆程度的重要判据。如果 $|\Delta \varphi_P| \approx \dfrac{2.3RT}{nF}$,且不随 v 变化,说明反应可逆;如果 $|\Delta \varphi_P| > \dfrac{2.3RT}{nF}$,且随 v 增大而增大,则为不可逆反应。$|\Delta \varphi_P|$ 比 $2.3RT/nF$ 大得越多,反应的不可逆程度就越大。

(3) 完全不可逆体系

当电极反应完全不可逆时,逆反应非常迟缓,正向扫描产物来不及发生反应就扩散到溶液内部了,因此在循环伏安图上观察不到反向扫描的电流密度峰。在图 2-24 中,对可逆体系、准可逆体系和完全不可逆体系的循环伏安曲线进行了比较。曲线 1:$\Delta \varphi_P = 57.6 \approx$

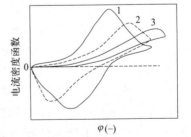

图 2-24 不同可逆性的电极体系的循环伏安图

$58/n$,为可逆体系;曲线 2:$\Delta\varphi_P>58/n$,但有氧化还原峰,为准可逆体系;曲线 3:没有逆向峰电流密度,为不可逆体系。

循环伏安法是研究电化学体系很方便的一种定性方法,对于一个新的体系,很快可以检测到反应物(包括中间体)的稳定性,判断电极反应的可逆性,同时还可以用于研究活性物质的吸附以及电化学-化学偶联反应机理。

2.3.4 线性电势扫描伏安法的应用

线性电势扫描伏安法是应用最为广泛的一种电化学测量方法,LSV 一般用于定量分析,而 CV 则用于电极过程的定性、机理研究。下面仅列举一些有代表性的应用。

(1) 初步研究电极体系可能发生的电化学反应

线性电势扫描伏安法常被用于研究一个未知电极体系可能发生的电化学反应,因为在伏安曲线上出现阳极电流峰通常表示电极发生了氧化反应,而阴极电流峰则表明发生了还原反应。电流峰对应的电势范围可用于帮助判定发生的是什么电化学反应,与该反应的平衡电势之间的差值表明了该反应发生的难易程度。一对可逆反应对应的阴阳极电流峰的峰值电势差值表明了该反应的可逆程度。而峰值电流则表示在给定条件下该反应可能的进行速度。如果不存在干扰的话,对于给定的电极体系,在控制电势扫描的情况下,相同的电极反应应该发生在相同的电势下,并以同样的速度进行。在多次的循环伏安扫描过程中,如果电流峰的峰值电势或峰值电流随扫描次数而发生变化往往预示着电极表面状态在不断变化。如果把电流-电势曲线转换成电流-时间关系曲线,则电流峰下覆盖的面积就代表该电化学反应所消耗的电量,由此电量有可能得到电极活性物质的利用率、电极表面吸附覆盖度、电极真实电化学表面积等一系列丰富的信息。因此,线性电势扫描伏安法往往是定性或半定量地研究电极体系可能发生的反应及其进行速度的首选方法。

下面以 30%KOH 溶液中银丝电极的循环伏安曲线为例,介绍线性电势扫描伏安法在电极电化学行为的初步研究中的应用。银丝电极在 30%KOH 溶液中的循环伏安曲线如图 2-25 所示,其中电极电势为相对于同溶液中 HgO/Hg 参比电极的电势。

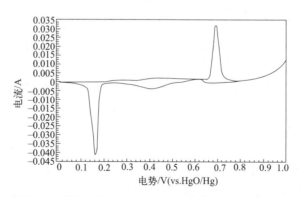

图 2-25 银丝电极在 30%KOH 溶液中的循环伏安曲线

电势从 0V 开始向电势正方向扫描,此时研究电极表面是金属银。在 0.25V 以后电流逐渐上升,出现一个比较低、比较平的电流峰,这是金属 Ag 氧化为 Ag_2O 所引起的阳极电流峰,其反应方程式为

$$2Ag+2OH^- \longrightarrow Ag_2O+H_2O+2e^- \tag{2-36}$$

该反应的平衡电势为 $\varphi_e=0.246\text{V}(\text{vs. HgO/Hg})$。可见曲线上开始出现电流峰的电势与平衡电势偏离很小，说明此时反应极化很小，这同金属 Ag 的导电性很好有关。但是电流始终未达到很大的数值，表现为一个很低、很平缓的电流峰，这是因为反应的产物 Ag_2O 以成相膜的形式覆盖在电极表面上，使电极导电性迅速下降，阻碍了反应的进行。

当电势扫描至 0.65V 左右时，一个新的阳极电流峰开始出现，这是由 Ag_2O 氧化为 AgO 所引起的，其反应方程式为

$$Ag_2O+2OH^- \longrightarrow 2AgO+H_2O+2e^- \tag{2-37}$$

该反应的平衡电势为 $\varphi_e=0.47\text{V}(\text{vs. HgO/Hg})$。显然，曲线上开始出现第二个氧化峰的电势远比其平衡电势更正，说明此时反应极化很大，这是因为此时 Ag_2O 均匀地覆盖在银丝电极表面上，而 Ag_2O 的电阻率极高（$7\times10^8\Omega\cdot\text{cm}$），大大增加了电极的电阻极化。但是该电流峰远较第一个氧化峰高，这是因为随着反应的进行，Ag_2O 逐渐转化为电阻率较小的 AgO（$1\sim10^4\Omega\cdot\text{cm}$），电阻极化迅速下降，极化电流迅速增大。

当电势扫描至 0.8V 左右时，电流又开始上升，同时可看到在电极表面上有气体逸出，这时的电流用于析出氧气，其反应方程式为

$$4OH^- \longrightarrow 2H_2O+O_2+4e^-$$

当扫描至 1.0V 时，电势开始换向，进行反向扫描。当电势反向扫描至 0.46V 左右时，开始出现阴极电流峰，这是由 AgO 还原为 Ag_2O 所引起的，即反应式(2-37)的逆反应。该反应的平衡电势为 0.47V，而曲线上开始出现电流峰的电势约为 0.46V，差值很小，说明极化很小，这同 AgO 的电阻率较低有关。但是该电流峰的峰值较小，原因是随着反应的进行，AgO 又逐渐转化为电阻率极高的 Ag_2O，阻碍了反应的进行。

当电势扫描至 0.2V 以后时，开始出现第二个阴极电流峰，这是由 Ag_2O 还原为金属 Ag 所引起的，即反应式(2-36)的逆反应。该反应的平衡电势为 0.246V，而曲线上开始出现该电流峰的电势为 0.2V 左右，说明此时极化较大，这与电极表面上覆盖着导电性很差的 Ag_2O 有关。但是这个电流峰很陡，达到了很高的电流峰值，这是因为随着反应的进行，Ag_2O 逐渐转化为金属 Ag，而金属 Ag 的导电性非常好，迅速改善了电极的导电性，电流迅速上升到很高的数值，成为四个电流峰中最高的电流峰。

从银在 KOH 溶液中的电势扫描伏安曲线，可了解锌-氧化银电池充放电时正极氧化银电极的变化。在电池充足电后，电极上应有 AgO 存在。电池放电时 AgO 首先还原成 Ag_2O，然后才还原成金属银。因此在放电时，电压出现两个平段，它们分别对应两个不同的正极还原过程。高电压平段（AgO $\longrightarrow$ Ag_2O）称为高波电压，高波电压的存在使电池放电电压发生大的波动，影响电池在精密仪器中的应用，有时甚至会因电压过高而烧坏仪器。生产上为了消除高波电压，往往在电极或电解液中加入氯离子。

（2）判断电极过程的可逆性

线性电势扫描方法能够用来判断电极过程的可逆性。当采用单程线性电势扫描法时，若峰值电势 φ_P 不随扫描速率的变化而变化，则为可逆电极过程。反之，若峰值电势 φ_P 随扫描速率的增大而变化（向扫描方向移动），则为不可逆的电极过程。如图 2-26 所示。

当采用循环伏安法判断电极过程的可逆性时，需要考察共轭的一对还原反应和氧化反应的峰值电势差值 $|\Delta\varphi_P|$。

（3）判断电极反应的反应物来源

采用线性电势扫描伏安法可以判断反应物的来源。如果反应物来源于溶液，通过扩散过

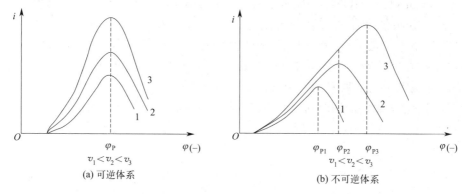

图 2-26 线性电势扫描法判断电极反应的可逆性

程到达电极表面参与电极反应,那么在伏安曲线上会出现电流密度峰。对 i-t 曲线积分,电流密度峰下覆盖的面积即为用于电化学反应的电量(忽略双电层充电电量)

$$Q = \int_{t_1}^{t_2} i \, \mathrm{d}t = \int_{\varphi_1}^{\varphi_2} i \, \frac{i}{v} \mathrm{d}\varphi \tag{2-38}$$

扫描过程中的响应电流密度 i 可由下式给出

$$i = \phi(\varphi) c_O^0 (D_O v)^{1/2} \tag{2-39}$$

式中,$\phi(\varphi)$ 为电势 φ 的函数。故

$$Q = c_O^0 (D_O)^{1/2} v^{-1/2} \int_{\varphi_1}^{\varphi_2} \phi(\varphi) \, \mathrm{d}\varphi \tag{2-40}$$

由式(2-40)可知,反应的电量 Q 与扫描速率的平方根的倒数 $v^{-1/2}$ 成正比,也就是说,扫描速率越慢,用于电化学反应的电量就越大。这是因为反应物来源于溶液,在扫描速率慢的时候本体溶液中的反应物来得及更多地扩散到电极表面上参与反应。相反,如果反应物是预先吸附在电极表面上的,由于吸附反应物的量是恒定的,所以吸附反应物消耗完毕所需的电量 Q_θ 也是恒定的,与使用的扫描速率 v 无关。这样,利用伏安曲线积分得到的电量同扫描速率之间的关系,可以判断反应物的来源。

(4) 研究电活性物质的吸脱附过程

参加电化学反应的电活性物质(反应物 O 和产物 R)常常可以吸附在电极表面上,线性电势扫描伏安法是研究电活性物质吸脱附过程的有力工具。正如上面所介绍的,吸附的反应物 O 和来源于溶液通过扩散到达电极表面参与电化学反应的反应物 O 可根据伏安曲线的电量加以区分。另外,吸附反应物伏安曲线上的峰值电流密度 i_P 不是同 $v^{1/2}$ 成正比,而是正比于扫描速率 v,即 $i_P \propto v$。在 Langmuir 吸附等温式条件下,对于可逆电极反应,阴极峰电势和阳极峰电势相等,即 $\varphi_{Pc} = \varphi_{Pa}$。

如果反应物 O 的吸附作用比产物 R 的吸附作用更强,吸附反应物 O 的电流密度峰会出现在比扩散反应物 O 的电流密度峰更负的电势下,如图 2-27 所示。相反,如果产物 R 的吸附作用比反应物 O 更强,吸附反应物 O 的电流密度峰会出现在比扩散反应物 O 的电流密度峰更正的电势下。

(5) 有机光电材料能级测定

有机电致发光材料能带结构对其性能有重要影响。最高占据分子轨道(highest occupied molecular orbital，HOMO）能级定义为分子的填充轨道中能量最高的能级，与电子解离能相等（I_p）。最低未占分子轨道（lowest unoccupied molecular orbital，LUMO）能级定义为分子的空置轨道中能量最低的能级，与电子亲和能相等（E_A）。固体材料中的 HOMO 和 LUMO 分别相当于价带（valence band，VB）顶端和导带（conducting band，CB）底端。通常所说的带隙 E_g 指 HOMO 和 LUMO 的能极差。电化学方法（如循环伏安法）所用仪器设备简单，能同时给出有机光电材料的全部能带结构参数，因此应用广泛。

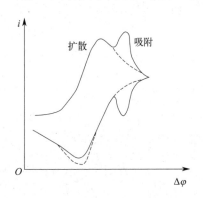

图 2-27　有扩散反应物 O 和强吸附的吸附反应物 O 存在时的循环伏安曲线（实线）和仅有扩散反应物 O 存在时的循环伏安曲线（虚线）

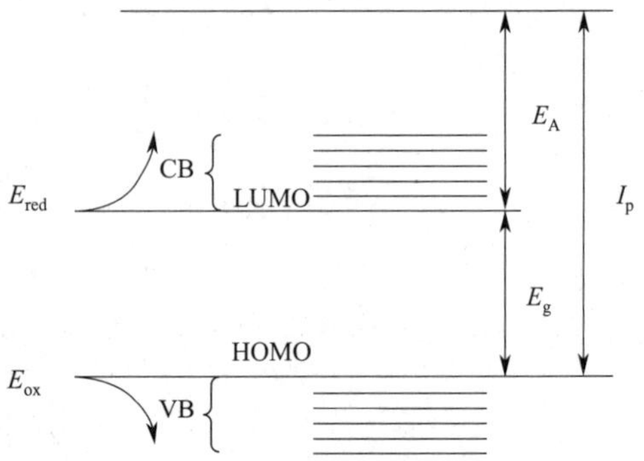

图 2-28　材料能带结构关系示意图

如图 2-28 所示，材料最高占有分子轨道上的电子失去所需的能量相应于电离能 I_p，此时材料发生了氧化反应。材料得到电子填充在最低未占有分子轨道上所需的能量相应于电子亲和势 E_A，此时材料发生了还原反应。给工作电极施加一定的正电位，电极表面材料分子失去其价带上的电子发生电化学氧化反应。电化学氧化反应的起始电势 φ_{ox}，即对应于 HOMO 能级。给工作电极施加一定的负电位，电极表面的材料分子得到电子发生电化学还原反应，电化学还原反应的起始电势 φ_{red}，即对应于 LUMO 能级。

由电化学结果计算能级的公式为（标准氢电极电位相对于真空能级为 -4.5eV）：$E_{HOMO}=I_p=\varphi_{ox}+4.5\text{eV}$，$E_{LUMO}=E_A=\varphi_{red}+4.5\text{eV}$，$E_g=E_{HOMO}-E_{LUMO}$。一般通过测定有机物的氧化电位 φ_{ox} 以直接推算 HOMO 能级数值，再结合光谱或能谱法测得的带隙 E_g，间接计算出 LUMO 能级数值。

2.4 交流阻抗法

交流阻抗法（alternating current impedance，AC impedance）是指控制通过电化学系统的电流（或系统的电势）在小幅度的条件下随时间按正弦规律变化，同时测量相应的系统电势（或电流）随时间的变化，或者直接测量系统的交流阻抗（或导纳），进而分析电化学系统的反应机理、计算系统的相关参数。

交流阻抗法包括两类技术，电化学阻抗谱（electrochemical impedance spectroscopy，

EIS) 和交流伏安法 (AC voltammetry)。电化学阻抗谱技术是在某一直流极化条件下，特别是在平衡电势条件下，研究电化学系统的交流阻抗随频率的变化关系；交流伏安法则是在某一选定的频率下，研究交流电流的振幅和相位随直流极化电势的变化关系。这两类方法的共同点在于都应用了小幅度的正弦交流激励信号，基于电化学系统的交流阻抗概念进行研究。为此首先需要明确电化学系统交流阻抗的概念。

2.4.1 交流阻抗的基本概念

(1) 正弦波交流电路的基本性质

一个正弦交流电信号（如正弦交流电压）由一个旋转的矢量来表示，如图 2-29(a) 所示。矢量 $\tilde{V}$ 的长度 V 是其幅值，旋转角度 ωt 是其相位。在任一时刻该旋转的矢量在某一特定轴（通常选择 90°轴）上的投影即为这一时刻的电压值，此电压值随时间按正弦规律变化，可用三角函数来表示

$$\tilde{V} = V_m \sin(\omega t) \tag{2-41}$$

式中，ω 是角频率（即每秒内变化的弧度，单位为 rad/s），常规频率（指每秒内变化次数，单位为 Hz）为 $f = 2\pi\omega$。

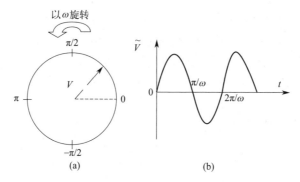

图 2-29 正弦交流电压的矢量图

由于正弦交流电信号具有矢量的特性，所以可用矢量的表示方法来表示正弦交流信号。在一个复数平面中，用 $\mathbf{1}$ 表示单位长度的水平矢量，用虚数单位 $j=\sqrt{-1}$ 表示单位长度的垂直矢量，而对于一个幅值为 V_m，从水平位置旋转了 ωt 角度的矢量 $\tilde{V}$，在复数平面中可以表示为

$$\tilde{V} = V_m \cos(\omega t) + jV_m \sin(\omega t) \tag{2-42}$$

根据欧拉 (Euler) 公式，式(2-42)可以写成复指数的形式

$$\tilde{V} = V_m \exp(j\omega t) \tag{2-43}$$

当在一个线性电路两端施加一个正弦交流电压时，流过该电路的电流可写为

$$\tilde{I} = I_m \sin(\omega t + \phi) \tag{2-44}$$

用复数的三角函数和复数的指数形式表示：

$$\tilde{I} = I_m (\cos\omega t + j\sin\omega t) = I_m e^{j\omega t} \tag{2-45}$$

式中，ϕ 为电路中的电流与电路两端的电压之间的相位差。如果 $\phi > 0$，电流的相位超

前于电压的相位；如果 $\phi<0$，则电流的相位滞后于电压的相位。

定义阻抗（impedance）$\mathbf{Z}$ 为电压矢量与电流矢量的比值，可知

$$\mathbf{Z}=\frac{\widetilde{V}}{\widetilde{I}}=\frac{V_m}{I_m}\exp(-\mathrm{j}\phi)=|Z|\exp(-\mathrm{j}\phi) \tag{2-46}$$

所以，一个线性电路的阻抗也是一个矢量，这个矢量的模为

$$|Z|=\frac{V_m}{I_m} \tag{2-47}$$

而其相位角为 $-\phi$，也称为阻抗角。

也可将式(2-46)按欧拉公式展开

$$Z=|Z|(\cos\phi-\mathrm{j}\sin\phi)=R+\mathrm{j}X \tag{2-48}$$

式中，R 称为阻抗的实部；X 称为阻抗的虚部。

导纳（admittance）Y 被定义为阻抗的倒数

$$Y=\frac{1}{Z} \tag{2-49}$$

阻抗和导纳可以等效互换。

(2) 基本电学元件的阻抗

① 纯电阻 R。R 上压降为

$$V=I_m R\sin\omega t=V_m\sin\omega t \tag{2-50}$$

即电流和电压同相位。纯电阻的交流阻抗为

$$Z_R=V/I=V_m/I_m=R \tag{2-51}$$

为实轴上的一个点。

② 纯电容 C。电容上的电压响应为

$$V_\sim=\frac{Q}{C}=\frac{1}{C}\int I_\sim\,\mathrm{d}t=\frac{1}{C}\int I_m\sin\omega t\,\mathrm{d}t=-\frac{I_m}{\omega C}\cos\omega t=\frac{I_m}{\omega C}\sin\left(\omega t-\frac{\pi}{2}\right) \tag{2-52}$$

用复数表示为

$$V_\sim=V_m\mathrm{e}^{\mathrm{j}(\omega t-\pi/2)} \tag{2-53}$$

$$V_m=\frac{I_m}{\omega C} \tag{2-54}$$

容抗 Z_C 为

$$Z_C=\frac{V_\sim}{I_\sim}=\frac{V_m\mathrm{e}^{\mathrm{j}(\omega t-\pi/2)}}{I_m\mathrm{e}^{\mathrm{j}\omega t}}=\frac{1}{\omega C}\mathrm{e}^{-\mathrm{j}\pi/2}=-\frac{\mathrm{j}}{\omega C}=\frac{1}{\mathrm{j}\omega C} \tag{2-55}$$

可见纯电容电路电压相位滞后电流 $\pi/2$。容抗 Z_C 与频率 ω 有关，需用复数表示。其复数阻抗图是与虚轴重叠的一根直线。

③ 纯电感 L。纯电感 L 电压为

$$\widetilde{V}=L\frac{\mathrm{d}\widetilde{I}}{\mathrm{d}t}=L\frac{\mathrm{d}I_m\sin\omega t}{\mathrm{d}t}=LI_m\omega\cos(\omega t)=LI_m\omega\sin\left(\omega t+\frac{\pi}{2}\right) \tag{2-56}$$

电感上的电压波形亦为正弦波。其幅值为 ωLI_m，其相位超前电流 $\pi/2$。其阻抗为

$$Z_L=\mathrm{j}\omega L \tag{2-57}$$

基本电学元件的阻抗归纳于表 2-3。

表 2-3　三种基本的电学元件的阻抗和导纳

元件名称	符号	参数	阻抗	导纳
电阻	R	R	R	$1/R$
电容	C	C	$-j\dfrac{1}{\omega C}$（容抗）	$j\omega C$
电感	L	L	$j\omega L$（感抗）	$-j\dfrac{1}{\omega L}$

（3）R、C 串联和并联电路

简单元件通过串联、并联可以构成复杂的电路。由一个电路在不同频率下的阻抗绘制成的曲线，称为这个电路的阻抗谱。同样，由一个电路在不同频率下的导纳绘制成的曲线，称为这个电路的导纳谱。由于一个电路的阻抗和导纳可以互相计算，所以一般我们只说某一个电路的阻抗谱。

① R、C 串联电路（简记为 R-C）

$$Z_{R\text{-}C}=Z_R+Z_C=R-\dfrac{j}{\omega C} \tag{2-58}$$

可知其 $Z_{R\text{-}C}$ 为一平行于虚轴的直线，在实轴上的截距为 R。

② R、C 并联电路（简记为 $R/\!/C$）

$$\dfrac{1}{Z_{R/\!/C}}=\dfrac{1}{Z_R}+\dfrac{1}{Z_C}=\dfrac{1}{R}+j\omega C \tag{2-59}$$

在复数阻抗图上需变换为复数形式（$Z_{R/\!/C}=Z'-jZ''$）

变换过程：

$$Z_{R/\!/C}=\dfrac{R}{1+j\omega CR}=\dfrac{R}{1+\omega^2C^2R^2}-j\dfrac{\omega CR^2}{1+\omega^2C^2R^2} \tag{2-60}$$

类似于 R-C 串联电路：

$$Z'=\dfrac{R}{1+\omega^2C^2R^2} \tag{2-61}$$

$$Z''=\dfrac{\omega CR^2}{1+\omega^2C^2R^2} \tag{2-62}$$

均与 ω 有关。改变 ω 可得到系列 Z'、Z''，画图即得 $R/\!/C$ 电路的复数阻抗图。

求 Z'、Z'' 关系：

$$Z'^2+Z''^2=\dfrac{R^2}{1+\omega^2C^2R^2}=Z'R \tag{2-63}$$

即

$$Z'^2-2\left(Z'^2\dfrac{R}{2}\right)+\left(\dfrac{R}{2}\right)^2+Z''^2=\left(\dfrac{R}{2}\right)^2 \tag{2-64}$$

整理得

$$\left(Z'-\dfrac{R}{2}\right)^2+Z''^2=\left(\dfrac{R}{2}\right)^2 \tag{2-65}$$

式(2-65)是一半圆方程式，见图 2-30。圆心 $Z'=R/2$，$Z''=0$，半径 $=R/2$。在半圆的顶点，$Z'=Z''$，此点频率称为顶频率 ω^*

$$\omega^*=\dfrac{1}{CR} \tag{2-66}$$

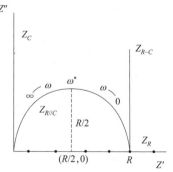

图 2-30　简单电路的阻抗谱

在绘制复数阻抗图时，习惯上将负的虚轴画在第一象限

2.4.2 电化学系统的等效电路

由于暂态系统是随时间而变化的,因而相当复杂。因此常常将电极过程用等效电路来描述。每个电极基本过程对应一个等效电路的元件。如果我们得到了等效电路中某个元件的数值,也就知道了这个元件所对应的电极基本过程的动力学参数。这样,我们就将对电极过程的研究转化为对等效电路的研究。或者说,我们把抽象的电化学反应,用熟悉的电子电路来模拟,只要研究通电时的电子学问题就可以了,那么这样就可以利用许多已知的电子学知识来解决问题。然后利用各电极基本过程对时间的不同响应,可以使复杂的等效电路得以简化或进行解析,从而简化问题的分析和计算。

通常,需要根据各个电极基本过程的电流、电势关系,来确定它们的等效电路以及等效电路之间的关系。对于不同的电化学研究体系,不同的考察目的,具体研究体系的等效电路也不相同。如果能用一系列的电学元件和一些电化学中特有的电化学元件来构成一个电路,它的阻抗谱同测得的电化学阻抗谱一样,那么我们就称这个电路为该电化学体系的等效电路(equivalent circuit),而所用的电学元件或电化学元件就叫作等效元件。

(1) 传荷过程控制下的界面等效电路

电极界面双电层非常类似于一个平板电容器,因此可以等效成一个双电层电容,用符号C_d来表示。同时,电极界面上还在进行着电荷传递过程,法拉第电流引起了电化学极化超电势,这一电流、电势关系非常类似于一个电阻上的电流、电压关系,因此电荷传递过程可等效成一个电阻,称为电荷传递电阻(简称为传荷电阻),或称为电化学反应电阻,用符号R_{ct}来表示。综合考虑C_d和R_{ct}之间的电流、电势关系,可知C_d和R_{ct}之间应该是并联关系。因此,传荷过程控制下的界面等效电路应为C_d和R_{ct}的并联电路,如图2-31所示。

(2) 浓差极化不可忽略时的界面等效电路

当极化电流通过电极/溶液界面时,电化学反应开始发生,这样就导致了界面上反应物的消耗和产物的积累,出现了浓度差。在电极通电的初期,扩散层很薄,浓度梯度很大,扩散传质速率很快,因此没有浓差极化出现。随着时间的推移,扩散层逐步向溶液内部发展,浓度梯度下降,扩散速率减慢,浓差极化开始建立并逐渐增大。当扩散达到对流区时,电极进入稳态扩散状态,建立起稳定的浓差极化超电势。可见,浓差极化超电势的出现和增大是逐步的、滞后于电流的。这个电势、电流关系很像含有电容的电路两端的电压、电流关系。

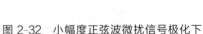

图2-31 传荷过程控制下的界面等效电路

图2-32 小幅度正弦波微扰信号极化下扩散过程的等效电路

研究表明,在小幅度暂态信号极化下,扩散过程的等效电路由电阻和电容元件组成。当采用小幅度正弦波微扰信号进行暂态极化时,上述电路可以简化成集中参数的等效电路,如图2-32所示。为了给问题一个完整的概念,R_W-C_W串联电路可以用一个半无限扩散阻抗

Z_W（称为 Warburg 阻抗）来表示扩散过程的等效电路。

但是当作用在电极上的微扰信号按其它规律变化时，如三角波、方波、阶跃波等，等效电路的方法并不能使问题得以简化。所以，除了交流阻抗法外，其它的暂态测量方法都不能使用等效电路的方法研究扩散传质过程。

扩散传质过程和电荷传递过程是连续进行的两个电极基本过程，两个过程进行的速度是相同的，因此，两个过程的等效电路（扩散阻抗 Z_W 和传荷电阻 R_{ct}）上流过的电流密度均为法拉第电流密度 i_F；同时，界面极化超电势 η 由浓差极化超电势和电化学极化超电势两部分组成，也就是说，扩散阻抗 Z_W 两端电压和传荷电阻 R_{ct} 两端电压之和为总的电压。很明显，由它们的电流、电势关系可以断定扩散阻抗 Z_W 和传荷电阻 R_{ct} 之间是串联关系，它们的总阻抗称为法拉第阻抗，用符号 Z_F 来表示。

总的极化电流密度等于流过双电层电容 C_d 的双电层充电电流密度 i_C 和流过法拉第阻抗 Z_F 的法拉第电流密度 i_F 之和，即 $i=i_C+i_F$。而且，法拉第阻抗 Z_F 两端的电压（即界面极化超电势 $\eta_{界}$）是通过改变双电层荷电状态建立起来的，就等于双电层电容 C_d 两端的电压。综合考虑 C_d 和 Z_F 之间的电流、电势关系，可知 C_d 和 Z_F 之间应该是并联关系。因此，界面等效电路应为 C_d 和 Z_F 的并联电路，如图 2-33 所示。

（3）溶液电阻不可忽略时的等效电路

流过电极的极化电流除了流经界面，还必须流过溶液和电极。对于金属电极而言，导电性良好，其本身电阻可以忽略。但是，极化电流在从参比电极的 Luggin 毛细管管口到研究电极表面之间的溶液电阻 R_u 上产生的溶液欧姆压降（即电阻极化超电势 η_R），和界面极化超电势 $\eta_{界}$ 构成总的超电势，因此，这段溶液电阻和界面等效电路串联，构成了总的电极等效电路，如图 2-34 所示。

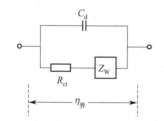

图 2-33　浓差极化不可忽略时的
　　　　　　界面等效电路

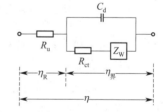

图 2-34　具有四个电极基本过程的
　　　　　　简单电极过程的等效电路

这个电极等效电路是具有四个电极基本过程（双电层充电、电荷传递、扩散传质和离子导电过程）的简单电极过程的等效电路，电路中的四个元件分别对应着电极过程的四个基本过程。C_d 对应着双电层充电过程，R_{ct} 对应着电荷传递过程，Z_W 对应着扩散传质过程，而 R_u 则对应着离子导电过程。

由 R 和 C 组成的电路来模拟电解池的等效电路如图 2-35 所示。

图 2-35 中 A 和 B 分别表示电解池的研究电极和辅助电极两端，R_A 和 R_B 表示电极本身的电阻，C_{AB} 表示两电极之间的电容，R_Ω（R_S）表示溶液电阻，C_d 和 C_d' 分别表示研究电极和辅助电极的双电层电容。Z_F 和 Z_F' 分别表示研究电极和辅助电极的交流阻抗，通常称为电解阻抗或法拉第阻抗，其数值取决于电极动力学参数及测量信号的频率。双电层电容 C_d 与法拉第阻抗的并联值称为界面阻抗。

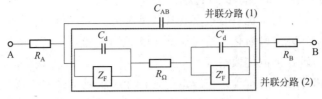

图 2-35 电解池的等效电路

实际测量中,电极本身的内阻通常很小,或者可以设法减小,故 R_A 和 R_B 可忽略不计。又因两电极间的距离比双电层厚度大得多,故电容 C_{AB} 比双电层电容小得多,且并联分路(2)上的 R_S 不会太大,故并联分路(1)上的总容抗比并联分路(2)上的总阻抗大得多,因而 $i_2 \gg i_1$,即可认为并联分路(1)不存在(相当于断路),故 C_{AB} 可略去。于是图 2-35 简化为图 2-36。可见,在一般情况下,电解池的阻抗包括两个电极的界面阻抗和溶液的电阻。

据实验条件不同,电解池阻抗可以进行简化:

① 如果采用两个大面积电极,例如镀铂黑的电极,这时两电极上的 C_d 都很大,因而不论界面上有无电化学反应,界面阻抗 ($1/\omega C_d$) 都很小。故整个电解池相当于一个纯电阻 (R_S)。这是测量溶液电导时需满足的条件。

② 大辅助电极+小研究电极。电解池等效电路见图 2-37。

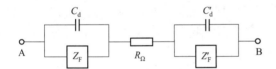

图 2-36 简化后的电解池的等效电路

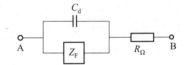

图 2-37 进一步简化后的电解池的等效电路

应当看到,电化学体系的等效电路与由电学元件组成的电工学电路是不同的,等效电路中的许多元件(如 C_d 和 Z_F)的参数都是随着电极电势的改变而改变的。

由于包含电极反应动力学信息的法拉第过程常常是关注的重点,因而代表法拉第过程的法拉第阻抗 Z_F 就成为了研究的核心部分。法拉第阻抗的表达式取决于电极反应的反应机理,不同的电极反应机理可以有不同的法拉第阻抗等效电路。而且,与接近理想电路元件的 R_u 和 C_d 不同,法拉第阻抗是非理想性的,这是因为法拉第阻抗随着频率 ω 的变化而变化。一般而言,法拉第阻抗包括电荷传递过程的阻抗、扩散传质过程的阻抗以及可能存在的其它电极基本过程的阻抗。

2.4.3 电化学阻抗谱分析

通常情况下,电化学系统的电势和电流之间是不符合线性关系的,而是由体系的动力学规律决定的非线性关系。当采用小幅度的正弦波电信号对体系进行扰动时,作为扰动信号和响应信号的电势和电流之间可看作近似呈线性关系。在电化学交流阻抗的测量过程中,在保证适当的频率和幅度等条件下,总是使电极以小幅度的正弦波对称地围绕某一稳态直流极化电势进行极化,不会导致电极体系偏离原有的稳定状态。这样,电化学系统就可作为类似于电工学意义上的线性电路来处理。

交流阻抗法采用小幅度（≤5mV）正弦波交流电信号使电极极化，同时测量其响应。由于采用小幅度正弦交流信号对体系进行微扰，当在平衡电势附近进行测量时，电极上交替出现阳极过程和阴极过程，即使测量信号长时间作用于电解池，也不会导致极化现象的积累性发展和电极表面状态的积累性变化。如果是在某一直流极化电势下测量，电极过程处于直流极化稳态下，同时叠加小幅度的微扰信号，该小幅度的正弦波微扰信号对称地围绕着稳态直流极化电势进行极化，因而不会对体系造成大的影响。因此，交流阻抗法也被称为准稳态方法。由于采用了小幅度正弦交流电信号作为扰动信号，有关正弦交流电的现成的关系式、测量方法、数据处理方法可以借鉴到电化学系统的研究中。

将电极过程的阻抗谱称为电化学阻抗谱。由不同频率下的电化学阻抗数据绘制的各种形式的曲线，都属于电化学阻抗谱。因此，电化学阻抗谱包括许多不同的种类。其中最常用的是阻抗复平面图和阻抗波特图。

阻抗复平面图是以阻抗的实部为横轴，以阻抗的虚部为纵轴绘制的曲线，也叫作奈奎斯特图（Nyquist plot），或者叫作斯留特图（Sluyter plot），也被称为Cole-Cole图、复阻抗平面图或Argand图。

阻抗波特图（Bode plot）由两条曲线组成。一条曲线描述阻抗的模随频率的变化关系，即$\lg Z$-$\lg f$曲线，称为Bode模图；另一条曲线描述阻抗的相位角随频率的变化关系，即ϕ-$\lg f$曲线，称为Bode相图。通常，Bode模图和Bode相图要同时给出，才能完整描述阻抗的特征。

等效电路是分析交流阻抗谱图的基础。对于不同的电化学研究体系，由于考察的目的不同，研究对象的电化学等效电路也不相同，具体的研究体系应有相应的电化学等效电路。图2-38是常见的电极体系等效电路（存在浓度极化和电化学极化），对此进行简要分析。

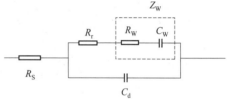

图2-38 研究电极体系的等效电路

R_S—溶液电阻；R_r—电化学反应电阻；
R_W—浓差电阻；C_W—浓差电容；
C_d—双电层电容；Z_W—Warburg阻抗

分析（较复杂，此略）表明，纯扩散步骤控制的电极体系可用R_W-C_W串联电路来模拟。称为Warburg阻抗Z_W。可推出浓差电阻R_W与浓差电容C_W分别为（均与频率有关）

$$R_W = \sigma \omega^{-1/2} \tag{2-67}$$

$$C_W = (\sigma^2 \omega)^{-1/2} \tag{2-68}$$

式中，σ为一与浓度、扩散系数有关的参数。

$$\sigma = \frac{RT}{\sqrt{2}n^2F^2 c_O^0 D_O} \quad （产物R不溶） \tag{2-69}$$

$$\sigma = \frac{RT}{\sqrt{2}n^2F^2}\left(\frac{1}{c_O^0\sqrt{D_O}} + \frac{1}{c_R^0\sqrt{D_R}}\right) \quad （产物R可溶） \tag{2-70}$$

可推出（推导略）

$$Z_W = \sigma\omega^{-1/2} - j\sigma\omega^{-1/2} \tag{2-71}$$

则电极体系的复数阻抗为

$$Z = R_S + [(R_r + Z_W)^{-1} + j\omega C_d]^{-1} \tag{2-72}$$

整理得

$$Z = R_S + \frac{R_r + \sigma\omega^{-1/2}}{(C_d\sigma\omega^{1/2}+1)^2 + \omega^2 C_d^2(R_r+\sigma\omega^{-1/2})^2} - j\frac{\omega C_d(R_r+\sigma\omega^{-1/2})^2 + \sigma\omega^{-1/2}(C_d\sigma\omega^{1/2}+1)}{(C_d\sigma\omega^{1/2}+1)^2 + \omega^2 C_d^2(R_r+\sigma\omega^{-1/2})^2} \tag{2-73}$$

可根据情况将式(2-73)简化：

① 当 ω 很小时，$\omega^{1/2}$、ω、ω^2（指数项大于 1/2）可略去，得

$$Z = (R_S + R_r + \sigma\omega^{-1/2}) - j(2\sigma^2 C_d + \sigma\omega^{-1/2}) = Z' - jZ'' \tag{2-74}$$

$$Z' = R_S + R_r + \sigma\omega^{-1/2} \tag{2-75}$$

$$Z'' = 2\sigma^2 C_d + \sigma\omega^{-1/2} \tag{2-76}$$

将两式中 ω 消去得

$$Z' = R_S + R_r - 2\sigma^2 C_d + Z'' \tag{2-77}$$

为一直线方程。

② 当 ω 很大时，指数项小于 1/2 的 ω 可略去，得

$$Z = R_S + \frac{R_r}{1+\omega^2 C_d^2 R_r^2} - j\frac{\omega C_d R_r^2}{1+\omega^2 C_d^2 R_r^2} \tag{2-78}$$

处理可得方程

$$\left[Z' - \left(R_S + \frac{R_r}{2}\right)\right]^2 + Z''^2 = \left(\frac{R_r}{2}\right)^2 \tag{2-79}$$

为一半圆方程。

理想的复数阻抗图如图 2-39 所示。

低频端直线斜率 = 1，实轴上截距为 $Z' = R_S + R_{ct} - 2\sigma' C_d$。高频区半圆 ABC，半径 = $R_{ct}/2$，圆心为 $(R_S + R_{ct}/2, 0)$。由此可测电极过程参数：

① 溶液电阻 R_S。

② 电化学反应电阻 R_{ct}。由谱图 C 点可知 $R_u + R_{ct}$，从而得到电化学反应电阻 R_{ct}。可进一步求电化学极化动力学参数如 i_0、β 等。

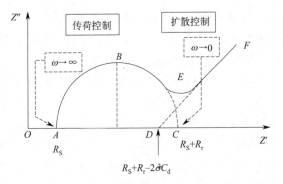

图 2-39 理想的复数阻抗图

③ 由 B 点 $(R_u + R_{ct}/2, R_{ct}/2)$，已知顶频率 $\omega^* = \dfrac{1}{C_d R_{ct}}$，可得界面双层电容 C_d。

④ 扩散系数 D。由低频直线部分求得 Z'、Z''，由

$$Z' = R_S + R_r + \sigma\omega^{-1/2}$$

$$Z'' = 2\sigma^2 C_d + \sigma\omega^{-1/2}$$

和

$$\sigma = \frac{RT}{\sqrt{2}\,n^2 F^2 c_O^0 \sqrt{D_O}} \quad \text{（产物 R 不溶）}$$

$$\sigma = \frac{RT}{\sqrt{2}\,n^2 F^2}\left(\frac{1}{c_O^0 \sqrt{D_O}} + \frac{1}{c_R^0 \sqrt{D_R}}\right) \quad \text{（产物 R 可溶）}$$

可求得扩散系数 D。

2.4.4 交流阻抗法的应用

电化学阻抗谱测量结果是 EIS 谱图。EIS 谱图最常采用的分析方法是曲线拟合方法。对电化学阻抗谱进行曲线拟合时，必须首先建立电极过程合理的物理模型和数学模型，该物理模型和数学模型可揭示电极反应的历程和动力学机理，然后进一步确定数学模型中待定参数的参数值，从而得到相关的动力学参数或物理参数。用于曲线拟合的数学模型常用等效电路模型，等效电路模型中的待定参数就是电路中的元件参数。

确定阻抗谱所对应的等效电路与确定等效电路的有关参数的值是 EIS 数据处理的两个步骤。这两个步骤是互相联系、有机地结合在一起的。一方面，参数的确定必须要根据一定的数学模型来进行，所以往往要先提出一个适合于实测的阻抗谱数据的等效电路，然后进行参数值的确定。另一方面，如果将所确定的参数值按所提出的数学模型计算所得结果与实测的阻抗谱吻合得很好，就说明所提出的数学模型很可能是正确的；反之，若求解的结果与实测阻抗谱相去甚远，就有必要重新审查原来提出的模型是否正确，是否要进行修正。所以根据实测的 EIS 数据对有关的参数值的拟合结果又成为模型选择是否正确的判据。在确定了阻抗谱所对应的等效电路模型后，将阻抗谱对已确定的模型进行曲线拟合，求出等效电路中各等效元件的参数值，如等效电阻的电阻值、等效电容的电容值、CPE 的 Y 和 n 的数值等。

曲线拟合是阻抗谱数据处理的核心问题。由于阻抗是频率的非线性函数，一般采用非线性最小二乘法进行曲线拟合（nonlinear least square fit，NLLS fit）。依据等效电路模型，采用非线性最小二乘拟合技术来解析电化学阻抗谱的商品化软件可以很好地完成多数的阻抗数据分析工作。

但是，电化学阻抗谱和等效电路之间并不存在一一对应的关系。很常见的一种情况是，同一个阻抗谱往往可用多个等效电路进行很好的拟合，至于具体选择哪一种等效电路就要考虑该等效电路在具体的被测体系中是否有明确的物理意义，能否合理解释物理过程。这给等效电路模型的选定以及等效电路的求解都带来了困难。而且有时拟合确定的等效电路的元件没有明确的物理意义（例如电感等效元件、负电阻等效元件），难以获得有用的电极过程动力学信息。这时就要使用依据数学模型的数据处理方法。

电化学阻抗谱（EIS）的应用非常广泛，如固体材料表面结构表征，在金属腐蚀体系、缓蚀剂、金属电沉积中的应用，在生物体系研究中的应用以及化学电源研究中的应用等。下面举例说明。

(1) 铅酸电池电化学阻抗谱

图 2-40 是一个铅酸电池的阻抗复数平面图。在超高频范围内，出现了一段实轴以下的感抗，这通常是由导线电感和电极卷绕电感产生的，这一电感和电池等效电路的其余部分之间应为串联关系。这种超高频（通常在 10kHz 以上）电感往往只在阻抗很小的体系，如电池、电化学超级电容器中能够被明显地观察到。

在高频段出现的容抗弧对应的是铅负极的界面阻抗，其阻抗值相对较小；在低频段出现的容抗弧对应的是二氧化铅正极的界面阻抗。其等效电路可采用图 2-41 所示的电路。

按照图 2-41 所示的等效电路对阻抗数据拟合的结果如图 2-40 中的实线所示，χ^2 值为 6.09×10^{-4}，可以看出拟合的效果较好（χ^2 值是衡量数据点与拟合曲线之间偏差的统计量。

在拟合过程中，χ^2 值越小，表示数据点与拟合曲线之间的偏差越小，拟合效果越好。）拟合的电路元件参数值列于表 2-4 中。

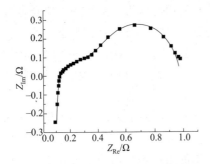

图 2-40 铅酸电池的阻抗复数平面图
实心方块代表实验测量数据，实线代表拟合数据

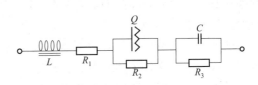

图 2-41 铅酸电池阻抗谱所对应的等效电路

表 2-4 拟合的电路元件参数值

元件	L/H	R_1/Ω	Q①		R_2/Ω	C/F	R_3/Ω
			Y②	n③			
参数值	6.606×10^{-7}	0.08933	0.1953	0.4564	0.4364	0.2294	0.4606

① Q 为品质因数，通常用来表示一个非理想电容的行为，它具有与频率相关的电容特性。在电路中 Q 可以表示为一个阻抗 $Z_Q=\dfrac{1}{\mathrm{j}\omega Q}$，其中，j 是虚数单位，$\omega$ 是角频率，Q 是非理想电容的量度。

② Y 通常用来表示一个非理想电阻的行为，它具有与频率相关的电阻特性。在电路中，Y 可以表示为一个导纳 $Y_Y=\mathrm{j}\omega Y$，其中，Y 是 Y 元件的参数。

③ n 是一个指数因子，通常用于 Warburg 阻抗的表达式中，表示扩散过程的复杂性。Warburg 阻抗可以表示为 $Z_W=\dfrac{1}{\mathrm{j}\omega C_W}\left(\dfrac{\sigma}{\omega}\right)^n$，其中，$C_W$ 是 Warburg 阻抗的电容参数，σ 是 Warburg 常数，而 n 通常取值在 0～1 之间，用来描述扩散过程的非理想性。

(2) 嵌入型电极典型阻抗谱

当对电池中的某一电极进行 EIS 测试时，往往可以得到电极内各组成部分对电极性能的影响信息。图 2-42 中的阻抗谱是嵌入型电极上测得的典型阻抗谱，图中的标注是引起相应频率范围阻抗响应的电极弛豫过程。

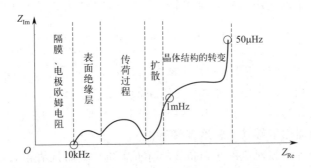

图 2-42 嵌入型电池电极的典型电化学阻抗谱

例如，对于锂离子电池的正、负极进行 EIS 测试，均可得到类似的电化学阻抗谱。通

常采用的测试频率范围为 $10^{-2} \sim 10^5$ Hz，所得阻抗谱包括两个容抗弧和一条倾斜角度接近 45°的直线。图 2-43 是尖晶石锂锰氧化物正极在首次脱锂（充电）过程中不同电势下的电化学阻抗谱。

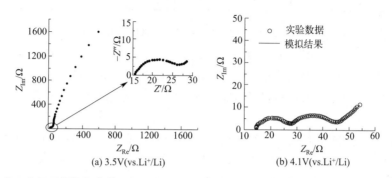

图 2-43　尖晶石锂锰氧化物正极在首次脱锂（充电）过程中不同电势下的电化学阻抗谱

图 2-43(a) 给出了尖晶石锂锰氧化物正极在开路电势 3.5V（vs. Li^+/Li）下的阻抗谱，谱图高频区域存在一个小的容抗弧，中低频区域存在一段不完整的大容抗弧。高频容抗弧对应着锂锰氧化物表面上覆盖的 Li_2CO_3 原始膜的弛豫过程，而中低频容抗弧则对应着双电层电容通过传荷电阻的充放电过程，由于在此电势下脱锂过程尚未发生，传荷电阻很大，因而此时中低频容抗弧很大。

图 2-43(b) 给出了尖晶石锂锰氧化物正极在 4.1V（vs. Li^+/Li）极化电势下的阻抗谱，谱图高频区域存在一个较小的容抗弧，中频区域存在一个较大的容抗弧，低频区域则是一条倾斜角度接近 45°的直线。当电极电势大于 3.8V（vs. Li^+/Li），正极开始充电后，阻抗谱均为由两个容抗弧和一条倾斜角度接近 45°的直线构成。

大量关于嵌入型电极的研究表明，在电极表面上存在着一层有机电解液组分分解形成的，能够离子导电而不能电子导电的绝缘层，称为固体电解质相界面（solid electrolyte interphase，SEI）膜。图 2-43(b) 中阻抗谱的高频容抗弧对应着锂离子在 SEI 膜中的迁移过程，而中频容抗弧则对应着锂离子在 SEI 膜和电极活性材料界面处发生的电荷传递过程，低频直线对应着锂离子在固相中的扩散过程。据此分析，可以建立电极的等效电路，如图 2-44 所示。

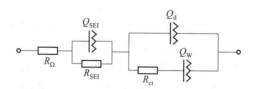

图 2-44　尖晶石锂锰氧化物正极的等效电路

等效电路中，R_Ω 代表电极体系的欧姆电阻，包括隔膜中的溶液欧姆电阻和电极本身的欧姆电阻；常相位元件 Q_{SEI} 和 R_{SEI} 分别代表 SEI 膜的电容和电阻；常相位元件 Q_d 代表双电层电容；R_{ct} 代表电荷传递电阻；常相位元件 Q_W 代表固相扩散阻抗。

按照图 2-44 所示的等效电路对 4.1V（vs. Li^+/Li）极化电势下的阻抗谱进行曲线拟合，可以获得良好的拟合效果，χ^2 值为 7.18×10^{-4}，拟合得到的等效电路元件参数值列于表 2-5 中。

表 2-5 4.1V（vs. Li$^+$/Li）电势下阻抗谱拟合得到的等效电路元件参数值

元件	R_a/Ω	Q_{SEI}		R_{SEI}/Ω	Q_d		R_{ct}/Ω	Q_W	
		Y	n		Y	n		Y	n
参数值	14.9	3.00×10^{-5}	0.865	12.07	4.07×10^{-3}	0.757	17.17	0.281	0.535

（3）交流阻抗法测定固态聚合物电解质（SPE）本体电阻

测定 SPE 电阻一般采用阻塞电极（blocking electrode），即导电离子不能穿过电极/电解质界面。一种测试池见图 2-45（测试池结构表示为 SS‖SPE‖SS）。

固体聚合物电解质膜/惰性电极的界面结构和等效电路可用图 2-46 表示，用 CPE 来替代纯电容元件。

因为用单纯的电阻和电容元件都不能正确地拟合高频部分压缩的半圆和低频部分的直线。图 2-45 中 CPE_1 代表不平整接触界面的接触电阻和界面电容效应，CPE_2 代表固体聚合物电解质膜的法拉第电容和膜内离子传递阻抗。R_b 是 SPE 的本体电阻。

理想状态由一个标准的半圆外加一条垂直于 Z' 的直线组成。但一般高分子电解质所测得的阻抗图谱通常是由压扁的半圆和倾斜的尾线组成。

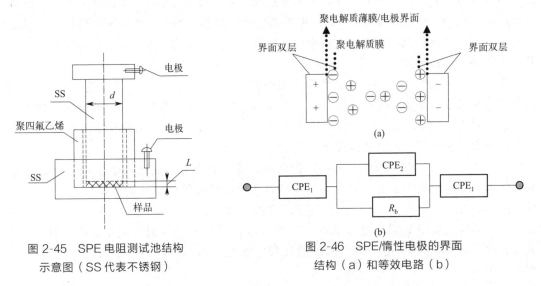

图 2-45 SPE 电阻测试池结构示意图（SS 代表不锈钢）

图 2-46 SPE/惰性电极的界面结构（a）和等效电路（b）

理想状态下，固体聚合物电解质的本体电阻可由 Nyquist 图中直接读出，由高频部分的半圆与低频部分直线的交点即可得出本体电阻值。图 2-47 是固体聚合物电解质 PEO/LiClO$_4$ 体系在室温时的交流阻抗谱图。交流阻抗谱图中高频部分为一个压缩的半圆，低频部分为一斜直线。由 Nyquist 谱图可直接求出固体聚合物电解质膜的本体电阻 R_b，根据等效电路分析可知半圆的低频端与直线的高频端的交叉点对应的实轴数值即为本体电阻 R_b。

所用的拟合数据软件为 Zview 软件包，有两个特征参数 CPE-P 和 CPE-T。CPE_2-T 表示 CPE_2 元件的电容值，CPE_2-P 表示低频直线偏离垂直线的程度，其数值相当于方程式中的 n 值。CPE_1-P 表示高频压缩半圆偏移理想半圆的程度（代表了聚合物电解质/电极表面接触的不平整性）。采用图 2-46 中的等效电路，理论模拟的结果和实验数据吻合得较好（图 2-47 实线）。阻抗谱图各元件拟合值列于表 2-6。

研究发现，Pt/SPE/Pt 结构的 CPE_1-P 值比 SS/SPE/SS 结构的 CPE_1-P 值大，表明 Pt/SPE/Pt 结构低频直线的斜率大，偏移垂直直线的程度较低。根据 CPE-P 的定义，我们认为

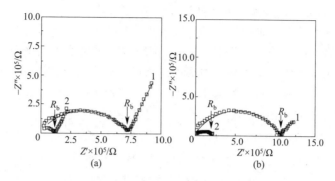

图 2-47 不同惰性电极交流阻抗谱图

(交流扰动 200mV,直流电势 600mV,测试温度 20℃)

(a) 1 为铂/(PEO)$_{10}$LiClO$_4$/铂,2 为铂/(PEO)$_{10}$LiClO$_4$-Al$_2$O$_3$/铂;

(b) 1 为不锈钢/(PEO)$_{10}$LiClO$_4$/不锈钢;2 为不锈钢/(PEO)$_{10}$LiClO$_4$-Al$_2$O$_3$/不锈钢

SPE/Pt 接触面相对于 SPE/SS 界面而言要平滑得多,所以在测定聚合物电解质电导率时,必须注明所用的惰性电极的材料。

表 2-6 阻抗谱图各元件拟合值

样品	参数				
	CPE$_1$-T (C_{CPE_1}) ×10^{-6}/F	CPE$_1$-P(n_1)	R_b×10^5/Ω	CPE$_2$-T (C_{CPE_2}) ×10^{-9}/F	CPE$_2$-P(n_2)
Pt/(PEO)$_{10}$LiClO$_4$/Pt	3.076	0.726	7.237	2.517	0.641
Pt/(PEO)$_{10}$LiClO$_4$-Al$_2$O$_3$/Pt	5.914	0.718	1.210	0.836	0.760
SS/(PEO)$_{10}$LiClO$_4$/SS	5.068	0.546	10.552	1.133	0.701
SS/(PEO)$_{10}$LiClO$_4$-Al$_2$O$_3$/SS	1.209	0.503	2.002	14.795	0.601

思考题与习题

1. 简述电化学测量的基本思想、主要步骤和主要类型。
2. 简述两电极体系与三电极体系的差别。为什么电化学测量中一般都采用三电极体系?
3. 简述几种常用的参比电极特点。如何选择参比电极?研究体系为硫酸盐溶液、碱性溶液时最好选择何种参比电极?
4. 电化学测试实验中工作电极一般都要进行打磨处理,为什么?
5. 为什么辅助电极的面积一般要尽可能大于工作电极的面积?
6. 比较可逆、不可逆、准可逆电极过程的区别。
7. 电化学暂态与稳态有何区别与联系?试比较电化学稳态测量与暂态测量方法的优缺点。
8. 简述电极过程中不同控制步骤下的稳态极化曲线特征及粗略判断控制步骤的方法。
9. 旋转电极研究方法属于稳态方法还是暂态方法?旋转圆盘电极有何特点?如何用旋转圆盘电极判断电极过程的控制步骤?
10. 恒电流极化时,反应物粒子在电极表面的浓度随时间不断下降,当其降到零时,因无反应粒子,则反应将被迫停止。这种说法对吗?为什么?

11. 如何设计电化学测试的实验条件使其满足传质非常快的要求?

12. 什么是等效电路?为什么用等效电路?画出简单电极体系的等效电路。

13. 什么是过渡时间?举例说明如何利用过渡时间研究电极过程。

14. 简述循环伏安法谱图解析的基本方法。

15. 怎样用循环伏安曲线判断电化学体系的可逆性?

16. 简述交流阻抗法的特点并推导交流阻抗谱的基本方程。

17. 对于旋转圆盘电极,物质传递系数 $k=0.62D_O^{2/3}\omega^{1/2}\nu^{-1/6}$,式中,$D_O$ 为扩散系数 (cm/s),ω 为圆盘的角速度 (r/s),ν 是动力黏度,水溶液中 ν 为 $0.010cm^2/s$。使用 $0.30cm^2$ 的圆盘电极,在 $1mol \cdot L\ H_2SO_4$ 中使 $0.010mol/L\ Fe^{3+}$ 还原为 Fe^{2+}。已知 Fe^{3+} 的 D_O 为 $5.2\times10^{-6}cm^2/s$,计算圆盘电极转速 ω 为 $10r/s$ ($\omega=2\pi f$) 时的物质传递系数和还原极限电流。

18. 图(1)中 a、b 为锂电池圆形扣式电池正极材料 $LiFePO_4$ 在常温下、信号扰动频率 f 为 $10^{-2} \sim 10^5 Hz$ 测得的交流阻抗 Nyquist 图及其对应的拟合等效电路图;图(2)为材料 a、b 对应的 Z_{Re} (阻抗实部) 与 $\omega^{-1/2}$ 线性拟合图,已知等效电路和拟合系数 K 相关参数如下表所示:

材料	R_Ω/Ω	C_d/F	R_{ct}/Ω	K
a	9.78	2.63×10^{-7}	340.13	35.62
b	10.65	2.44×10^{-7}	395.25	42.18

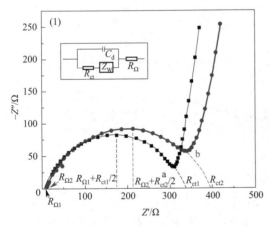
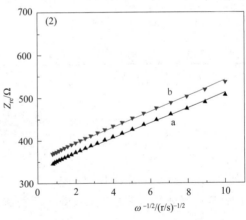

(1) 试阐述 R_{ct} 代表的物理含义并指出其大小对 a、b 两种材料电池性能的影响。

(2) 试求 a、b 半圆部分圆心坐标以及此时对应的频率大小。

(3) 试比较锂离子在材料 a、b 中的扩散系数大小,并说明扩散系数大小对材料电化学性能的影响。($D_{Li^+}=R^2T^2/2A^2n^4F^4c^2K^2$,其中,$R$ 摩尔气体常数;T 为热力学温度;A 为电极面积;F 为法拉第常数;n 为反应过程中转移的电子数;c 为锂离子体相浓度,$2.28\times10^{-2}mol/cm^3$。)

第 3 章
电化学工程基础

3.1 概述

电化学在工业实际领域的应用,既需要理论电化学作为基础,同时也离不开工程学的指导。电化学工程研究实际工业电化学过程所涉及的共同规律,如电化学过程开发和优化、传质、传热以及电量的传递、电化学反应器的设计等等。电化学工程将电化学科学与工程科学结合,是电化学实际工业应用不可或缺的基础。

3.1.1 工业电化学过程的分析

对于工业过程而言,无论是过程开发(实验室技术转化为实际规模生产的过程)还是对已有过程的操作控制,都必须以工程学的基本思想为指导,主要包括经济观念、系统观念和实际观念。

人们总是希望能够利用最先进的技术以最小的消耗将最廉价的原料转化为所期望的产品,以取得最大的社会效益和经济效益。因此,决不能撇开经济问题来讨论工业过程。与实验室研究不同,实际的工业过程需要考虑更多的复杂因素,不能局限于单个技术指标的先进性和局部的优化,必须应用系统学的思想综合考虑所有可能的影响因素来使实际生产过程达到总体最优的状态。工业生产过程以追求最大的经济效益为主要目标,因此,在设计和操作控制时必须从所处时间段和地域环境等实际情况出发,而不能单纯地追求技术上的先进性。

电化学过程是发生在电极/溶液界面上伴有电荷转移的多相催化反应过程。对于工业规模的电化学过程,与一般的工业化学过程相同之处是涉及动量传递、热量传递、质量传递和反应器设计与控制(简称为"三传一反"),但特殊之处在于电化学过程还必须考虑电量传递问题(即电势和电流分布问题)。

电化学过程的大规模工业应用,关键是如何设计和控制实际电化学过程在最优状态下运行。一般地说,一种化学产品可由不同原料和不同的工艺路线制得。因此,需要深入地进行竞争性工艺过程的分析研究。对于大规模工业电化学过程而言,由于电能费用在大多数电解产品的成本构成中占相当大的比重,因此特别重要的是要尽可能考虑降低能耗。

与一般的化学反应器相比,电化学反应器特点是在二维面上进行反应,因而时空产率低。因此,优化设计和反应器控制就显得更为重要。电化学工程就是研究电化学过程在最佳工艺和经济条件下的设计和运行的科学。电化学工程主要研究内容可以概括为"四传一反"。

对于一个具有应用价值的电化学反应而言,是否能够实现工业化,首要在过程开发阶段对其进行基本评估。在大规模生产阶段,过程运行是否达到优化状态,也要对其进行评价。与所有的工业过程一样,对于电化学过程的评价最核心的内容是经济性,最重要的指标是投资回报率(return on investment,ROI)。

$$ROI = 年利润或年均利润/投资总额 \times 100\% \tag{3-1}$$

工厂建设的投资 C 可按式(3-2)进行简单估计

$$C = C_F + C_W + C_L \tag{3-2}$$

式中，C_F 为固定投资（fixed capital），即用于购置厂房、设备等的资金，对电解过程而言，这包括电解车间的厂房、电解槽与整流器、辅助单元过程（如蒸发、结晶、气体产品液化、排污处理等）的设备、控制仪表等的购置费用；C_W 称为营运资金（working capital），是购买使过程起动所需的各种化学原料的费用；C_L 是土地资本（land capital），即购买土地的费用。为了减小 C_L，必须在仔细考虑安全因素的前提下尽量使设备安装紧凑，向空中而不是向地面扩展。

利润为销售收入减去生产成本。生产成本主要包括：

① 直接成本。包括原材料、公用设施、人力、维修及部件更换（在电解工业中尤其是电极和膜的更换）以及获得过程专利权执照所需支付的费用。

② 间接成本。包括保险，行政，安全，医疗设施，食堂和娱乐设施，质量控制实验室等的费用。

③ 市场与推销费用。包括广告、销售和运输费用。

④ 研究开发费用。必须偿还过程开发期间的费用，并支付旨在完善过程的研究开发项目的费用。例如用于开发性能更好的电极或在改进工艺条件下的中间试验。

⑤ 折旧费。工厂在使用年限之内必须回收投资，这可通过逐年支付折旧费来实现。

上述构成总生产成本的某些项目是很难直接确定的，往往要靠经验进行估算。

虽然投资利润率是评估过程的最终判据，但对从事电化学应用的技术人员而言，更方便的是提出某些同过程技术较为密切的其它判据，这就是下面所要讨论的技术指标。

3.1.2 电化学过程的主要技术指标

电化学工程中技术经济指标也称为质量因数（figures of merit）。尽管由于工程应用领域不同，产品各异，对于质量因数要求不一致，或其内涵和表达方式有所差别，但对于电化学工程师，重要的是理解每一个技术指标所表达的物理意义，以作为过程控制、生产管理、研究设计的依据。

(1) 转化率、产率和收率

在工程实践中，转化率、产率和收率是描述化学反应进行情况的常用技术指标。

① 转化率（fractional conversion）。转化率（θ_A）指转化为产物的反应物物质的量与初始反应物物质的量之比，即

$$\theta_A = \frac{\text{转化为产物的反应物物质的量}}{\text{初始反应物物质的量}}$$

对于不同的化学反应器，转化率可以采用不同的表达方式。

对于间隙反应器

$$\theta_A = \frac{c_0 - c_t}{c_0} = 1 - \frac{c_0}{c_t} \tag{3-3}$$

式中，c_0 为反应开始时反应物的浓度；c_t 为反应终了时反应物的浓度。

对于连续反应器

$$\theta_A = \frac{c_{in} - c_{out}}{c_{in}} = 1 - \frac{c_{out}}{c_{in}} \tag{3-4}$$

式中，c_{in} 为在反应器入口处反应物的浓度；c_{out} 为在反应器出口处反应物的浓度。

电化学工程中都希望提高转化率。反应物在电化学反应器中的转化率，取决于反应深

度,它是由反应时间(或停留时间)和体积电流密度决定的,由于电化学反应是发生在电极与电解液界面上的异相反应,因此转化率和单位体积反应器中的电极面积有密切关系。

② 产率(yield)。产率是指转换为产物的反应物的物质的量与消耗的反应物的物质的量之比,其定义式为:

$$Y_A = \frac{转化为产物的反应物的物质的量}{消耗的反应物的物质的量}$$

即

$$Y_A = \frac{n_p}{x_p n_0} \tag{3-5}$$

式中,n_p 为转化为产物的反应物的物质的量;n_0 为反应开始时反应物的物质的量;x_p 为反应物消耗的摩尔分数,%。

化学反应的产率实质上与反应选择性具有同样的意义,反映了副反应的影响。反应选择性可以定义为目标产物物质的量与总产物物质的量之比。

③ 收率(recovery)。收率(有不少文献将收率和产率混为一谈,英文 yield 有时也代表收率)是指按反应物进料量计算,生成目的产物的比例。一般用质量分数或体积分数表示,即

$$收率 = (目的产物生成量/反应物进料量) \times 100\% \tag{3-6}$$

在实际生产过程中往往要求产量高,而不是产率高,因为未反应的原料可循环使用。

收率与转化率及选择性的关系为

$$收率 = 转化率 \times 选择性 \tag{3-7}$$

如投入反应物 A 100mol,反应结束时剩余 A 20mol,得到目标产物 P 60mol,可以计算得到:转化率为 $(100-20)/100 = 80\%$,产率为 $60/80 = 75\%$,收率为 $60/100 = 60\%$($80\% \times 75\% = 60\%$)。

(2) 电化学反应器的工作电压

电化学反应器工作时,都处于不可逆状态,其工作电压将偏离热力学决定的理论分解电压或电动势,其主要原因是电极的极化,此外还因电化学反应器中存在各种电阻,产生了欧姆压降。可以下式表示电化学反应器工作电压的组成

$$V = \varphi_{e,a} - \varphi_{e,c} + \eta_c + \eta_a + IR_{AL} + IR_{CL} + IR_D + IR_a + IR_c \tag{3-8}$$

式中,$\varphi_{e,a}$ 为阳极平衡电极电势;$\varphi_{e,c}$ 为阴极平衡电极电势;η_a 为阳极的过电势;η_c 为阴极的过电势;IR_{AL} 为阳极区电解液的欧姆压降;IR_{CL} 为阴极区电解液的欧姆压降;IR_D 为隔膜的欧姆压降;IR_a 为阳极及与阳极连接的汇流条上的欧姆压降;IR_c 为阴极及与阴极连接的汇流条上的欧姆压降。

应该区分上式中各组成部分的不同性质并掌握其计算方法。其中 $\varphi_{e,a}$ 和 $\varphi_{e,c}$ 是由热力学数据决定的,二者之差即理论分解电压(E);过电势是由电极过程动力学决定,它们与电流密度的关系取决于极化的性质;IR_{AL} 和 IR_{CL} 是第二类导体的欧姆压降;IR_a 和 IR_c 基本属于第一类导体的欧姆压降,可按其导电截面、长度及材料的电阻率计算。

隔膜电压降则取决于隔膜电阻和电流密度。前者取决于膜的性质(组成、结构、厚度)及工作条件(电解液的组成、浓度、温度、电导率等)。虽然提出过一些计算公式来计算膜电阻和隔膜的电压降,但是,由于包含若干待定参数,计算往往难以准确,仍需借助于实际测量。

(3) 电流效率

在电化学反应中，电子实际是反应物。当电流通过电极与电解液界面时，实际生成的物质的量与按 Faraday 定律计算应生成的物质量之比称为电流效率。这是对于一定的电量而言的。也可以另一种方式定义电流效率，即生成一定量物质的理论电量与实际消耗的总电量之比。

$$\eta_I = \frac{Gk}{Q} \tag{3-9}$$

式中，G 为产物质量，kg；k 为产物的理论耗电量，Ah/kg；Q 为实际电量，Ah。

考虑到电化学反应进行时电流可能变化，则

$$Q = \int_0^t I \, dt \tag{3-10}$$

电流效率通常都小于 100%，它表示副反应的存在，或次级反应（或逆向反应）的存在导致电化学反应产物的损失。

(4) 电压效率

对于电解槽，电压效率是电解反应的理论分解电压与电化学反应器工作电压之比，即

$$\eta_V = \frac{E}{V} \tag{3-11}$$

对于电池则为放电电压与电动势之比

$$\eta_V = \frac{V}{E} \tag{3-12}$$

通过对电化学反应器工作电压的讨论，我们已经知道工作电压的组成。显然电压效率的高低既可反映电极过程的可逆性，即通电后由极化产生的过电位高低，也综合地反映了电化学反应器的结构、性能优劣，即反应器各组成部分的欧姆压降大小。

(5) 直流电耗和能量效率

工业电解过程的直流电耗一般可用单位产量（kg 或 t）消耗的直流电能表示，即

$$W = \frac{kV}{\eta_I} \tag{3-13}$$

式中，W 为直流电耗，kW·h/t；k 为理论耗电量，kAh/t；V 为槽电压，V；η_I 为电流效率，%。

一般来说，因为 k 值基本不变（除非原料及生成反应根本改变），影响直流电耗的主要因素是槽电压和电流效率，降低槽电压和提高电流效率是降低直流电耗的关键。

在产品生产的全过程中，除电解外，由于其它过程也消耗能量，因此还使用总能耗这一指标。对于不同的工业电化学过程，直流电耗在总能耗中所占比例不同，但一般都是其主要组成部分。

能量效率是生成一定量产物所需的理论能耗与实际能耗之比，即

$$\eta_W = \frac{W_\text{理}}{W} \tag{3-14}$$

因为 $W_\text{理} = kE$，而 $W = \frac{kV}{\eta_I}$，所以

$$\eta_W = \frac{W_\text{理}}{W} = \frac{kE}{kV} \eta_I = \eta_V \eta_I$$

即
$$\eta_W = \eta_V \eta_I \quad (3-15)$$

可见,能量效率取决于电流效率和电压效率。

(6) 电化学反应器的比电极面积

单位体积电化学反应器中具有的电极活性表面积称为比电极面积(specific electrode area, A_S),也称为单位体积的活性面积(electroactive area per unit volume)。

$$A_S = \frac{A}{V_R} \quad (3-16)$$

式中,A 为电极面积,m^2;V_R 为反应器体积,m^3;A_S 为反应器的比电极面积,m^2/m^3 或 m^{-1}。

由于电化学反应是异相反应,因此界面的大小及状态具有重要的意义。如反应器的比电极面积 A_S 较大,在电流密度一定时,显然反应器可通过更大的电流,具有更高的生产强度;反之,若固定总电流,A_S 愈大,则真实电流密度愈小,有利于减少极化和降低槽压。

要精确地确定电极面积 A 值存在着困难,关键在于电极的表观面积和真实面积并不相同。A_S 不仅取决于电极的结构(包括宏观及微观结构,如二维电极及三维电极),而且与工作条件有关。对于三维电极,如粉末多孔电极、固定床电极、流化床电极,电极的真实工作面积不仅受制于粉末和孔径的大小及分布,也与电流密度的高低、电解液的流动及传质条件有关,因而具有不同的反应深度(渗透深度)。对反应器体积(V_R)也有不同的理解,如有的认为是反应器所占空间体积,有的则以电解液总体积表示。

为了使电化学反应器结构紧凑、高效工作,尽力提高 A_S 值已成为电化学工程和电化学反应器研究的努力方向。这方面存在的一个实际困难是,如何既具有高 A_S 值,又使电位及电流密度均匀分布,特别是对于多孔电极、固定床电极等三维电极更为困难。

(7) 时空产率(space time yield)

时空产率是单位体积的电化学反应器在单位时间内的产量,即

$$Y_{ST} = \frac{G}{tV_R} \quad (3-17)$$

式中,G 为产量,kg;t 为反应时间,s;V_R 为反应器体积,m^3;Y_{ST} 为时空产率,$kg/(m^3 \cdot s)$。

因为 $G = It\eta_I K = iAt\eta_I K$,所以

$$Y_{ST} = \frac{iAt\eta_I K}{V_R t} = iA_S \eta_I K \quad (3-18)$$

式中,i 为电流密度,A/m^2;A_S 为比电极面积,m^2/m^3;η_I 为电流效率,%;K 为电化当量,$kg/(A \cdot s)$。

对于化学电源,时空产率相当于体积比功率,只是电化学反应器的产物不是物质而为电能(焦耳),即单位时间单位体积电池的电能产量,单位可为 $J/(dm^3 \cdot s)$,即 W/dm^3。

电化学反应器的设计对于时空产率具有重要的影响,若与其它化学反应器比较,电化学反应器的时空产率是较低的,前者一般为 $0.2 \sim 1 kg/(dm^3 \cdot h)$,而典型的工业电解槽,如铜的电解冶金仅约为 $0.8 kg/(dm^3 \cdot h)$。

3.1.3 电化学工程中的优化

与化学工程的优化类似,电化学工程中的优化也包括设计的优化及操作的优化,即反应

器的优化设计和过程的优化。本节讨论的是过程的优化,即在系统给定的条件下,确定最优的工作参数。首先应对以下三个问题有所考虑并给予正确处理:

① 优化的目标。这关系到研究的目的及在定量处理时选择合理的目标函数。在电化学工程中可以最大利润、最低成本、最快的投资回收或最低能耗等作为优化的目标。优化目标的确定,不仅取决于厂家的利益、用户的需要及市场状况,还受制于某些社会因素及国家政策(如环保、安全方面的政策)。

② 可能调节的参数。电化学工程中的参数甚多,而且相互关联,在进行过程优化时,我们不可能齐头并进,而宜抓住一主导参数,相应调节其它参数,实现过程的优化。此外,对于所选参数的变化区间、幅度,也应胸中有数。为此,对于过程的基本理论及生产实践应有充分的了解。

③ 过程优化与反应器优化的关系。对于这两种优化虽然原则上可分别处理,但其实二者密切相关。当通过过程的优化不可能实现优化目标时,或超过允许的调优范围时,我们必须考虑求助于反应器的优化(即设计优化)。例如,在氯碱工业中,石墨阳极电解槽的优化毕竟有限,一旦改用 DSA 阳极电槽,其技术经济指标则有大幅度提高。

对于电化学工程而言,电流密度是最重要的过程参数,这是因为它既是电化学反应速率、化学工业生产强度的表征,又将决定、制约其它过程参数(如反应温度、电解液浓度、传质速度等)。所以,目前电化学工程中大多以电流密度作为调优的过程参数,而优化目标则常选取最低的生产成本。我们即以此为例进行讨论。

设某一电解过程的总成本为 $C_{总}$,则

$$C_{总} = C_R + C_I + C_S \tag{3-19}$$

式中,C_R 为用于电能消耗的成本;C_I 为用于反应器等固定投资的成本;C_S 为其它成本(包括电解液的输送、搅拌等)。

电化学过程的直流电耗成本为

$$C_R = bqV \tag{3-20}$$

式中,b 为电价,元/(kW·h);q 为通过的电量,Ah;V 为槽电压,V。

电解过程的固定投资为

$$C_I = aS \tag{3-21}$$

式中,a 为折算到单位电极面积所需的固定投资,元/m²;S 为电化学反应器内电极的总面积,m²。

除电解之外,其它操作所需的费用为

$$C_S = bWt \tag{3-22}$$

式中,b 为电价;W 为其它操作所需的能量;t 为电解时间。

所以,由式(3-20)至式(3-22)有

$$C_{总} = bqV + aS + bWt \tag{3-23}$$

如果以单位面积电极为基准进行计算,因为 $q = it$,及 $V = iR_{总}$($R_{总}$ 为电化学反应器的表观总面电阻,m²·Ω),则式(3-23)表示的生产成本可改写为

$$C_{总} = bqiR_{总} + \frac{aq}{it} + \frac{bWq}{i} \tag{3-24}$$

对式(3-24)微分,在 $\dfrac{dC_{总}}{di} = 0$ 条件下可求最优电流密度(或经济电流密度)i_{opt},即由

$$bqR_{总} - \frac{aq/t + bWq}{i^2} = 0 \tag{3-25}$$

有

$$bR_{总} - \frac{a/t + bW}{i^2} = 0 \tag{3-26}$$

得到

$$i_{opl} = \left(\frac{a/t + bW}{bR_{总}}\right)^{\frac{1}{2}} \tag{3-27}$$

如果不考虑电解之外的其它成本，则

$$i_{opl} = \sqrt{\frac{a/t}{bR_{总}}} \tag{3-28}$$

若令 $A = \dfrac{a}{t}$，A 可理解为单位生产时间、单位电极面积的固定投资，其单位为元/($m^2 \cdot h$)，则式(3-28)变为

$$i_{opl} = \sqrt{\frac{A}{bR_{总}}} \tag{3-29}$$

上述公式大致表示了优化电流密度（或经济电流密度）与主要影响因素，即电价、固定投资、电化学反应器性能的关系及其变化规律。如电价提高时，i_{opl} 宜适当降低，固定投资提高时，i_{opl} 应提高，电化学反应器的性能改善后，有利于 i_{opl} 提高。

但是要用这些公式准确地计算 i_{opl} 并非易事，因为其中主要参数，除电价可准确地决定外，A 值、$R_{总}$ 都不易准确地决定，而这些数据的波动都对计算 i_{opl} 产生影响。况且，整个生产过程的能耗并非只包括直流电耗。更为重要的是，当电流密度影响产品质量或后续工序的成本和消耗，以及电极与反应器的使用寿命时，问题可能更为复杂，并不能仅仅根据式(3-29)决定最合理的电流密度。

3.2 电化学反应器中的传质与传热

3.2.1 电化学工程中的传质过程

在电极过程动力学中，传质步骤是整个电极过程不可缺少的分部步骤，当它成为速率控制步骤时，将决定电极反应的速率和动力学特征。在电化学工程中，传质过程的重要性不限于此，因为：

① 它首先决定电化学工程的生产强度（最大电流密度），同时对槽电压、电流效率、时空产率、转化率等技术经济指标有很大的影响。

② 影响产品的质量，如当电流密度趋于极限电流密度（i_d）时，对于金属电沉积过程，可能得到粗糙的甚至粉末状金属沉积物；对于电合成反应，则由于电极电位骤升，可能发生各种副反应，影响产物的纯度。

③ 由于传质过程和传热过程是交叠进行的，因此传质状态必然影响体系的热交换、热

平衡和工作温度。

④ 对于传质过程的要求将影响电化学反应器的设计，并提出相应的条件，如电解液系统的构成、设置、控制。

在第 1 章中已介绍三种传质方式，即电迁移、扩散、对流，总传质通量可表示为

$$J_{i,x} = J_{i,e} + J_{i,c} + J_{i,d}$$

但在电化学工程中难以采用该式对实际体系进行定量的理论分析和计算。在实际工业应用中，对于传质问题的分析往往采用经验方法。化学工程中一般用传质系数（k_m）来表征传质速率，即

$$J = k_m \Delta c \tag{3-30}$$

式中，J 为传质通量，$mol/(m^2 \cdot s)$；k_m 为传质系数，m/s；Δc 为界面与体相的浓度差，mol/m^3。

在研究影响传质系数的因素时，电化学工程也求助于化学工程的方法，即通过实验，确定若干无量纲数群（或称准数）的关系来表示传质过程的规律。当然，在电化学工程中，这些无量纲数群必须反映电化学体系、电化学反应器中与传质过程关系密切的诸因素。

(1) 舍伍德（Sherwood）数 Sh

$$Sh = \frac{k_m l}{D} \tag{3-31}$$

式中，k_m 为传质系数，m/s；l 为电化学反应器的特征长度，m；D 为扩散系数，m^2/s。由于 Sh 与 k_m 直接关联，因此它可表征传质速率。

(2) 雷诺（Reynold）数 Re

$$Re = \frac{vl}{\nu} \tag{3-32}$$

式中，v 为电解液流速，m/s；l 为电化学反应器的特征长度，m；ν 为介质的运动黏度，m^2/s。

Re 表示电解液流动时惯性力与黏性力之比。

(3) 施密特（Schmidt）数 Sc

$$Sc = \frac{\nu}{D} \tag{3-33}$$

Sc 表示对流传质与扩散传质的关系。

(4) 格拉晓夫（Grashof）数 Gr

$$Gr = \frac{g \Delta \rho L^3}{\nu^2 \rho} \tag{3-34}$$

式中，g 为重力加速度，m/s^2；ρ 为电解液的密度，kg/m^3；$\Delta \rho$ 为电极表面溶液与体相溶液密度之差；ν 为介质的运动黏度；L 为电极长度，m。

Gr 常用于描述自然对流过程的传质。

(5) 传质准数方程

在引出以上无量纲数群后，电化学工程经常以如下的关联式来描述各种电化学反应器在不同条件下的传质过程规律：

$$Sh = k Re^a Sc^b \tag{3-35}$$

式中的常数 k、a、b 由试验测定。由于试验条件及方法不同，其数值可能不等。一些

传质过程的无量纲数群关联式可查阅相关手册。利用这些无量纲的准数关联式及已知条件，可以计算 Sh，进而确定传质系数（k_m）和极限电流密度（i_d）

$$i_d = nFDc_0/\delta = nFDc_0\left(\frac{k_m}{D}\right) = nFk_m c_0 \tag{3-36}$$

式中，c_0 为体相浓度。

3.2.2 电化学工程中的热传递与热衡算

任一电化学反应器都是在一定温度下工作的。温度对于电极反应的速率、过电势、选择性及电化学工程的技术经济指标如工作电压、电流效率均有重要影响。而电解质的腐蚀性、电极材料及膜材料的稳定性也均与温度有关。

电化学反应温度的选择取决于多种因素，而工作温度的维持则取决于电化学反应器中的热传递及热平衡。

将电化学反应器视为控制体进行热量衡算，是电化学工程及电化学反应器设计中的重要工作。如图 3-1 所示，广义的热衡算可以表示为：

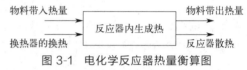

图 3-1 电化学反应器热量衡算图

反应器内热量积累速率＝物料带入热量的速率＋电化学反应器内产生热的速率－
    物料带出热量的速率－反应器散热速率±反应器内换热器的换热速率 (3-37)

然而要对这一过程进行严格的理论分析，涉及建立并求解包含时间及三维空间的偏微分方程，加之边界条件复杂而且难以决定，这是十分困难的，在电化学工程中人们还是试图采用较简单的方法进行处理。

下面我们对式(3-37)的每一项含义进行讨论。

(1) 单位时间反应物（产物）带入（出）的热量 Q_1 (J/s)

$$Q_1 = S\sum_i J_i M_i c_{P,i} T \tag{3-38}$$

式中，S 为物流的面积；J_i 为物料流量（带入为正，流出为负）；M_i 为组分 i 的摩尔质量；T 为温度，K；$c_{P,i}$ 为组分 i 的定压比热容。

(2) 单位时间电化学反应器内进行电化学反应产生的热量 Q_2 (J/s)

$$Q_2 = I\left(V - \frac{\Delta H}{nF}\right) \tag{3-39}$$

式中，I 为电流；V 为电化学反应器的工作电压；ΔH 为电化学反应的焓变。

电化学反应进行所需能量可用反应的焓变 ΔH 表示，因为单位时间内反应物转化量为 I/nF，反应过程化学能变化为 $I\Delta H/nF$，即式(3-39)中的第 2 项。式(3-39)中的第 1 项 IV 代表电流通过槽电压为 V 的反应器时总的电功。电功一部分转变为化学能驱动电化学反应，另一部分转变为热能 Q_2。

(3) 单位时间反应器的散热（与环境的热交换）Q_3 (J/s)

$$Q_3 = \sum_j k_j S_j \Delta T_j \tag{3-40}$$

设电化学反应器有 j 个传热面，则它与环境的热交换应求其和。式中各参数均为第 j 个换热面的。式中，k_j 为总的传热系数；S_j 为传热面积；ΔT_j 为电化学反应器与环境的温差。

(4) 单位时间反应器内热交换器带入（或引出）的热量 Q_4（J/s）

为了维持电化学反应体系的温度，利用热交换器来给体系带入（或引出）热量来维持体系的温度，这部分热量就是 Q_4。

式(3-37)可以表示为

$$mc_P \frac{dT}{dt} = I\left(V - \frac{\Delta H}{nF}\right) + S\sum_i J_i M_i c_{P,i} T - \sum_j k_j S_j \Delta T_j \pm Q_4 \tag{3-41}$$

式(3-41)为电化学反应器的热量衡算方程。据此可以确定体系的热平衡温度。即当体系达到稳态后，温度不再变化时，$\frac{dT}{dt}=0$，则上式成为

$$I\left(V - \frac{\Delta H}{nF}\right) + S\sum_i J_i M_i c_{P,i} T = \sum_j k_j S_j \Delta T_j \pm Q_4 \tag{3-42}$$

也可根据给定的温差（即一定的反应器温度和环境温度），确定电流及反应器应设置的热交换器的功率。

式(3-41)还可以用来估算到某一温度所需的时间

$$t = \int_{T_0}^{T} \frac{mc_{P,i}}{I\left(V - \frac{\Delta H}{nF}\right) + S\sum_i J_i M_i c_{P,i} T - \sum_j k_j S_j \Delta T_j \pm Q_4} dt \tag{3-43}$$

在关于式(3-41)的讨论中，由物料携入（出）的热量、反应器的散热及热交换，对于熟悉化工传递过程的读者是容易理解的。这里关键的一项是进行电化学反应产生的热量 Q_2，它是电化学反应器中特殊的问题。不应简单地将它视为电流通过反应器时产生的焦耳热，实际上可将电化学反应器的工作电压表示为

$$V = -\frac{\Delta G}{nF} + \sum |\Delta \varphi| + \sum IR$$

因此

$$Q_2 = I\left(V - \frac{\Delta H}{nF}\right) = I\left(\sum |\Delta \varphi| + \sum IR - \frac{T\Delta S}{nF}\right) \tag{3-44}$$

由此可以看出，电流通过电化学反应器时产生的热量 Q_2 不仅取决于反应器各组成部分（如电极、隔膜、电解液）的欧姆电阻，还与反应本身的热力学特性（ΔH、ΔS 值）及反应动力学的不可逆性（即各种过电势 $\Delta \varphi$）密切相关，这正是电化学工程的研究内容及特点。

3.3 电势和电流分布

电极表面的电位及电流分布，是电化学工程区别于化学工程的一个特殊问题，具有十分重要的意义。各种工业电化学过程，除了电解加工，都要求电极表面具有均匀的电流分布。这是由于不均匀的电流分布（即电极表面各点的电流密度不相等）将产生以下的不良后果：

① 使电极的活性表面或活化物质不能充分利用，从而降低电化学反应器的时空产率以及能量效率。

② 使电极表面的局部反应速率处于"失控状态"，即不能在给定的合理的电流密度下工作，由此产生的副反应，可能降低电流效率和产品的质量（如纯度）。

③ 导致电极材料的不均匀损耗、局部腐蚀、失活，缩短了电极的工作寿命。

④ 在利用金属电沉积的场合（如电镀、电解、冶金、化学电源的充电过程），可能产生枝晶，造成短路或损坏隔膜，也可能由于局部 pH 值的变化，在电极表面形成不希望的氧化物或氢氧化物膜层。

电极表面的电势分布与电流分布有密切的联系，电流分布取决于电位分布及电解液中反应物的局部浓度、电导率。而电势分布则与电极的形状及相互位置、距离及电极的极化特性有关。应该注意的是，这里论及的电势应是电极电势，而电流则应是通过界面的反应电流，即表征电化学反应速率（电子转移速率）的电流密度。由于我们通常使用电导率很高的电极材料，近似地认为电极是等势面，而在计算第一类导体的欧姆压降时也述及通过导体导电截面的电流密度，以上的说明是重要的。

3.3.1 电势分布

若对于工业电解槽中电极表面的任何一点进行电压分析，均可建立槽电压的平衡关系式，其形式与式(3-8)相似

$$V_i = \varphi_{e,+} - \varphi_{e,-} + \eta_+ + \eta_- + \sum IR \tag{3-45}$$

如该点处于正极及阳极极化，则该点的电极电势应为

$$\varphi_+ = \varphi_{e,+} + \eta_+ = V_i + \varphi_{e,-} - \eta_- - \sum IR \tag{3-46}$$

式中各项的含义在前面已经说明，$\sum IR$ 包含了溶液欧姆压降、隔膜欧姆压降等。

显然式(3-46)中任一项变化时，φ_+ 都将随之改变。因此，一般来说，影响电势分布及电流分布的因素包括以下几种：

① 电化学反应器及电极的结构因素，包括形状、尺寸、相互位置、距离等。

② 电极和电解液的电导率及其分布。

③ 产生过电势的各种极化，主要包括电化学极化和浓度极化。

④ 其它因素，包括电极表面发生的各种表面转化步骤及所形成的表面膜层。

对于一个实际的电化学体系，上述因素可能同时存在，但各自的影响不同，在理论处理时为使问题简化，可根据其主次，有所取舍，将电流分布的规律分为三种：

① 一次电流分布。忽略各种过电势，并认为电导率亦均匀时的电流分布。

② 二次电流分布。考虑电化学极化但忽略浓度极化时的电流分布。

③ 三次电流分布。既考虑电化学极化又考虑浓度极化时的电流分布。

这几种电流分布的特点见表 3-1。

表 3-1 各种电流分布的特点

电流分布的类型	过电势产生的原因			主要影响因素				
	电化学极化	浓度极化	其它	反应器及电极结构	电极及电解液的电导率	电化学极化	浓度极化	其它
一次分布	×	×	×	√	×	×	×	×
二次发布	√	×	×	√	√	√	×	×
三次分布	√	√	×	√	√	√	√	×
实际分布	√	√	√	√	√	√	√	√

3.3.2 一次电流分布

基于溶液中的传质（扩散、电迁移、对流）及生成质点 B 的均相化学反应速率可以计

算溶液中某质点 B 的浓度（c_B）随时间的变化率$\left(\dfrac{\partial c_B}{\partial t}\right)$

$$\frac{\partial c_B}{\partial t} = D_B \mathbf{\nabla}^2 c_B - \frac{z_B F}{RT} D_B \mathbf{\nabla} \cdot (c_B \mathbf{\nabla}\varphi) - v \mathbf{\nabla} c_B + \sum v_{B,r} \tag{3-47}$$

式中，D_B 为质点 B 的扩散系数；z_B 为质点 B 所荷电荷（子）数；v 为电解液的流速；$\mathbf{\nabla}$ 为微分算子；$\mathbf{\nabla}^2$ 为拉普拉斯算子；$v_{B,r}$ 为均相反应 r 形成质点 B 的速率。

当电流密度远远小于极限扩散电流，即浓度极化可忽略时，可认为溶液中不存在浓度梯度，则上式中包含$\mathbf{\nabla}^2 c_B$ 及$\mathbf{\nabla} c_B$ 的第一、三项均可略去。而第二项也可简化，即

$$\mathbf{\nabla}(c_B \mathbf{\nabla}\varphi) = \mathbf{\nabla} c_B \cdot \mathbf{\nabla}\varphi + c_B \mathbf{\nabla}^2 \varphi = c_B \mathbf{\nabla}^2 \varphi$$

将上式遍乘 z_i，并对全部离子取和，根据电中性原理，$\sum z_i c_i = 0$，则式(3-47)最后简化为拉普拉斯（Laplace）方程式(3-48)。

$$\frac{\partial^2 \varphi}{\partial x^2} + \frac{\partial^2 \varphi}{\partial y^2} + \frac{\partial^2 \varphi}{\partial z^2} = 0 \tag{3-48}$$

电极表面的一次电流分布是由溶液中的电场分布决定的。任一点的电流密度正比于该点的电位梯度（$\mathbf{\nabla}\varphi$）和介质的电导率（σ），即

$$i_S = -\sigma \mathbf{\nabla}\varphi \tag{3-49}$$

式中，i_S 是溶液中的电流密度，它是矢量，垂直于等电位面，正切于电力线。流经电极表面的电流密度则是标量，它是 i_S 在垂直电极表面方向的分量，可由电位在垂直电极表面方向的偏微分 $\dfrac{\partial \varphi}{\partial n}$ 及式(3-49)求出，这样即可得到电势及电流密度在电极表面的分布。由此可见，定量研究电流分布的第一步是要求出溶液中的电势分布 $\varphi(x, y, z)$，即应解拉普拉斯方程。

实际上，拉普拉斯方程也用于研究稳态热传导和质量扩散过程。因此可将电场中的电荷传递、温度场中的热传递及浓度场中的质量传递类比，只是各自具有特定的边界条件。拉普拉斯方程的解法可分为三类，即解析法、模拟法和数值解法，包括保角变换法、格林函数法、有限差分法和有限元法等多种，读者可参考有关文献，限于篇幅，这里不再赘述。

3.3.3 二次电流分布

电流通过电极表面，将发生电化学极化，这时电流密度的分布发生变化，称为二次电流分布。二次电流分布定量处理的原理虽与一次分布基本相同，但更为复杂，因为拉普拉斯方程的一个边界条件发生了变化，即电极与溶液界面的电势差受电流密度的影响，即使双电层的金属一侧仍为等电势，溶液一侧的电势也随电流密度变化：

$$\varphi_1 = \varphi_m - \eta = f(i) \tag{3-50}$$

式中，φ_1 为双电层溶液一侧的电势；φ_m 为双电层金属一侧的电势，即金属内部的电势；η 为过电势。

为使这一边界条件明确，必须确定 η 与 i 的关系，在第 1 章中已经论及 η 与 i 的关系，常常可以简化为两种典型情况，即线性极化方程和 Tafel 方程。但是，对于介于以上两种情况的动力学区，有时仍不得不引用 Butler-Volmer 方程。鉴于二次电流分布理论计算较为复

杂，在此进行定性讨论如下。

以一简单的模型（见图 3-2）来讨论电流分布问题。采用一个矩形电解槽，两个面积相等、平行于阳极的平板为阴极，近阴极与阳极的距离为 L_1，远阴极与阳极的距离为 L_2，两个阴极并联在电路中。

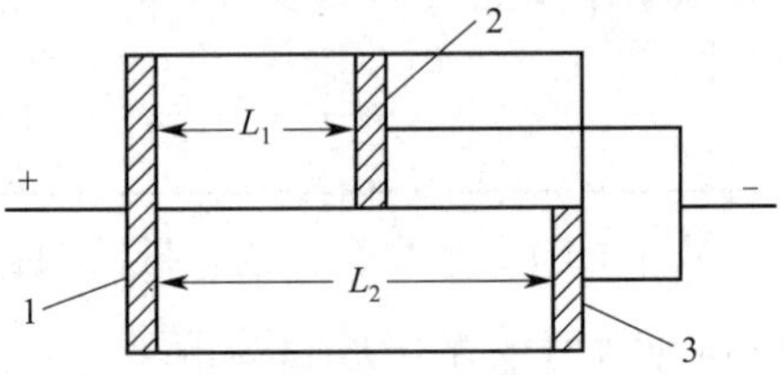

当外加电压时，流过阴极上的电流可以根据欧姆定律计算：

$$I_1 = \frac{V}{R_1} \quad I_2 = \frac{V}{R_2}$$

图 3-2 电解槽中电极的位置
1—阳极；2—近阴极；3—远阴极

式中，I_1、R_1 为通过近阴极的电流强度和电阻；I_2、R_2 为通过远阴极的电流强度和电阻。由于是并联电路，端电压相等，所通过的电阻不同。根据回路状况，电路中的电阻应当包括金属电极的电阻、电解液电阻和电极过程所造成的极化电阻。金属电极本身的电阻很小可以忽略不计，这里暂且不考虑由电极极化引起的电阻 $R_{极化}$，则近远两阴极上的电流之比为：

$$\frac{I_1}{I_2} = \frac{R_2}{R_1} = \frac{L_2}{L_1} = K \tag{3-51}$$

令

$$L_2 = L_1 + \Delta L \tag{3-52}$$

则式(3-51)变为

$$K = 1 + \frac{\Delta L}{L_1} \tag{3-53}$$

此即为一次电流分布。近远阴极的电流之比 K 越接近于 1，电流分布越均匀。K 值越大，电流分布越不均匀。

初次电流分布只表示了电极几何因素所决定的溶液电阻的影响，但实际上电流经过电极时会产生很大的电化学极化，极化电阻会改变电流的初次分布。考虑电化学极化电阻存在时的电流分布为二次电流分布，是电极表面电流的真实状况。

电解槽通电以后的槽电压为

$$V = E + \eta_{A1} + \eta_{C1} + I_1\rho L_1 = E + \eta_{A2} + \eta_{C2} + I_2\rho L_2 \tag{3-54}$$

ρ 为溶液的电阻率。采用同一阳极，则 $\eta_{A1} = \eta_{A2}$

所以有 $\quad \eta_{C1} + I_1\rho L_1 = \eta_{C2} + I_2\rho L_2$

已知 $\eta_{C1} = \varphi_e - \varphi_1$，$\eta_{C2} = \varphi_e - \varphi_2$，则

$$\eta_{C1} - \eta_{C2} = \varphi_2 - \varphi_1 = I_2\rho L_2 - I_1\rho L_1$$

考虑到阴极极化电极电位随电流增大而变负，为方便起见，令 $\dfrac{\mathrm{d}\eta}{\mathrm{d}I} = \dfrac{\varphi_2 - \varphi_1}{I_1 - I_2}$，$\dfrac{\mathrm{d}\eta}{\mathrm{d}I}$ 表示阴极电化学极化产生的极化电阻，也称为极化率或极化度。可得

$$\frac{\mathrm{d}\eta}{\mathrm{d}I} = \frac{\varphi_1 - \varphi_2}{I_1 - I_2} = \frac{I_2\rho L_2 - I_1\rho L_1}{I_1 - I_2} = \rho\frac{I_2 L_2 - I_1 L_1 + I_2 L_1 - I_2 L_1}{I_1 - I_2}$$

$$= \rho\frac{I_2(L_2 - L_1) - L_1(I_1 - I_2)}{I_1 - I_2} = \rho\left[\frac{I_2 \Delta L}{I_1 - I_2} - L_1\right] \tag{3-55}$$

式(3-55)变换可得

$$\frac{I_1}{I_2} = 1 + \frac{\Delta L}{L_1 + \frac{d\eta}{\rho dI}} \tag{3-56}$$

式(3-56)即为二次电流分布方程。可知二次电流分布与溶液的比电阻、极化度、阴极的几何参数有关。很明显，若 $I_1/I_2=1$，式(3-56)右边的第二项为零，表示近远阴极的电流相等，电流分布均匀。

如果不存在电化学极化，阴极极化度 $\frac{d\eta}{dI}=0$，式(3-56)即变为式(3-53)，为一次电流分布。由式(3-56)可知，存在电化学极化时，$\frac{d\eta}{dI}>0$，说明二次电流分布比一次电流分布更均匀。由式(3-56)可以看出，影响二次电流分布的因素包括几何因素和电化学因素两个方面。

① 极化率和溶液电阻率一定时，电流分布越均匀，两极间距 L_1 越大，ΔL 越小（即阴极形状越简单和规整），二次电流分布越均匀。

② 当几何结构一定时，即 L_1、ΔL 一定，溶液导电性好（电阻率 ρ 小），极化率（$d\eta/dI$）越大，二次电流分布越均匀。在这里应特别指出，影响镀液分散能力的是极化率，而不是极化值 $d\varphi$。

除电化学极化外，浓度极化也需考虑时的电流分布称为三次电流分布。定量处理三次电流分布已不能应用拉普拉斯方程，而需用传质基本方程式(3-47)，其解法当然更为复杂。鉴于此，同时考虑到实际工业电化学过程大多数都控制在浓度极化不显著的情况，在这不再详细讨论三次电流分布问题。

3.3.4 电流分布的准数分析

基于相似性理论的准数方程是化学工程中常用的解决复杂工程问题的方法。在电化学工程中也可以引入一个无量纲数群 Wa（Wagner 数）来表征二次电流分布的均匀性。

定义
$$Wa = \frac{d\eta}{dI}/\rho L = \frac{d\eta}{dI} \times \frac{\sigma}{L} \tag{3-57}$$

式中，$\frac{d\eta}{dI}$ 为电极反应的极化率（或极化电阻）；ρ 为电解液的电阻率；σ 为电解液的电导率；L 为特征尺寸（在不同情况下含义不同）。

Wa 的物理含义是单位面积的极化电阻与单位面积的电解液电阻之比，也可视为电荷通过双电层时的电阻与通过溶液的电阻之比。

Wa 值愈大，电流分布愈均匀，即很小的电流密度变化产生的过电势变化即可补偿由电流密度变化引起的溶液欧姆压降的变化。当 $\frac{d\eta}{dI} \to 0$ 时，$Wa=0$，即无电化学极化，此时电流为一次分布。一般来说，二次电流分布都比一次电流分布更为均匀。

从 Wa 的构成，我们可以分析影响其数值大小及电流二次分布的各种因素：

① 电解液的组成。加入支持电解质使其电导率提高，如加入有机添加剂，使电极反应的 $\frac{d\eta}{dI}$ 值提高，都将使 Wa 增大，改善电流分布的均匀性。这些措施在金属电沉积时（如电镀、电解冶金）常采用。而降低电解液浓度，使其电导率减小，将使 Wa 减小，电流分布更

不均匀，这在电解加工中，为了提高加工精度，亦常采用。

② 提高电流密度，一般将使电流分布更不均匀。这是因为当过电势与电流密度的关系处于 Tafel 区时（即呈对数关系时）

$$\eta = a + b\lg|i|$$

可知，
$$\frac{\mathrm{d}\eta}{\mathrm{d}I} = \frac{b}{I\ln 10} = \frac{RT}{\alpha FI} \tag{3-58}$$

式中，α 代表阳极（或阴极）传递系数。可见电流密度提高，$\dfrac{\mathrm{d}\eta}{\mathrm{d}I}$ 将减小，因此 Wa 减小，电流分布变得较不均匀。

③ 反应器或电极增大后，特征长度增大将使 Wa 减小，电流分布更不均匀。根据相似性理论，当 Wa 相同的不同系统其电流分布相似。这也是电化学反应器放大时应予考虑的。

3.4 电化学反应器

3.4.1 电化学反应器概述

电化学反应器种类繁多，结构与大小不同，功能及特点迥异，然而却具有一些共同的基本特征：

① 所有的电化学反应器都由两个电极（一般是第一类导体）和电解质（第二类异体）构成。

② 所有的电化学反应器都可归入两个类别，即由外部输入电能，在电极和电解液界面上促成电化学反应的电解反应器以及在电极和电解质界面上自发地发生电化学反应产生能源的化学电源反应器。

③ 电化学反应器中发生的主要过程是电化学反应，并包括电荷、质量、热量、动量的四种传递过程，服从电化学热力学、电极过程动力学及传递过程的基本规律。

④ 电化学反应器是一种特殊的化学反应器。一方面它具有化学反应器的某些特点，在一定条件下，可借鉴化学工程的理论及研究方法；另一方面，它又具有自身的特点及需要特殊处理的问题，如在界面的电子转移及在体相的电荷传递，电极表面的电势及电流分布，以电化学方式完成的新相生成（电解析气及电结晶）等。

电极及反应器结构、材料（包括阳极材料、阴极材料、隔膜材料和反应器的结构材料）、反应器的工作方式和工作条件等对都会影响电化学反应器的性能，在设计和选用电化学反应器时，需要考虑的主要因素包括：

① 结构简单，易加工、装配。有较好的通用性、适应性，便于改变产量及产率。

② 反应器应工作可靠、安全，操作、维修方便。

③ 满足电化学工程的特殊要求，包括电势及电流的均匀分布，传质、传热要求。

④ 有利于产物的分离及处理，符合安全、环保要求。

电化学反应器设计中面临的多方面问题及其选择见表 3-2，表中有两种选择即 A 和 B，选择后者进行的设计更复杂、要求更高，然而可能得到更佳的技术经济效果。

表 3-2　电化学反应器设计中的不同选择

因素	A 选择	B 选择
反应器的工作方式	间歇式	连续式
电极的数量	单个	多个
电极工作面积	较小	较大
电极运动状态	静止	运动
电极结构	二维	三维
电极连接	单极性	双极性
电解液流动	在反应器外	在反应器内
电极区间分隔	无隔膜	有隔膜
反应器的密封	开口	密封
电极间距	较大	较小

电极的结构分为二维电极与三维电极两大类。表 3-3 列出了多种电极结构的选择。

表 3-3　电极结构的选择

类型	二维电极	三维电极
静止的	平行板状电极(用于箱式反应器和板框压滤机式反应器)	多孔电极(叠层网状电极、叠层孔状电极、叠层编织物电极)
	同心圆柱电极	填充床(固定床)电极(用于颗粒状涓流塔)
	叠层圆盘状电极(用于毛细间隙反应器和孔板涓流塔)	叠层多孔电极
运动的	运动的板状或线电极(往复运动或振动)	流化床电极
	旋转圆盘电极	移动床电极
	旋转圆柱电极	

仅以其外表面作为工作电极的电极称为二维电极，平板电极和圆柱状电极是最简单和应用最广泛的二维电极。然而一些其它形状的二维电极在工业中也得到应用，如拉网电极、孔板电极、百叶窗式电极及其它形状的开槽、开孔电极。采用这些电极的目的有多种，但大多是为了使电极反应产生的气泡逸散到电极背面的空间，减小电极之间（或电极与隔膜之间）电解液的充气率，从而降低溶液欧姆压降及电化学反应器的工作电压，并使气泡在电极表面附着及滞留的效应降低。但是电极开孔或拉网后，一般来说，有效工作面积减小，真实电流密度提高，又可能使电化学极化增大。此外，开孔及拉网还将影响电流密度的分布及电解液流动的情况。

三维电极大多由非整体材料（粉末状、微粒状、纤维状、泡沫状）形成的，因此其工作表面不限于电极的外表面（二维）。电解液及电流（即电极反应）可深入电极内部（第三维），故称三维电极。三维电极的突出优点是具有很高的比电极面积，因而有利于降低电化学极化和提高电流密度。三维电极的技术关键则是如何强化传质，使电极活性表面能充分利用以及导电性能良好，使电流分布均匀。

3.4.2　电化学反应器的分类

（1）按照反应器结构分类

① 箱式电化学反应器（tank-type electrochemical reactors or tank cells）

箱式电化学反应器一般为长方形，具有不同的三维尺寸（长、宽、高），电极常为平板状，大多为垂直平行地放置于其中。图 3-3 为典型的水电解用单极式箱式电解槽。

箱式反应器在电化学工程中应用最为广泛。原因是结构简单、设计和制造较容易、维修方便。但缺点是时空产率较低，难以适应大规模连续生产以及对传质过程要求严格的生产。

箱式电化学反应器既可间歇工作，也可半间歇工作。电池是间歇反应器的一个很好实例，在制造电池时，电极、电解质和其它活性物质被装入并密封于电池中，当电池使用时，这一电化学反应器工作，既可放电，亦可充电。电镀中经常使用敞开的箱式电镀槽，周期性地挂入零件和取出镀好的零件，这显然也是一种间歇工作的电化学反应器。然而在电解工程中应用更多的是半间歇工作的箱式反应器，例如电解炼铝、制氟及很多传统的工业电解都使用这类反应器。

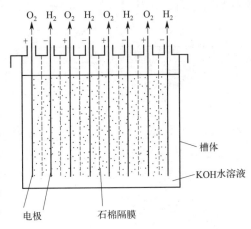

图 3-3 水电解用单极式箱式电解槽

箱式反应器多采用单极式电连接，但采用一定措施后也可实现复极式连接。大多数箱式电化学反应器中电极都垂直交错地放置，并减小极矩，以提高反应器的空时产率。然而这种反应器中极矩的减小往往受到一些因素的限制。例如在电解冶金槽中，要防止因枝晶成长导致的短路，在电解合成中要防止两极产物混合产生的副反应。为此，有时需在两个电极之间使用隔膜。箱式反应器中很少引入外加的强制对流，而往往利用溶液中的自然对流，例如电解析气时，气泡上升运动产生的自然对流可有效地强化传质。

② 压滤机式或板框式电化学反应器（filterpress-type cell or frame-and-plate cell）

这类电化学反应器由很多单元反应器组合而成，每一单元反应器都包括电极、板框、隔膜，电极大多为垂直安放，电解液从中流过，无须另外制作反应器槽体，图 3-4 为其示意图。一台压滤机式电化学反应器的单元反应器数量可达 100 个以上

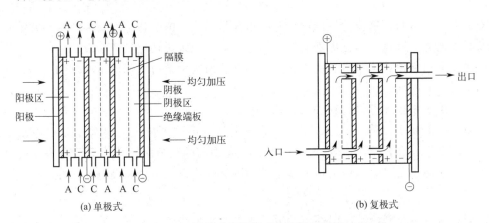

图 3-4 板框式压滤机式电化学反应器
A—阳极液；C—阴极液

压滤机式电化学反应器主要优点包括：
a. 单元反应器的结构可以简化及标准化，便于大批量生产，也便于在维修中更换。

b. 可广泛地选用各种电极材料及膜材料满足不同的需要。

c. 电极表面的电位及电流分布较为均匀。

d. 可采用多种湍流促进器（turbulence promoter）来强化传质及控制电解液流速。

e. 可以通过改变单元反应器的电极面积及单元反应器的数量较方便地改变生产能力，形成系列，适应不同用户的需要。

f. 适于按复极式连接（其优点为可减小极间电压降，节约材料，并使电流分布较均匀），也可按单极式连接。

在电化学工程中压滤机式电化学反应器已成功用于水电解、氯碱工业、有机合成（如己二腈电解合成）以及化学电源（如叠层电池、燃料电池）。

③ 特殊结构的电化学反应器

为增大反应器中的比电极面积，强化传质，提高反应器的空时产率，研制了多种特殊结构的电化学反应器。表 3-4 列出了多种结构特殊的电化学反应器的一些特点。

时空产率（Y_{ST}）是表征电化学反应器性能的主要质量因数。

$$Y_{ST} = iA_S\eta_I K \tag{3-59}$$

当反应一定时，$K\eta_I$ 可近似地视为常数，则 Y_{ST} 基本取决于 A_S（反应器的比电极面积）和电流密度 i 的乘积。对于那些电导率很低的反应体系，或反应物浓度很低，受制于传质速率的反应，都不可能大幅度地提高电极反应的电流密度，因而力图设计具有更大的 A_S 值的电化学反应器来提高时空产率。于是便产生了各种结构特殊的电化学反应器，即区别于 3.4.1 节所述的两种基本电化学反应器的新型电化学反应器。它们在有机合成、水处理、电解冶金等多种工业电解中得到应用，在其它的电化学工程领域如化学电源及电镀中也有采用，且在不断改进和开发，成为提高电化学反应器性能的一个方向。

表 3-4 各种结构特殊的电化学反应器的特点

名称	欧姆压降	传质速率	比电极面积
薄膜反应器或涓流塔反应器（thin film cell trickle tower cell）	高	高	大
毛细间隙反应器（capillary gap cell）	低	低	小
旋转电极反应器（rotating electrodes cell）	高	高	小
泵吸式电化学反应器（pump cell）	低	高	小
固定床电化学反应器（packed bed cell）	较高	较低	很大
流化床电化学反应器（fluidized bed cell）	较高	较低	很大
叠层（夹层）化学反应器（swiss-roll cell，或 sandwich and roll cell）	低	高	大
零极矩电化学反应器（zero-gap cell）	低	低	小
SPE 电化学反应器（solid polymer electrolyte cell）	低	低	小
带有湍流促进器的电化学反应器（cells with turbulence promoters）	高	高	小

（2）按照反应器工作方式分类

① 间歇式电化学反应器（batch reactor）

简单的间歇式电化学反应器定时送入一定量的反应物（电解液）后，经过一定反应时间，放出反应产物。显然，随着电化学反应的进行和伴随的化学反应，反应物不断消耗，其浓度不断降低，而产物则不断生成，浓度不断提高，如图 3-5 所示。

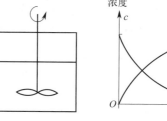

图 3-5　间歇式反应器及其浓度随时间的变化

这里假设在整个反应器内反应物和产物的浓度分布是均匀的,而且对于每一反应粒子具有相同的反应时间。

间歇式反应器运行中耗费的劳动量较大,一般适用于小规模生产或间断地提供产物的场合。

② 柱塞流电化学反应器(plug flow reactor or piston-flow reactor,PFR)

这类反应器又可称为管式反应器或活塞流反应器,它是连续工作的,反应物不断进入反应器,产物则不断流出,达到稳态。理想情况下,这种反应器中的电解液由入至出稳定地流向前方,不发生返混。而电解液的组成则随其在反应器中空间位置不断变化,如图3-6所示,但对于每一反应粒子具有相同的停留时间。

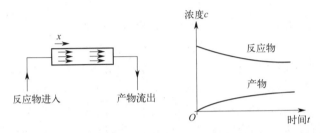

图 3-6 柱塞流反应器及其浓度的变化(x 为距反应器入口的距离)

③ 连续搅拌箱式反应器(continuously stirred tank reactor,CSTR)或返混反应器(back-mix reactor)

这种反应器的特点是在连续加入反应物并以同一速率放出产物的同时还在反应器中不断地搅拌,因此反应器内的组成是恒定的。图3-7表示了这一反应器的特点。

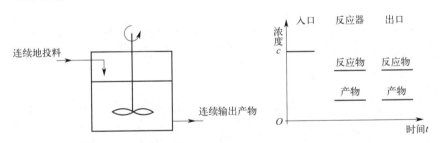

图 3-7 CSTR 反应器及其浓度的变化

3.4.3 电化学反应器的连接与组合

尽管在现代电化学工业中,电化学反应器的容量在不断增大,结构及性能不断改进,生产电流密度也有所提高,但是和化工、冶金设备相比,单台电化学反应器的生产能力毕竟有限,因此一般电化学工业的工厂(车间)都不可能仅仅设置一台电化学反应器,而必须装备多台电化学反应器同时运转。这样,电化学反应器的组合与连接成为电化学工程中的普遍问题,正确地连接不仅关系工厂的设计和投资,也影响生产操作及运行的技术经济指标。

电化学反应器的连接包括电连接和液(路)连接,而电连接又可分为反应器内电极的电连接及反应器之间的电连接。

(1) 电化学反应器的电连接

① 电化学反应器内电极的电连接

按反应器内电极连接的方式可分为单极式电化学反应器和复极式电化学反应器。有时也称为单极性电化学反应器和双极性电化学反应器。其原理如图 3-8 所示。

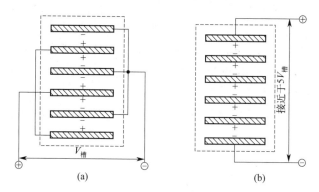

图 3-8　单极式（a）和复极式（b）电化学反应器的电连接

图中显示了旁路的情况

可以看出，在单极式电化学反应器中，每一个电极均与电源的一端连接，而电极的两个表面为同一极性，或作为阳极，或作为阴极；在复极式电化学反应器中则不同，仅有两端的电极与电源的两端连接，每一电极的两面均具有不同的极性，即一面是阳极，另一面是阴极。这两种电化学反应器具有不同的特点，如表 3-5 所示。

表 3-5　单极式和复极式电化学反应器的比较

项目	单极式电化学反应器	复极式电化学反应器
电极两面的极性	相同	不同
电极过程	电极上只发生一类电极过程（阳极过程或阴极过程）	电极一面发生阳极过程，一面进行阴极过程
槽内电极	并联	串联
电流	大（$I_{总}=\sum I_i$）	小（$I_{总}=I_i$）
槽压	低（$V_{总}=V_i$）	高（$V_{总}=\sum V_i$）
对直流电源的要求	低压、大电流，较贵	高压、小电流，较经济
维修	容易，对生产影响小	较难，需停产
安全性	较安全	较危险
设计制造	较简单	较复杂
物料的投入及取出	较方便	较复杂
占地面积	大	小，设备紧凑
材料及安装费用	较多	较少
单元反应器间欧姆压降	较大	极小
电极的电流分布	较不均匀	较均匀
适用的反应器	箱式反应器	压滤机式反应器

采用复极式电化学反应器时应该注意两个问题：

a. 防止旁路（bypass）和漏电（leakage）的发生。这是由相邻两个单元反应器之间存在液路连接产生的，这时电流在相邻的两个反应器中的两个电极之间流过（而不是在同一反应器内的两个电极间流过），不仅可使电流效率降低，而且可能导致中间的电极发生腐蚀。

b. 不是任意电极都能作为复极式电极使用。复极式电极的两个表面分别作为阳极和阴极,因而对于两种电极过程应该分别具有电催化活性,使用同一电极材料,往往难以实现,因此复极式电极的两个工作表面常需要选择不同的材料或工艺处理(如涂覆、镀覆、焊接不同的电催化层)。

② 电化学反应器之间的电连接

电化学反应器之间的电连接,主要考虑直流电源的要求。现代电化学工业采用的硅整流器,其输出的直流电压在 200～700V 时,变流效率可达 95%,颇为经济。因此多台电化学反应器连接,一般是串联后的总电压在此范围内,例如总电压在 450V,一般在中间接地,使两端电压为 +225V 和 -225V,较为安全。至于直流电流的大小,可通过适当选择整流器的容量或通过并联满足生产需要。

由于单极槽的特点是低压大电流,多台单极槽的电连接宜在电源之间串联工作。反之,由于复极式电槽的工作特点是高压低电流,多台复极式电槽的电连接宜在电源的正负极间并联工作。

(2) 电化学反应器的液路连接

电化学反应器在液路中可以两种方式连接,即并联或串联,如图 3-9 所示。

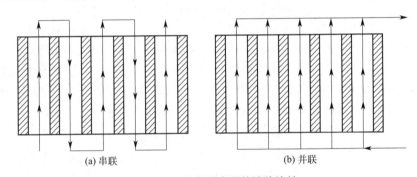

图 3-9 电化学反应器的液路连接

在一些要求提高反应物转化率的场合,如电解合成中,常采用串联的供液方式。实际反应器的工作方式可能介于两种典型方式之间,既可部分或完全再循环,亦可部分串联或并联。还应该指出的是,两种供液方式对电解液系统的要求,包括设备的设计,如液泵、液槽的设置和调控方式,也是不同的。例如,若要在单元反应器中保持相同的流量、流速,显然并联供液需要的总液量大得多,而流量均匀分配到每一反应器成为关键问题。对于串联供液,由于流程长、阻力大,则需要液泵具有更高的液压。此外,串联供液将使电解液产生更大的温升,也是应考虑的。

(3) 电化学反应器的组合

在工业电化学过程中,为完成一定的生产任务,往往需要设置多台(一般在数十台至数百台)电化学反应器同时工作。它们的组合必须满足前已述及的槽间电连接的要求,使直流电源总电压在变流效率高的区间内运行。

在工业电解中,电化学反应器的容量及数目决定生产能力。但同一生产能力可由不同容量的反应器以不同数目的组合完成,因此我们常常面临反应器容量及数量的选择。解决这一问题的一种思路是,首先分析反应器容量及数目对固定投资及生产运转费用的影响,然后求解总的生产费用最低时的反应器数目。

3.5 电极和膜材料

电化学反应器的研制与设计，包括结构和材料两方面的问题。二者相互联系，影响并决定电化学反应器的工作特性。对于电化学反应器而言，电极材料和隔膜材料对工业电化学过程影响显著，这方面已有大量的研究文献，下面仅仅从工业电解应用实际简要介绍电极材料和膜材料。

3.5.1 阳极材料

阳极材料有石墨、金属氧化物、复合材料等多种，在选择时应考虑阳极必须耐腐蚀，即在介质中稳定，具有低的过电势和高的电流效率，制作方便、价格便宜等。

表 3-6 列出了按工作介质选择的阳极材料。

表 3-6 在不同工作介质中可供选择的不溶性阳极材料

工作介质		可使用的阳极	不能使用的阳板	备注
水溶液	硫酸盐、铬酸盐	铅、铅合金 铂、铂合金 高硅铸铁	碳和石墨 镍、铁及其合金 铜及其合金	如有卤化物存在，腐蚀加速，过电势高
	浓氯化物盐酸	碳及石墨 磁性铁、二氧化铅 RuO_x 型氧化物阳极	一般金属材料	溶液中有含氧阴离子时腐蚀加速
	稀氯化物	铂 二氧化铅 RuO_x 型氧化物阳极	一般金属材料	随有效氯增加腐蚀加速
	碱性溶液	铁、镍及其 合金、碳钢、不锈钢	碳及石墨 铜及其合金	如有卤化物存在，腐蚀加速
熔融盐	各种卤化物	碳和石墨	一般金属材料	如存在含氧阴离子或水时，腐蚀加速
	苛性碱	铁、镍及其合金	碳和石墨	如有卤化物存在，腐蚀加速

(1) 石墨阳极

碳和石墨是电化学反应中应用最广泛的非金属电极材料。它既可作为阳极材料也可用于阴极材料，还可作为电催化剂载体、电极导电组分或骨架、集流体。据晶型不同碳有三种典型的形态：等轴晶系的金刚石、六方晶形的石墨和无定形碳。

碳和石墨具有以下优点：

① 导电及导热性能好。
② 具有较好的耐蚀性。
③ 易加工为各种形态（板块、粉末、纤维）及不同形状的电极。
④ 价廉、易得。

而其缺点则为机械强度较低、易磨损，可在一定条件下氧化损耗。

碳和石墨的原料皆为石油焦、沥青焦、无烟煤等，其生产工艺包括煅烧、配料、混捏、压型、焙烧、石墨化、浸渍等工序。其中焙烧和石墨化对碳材料的结构及性能影响最大。焙烧通常在1000～1250℃下进行，而石墨化则需加热到2500～3000℃。在石墨化过程中无定形碳转变为三维有序的石墨结构。二者之间尚存在多种晶型，正是由于这种结构的变化，可以获得性质迥异的多种碳材料，如碳纤维、玻璃碳、热解石墨等。

(2) DSA 阳极

电解工程最重要的金属氧化物电极是所谓金属阳极，又称形稳阳极（dimentionally stable anode，简称DSA）。它是以钛为基体，以 RuO_2 和 TiO_2 为电催化剂基本组分的一种金属氧化物电极。由于对析氯反应具有良好的电催化活性，且稳定耐蚀，自20世纪60年代中叶问世以来，在氯碱工业中迅速推广，获得巨大技术经济效益。被电化学家称为现代电催化研究中最辉煌的成就。DSA不仅用于氯碱工业，还在电合成、水处理，甚至电解冶金中得到推广。

用于氯化物介质中析氯电极反应的DSA阳极具有以下特点：

① 电催化活性高，使析 Cl_2 过电势明显降低，从而减小了槽压和能耗。如在 $i=1550A/m^2$ 工作条件下，石墨阳极析 Cl_2 过电势为 $\Delta\varphi_{Cl_2}=330mV$，但在DSA上却仅为 20～30mV，下降了91%。

② 在氯化物介质中耐蚀，工作寿命长，电极尺寸稳定，因此电极间隙不变，槽压稳定，有利于电解槽长期稳定工作。而且由于阳极不损耗，消除了堵塞、损坏隔膜的根源，从而延长了隔膜的使用寿命。一般石墨阳极仅能使用8个月左右，即需更换，而DSA阳极使用时间可长达6～8年。

③ 由于析氯过电势低，因此可提高电流密度，即生产强度，使电化学反应器的时空产率大为提高。

DSA阳极由基体和涂层两部分组成，涂层的成分和结构基本决定了电极的性能。典型的DSA阳极涂层为双组分涂层，即 TiO_2 和 RuO_2。如前所述 RuO_2 作为析氯反应的电催化剂，具有优良的电催化活性，而 TiO_2 与 RuO_2 具有相似的晶体结构，形成金红石型固溶体，并可与钛基体表面的 TiO_2 固溶，这样既要使活性组分Ru以稳定形式存在，又可使涂层与基体具有牢固的结合力。

DSA电极也称为陶瓷型氧化物电极（ceramic oxides），电极的表面涂层（厚约几微米）的结构如图3-10所示，形成了三种界面：

① 氧化物和电解液的宏观界面（称为外表面）。

② 氧化物和电解液的微观界面，这是由于电解液渗入涂层微孔和晶粒间形成的（称为内表面）。

③ 氧化物和基体之间的界面。

前两种界面对于电催化是重要的。第三种界面关系电极的稳定性，因为绝缘的 TiO_2 膜层可能随时间长大。

由于DSA电极的表面实际是一层厚度仅为几微米的氧化物膜，其电导率不仅与其化学组成有关，还与膜的微观结构、厚度、致密程度等多种因素有关（而这主要由制备工艺决定），例如致密的涂层，其电导率可高达 $10^4 S/cm$，但有裂缝的涂层，电导率可能仅有 $10^2 S/cm$。一般认为，烧结温度提高后，电导率增大。

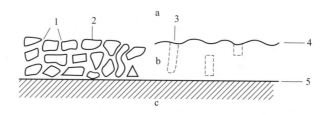

图 3-10 陶瓷型氧化物电极的表面结构
a—电解液；b—氧化物膜层；c—基体；1—晶界（电极/溶液的内界面）；2—氧化物晶粒；
3—孔隙；4—氧化物/溶液的外界面；5—氧化物/基体的界面

DSA 电极通常采用热分解氧化法制备，即将含有电催化剂及其它组分的涂液涂覆在钛基体表面，经过高温热分解氧化，得到 RuO_2 和 TiO_2 涂层。其工序包括钛基体的预处理、配制涂液、涂覆、热分解氧化等。

钛基体预处理的目的是获得清洁而粗糙的表面，使涂层具有牢固的结合力，其工序包括除油、除锈（氧化膜）、浸蚀（或喷砂）等步骤。除油可在加热的碱溶液中进行，除锈及浸蚀通常采用草酸，因酸性弱，不致对基体过度腐蚀，浓度为 10%，温度为 80～100℃，时间 6～8h，有时也采用盐酸，但因腐蚀性强，时间控制在 0.5～1h，否则过蚀。预处理完的电极贮存在乙醇中备用，可防止表面氧化。

涂覆方式目前仍以手工涂刷为主，应力求均匀，减少涂液损失。有的厂家也采用机械滚涂。热分解与涂覆是交错进行的，即每涂刷一次后，在 100～120℃下（干燥箱中或红外加热）干燥 5～10min，然后在 300～500℃温度下（高温炉中）加热（氧化）10～15min，如此反复多次（一般 10～20 次），将预先按电极面积及一定配方配制的涂液全部涂完。最后加热 1h，高温氧化，即制得 DSA 电极。

DSA 电极制备工艺中的技术关键包括：

① 涂层的成分即所谓涂层配方。典型的 DSA 阳极为两组分，即 RuO_2 和 TiO_2，二者摩尔比为 1:2，它们分别由涂液中的三氯化钌和钛酸四丁酯提供，并采用正丁醇为溶剂，在氧化热分解中形成氧化物。TiO_2 的作用除了和 RuO_2 形成固溶体，作为电催化剂的载体，使 Ru 稳定外，并可与钛基体共溶，提高涂层的结合力。

对于以析氯反应为主反应的氯碱工业、氯酸盐工业、次氯酸钠电解合成，其 DSA 电极的主要电催化剂为 RuO_2，Ru 含量愈大，催化活性愈高，过电势愈低。一般 Ru 的用量应达到 8～12g/m^2。DSA 电极涂层中 Ru 的含量还影响电极的寿命，提高 Ru 的含量有利于延长电极的寿命。然而，Ru 含量过高，不仅使电极成本上升，且使涂层过厚，与钛基体结合力变差。为了改善电催化选择性（如提高析 O_2 过电势），进一步延长电极寿命，还研制了各种多组分的 DSA 电极，包括铱、锡、铂、钯等。

② 氧化温度。氧化温度影响涂层结构、成分和性能。目前一般采用 430～450℃，可得到金红石型结构的 RuO_2 和 TiO_2 固溶体，其寿命长，活性亦高。温度过低，氧化不完全，结合力差；温度提高，涂层中氧含量增加，电阻率降低，与基底结合力改善。但温度过高却使电极比表面积降低，甚至固溶体分解，涂层与基体结合力变差，电极寿命缩短，这也是不利的。

电催化剂的失活直接影响电极的寿命。关于 DSA 电极失活机理的研究颇多，早期提出的钝化理论认为阳极析出的 O_2 可部分扩散到涂层与钛基体之间，形成 TiO_2 钝化膜，使电极电势突升，电极失活。也有研究表明，DSA 电极的失活为渐变过程，在此过程中，RuO_2-TiO_2 涂层的组成及结构不断变化，而 Ru 的溶解则是导致电极失效的主要原因。研究还认为，钛组分溶解产生的水化物覆盖在阳极表面以及涂层的裂缝腐蚀也加速了电极的失效。

(3) 其它不溶性阳极材料

① 铅及其合金。铅及其合金是广泛用于硫酸及硫酸盐介质、中性介质和铬酸盐介质的不溶性阳极。当铅及其合金浸入硫酸等介质后，表面迅速生成一层 PbO_2 薄膜，具有良好的耐蚀性，因此阳极析氧反应，实际是在 PbO_2 表面进行的。

铅及铅合金阳极主要用于电解冶金，如锌电解提取，也可用于电合成、水处理、金属防腐，在铅中加入合金元素的主要目的是提高耐蚀性、导电性及机械强度，有时还可降低析氧过电势。例如含 Ag 为 1% 的 Pb-Ag 合金，其性能就有所改善。

② 铁、镍及铁基合金（包括碳钢、铁合金不锈钢）。主要适用于碱性水溶液及熔融碱性介质。它们在这些介质中稳定、耐蚀，而且价格较低，如在水电解槽中作为阳极材料，在其它一些电合成中也可作为阳极材料使用。

3.5.2 阴极材料

工业电解中的阴极选材较阳极容易，这是因为电极在阴极极化时不发生阳极溶解，因而较稳定耐蚀。选择阴极材料首先应了解阴极反应，力求提高阴极材料对该反应的电催化活性与选择性。对于在水溶液中进行的电解过程，如果阴极反应是析氢反应则应选析氢过电势低的材料，如果阴极反应是其它反应，则阴极材料应选用析氢过电势高的电极材料。

使用阴极材料应注意两个问题，一是材料的渗氢和氢脆现象，二是电化学反应器停止工作（停电）时可能发生的腐蚀。

(1) 低碳钢阴极

低碳钢阴极（在有的文献称为软钢阴极或简称铁阴极）是碱性介质中使用最普遍的阴极材料。其优点是析氢过电势较低，价廉，加工性能好，较稳定耐蚀（工作时处于阴极保护）。

低碳钢阴极除用于氯碱工业外，在工业电解的其它场合也经常应用，如在水电解、氯酸盐和高锰酸钾等的电合成及其它一些碱性介质的工业电解中均可能采用。

(2) 活性氢阴极

氯碱工业使用的低碳钢阴极析氢过电势约 300mV。由于改用 DSA 电极，阳极析氯过电势降为约 30mV 之后，降低阴极过电势成为氯碱工业的重要任务。所谓活性氢阴极，即对析氢反应的催化活性比铁阴极更高的一类新型阴极材料。从关于电催化理论的一般讨论可知，降低析氢过电势可从两方面努力：一是增大电极的比表面积，以减少电极的真实电流密度，降低析氢过电势；二是提高电极的电催化活性，研制具有更大的交换电流密度的阴极材料。

雷尼镍（Raney Ni）是前一类活性阴极的代表，它是 Ni-Al（含 Ni 30%）或 Ni-Zn 合金，在以电镀法或喷涂法（热喷涂或等离子喷涂）喷涂在铁阴极表面后，以浓 KOH 溶液（或 NaOH）将其中的 Al 或 Zn 溶解，从而得到比表面积很高的多孔 Ni 材料。

后一类活性阴极品种甚多，例如，为了发挥铂系元素对析氢反应的优良电催化活性，研究了多种含贵金属的阴极材料,其中有 Pd-Ag 合金电极,在含 Ag 为 35% 时催化活性颇高;Pt-Ru 合金电极(含 Pt $3\sim3.5g/m^2$,Ru $1\sim1.5g/m^2$),在 $i=3000A/m^2$ 时,析氢过电势仅为 $160\sim180mV$,效果明显;又如 Ni-Co 合金阴极,Ni-P-W 合金和 Co-P-W 合金电极等均已有报道。

3.5.3 多孔性隔膜

多数电化学反应器都使用隔膜,以分隔阳极和阴极区间,避免两极产物的混合,防止在电极表面或溶液中发生副反应和次级反应,以致影响产物纯度、收率和电流效率,甚至发生危及安全的事故(如某些气体混合引起的爆炸,枝晶生长导致的短路)。因此,对于很多电化学反应器,隔膜是不可缺少的组成部分。一种新的隔膜材料,不仅可能使原来的电化学反应器性能改善,技术经济指标提高,甚至可能带来根本性的变革和突破,产生一种新的生产方法或新的电化学反应器。例如全氟离子交换膜的开发,就使宇航用燃烧电池得以在美国空间计划中成功应用,并在氯碱工业推出一种全新的生产方法——离子膜电解法,开创了氯碱工业的新时代。

为了发挥隔膜的作用,对于隔膜材料提出了以下基本要求:

① 可分隔两极产物,但能允许离子(或特定离子)通过,即使电化学反应器中电荷传递的过程经过隔膜顺利进行,具有良好的导电性能和透过率。

② 具有稳定的化学性质及机械性能,可经受隔膜两侧介质的化学腐蚀作用及机械作用,保持稳定的尺寸,使用寿命长。

③ 容易安装、维护、更换。

依隔膜对离子透过是否具有选择性,可将隔膜分为两类,即无选择透过性的多孔性隔膜和有选择透过性能的离子交换膜。

用于工业电解的多孔性隔膜包括由石棉(包括石棉纸、石棉布、石棉纤维吸附膜)、陶瓷(包括素烧陶瓷、刚玉、石英、氧化铝等)、有机合成材料(包括有机塑料、橡胶、纤维)制成的多种多孔板状或管状隔膜。

(1) 石棉隔膜

石棉是纤维状镁、铁、钙的硅酸盐矿物的总称。它分为蛇纹岩系和角闪石系两类,前者包括温石棉,后者包括青石棉、铁石棉等。世界石棉产量的 90% 是温石棉,可用 $3MgO\cdot2SiO_2\cdot2H_2O$ 或 $Mg_3(Si_2O_5)(OH)_4$ 表示其化学组成,但也常含有 Al_2O_3、Fe_2O_3、CaO 等杂质,影响其性质。

氯碱工业早期曾采用石棉布或石棉纸作为隔膜,但现代立式隔膜电解槽则都已直接使用石棉纤维,即以真空吸附法制造成吸附隔膜。

石棉纤维本身虽不导电,但浸入电解液后,由于石棉隔膜孔隙中充满电解液,即可导电。

一般的石棉隔膜往往存在溶胀和脱落的缺点,影响其使用寿命(仅约半年)和电槽正常运行。为此,提出了改性隔膜,即在石棉纤维中加入少量耐蚀耐磨的热塑性聚合物,如聚四氟乙烯等含氟聚合物的纤维或粉末。

(2) 合成微孔隔膜

以合成材料制成的多孔性隔膜广泛应用于各种工业电解、化学电源的电化学反应器中,由于应用条件（包括电解质和电化学反应产物的性质、温度、压力、电解液流速、气泡的冲击）以及使用要求不同，因此开发了多种合成微孔隔膜。

① 聚四氟乙烯塑料隔膜。如 Hooker 公司研制的以改性的聚四氟乙烯为基体的合成微孔隔膜，其孔隙率和电导率可控制，表面均匀平滑，可使阳极更接近隔膜，用于氯碱电解槽，能使极距减小，槽电压降低。美国 ICI 公司和日本汤浅公司，也以聚四氟乙烯材料制得类似的微孔隔膜材料。

② 聚氯乙烯软质塑料隔膜。适用于酸性介质，它具有孔径小、孔隙率高、电导率较高、耐热性好的优点。

③ 聚烯烃树脂微孔隔膜。主要是采用聚乙烯和聚丙烯树脂为原料制成的隔膜。

（3）离子交换膜

离子交换膜是一种具有离子选择透过性能的高分子功能膜（或分离膜），所以也可称为离子选择性透过膜。它广泛用于工业电解，如氯碱工业、水电解、有机电合成、水处理、电渗析以及化学电源（如燃料电池）等领域。

离子交换膜按交换基团分为：

① 阳离子交换膜。带有酸性离子交换基团的离子交换膜，按其解离度大小，又可分为强酸性膜，如磺酸膜（R-SO$_3$H），解离度高，常在苦咸水分离中使用。弱酸性膜，如羧酸膜（R-COOH），解离度小，易受 pH 影响，适于碱性介质中使用（如氯碱工业）。

② 阴离子交换膜。带有碱性离子交换基团的离子交换膜，按其解离度大小，可分为强碱性膜，如季铵型膜，解离度高，适用范围广。弱碱性膜，如仲胺型膜，解离度低，易受 pH 影响，适用于酸性介质。

离子交换膜的性能包括化学性能、机械物理性能和电化学性能。氯碱工业对于离子交换膜的要求包括高的化学稳定性、高的离子选择透过性、足够的机械强度和尺寸稳定性、较低的膜电阻等。

氯碱工业常用的离子交换膜系全氟离子交换膜，它是以四氟乙烯和六氟环氧丙烷为原料所制成的共聚物，一般来说具有如下的结构：

$$CF_2=CF-(CF_2\overset{\underset{\mid}{CF_3}}{C}FO)_m-(CF_2)_n-X$$

式中，m 等于 0 或 1；n 等于 2～12；X 为离子交换基团。

显然 m、n、X 不同时，离子膜的性能将变化。

离子膜制备过程包括单体合成、聚合、离子膜制造、增强、预处理等工序。

思考题与习题

1. 什么是电压效率？如何提高电压效率？
2. 从电化学工程一般原理论述如何降低电解过程的电耗。
3. 什么叫时空产率？它与哪些因素有关？如何提高时空产率？
4. 在电化学工程中传质与传热过程的研究意义何在？在电化学反应器中化学能与电能转换遵循什么规律？

5. 准数和准数方程有何用处？举例说明。

6. 为什么要研究电势和电流分布？一次电流分布、二次电流分布和三次电流分布各有什么特点？

7. 电镀是金属的电沉积过程，为得到厚度均匀的镀层，要求电流分布均匀。请简述影响电流分布的因素和相应的改进措施。

8. 多台电解槽电连接，单极槽与复极槽分别应该采用什么方式(串联或并联)？

9. 电化学反应器是怎样分类的？它们各有什么特点？

10. 简述阳极材料设计原则。DSA阳极有何特点？

11. 简述氯碱工业用离子交换膜的国内外研究进展。

12. 食盐电解制烧碱，假定食盐分解率为50%，槽压为3.4V，操作电流为29000A，电流效率为96%，电解槽操作温度为90℃。试以生产1t 100% NaOH为基准对电解槽进行热量衡算，求出食盐水预热温度。假设：(1) 出槽氯气和氢气不含水；(2) 阳极和阴极电流效率相同，均为96%；(3) 出槽淡盐水NaCl为200g/L，相对密度为1.1；(4) 精制食盐水含NaCl 318g/L，相对密度为1.2；(5) 电解液含NaOH 125g/L，相对密度为1.2；(6) 忽略热损失。

附：相关物料90℃时的比热容（1kcal＝4.1868kJ）

物料	精盐水	淡盐水	电解碱液	氯气	氢气	水
比热容 c_p/[kcal/(kg·℃)]	0.831	0.788	0.923	0.119	3.53	1.005

第二篇　应用部分

第 4 章 电化学合成

用电化学方法生产化学品是电化学最重要的应用领域之一。通过电化学方法可以生产无机化学品、有机化学品，分别称为无机电合成与有机电合成。习惯上将无机电合成与有机电合成统称为电化学合成（或电合成）。另外，通过电化学方法还可以合成高分子（即电化学聚合）和生产金属及其功能材料。金属虽亦属无机单质，但鉴于金属电化学生产的重要性，本书将在第8章专门介绍。

4.1 概述

与传统的化学合成方法相比，电化学合成具有下列优点：

① 电解是最强的氧化还原制备手段。它能提供一般化学试剂所达不到的氧化能力或还原能力。许多用化学方法无法合成的物质，可以通过电解的方法生产。如 F_2 和 Na 的制备。因为 F_2 的氧化能力极强，而 Na 的还原能力极强，所以用一般的化学方法无法制备，只能采用熔盐电解法：

$$2NaCl(l) \longrightarrow 2Na(l) + Cl_2(g)$$

② 电合成过程可通过调节电势改变反应的活化能。据计算，过电势改变 1V 可使反应活化能降低 40kJ/mol 左右，从而使反应速率增加 10^7 倍。如果用升温的办法达到此目的，则必须把温度从室温升高到 300K 以上。因此电合成反应条件较为温和。一般的电化学工业过程均可在常温常压下进行。

③ 一般认为电合成是环境友好的绿色合成方法。电合成中采用电子这一干净的"试剂"，一般不用外加化学氧化剂或还原剂，合成体系及其产物不会被还原剂（或氧化剂）及其相应的氧化产物（或还原产物）所污染，产物容易分离和收集，环境污染少。

④ 能方便地控制电极电势，因而可较为方便地调节反应的方向、限度和速率，实现选择性的氧化或还原，抑制副反应，提高产品纯度。

但是电化学合成也存在一些不足：

① 消耗大量电能。例如每生产 1t 铝耗电 18500kW·h，生产 1t 烧碱耗电 3150kW·h，电解锌每吨耗电约 6000kW·h。故在电能供给不足的地区难以大规模发展电化学合成工业。

② 与化学合成法比较，电化学合成的时空产率较低，往往需要大量的电解槽，同时还要有配套的其它单元操作，因此占用厂房面积大。

③ 有些电解槽结构复杂，电极易受污染，活性不易维持，阳极容易受到腐蚀损耗，电解槽相互连接和控制等技术要求较高。实现电合成长期、稳定生产需要较高的技术水平和管理水平。

根据电合成的特点，针对下述几种情况可以考虑采用电化学合成方法进行生产：没有已知的化学合成方法；已知化学合成方法步骤多且产率低；化学方法采用的试剂太贵；已有化学方法工艺流程大批量生产有困难，或者经济不合理，或者污染问题未解决。

电化学合成反应可分为电还原和电氧化两大类。按照合成反应的历程，电化学合成可以两种方式进行。一种方式是通过发生在电极表面的电化学反应直接生成产物。如通过阳极氧化制取氯、氟、二氧化锰等；通过阴极还原制取氢、提炼金属等。另一种方式可以称为间接电化学合成，即产物并不是直接在电极表面生成，而是发生电化学反应后，通过次级反应（包括溶解、解离、均相化学反应等）生成产物，如氯酸盐、次氯酸盐等的制备就是利用了溶液中的化学反应。

不论以何种方式进行电合成，应该注意的是，其生产全过程都不只包含电解。电化学合成包括多种化工单元操作，如电解前的原料预处理、电解液配制和净化等工序，电解后则包含产物的分离与各种加工，如蒸馏、结晶、干燥、粉碎等工序。然而，在电化学合成的生产全过程中，电解无疑是最重要的生产环节。

4.2 氯碱生产

氯气和烧碱均为基本化工原料，广泛用于石油化工、冶金、轻工、纺织及民用各部门。以食盐（NaCl）水溶液电解方法制取氯气和烧碱的化学工业称为氯碱工业（chlor-alkali industry）。1851年Watt获得电解饱和食盐水制备氯的专利，1890年此项技术获得工业化应用。

氯碱工业有三个显著特点。一是能耗高，生产1t烧碱耗电达3150kW·h；二是氯气、烧碱都是强腐蚀性物质，存在较为严重的材料腐蚀问题；三是所生产的主要产品烧碱和氯气需要市场同时接受，即存在所谓的"氯碱平衡"问题。

食盐水溶液电解制取氯气和烧碱的技术关键是电化学反应器中两极产物的分隔。根据产物分隔方法和阴极反应的不同，氯碱工业形成了三种不同的生产工艺，即隔膜电解法、离子膜电解法和水银电解法。三种氯碱生产方法的特点比较见表4-1。

表4-1　三种氯碱生产方法的特点比较

项目		水银电解法	隔膜电解法	离子膜电解法
槽压/V		4.4	3.45	2.95
电流密度/(A/m^2)		10000	2000	4000
电流效率/%		97	96	98.5
能耗/(kW·h/t)	直流电耗	3150	2550	2400
	直流电耗＋蒸发到50%NaOH的能耗	3150	3260	2520
Cl$_2$的纯度/%		99.2	98.0	99.3
Cl$_2$中O$_2$含量/%		0.1	1～2	0.3
50% NaOH中含盐量/(mg/L)		约30	10000	32～35
蒸发前NaOH浓度/%		50	12	35
是否有水银污染		有	无	无
对盐水净化的要求		很严格	较严格	十分严格
相对投资/%		100～90	100	85～75
相对运转费用/%		105～160	100	95～85

离子膜电解法开启了氯碱工业发展的新阶段，这一方法与隔膜电解法和水银电解法相比，具有突出的优点，不仅产品质量高、能耗低，而且可免除石棉和水银产生的公害，因而成为现代氯碱工业发展的方向。新建氯碱企业多采用离子交换膜法进行生产。

4.2.1 食盐水溶液电解的理论基础

氯碱工业采用电解饱和 NaCl 溶液的方法来制取 NaOH、Cl_2 和 H_2。电解饱和食盐水的总反应可以表示为：

$$2NaCl+2H_2O \longrightarrow H_2\uparrow +Cl_2\uparrow +2NaOH \tag{4-1}$$

（1）阳极反应

尽管氯碱工业有三种方法，但其阳极过程都相同，即在饱和食盐水溶液电解时，阳极反应皆为 Cl^- 的氧化，析出氯气。

$$2Cl^- -2e^- \Longrightarrow 2Cl_2\uparrow \quad \varphi^{\ominus}_{25℃}=1.3583V \tag{4-2}$$

但是，由于反应在水溶液中进行，阳极还可能发生析氧反应。当溶液为碱性时，反应为

$$4OH^- \longrightarrow 2H_2O+O_2+4e^- \quad \varphi^{\ominus}_{25℃}=0.410V \tag{4-3}$$

而溶液为酸性时，反应为

$$2H_2O \longrightarrow O_2+4H^+ +4e^- \quad \varphi^{\ominus}_{25℃}=1.229V \tag{4-4}$$

比较析氯和析氧反应的标准电极电势，即仅从热力学原理分析，析氧反应比析氯反应更易发生。但考虑到动力学因素，即电化学极化和过电势，情况就不同了。图 4-1 为两个电极反应的极化曲线及电流效率与电流密度的关系。由于析氯反应的极化率 $\left(\dfrac{\partial \varphi}{\partial i}\right)$ 较低，阳极极化增加时，析氯反应的速率增加更快，因此用于析氯的电流迅速增加，而耗于析氧的电流相对值减小，使得析氯的电流效率提高。

氯碱工业中常提到，为了提高阳极析氯的电流效率，要增大氯氧差，意思是要扩大析氯和析氧两个反应的过电势的差别，即尽力减小析氯反应的过电势，增大析氧反应的过电势。

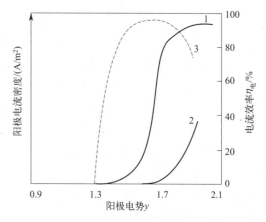

图 4-1 析 Cl_2 和析 O_2 极化曲线及电流效率
1—析 Cl_2 极化曲线；2—析 O_2 极化曲线；3—电流效率

为此，常采取以下措施：

① 提高电极材料的电催化选择性，即使阳极材料对主反应（析 Cl_2）的催化活性提高，同时降低阳极材料对副反应（析 O_2）的催化活性。如采用 DSA 阳极后，在电流密度为 $1000\sim 5000A/m^2$ 范围内，析氧电势比析氯电势高 $250\sim 300mV$，而在石墨阳极上却仅高 100mV。

② 提高电解液中 Cl^- 的浓度，如采用饱和食盐水，同时降低电解液中的 OH^- 浓度，即采用酸性盐水，将有利于降低析氯电势，提高析氧电势。

③ 提高电流密度，即利用两个电极反应可逆性的差异，增大反应速率的差距。应该注意，电流密度也不可过高，一旦出现严重的浓度极化，转化为扩散控制，即析氯反应达到极限扩散电流后，析氯的电流效率就不能再提高。

析氯电极过程的动力学研究至今仍不成熟。早期曾将它与析氢过程类比，发现二者具有若干相似之处。但是，后来发现，前者远比后者复杂。这主要因为析氯是阳极过程，电极在

阳极极化时，其表面状态、组成、结构都可能不断变化，如形成各种氧化膜，而 Cl^- 强烈吸附，甚至进入生长的氧化膜。此外阳极材料的溶解或钝化也可能发生。这些均使电极的催化性能随时间及电势而变化。造成析氯过程研究困难的另外两个原因是：电极材料（如 DSA 电极）的制备工艺复杂，难以得到完全相同的阳极；析气电极的电势测量也难以精确，使实验数据不易重现。

曾经提出三种析氯反应机理：

① 析氯反应由电化学步骤和化学脱附步骤构成。

$$Cl^- \longrightarrow Cl_{吸} + e^- \tag{4-5}$$

$$2Cl_{吸} \longrightarrow Cl_2 \tag{4-6}$$

Cl^- 首先氧化，在电极表面生成吸附氯原子（$Cl_{吸}$），然后，两个吸附氯原子通过化学复合形成氯分子，脱附后离开电极表面。由于电极表面对氯原子的强烈吸附，后一步骤，即复合脱附可能成为速率控制步骤。

② 析氯反应由电化学步骤和电化学脱附步骤构成。

$$Cl^- \longrightarrow Cl_{吸} + e^- \tag{4-7}$$

$$Cl_{吸} + Cl^- \longrightarrow Cl_2 + e^- \tag{4-8}$$

由于电化学脱附的速率较慢，可能成为速率控制步骤。

③ 基于 $Cl_{吸}^+$ 的形成及析氯反应机理，它包括两个电化学步骤和一个化学反应。

$$Cl^- \longrightarrow Cl_{吸} + e^- \tag{4-9}$$

$$Cl_{吸} \longrightarrow Cl_{吸}^+ + e^- \tag{4-10}$$

$$Cl_{吸}^+ + Cl^- \longrightarrow Cl_2 \tag{4-11}$$

由于影响析氯反应机理的因素甚多，因而不能简单地由 Tafel 斜率判定析氯反应的机理。电极材料不同时，其动力学参数也发生变化。对于各种金属氧化物电极，相对 Cl^- 的反应级数在 pH 值恒定时皆为 1。在具有催化活性的氧化物电极表面，析氯反应的 Tafel 斜率一般约为 40mV。

（2）阴极反应

氯碱生产的阴极过程分为两种。在隔膜电解法和离子膜电解法中，采用固体阴极（通常是铁阴极或活性阴极），阴极过程为析氢反应；在水银电解法中采用液汞阴极，阴极过程则为 Na^+ 放电，生成钠-汞齐。可分别表示如下：

$$2H_2O + 2e^- \longrightarrow 2OH^- + H_2, \varphi_{25℃}^{\ominus} = -0.828V \tag{4-12}$$

$$Na^+ + e^- + xHg \longrightarrow NaHg_x, \varphi_{25℃}^{\ominus} = -1.868V \tag{4-13}$$

比较反应式(4-12)和式(4-13)，仅仅根据标准电极电势判断，前者显然更易进行。而在液汞阴极表面不发生析氢反应的原因是汞是析氢过电势最高的电极材料。Na^+ 之所以放电，是由于生成钠-汞齐，这比生成钠的还原反应［式(4-14)］容易得多。

$$Na^+ + e^- \longrightarrow Na \quad \varphi_{25℃}^{\ominus} = -2.7V \tag{4-14}$$

反应式(4-13)顺利进行的另一条件是 Na^+ 放电后生成的 Na 应不断地向液汞内部扩散，液汞表面的 Na 浓度不应过高。

水银电解法的目的自然不是得到钠-汞齐，还需通过解汞槽中的下列反应获得烧碱：

$$NaHg_x + H_2O \longrightarrow Na^+ + OH^- + \frac{1}{2}H_2 + xHg \tag{4-15}$$

反应中 Na 又氧化为 Na^+，而 H_2O 则发生还原反应生成 H_2。由于上述反应在不含 NaCl 的解汞槽中进行，因而可以得到高纯度的烧碱，含盐量仅 50mg/L。

(3) 溶液中的均相反应

电解食盐水溶液时阳极析出的氯气，可部分溶于电解液中，溶解的氯将发生均相次级反应生成 HCl 和 HClO。

$$Cl_2(气) \longrightarrow Cl_2(液) \tag{4-16}$$

$$Cl_2(液) + H_2O \longrightarrow HClO + H^+ + Cl^- \tag{4-17}$$

次氯酸的解离度很小，其平衡常数为

$$K = \frac{[H^+][ClO^-]}{[HClO]} = 3.7 \times 10^{-8} \tag{4-18}$$

然而，一旦阴极区的 OH^- 由于扩散、电迁移等原因透过隔膜进入阳极区后，将使 HClO 解离加速：

$$HClO + OH^- \longrightarrow ClO^- + H_2O \tag{4-19}$$

所生成的 ClO^-，将发生有害的次级反应，即在阳极氧化：

$$6ClO^- + 3H_2O \longrightarrow 2ClO_3^- + 4Cl^- + 6H^+ + \frac{3}{2}O_2 + 6e^- \tag{4-20}$$

此外，ClO^- 也可能通过化学反应生成 ClO_3^-。上述反应都使电解产物 Cl_2 和 OH^- 消耗，导致电流效率下降，并使产品中混杂 ClO_3^-，纯度降低。

由此可见，在电解食盐水溶液时为了高效率地制取氯气和烧碱，关键是要分隔两极产物，阻止阴极附近生成的 OH^- 进入阳极区。

(4) 理论分解电压

理论分解电压的计算，既可根据总的电解反应的自由焓变来计算，亦可分别计算出阳极反应和阴极反应的平衡电极电势，再由 $E = \varphi_{e,+} - \varphi_{e,-}$ 计算，原理和结果都相同。

① 阳极平衡电极电势的计算

阳极析氯反应 $2Cl^- - 2e^- = Cl_2 \uparrow$ $\varphi^\ominus_{25℃} = 1.3583V$

按 Nernst 公式，阳极平衡电极电势为

$$\varphi_{e,+} = \varphi^\ominus + \frac{RT}{2F} \ln \frac{p_{Cl_2}}{a^2_{Cl^-}} \tag{4-21}$$

式中，$\varphi^\ominus$ 为标准电极电势。通常根据热力学数据进行计算得到的都是标准条件下(25℃) 的 $\varphi^\ominus$ 值。对于实际工业电解条件下进行的氯电极过程，计算时要对标准电极电势 $\varphi^\ominus$ 进行温度校正。

可由阳极气体的总压减去其中水蒸气的分压，据式(4-22)计算氯的分压。

$$p_{Cl_2} = p_总 - p_{H_2O} \tag{4-22}$$

Cl^- 活度的严格热力学计算需确定不同条件下 NaCl 的平均活度系数及平均浓度。但对于工业应用，常粗略地以浓度代替活度。利用式(4-21)即可计算出各种浓度及温度下的阳极平衡电极电势（即自 NaCl 溶液中析氯的平衡电极电势）。

② 阴极平衡电极电势的计算

对于阴极反应 $2H_2O + 2e^- \longrightarrow 2OH^- + H_2$

其平衡电极电势也可按 Nernst 公式计算。

$$\varphi_{e,-} = \varphi^{\ominus} + \frac{RT}{2F}\ln\frac{a_{H_2O}^2}{a_{OH^-}^2 p_{H_2}} \tag{4-23}$$

由于 $\varphi^{\ominus} = -0.828\text{V}$，而且对氢电极反应，$\varphi^{\ominus}$ 与温度无关，不需要校正，在视 a_{H_2O} 近似为 1 时，上式变为

$$\varphi_{e,-} = -0.828\text{V} - \frac{RT}{2F}\ln p_{H_2} - \frac{RT}{2F}\ln a_{OH^-} \tag{4-24}$$

当温度为 80℃，阴极液组成为含 NaOH 100g/L（此时 $a_{OH^-} = 2.5$）、NaCl 180g/L 时，阴极液上方的氢分压同样可由总压减水蒸气分压得到，在上述条件下，求出氢的分压为 87443.5Pa（0.863atm）。所以

$$\varphi_{e,-} = -0.828\text{V} - \frac{RT}{2F}\ln 0.863 - \frac{RT}{F}\ln 2.5 = -0.8536\text{V}$$

③ 理论分解电压的计算

在分别计算出阳极平衡电极电势和阴极平衡电极电势之后，即可计算理论分解电压。如在 80℃，阳极液含 NaCl 310g/L，阴极液含 NaOH 100g/L、含 NaCl 180g/L 的条件下，有

$$E = \varphi_{e,+} - \varphi_{e,-} = 1.2241 - (-0.8536) = 2.0777(\text{V})$$

通过以上的分析计算，可以看出影响理论分解电压的因素为：

a. 阳极附近盐水浓度。浓度增加后，$\varphi_{e,+}$ 减小，导致理论分解电压降低。

b. 电解温度。提高电解温度，$\varphi_{e,+}$ 减小，而 $\varphi_{e,-}$ 也变得更负，但后者变化较小，理论分解电压仍降低。

c. 阴极区溶液中碱液的含量提高后，$\varphi_{e,-}$ 更负，理论分解电压将提高。

（5）理论耗电量和直流电耗

根据电解总反应式可以计算生成单位质量产物所需的理论耗电量（k），它是电化当量（K）的倒数。对于食盐水溶液电解，其总反应为

$$2\text{NaCl} + 2\text{H}_2\text{O} \longrightarrow 2\text{NaOH} + \text{H}_2 + \text{Cl}_2$$

显然，每通过 $2F$ 电量，可产生 2mol NaOH、1mol Cl_2 和 1mol H_2。$2F = 2 \times 26.8\text{Ah/mol} = 53.6\text{Ah/mol}$，1mol Cl_2 的质量为 70.906g，2mol NaOH 的质量为 80g，1mol H_2 的质量为 2g。这样可以得到以不同单位表示的三种物质的电化当量及理论耗电量，如表 4-2 所示。

表 4-2 三种产物的电化当量及理论耗电量

物质	电化当量		理论耗电量		
	1Ah	1kAh	1g	1kg	1t
Cl_2	1.3228g	1.3228kg	0.75593Ah	755.93Ah	755.93kAh
H_2	0.0373g	0.0373kg	26.8Ah	26800Ah	26800kAh
NaOH	1.4925g	1.4925kg	0.67Ah	670Ah	670kAh

前面已经指出，电流效率是对一个电极反应（即发生在一个电极/电解液界面上的电化学反应）而言的，但任一电化学反应器都包括两个电极和至少两个电极反应（阳极主反应和阴极主反应），因此讨论电流效率务必首先明确是指哪个电极反应的电流效率。对于氯碱工业，有两种主反应及主产物，若按阴极液中 NaOH 的收率计算，实为阴极电流效率，若按阳极氯气的生成量计算则为阳极电流效率，二者数值并不相等，一般后者较高。日本和中国习惯用阴极电流效率，而美国等国习惯用阳极电流效率。

已知产物的理论耗电量、电流效率及槽电压，便可按下式计算直流电耗：

$$W = \frac{kV}{\eta_I}$$

式中，W 为直流电耗，kW·h/t；k 为产物的理论耗电量，kAh/t；V 为槽电压，V；η_I 为电流效率，%。

例如，对于某氯碱厂，当 $V=3.5$V，阴极电流效率 $\eta_I=92\%$ 时，其直流电耗为

$$W = \frac{kV}{\eta_I} = \frac{670 \times 3.5}{0.92} = 2549 (\text{kW·h/t})$$

4.2.2 隔膜电解法

(1) 隔膜电解原理与工艺流程

隔膜电解法的原理如图 4-2 所示。它采用多孔性的滤过式隔膜（通常是石棉）将阳极区和阴极区分隔，防止两极产物的混合。饱和盐水由阳极区加入，阴极区生成的碱及未分解的盐水则不断流出，通过适当调节盐水流量，可使阳极区液面高于阴极区液面，从而产生一定的静压差，使阳极液透过隔膜流向阴极室，其流向恰与阴极区 OH^- 向阳极区的电迁移及扩散方向相反，从而大大减少进入阳极区的 OH^- 数量，抑制析氧反应及其它副反应的发生，阳极效率提高到 90% 以上。而阴极区由于 OH^- 流失减少，碱液浓度可提高到 100~140g/L。

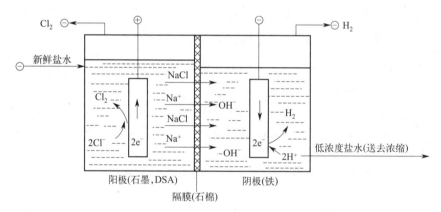

图 4-2 隔膜电解法的原理示意图

隔膜电解法的生产工艺流程包括盐水工序、电解工序、蒸发工序、氯和氢的处理等，如图 4-3 所示。

盐水工序。盐水工序的任务是为电解提供合格的盐水，即氯碱工业的原料，每生产 1t 烧碱 (100% NaOH) 和 0.88t 氯需 1.5~1.6t 原盐（理论值为 1.462t），盐水工序的投资占氯碱厂总投资的 5%~10%，而原盐的费用在生产成本中占 20%~30%。原盐有海盐、湖盐、井盐和矿盐四种。盐水精制流程包括化盐（原盐溶解）、精制、澄清、过滤、重饱和、预热、中和及盐泥处理等过程。

粗盐水由于含有多种杂质，不能直接送去电解，而应精制。盐水精制一般采用化学方法，即加入一些精制剂使杂质生成沉淀，进而分离去除。在加入的 $BaCl_2$、Na_2CO_3 以及回收盐水中带入的 NaOH 的作用下，粗盐水中的 SO_4^{2-}、Ca^{2+}、Mg^{2+} 等杂质生成 $BaSO_4$、$CaCO_3$ 和 $Mg(OH)_2$ 等沉淀。

在盐水精制过程中，由于加入碱，盐水呈碱性，这是不利的，因为这将促进阳极区的副

反应（$Cl_2+OH^-\longrightarrow ClO^-+Cl^-+H_2O$），为此应加入盐酸，使pH值降低，如使用酸性盐水（pH＝3～5）。

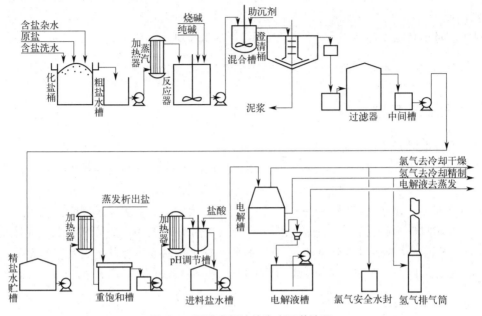

图4-3　隔膜电解法的生产工艺流程

电解工序。精制的盐水由阳极区进入隔膜法电解槽电解，从阳极区得到氯气，从阴极区得到氢气和烧碱与氯化钠混合的阴极液（含有10%～12% NaOH，16%～18% NaCl）。

蒸发工序。隔膜电解法由电解槽获得的电解碱液，不能直接作为产品，必须通过蒸发工序，一是浓缩NaOH溶液，使之达到液碱产品的浓度；二是分离其中的NaCl，回收后送入盐水工序重复使用。

电解碱液的蒸发通常采用多效蒸发器，以降低能耗，其具体工艺与生产的液碱浓度有关，如生产30%液碱，多采用双效顺流或三效顺流流程；生产42%液碱，可用双效顺流、三效四体两段及三效顺流流程，部分强制循环流程；生产50%液碱，一般采用三效或四效逆流或错流流程。

氯碱工业的气态产物包括阳极氯气和阴极氢气。前者是主要产品，后者为副产品。从电解槽直接获得的高温高湿并带有盐雾等杂质的氯气，不能作为产品使用，必须经过冷却、干燥、加压、液化等处理，以液氯产品形式提供给用户。

出槽的氯气温度一般约90℃，经不同冷却方式（包括直接喷淋冷却、间接冷却等）降温为12～15℃。氯气的干燥则以浓H_2SO_4干燥剂脱水。为便于长途运输，氯气必须液化后灌入耐压的钢瓶。

至于电解槽出来的氢气，温度达80℃，亦需冷却洗涤，经压缩后灌装入钢瓶（15～22MPa），供用户使用。为了保持电解槽阴极室压力恒定，还需设置氢气压力调节装置及自动放空装置。

(2) 电解工艺条件

① 盐水的浓度和pH值

食盐水溶液电解时，在阳极可能发生两个竞争反应，即析氯和析氧反应。为抑制后一反应，需控制进入电解槽的盐水浓度和 pH 值。

为了提高析氯电流效率，应尽可能提高进槽电解液中 NaCl 的浓度，一般要求达到 320～326g/L。提高 NaCl 浓度的意义在于：

a. 可提高析氯电流效率。因为当 NaCl 的浓度提高后，可降低析氯的过电势。

b. 提高 NaCl 浓度，可降低氯的溶解量，从而减少氯的损失及氯溶解产生的副反应，有利于提高效率。

c. 提高 NaCl 浓度，可使溶液电导率明显提高，从而减小溶液的欧姆压降和槽电压，降低能耗。

电解液的 pH 值和 NaCl 浓度一样，对于阳极可能发生的两个反应及电流效率有重大影响。pH 值升高，有利于氧的析出，降低析氯的电流效率。如果采用石墨阳极，析出的氧还将与石墨反应生成 CO_2，使电极损耗。pH 升高还导致氯溶解度增加。当 pH>4.5 后，氯的溶解度急剧增大，将导致前已述及的一系列副反应发生，使电流效率降低。但 pH 也不可太小，否则可能造成电极材料和隔膜的腐蚀。

② 盐水流量和阴极区碱液的浓度

如前所述，滤过式隔膜电解法的原理就是用由阳极区不断加入盐水，阴极区不断放出碱液，并维持两极区液面差产生的静压差，使盐水通过透过式隔膜不停地渗入阴极区，从而阻止 OH^- 向阳极区的扩散与电迁移。显然，盐水的流量（流速）既关系到能否阻止 OH^- 的迁移和电流效率，又影响阴极区碱液的浓度及食盐的分解率。

决定盐水流量（流速）的因素，主要是盐水加入速率、隔膜的渗透率及两室液面差。如果盐水加入速率太大，两室液面差过大，盐水流速太高，虽然可阻止 OH^- 的反渗，提高电流效率，但却使阴极区域碱液浓度降低，盐水分解率下降，既增加蒸发工序的负担及能耗，又降低了原料的利用率。反之，如果盐水加入速率太低，阴极碱液浓度过高，OH^- 反渗速度加快，则将使电流效率下降。所以为了维持高的电流效率，阴极碱液的浓度控制在 120～140g/L 之间，一般不应超过 150g/L（约 12%），此时阴极碱液中的 NaCl（16%～18%）与 NaOH（10%～12%）的比值，称为盐碱比（质量比），为 1.2～1.4，对应的食盐分解率约 50%。

盐水流量还与隔膜的渗透率即隔膜的质量、性能有关。如新槽启用后，石棉纤维尚未膨胀，渗透率较大，此时液面差应适当降低，否则盐水流量将过大。反之，长期运行的电槽，由于隔膜微孔被盐水杂质堵塞，渗透率下降，盐水流量也降低，此时应适当提高液面，以维持盐水的流速。可用水洗隔膜的方法来去除杂物，提高其渗透能力，若不奏效，即需更换隔膜。

③ 电解温度

温度对电解的影响是多方面的。温度升高时，可提高电解液的电导率，降低溶液的欧姆压降和槽电压。温度升高，又可降低电化学极化及浓度极化，这都有利于降低电解的能耗，同时随着温度升高，氯在盐水中的溶解度也下降，减少了损失，可提高电流效率。但是温度的升高也有不利的影响，如度升高后，使氢和氯中水蒸气含量增加，增加了后处理工序（干燥）的负担，同时可能加剧各种材料的腐蚀。

隔膜电解法的温度一般维持在 85～95℃。电解温度除与进槽盐水温度有关外，还与电流密度及槽的结构、电解液的流速（动）有关，提高电流密度，降低流速，槽温可能升高。

④ 电流密度

隔膜电解法的电流密度取决于阳极材料，因为电极材料的稳定性、寿命与电流密度有密切关系。一般来说，电流密度升高时，电极寿命都缩短。对于石墨阳极，可选用 1000～1500A/m^2 的电流密度，对于 DSA 阳极，则可在较高的电流密度，如 1500～2500A/m^2 下工作。

电流密度提高可使电流效率提高，因电流密度增大后会加大阳极液通过膜的流量，从而减少 OH^- 反迁，使电流效率提高。电流密度增大还使生产强度即设备的生产能力提高，但也使槽电压升高，能耗增加。所以应综合考虑，选择较合理的电流密度，即所谓经济电流密度。

4.2.3 离子膜电解法

(1) 离子膜电解原理及特点

离子膜电解法是对隔膜电解法的改进和提升。这一工艺的技术关键是使用对离子具有选择透过性的离子交换膜，氯碱工业采用的是全氟阳离子交换膜，它只允许钠离子由阳极区进入阴极区，却不允许 OH^-、Cl^- 及水分子通过，这样不仅使两极产物隔离，避免了导致电流效率下降的各种副反应，而且能从阴极区直接获得高纯（含盐仅 300mg/L）、高浓度（一般为 32%～35%）的烧碱。离子膜电解法原理如图 4-4 所示。

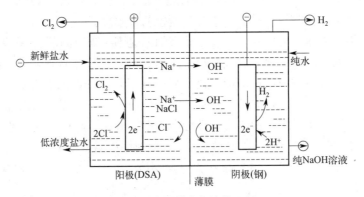

图 4-4 离子膜电解法的原理

离子膜电解法不仅具有产品质量高、能耗低的优点，而且可消除隔膜电解法使用石棉、水银电解法使用汞造成的公害及环境污染，因而成为氯碱工业的发展方向。

(2) 生产流程

离子膜电解法的生产流程如图 4-5 所示。

可以看出，离子膜电解法与隔膜电解法有几点不同之处：增加了二次盐水精制工序；需向电解槽的阴极区加入纯水；由电解槽阳极区引出的稀盐水经脱氯、重饱和、二次精制后可再度使用；阴极室输出的 30%～35% 的液碱既可直接作为商品，也可继续蒸发为 50% 的烧碱。

产生上述差别的根本原因是使用离子交换膜后，阳极室和阴极室被分隔（仅有 Na^+ 迁移），因此必须形成各自的物流回路。在阳极室，饱和盐水电解后，成为浓度为 200g/L 并含游离氯（700～800mg/L）的淡盐水；而在阴极区，由于不能从阳极区获得足够的水，因此必须不断加入纯水。

离子膜电解法对盐水的要求比隔膜电解法高得多，盐水需经二次精制。这是由于极少的

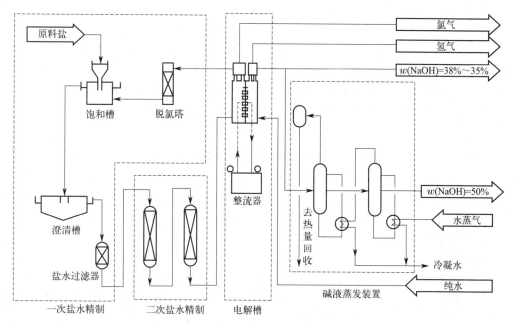

图 4-5 离子膜电解法的生产流程

杂质离子，如 Ca^{2+}、Mg^{2+} 在通过离子膜时，也可能与阴极反渗的少量 OH^- 作用生成氢氧化物沉淀堵塞离子膜，使膜电阻增大，槽电压升高。同时可能加剧 OH^- 的反迁，导致电流效率下降。

由于使用一般的砂滤器不能除去盐水中 1mg/L 以下的悬浮物，必须采用性能更高的管式过滤器（如碳素管和聚丙烯管）或叶片式过滤器。在过滤时，还需预涂 α-纤维素作助滤剂，而为了使盐水中的钙镁离子含量达到 20μg/L 以下，则必须采用螯合树脂。

由于离子膜电解槽放出的淡盐水中含有的游离氯与螯合树脂接触后，可使其中毒失效，并损害碳素管过滤器，因此还需对淡盐水进行脱氯处理，目前应用的脱氯方法包括真空脱氯法（即在减压下使氯逸出）、空气吹出法，或加入某些还原剂（如 Na_2SO_3）与氯作用，最后可使含氯量低于 5mg/L。

(3) 电解工序的生产控制

① 阳极液中盐水的质量

盐水质量包括盐水浓度、pH 值及杂质含量的控制，这对于离子膜电解槽的槽电压、电流效率及离子膜的寿命都有重要影响。

NaCl 浓度增大时，电流效率提高，碱液中含盐量减少，同时由于膜中含水量提高，膜电阻增大，导致槽电压提高。盐水浓度过低还可能引起离子膜鼓泡，严重时将导致槽电压上升、电流效率下降。当 NaCl 浓度低于 50g/L 时，离子膜发生分层，会使离子膜损坏。一般阳极液中 NaCl 浓度保持在 190~210g/L，不可低于 170g/L。

采用酸性盐水可降低氯中含氧量，提高电流效率，因此离子膜电解法常在入槽盐水中加入盐酸。但盐水的 pH 值不可太低（一般 pH 值应不低于 2），即不能低于离子膜的 pK 值，否则离子膜中的交换基团不能解离，膜电阻将增加，并可能损坏离子膜。

② 阴极液中 NaOH 的浓度

阴极液中 NaOH 浓度对离子交换膜的导电性能及离子的选择透过性能影响甚大，并随膜的品种及性能（如交换容量）变化。

Nafion 复合膜的电阻随碱液浓度提高而增大，在 NaOH 浓度大于 20%（6mol/L）后更为显著。但是，Na^+ 通过膜的迁移数在 NaOH 浓度增大后却先提高然后下降，因此电流效率与 NaOH 浓度的关系曲线出现最大值。

应该注意膜的性能不同时，上述影响可能不同。例如膜的交换容量提高时，膜的电阻降低，而电流效率和最大值也可能向 NaOH 浓度更大的方向移动。

③ 电流密度

离子膜电解法的电流密度高于隔膜电解法，一般为 3000～4000A/m²。增大电流密度可提高生产强度，但电流密度过高时，将使离子膜中 Na^+ 迁移数下降，槽电压升高，电流效率下降。可以根据离子膜中的传质过程推导出所允许的最大电流密度，即极限电流密度（i_d）。应使通过离子膜表面的电流密度低于 i_d，并分布均匀。为获得高浓度的 NaOH 溶液，常采用接近 i_d 的较高电流密度电解。

④ 电解温度

离子膜电解的温度一般为 80～90℃，温度过高，可能使膜中的水沸腾，引起膜的破裂。由于温度是影响膜溶胀的重要因素，为使离子膜在较稳定的溶胀状态下工作，应使电解温度保持稳定。如果温度波动大，将导致膜的膨胀和收缩，影响其性能，降低其强度。由于在低温下工作的离子膜易损坏，因此应预防。

⑤ 电解槽中气体的压力

离子膜电解槽中阴极室的气体（H_2）压力应大于阳极室的气体（Cl_2）压力，这可以使离子膜靠近阳极，并利用阳极的析气效应改善传质。但是这一压差应力求稳定。如果经常变化波动，将使离子膜的位置改变，并可能与电极摩擦产生机械磨损，降低强度，缩短使用寿命。

⑥ 烧碱中的含盐量

离子膜电解法生产的烧碱中的含盐量与膜的性能及工作条件有关。碱中含盐量取决于以下因素：

a. 阳极液中 NaCl 的含量。阴极碱液中的 NaCl 来自阳极区，这是由于 Na^+ 通过离子膜时伴随一些水分子，此时溶于阳极液中的 Cl_2 及 Cl^- 将同水一道移动到阴极室，与 NaOH 作用生成 NaCl。因此碱中含盐量与 H_2O 移动速度有关，而 H_2O 的移动速度却取决于阳极液中 NaCl 的浓度。一般来说，NaCl 浓度降低时，水的移动速度加快，从而使阴极碱液中的含盐量升高。

b. 电流密度提高时，阴极碱液中的含盐量降低。这是由于电流密度提高后，电极极化增强，使得电极间电场强度增大，因而抑制了负离子（Cl^-）向阴极的移动。

(4) 离子膜与电解槽

离子膜电解槽均采用板框压滤机型结构，每台电解槽皆由若干单元槽构成，每一单元槽则包括阳极、阴极、离子膜和槽框等。图 4-6 为旭化成复极式离子膜电解槽示意图。

离子膜电解槽都采用金属阳极，而阴极大多采用降低析氢过电势的活性阴极，电极面积大小不同，单极槽为 0.2～3m²，而复极槽为 1～5.4m²，当电极面积增大时，离子膜的利用率更高（一般为 73%～74%）。

槽框可以采用不同的材料，包括金属框、塑料框或增强塑料槽框，它们各有优缺点，如前者使用寿命长达 10 年，但价格昂贵，后两种价格较低，但需经常维修，使用寿命也短(2~4年)。

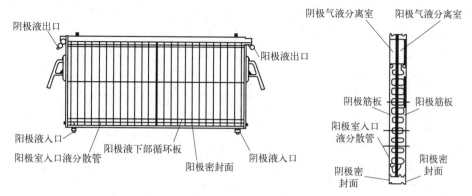

图 4-6 旭化成复极式离子膜电解槽

常见离子膜参数见表 4-3。

表 4-3 常见离子膜参数

生产厂商	旭化成	旭硝子	杜邦
膜种类	Aciplex	Flemion	Nafion
膜寿命/月	23~36	24~37	25~39
平均阴极电流效率/%	93.08	94.98	93.88
平均槽电压/V	3.12	3.15	3.21
平均直流电耗/(kW·h/t)	2244	2218	2289
平均电流密度/(kA/m^2)	3.29	2.76	2.85

4.3 其它无机物的电化学合成

通过无机电化学合成生产的重要无机化学品见表 4-4。

表 4-4 无机电化学合成的主要产品及过程的特点

序号	无机物	电化学合成的构成			电化学合成方法在工业生产中的地位		
		电解氧化	电解还原	次级均相化学反应	①	②	③
1	F_2	√			√		
2	Cl_2	√			√		
3	O_2	√					√
4	O_3	√					√
5	NaOH		√		√		
6	KOH		√		√		
7	MnO_2	√				√	
8	Cu_2O	√				√	
9	PbO_2	√				√	
10	CrO_3	√					√
11	NaClO	√		√			√
12	$NaClO_2$		√		√		

续表

序号	无机物	电化学合成的构成			电化学合成方法在工业生产中的地位		
		电解氧化	电解还原	次级均相化学反应	①	②	③
13	$NaClO_3$	√		√	√		
14	$KClO_3$	√		√	√		
15	$NaBrO_3$	√				√	
16	$HClO_4$	√					√
17	$NaClO_4$	√			√		
18	$KMnO_4$	√			√		
19	$H_2S_2O_8$	√			√		
20	$K_2S_2O_8$	√		√			
21	$(NH_4)_2S_2O_8$	√					
22	H_2O_2	√		√			√

注：①是主要（或唯一）的生产方法；②是重要的生产方法之一；③是次要的生产方法。

4.3.1 次氯酸盐、氯酸盐和高氯酸盐

(1) 次氯酸钠和氯酸钠

次氯酸钠广泛用于纺织、造纸工业，其优点是漂白质量高而且不降低纤维的强度。氯酸钠也可用于漂白纤维，但主要用于生产其他氯酸盐、高氯酸盐等。

制取次氯酸钠可用化学法或电解法。在无隔膜电解槽内电解食盐水时，溶解氯的水解作用将为 OH^- 所促进，溶液中的主要反应：

$$Cl_2 + 2OH^- \longrightarrow ClO^- + H_2O + Cl^- \tag{4-25}$$

阳极析出的氯与阴极生成的 NaOH 相互作用，可得到次氯酸钠。电解总反应为

$$2NaOH + Cl_2 = NaClO + NaCl + H_2O \tag{4-26}$$

随着 ClO^- 的积累，它会在阳极被氧化生成氯酸钠。为避免发生这种情况，宜在最低氯过电势及阳极附近 ClO^- 浓度很小的条件下进行。为了降低次氯酸钠的分解速率，可将电解液循环冷却，使电解过程在 20～25℃下进行。

电解食盐水制取氯酸钠也是利用溶液中的反应。次氯酸盐进一步反应可以生成氯酸盐。反应有两条途径，其一是由电化学反应与化学反应偶合进行。

$$2HClO + ClO^- \longrightarrow ClO_3^- + 2H^+ + 2Cl^- \tag{4-27}$$

另一途径是 ClO^- 在阳极直接氧化。

$$6ClO^- + 3H_2O \longrightarrow 2ClO_3^- + 6H^+ + 4Cl^- + 3/2 O_2 + 6e^- \tag{4-28}$$

第二个途径消耗更多的电量，因部分用于氧的生成。

采用第一个途径时，必须在反应式(4-28)发生前，将次氯酸盐从阳极表面移走。由于反应式(4-27)反应速率慢，故要把次氯酸盐带到贮液池中，让反应式(4-29)反应完全后再回到电解槽中。如此不仅可以避免次氯酸盐进一步氧化，而且又不会在阴极上被还原。

反应式(4-27)适宜在低的温度、微酸性的溶液中进行。因此，pH 要小心控制，因为氯的水解 pH 要高于 6，而反应式(4-27)又要求有些 ClO^- 要处于质子化形式。

总反应为：

$$NaCl + 3H_2O \longrightarrow NaClO_3 + 3H_2 \tag{4-29}$$

其它碱金属氯酸盐可用类似方法电解制取。溴酸钠或溴酸钾都可用溴化物溶液或溴液电解制取。

(2) 高氯酸盐

高氯酸盐主要用于工业制造炸药或喷气推进剂。采用氯酸盐溶液进行电解，其阳极反应为

$$ClO_3^- + H_2O \Longrightarrow ClO_4^- + 2H^+ + 2e^- \qquad \phi^\ominus = 1.9V$$

阴极反应

$$2H^+ + 2e^- \longrightarrow H_2$$

电解槽的总反应

$$ClO_3^- + H_2O \longrightarrow ClO_4^- + H_2$$

对于阳极氧化反应机理有两种看法，一种认为 ClO_3^- 在阳极先放电：

$$ClO_3^- \longrightarrow ClO_3 + e^-$$

$$ClO_3 \longrightarrow O_2Cl-O-O-ClO_2 \xrightarrow{H_2O} ClO_4^- + ClO_3^- + 2H^+$$

$$ClO_3 \xrightarrow{H_2O} ClO_4^- + 2H^+ + e^-$$

另一种认为水首先在阳极被氧化：

$$H_2O \longrightarrow O + 2H^+ + 2e^-$$

生成的吸附氧将 ClO_3^- 氧化： $ClO_3^- + O \longrightarrow ClO_4^-$

因为不存在像氯酸盐生产中的副反应问题，因而电解液的流速不必太快。阳极材料用 Pt、镀贵金属的 Co、PbO_2。阴极材料用青铜、碳钢、CrNi 钢或 Ni。为防止产物在阴极还原，电解液中加入少量 $Na_2Cr_2O_7$，可使阴极表面生成一层保护膜，减少产物还原所造成的损失。

4.3.2 锰化合物

(1) 电解 MnO_2

锌锰干电池及其相关电池的性能主要取决于所用 MnO_2 的来源及制造方法，在溶液中通过阳极氧化二价锰制得的 MnO_2 具有很好的活性。电解 MnO_2 大多用于制造高质量锌锰电池和碱性 MnO_2 电池。

电解锰盐溶液可制取纯净块状晶体二氧化锰。锰盐可用氯化锰或硫酸锰，但现在采用的都是硫酸锰。将软锰矿按下列反应还原为一氧化锰：

$$2MnO_2 + C \Longrightarrow 2MnO + CO_2$$

$$MnO_2 + C \Longrightarrow MnO + CO$$

所得一氧化锰用硫酸浸取，通常用来自电解槽的含有硫酸的废电解液来浸取

$$MnO + H_2SO_4 \Longrightarrow MnSO_4 + H_2O$$

发生上述反应的同时，一些杂质如 CaO、MgO、Al_2O_3、FeO 也相应地变成硫酸盐。但是硫酸完全中和后，硫酸盐水解便析出氢氧化铁和氢氧化铝沉淀，溶液中只留下少量硫酸镁。随后再加硫酸酸化，便可配制成电解液。

用惰性阳极如石墨、铅或钛，电解氧化 $MnSO_4$ 溶液可制得活性 MnO_2，阳极反应为：

$$Mn^{2+} + 2H_2O \longrightarrow MnO_2 + 4H^+ + 2e^-$$

事实上阳极反应较为复杂。可能的阳极反应为：

$$Mn^{2+} \longrightarrow Mn^{3+} + e^-$$

因为电对 Mn^{3+}/Mn^{2+} 的标准电势和电对 Mn^{4+}/Mn^{3+} 的标准电势比较接近，例如 18℃ 时前者为 1.511V，后者为 1.642V，因而在阳极上极易生成 Mn^{3+}，存在歧化反应

$$2Mn^{3+} \rightleftharpoons Mn^{4+} + Mn^{2+}$$

以及水解反应

$$Mn^{4+} + 2H_2O \longrightarrow MnO_2 + 4H^+$$

生成二氧化锰的速度受到这些化学反应动力学的影响,而这又和溶液的酸度等因素有关。一般来说,在强酸性溶液中 Mn^{3+} 和 Mn^{4+} 浓度较大,在阴极上会发生 Mn^{3+} 和 Mn^{4+} 的部分还原。在弱酸性溶液中,较易发生水解反应。因此,电流效率的高低和溶液的酸度有关。Mn^{2+} 浓度降低也会降低电流效率。

电解过程中的阴极反应为氢的析出,阴极可用石墨或不锈钢。当选用的电解条件能使 MnO_2 保留在阳极的表面上,电解槽阴阳极区就不分开。电解液由 $0.5\sim1.1$mol/L $MnSO_4$ 和 $0.5\sim1.0$mol/L 硫酸组成,在 $85\sim95$℃ 和 $70\sim120$A/m² 电解,槽电压为 $2.2\sim3.0$V,电流效率为 $75\%\sim95\%$。每吨产品的电能消耗约 3000kW·h。二氧化锰层厚度达约 20mm 时,可取出阳极,用机械方法除去二氧化锰。用于电池的二氧化锰,则在 $80\sim100$℃ 下烘干。

上述的电解方法制取二氧化锰,不能连续操作,而且空时产率低。由此导致研究在阳极液中生成泥浆状的二氧化锰时,采用溶液流动的电解槽。

(2) 高锰酸钾

高锰酸钾是广泛使用的氧化剂。电解锰酸钾溶液可制得 $KMnO_4$。锰酸钾用化学方法制备,原料为软锰矿(约含 60% MnO_2),浸入 $50\%\sim80\%$ 的 KOH 溶液加热至 $200\sim700$℃,由空气氧化为 K_2MnO_4。

$$2MnO_2 + 4KOH + O_2(\text{空气}) \xrightarrow{200\sim700℃} 2K_2MnO_4 + 2H_2O$$

以水浸提可得电解液,电解时采用 Ni 阳极或 Ni/Cu 阳极,阴极用铁或钢。

阳极反应:$2MnO_4^{2-} \longrightarrow 2MnO_4^- + 2e^-$

阴极反应:$2H_2O + 2e^- \longrightarrow H_2 + 2OH^-$

总反应:$2MnO_4^{2-} + 2H_2O \longrightarrow 2MnO_4^- + H_2 + 2OH^-$

阳极反应要求在非常低的电流密度范围($5\sim150$mA/cm²)内进行,而且通常在此范围的低端进行。这样仍然会放出一些氧气,电流效率在 $60\%\sim90\%$ 之间,产率一般超过 90%。$KMnO_4$ 在浓的 KOH 溶液中的溶解度不大,大多以结晶形式沉入槽底。

电解槽不用隔膜,电解在搅拌下进行,在阴极将发生 $KMnO_4$ 被还原的副反应。电流效率主要取决于高锰酸钾在阴极的还原率。30% K_2MnO_4 被氧化时,电流效率为 70%;50% 的 K_2MnO_4 被氧化时,电流效率为 50%;70% 的 K_2MnO_4 被氧化时,电流效率为 25%。即 K_2MnO_4 被氧化得越多,$KMnO_4$ 被还原的可能性越大,从而降低电流效率。

在阳极上析出氧以及碱的浓度高而使 $KMnO_4$ 逆向转化为 K_2MnO_4 也会使电流效率降低。电解液中含有 MnO_2 会对逆向反应起催化加速作用,因而是有害的。采用较低阳极电流密度以及对电解液进行搅拌能降低浓差极化,有助于提高电流效率。

在阳极有结晶存在下,电解 K_2MnO_4 的饱和溶液可提高电流效率和氧化率,因为能阻止氧的析出。电流效率可提高到 80%。

4.3.3 氨气

氨不仅是世界上产量最高的工业化学品之一,而且还是一种极具前景的替代能源[氨的含氢浓度达 17.6%（质量分数），且液化压力低和零碳成分]。Fritz Haber 和 Carl Bosch 因为开发了氨的工业化合成方法——Haber-Bosch 法，分别获得 1918 年和 1931 年的诺贝尔化学奖。

Haber-Bosch 法以氮气和氢气为原料，在高温（350～650℃）、高压（20～40MPa）条件下，采用均相铁基/钌基催化剂合成工业产品氨。然而，传统 Haber-Bosch 工艺存在高耗能和环境问题。工业合成氨消耗了全球天然气产量的 3%～5%；能源消耗占世界能源供应的 1% 以上；每生产 1t 氨平均释放 2.1t 二氧化碳，产生的 CO_2 占到全球总排放量的 1.5%。因此，探索利用可再生能源在室温常压下高效合成氨的新方法，一直是科学家们努力的方向和目标。目前可行性较高的路线主要包括光催化合成氨、酶催化合成氨和电化学合成氨。

电化学合成氨理论上可以在低温常压状态下进行，且可以水作为可持续的绿色氢源，并且不受热力学限制，因而成为近年来研究的热点领域。与传统 Haber-Bosch 工艺比较，电催化合成氨无论从原料、能源供给、绿色环保还是生产控制等方面都具有明显的优势。

(1) 电化学合成氨的主要方法

电化学合成氨包括直接电催化合成氨与间接电催化合成氨两类方法。直接电催化合成氨根据所用氮源和氢源的不同，又可分为不同的技术途径。

直接电催化合成氨通过氮源分子在阴极电催化还原，同时持续结合质子生成氨。可能使用的氮源包括氮气（N_2）、硝酸盐（NO_3^-）和氮氧化物（NO_x）等。氮气是最常用的氮源，此时阴极发生氮气还原反应（nitrogen reduction reaction，NRR）。硝酸盐以及亚硝酸盐也可作为电化学合成氨的氮源，此时阴极发生硝酸盐还原反应（nitrate reduction reaction，NO_3RR）。氮氧化物也可以作为合成氨的氮源，如阴极发生一氧化氮还原反应（nitric oxide reduction reaction，NORR）。目前直接电催化合成氨的氢源包括氢气（H_2）、水（H_2O）以及其它含氢物质（如甲烷、硫化氢、丙醇、乙醇等）。近年来电化学合成氨通常使用水为氢源。

间接电催化合成氨是通过具有强还原性的物种（如活泼金属）作为电子媒介体，借助于该电子媒介体与氮分子发生化学反应，利用电化学手段使电子媒介体再生同时产生氨的过程。金属锂是最常见的电子媒介体。锂介导氮还原合成氨的过程如图 4-7 所示，包括锂沉积、锂氮化和氨形成三个连续的步骤。高能中间体氮化锂很容易质子化生成氨和锂盐，锂盐再经电化学还原为金属锂进入下一个循环。

由于氮还原与质子化步骤分离，有效地避开了析氢竞争反应，从而使合成氨具有很高的选择性。但是，迄今为止该方法还不稳定、工艺技术复杂且昂贵、生成锂的高能源成本和处理高活性金属锂的安全问题以及锂的连续沉积极大地限制了它的实际适用性。

(2) 直接电还原氮气制氨的基本原理

电催化合成氨过程阳极发生析氧反应，而阴极反应根据不同的氮源而不同，包括 NRR、NO_3RR、NORR 等。采用水相体系直接电还原氮气制氨是目前最具发展潜力的技术途径。反应原理如图 4-8 所示。大多数使用双室电解池，N_2 在阴极上被还原成 NH_3，为防止生成的 NH_3 在阳极室被氧化，所以需要利用离子交换膜隔开阴极室和阳极室。现有研究一般采用三电极体系，即工作电极、参比电极和对电极。参比电极一般选择电极电势相对稳定的 Ag/AgCl、甘汞电极等。对电极一般选用铂电极、石墨电极等惰性电极。工作电极一般由催化剂负载于集流体上制成。

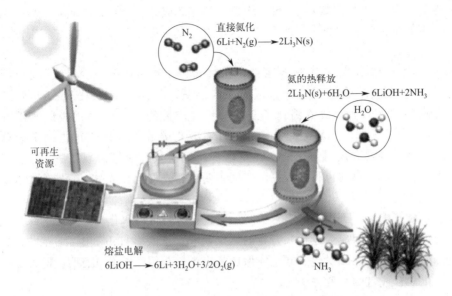

图 4-7 可再生能源驱动的锂循环合成氨示意图

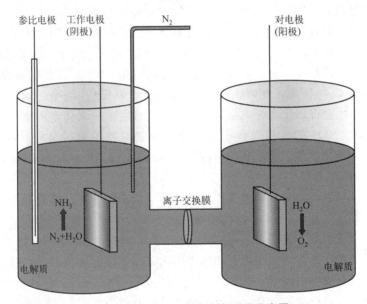

图 4-8 直接电还原氮气制氨原理示意图

阳极的主要反应：

酸性环境　$3H_2O \longrightarrow 6H^+ + 1.5O_2 + 6e^-$

碱性环境　$6OH^- \longrightarrow 1.5O_2 + 6e^- + 3H_2O$

阴极持续通入 N_2 作为氮源发生 NRR：

酸性环境　$6H^+ + N_2 + 6e^- \longrightarrow 2NH_3$

碱性环境　$N_2 + 6H_2O + 6e^- \longrightarrow 2NH_3 + 6OH^-$

总反应为　$N_2 + 3H_2O \longrightarrow 2NH_3 + 1.5O_2$

在水相体系中，质子来源决定了电催化阴极和阳极的具体反应方式。氨的合成发生在阴极还原反应中，此电极上的界面反应如图 4-9 所示。主要包括三个步骤：N_2 的溶解和扩散，

N_2 在电极表面的吸附、活化及加氢过程,NH_3 在电极表面的解吸。

在 NRR 过程中,氮气分子经过吸附、解离、加氢、电子转移等一系列过程,最终转化为 NH_3。关于 NRR 反应机理,现在主要包括解离机理、缔合机理、酶促机理等。催化剂种类、结构以及反应条件不同时,NRR 所经历的反应过程也不尽相同,应用机理时需要具体情况具体分析。

(3) 电催化合成氨的性能评价与主要技术难点

电催化合成氨性能评价的主要指标包括产氨速率、法拉第效率和稳定性。法拉第效率 (FE) 是在电解过程中产氨所消耗的电荷量与通过电极的总电荷量的比率,表征电催化反应的选择性。产氨速率主要取决于催化剂的活性。电催化剂的高活性表现为低的过电势和高的电流密度。

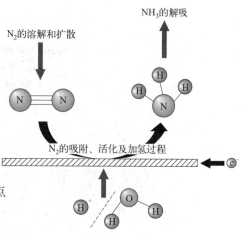

图 4-9 电催化合成氨阴极反应过程

目前电化学合成氨尚存在许多需要克服的技术瓶颈,整体上仍处于实验室探索阶段。电催化合成氨所面临的主要技术难点包括:

① 在电催化 NRR 不同机理中,N_2 的活化均为决速步骤。N_2 为惰性分子,N≡N 三键的断裂需要非常高的能量(941kJ/mol),活化难度较大。

② 电化学氮还原是质子偶联电子转移反应,涉及 6 电子和 6 质子转移的多步过程,而析氢过程仅涉及 2 电子转移。水相体系中电化学氮还原的法拉第效率都很低,主要原因是竞争性的析氢反应更易发生。

③ 常温常压下 N_2 在水中的溶解度较低,仅为 0.66mmol/L。N_2 溶解及传质扩散过程的限制显著影响产氨速率。

④ 催化剂对 N 原子吸附调控较难。NRR 过程需要催化剂具有合适的 N 原子吸附能力,吸附过弱则不能有效吸附和活化 N_2,吸附过强则导致产物氨分子不能从表面脱附。催化剂可以依据 N 原子吸附能的火山形曲线进行选择。

除上述技术难点以外,在电催化合成氨研究中,由于目前的合成氨反应速率都很低(产氨的物质的量基本上在 10^{-6} 量级以下),周围测试环境中的氨污染和系统误差均可能对实验结果造成极大的影响,因此氨的准确定量也是难题之一。目前已经发展了较多相关的氨检测方法,使用最多的是紫外-可见分光光度法。

(4) 电化学合成氨研究展望

电化学合成氨未来的发展仍需针对该领域中的关键技术难点,从关键科学问题出发,围绕催化材料和装置体系两大方面继续深入研究。该领域关键科学问题主要有:N_2 分子的活化及合成氨的反应机理研究;合成氨催化材料的构效关系研究;氮气溶解及传质动力学研究与强化。提升对 N_2 的活化能力、有效抑制阴极上析氢反应、强化 N_2 的溶解及传质过程,从而实现在活性及选择性方面的突破,是今后电化学合成氨的核心目标。可能采取的措施如图 4-10 所示。

高性能催化剂的开发是该领域研究的重点所在。电化学合成氨的研究多数集中在阴极催化剂方面。目前主要研究的催化剂包括贵金属、非贵金属、金属氧化物、合金、金属硫化

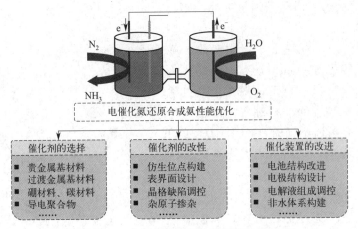

图 4-10 电催化氮还原合成氨优化策略

物、金属碳化物、金属氮化物、非金属催化剂和单原子催化剂等。单原子催化剂的孤立位点具有高度配位不饱和性，因此往往具有高活性和高选择性，引起了众多电化学固氮研究者的兴趣。另外，常用的催化材料改性措施包括：形貌尺寸调控、晶格缺陷构建、表界面设计、杂原子掺杂、空位工程等以及几种措施间的协同效应。

4.4 有机电化学合成

4.4.1 有机电化学合成概述

以电化学方法合成有机化合物称为有机电化学合成（organic electrochemical synthesis）。表 4-5 为有机电化学合成与一般有机合成的比较。

表 4-5 有机电化学合成与一般有机合成的比较

一般有机合成	有机电化学合成
通常需在高温及高压下进行	在常温常压下进行较为安全
需使用各种氧化还原剂，并需对废弃物进行处理，对环境可能产生污染，公害	不需使用氧化还原剂，不产生大量废弃物，环境污染小，公害少
通过调节温度、压力、催化剂，可改变反应的选择性及反应速率	通过调节电势、电流密度、电极材料，可较方便地改变反应的选择性及反应速率
反应一般以均相反应进行，反应器的空时产率较高	电化学反应为异相反应，反应器的空时产率较低
反应器对材料要求较高，因为要考虑氧化剂、还原剂的腐蚀	反应器的结构较复杂，因此需考虑电流密度的大小及分布

1834 年法拉第在电解乙酸时获得某种烃。1849 年柯尔伯（Kolbe）提出后来被称为柯尔伯反应的有机电化学合成反应，可表示如下：

$$2CH_3COO^- \longrightarrow C_2H_6 + 2CO_2 + 2e^-$$

即两个含 n 个碳原子的羧酸盐分子，在阳极氧化时可生成一个含 $(2n-2)$ 个碳原子的碳氢化合物分子和两个 CO_2 分子。

由于有机电化学合成反应本身的复杂性和技术上的不成熟,有机电化学合成长期发展缓慢。直到20世纪60年代,电化学科学的发展,不仅推动了有机电化学合成的研究,更为其工业化准备了条件。1964年美国纳尔科(Nalco)公司建成年产18000t四乙基铅的电解工厂,1965年美国孟山都(Monsanto)公司建立年产15000t己二腈的电化学合成工厂,标志着有机电化学合成进入了工业化的时代。

近年来,有机电化学合成还在一些新领域展开了探索性研究,引人注目,如利用光电化学反应将CO_2转化为甲酸、甲醛、甲醇;电合成导电聚合物,如聚苯胺、聚吡咯,使聚合与掺杂同时进行;新型有机合成试剂超氧离子(superoxide)的电解合成等。

(1) 有机电化学反应的特点

有机电化学合成过程复杂,它是一系列电子转移步骤与化学过程的组合,它们或在电极与电解液界面进行,或在电极表面附近的均相溶液中进行。有机电化学合成反应往往分两步进行,首先由电极反应生成某种中间粒子(如碳负离子、自由基、碳正离子、离子官能团等),然后中间粒子通过各种有机反应转变为产物。控制电极电势,虽能改变及影响电子转移步骤的选择性及速率,但为提高整个有机合成过程的选择性还需悉心控制有机反应的条件,如溶液组成、浓度、pH值和温度等。

有机电化学反应不同于一般的有机化学反应,它是通过有机物分子与电极之间的电子转移,在电极表面生成活泼中间体,如式(4-30)所示。视电子转移方向而定,有机物分子A变成阳离子自由基、阳离子或阴离子自由基、阴离子。若有机物为自由基时,则按式(4-31)得失电子或得失H^+而互相转移。

$$A^{2-} \underset{+e^-}{\overset{-e^-}{\rightleftharpoons}} A \cdot \underset{+e^-}{\overset{-e^-}{\rightleftharpoons}} A \cdot \underset{+e^-}{\overset{-e^-}{\rightleftharpoons}} A^+ \underset{+e^-}{\overset{-e^-}{\rightleftharpoons}} A^{2+} \tag{4-30}$$

$$A^- \underset{+e^-}{\overset{-e^-}{\rightleftharpoons}} A \cdot \underset{+e^-}{\overset{-e^-}{\rightleftharpoons}} A^+$$

$$A^- \underset{-H^+}{\overset{+H^+}{\rightleftharpoons}} A \cdot \underset{-H^+}{\overset{+H^+}{\rightleftharpoons}} A^+ \tag{4-31}$$

在两个反应物分子中,通常是在亲核位置与亲电位置之间才会发生反应。为使两个极性相同的基团反应而合成所需的物质,必须将其中之一的极性逆转。电化学方法可把反应物的极性反转,因此电化学合成是有机合成的重要手段之一。

(2) 有机电化学反应分类

有机物电解氧化还原的概念不如无机物电解氧化还原那样明确。在无机物电氧化还原中许多情况下只是电荷转移。有机物电氧化还原常包括共价键的形成与破裂,因此,有机反应的类型比较复杂。有机电化学反应按有机反应特点分类。

① 加成反应

阴极加成多半为两个亲电试剂和电子一起加成到双键化合物上,例如烯烃的氢化反应

$$CH_2=CH-(CH_2)_2-COOH \xrightarrow{+2H^+, 2e^-} CH_3-(CH_2)_3-COOH$$

阳极加成则是亲核试剂和双键的加成,在此同时要失去电子。例如呋喃与醇在阳极上进行的反应

② 取代反应

阴极取代是亲电试剂分子对亲核基团的进攻，通式如下

$$R-Nu+E^{+}+2e^{-} \longrightarrow R-E+Nu^{-}$$

例如卤代烃的还原取代

$$R-X+2H^{+}+2e^{-} \longrightarrow R-H+HX$$

③ 消除反应

此乃加成反应的逆过程。例如阳极脱羧和阴极脱卤

④ 官能团转换反应

还原转换，如

$$R-NO_2 \xrightarrow{+2e^-,+2H^+} R-NO \xrightarrow{+2e^-,+2H^+} R-NHOH$$

氧化转换，例如

$$RR'CH-OH \xrightarrow{-2e^-,-2H^+} RR'C=O$$

有机电化学反应还可进一步分为裂解反应、环化反应、聚合反应、金属化反应、不对称反应等。

(3) 有机电解液的溶剂、支持电解质和参比电极

由于水几乎不能溶解有机反应物和产物，故在有机电合成中很少用水作溶剂。在电氧化中常选用乙酸、吡啶、硝基甲烷和乙腈为溶剂。乙腈除了毒性以外是最好的溶剂。易挥发的二氯甲烷常在较低反应温度中使用。醇类（甲醇、乙醇等）、醚类（四氢呋喃、1,2-二甲氧基乙烷、二甘醇二甲醚）、酰胺类（二甲基甲酰胺、二甲基乙酰胺）、丙酮和乙腈是电还原过程选择的溶剂。

溶剂可分为质子传递溶剂和非质子传递溶剂两大类。在质子传递溶剂中，酸性的如硫酸、氯磺酸、氢氟酸、三氟乙酸、醋酸等；中性的主要是水、甲醇、乙醇；碱性的如液氨、甲胺、乙胺等。非质子传递溶剂如乙腈（AN）、N,N'-二甲基甲酰胺（DMF）、N-甲基吡咯烷酮（NMP）、六甲基磷酰胺（HMPA）、吡啶、二氧六环、二甲基亚砜（DMSO）、环丁砜、四氢呋喃（THF）、丙二醇硫化物、硝基甲烷、硝基苯、碳酸丙烯酯、氯苯、醚、二氯甲烷、二氧化硫等。选择溶剂时应考虑下列因素：

① 质子的活度。采用质子传递溶剂时，质子对电极反应影响较大。在水溶液中 pH 对电极反应有较大的影响。例如芳香硝基化合物阴极还原时，在低 pH 及适当电势下得到胺，而在碱性溶液中却得到苯胺。在质子活度高的溶剂中，常在较正的电势下发生氧化，阳离子自由基更稳定。采用非质子传递溶剂时，电极反应生成的阴离子自由基可长期存在，它比原来的反应物更难还原。采用非质子传递溶剂时，需要考虑除水。

② 可用电势范围。通电时不会分解的溶剂才能被采用，溶剂不分解的电势范围（又称电势窗口）越宽越好。对于一定体系，使用电势范围取决于电极材料、支持电解质、溶剂和温度。

③ 介电常数。在具有高介电常数的溶剂中，盐类较易溶解和解离。按介电常数的大小

把溶剂粗略地分为三类：高介电常数（ε＞60）溶剂，如水、甲酰胺、N-甲基甲酰胺、碳酸丙烯酯；中等介电常数（20＜ε＜50）溶剂，乙腈、DMF、DMSO、甲醇、硝基甲烷、液氨；低介电常数（ε＜13）溶剂，如醋酸、乙二胺、甲胺、THF、二氧六环、二氯甲烷。

④ 溶解能力。极少数溶剂能同时很好地溶解有机物和无机盐。水对无机盐的溶解能力很好，但对许多有机物的溶解能力差；有机溶剂一般溶解无机盐的能力较差。用水与有机溶剂（如乙醇、乙腈、DMF）组成混合溶剂，用某些支持电解质（如四烷基胺的甲苯磺酸盐）可以提高溶解能力。四烷基胺盐能溶于多数极性溶剂中，也溶于极性较差的溶剂，如氯仿、二氯甲烷。乙腈、DMF、DMSO 对有机物和多种盐都有较好的溶解能力。

⑤ 温度范围。要求溶剂在合适的温度范围内为液相，使用时蒸气压不太高。采用密封系统或溶解盐浓度高时，能减少溶剂的挥发。

⑥ 化学稳定性。溶剂在使用时，不能与电极、反应物、中间产物、产物起化学作用。

⑦ 其他。选用的溶剂尽可能价格便宜、无毒、不可燃。多数有机溶剂有毒和易燃，但可采用合理通风及安全措施。溶剂的黏度也要考虑，低黏度有利于扩散和电解液循环。

通常，在有机电化学中，如果反应物没有导电性，则要用支持电解质。在水溶液中可用的支持电解质很多。在对于质子惰性的介质中，季铵盐类是常用的支持电解质。

在有机物体系中也可以选择某一电极作为标准。例如在乙腈中可选用 Ag/Ag^+ 作为参比电极。甘汞电极（SCE）广泛用于非水溶剂。如果 Cl^- 有害，可用汞-硫酸亚汞电极。在碱性溶液中，可用汞-氧化汞电极。

4.4.2 己二腈的电解合成

应用广泛的尼龙-66 由己二酸和己二胺经缩聚反应制得，合成反应式为

$$n\begin{pmatrix}NH_2\\(CH_2)_6\\NH_2\end{pmatrix} + n\begin{pmatrix}COOH\\(CH_2)_4\\COOH\end{pmatrix} \longrightarrow 2nH_2O + \pmb{\bigg[}\!\!\!\begin{array}{c}\\C-(CH_2)_4-C-NH-(CH_2)_6-NH\\\parallel\parallel\\OO\end{array}\!\!\!\pmb{\bigg]}_n$$

己二腈是制备己二酸和己二胺的中间体，反应如下

$$\begin{pmatrix}CN\\(CH_2)_4\\CN\end{pmatrix}\xrightarrow{H_2O}\begin{pmatrix}COOH\\(CH_2)_4\\COOH\end{pmatrix}$$

$$\xrightarrow[H_2,80\sim90℃]{Ni-Cr-Al}\begin{pmatrix}NH_2\\(CH_2)_6\\NH_2\end{pmatrix}$$

己二腈可以采用传统化学合成法生产。从环己烷出发的合成路线为

$$\bigcirc\xrightarrow[催化剂]{O_2}\bigcirc\!\!-\!\!OH\xrightarrow{HNO_3}(CH_2CH_2COOH)_2\xrightarrow{NH_3}(CH_2CH_2CN)_2$$

从丁烯出发的合成路线为

$$CH_2\!=\!CH\!-\!CH_2\!-\!CH_3\xrightarrow[催化剂]{-H_2}CH_2\!=\!CH\!-\!CH\!=\!CH_2\xrightarrow[催化剂]{HCN}(CH_2CH_2CN)_2$$

化学合成法的缺点是损耗大，污染严重。因而发展了电解合成法，以丙烯为原料，其反应为

$$CH_2=CH-CH_3 \xrightarrow[\text{催化剂}]{NH_3+O_2} 2CH_2=CHCN \xrightarrow{\text{电解}} (CH_2CH_2CN)_2$$

电合成己二腈时，电极反应如下

阴极反应　$2CH_2=CHCN + 2H^+ + 2e^- \longrightarrow (CH_2CH_2CN)_2$

阳极反应　$H_2O \longrightarrow 1/2 O_2 + 2H^+ + 2e^-$

还伴有如下副反应

$$CH_2=CHCN + 2H^+ + 2e^- \longrightarrow CH_3CH_2CN$$

$$CH_2=CHCN \xrightarrow{OH^-} HOCH_2\overline{C}HCN \xrightarrow{H^+} HOCH_2CH_2CN$$

$$HOCH_2CH_2CN \xrightarrow{OH^-} {}^-OCH_2CH_2CN \xrightarrow{CH_2=CHCN} O\!\!\begin{array}{c}CH_2\overline{C}HCN\\CH_2CH_2CN\end{array} \xrightarrow{H^+} O\!\!\begin{array}{c}CH_2CH_2CN\\CH_2CH_2CN\end{array}$$

因此丙烯腈在阴极上的氢化二聚生成己二腈仅仅是许多可能进行的反应之一，其反应机理的第一步是丙烯腈还原生成阴离子自由基，然后再生成己二腈，并以某种方式发生质子化作用。实际上，丙烯腈还原聚合反应的电极过程是极其复杂的，这里不详细讨论。

4.4.3　二氧化碳的电还原

CO_2 是主要的温室气体，同时又是一种丰富的 C1 资源。因而，CO_2 资源化利用成为广为关注的热点问题。电催化 CO_2 还原反应（CO_2RR）可利用太阳能、风能等清洁/可再生能源产生的电能，在催化剂的作用下将 CO_2 直接转化为高附加值化学品（CO、HCOOH、烯烃、含氧化合物等），同时实现了碳循环和间隙电能储存，表现出极具潜力的应用前景（如图 4-11 所示）。

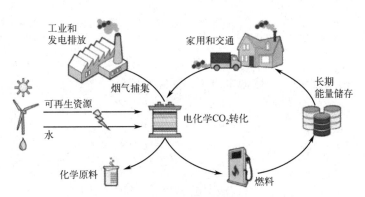

图 4-11　利用可再生能源电催化 CO_2 还原

目前，电还原 CO_2 主要分为水溶液体系和非水溶性体系两大类。非水溶性介质主要有甲醇等有机溶剂和离子液体。在水溶液体系中，CO_2 电还原可以与电解 H_2O 耦合，利用水溶液中丰富的氢源将 CO_2 加氢转化成低碳燃料或化工原料。

（1）电催化 CO_2 还原的基本原理

水溶液中电催化 CO_2RR 原理如图 4-12 所示。CO_2 在阴极上还原生成 CO 或其它产物，阳极一般为析氧反应。CO_2RR 为气-液-固三相催化反应，涉及多个化学和物理过程。

电催化 CO_2RR 性能评价参数主要包括催化活性、选择性和稳定性。电流密度/过电势可以反映催化反应的活性。在低过电势下同时实现高法拉第效率、高电流密度和高稳定性，

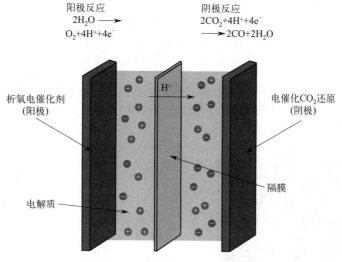

图 4-12 电催化 CO_2RR 原理

是实现电催化 CO_2RR 高效转化的三大要素。目前，实现温和条件下 CO_2 化学转化仍然是一项极具挑战性的任务，电催化 CO_2RR 主要困难在于：

① CO_2 是碳元素的最高价氧化物，化学性质非常稳定（CO_2 标准摩尔生成焓为 $-393.51kJ/mol$），不易活化，因此 CO_2 电化学还原需要较高的过电势来驱动反应进行。如何开发高活性电催化剂，以降低 CO_2RR 的过电势和提高反应电流密度，成为当前研究的重要课题。

② 电催化 CO_2RR 反应路径复杂，可能生成多种产物，涉及多个不同的还原反应，选择性偏低。另外，在水性体系中存在氢析出（HER）的竞争反应，还可能发生 ORR 副反应，进一步增加了选择性的调控难度。

③ 因为室温下 CO_2 在水溶液中的溶解度很小（标准状态下为 $0.033mol/L$），且 CO_2 溶解会改变溶液的 pH 值，所以 CO_2 在水中的溶解、扩散和溶剂化对 CO_2RR 有重要影响。如何提高 CO_2 传质速率成为一大挑战。使用非水溶剂、优化工艺条件（如升高压力、降低温度），特别是设计开发新型的电解反应装置（如气体流动反应池等），都是促进传质的有效手段。

④ CO_2RR 电催化剂稳定性较差，这一现象在大电流时尤其明显，目前开发的 CO_2 电化学还原催化剂的稳定性常低于 100h。电解质中的杂质、积炭的产生和催化剂结构破坏是造成稳定性降低的重要原因。提高 CO_2RR 电催化剂稳定性是实现工业应用需要解决的关键问题。

除了上述困难以外，具有工业价值的 CO_2 源其浓度一般都比较低且含有大量其它气体，因而电催化 CO_2RR 实际应用还存在低浓度 CO_2 捕集和分离的难题。

（2）CO_2 电还原主要产物与反应机理

电催化 CO_2 还原涉及多个反应，包含 $2e^-$、$4e^-$、$6e^-$、$8e^-$ 等多电子转移的反应途径。因而 CO_2 电还原可能获得的产物很多（超过 16 种）。电催化 CO_2 还原主要反应如下

$$CO_2 + H_2O + 2e^- \longrightarrow HCOO^- + OH^- \quad \varphi = -0.43V \quad (1)$$

$$CO_2 + H_2O + 2e^- \longrightarrow CO + 2OH^- \quad \varphi = -0.52V \quad (2)$$

$$CO_2 + 6H_2O + 8e^- \longrightarrow CH_4 + 8OH^- \quad \varphi = -0.25V \quad (3)$$

$$2CO_2 + 8H_2O + 12e^- \longrightarrow C_2H_4 + 12OH^- \quad \varphi = -0.34V \quad (4)$$

$$2CO_2 + 9H_2O + 12e^- \longrightarrow C_2H_5OH + 12OH^- \quad \varphi = -0.33V \quad (5)$$

$$3CO_2 + 13H_2O + 18e^- \longrightarrow C_3H_7OH + 18OH^- \quad \varphi = -0.32V \quad (6)$$

$$2H_2O + 2e^- \longrightarrow 2OH^- + H_2 \quad \varphi = -0.41V \quad (7)$$

电催化 CO_2RR 部分产物如图 4-13(a) 所示。CO_2 存在两种不同的活化构型 [图 4-13 (b)]，对应的初级产物为 CO 和 HCOOH。作为 CO_2 还原的主要产物之一，CO 是合成各种复杂的含碳化合物的主要原料。

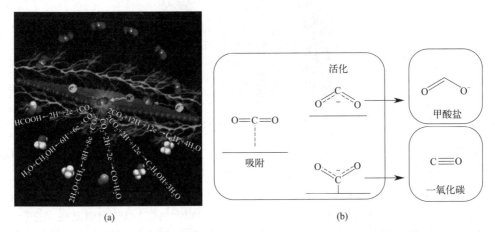

图 4-13　CO_2 电化学还原反应部分产物（a）和 CO_2 主要的活化构型（b）

CO 和 HCOOH 最接近商业化生产。除此之外，醇类和烯烃也已经逐步显现出商业化生产的潜质。在低过电势下，稳定、高选择性还原 CO_2 到 C_{2+} 产物（$H_2C=CH_2$、C_2H_5OH、C_2H_6）一直是研究人员追求的目标。

电还原 CO_2 反应的产物分布及选择性受到很多因素的影响，如反应物浓度、电极电势、温度、电极材料和电解质溶液等。其中，电极材料被认为起着决定性作用。一般认为主要原因是不同的电极材料对反应物以及中间产物的吸附能力不同，不同的催化反应机理导致生成不同的还原产物。

CO_2 还原涉及多个电子和质子的转移，其机理非常复杂。目前被普遍接受的水溶液中电还原 CO_2 的反应机理如图 4-14 所示。

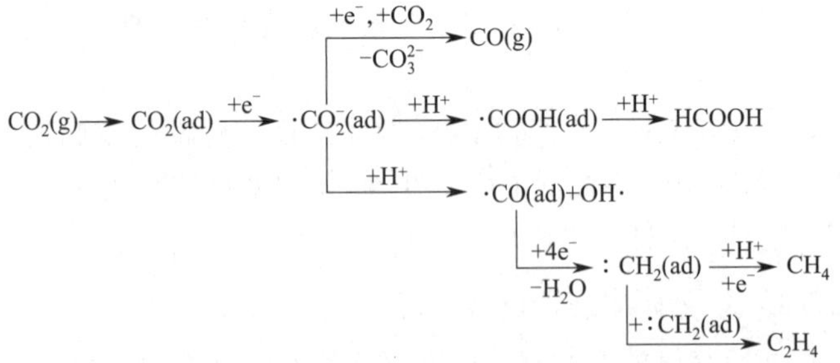

图 4-14　水溶液中 CO_2 电化学还原机理

电还原 CO_2 第一个阶段是吸附。游离的 CO_2 变成吸附态的 $CO_2(ad)$，然后经过一系列的还原过程生成不同的还原产物。将 $CO_2(ad)$ 还原为自由基负离子 $·CO_2^-$ 的单电子过程，也就是还原活化过程的第一步，所需要的还原电压为$-1.9V$，这一步被认为是电还原CO_2的速率控制步骤。中间体$·CO_2^-$的转化分为三种情况：

① $·CO_2^-$(ad)和CO_2(g)发生歧化反应生成CO(g)。

② 若电极表面对$·CO_2^-$吸附能力较弱的话，$·CO_2^-$会发生解吸生成$·COOH$(ad)，最终会生成甲酸。

③ 若电极材料对$·CO_2^-$的吸附能力较强，则$·CO_2^-$经过后续反应生成多种产物，包括CO、烃类和CH_3OH等。

因此，电极材料对CO_2的吸附能力较差的话，最终主要产物是H_2。同样若电极表面对中间物种$·CO_2^-$(ad)的吸附能力较弱的话，$·CO_2^-$(ad)就会容易发生解吸，最终生成HCOOH。因此，若希望得到一些高附加值的烃类燃料产物，则需要选择对CO_2和$·CO_2^-$(ad)吸附能力均较强的电极材料并加强后续的还原过程。研究发现，不同的金属吸附能力不同，与CO_2还原产物存在一定对应关系。

对于电催化CO_2还原反应中CO_2的活化和转化机制，如催化剂中的催化活性位点、CO_2在催化剂表面的反应历程等问题，目前的理论还很不成熟。基于不同材料，研究者们提出了不同的反应机理。C1产物的生成机理是目前能够被广泛接受的，但对于催化CO_2还原生成多碳产物的反应机理研究难度较大。

（3）电极材料与电极结构

传统的CO_2RR电催化剂主要为一元或多元金属材料。自1870年在$NaCO_3$水溶液中用Zn电极电还原CO_2得到了HCOOH以来，已对各种单一金属电极上CO_2RR进行了研究。除了单金属催化剂，人们还对许多多元合金材料进行了研究。

研究表明，Cd、In、Sn、Pb、Tl、Hg、Zn、Pd、Ti、Ni、Ag、Au和Cu等金属在电解反应中电流效率较高，其中Cd、In、Sn、Pb、Tl析氢过电势较高，同时对CO吸附能力极弱，因此还原产物主要为HCOOH；Ag、Au和Zn具有中等的析氢电势，对CO的吸附能力较弱，还原产物主要为CO；Al、Si、V、Cr、Mn、Fe、Co、Zr、Nb、Mo和Pt等金属具有较低的析氢电势，同时对CO的吸附能力较强，因此主要发生析氢反应，其产氢率在90%以上。除了Ti以外，绝大多数的轻金属都不能有效地还原CO_2；B和B族的重金属主要将CO_2还原生成HCOOH；B和B族的一些金属可以高效地将CO_2还原生成CO。高析氢电势的金属如Hg，会抑制氢气的生成，但同时也会带来能量的消耗。

目前，金属铜是唯一的能够产生深度还原产物（例如烃类和醇类）的催化剂。但是铜催化表面多种产物选择性的控制是个很大的难题。Cu可以在$5\sim10mA/cm^2$的电流密度下将CO_2还原为烃类产物（主要是CH_4和C_2H_4），同时获得了较高的电流效率（>69%）。研究还发现，对Cu晶面结构的修饰可以改变电极活性以及影响电化学反应产物分布。

提高CO_2RR的电流密度对于实际应用具有重要意义。由于CO_2在水溶液中溶解度小，且CO_2从电解质扩散转移到阴极上的速率较慢，CO_2RR电流密度普遍偏低。许多实验室规模的反应只有$1\sim10mA/cm^2$的电流密度。采用气体扩散电极（gas diffusion electrodes，GDEs）和固体聚合物电解质薄膜（solid polymer electrolyte，SPE）复合电极成为目前提高CO_2RR电流密度的重要方法。这两种电极都是以其特殊的结构来促进CO_2气体的传质过程，提高反应速率。

近年来，人们对CO_2RR新型电催化剂进行了大量研究。单原子催化剂其高度分散的催化活性组分能充分暴露活性位点，显著提高催化反应活性。Fe、Co、Ni等过渡金属单原子催化剂对于初级还原产物CO和HCOOH有极高的选择性，法拉第效率接近100%。

通过不同方法制备修饰电极或复合电极可以显著改善电极催化性能。如氮化碳（$g\text{-}C_3N_4$）具有合适大小的孔洞，且$g\text{-}C_3N_4$中含有大量的吡啶氮，这种类型的氮在电化学环境中对CO_2具有较强的活化性能，因此$g\text{-}C_3N_4$可以作为较为理想的金属载体。导电聚合物如聚苯胺、聚吡咯、聚噻吩等，由于其质量轻、易成型、电导率范围宽且性质可调控，用于修饰电极进行电还原CO_2，可以极大地降低还原电势。具有多孔结构的金属有机框架（MOFs）、共价有机框架（COFs）等材料，不仅仅有利于吸附捕集CO_2分子，而且还可以提高电极的催化性能，在CO_2电还原方面表现出良好的前景。

（4）电催化CO_2RR工艺条件

温度、CO_2分压、pH值等电解反应工艺条件都会对CO_2RR的电流密度、选择性和产物分布造成影响。因为较低的pH有利于产氢，因此CO_2电解多使用碱性电解液。降低温度可增大CO_2在水溶液中的溶解度，因此，水溶液中电还原CO_2在相对较低温度下的反应速率较高。研究表明，相对较低的温度对生成HCOOH的电流密度的影响较小，而有利于CH_4的生成，可能抑制析氢反应和乙烯的生成。

增加CO_2分压能增加其溶解度，同时有利于抑制析氢反应。有研究发现，在163mA/cm^2恒定电流密度条件Cu电极上电还原CO_2时，当CO_2压力从0增加到10atm❶时，主要产物从开始的H_2逐渐转变为烃类；继续增加CO_2压力到20atm，烃类产物的电流效率降低，但是HCOOH和CO的电流效率升高；当CO_2压力为30atm时，HCOOH的电流效率达到最大值54%。

4.4.4 电化学聚合

具有电化学活性的前体有机分子（单体）通过电解在电极和溶液界面进行氧化或还原反应，进而在电极表面沉积形成聚合物的方法称为电化学聚合（electrochemical polymerization），简称电聚合，又叫作电引发聚合、电解聚合等。

电化学聚合主要特点是聚合反应发生在电极表面，可以直接沉积在电极表面形成薄膜。通过改变电化学聚合条件可以有效调控所制备薄膜的形貌、交联度及掺杂度等，从而获得高质量的功能性聚合物薄膜。在化学修饰电极、导电高聚物、高分子配合物、电致变色材料、传感器材料、离子交换膜、超级电容器和化学电源等领域呈现出良好的应用前景。

根据聚合反应机理，电化学聚合反应可分为电化学缩合聚合和电化学加成聚合两大类，分别简称为电缩聚反应和电加聚反应。也可按照聚合反应场所分为阴极聚合反应和阳极聚合反应两大类，或分别称为还原聚合反应和氧化聚合反应。

电化学聚合方法包括恒电势法、恒电流法、循环伏安法、矩形波电解法和交流电解法等。恒电势法电聚合过程，工作电极电势恒定，电聚合速率随电解时间而不断下降。循环伏安法（又称动电势法）电聚合过程中，电势随时间而线性改变。循环伏安法的优点是聚合反应速率较快，且膜厚可以通过扫描圈数控制。

---

❶ 1atm=101325Pa。

(1) 电化学聚合机理

电化学聚合过程大致包括三个阶段：

① 电极浸入电解液后，电活性单体分子在电极表面形成扩散层，当施加一定的电势后，电活性单体分子在电极表面通过氧化或还原偶联反应生成低分子量低聚物，这些低聚物可溶，分散在电极表面的扩散层中。

② 低聚物继续聚合，随着分子量的增大，聚合物从溶液中析出在电极表面沉积。聚合物沉积包括成核和生长两个过程。借鉴金属电沉积理论，电化学聚合成核方式可分为瞬时成核和缓慢成核两种方式。电化学聚合生长也可分为岛状生长、层状生长等不同方式。

③ 沉积聚合物继续反应，如继续偶联聚合或交联反应。

目前，关于阴极还原聚合的研究报道极少，因此下面主要介绍阳极氧化电化学聚合机理。以吡咯电化学聚合为例，阳极氧化聚合可能机理如图4-15所示。

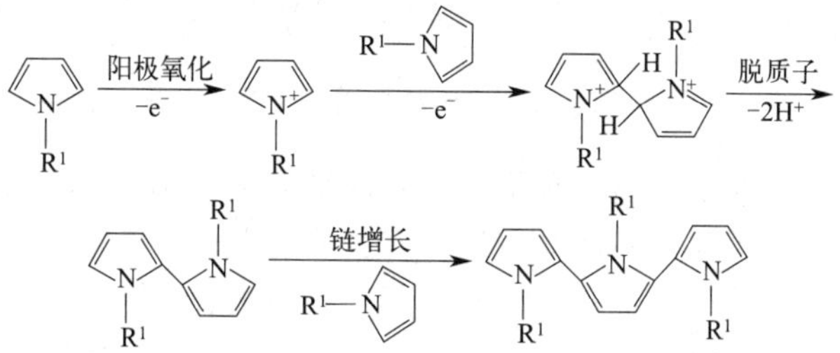

图4-15 吡咯电聚合机理

吡咯电聚合类似于自由基或离子聚合过程。反应的第一步是电极从吡咯单体上夺取一个电子，使其氧化成为阳离子；吡咯由于 α 位电子云密度高，两个阳离子在 α 位发生加成偶合反应，生成的两个阳离子之间再脱去两个质子，成为比单体更易于氧化的二聚物；二聚物继续被电极氧化成阳离子，与单体阳离子进行偶联反应得到带电的三聚体；三聚体再次脱出质子还原为中性体，继续其链式偶合反应直到形成低聚物。随着聚合反应的进行，聚合物分子链逐步延长，分子量不断增加，生成的聚合物在溶液中的溶解度不断降低，最终在电极表面成核生长而沉积在电极表面。

上述反应机理已有众多实验和分析结果验证支持。如根据量子化学计算结果，对于以噻吩、吡咯等五元杂环为母体的单体，α 位的电子密度最高，为最易失去电子生成阳离子自由基的活性点。因而也是氧化偶合反应的活性点。分析测定的结果也证明，生成的导电聚合物以 α-α 连接为主；α-β 和 β-β 连接所占份额很小。当单体中 α 位已经有取代基存在时，聚合反应不能发生，这一论点已有实验结果证明。因此，可以得出 α 位是唯一反应活性点的结论。而当其它位置有取代基时聚合反应可以进行，但是对聚合反应速率和生成的聚合膜的导电性能有一定影响。

实验发现，当电压维持在 0.6～1.2V（vs. SCE）之间时，在电极表面没有导电聚合物生成。吡咯的氧化电位是 1.2V，而它的二聚物只有 0.6V。由此证明聚合反应的第二步是阳离子自由基之间的偶合反应，而不是像通常自由基引发聚合反应那样，由阳离子自由基与单体之间简单的链增长反应。否则经过最初的激发之后，只要保持 0.6V（吡咯二聚体的电极电势）以上的电压，即可连续生成二聚物或低聚物阳离子自由基，就应足以维持链增长反应。可见，要完成吡咯的电化学聚合反应过程，保持工作电压在 1.2V 以上是必要的。

另外，反应后溶液的酸度增加，证明了有脱质子反应发生，间接证明了上述反应机理。该机理除可解释pH值对吡咯聚合过程的影响外，还可解释聚吡咯链上普遍存在的过剩氢问题，以及存在质子酸掺杂结构等实验现象。但实际上电聚合机理非常复杂，上述机理对于阴离子竞争掺杂、阴离子浓度的影响等仍不能给出满意的解释。

一般认为在聚合反应中受电极激发产生的阳离子自由基有三条反应渠道：其一，通过以上介绍的偶合反应生成聚合物；其二，生成的阳离子自由基通过扩散过程离开电极进入溶液；其三，阳离子自由基与溶液或电解质发生反应生成副产物（见图4-16）。

图4-16 阳离子自由基的三条反应历程

显然，只有第一种情况是我们所希望的。生成的阳离子自由基稳定性太高，寿命太长，或单体浓度太低，将有利于第二种情况发生，产生可溶性短链物质。而阳离子自由基的活性太高或溶剂和电解质的化学惰性不好，将发生第三种情况。

（2）电化学聚合的影响因素

根据上述反应机理的介绍可知，电化学聚合反应十分复杂，影响电化学聚合的因素很多，电化学聚合参数变化对产物结构和性质会产生显著影响，这在很大程度上影响了电化学聚合研究结果的重现性。因此，需要对电化学聚合过程参数进行精细控制。

电化学聚合的电解液一般包含溶剂（也称介质）、支持电解质和有机单体。溶剂可以是水，也可以是有机溶剂。常用的有机溶剂有N,N-二甲基甲酰胺（DMF）、四氢呋喃（THF）、乙腈、乙酸、乙醇、丙酮、三氯甲烷、二甲基亚砜和二氯乙烷等。乙腈是最广泛使用的电解溶剂，它具有高的极性和较宽的电势窗口。

为使溶液导电，通常需加入支持电解质，如铵盐、钾盐、钠盐、锂盐等。支持电解质虽然不参与偶联反应，但是支持电解质对电化学聚合过程以及产物结构有显著影响。支持电解质如硫酸、盐酸等质子酸，既可作为支持电解质也可作为掺杂剂。如使用不同种类的阴离子制备的聚乙烯二氧噻吩（PEDOT）薄膜的导电性大小顺序为：$ClO_4^- > BF_4^- > CF_3SO_3^- > PF_6^-$。使用对甲基苯磺酸作为电解质制备的PEDOT薄膜的电导率可达450S/cm，而同样情况下使用聚乙烯基苯磺酸（PSS）作为电解质制备的薄膜电导率只有0.03S/cm。

电化学聚合过程发生在电极表面，因此电极表面情况将影响薄膜的厚度、形貌及黏附性等。如电极的预处理在一定程度上有助于电化学聚合薄膜的早期成核过程。

电化学聚合的电势和电流密度对聚合物的结构和性能有很大影响。如吡咯电化学聚合过程，随着聚合电势的升高，长链的聚吡咯含量逐渐增高。当聚合电势超过1V时得到的主要是交联结构的聚吡咯。过高的氧化电势/电流将导致大量带电的活性中间体的生成，从而生成高度交联并含有大量缺陷的薄膜。相反，在很低的氧化电势/电流下进行聚合，聚合反应往往在生成低聚物阶段便终止。

（3）电化学聚合制备导电聚合物

导电聚合物具有高电导率、可逆氧化还原性、不同氧化态下的光吸收特性、电荷储存性等性质，在分子器件、电池、抗静电和电磁屏蔽材料、光电显示等领域有良好的应用前景。电子导电聚合物的共同结构特征为分子内具有大的共轭 π 电子体系。目前已经获得的导电聚合物，除了早期发现的聚乙炔外，大多为芳香单环、多环以及杂环的共聚物或均聚物。

从制备方法上来划分，可以将共轭聚合物制备方法分成化学聚合和电化学聚合两大类。目前电化学法已经成为制备各种导电聚合物的主要方法之一。与化学聚合方法相比较，电化学聚合法的主要优点是聚合-掺杂-成膜可在工作电极上一步完成，且膜厚度可以通过电量控制。

以聚苯胺（polyaniline，PAN）为例进行说明。电化学法制备聚苯胺是在含苯胺的电解质溶液中，选择适当的电化学条件，使苯胺在阳极上发生氧化聚合反应，生成黏附于电极表面的聚苯胺薄膜或是沉积在电极表面的聚苯胺粉末。电化学法包括循环伏安法、恒电流法、恒电势法、脉冲电流法等。其中，循环伏安法以其制得的聚苯胺膜质地均匀、导电性良好、氧化还原可逆性优良、膜厚易控制以及膜与基体结合牢固、可获得自支撑膜等优点而得到了广泛的应用。

电化学聚合法制备得到的聚苯胺的性能与苯胺单体浓度、聚合电势、聚合方法、溶液 pH 值、电解质和溶剂种类、电极材料以及电极表面状态密切相关。电化学聚合过程中存在一些阻碍聚合反应进行并使聚合物结构呈现多分散性的因素：其一是单体的氧化电势一般比所得聚合物的可逆氧化还原电势高，因此在聚合过程中可能出现聚合物链的过氧化；其二是电化学聚合中单体聚合活性中心的选择性较差，几乎所有电化学聚合都存在不同程度的交联。

苯胺电化学氧化聚合中，氧化反应的第一步是单体形成阳离子自由基。根据实验条件不同，阳离子自由基会有多种反应趋势。比较有利的步骤是两个阳离子自由基偶合，通过脱氢芳构化形成二聚体，随后二聚体或是新的单体氧化所生成的阳离子自由基进一步形成分子量更大的低聚物。类似过程反复进行，最终生成某一链长的聚合物而沉积在电极表面。

碱性溶液中电化学沉积所得的聚苯胺膜一般为致密的黄色绝缘体。酸性溶液中制得的聚苯胺一般为墨绿色，具有较高的导电性、电化学活性和稳定性。Macdiarmid 等的研究结果证实了苯胺在酸性溶液中的聚合是通过头-尾偶合，即通过 N 原子和芳环上的 C—4 位的碳原子间的偶合，从而形成分子长链。首先是苯胺单体被氧化成阳离子自由基，而后大部分阳离子自由基在盘电极上聚合形成了由 N 原子和芳环上 C—4 的碳原子通过头-尾偶合的二聚产物，该过程重复进行即可使得聚苯胺链不断生长，而一旦反应中间体被氧化，则整个聚合反应停止。其示意图如图 4-17 所示。

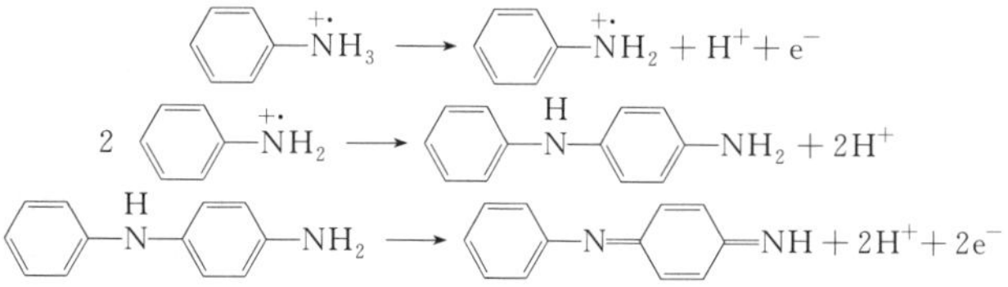

图 4-17 酸性环境下聚苯胺电化学聚合反应机理

（4）电化学聚合制备共轭微孔聚合物膜

由共轭分子链构筑的共轭微孔聚合物（conjugated microporous polymer，CMP），已在气体吸附与分离、异相催化、超级电容器、太阳能电池、锂电池等领域显示出良好的应用前景。采用电化学聚合方法制备 CMP 薄膜受到不少研究团队的关注。

电化学聚合方法合成 CMP 所选用的前驱体应该具有电化学活性位点和适当的空间位阻。常见的电化学活性单元包括炔基、噻吩、吡咯、呋喃、苯胺、3,4-乙烯二氧噻吩、9-芴羧酸、咔唑和甘菊环等。为了电化学聚合得到多孔 CMP 材料，所选前驱体必须具有三个或更多个电化学活性位点。

如选用具有平面构象的稠环苯并三噻吩（BTT）和环取代的 1,3,5-三（2-噻吩基）-苯（TTB）两种单体，采用三电极电化学聚合体系，通过循环伏安法制备 CMP 薄膜（见图 4-18）。通过控制循环次数可以精确控制膜的厚度和性能。

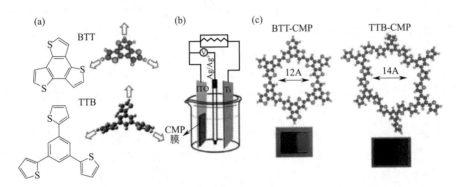

图 4-18　噻吩基单体 BTT 和 TTB 的结构（a），三电极电化学反应体系示意图
（CMP 膜沉积在 ITO 表面）(b) 和 BTT-CMP 和 TTB-CMP 膜的孔结构和膜照片（c）

N-取代烷基咔唑的电化学聚合过程如图 4-19 所示。N-取代烷基咔唑首先失去一个电子形成阳离子自由基，电子通过共振离域，在咔唑 3-和 6-位上具有较高的活性，然后两个 N-取代烷基咔唑阳离子自由基在 3-3′或 6-6′位偶联，放出两个质子，形成二聚咔唑。此时，二聚咔唑不会进一步发生偶联，停留在单纯的二聚咔唑阶段。循环伏安扫描第一圈时 N-取代烷基咔唑的起始氧化电势在 0.8V。在随后的多圈扫描后，在 0.66V 和 0.5V 处出现一对可逆的氧化还原峰，这对氧化还原峰归属于二聚咔唑的氧化和还原过程。这对氧化还原峰的电势在多次的扫描后，电势基本没有移动，说明此时产物只有二聚咔唑。

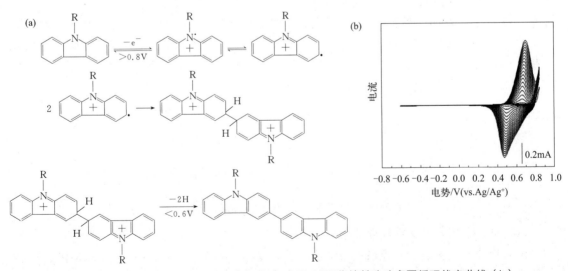

图 4-19　N-取代烷基咔唑电化学聚合机理（a）和 N-取代烷基咔唑多圈循环伏安曲线（b）

4.5 功能材料的电化学合成

近年来,应用电化学方法制备具有特殊光学、磁学、电学等功能特性的材料发展迅速。为此,本节简要介绍电化学方法在制备纳米材料、纳微功能材料、有机框架材料、半导体薄膜等功能材料方面的应用。

4.5.1 电化学制备纳米材料

纳米材料是指在三维空间中至少有一维处于纳米尺度范围(小于 100nm)或由它们作为基本单元构成的材料。现已开发了多种纳米材料的制备方法。与其它制备方法相比,电化学法的优点在于制备工艺相对简单(常温常压操作、易通过改变电参数来控制材料的成分和结构等)、所制纳米材料受尺寸和形状的限制少等。

电沉积制备纳米晶材料的关键是控制新晶核的生成和晶核的成长速率。如果晶核的生成速率大于晶核的成长速率,则可获得晶粒细小且致密的沉积层。为此,需要通过调控电流密度、pH 值、添加剂、电解温度等电沉积条件控制晶粒的成核和生长。提高沉积电流密度、增大阴极过电势有利于大量形核而获得晶粒细小的沉积层。因而制备纳米晶材料时,一般需要在较高电流密度下进行。如电沉积微晶镍时通常电流密度 i 为 $1 \sim 4 \text{A/dm}^2$,而直流电沉积纳米镍的 i 为 $5 \sim 50 \text{A/dm}^2$。

有研究表明,采用直流电沉积制备纳米晶铜,随着电流密度的增加,沉积速率呈线性增加,电流效率下降(见图 4-20)。当 $i=0.5\text{A/dm}^2$ 时,沉积层为尺寸较大的团簇颗粒($1 \sim 4\mu\text{m}$)构成的密排胞状结构,近似呈棱锥多面体形无序排列。随着 i 的增加,团簇颗粒的尺寸显著减小,当 $i=3.2\text{A/dm}^2$ 时,团簇基本消失,沉积层表面致密平整,沉积层的光亮度提高。i 由 0.5A/dm^2 增至 2.5A/dm^2 时,沉积层的晶粒尺寸由 230.6nm 降至 23.8nm。

在电沉积过程中加入有机添加剂可以增加阴极极化,结晶成核的速率提高,晶粒生长速率变小,从而获得由纳米尺度的晶粒组成的沉积层。

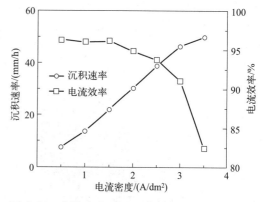

图 4-20 电流密度对沉积速率和电流效率的影响
阳极为纯铜板,阴极为钛板;电解液为 $CuSO_4$ 以及少量添加剂;pH=8.9~9.0;室温电解

电沉积的 pH 也是重要的影响因素。以电沉积镍为例,制备常规粗晶镍的 pH 值是 4.5~5.5,但是制备纳米镍的 pH 值则控制在 4.0 以下。因为 pH 值低,析氢反应加剧,氢气为晶粒提供了更多的成核中心,因而得到的沉积层结晶细致。

非金属元素如硫、磷、硼等的加入会影响纳米晶形成。研究电沉积 Ni-P 合金沉积时发现,当亚磷酸的浓度逐渐增大时,沉积层晶粒尺寸随含磷量的增加而减小。电沉积合金沉积层结构将发生从晶态到纳米晶再到非晶态的转变。

复合电沉积是获得纳米晶的一个重要手段。研究表明,纳米微粒与金属共同沉积会抑制晶粒的生长并增加形核速率。足够量的纳米微粒的加入,可以在 i 很小的情况下使得电沉积金属为纳米晶体。如从普通电解液中获得纳米镍的 $i=5.0\text{A/dm}^2$,但加入纳米 Al_2O_3 微粒后,可以在 0.7A/dm^2 条件下获得纳米晶体。

4.5.2 电化学沉积制备有序结构的纳微功能材料

纳微功能材料从整体上看其尺寸在微米量级,但由更小的纳米结构单元组成。常见纳米结构单元包括团簇、纳米颗粒、纳米线、纳米片等。纳米结构单元按照一定规律组成的有序结构体系也称为纳米结构阵列。宏观尺度的纳米结构阵列其结构特征是由纳米尺度的基本结构单元组装形成,在宏观微米尺度上呈现出有序结构(如孔、环和空心球等)。

宏观尺度纳米结构阵列的合成方法有自组装法、刻蚀法、溶胶-凝胶法和模板法等。模板合成法利用特定结构的物质来引导纳米材料的生长与组装,从而获得有序纳米结构阵列。将模板技术和电化学沉积技术组合来制备纳米结构阵列如纳米线、纳米管、空心微球等,已成为纳微功能材料合成的一种重要方法。模板电化学合成过程一般步骤是:首先制备具有微纳孔结构的模板,然后在模板电沉积,最后将模板脱除即得到特定有序结构的纳微材料。

下面举例介绍电化学沉积在制备宏观尺度纳米结构阵列中应用。

(1) 电化学沉积制备二氧化钛纳米管阵列

在过渡金属氧化物中,TiO_2 具有良好的光电、光敏、光催化等特性。因为纳米管状结构的比表面积比纳米线结构的比表面积大,因而 TiO_2 纳米管表现出更高的光催化活性和光电转化效率。TiO_2 纳米管阵列不仅显示出良好的功能特性,而且 TiO_2 纳米管阵列还是一种制备有序纳微材料的重要模板。

阳极氧化法是目前最常用的制备 TiO_2 纳米管的方法。2001 年,C. A. Grames 研究组报道了以钛箔为阳极,通过控制阳极氧化电势和时间,在 HF 水溶液中得到了 TiO_2 纳米管阵列(图 4-21)。

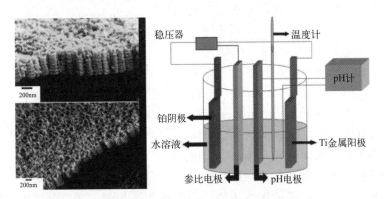

图 4-21　阳极氧化法制备 TiO_2 纳米管

左侧为扫描电子显微镜断面照片,右侧为实验装置示意图

电化学阳极氧化生成 TiO_2 纳米管的过程可分为三个阶段(如图 4-22 所示)。

① 阳极致密 TiO_2 氧化膜的生成

通电后,水电离产生氧离子,在阳极(纯钛)表面与 Ti 发生氧化反应,形成一层致密

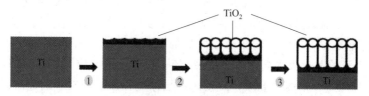

图 4-22 阳极氧化过程及生长形态

的 TiO_2 氧化膜,也称阻挡层,厚度取决于电压大小。

$$Ti + 2H_2O \longrightarrow TiO_2 + 4H^+ + 4e^- \tag{4-32}$$

② 多孔 TiO_2 薄膜的形成

阻挡层的化学溶解开始与阳极氧化竞争。电解液中的 F^- 在电场的辅助作用下定向持续地撞击钛基底表面,在氧化物/电解质界面处与 Ti^{4+} 络合变成可溶性络合离子 TiF_6^{2-},从而在阻挡层表面的有利位点通过化学溶解随机形成许多小凹坑,氧化膜薄处溶解较快,形成坑状凹陷,逐渐转化为更大的孔隙。阻挡层氧化物的化学溶解使小凹坑逐渐转化为更大的孔并持续增长并最终演化为阵列中的成员,同时,在孔间区域会有新的小孔生成,导致孔隙分离独立的管道形成。

$$TiO_2 + 6F^- + 4H^+ \longrightarrow TiF_6^{2-} + 2H_2O \tag{4-33}$$

③ 纳米管稳定生长形成 TiO_2 纳米管阵列

随着凹陷越来越深,坑下的氧化层和坑间隙的氧化层厚度相差较大,使坑底受到的电场加强,导致对孔底的氧化速率加快,孔核之间相互竞争形成相对有序的纳米管排列。孔的生长过程实质是孔底部的氧化层不断化学溶解向钛基底推进的过程。当在底部的金属钛/氧化物界面的氧化速率与孔底层氧化物/电解液界面的化学溶解速率达到平衡时,阻挡层的厚度不再随着孔的加深而增加,最终形成稳定的 TiO_2 纳米管阵列。

阳极氧化过程中电流密度-时间演变曲线能够反映阳极氧化过程中二氧化钛纳米管的形成和生长机制。纳米管生长期间获得的电流密度-时间曲线如图 4-23 所示。

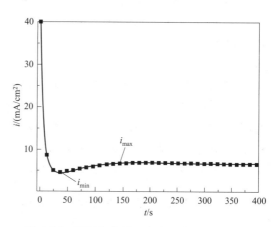

图 4-23 阳极氧化过程中电流密度-时间曲线

从图 4-23 中可以看出,随着阳极氧化的进行,电流密度发生了显著的变化,氧化电流经历了急剧降低—缓慢上升—缓慢下降—保持平衡的变化趋势。与上述反应一致,曲线初始阶段的快速下降是由反应式(4-32)所描述的阻挡层的产生引起的。随着阻挡层的生成,电阻迅速增大,直到电流密度到达最小值 i_{min}。然后,当反应式(4-33)暂时占主导地位时,电流 i 有一个缓慢的上升,因为在 F^- 和电场的作用下,TiO_2 致密层用于成核的可用氧化物区域发生击穿形成孔核。随着氧化电流缓慢增加,阴阳离子以孔核为通道进一步击穿溶解阻挡层,阻挡层的厚度大大降低。而纳米管的形成加速直到电流密度达到最大值 i_{max},此时纳米管底部阻挡层厚度达到最小值。虽然场辅助溶解和化学溶解均对氧化层的溶解作出了贡献,但由于横跨氧化层的电场相对较大，所以主导该阶段的是场辅助溶解。最后，如果阻挡层两侧氧化物生成的速率和溶解的速率达到平衡，那么阻挡层的厚度将会保持不变，二氧化钛纳米管将会以恒定度速率进行生长，电流将稳定在一定值。然而，在这个阶段，由于电解液的高黏度和孔的逐步加深，F^-逐渐消耗，离子扩散过程受到限制，TiO_2氧化层生成速率稍高于其溶解速率，导致阳极氧化过程中电流密度$i(t)$缓慢衰减，表明阻挡层厚度在以一个较小的速率逐渐增加。

钛板直接阳极氧化法具有操作简单、重复性好、产品形貌规整且易于调控、可大规模制备等优点。但阳极氧化法需要较高的氧化电压，且纳米管后处理过程容易造成纳米管结构的坍塌。采用模板电沉积法制备TiO_2纳米管阵列可以降低氧化电势，且具有尺寸均一、高度有序、分立明显的优点。

(2) 电化学沉积制备聚噻吩有序微纳结构

聚噻吩（PTh）是一种典型的共轭导电聚合物。具有特殊微纳结构的导电聚噻吩可以用于催化、分离、光子晶体、传感器、电极以及其他技术领域。

以聚苯乙烯（PS）为模板，采用循环伏安法制备聚噻吩薄膜。对电极为铂丝电极，参比电极为Ag/Ag^+电极，ITO玻璃为工作电极。电解质溶液为含有0.1mol/L四丁基六氟磷酸铵（$TBAPF_6$）的乙腈溶液。电沉积后用THF将PS除去，得到多孔的PTh薄膜。典型的伏安曲线如图4-24所示。

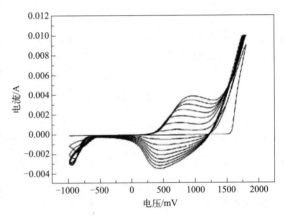

图4-24 电化学制备PTh的伏安曲线
电压－1.0~1.8V，扫描速率100mV/s，单体浓度4mg/mL

随着循环圈数的增加氧化电流持续增加，表明PTh持续聚合并沉积到ITO玻璃上。噻吩单体首先在活性位点聚合并生长出一层分散的PTh半球形的纳米粒子，然后PTh纳米粒子聚集形成亚微米级的球形并连接在一起形成PTh薄膜。PTh薄膜的表面形貌呈现层级结构。PTh的层级结构和粗糙度随着循环圈数的增加而增加。PTh亚微米微球的粒径随循环圈数而线性增加。

改变电化学沉积条件可以制备微米级尺寸的PTh/PS复合微米球及含有纳米级孔径的PTh多孔微米球。如以沉积有PS模板[PS粒子直径（230nm±10nm）]的ITO玻璃为工作电极，在噻吩的乙腈溶液中采用恒电势（3V）法沉积PTh，电化学沉积结束后，将ITO玻璃分别采用THF/水混合溶液和氯仿溶液处理，即得到PTh/PS复合微球和PTh多孔微球。

4.5.3 电化学合成金属有机框架材料

金属有机框架（metal organic framework，MOF）材料，又称多孔配位聚合物（porous coordinated polymer，PCP）材料，是由金属离子或离子簇与有机配体通过配位作用自组装形成的一种具有周期性网状结构的多孔晶体材料。由于MOF材料在异相催化、化学传感、光电器件、能量储存与转换等领域呈现出良好的应用前景，这些年来已经成为无机化学、功能材料、能源化学、电化学等领域的研究热点。在制备MOF材料特别是薄膜的各种方法中，电化学法具有一些特别的优势。电化学法可以直接在基底上获得MOF薄膜；反应条件温和、合成时间短并且具有较好的控制反应速率的能力；无须使用金属盐，一定程度上避免了阴离子的干扰。

电化学合成方法是在外电场的作用下，通过阳极溶解或溶液中的金属离子与溶液中的有机配体在电极表面自组装形成目标产物。

（1）阳极溶解合成法

阳极溶解合成法的基本原理是通过外加电压，利用金属阳极溶解提供金属阳离子，与阳极附近溶液中去质子化的配体发生反应而得到 MOF 材料。

2005 年，巴斯夫公司首次采用阳极合成法合成了 HKUST-1 粉末。Ameloot 在此基础上利用电解时阳极金属铜板生成金属离子后与溶剂中的有机配体在电极表面自组装，首次在铜基上合成了 HKUST-1 薄膜（见图 4-25）。

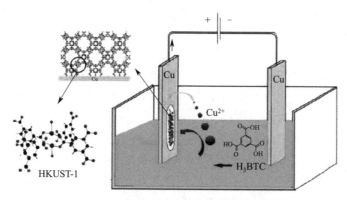

图 4-25　阳极合成法制备 MOF 膜示意图

（2）阴极还原合成法

与阳极溶解合成方法不同的是，阴极还原沉积法的金属源一般不是来自阳极溶解而是通过外加金属盐（如硝酸盐、氯酸盐等）。阴极还原法的原理是通过电解使阴极附近的 pH 值改变，促进配体去质子化，然后与电极附近的金属阳离子进行配位形成 MOF。以制备 MOF-5 膜为例，阴极还原沉积的原理见图 4-26。

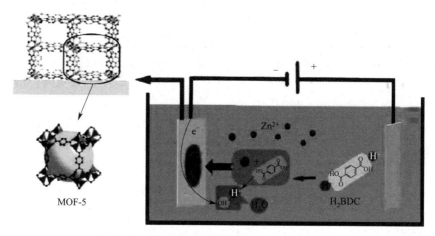

图 4-26　阴极还原沉积制备 MOF-5 原理示意图

在含有 $NaNO_3$、$ZnCl_2$、H_2BDC 的电解液中，在中性配体和金属离子存在下，阴极生成的 OH^- 可使配体去质子化并在阴极表面上直接生长 MOF。阴极电沉积 MOF-5 膜涉及的反应包括：

$$2H_2O + 2e^- \longrightarrow 2OH^- + H_2$$
$$NO_3^- + 2e^- + H_2O \longrightarrow NO_2^- + 2OH^-$$
$$OH^- + H_2BDC \longrightarrow HBDC^- + H_2O$$
$$HBDC^- + Zn^{2+} \longrightarrow \text{MOF-5}$$
$$Zn^{2+} + 2e^- \longrightarrow Zn$$

在外加电场作用下，阴极电极表面附近生成 OH^-，产生了从表面到电解液体相的 pH 梯度，OH^- 使配体去质子化，然后与金属离子在电极表面自组装成 MOF。注意这里的金属离子不是由阳极溶解形成的，而是外加的金属离子。

阴极沉积法和阳极沉积法相比较其主要特点为：

① 阳极沉积法的金属源为金属基板，而阴极沉积法可以外加金属源。阴极还原法对导电基底的种类没有限制，并且电极不会消耗，适用于大多数金属与配体的结合。需要说明的是，并不是所有阴极还原合成 MOF 都需要外加金属盐。如采用 Zr 阳极，乙酸可以作为载体将阳极溶解的 Zr(Ⅳ) 迁移到阴极与配体发生自组装而形成 MOF。

② 阴极成膜的机制与阳极成膜类似，也包括最初的成核阶段、MOF 岛屿增长阶段和共生阶段。但是在第四阶段，阴极合成的 MOF 膜没有脱离电极，这是与阳极合成法相比的优势所在。因为阴极沉积过程电极表面和沉积层之间没有空隙，不存在压缩应力，所以阴极沉积法没有分离这一阶段，刚好克服了阳极沉积法的缺点。

③ 阳极沉积法的电解槽可以存放数周，而阴极沉积法的电解槽中同时具有金属离子和配体，容易在溶液中产生 MOF 晶体，因此只可存放几天。

4.5.4 电化学沉积制备半导体薄膜

以电沉积制备太阳能电池用半导体薄膜为例。$CuInSe_2$(CIS) 半导体材料具有较高的光吸收系数（达 10^5 数量级），其禁带宽度为 1.04eV，是制造薄膜太阳能电池较为理想的材料。在 CIS 的基础上，掺杂 Ga 替代部分同主族的 In，形成 $Cu(In,Ga)Se_2$(CIGS)，带隙值可在 1.04~1.7eV 范围内调整，可以扩大薄膜对光谱的响应范围。电化学沉积方法的优势在于无需昂贵复杂的设备和高纯的原料，室温下能在各种形状的表面进行大面积、多元组分和持续的薄膜沉积。

(1) CIS/CIGS 薄膜的电化学沉积原理

电化学沉积制备 CIS/CIGS 一般在含有 Cu^{2+}、In^{3+}、Ga^{3+} 和 Se^{4+} 的硫酸或氯化盐体系中进行，可能发生的主要反应为

$$M^{n+} + ne^- \longrightarrow M \tag{4-34}$$
$$H_2SeO_3 + 4H^+ + 4e^- \longrightarrow Se + 3H_2O \tag{4-35}$$
$$x M + y Se \longrightarrow M_xSe_y \tag{4-36}$$

式中，M 代表 Cu、In、Ga 中的一种或几种金属元素；x、y 代表离子数或原子数；n 代表价数或电子数。

电化学沉积过程涉及铜、铟、镓和硒这 4 种元素。Cu 和 Se 的标准电极电势远比 In 和

Ga 的高，故 Cu 和 Se 比 In 和 Ga 更容易沉积，这可能导致在沉积过程中无法在同一电势下制备出符合化学计量比的薄膜。为此，需要调控不同离子的析出溶液电势，如采用络合剂来降低铜离子等的还原电势。另外，由于四元溶液沉积电势的差异，沉积过程必须选择较负的电势，这个过程不可避免地会产生析氢反应，可能带来氢脆、枝晶、裂纹和孔洞等问题。为减少析氢的影响，可以采用超声和机械搅拌等物理方法促进生成的氢气快速逸出，也可以采用化学方法，如提高溶液的 pH 减少析氢反应。但是要注意氢离子浓度太低时，薄膜表面可能形成氢氧化物，给薄膜性能带来不利影响。

因为 CIS/CIGS 属于半导体材料，因此在沉积过程中薄膜生成速率较慢，在长时间恒电势沉积过程中，电流会缓慢减小，底层薄膜会抑制表层薄膜进一步生长。溶液浓度的变化也会对薄膜结构和形貌产生一定的影响。沉积过程中电解质浓度的减小，会加大溶液的浓度极化，导致薄膜粉状和枝晶生成。这些都是电沉积 CIS/CIGS 高质量薄膜需要解决的关键问题。

(2) CIS/CIGS 薄膜的电化学沉积制备方式

电化学沉积制备 CIS/CIGS 薄膜常用的方法，首先是在作阴极的基底上沉积含有铜、铟、镓、硒中至少一种元素的预制层，然后对预制层进行（硒化）退火等后处理，以获得结晶良好的 CIS/CIGS 薄膜。电化学沉积 CIS 和 CIGS 预制层需要解决的最关键问题是如何获得膜层化学计量比可控的 CIS 或 CIGS 薄膜。常见的预制层电化学法沉积方法可分为一步共沉积法和分步沉积法。

分步沉积法是按照一定顺序分别电化学沉积各个元素的单质膜，或每步沉积一定含量组成的二元或三元合金层，各步沉积获得的沉积层堆叠形成 CIS 或 CIGS 预制层。这种方式可以在每一步通过控制电量来精确控制该步所沉积的单质膜的厚度和含量，而实现对整个预制层成分的控制。但是，由于分步沉积的膜层多，且各层的沉积过程都需要精确控制，导致工艺流程长，稳定性和重现性较差。

一步共沉积法是指在一个电解槽内，在一次电沉积过程中，各种元素同时在阴极表面按照一定比例共沉积，形成含铜、铟、硒或铜、铟、镓、硒的预制层，然后对预制层进行退火、刻蚀等后处理后获得黄铜矿结构 CIS 或 CIGS 薄膜。一步沉积法只应用了一次电化学沉积，沉积工艺步骤少，方法简便，是最具有潜力的电沉积制备方法。根据不同的工艺路线，一步共沉积法又可分为一步沉积法和金属预制层后硒化法。

一步沉积法通常是在含有 Cu^{2+} 或 Cu^{2+}、In^{3+}、Ga^{3+} 的硫酸盐、氯化物或硝酸盐的酸性或碱性水溶液体系下进行。膜层中的 Se 一般是加入 SeO_2 后生成的 H_2SeO_3 和 $HSeO_3^-$。一步沉积法又包括两种不同原理。一种方式是基于控制扩散通量的一步沉积法。控制各反应离子到达阴极的扩散通量，各反应离子在同一阴极电势下以一定数量比例共同还原，电极反应速率往往受液相传质步骤（浓差极化）控制。可通过调整沉积电势、电解质种类及其浓度、pH 值和采用合适的、一定浓度的络合剂来实现沉积薄膜化学组成的调控。

沉积电势的选择极其关键，一般使用的沉积电势的范围为 $-0.005 \sim -0.85\text{V}$ (vs. NHE)。为了使各组元的沉积电势尽可能地接近以实现共沉积，主要采用减小还原电势较正离子（如 Cu^{2+}）的活度的方式来实现。减小电解质浓度和添加络合剂与反应离子形成络合物可以减小反应离子活度。添加合适的络合剂是最有效的办法。由于铜离子的还原电势较正，故电沉积 CIGS 时主要是络合铜离子，以降低其活度，使还原电势负移。而铟和镓为主族元素，配位作用相对较弱，配合物稳定常数较小。

由于采用电化学沉积的方式将 Ga 掺入 CIS 薄膜中较难，四元 CIGS 薄膜的一步共沉积直到近年才有报道。因为镓和硒化镓的还原电势比铟和硒化铟的更负，使得镓和硒化镓比铟和硒化铟更难沉积。

一步沉积法的另一种方式是诱导共沉积机理。在一定沉积电势下，最先沉积的 Se 诱导生成非晶的 $Cu_{2-x}Se$，然后 $Cu_{2-x}Se$ 再诱导生成非晶的 Cu-In-Se 预制层。诱导共沉积方式能有效扩大电解质浓度和沉积电势的可选择范围。

金属预制层后硒化法是先在基底上一步电化学沉积 Cu-In、In-Ga 或 Cu-In-Ga 合金膜，然后将合金膜在 H_2Se 或 Se 蒸气下进行硒化退火等后处理，获得 CIS 或 CIGS 薄膜。

电沉积预制层的后处理包括退火、化学处理和 PVD 等。电沉积获得的 CIS 和 CIGS 预制层不具备光伏应用所需的电学性能，因此，进行退火热处理是改善其电学性能的一个极其重要的步骤。一步共沉积所获得的 CIS 或 CIGS 预制层是非晶或微晶的多相混合物，在真空或惰性气氛（N_2 或 Ar）下退火处理能改善结晶程度和光学性能。因为退火处理可能导致膜层中蒸气压较高的 Se 损失，因此在退火处理时需要在所采用的气氛中添加足够活度的 Se 分压。

（3）低压电化学沉积技术

如何降低析氢反应的影响，是电化学沉积制备 CIGS 薄膜需要解决的一个重要问题。降低沉积电势可以减少析氢，但低电势导致 In 等金属元素很难沉积。另外，随着半导体的沉积，阻抗升高，导致沉积速率降低。如果加大电势进行沉积，就会促使析氢现象加剧。为解决上述问题，开发了低压电化学沉积技术。即引入真空体系，将电化学反应器内部气压维持在较低气压下进行电沉积。析出的氢气在低压条件下快速成核而逸出，在急速逸出的过程中会产生极强的搅拌效应加快沉积速率。因而低压体系可以有效地排除金属镀膜中的氢气，同时减少薄膜被氧化的风险。

研究发现，低压对 Cu^{2+} 还原过程没有影响，而低压体系下 In 的沉积电势发生了正移，低压体系对 H_2Se 和 Se 单质的生成有促进作用。图 4-27 为不含金属离子的空白溶液在低压和常压体系中的伏安曲线，在 $-0.7V$ 附近发生析氢反应，低压条件下的析氢峰明显弱于常压，说明低压有助于抑制氢气的产生。

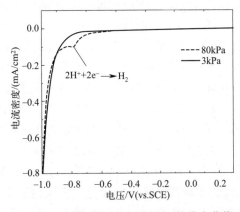

图 4-27 空白溶液在不同气压下的伏安曲线

图 4-28 是常压和低压体系 Cu-In-Se 三元溶液的伏安曲线。三个主要的还原峰，$-0.2V$、$-0.25V$ 和 $-0.3V$ 分别对应反应式(4-37)~式(4-39)。

$$Cu^{2+} + e^- = Cu^+ \tag{4-37}$$

$$2Cu^{2+} + H_2SeO_3 + 4H^+ + 6e^- = Cu_2Se + 3H_2O \tag{4-38}$$

$$Cu^{2+} + H_2SeO_3 + 4H^+ + 6e^- = CuSe + 3H_2O \tag{4-39}$$

在 $-0.3V$ 附近发现电流密度增大的现象，说明低压对 CuSe 的生成有明显的促进作用。

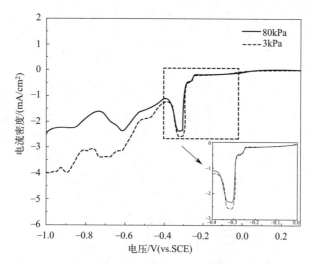

图 4-28 Cu-In-Se 单元溶液在不同气压下的伏安曲线

思考题与习题

1. 为什么许多化学品要用电化学方法生产？
2. 试比较隔膜电解法、离子膜电解法和水银电解法制碱的优缺点。
3. 什么是氯氧差？提高氯碱生产中氯氧差可以采取哪些措施？通过计算说明 pH 的影响。
4. 在氯碱生产中采用哪些方法减少副反应？为什么？
5. 为何要采用精制饱和食盐水电解制碱？盐水质量和浓度对电解有什么影响？
6. 电解过程中应控制哪些参数？它们对电解各有什么影响？怎样确定电流密度大小？
7. 离子膜电解与隔膜电解在工艺上有什么不同？为什么不同？
8. 有机电合成有什么特点和意义？
9. 隔膜槽用石墨阳极时，槽电压为 4.5V，改用金属阳极后，槽电压降为 3.5V，假设阳极电流效率为 96%，问同样生产 1t 氯气，用金属阳极后节省多少电能？（氯原子量为 35.5。）
10. 通过电解槽的电流密度为 $10kA/m^2$，电极面积均为 $10m^2$，问理论上电槽每天生产多少吨 Cl_2 和 NaOH？设阳极电流效率为 97%，实际上每天生产多少吨 Cl_2？
11. 氯碱生产中电能的消耗费用占总生产费用的 30%，试通过查阅文献简述国内外降低氯碱能耗的措施和研究方向。
12. 聚苯胺是重要的导电聚合物，可用电解法制备。请设计电解合成聚苯胺的实验方案。

第 5 章
电化学能量转换和储存

5.1 概述

随着化石能源的短缺以及化石能源的利用造成环境污染和气候异常,新能源特别是可再生能源(如太阳能、风能、生物质能及氢能等)的开发与利用日益受到重视。在新能源的开发和利用过程中,电化学具有十分重要的作用。电化学在能量转换和储存中最重要的应用是化学电源(常简称为电池)。

化学电源是一种将化学能直接转换为电能的贮能或换能装置。化学电源种类繁多,有多种分类方法。常常根据电池的电化学体系特征进行分类,如锌锰电池、铅酸电池、锂电池等。按电池外形还可划分为圆柱形电池、方形电池、口香糖电池、纽扣形电池、薄片形电池等。按电池用途划分为民用电池、工业电池、军用电池、手机电池、动力电池、笔记本电池等。按电解液种类划分为碱性电池、酸性电池、中性电池、有机电解液电池、固态电池等。

一次电池(primary cell)又称原电池,其基本特点是电池反应不可逆,放电后不能再充电使用。常用的一次电池有$(-)Zn|NH_4Cl,ZnCl_2|MnO_2(+)$、$(-)Zn|KOH|HgO(+)$、$(-)Zn|KOH|Ag_2O(+)$等。

二次电池(secondary cell)又称蓄电池(battery),其特点是电池反应可逆,放电时为自发电池,充电时为电解池,通过充电使电池容量得到恢复,可多次循环使用。常见的蓄电池如$(-)Pb|H_2SO_4|PbO_2(+)$、$(-)Cd|KOH|NiOOH(+)$、$(-)Zn|KOH|Ag_2O(+)$。

燃料电池(fuel cell)指一种利用燃料(如氢气或含氢燃料)和氧化剂(如纯氧或空气中的氧)的燃烧反应直接发电的装置。燃料电池能连续地将化学能直接转化为电能,它的反应物由外部连续供应,不贮存在电池内部,反应生成物则连续地从电池内部排出,因此可连续稳定工作。如$(-)H_2|KOH|O_2(+)$、$(-)N_2H_4|KOH|O_2(+)$等。

储备电池(reserve cell)又称激活电池,其特点是电池的正负极活性物质和电解质不直接接触,或处于不能工作状态,需要工作时使其激活。激活方法可以使用前注入电解液,或通过物理作用(如机械刺穿隔膜),使电液与活性物质迅速接触,电池即开始工作。如$(-)Mg|MgCl_2|AgCl(+)$、$(-)Zn|KOH|Ag_2O(+)$。储备电池在使用前处于惰性状态,因此能储存几年甚至十几年。储备电池的可靠性非常重要,必须保证电池激活后能立即工作。储备电池主要用于在相当短时间内释放高功率电能,如导弹、鱼雷以及其它武器系统。

为了确保不同厂家的电池产品在电气与物理上的可互换性,必须有电池的质量标准。国际电工委员会制定的原电池的 IEC 标准已为多国采用。关于电池的命名,IEC 标准用字母 R、S、F 分别表示圆形、方形、扁平形电池,叠层电池也用 F 来表示。字母后的数字表示电池的大小。例如 R20(即 1 号电池),指直径为 34.2mm,高为 61.5mm 的圆形电池。除锌锰体系外,都在字母 R、S、F 之前加一个表示电化学体系的字母,如 LR20 表示单个碱性锌锰电池。有关公称尺寸、电化学体系的代表字母可查阅 IEC 标准。字母前的数字表示串联电池的个数,例如 3R6 表示 3 个 R6(即 5 号电池)串联。并联则在电池名称后加一个半字线,例如 R14-3 表示 3 个 R14(即 3 号电池)并联。

化学电源的电化学体系主要指电极与电解液。正极活性物质、负极活性物质和电解质溶液决定一个化学电源体系的本质，三者之一变动，就构成了另一种化学电源体系，成为一种新的电池。

实际使用的电池除电极和电解液外，还有外壳、分隔器、电流捕集器等（参见图 5-1）。电池中每一个部分都对电池性能产生影响。

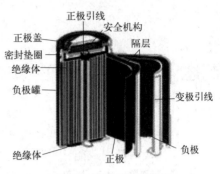

图 5-1　圆柱形电池结构

（1）电极（electrode）

电极是电池的核心部分，由活性物质、导电材料和添加剂组成，有时还包含集流体。电极又分正极和负极。

电活性物质（active materials）是能够通过化学变化将化学能转变为电能的物质。电活性物质的种类和用量对电池的性能有决定性影响。希望电活性物质具有高电动势（正负极平衡电势差大）、活性高（反应容易进行）、比容量高、稳定、较好的电子导电性且容易得到等。

在大多数电池中，电活性物质是固体，为增大反应面积，一般制成多孔电极。多孔电极由大量粒状反应物组成（称电极糊），有时加入少量添加剂。电极糊装填量、厚度、颗粒尺寸和孔径大小对电池性能有重要影响。一般电极糊越薄，电池容量和功率密度越高。实际孔隙度一般在 50% 左右，过低不利于活性物质利用，过高则机械强度受影响。

（2）电流捕集器（current collectors）

电流捕集器（又称集流体）的作用主要是提高电极的导电能力，提供导电通路从而降低内阻。因为电活性物质一般为多孔薄层或为粒状电极糊，其导电性不高。集流体也是电活性材料的机械支撑。电池失效很有可能是集流体腐蚀和电极活性物质从集流体上脱落造成的。

常用很薄的金属板或金属网格作集流体，如图 5-2 所示的铅锑合金栅架和泡沫镍（MH-Ni 电池常用导电材料）。在碳锌电池、碱性锌锰电池中分别用碳棒和铜针作为正极、负极集流体。外壳也常用于正负极电流汇集，例如在碱性锌锰电池中是正极集流体，在 Cd-Ni、MH-Ni 电池中则是负极集流体。

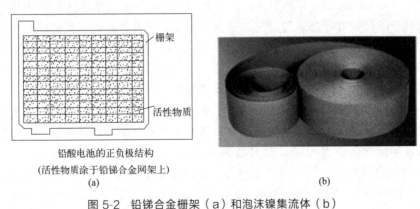

图 5-2　铅锑合金栅架（a）和泡沫镍集流体（b）

（3）电解质（electrolyte）

电解质的作用是提供离子通道。在电池外的电路中电流传输由电子导电完成，而在电池的内部靠离子的定向移动来完成，电解质溶液则是离子导电的载体。

电解质的选择由电极反应确定，在设计电池时须根据电极反应选择适宜的电解质。一般要求电解质有较高的电化学稳定性和离子电导率。电解质不能具有电子导电性，否则会造成电池内部短路。电解质一般不与电池其它组分反应，但在有的电池系列中，电解质还参与电化学反应，如锌锰干电池中的 NH_4Cl、铅酸电池中的硫酸等。

电解质一般是酸、碱、盐的水溶液。当构成电池的开路电压大于 2.3V 时，水易被电解成氢气和氧气，故一般使用非水溶剂的电解质。需注意温度对于电解质性能有重要影响。另外，要根据电化学反应要求确定适宜的电解液浓度，并尽可能减少电解质的用量。

(4) 分隔物（separator）

电池中常设置分隔物（一般是分隔膜）以分隔两极活性物质，防止正、负极短路。电池隔膜的基本要求是稳定（不与电解液和活性材料反应），离子导电性好，有较好的机械强度、柔性、润湿性，便宜和容易得到等。

分隔物可以是板材，如铅酸电池用的微孔橡胶隔板和塑料板；也可以是膜材，如浆层纸、无纺布、玻璃纤维膜等；还可以用胶状物，如浆糊层、硅胶体等。在铅酸蓄电池中采用微孔聚乙烯隔膜，钠硫电池中采用管式离子交换膜。常用的微孔聚合物隔膜，厚度仅 0.5mm，孔隙率为 50%～80%，面电阻为 0.05～0.50Ω/cm^2，孔径为 0.01～50μm。

(5) 外壳（container）

电池外壳主要作容器。电池的壳体是储存电池其它组成部分（如电极、电解质、隔离物等）的容器，起到保护和容纳其它部分的作用。

电池外壳要求耐腐蚀，对电活性物质、电解质溶液、环境保持稳定，并且应具有一定的机械强度，密度小，价格低廉。通常将电池进行密封，所以还要求壳体密封方法简单。

碱性电池常用钢材外壳，酸性电池用聚丙烯塑料外壳。锌锰干电池的负极锌筒既是负极活性材料，又是壳体。

5.2 电池的性能参数

理解电池的性能参数的意义并深入理解影响性能参数的因素和机制，是设计制造电池与正确使用电池的基础。通过电池性能参数的比较，才能了解不同电池的性能特点。

5.2.1 电压

电池的端电压是电池使用的重要性能指标。表示电池端电压的性能参数包括电动势、开路电压、工作电压、额定电压、中点电压、截止电压等。

(1) 电动势和开路电压

电动势（electromotive force）E 又称理论电压，指没有电流流过外电路的平衡条件下（$I=0$）正极和负极（或阴极和阳极）的平衡电势差 E（$E=\varphi_e^C-\varphi_e^A$）。电动势由电池反应的 Gibbs 自由能变决定。由于 Gibbs 自由能的减小等于化学反应的最大有用功，故电池的电动势也就是放电的极限电压。

电池的开路电压（open circuit voltage，OCV）$V_开$，指无负荷情况即电路断开条件下

($I=0$) 电池的正极和负极的电势差。开路电压为电池的电工学参数。无电流通过时,对可逆电池,$V_{开}=E$;对不可逆电池,$V_{开}<E$。

电池的电动势和开路电压,会依电池正、负极与电解液的材料而异。由 Li 为负极材料、F_2 为正极材料构成的电池具有最高的电动势 (5.91V)。同种材料制造的电池,不管电池的体积有多大,几何结构如何变化,其开路电压基本上都是一样的。

(2) 工作电压

有电流通过时电池的端电压称为工作电压或操作电压 (operation voltage)。前已述及,电池有电流通过时,存在电化学极化、浓差极化和欧姆极化,故工作电压与电流大小、充放电时间和温度等有关。

放电时工作电压称为放电电压 $V_{放}=E-\eta_a-\eta_c-IR$ (5-1)

充电时工作电压称为充电电压 $V_{充}=E+\eta_a+\eta_c+IR$ (5-2)

放电电压总是小于电池电动势。实际的放电电压随着放电的进行会逐步降低,这可用电池的放电曲线来表示(见图 5-3)。放电曲线与电池种类、结构和放电条件有关,它表示了电池的放电特性。

在放电过程中电池的放电电压在一段时间内基本稳定,该放电平台电压即通常所说的工作电压 $V_{放}$。或用平均电压又名中点电压 (mid-point voltage) 来表示,指电池放电容量达到 50% 时的电压。

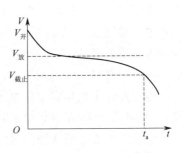

图 5-3 电池的放电曲线

截止电压 (cutoff voltage) 或终止电压 $V_{截止}$ 指电池放电时,电压下降到电池不宜再继续放电的最低工作电压值。电池放电到某一时间 t_a,电池放电电压迅速下降,认为电池此时已放电完毕,该电压即为截止电压 $V_{截止}$(或终止电压)。之所以存在截止电压,可能的原因包括:某一电极的电活性物质耗尽(活性物质先反应完的电极称为容量限制极);电解液耗尽;某一电极钝化;电极间发生短路。

电池放电电压低于终止电压继续放电就会造成过放电 (over discharge)。电池过放电可能会使电池内压升高,正负极活性物质可逆性受到破坏,即使充电也只能部分恢复,容量也会有明显衰减,特别是大电流过放,或反复过放对电池影响更大。

放电终止电压与电池类型及放电电流的大小有关。通常根据放电电流来确定放电截止电压,放电电流越大,放电终止电压越低。如 MH-Ni 电池 0.2~2C(C 为放电倍率)放电,截止电压一般设定为 1.0V,5C 或 10C 放电设定为 0.8V。

额定电压又称标称电压,指电池开路电压规定的最低值。如对于 MH-Ni、Cd-Ni 电池,外套上标的 1.2V 是其标称电压(大致相当平均电压或者平台电压)。按照规定,该电池 0.2C 放电 1.2V 以上时间应占总时 80% 以上,1C 放电 1.2V 以上时间应占总时 60% 以上。

工作电压越高,电池输出的能量越大。我们希望电池的放电电压高,且能在较长时间内保持稳定。为了获得高的放电电压,一方面可考虑提高电动势 E,即在设计电池时选择电池反应的自由焓变大($-\Delta G=nFE$);另一方面可考虑降低电池内阻。

根据电工学的概念,工作电压可写为

$$V=E-IR_{cell}=E-I(R_{\Omega}+R_f)$$ (5-3)

R_{cell} 称为电池的内阻。电池的内阻是指电池在工作时,电流流过电池内部所受到的阻力。电池的内阻包括两部分,一是电池内部电解液、集流体等部件的电阻(欧姆电阻)R_{Ω},

二是电化学反应过程产生的法拉第阻抗（法拉第电阻）R_f。

$$R_{cell} = R_f + R_\Omega \tag{5-4}$$

法拉第阻抗也称为极化电阻，与电极材料、电极结构、放电条件等有关。采用电催化活性高的电极体系，增大电极的表面积（如多孔电极）可降低阳极和阴极的过电势，使 R_f 降低。提高电解液的电导率，减小极间距可使欧姆电阻 R_Ω 降低，从而使电池内阻 R_{cell} 降低。

通常内阻都是指直流电阻。要注意的是由于电容的存在，直流内阻和交流内阻二者并不一致。电池内阻不是个恒量。由于极化作用，内阻会随电流而变化。充电电池的内阻很小，需要用专门的仪器才可以测量到比较准确的结果。一般来说，放电态内阻（电池充分放电后的内阻）比充电态内阻（充满电时的内阻）大，并且不太稳定。

电池内阻越大，电压降低得越多，电池自身消耗掉的能量也越多，电池的使用效率越低。内阻越大，电池工作时电能转化为热能的量越多 $q_{热} = I^2 R_{cell} t$。内阻很大的电池在充电时发热很厉害，对电池和充电器的影响都很大。随着电池使用次数的增多，由于电解液的消耗及电池内部化学物质活性的降低，电池的内阻会有不同程度的升高。

5.2.2 电流和放电速率

电化学反应的速率可用电流来衡量，因此，电流是电池放电（或充电）速率的一种量度。放电速率指电池单位时间输出的电量，也即放电电流。

放电速率常用放电倍率（discharge rate）表示。放电倍率指电池在规定的时间内放出其额定容量时所输出的电流，数值上等于额定容量的倍数，符号为 C。例如，2 放电倍率则记为 $2C$。

$$放电倍率 = \frac{放电电流}{额定容量} \tag{5-5}$$

也可用放电率（或小时率）来表示。放电率（小时率）指在规定的放电电流下放完额定容量所需要的时间。小时率在数值上等于倍率的倒数。

$$放电率(h) = \frac{额定容量(Ah)}{放电电流(A)} \tag{5-6}$$

例如某电池的额定容量为 3Ah，对它进行 2 倍率放电，放电电流为 $I = 2 \times 3 = 6(A)$，放完额定容量所需要的时间为 0.5h，放电率在数值上等于倍率的倒数，即 $1/2 = 0.5(h)$。

根据放电倍率的大小，电池分成低倍率（<0.5C）、中倍率[(0.5～3.5)C]、高倍率[(3.5～7)C]、超高倍率（>7C）电池。

提高充放电速率在很多时候都具有重要意义。如动力电池需要大电流放电，这样汽车才能开得快。但难点在于如何在保持恒定工作电压前提下提高放电电流。这取决于电极过程极化程度、电活性物质的充分利用等多种因素。

5.2.3 电池容量

电池容量（capacity of cell）表示电池能存储电量的多少，指电池在一定放电条件下放电至截止电压时所输出的电量，单位为安时（Ah）或毫安时（mAh）。为便于比较不同电池的容量，常用比容量或容量密度表示（指单位体积电池或单位质量电池的容量）。如用符号 C 表示电池容量，显然

$$C = \int_0^{t_a} I \, dt \tag{5-7}$$

(1) 理论电池容量 $C_{理}$

理论电池电容量是指据 Faraday 定律计算的参与反应的电活性物质所能输出的电量。

$$C_{理} = Wk = W/K \tag{5-8}$$

式中，W 为参与反应的电活性物质质量；k 为理论耗电量；K 为电化当量。

(2) 实际电池容量 $C_{实}$

电池的实际容量对同一种电池也不是定值。影响电池实际容量的因素包括活性物质量、活性物质利用率（或反应效率）、放电速率、温度、截止电压等。

因为电活性物质不能全部反应，所以实际电池容量总是小于理论电池容量，其比值称为活性物质利用率 λ，又称反应效率或利用系数，即

$$\lambda = C_{实}/C_{理} \tag{5-9}$$

如铅酸蓄电池 λ 为 0.3～0.4，这是因为放电时生成电导率很低的 $PbSO_4$，增大了电极极化。

由式(5-9) 可知

$$C_{实} = \lambda C_{理} = \lambda W/K \tag{5-10}$$

即实际容量与活性物质利用率成正比，与电化当量成反比。

一般地，放电速率小，电极极化小，活性物质可充分反应，实际容量大；温度升高，促进电化学反应，使 $C_{实}$ 升高；截止电压愈低，实际电池容量愈大；实际电池容量由电池容量限制极（活性物质先反应完的电极称为容量限制极）决定。

放电时如电流恒定，则

$$C_{实} = It_a \tag{5-11}$$

如放电时外电路电阻 $R_{外}$ 不变，则

$$C_{实} = \int_0^{t_a} \frac{V_{放}}{R_{外}} dt = \frac{1}{R_{外}} \int_0^{t_a} V_{放} \, dt \tag{5-12}$$

积分项可由实测放电曲线图解积分求出。

电池的实际容量与放电方式有关。电池放电有间隙放电和连续放电两种方式。如图 5-4 所示，间隙放电时电池的容量一般有较大提高。

(3) 额定电池容量

额定电池容量是在电池设计和生产时，规定和保证电池在给定的放电条件下应放出最低限度的电量。一般在额定条件下实际电池容量比额定值稍高一些。不同种类和型号电池的额定电池容量不同。额定电池容量一般标在电池外壳或外包装上。

通常制造厂家在设计电池的容量时以某一特定的放电电流为基准，这一放电电流通常在数字上是设计容量的 1/20、1/10、1/8、1/5、1/3 或 1 等，相应地其容量被称为 20h、10h、8h、5h、3h 或 1h 容量。如铅蓄电池的额定电池容量一般以 20h 为基准，那么容量为 4Ah 的电池意味着以 1/20×4A=0.2A 的电流放电至规定的终止电压，时间可持续 20h。按照国际电工委员会标准和国标，镉镍和镍氢电池在 (20±5)℃ 条件下，以 0.1C 充电 16h 后以 0.2C 放电至 1.0V 时所放出的电量为电池的额定电池容量。锂离子电池

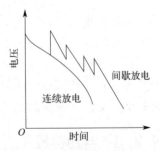

图 5-4 电池放电方式

在常温、先恒流（1C）后恒压（4.2V）条件下充电 3h 后再以 0.2C 放电至 2.75V 时所放出的电量为电池的额定电池容量。以镍氢 AA2300mAh 充电电池为例，表示该电池以 230mA（0.1C）充电 16h 后以 460mA（0.2C）放电至 1.0V 时，总放电时间为 5h，所放出的电量为 2300mAh。

放电深度也会影响电池的容量和性能。放电深度（depth of discharge，DOD）指电池放电量占其额定容量的比例。理想的电池在整个放电过程应保持恒定的工作电压，大多数电池只有在较低的放电深度时才保持平稳的工作电压。放电深度大时电池能放出较多的容量，考虑到电池的工作性能，一般情况下电池放电深度只为额定容量的 20%～40%。

由于电池容量是电池及电极材料电化学性能的主要评价指标，为表示电池的放电性能，文献上常用电压-电池容量的充放电曲线。可以把电压-时间的充放电曲线转换为电压-电池容量的充放电曲线。电池容量-时间的充放电曲线更直观，应用也更广泛。由图 5-5 可知，放电倍率越高，实际电池容量越小。

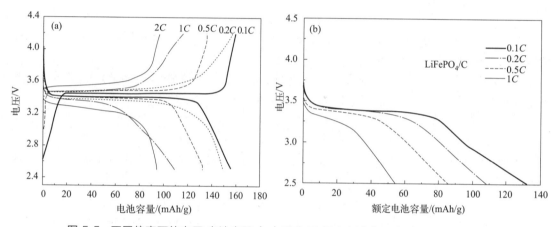

图 5-5　不同倍率下的电压-电池容量（a）和电压-额定电池容量（b）的充放电曲线

（4）电池组

由于单个电池的电压和电池容量都十分有限，经常需要用几个电池组成电池组。电池的组合有三种形式（如图 5-6 所示）。在数码相机中，最常见的电池组合方式是串联，即把电池正负极首尾相连，如把 4 节 1.2V、1000mAh 的电池串联，就组成了一个电压是 4.8V、电池容量为 1000mAh 的电池组。而在笔记本电脑中，电池一般采用的是混联方式，既有串联也有并联（见图 5-7）。

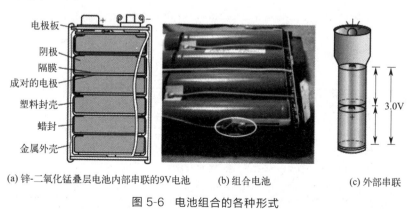

(a) 锌-二氧化锰叠层电池内部串联的9V电池　　(b) 组合电池　　(c) 外部串联

图 5-6　电池组合的各种形式

电池组合设计首先要考虑的是单体电池性能的一致性，因此在组合时首先对电池分选，使电池在容量、内阻、充放电电压平台、充放电时温升、自放电率、寿命等方面尽量一致。组合标准中最重要的原则就是这些性能指标的偏差越小越好，单节电池的各主要曲线能重合是最佳的状态。在手机电池出现的早期，很多厂家生产的单体电池的循环寿命为 500 次，两节组合则下降到 200～300 次，3 节组合可能就只有 50 次，因此那

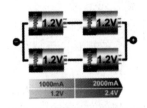

图 5-7 最简单的混联方式

种丢了一节，买一种别的品牌的电池代替的方法是不行的。即使是相同品牌，相同电池容量也不宜。在动力电池使用过程中，任何一节电池质量都会影响整个电池组的性能，使整个电池组损坏，因此对于 384V、100Ah 的高电压体系要达到这样高的要求，关键是电池的合理组合。

5.2.4 能量密度

能量密度（energy density）指单位质量（或单位体积）电池所输出的电能，又称比能量，单位为瓦时/千克（W·h/kg），用符号 SE 表示。

理论能量密度 $SE_{理}$ 指单位质量参与反应的电活性物质所能提供的能量，电能是电量和电压的乘积，所以理论能量密度可由理论电池容量和开路电压求得。

$$SE_{理}=C_{理}V_{开}/W=\frac{W}{K}\times\frac{V_{开}}{W}=\frac{V_{开}}{K} \tag{5-13}$$

式中，W 为参与反应的电活性物质质量。可知理论能量密度与开路电压成正比，与活性物质电化当量成反比。如铅酸蓄电池电池反应为

$$PbO_2+Pb+2H_2SO_4\longrightarrow 2PbSO_4+2H_2O$$

该电池开路电压 $V_{开}=2.0V$，通过 $1F$ 电量（26.8Ah）所消耗的活性物质质量为

$$Pb:207.2\times\frac{1}{2}=103.6(g)$$

$$PbO_2:(207.2+32)\times\frac{1}{2}=119.6(g)$$

$$H_2SO_4:98g$$

所以电化当量 $K=\frac{103.6+119.6+98}{26.8}\times 10^{-3}=1.2\times 10^{-2}(kg/Ah)$

$$SE_{理}=\frac{V_{开}}{K}=\frac{2.0}{1.2\times 10^{-2}}=166.7(W\cdot h/kg)$$

表 5-1 列出了一些常见电池的理论比能量。

表 5-1 一些电池的理论比能量

电池体系	电池反应	电动势/V	理论比能量/(W·h/kg)
铅酸	$PbO_2+Pb+2H_2SO_4\longrightarrow 2PbSO_4+2H_2O$	2.044[①]	170.5
镉-镍	$Cd+2NiOOH+2H_2O\longrightarrow 2Ni(OH)_2+Cd(OH)_2$	1.326	214.3
铁-镍	$Fe+2NiOOH+2H_2O\longrightarrow 2Ni(OH)_2+Fe(OH)_2$	1.399	272.5
锌-镍	$Zn+2NiOOH+2H_2O\longrightarrow ZnO+2Ni(OH)_2$	1.765	354.6

续表

电池体系	电池反应	电动势/V	理论比能量 /(W·h/kg)
锌-银	$2AgO+Zn \longrightarrow Ag_2O+ZnO$(第一阶段)	1.852	487.5
	$Ag_2O+Zn \longrightarrow 2Ag+ZnO$(第二阶段)	1.590	
	$2AgO+2Zn \longrightarrow 2Ag+2ZnO$	1.721(平均)	
镉-银	$2AgO+Cd+H_2O \longrightarrow Ag_2O+Cd(OH)_2$(第一阶段)	1.413	270.2
	$Ag_2O+2Cd+H_2O \longrightarrow 2Ag+Cd(OH)_2$(第二阶段)	1.151	
	$AgO+Cd+H_2O \longrightarrow Ag+Cd(OH)_2$	1.282(平均)	
锌-汞	$Zn+HgO \longrightarrow ZnO+Hg$	1.343	255.4
锌-锰（碱性）	$Zn+2MnO_2+2H_2O \longrightarrow 2MnOOH+Zn(NH_3)_2Cl_2$	1.52[2]	274.0
	$Zn+2MnO_2+2NH_4Cl \longrightarrow 2MnOOH+Zn(NH_3)_2Cl_2$	1.623[2]	251.3
锌-锰（干电池）	$Zn+2MnO_2 \longrightarrow ZnO \cdot Mn_2O_3$	1.523[2]	363.7
锌-空气	$Zn+\frac{1}{2}O_2 \longrightarrow ZnO$($O_2$ 不计算在内)	1.646	1350
锌-氧	$Zn+\frac{1}{2}O_2 \longrightarrow ZnO$($O_2$ 计算在内)	1.646	1084

① E 是电池的标准电动势，即正负极的标准电极电势之差。
② 开路电压。

电池的实际能量密度 $SE_实$ 总是小于 $SE_理$。

$$SE_实 = SE_理 \, \eta_V \lambda \eta_W \tag{5-14}$$

式中，η_V 为电压效率；λ 为反应效率；η_W 为质量效率。质量效率为电活性物质质量 W 与电池总质量 W_0 之比，即 $\eta_W = W/W_0$。由式(5-13) 可知

$$SE_实 = \frac{C_实 V_放}{W} \tag{5-15}$$

计算时 $V_放$ 取平均电压。如放电时电流 I 恒定，则

$$SE_实 = \frac{I}{W_0} \int_0^{t_a} V_放 \, dt \tag{5-16}$$

如恒定外电阻 $R_外$，则

$$SE_实 = \frac{1}{W_0 R_外} \int_0^{t_a} V_放^2 \, dt \tag{5-17}$$

一般 $SE_实/SE_理 < (0.2 \sim 0.3)$。

例1. 某仪器上使用的电源体积已限定为 $130mm \times 60mm \times 8mm$，平均工作电压为 13V，最大工作电流为 250mA，并要求能工作 4h，问用何种电池能满足这个指标?

解： 根据所给条件，我们先算出电池的体积比能量

电能量 $= IVt = 0.25A \times 13V \times 4h = 13W \cdot h$

电池组体积 $= 13cm \times 6cm \times 0.8cm = 62.4cm^3 = 0.0624dm^3$

电池组的体积比能量 $= \dfrac{13W \cdot h}{0.0624dm^3} = 208W \cdot h/dm^3$

从体积比能量来看，在常见的一些电池中，只有锌-汞电池和锌-银电池能达到这一要求。

例2. 某仪器上使用的电源要求平均电压为 27V，工作电流为 20A，工作时间 15 天。已

知锌银电池的质量比能量可达 80W·h/kg，问如果使用锌-银电池组，则其质量为多少？

解：电池组输出的总能量 = 27V × 20A × (15 × 24)h = 194400W·h

$$电池组的质量 = \frac{194400 \text{W·h}}{80 \text{W·h/kg}} = 2430 \text{kg}$$

即锌-银电池组的质量为 2340kg。

从上面的讨论，我们可以认为，电池的比能量不仅是选择电池的重要依据，而且还是估计所使用的电池或电池组的质量（或体积）的依据。

5.2.5 功率密度

电池充放电时所能输入或输出的功率 $P = VI$，单位 W 或 kW。功率密度（power density）指单位质量（或单位体积）电池所输出的功率，又称比功率，单位为瓦/千克（W/kg），用符号 SP 表示。

$$SP = IV_{放}/W \tag{5-18}$$

电池工作时，电流和电压会发生改变，因此电池的工作功率是一个动态变量

$$P = IV = I(E - IR_{cell}) = IE - I^2 R_{cell} \tag{5-19}$$

功率密度是电池高速率放电的性能指标。如功率密度大，电池可经大电流放电，否则在大电流放电时，由于功率密度小，电池放电电压下降很快，这是因为这时电池极化很大。经常通过对比不同倍率下电池输出容量的变化来定性判断电池的功率性能。

能量密度和功率密度是评价电池的两个重要性能指标。能量密度高，功率密度不一定高，如锌锰干电池。作为动力电源能量密度必须高，同时功率密度也高。电动汽车用电池能量密度高，车开得远，功率密度高，车开得快。

5.2.6 其它性能参数

除了上述特性参数外还有能量效率、库仑效率、循环次数、贮存寿命、可靠性、经济因子等参数。电池种类很多，各有其用途和特点，综合上述参数可对电池性能做出评估。

(1) 能量效率与库仑效率

对于蓄电池，能量效率定义为

$$能量效率 = \frac{放电时输出能量}{充电时输入能量}$$

能量效率与电流效率、极化、电阻、充放电速率有关。

库仑效率（coulombic efficiency），也叫放电效率，是指电池放电容量与同循环过程中充电容量之比，即放电容量与充电容量的百分比。

(2) 电池寿命

电池寿命包括充放寿命（cycle life，又称循环次数）、使用寿命和储存寿命。循环次数与充放条件密切相关。一般充电电流越大（充电速率越快），充放寿命越短；放电深度（DOD）越深，其充放寿命就越短，如图 5-8 所示。这是由于电池充放电一般伴随着电极的膨胀与收缩，低 DOD 对电池机械结构的破坏较小，其寿命也长。

鉴于不同的循环制度得到的循环次数截然不同，因此电池技术标准会规定电池的循环寿命测试条件及要求。

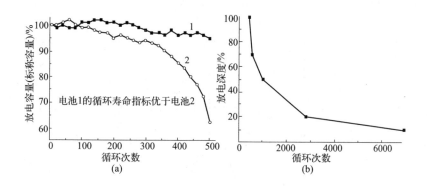

图 5-8 MH-Ni 电池的循环次数

实际的使用条件千差万别，因此实际中也常用使用寿命来衡量循环寿命。使用寿命是指电池在一定条件下实际使用的时间。因充放电控制深度、精度及使用习惯的影响，同一电池在不同人、不同环境及条件下使用，其寿命差异可能很大。

储存寿命（shelf life）指电池容量或电池性能不降到额定指标以下的储存时间。糊式锌锰干电池、纸板锌锰干电池、碱性电池、锂一次电池的保质期通常是 1 年、2 年、3~7 年、5~10 年，镉镍电池、镍氢电池、锂离子电池的保质期是 2~5 年（如果其间经历充放电，且带电存储，可用 10~20 年）。

影响储存寿命的重要因素是自放电（self discharge），俗称漏电。自放电指电池在储存期间容量降低的现象。荷电保持能力是表征电池自放电性能的物理量，它是指电池在一定环境条件下经一定时间存储后剩余容量占最初容量的比例，用百分数表示。自放电是由电池材料、制造工艺、储存条件等多方面的因素决定的。通常温度越高，自放电率越大。

一次电池和二次电池都有一定程度的自放电。以镍氢电池为例，IEC 标准规定电池充满电后，在温度为 (20 ± 5)℃、湿度为 $(65\pm20)\%$ 条件下，开路搁置 28 天，$0.2C$ 放电时间不得小于 3h（即剩余电量大于 60%）。锂离子电池和碱性锌锰电池的自放电要小得多（见表 5-2）。

表 5-2 一些电池的月自放电率

电池类型	月自放电率/%	电池类型	月自放电率/%
锌碳	<2	镍氢	20~30
碱锰	约 1	锂离子	9
镉镍	约 20	铅酸	1~4

（3）电池安全性能

电池常见安全事故有爆炸、起火和漏液。导致电池安全事故的原因主要包括电池材料本身（比如混入杂质）、电池制造技术（内压、结构）与工艺设计（如安全阀失效、锂离子电池没有保护电路等）和使用不当（如将电池短路或投入火中等）三大类。对于二次电池系统，从电池本身到充电器都设有一定的安全防护措施，包括充电电流保护、充电电压保护和温度控制保护等，甚至是几种保护同时应用。由于电池在充电或放电过程中一般都会有热量生成，因此诸如电动汽车等大电池的热量管理很重要。一般情况下，充电电池在充电末期的内压最高（图 5-9），因此最好等充电结束一段时间后再启用电池。

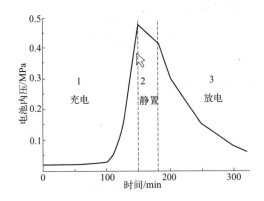

图 5-9　AA 型 MH-Ni 电池充放电内压变化

5.2.7　电池性能测试

电池性能的测试就是直接测试和比较以上各项主要性能指标。其中最重要的是充、放电测试，即获得电池的充电曲线和放电曲线。下面简要介绍电池充、放电控制方法。

（1）充电控制

如果充电条件不当，就不能充分发挥电池的潜能，同时也会缩短电池的使用寿命。在极端情况下，充电不当会使电池漏液或爆炸。充电过程是强制进行的，要实现这一过程，充电电压就必须高于电池的开路电压和电动势。充电电压不能过高，也不能过低。过高易于使电池组成部分的性能受到影响，例如使电解液电解和电池内压升高，导致出现鼓胀现象；过低则充电时间过长，甚至充不进电。水溶液电池在充电过程中，电池内部会产生少量气体，一般会在放电时吸收。充电电流太大、经常过充会加剧气体产生，使电池内压增大。

常见的充电控制方法包括：恒电流充电，即充电电流在充电过程中保持不变，该方法使用最方便也最为普遍；恒电压充电，即保持规定的充电电压不变；先恒流后恒压等。

电池在充满电后，若还继续充电，可能导致电池内压升高、电池变形、漏液等情况发生，电池的性能就会显著降低和损坏。为避免电池过充，需要对充电过程进行控制或在充电完成时予以及时终止（图 5-10）。

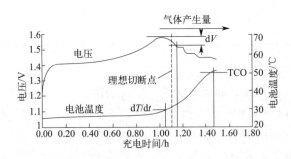

图 5-10　MH-Ni 电池恒流充电及其控制方法

充电时间的长短与电池的充电效率有关,充电效率高则充电时间短。充电效率达不到100%的原因是充入电池的电量不能全部转化为电池的化学能,必然有一部分要转化为热能,另外还有可能是副反应影响。

（2）放电控制

电池的放电方法通常有恒流（充电电池常用）与恒阻（一次电池常用）两种方式（图5-11）。放电曲线通常有电压-时间（或放电容量）曲线和电压-放电电流曲线两种形式。一般一次电池与二次电池常采用电压-时间曲线（图5-12）。

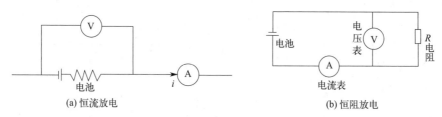

图 5-11　电池的恒流与恒阻放电的电路

如图 5-12 中曲线 1 那样在端电压平坦的后期,急剧到达放电终止电压的电池,放电性能优异。如曲线 2 所示的电压随时间不断下降的电池,其放电性能低劣,而且其放电容量也比曲线 1 小。

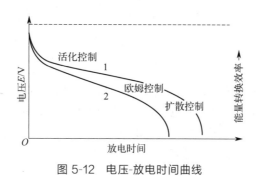

图 5-12　电压-放电时间曲线

5.3　常见一次电池

一次电池（原电池）为电池放电后不能再充电使用的电池。不能再充的原因是电池反应或电极反应不可逆或条件限制使电池反应很难可逆地进行。一次电池的主要优点是方便、简单、容易使用和维修。一次电池被广泛用于民用的各种小型电器中。

化学电源种类繁多且应用领域广泛,对特定电池的认识包括电池基本组成（电化学体系）、电池反应（电极反应）、电池性能特点和主要用途。一次电池有许多类型,按使用的电解液可分为盐类电解质电池、碱或酸性电解质电池、有机电解质溶液电池和固态电解质电池几大类。表 5-3 列出了一些实用的一次电池及其有关性能。

表 5-3 实用的一次电池及其性能

分类	电极正极	电极负极	电解质	电池反应	电动势/V	工作电压/V	理论电池容量/mAh
盐类电解质电池	MnO_2	Zn	$NH_4Cl/ZnCl_2$	$Zn+2MnO_2+2NH_4Cl \longrightarrow$ $2MnOOH+Zn(NH_3)_2Cl_2$	1.5	1.2	224
	O_2	Zn	$NH_4Cl/ZnCl_2$	$Zn+1/2O_2 \longrightarrow ZnO$	1.4	1.2	800
	CuCl	Mg	NaCl 或 KCl	$Mg+2CuCl \longrightarrow MgCl_2+2Cu$	1.6	1.3	241
酸或碱性电解质电池	MnO_2	Zn	KOH	$Zn+MnO_2+2H_2O+2KOH \longrightarrow$ $Mn(OH)_2+K_2[Zn(OH)_4]$	1.55	1.20	224
	MnO_2	Mg	KOH	$Mg+2MnO_2+2H_2O \longrightarrow$ $2MnOOH+Mg(OH)_2$	2.8	1.7	271
	HgO	Zn	KOH	$Zn+HgO \longrightarrow ZnO+Hg$	1.34	1.2	190
	Ag_2O	Zn	KOH	$Zn+Ag_2O+H_2O \longrightarrow$ $Zn(OH)_2+2Ag$	1.6	1.5	180
	PbO_2	Zn	H_2SO_4	$Zn+PbO_2+2H_2SO_4 \longrightarrow$ $PbSO_4+ZnSO_4+2H_2O$	2.2	1.8	220
有机电解质溶液电池	MnO_2	Li	$LiClO_4$	$Li+MnO_2 \longrightarrow LiMnO_2$	3.5	2.7	310
	$SOCl_2$	Li	$SOCl_2/LiAlCl_4$	$4Li+2SOCl_2 \longrightarrow 4LiCl+S+SO_2$	3.6	2.8	450
	$(CF_x)_n$	Li	$LiClO_4$	$nxLi+(CF_x)_n \longrightarrow nxLiF+nC$	3.1	2.5	860
	CuO	Li	$LiClO_4$	$2Li+CuO \longrightarrow Li_2CuO$	2.35	2.0	298
固体电解质电池	RbI_3	Ag	$RbAg_4I_5$	$4Ag+2RbI_3 \longrightarrow Rb_2AgI_3+3AgI$	3.66	2.8	

5.3.1 锌锰电池

(1) 普通锌锰干电池

普通锌锰干电池又叫锌碳干电池,因其电解液呈酸性,有时也称酸性干电池。由法国工程师勒克朗谢发明,也称勒克朗谢电池,是目前使用最广的一种电池。

普通锌锰干电池构造见图 5-13。负极是锌(即电池的外壳),正极是用二氧化锰、石墨粉、乙炔黑、氧化铵和氯化锌等混合物压制而成,碳棒作为电流收集器。电解质以氯化铵、氯化锌为主要成分。将电解液吸在凝胶或浆糊中不自由流动就成为了所谓的干电池。

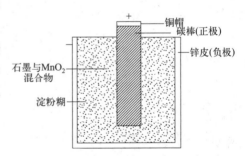

图 5-13 普通锌锰干电池基本构造

锌锰干电池的电化学体系可表示为

$$(-)Zn\,|\,NH_4Cl,ZnCl_2\,|\,MnO_2,C(+)$$

锌锰干电池的开路电压随正极二氧化锰的不同(天然二氧化锰、电解二氧化锰等)以及贮存时间的长短而改变,一般在 1.5~1.8V 之间。电池放电时,正、负极上发生的反应是十分复杂的,迄今尚未研究清楚。随着放电的进行,电解液 pH 升高(放电完结时 pH 约为 7),正极电位降低。放电后解剖正极电芯时,发现正极部分的 pH 值是升高的,并且能觉察到氨气的臭味。一般将放电时的正极反应写成如下方程式:

$$MnO_2+H_2O+e^- \longrightarrow MnOOH+OH^- \tag{5-20}$$

因锌负极处于弱酸性的电解质中(电糊的 pH 值约为 5.0),而放电后锌负极表面附近的 pH 值是降低的,即酸性是增强的,故一般将锌负极的放电反应写成如下形式:

$$Zn \longrightarrow Zn^{2+} + 2e^-$$
$$Zn^{2+} + 2NH_4Cl \longrightarrow Zn(NH_3)_2Cl_2 + 2H^+$$

负极总的放电反应为：
$$Zn + 2NH_4Cl \longrightarrow Zn(NH_3)_2Cl_2 + 2H^+ + 2e^- \tag{5-21}$$

负极锌氧化成 Zn^{2+}，进入电解液形成络离子 $[ZnCl_4]^{2-}$。遇正极 OH^- 形成难溶的 $Zn(OH)_2$。副反应的结果是产生 NH_3 和 $Zn(OH)_2$：
$$NH_4^+ + OH^- \longrightarrow NH_3 \uparrow + H_2O$$
$$Zn^{2+} + 2OH^- \longrightarrow Zn(OH)_2$$

根据上面的讨论，我们可以把锌锰干电池放电时总的反应用下列方程式表示：
$$Zn + 2MnO_2 + 2NH_4Cl \longrightarrow 2MnOOH + Zn(NH_3)_2Cl_2 \tag{5-22}$$
$\Delta G = -257 kJ/mol$，电池电动势 $= 1.55V$。

因 MnO_2 有 α、β、γ 等各种结构，其产物可以呈现各种不同的氧化态。三价锰和电解液中的 H^+ 结合生成羟基氧化锰 $MnOOH$，这是一个固相反应，电解液中 H^+ 进入固相的 MnO_2 中，由 MnO_2 表面向内部扩散，扩散十分缓慢。因此锌锰干电池不能大电流放电。

锌锰干电池原料丰富、价格便宜、制造工艺比较简单。干电池的缺点是工作电压不稳定，实测开路电压为 1.5～1.7V，常高于理论值。随放电电流增大电压迅速下降，即功率密度低，不能大电流放电。其原因在于 H^+ 扩散缓慢，浓差极化大，另外负极上形成难溶的 $Zn(OH)_2$，增加电池的内阻。另外一个缺点是干电池自放电严重，所以储存性能差，一般只能存放几个月。锌锰干电池采用 20% NH_4Cl 为电解液，在 -20℃时会结冰析出 NH_4Cl 晶体，所以干电池不能在低温下使用，一般使用温度为 15～35℃。

常用干电池额定容量为 0.05～500Ah，日用干电池大多为 1～10Ah，其实际电池容量与使用方法有关。在高电流条件下（0.1～10A）只能达到额定电池容量的 20%，若每天使用几小时，电流密度仅为 1～150mA/cm²，则可达到其额定电池容量。间歇放电电池容量较大，是因为 H^+ 可得到补充，$Mn(Ⅲ)$、$Mn(Ⅵ)$ 也可在固相中进行交换而均匀化，使放电电压有所上升。

（2）碱性锌锰电池

若用导电性好得多的 KOH 溶液代替普通锌锰干电池中的 $ZnCl_2$ 和 NH_4Cl 电解液，用反应面积大得多的锌粉替换锌皮作负极，正极集流体改为镀镍钢筒，就变成碱性锌锰电池（图 5-14），简称碱锰电池（alkaline battery），亦称为碱性干电池（其实碱性干电池还有其它种类，只是碱锰电池最常用罢了）。

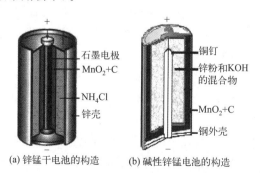

(a) 锌锰干电池的构造　　(b) 碱性锌锰电池的构造

图 5-14　普通锌锰干电池与碱性锌锰电池的构造

正极一般是电解二氧化锰，负极为锌粉（含汞锌粉和无汞锌粉）。随着技术的发展，锌锰电池大幅度减少了汞（Zn 的活性很大，汞可以大幅度降低 Zn 的自腐蚀，从而降低了电池的自放电）的使用量。

电池表达式：（－）Zn|KOH|MnO$_2$（＋）。

电池反应：

$$Zn(s)+MnO_2(s)+2H_2O(l)+4OH^- =\!=\!= Mn(OH)_4^{2-}(aq)+Zn(OH)_4^{2-}(aq) \quad (5-23)$$

碱性锌锰电池采用了高纯度、高活性的正负极材料和离子导电性强的碱液作为电解质，因而内阻小，放电后电压恢复能力也强（图 5-15）。

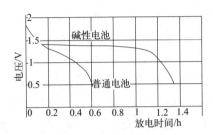

图 5-15　碱性锌锰电池与普通锌锰干电池放电性能的对比

碱性锌锰电池的开路电压为 1.60～1.65V，工作温度范围宽（－20～60℃之间），适用于高寒地区。中等电流连续放电容量为普通锌锰电池的 5～7 倍，自放电小。

5.3.2　其它一次电池

（1）氧化汞电池

氧化汞电池主要包括锌-氧化汞电池和镉-氧化汞电池，即以锌或镉为负极，以氧化汞为正极的电池，通常采用碱性电解质（氢氧化钾或氢氧化钠），其基本反应式分别为：

$$Zn+HgO \longrightarrow ZnO+Hg$$

$$Cd+HgO+H_2O \longrightarrow Cd(OH)_2+Hg$$

碱性锌-氧化汞电池以其单位体积容量高、电压输出平稳和贮存特性好而闻名，开路电压为 1.34～1.36V，早期应用于助听器、手表、照相机等小型电子仪器，然而由于氧化汞电池体系价格较高，其应用推广受到了很大程度的限制，多用于军事和特殊用途。

在宽广温度范围内，镉在苛性碱溶液中都有低的溶解度，因此采用镉取代锌可以得到非常稳定的电池，其贮存寿命和在极端温度下的性能十分优异。然而，由于镉的成本较高，且电池电压低于 1V（0.89～0.93V），其应用程度更低。

近年来，因为汞和镉带来的环境问题，氧化汞电池的市场几乎全部消失，被碱性二氧化锰电池、锌-空气电池和锂电池所取代。

（2）镁电池和铝电池

镁和铝都具有较高的标准电势、较低的原子量和多价态，因此拥有较高的质量和体积比电化学当量，是非常有吸引力的一次电池负极材料。

目前，镁负极已成功应用于镁-二氧化锰电池。与锌-二氧化锰电池相比，镁-二氧化锰电池的容量提高了将近 1 倍，并且具有极好的容量保持能力，这是由于镁负极表面形成了一层保护膜。这种电池的缺点主要是电压滞后（voltage hysteresis，指钝化等原因导致电池工作电压不能立即达到所需的工作状态的现象），并且放电期间一旦镁负极保护膜遭到破坏，就要发生腐蚀反应同时产生氢气和热量，造成安全隐患。另外，部分放电后的镁电池会失去良好的贮存性能，因此不适宜长期间歇放电使用。由于这些缺点，镁电池至今没有大量商品化，仅应用于一些军事或应急设备中，并且随着锂电池及锂离子电池的成功应用，镁电池或将逐步退出市场。

相比于镁电池，铝电池（铝-二氧化锰）的应用更为有限，至今未实现商品化。其商品化主要受到负极腐蚀和电压滞后等问题的阻碍。

5.4 常见二次电池

二次电池又称蓄电池或可充电电池，是电池放电后可通过充电方法使活性物质复原后能够再放电，且充、放电过程能反复多次循环进行的一类电池。二次电池的重要特点是放电时化学能转变为电能，充电时电能转变为化学能并贮存于电池中。二次电池需满足电池反应可逆的条件。

二次电池已有100多年的历史。1859年，布兰特研制出了铅酸电池，该电池目前仍然是用途最广泛的二次电池。1908年爱迪生发明了碱性铁镍蓄电池，该电池早期用于电动汽车，它的优点是耐用和寿命长，但由于其成本高、能量密度低，已逐渐被淘汰。镉镍电池从1909年开始研制，20世纪50年代烧结极板的设计使得二次电池在功率和能量密度上有了较大的提高。密封镉镍二次电池、密封铅酸电池的开发带来新的应用。新型的二次电池如氢镍电池和锂离子电池发展迅速。

评价二次电池性能的主要指标除前面提及之外，还有容量效率、伏特效率、能量效率和充放电行为等。容量效率是指在一定条件下一个蓄电池放电时输出的电量和电池充电至原始状态时所需电量的比值。如果容量效率接近于1，表示电池充放电期间能量损失很小。伏特效率是指蓄电池放电和充电过程的工作电压之比，它反映了放电和充电过程极化的大小，伏特效率接近于1，表示电池可逆性能好。能量效率系容量效率和伏特效率的乘积，是评价电池能量损失和极化行为的综合指标。充放电行为是评价二次电池优劣的重要指标。对于实用电池希望充放电曲线（特别是放电曲线）平坦，初始电压和截止电压的差值小。

二次电池制造后，通过一定的充放电方式将其内部正负极物质激活，改善电池的充放电性能及自放电、储存等综合性能的过程称为化成。二次电池只有经过化成后才能体现真实性能。二次电池在制造过程中，因工艺原因使得电池的实际容量不可能完全一致，通过一定的充放电制度检测，并将电池按容量分类的过程称为分容。

5.4.1 铅酸电池

铅酸电池目前仍是使用最广、产量最大（约占电池总产量的75%）的蓄电池。图5-16为铅酸电池结构。外壳用聚丙烯塑料，电流捕集器是Pb-Sb合金栅网，采用特殊工艺将糊状电活性物质涂在电极上,制成平板式电极。负极活性物质为海绵铅,加入少量硫酸、木质素磺酸盐、硫酸钡等添加剂。正极一般不加添加剂,将纯铅在一定条件下通气氧化生成铅和 PbO_2 的混合物。充电前注入硫酸,密度为 $1.2\sim1.3g/cm^3$(约30%)。

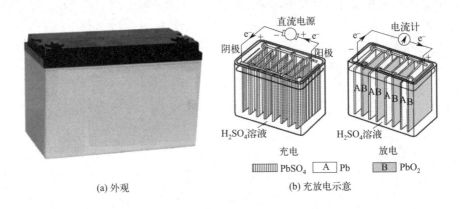

图 5-16 铅酸电池构造

铅酸电池优点是价格便宜、能量转换效率高、比较稳定可靠;缺点是能量密度低、循环次数不多、低温性能不好、笨重携带不便。

铅酸电池可表示为

$$(-)Pb\,|\,H_2SO_4\,|\,PbO_2(+)$$

铅酸电池反应(电池反应正向表示放电过程,逆向表示充电过程)

负极反应: $Pb+HSO_4^- \rightleftharpoons PbSO_4+H^++2e^-$

正极反应: $PbO_2+HSO_4^-+3H^++2e^- \rightleftharpoons PbSO_4+2H_2O$

电池反应: $Pb+PbO_2+2H_2SO_4 \rightleftharpoons 2PbSO_4+2H_2O$ (5-24)

电池电动势 $E=2.05\sim2.1V$。电池电动势随温度和 H_2SO_4 浓度不同而略有差别。电动势和开路电压一致,在25℃时约为2.10V;电池的额定电压为2.0V,放电时的截止电压为1.75V,在低温下以超高倍率放电时截止电压可降低到1.0V。电池容量与放电强度、深度密切相关,并与温度有关。容量效率为80%~90%,能量效率为70%~80%,比能量为20~40W·h/kg。

图5-17为电池的放电曲线。放电电压随放电速度不同而变化。放电速度快,极化大,因此端电压下降快。这是因为 $PbSO_4$ 是绝缘体,随着放电进行,电极的孔隙和表层被 $PbSO_4$ 覆盖,使电阻增大,欧姆极化增加,另外放电时 H_2SO_4 需扩散到电极内部,放电快将导致浓差极化增大。放电时两极活性物质与硫酸作用转化为 $PbSO_4$,电解液中 H_2SO_4 逐渐减少,密度逐步下降。当两极上活性物质的表面被不导电的 $PbSO_4$ 覆盖,此时放电电压很快下降,然后要进行充电。注意放电截止后必须立即充电,因为放电时生成许多 $PbSO_4$ 微晶,若不充电,$PbSO_4$ 微晶自行长大,再充电时不能全部恢复原状,使电池容量显著下降,称为极板的硫酸化。

由于电极反应产生的 Pb^{2+} 形成新相 $PbSO_4$,形成新相时存在结晶过电势,所以放电开始时电压有所下降。放电过程中开路电压与放电电压差值增大,这与活性物料孔隙度减小、电极反应从表相深入体相(内部)有关。充电开始时有时出现电压极大值,这与紧密少孔的

PbSO$_4$ 层中电解液的内阻增加有关。充电结束 PbSO$_4$ 主要部分转化为活性物质，电压剧烈增大，然后达到稳定。

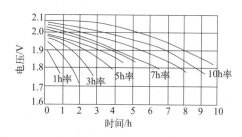

图 5-17　铅酸电池放电曲线

Pb 负极易发生钝化，在电极过程中 Pb 表面形成紧附于 Pb 表面的结晶层，导致导电性、活性下降。为此，常在活性物料中加入去钝化剂 BaSO$_4$ 及有机膨胀剂。BaSO$_4$ 和 PbSO$_4$ 为同晶型体，可作为 PbSO$_4$ 的结晶中心，放电过程中 PbSO$_4$ 晶体不是在 Pb 的表面而是在 BaSO$_4$ 表面开始生长，Pb 慢慢被隔绝层所遮蔽。有机添加剂可吸附于 Pb 的表面，阻止 PbSO$_4$ 新的结晶中心的形成，促使在 BaSO$_4$ 上较大晶体的生长。

正极 PbO$_2$ 有 α、β 两种晶型。α-PbO$_2$ 比表面积小，利用系数低，但在充放电循环过程中 α-PbO$_2$ 逐渐转化为更稳定的 β-PbO$_2$，电池的容量随着增大。

铅酸电池的循环寿命一般为 250~400 次，电池自放电较严重。影响容量和循环寿命的主要原因有：

① 极板栅腐蚀。Pb 电极在与 PbO$_2$ 和酸接触的地方腐蚀以及 Pb 板栅的暴露部分充电时可能发生阳极氧化而导致的腐蚀。

② 正极活性物质脱落。充电开始和结束时，晶体和小于 0.1μm 的 PbO$_2$ 颗粒可能同板栅分离。放电时形成 PbSO$_4$ 紧密层造成正极活性物质的脱落。同时 BaSO$_4$ 的加入也会促进脱落。为了防止正极活性物质的脱落，电极采用紧密装配，并混入玻璃纤维，在活性物质中加入黏合剂等。

③ 负极自放电。主要原因是电极体系和电解液中存在的杂质（如 Fe、Cu、Mn）相互作用使海绵 Pb 腐蚀。为了减少自放电，必须用纯 Pb 制备活性物料的合金粉末，用纯硫酸和电导水配制电解液，并保持适宜的运行条件。

④ 极板栅硫酸化。表现为电极上生成紧密的白色硫酸盐外皮，此时电池不能再充电。

为克服铅酸电池存在自放电较强、有氢析出、污染等缺点，采取不同措施对铅酸电池改进：采用较轻材料制备板栅，以提高比容量；采用分散度更高的电极以提高活性物质的利用率；采用胶状电解液（加 SiO$_2$）使电池在任何情况下都能运行；采用 Pb-Ca 合金和 Pb-Sb 合金，以降低自放电和水的分解；塑料壳密封电池设有排气闸门。

铅酸电池在使用时需注意定期充电且充满电以防 PbSO$_4$ 微晶长大。即使电池放置不用也应定期充电以消除自放电过程中产生的 PbSO$_4$ 微晶。一般在贮存期每月充电一次，为防止自放电，应尽量避免引入氢过电势低的物质，要采用纯硫酸和蒸馏水配制电解液。

传统的铅酸蓄电池由于反复充放电使水分有一定的消耗，因此使用过程中需要补充蒸馏水。同时在充电后期或过充电时会造成正极析氧和负极析氢，因而电池不能密封。充电后期电池反应为：

正极：　　　　　　　$PbSO_4 + 2H_2O - 2e^- \longrightarrow PbO_2 + HSO_4^- + 3H^+$

$$H_2O - 2e^- \longrightarrow 2H^+ + \frac{1}{2}O_2$$

负极：
$$PbSO_4 + H^+ + 2e^- \longrightarrow Pb + HSO_4^-$$
$$2H^+ + 2e^- \longrightarrow H_2$$

因此，电池在充电时产生 H_2 和 O_2 是不可避免的。现今通过技术改进可以制成密封式铅酸电池。主要技术措施包括：采用负极活性物质（Pb）过量，当充电后期时只是正极析氧而负极不产生氢气，同时产生的氧气通过多孔膜及电池内部上层空间等位置到达负极；采用多孔玻璃纤维隔膜（孔率>90%）在正负极之间为 O_2 的传递提供了良好的通道，充电时正极析出的 O_2 在负极以极快的速度被还原，反应生成的 PbO 与 H_2SO_4 作用生成水。

$$Pb + 1/2 O_2 \longrightarrow PbO$$
$$PbO + H_2SO_4 \longrightarrow PbSO_4 + H_2O$$

生成的 $PbSO_4$ 在充电时重新转变为海绵状的铅：

$$PbSO_4 + H^+ + 2e^- \longrightarrow Pb + HSO_4^-$$

充电时扩散到负极表面的 O_2 也可直接还原为水：

$$2H^+ + 1/2 O_2 + 2e^- \longrightarrow H_2O$$

上述反应实现了 O_2 的循环，净结果是没有 O_2 的积累，没有水的损耗。氧气的复合使负极去极化，减少了氢气的析出。水的生成可以减少维护或免维护，同时氧再复合不会使气体逸出。这种密封原理是以水溶液为电解质的蓄电池的共同特点。

5.4.2 银锌电池

银锌电池是以氧化银为正极，锌为负极，KOH 水溶液为电解液的一种碱性电池。1941年法国的安德烈（Andre）将半透膜（玻璃纸）放在电池中作隔膜，防止了在碱性电解质溶液中的银向锌电极迁移和沉积，制得有实际应用的锌-氧化银电池。

银锌电池充满电时的开路电压为 1.86V。它的充放电曲线上有两个平稳台阶，如图 5-18 所示。由此可以说明电池的电极反应不是单一的，而是较为复杂的。因 Zn 在碱性电解液中的化合物有 ZnO 和 $Zn(OH)_2$，而每一种化合物都不止一种形态。ZnO 有两种形态，$Zn(OH)_2$ 有五种结晶形态和一种无定形态。$Zn(OH)_2$ 又是两性化合物，在强碱性溶液中又以 $Zn(OH)_3^-$、$Zn(OH)_4^{2-}$ 的形式存在。银有高价的和低价的氧化物 AgO、Ag_2O，它们在不同的电位台阶上发生反应。反应式如下：

$$2Ag + 2OH^- \longrightarrow Ag_2O + H_2O + 2e^- \quad \varphi_1^\ominus = 0.345V \quad (5-25)$$
$$Ag_2O + 2OH^- \longrightarrow Ag_2O_2 + H_2O + 2e^- \quad \varphi_2^\ominus = 0.607V \quad (5-26)$$

银电极的电位有两个平阶，锌电极的电位由氧化产物的类型决定。因而随固相类型不同，电池的标准电动势可在不同数值间变动（见表 5-4）。

表 5-4　25℃银锌电池的标准电动势

锌的形式	无定形 $Zn(OH)_2$	ε-$Zn(OH)_2$	惰性 ZnO
银极低平阶	1.566	1.594	1.695
银极高平阶	1.828	1.856	1.867

负极（阳极）的电极反应与碱性锌锰电池的负极反应相同。

$$Zn + 2OH^-(aq) \longrightarrow Zn(OH)_2(s) + 2e^-$$

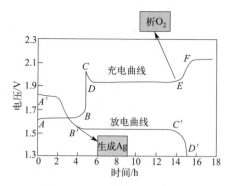

图 5-18 银锌电池充放电曲线（电位相对于锌电极）

反应过程中可能有 $Zn(OH)_2$ 作为中间产物。$Zn(OH)_4^{2-}$ 在电解液中有较大的溶解度，这说明 Zn 电极上允许高速放电。放电时电解液中含有过量的锌酸盐，充电时仍将发生电化学还原作用，但只有一小部分进行化学分解作用而成为固体 ZnO。

Zn 电极上的反应可以是：

$$Zn + 4OH^- \longrightarrow Zn(OH)_4^{2-} + 2e^-$$

$$Zn(OH)_4^{2-} \longrightarrow ZnO + H_2O + 2OH^-$$

电池表达式为：

$$(-)Zn|Zn(OH)_2(s)|KOH(40\%,糊状,含饱和 ZnO)|Ag_2O(s)|Ag(+)$$

可用下式来表示银锌电池的充放电反应：

$$AgO + Zn + H_2O \Longleftrightarrow Ag + Zn(OH)_2 \tag{5-27}$$

银锌电池内阻小、比能量高、工作电压平稳，特别适宜高速率放电使用。银锌电池的主要缺点是使用了昂贵的银作为电极材料，因而成本高；其次锌电极易变形和下沉，特别是锌枝晶的生长穿透隔膜而造成短路，因此锌银二次电池的充放电次数不高（最多150次）。目前除了作成蓄电池以外，银锌电池常被制成一次纽扣电池，主要用于自动照相机、助听器、数字计算器和石英电子表等小型、微型用电器具。它的放电电流为微安级，使用寿命为 1～2.5 年。在医学和电子工业中，它比碱性锌锰电池应用得更广泛。

5.4.3 镍镉电池

19 世纪末瑞典的 Jungner 发明了镍镉电池。目前有两种基本类型：袖珍板式和烧结板式。袖珍板式电极可靠性高，使用寿命可达 20 年之久；烧结板式电池放电速度较快，低温使用性能好。镍镉电池使用范围与铅酸电池大致相同，但性能好，尤其适用于军事部门。

镍镉电池为碱性电池，其组成和电池反应可表示为

$$(-)Cd|KOH|NiOOH(+)$$

负极反应： $$Cd + 2OH^- - 2e^- \Longleftrightarrow Cd(OH)_2 \tag{5-28}$$

正极反应： $$NiOOH + H_2O + e^- \Longleftrightarrow Ni(OH)_2 + OH^- \tag{5-29}$$

电池反应： $$Cd + 2NiOOH + 2H_2O \Longleftrightarrow Cd(OH)_2 + 2Ni(OH)_2 \tag{5-30}$$

负极为海绵状 Cd，装在带孔的镀镍极板上或烧结的基体上。正极为羟基氧化镍（NiOOH），为增加导电性在 NiOOH 中添加石墨，电解液是相对密度为 1.16～1.19 的 KOH 溶液。

实际的电极反应是复杂的，正极上的镍的氧化态可在2~4价内波动，且氧化态和还原态都可能以几种晶型存在。从反应式可以看出，电解液中的KOH没有参与反应，放电时水与活性物质作用，充电时有水生成，充放电过程会引起电解液浓度的变化。

Ni-Cd电池开路电压$V_{开}$为1.40~1.45V，额定电压为1.2V。正极反应效率为60%~70%，负极反应效率为75%~85%。理论比容量为161.6Ah/kg。自放电小，低温性能良好。充放电次数为2000~4000次。大电流放电性能较好。Ni-Cd电池不需要维护，携带使用方便，主要用于计算器、微型电子仪器、卫星、宇宙探测器等。存的不足是活性物质利用率低、成本较高、负极镉有毒。使用时同样要注意防止微晶长大，但具体做法与铅酸电池有差别。铅蓄电池要经常维持充满电的状态，而Ni-Cd电池必须经常定期地、彻底地充放电。如果经常维持充满电的状态，或浅放电连续循环使用，会使蓄电池容量大大减小，寿命缩短。这是因为镍镉电池存在记忆效应。

所谓记忆效应（memory effect）是指电池在充电前，电池的电量没有被完全放尽，久而久之将会引起电池容量降低的现象。在电池充放电的过程中（放电较为明显），会在电池极板上产生些许的小气泡，日积月累这些气泡减少了电池极板的面积，也间接影响了电池的容量。浅放电浅充电过程中没有被利用的NiOOH会发生反应而改变性质，两极上的活性物质的结晶颗粒会自行长大而失去活性。只要多次地深放电到电池不能工作时立即充电，电池的全部容量才能得到恢复，这样电池充放电次数可达1000~2000次。

蓄电池充电时为电解池，当所有未充电的物质均已充电时，两电极不再有储电性能，此时发生电解水的反应。即过充电时

正极： $2OH^- \longrightarrow \frac{1}{2}O_2\uparrow + H_2O + 2e^-$

负极： $2H_2O + 2e^- \longrightarrow H_2\uparrow + 2OH^-$

这样存在电池排气和补充水的问题。目前一般都采用密封式Ni-Cd电池，如何解决此问题呢？关键是防止过充电。因为氢在Cd电极上析出超电势高，Cd在储存期间无氢气产生，加上负极为分散性较好的海绵状镉，充电时正极析氧，容易扩散到负极上，对氧有很高的化合能力。因此，可以制备密封Ni-Cd电池。为实现电池密封，采取的措施包括：控制充电时间不宜过长，同时要为正极上过充电而产生的O_2开辟顺利通向负极的通道，使O_2在负极上还原，$\frac{1}{2}O_2 + H_2O + 2e^- \longrightarrow 2OH^-$，通过采用多孔隔膜（如无棉尼龙和聚乙烯），并控制电解液的用量，使电极与隔膜留出空隙作为气体通道。采用有限电解液及良好吸液性和透气性的隔膜。电解液少，利于氧气向镉电极的扩散。电池设计采用安全排气阀，当电池内部的气体高于设定值时，打开出气孔，让气体排出去，防止电池气胀爆炸。Ni-Cd电池的密封原理如图5-19所示。

另外可在负极上多放一些活性物质$Cd(OH)_2$，称为负极充电储备物，当正极充电反应结束时，负极还有多余的$Cd(OH)_2$，避免了H_2的析出（见图5-20）。正极析出的氧气被负极充电时产生的海绵状镉吸收后又产生$Cd(OH)_2$。

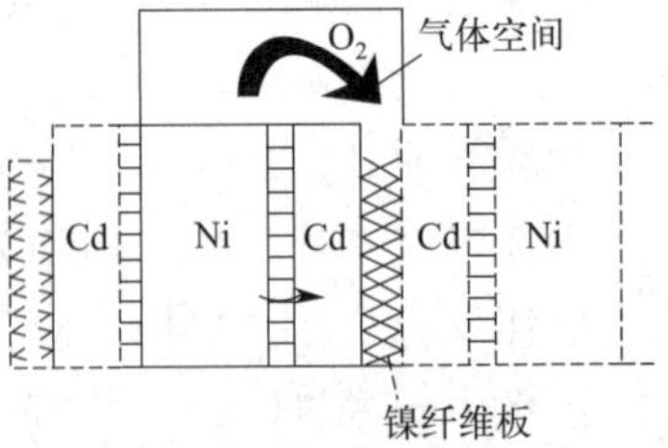

对于电池组还要注意反极保护。电池组内部各个单体电池的容量存在不均匀性，若是其中一个电池率先完成放电，而其他单体电池继续放电，便会发生过放电现象，致

图5-19 Ni-Cd电池密封原理

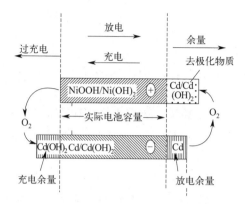

图 5-20 密封镉镍蓄电池的电极容量配置

使内压不断升高，发生危险。在正极材料中，加入反极 $Cd(OH)_2$，这部分材料在过放电状态下，将会发生分解，吸收氧气，保护电极。

5.4.4 镍氢电池

镍氢电池（或氢镍电池）的结构、性能、用途与镉镍电池相似，主要区别在于用储氢合金作负极，取代了致癌物质镉（Cd）。镍氢电池比能量是镉镍电池的 1.5～2 倍；有良好的过充过放电的保护特性；无镉及其化合物的污染；功率大、寿命长（可充放电 1000 次以上）、记忆效应较小。

镍氢电池负极活性物质为氢气，而气体并不能单独构成电极，需要特定的载体。按照氢电极的不同可将镍氢电池分为普通镍氢电池和金属氢化物-镍电池。

(1) 普通镍氢电池

普通镍氢电池是将铂黑催化剂涂敷在具有聚四氟乙烯衬底层的镍骨架上制成氢电极，铂电极背面的憎水性聚四氟乙烯层可以阻止电池充电和过充电期间铂负极背面水或电解质的流失，同时又不影响氢气和氧气的扩散。正常工作情况下，电池中发生的电化学反应如下：

镍电极： $$NiOOH + H_2O + e^- \rightleftharpoons Ni(OH)_2 + OH^- \tag{5-31}$$

氢电极： $$\frac{1}{2}H_2 + OH^- \rightleftharpoons H_2O + e^- \tag{5-32}$$

净反应： $$\frac{1}{2}H_2 + NiOOH \rightleftharpoons Ni(OH)_2 \tag{5-33}$$

氧化镍正极上发生的半电池反应与镉镍电池中发生的反应类似。在负极，放电过程中将氢气变为水，充电过程中水发生电解又重新形成氢气。过充电时，正极将产生氧气，等量的氧气和氢气在铂催化剂作用下在负极上发生电化学复合反应。在此过程中，电池内 KOH 溶液的浓度或水的总量不发生变化。氧气在铂负极上的复合速率非常快，只要能将热量及时从电池中传导出去以避免发生热失控，电池可以承受适度速率的持续过充电，这也是镍氢电池在实际应用中的优点之一。

过充电时发生的电化学反应：

镍电极： $$2OH^- \longrightarrow 2e^- + \frac{1}{2}O_2 + H_2O$$

氧电极: $$\frac{1}{2}O_2 + H_2O + 2e^- \longrightarrow 2OH^-$$

(2) 金属氢化物-镍电池

金属氢化物-镍电池（MH-Ni 电池）的正极同样是氧化镍，但负极采用了金属氢化物（也称储氢合金）作为氢气的载体。

电池表达式: $(-)MH_x | KOH | NiOOH(+)$

负极反应: $MH_x + xOH^- \rightleftharpoons M + xH_2O + xe^-$ (5-34)

正极反应: $NiOOH + H_2O + e^- \rightleftharpoons Ni(OH)_2 + OH^-$ (5-35)

电池反应: $MH_x + xNiOOH \rightleftharpoons xNi(OH)_2 + M$ (5-36)

电池电动势与开路电压由贮氢合金中金属的种类和贮氢的量决定。电池的理论容量 $C = \frac{xF}{3.6M_{MH_x}}$。工作电压可达 1.25V。

贮氢合金材料主要性能要求是：高的贮氢容量，氢平衡压在 101.325～101325Pa 之间；在碱液中稳定，耐氧化性好，具有良好的循环寿命；资源丰富，价格低廉，对环境无害。贮氢材料主要为稀土、钛、锆、钨、镁系列的多元合金。目前已经开发的贮氢合金材料可分为四大类（见表 5-5）。其中 AB_5 型的 $LaNi_5$ 系已实现商品化。该类合金的容量已接近其理论值。

一般认为贮氢合金性能恶化有两种模式：贮氢合金的微粉化及表面氧化进行到合金内部（稀土类贮氢合金性能恶化主要模式）；贮氢合金表面形成钝化氧化膜，使合金失去活性（Ti-Ni 系贮氢合金性能恶化主要模式）。

表 5-5 贮氢合金材料主要类型

组成	典型氢化物	合金晶体结构	氢与金属原子比（H/M）	吸氢量/%（质量分数）
AB_5	$LaNi_5H_6$	$CaCu_5$	1.0	1.38
	$CaNi_5H_6$	$CaCu_5$	1.0	1.78
AB_2	$ZrMn_2H_3$	Cl_4	1.0	1.48
	$ZrV_2H_{1.5}$	Cl_5	1.5	2.30
A_2B	Mg_2NiH_4	Mg_2Ni	1.33	3.62
AB	$TiFeH_2$	CsCl	1.0	1.91

用 Co 替代稀土类贮氢合金中的部分 Ni，可大大延长贮氢合金的循环寿命。其作用机理可能是 Co 在碱液中溶解，在合金表面形成多孔的富 Ni 层，可加快正极析出的氧在负极表面上复合，阻止氧气进入合金内部，从而延长合金的循环寿命。对合金表面进行处理也是提高材料循环性能的有效方法之一。如在合金表面包覆 Cu 或 Ni，可抑制合金的微粉化，阻止氧气进入合金内部；采用 $NaBH_4$ 等还原剂加碱处理合金表面。

采用高功率的泡沫镍、纤维镍作骨架，涂覆高密度的氢氧化镍，镍正极比容量可达 500mAh/cm³。$Ni(OH)_2$ 电极中常加入 CoO。一部分 CoO 在化成过程中掺入 $Ni(OH)_2$ 晶格，使晶格变形，增加了 $Ni(OH)_2$ 的电导率。在化成过程中，大部分的 CoO 通过溶解-沉积机理在 $Ni(OH)_2$ 表面形成均匀的、覆盖良好的导电性网络 CoOOH。

在 MH-Ni 电池中，一般设计为负极过量，即

负极容量＝正极容量＋放电预留＋充电预留

在第一次充电期间，Co(OH)$_2$ 的氧化电势比 Ni(OH)$_2$ 的氧化电势低，这导致在 Ni(OH)$_2$ 转化为 NiOOH 之前便形成稳定的 CoOOH，如果放电结束电压不显著地低于 1V（MH-Ni 电池一般控制不小于 0.8V，当低于 0.6V 时 CoOOH 开始被还原），则 CoOOH 不再参加电池中后续的反应，这样阴极就获得了对应 CoO $\longrightarrow$ CoOOH 所耗电量的预先充电。如果随后放电使正极的可用容量耗尽，但由于预先充电，负极仍有放电储备。

当正极活性物质转化完全并开始大量析氧后，负极尚有剩余容量（充电预留），这样 MH-Ni 电池通过氧气与储氢负极的再复合实现了密封（图 5-21）。

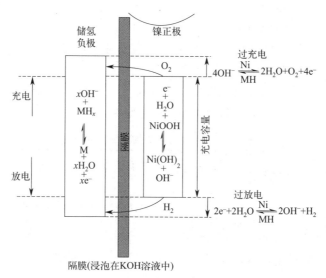

图 5-21　MH-Ni 电池充放电与密封机理示意图

如果采用正极预充电设计，在过放电过程中，镍正极活性物质消耗殆尽前，负极上会有氧气析出。充电时，氧气再被消耗。而一旦正极活性物质消耗殆尽，正极就会产生氢气，同时负极以同样速率消耗氢气。在这种情况下放电，氢氧浓度可能达到可燃范围，氢氧的快速复合产生爆鸣会导致极组损坏。

5.5　锂电池与锂离子电池

5.5.1　概述

若以电极电势最负的轻金属（如锂、钠）作为负极活性物质，而以电极电势较正的卤素（如氟、氯）和氧族元素（如氧、硫）或它们的化合物作为正极活性物质，形成的锂电池系列和钠电池系列具有电压高、比能量高的优点。锂的原子量较小（6.94）、密度低（0.53g/cm^3）、标准电极电势最负（-3.045V）、理论比容量极高（3860mAh/g），并且使用金属锂作为负极无须添加导电剂、黏结剂与导电集流体等附加增重物质，因此，金属锂是理想的负极材料。

锂电池一般是指用金属锂作负极活性物质的电池。但在实际应用中却有诸多的困难，一直到20世纪50年代Harris发现锂在丁丙酯等溶剂中是稳定的，锂盐在这些溶剂中的溶解度足以满足电池电导的需要，这才真正开始了锂电池的研究。锂电池和其它电池性能比较（见表5-6和图5-22）有着以下特性：

① 容量和能量密度高，电压高。锂电池的比能量高于银锌、镍锌、镉镍、铅酸、锰锌、碱性锌锰电池。

② 锂电池的湿贮存寿命长（5～10年）。因为锂电池在湿贮存期间在锂表面形成一层钝化膜而阻止金属锂进一步腐蚀。

③ 电解质采用非水或固态电解质。

④ 安全性是锂电池需要特别重视的问题。在短路或某些重负荷条件下，有些有机电解质电池或非水无机电解质锂电池都有可能发生爆炸。通常认为爆炸是由于反应产生的热使电池温度升高，而温度升高又促使电池反应加速。温度在某些点超过锂的熔点（180°C），溶剂挥发以及反应产生的气体形成很高的压力，造成电池爆炸。

表 5-6 锂电池和其它电池性能比较

电池	能量密度/(W·h/kg)	比功率/(W/kg)	开路电压/V	工作温度/°C	贮存寿命（20°C）/a
Zn-MnO$_2$	66	55	1.5	-10～55	1
Zn-MnO$_2$（碱性）	77	66	1.5	-30～70	2
Zn-HgO	99	11	1.35	-30～70	>2
Li-SO$_2$	330	110	2.9	-40～70	5～10
Li-SOCl$_2$	550	550	3.7	-60～75	5～10

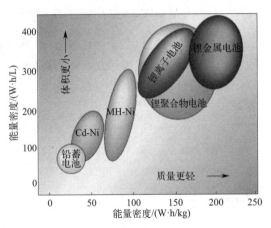

图 5-22 锂电池能量密度比较

锂电池的负极反应是

$$Li \rightleftharpoons Li^+ + e^- \tag{5-37}$$

锂电池正极反应有两种情况。一种是放电时，作为正极活性物质的卤化物、硫化物、氧化物、含氧酸盐及单质元素等还原成低价金属离子或元素，形成新的物相。如

$$AgCl + e^- \rightleftharpoons Ag + Cl^-$$

CuS正极分步还原反应：

$$CuS + e^- \rightleftharpoons \frac{1}{2}Cu_2S + \frac{1}{2}S^{2-}$$

$$\frac{1}{2}Cu_2S + e^- \rightleftharpoons Cu + \frac{1}{2}S^{2-}$$

另一种正极反应是还原后不出现新相。如 MnO_2 和 TiS_2 的还原

$$MnO_2 + Li^+ + e^- \rightleftharpoons LiMnO_2$$

$$TiS_2 + Li^+ + e^- \rightleftharpoons LiTiS_2$$

这类活性物质具有层状或隧道式晶体结构。来自负极的电子进入晶格内，使晶体中的某一金属离子还原，但晶体结构不发生变化。晶体中多余的负电荷由电解质中进入晶格而得到补偿。

5.5.2 常见锂电池

按电解质不同，锂电池分为有机电解质锂电池和无机电解质锂电池两大类。有机电解质锂电池主要采用液态有机溶液为电解质，如 $LiClO_4$ 的碳酸丙烯酯（PC）溶液。目前已应用的这类电池有 Li-MnO_2 电池、Li-SO_2 电池等。常用的无机电解质有 $LiAlCl_4$ 的 $SOCl_2$（亚硫酰氯）溶液。另外，还有电解质为 Li^+ 传导的固态物质的固体电解质电池，如锂碘电池。

几种常见的一次锂电池见表 5-7。这些锂电池已应用于心脏起搏器、电子手表、计算器、录音机、无线电通信设备、导弹点火系统、大炮发射设备、潜艇、鱼雷、飞机及一些特殊的军事用途。

表 5-7 几种一次锂电池的性能

电池类型	典型电池系统	$E^\ominus$/V	理论质量比能量/(W·h/kg)
固体电解质	Li-LiI-I_2	2.78	560
固体正极	Li-MnO_2	2.61	970
	Li-$(CF_x)_n$	3.20	2260
可溶性正极	Li-Ag_2CrO_4	2.95	1110
有机电解质	Li-$SOCl_2$	3.65	2590
无机电解质	Li-SO_2Cl_2	3.90	2010

（1）Li-MnO_2 电池

Li-MnO_2 电池负极为金属锂，正极采用经过专门热处理的 MnO_2。电解质为 $LiClO_4$ 溶解于碳酸丙烯酯和甲氧基乙烷（1,2-DME）混合溶剂。

电池表达式：（－）Li｜$LiClO_4$＋PC＋DME｜MnO_2,C（＋）

负极反应：$Li - e^- \longrightarrow Li^+$

正极反应：$MnO_2 + Li^+ + e^- \longrightarrow LiMnO_2$

电池反应：$Li + MnO_2 \longrightarrow LiMnO_2$ （5-38）

放电过程中锂离子进入 MnO_2 晶格使锰还原。

Li-MnO_2 电池的开路电压约为 3.5V，额定电压为 3.0V，截止电压为 2.0V，约为锌锰干电池的 2 倍。比能量 250W·h/kg（500W·h/L）以上，为铅酸电池的 5～7 倍。中、低倍率放电性能好（能量密度大于 200W·h/kg）。工作温度范围：－20～50℃。贮存性能良好，自放电少。贮存年容量下降 7%～8%。贮存和放电过程中无气体析出。

（2）Li-SO_2 电池

Li-SO_2 电池表达式为：（－）Li｜LiBr，乙腈｜SO_2，C（＋）

正极为多孔碳和 SO_2。SO_2 以液态形式加到电解质溶液内。由于锂容易与水反应，采

用 SO_2 和有机溶剂（乙腈）与可溶的溴化锂组成的非水电解液。

电池反应： $$2Li+2SO_2 \longrightarrow Li_2S_2O_4 \tag{5-39}$$

SO_2 溶于电解液中，会与锂反应产生自放电现象。自放电过程中在锂表面生成 $Li_2S_2O_4$ 保护膜，阻止了自放电的进一步发生和容量损失，因而 $Li-SO_2$ 电池的贮存寿命长（在20℃下贮存5年，容量损失小于10%）。$Li-SO_2$ 电池能量密度高达 280W·h/kg，可高功率输出，有卓越的低温性能。

(3) $Li-SOCl_2$ 电池

$Li-SOCl_2$ 电池是目前实际应用的电池中能量密度最高的一种电池，可达 500W·h/kg。$Li-SOCl_2$ 电池表达式为：

$$(-)Li|LiAlCl_4,SOCl_2|C(+)$$

正极为多孔碳，将乙炔黑和聚四氟乙烯等混合后，制成薄片状，压制在镍网上。$SOCl_2$ 既是溶剂又是正极活性物质。负极为是压制在 Ni 网上的锂箔。电池反应为：

$$4Li+2SOCl_2 \longrightarrow 4LiCl+S+SO_2 \tag{5-40}$$

电池采用卷绕式全密封结构，开路电压为 3.6V，工作电压为 3.3~3.5V，放电截止电压为 3V，放电电压十分平稳，贮存寿命长，自放电少，低温性能好。缺点是安全性能较差。使用时避免短路、过放电；贮存和使用时温度不能太高。

(4) 锂-聚氟化碳电池

正极活性物质为固体聚氟化碳 $(CF_x)_n$，$0 \leqslant x \leqslant 1.5$。电池表达式为：

$$(-)Li|LiBF_4,PC+DME|(CF_x)_n,C(+)$$

负极反应： $$nxLi-nxe^- \longrightarrow nxLi^+$$

正极反应： $$(CF_x)_n+nxe^- \longrightarrow nC+nxF^-$$

电池反应： $$nxLi+(CF_x)_n \longrightarrow nxLiF+nC \tag{5-41}$$

放电时，固体聚氟化碳变成导电的 C，增加了电池的电导性，改变了放电电压的调节性能，提高了电池的放电效率，但产生的 LiF 沉积在正极结构中易导致正极膨胀。开路电压随 x 的不同而改变；理论能量密度为 2000W·h/kg，实际能量密度为 250~480W·h/kg；放电工作电压为 2.2~2.8V，有较长的储存寿命。

5.5.3 锂离子电池

尽管锂是高比能量的负极材料，但锂非常活泼，特别是采用有机电解质体系的金属锂电池存在较大的安全性隐患，为此希望对金属锂电池进行改进。改进的主要方法包括：一是在金属锂使用之前预先生长一层保护层，如在金属锂表面镀膜以限制金属锂的活性；二是原位保护金属锂，即通过使用电解液添加剂或者改变电解液成分在充放电过程中于金属锂表面形成稳定的界面钝化膜（常称为 SEI 膜）；三是设计具有更高比表面积的材料作为金属锂的骨架，缓解金属锂在溶解-沉积过程中产生的体积膨胀，抑制离子流量不均的问题；四是采用锂合金（如 LiAl）；五是采用具有开放结构的嵌入化合物材料，这就是现在应用最广的锂离子电池。

自从日本索尼公司成功推出了商业化的锂离子电池之后，锂离子电池已经被广泛应用于手机、笔记本电脑、平板电脑等各种便携式电子设备。现逐渐被应用在更大规模的储能场合，包括动力汽车、电站储能等，成为现代电池工业的"明星"。锂离子电池的研发已成为电池领域最活跃的前沿。

(1) 锂离子电池工作原理

锂离子电池工作原理如图 5-23 所示。当锂离子电池充电时，受到外电场的作用，Li^+从正极材料脱出，在电化学势差的作用下向负极迁移，嵌入负极材料，充电量继续增加，负极处于富锂态，正极处于贫锂态，电子的补偿电荷从外电路到达负极，到达负极后得到电子的锂离子接着向负极晶格中嵌入，负极发生还原反应，以保证负极的电荷平衡。放电过程则与之相反，在高自由能的驱动下，负极嵌锂材料中的 Li^+ 脱出，经过隔膜回到正极，同时电子也由外电路到达正极，这一过程中电压逐渐下降。放电结束时，正极处于富锂态，负极处于贫锂态。再充放电时，重复上述过程。由于在充放电过程中，Li^+ 在两个电极之间往返嵌入和脱嵌，被形象地称为"摇椅电池"（rocking chair batteries，缩写为 RCB）。

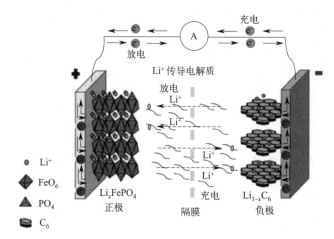

图 5-23 典型锂离子电池原理示意图

电池组成可表示为：

$$(-)嵌\ Li\ 化合物 | 含锂盐的有机溶液 | 嵌\ Li\ 化合物(+)$$

正负极均采用锂嵌化合物。其特点是具有开放性结构（层状结构或隧道结构），可供锂离子自由嵌脱。嵌入化合物的晶体密度低，随锂离子嵌入和脱嵌，晶体仅发生相应的膨胀和收缩，而结构类型基本不变。一般采用高电位的嵌锂化合物作为正极，如 $LiCoO_2$、$LiNiO_2$、$LiMn_2O_4$ 和 $LiFePO_4$ 等。负极材料的种类较多，商业化锂离子电池通常使用石墨。电解质一般是由锂盐和混合有机溶剂所组成的溶液。如 $LiAsF_6$＋PC（碳酸丙烯酯）、$LiAsF_6$＋PC＋EC（碳酸乙烯酯）、$LiPF_6$＋EC＋DMC（碳酸二甲酯）等。锂离子的传输通道中有隔膜，它位于电池的正负极之间，可以限制电子的通过。隔膜一般采用高分子材料，如 PP 微孔薄膜、PE 微孔薄膜。

锂离子电池电化学反应实质是一种插层反应（Intercalation reaction）。充电时，Li^+ 从正极逸出，嵌入负极；放电时 Li^+ 则从负极脱出，嵌入正极。

以正极为钴酸锂、负极为碳的典型的锂离子电池为例，其电池反应为

正极： $\quad LiCoO_2 \rightleftharpoons Li_{1-x}CoO_2 + xLi^+ + xe^-$ \hfill (5-42)

负极： $\quad C + xLi^+ + xe^- \rightleftharpoons CLi_x$ \hfill (5-43)

锂离子在晶体内的层间、间隙或隧道中扩散，并不产生键的断裂和电极材料结构的重建（见图 5-24）。

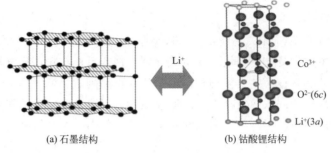

(a) 石墨结构　　　　　　(b) 钴酸锂结构

图 5-24　锂离子脱嵌过程示意图

锂离子电池有很多不同的种类，可以按正极材料、外包材料、性能用途、外形特点和电解质等进行分类。按照正极材料的不同，常见的电池有钴酸锂电池（$LiCoO_2$）、磷酸铁锂电池（$LiFePO_4$）和锰酸锂电池（$LiMn_2O_4$）等。如果按照外形特点来分类，主要有柱形锂电池、方形锂电池和扣式锂电池等。

（2）锂离子电池特点

目前，锂离子电池已成为综合性能最好的电池体系。锂离子电池的突出优点是比能量高（尤其是体积比能量非常高，见图 5-25）、电势高（3.7V）、自放电率低。锂离子电池中的锂源为锂的嵌入化合物，与金属锂相比安全系数高。工

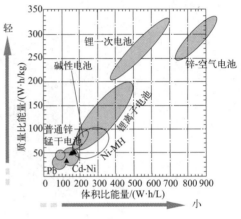

图 5-25　各种电池比能量

作环境温度范围宽，具有良好的高温和低温工作性能，在 -20℃ 下工作仍能保持 90% 的容量。电池处于密封状态，在使用过程中极少有气体放出。此外，锂离子电池不像镉镍电池那样具有较强的记忆效应。表 5-8 为锂离子电池与其它电池的性能对比。

表 5-8　锂离子电池与其它电池的性能对比

技术参数	碱锰电池	镉镍电池	镍氢电池	锂离子电池	锂聚合物电池
工作电压/V	1.5	1.2	1.2	3.6	3.6
质量比能量/(W·h/kg)	50~90	50~70	65~100	105~140	400~500
体积比能量/(W·h/L)	150~250	150	200	300~400	500~600
充放电寿命/次	100	1000	1000	1000	1000
月自放电率/%	（极小）	25~30	30~35	6~9	6~9
记忆效应	无	有	较小	极小	极小
污染	很小	大	很小	很小	很小
充电温度/℃	0~45	0~45	10~45	0~45	0~45
放电温度/℃	20~60	20~60	10~45	20~60	20~60
主要优点	低成本 自放电很少 电压高 资源丰富	低成本 高功率 快速充电 耐用	较低成本 高功率 污染小 比较耐用	高比能量 高电压 污染小 自放电少	高比能量 高电压 污染小 形状可调
主要缺点	寿命短 耐用性差 内阻大 充电麻烦	记忆效应 污染大 低比能量	自放电多	高成本 安全性差 耐用性差 充放电麻烦	高成本 耐用性差 充放电麻烦

液态电解质锂离子电池的性能这些年改善很快。消费电子类应用的电芯体积比能量达到了 730W·h/L，相应的质量比能量为 250～300W·h/kg，循环性在 500～1000 次。动力电池质量能量密度达到了 240W·h/kg，体积能量密度达到了 520～550W·h/L，循环性达到 2000 次以上。储能电池循环寿命达到了 7000～10000 次。

与任何电池一样，锂离子电池也同样存在一些不足。随着社会需求的不断发展，人们对于锂离子电池的要求也越来越高，既要具有高容量、长寿命，又要求安全、环保无污染，这也对现有的锂离子电池提出了若干新的挑战：

① 传统的锂离子电池常用的有机电解液自身的电化学窗口较窄（<4.8V），其稳定工作的温度区间较窄（<80℃），限制了锂离子电池的工作电压，也使其难以实现高温下的应用。此外，液态的有机电解液在使用中存在漏液的风险，带来了一定的安全隐患，其易燃的特性更使锂离子电池的发展因安全性能不佳而受到制约。

② 锂离子电池的大规模应用导致锂资源的大量消耗，未来锂资源的匮乏可能引起锂离子电池成本提高。相比于锂资源，钠的储量较多且提取成本较低，但钠离子电池的能量密度较低，其电化学性能尚待提高。

③ 传统锂离子电池的比容量相对较低。目前已知的具有最高能量密度的含锂正极材料是层状富锂相材料，其比容量约为 250mAh/g。橄榄石型 $LiFePO_4$ 的理论比容量仅为 170mAh/g。

(3) 锂离子电池正极材料

锂离子电池正极材料基本要求为：有较高的氧化还原电位，使得输出电压较高；比容量高，即单位质量材料锂嵌入和脱出量大；化学稳定性好，不易分解和发热；结构稳定性好，循环过程中结构不会被破坏；导电性好；制作方法相对简单，原料便宜；容易回收利用。

目前常见的几种正极材料的比较见表 5-9，常见锂离子电池正极材料的晶体结构见图 5-26。

表 5-9　几种锂离子电池正极材料主要性能比较

性能	$LiCoO_2$	$LiNiCoMnO_2$	$LiMn_2O_4$	$LiFePO_4$
振实密度/(g/cm³)	2.0～2.5	2.0～2.3	2.0～2.4	1.0～1.4
比容量/(mAh/g)	135～140	140～165	100～115	130～140
电压平台/V	3.6	3.5	3.7	3.2
循环性能	≥300 次	≥800 次	≥500 次	≥2000 次
安全性能	差	较好	良好	优秀

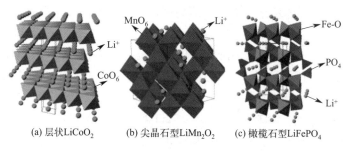

(a) 层状 $LiCoO_2$　　(b) 尖晶石型 $LiMn_2O_2$　　(c) 橄榄石型 $LiFePO_4$

图 5-26　常见锂离子电池正极材料的晶体结构

钴酸锂（$LiCoO_2$）。最早被市场化应用的锂离子电池就是 1990 年索尼公司推出的钴酸锂电池。$LiCoO_2$ 有很多优点，例如比容量高、循环性能好、大电流性能好、工作电压稳定、生产工艺相对简单。但也有缺点，例如质量比容量低、材料中的 Co 会污染环境、资源匮乏导致价格较高。这些缺点限制了其在很多领域如新能源汽车等进一步的普及。

锰酸锂（$LiMn_2O_4$）。地球上的锰资源较为丰富。$LiMn_2O_4$ 作电极材料时有很明显优点：价格低廉，相对安全，储量丰富，易制备，环保无污染等。其缺点在于比容量不高，高温时材料会被破坏，容量衰减快，寿命短等。这些缺点限制了其广泛应用。

镍酸锂（$LiNiO_2$）。$LiNiO_2$ 在消费电子领域应用较多。它有以下优点：实际容量高于 $LiCoO_2$，自放电率低，良好的稳定性，资源充足，环保。但 $LiNiO_2$ 正极材料的能量密度低，且充放电过程中结构容易坍塌，导致循环性能不够理想。

磷酸铁锂（$LiFePO_4$）。磷酸铁锂理论容量为 170mAh/g，充放电电压平台为 3.4V 左右，在成本、循环寿命和安全性能方面具有优势。突出特点是结构比较稳定，使得磷酸铁锂作为正极时有着很好的循环性能。此外，相对低廉的成本也推动了磷酸铁锂材料的快速发展。在最近几年国内的动力电池领域占着很大的份额。$LiFePO_4$ 存在缺点是电子导电性差，约为钴酸锂的万分之一；离子导电性差，锂离子扩散速率约为钴酸锂的百万分之一；振实密度低，导致电池的体积容量偏低。为了解决上述问题，研究者做了大量工作。如为提高电子导电性，添加 C 或其它导电剂，即包炭技术和掺杂技术。通过在磷酸铁锂表面包裹导电炭和内部掺杂金属离子来提高材料的电子导电性。表面形成一层厚度为 5～10nm 的碳包覆层，可使磷酸铁锂的电导率提高 2～5 个数量级。

（4）锂离子电池负极材料

锂离子电池负极材料的基本要求与正极材料相似，如有利于锂离子嵌入脱出的良好的结构，结构稳定性高，导电性好，安全性好，资源丰富，环保，价格低廉等。

常见的锂离子电池负极材料按化学组成主要分成碳材料和非碳材料。碳材料包括石墨类碳材料、无定形碳、碳纳米管等。非碳材料包括有硅基材料、合金类材料、金属氧化物等。

石墨类碳材料。石墨类的碳材料定义为不同的石墨以及被石墨化的碳材料，进一步可以细分为天然石墨、人工石墨、还有改性石墨。在石墨类材料中，碳原子以 sp^2 杂化方式形成层状结构，层与层之间的作用力是范德华力。范德华力作用不强，在充放电过程中，锂离子会带入溶剂，使得整个结构被破坏，导致性能不稳定。中间相碳微球被发现后，才解决上述问题，打开了石墨类碳材料规模化商业应用的大门。

无定形碳。无定形碳在 c 轴方向呈无序排列，没有特定的晶体结构。它的碳原子有 sp^2 和 sp^3 两种杂化方式。在相对低的温度中，就可以合成出无定形碳。无定形碳的优点是与电解液的兼容性好，理论容量较高。无定形碳的缺点是库仑效率很低，实际容量大大低于理论容量。

硅基材料。硅资源丰富。硅有着非常好的储锂能力，在锂电池负极材料中有着非常高的理论比容量（高达 4200mAh/g）。然而硅材料也有一定的局限性：随着锂的不断嵌入，体积会发生非常大的变化，导致结构不稳定，整体性能差。人们采用了很多方法改善其性能。例如将硅材料纳米化能有效提高性能；通过和其它材料复合，有效缓解产生的体积膨胀。

合金类材料。合金类材料有着较高的比容量。合金类材料的优势在于电导率高、对环境敏感性不强等。限制合金类材料在锂离子电池方面应用的原因与很多负极材料类似：锂离子不断嵌入，结构容易被破坏（体积膨胀），不能保持稳定，导致循环性能差。体积效应带来的问题是很多材料在锂离子电池中都面临的难题。

5.5.4 SEI膜与锂枝晶生长

对于锂电池（包括金属锂电池和锂离子电池）特别是二次锂电池而言，SEI膜和锂的枝晶生长是影响锂电池性能的两个关键问题。

(1) 固态电解质界面膜

Peled等在1979年首次提出固态电解质界面膜的概念。固态电解质界面膜（SEI膜）由碱金属和电解质反应生成的钝化膜。这种保护膜的显著特点是具有固态电解质的特性，即为电子的绝缘体，却是Li^+的优良导体。正是由于SEI膜对金属锂负极的保护，锂电池才能具有较好的储存寿命。现在SEI膜的概念已扩展到锂离子电池，将电极材料与电解质体系作用所形成的具有固体电解质特性的保护膜均称为SEI膜。

研究表明，SEI膜的成分和结构主要取决于电极材料与电解液体系的相互作用。电极材料与电解液体系在一定条件下发生反应生成SEI膜，正极和负极均可能形成SEI膜。但因为负极SEI膜对电池的影响更大，故而现在研究较多的是负极SEI膜。

SEI膜厚度一般为100～120nm，往往具有多层结构。例如锂和无机电解质$SOCl_2$-$LiAlCl_4$的反应生成LiCl保护膜：

$$4Li + 2SOCl_2 \longrightarrow 4LiCl + SO_2 + S$$
$$8Li + 3SOCl_2 \longrightarrow 6LiCl + Li_2SO_3 + 2S$$

该膜具有双层结构，紧靠着锂电极的是薄而致密的紧密层，紧密层的外层又生长一层厚而多孔的松散层。

以锂离子电池常用的石墨负极为例，负极表面所发生的反应与金属锂负极类似，电解液为EC/DMC+1mol/L $LiPF_6$，可能的反应是由EC、DMC、痕量水及HF等与Li^+反应形成SEI膜，同时产生乙烯、氢气、一氧化碳等气体。如图5-27所示，SEI膜主要由$(CH_2OCO_2Li)_2$、$LiCH_2CH_2OCO_2Li$、CH_3OCO_2Li、$LiOH$、Li_2CO_3、LiF等组成。它具有多层结构，靠近电解液的一端较为致密，该膜在电极和电解液中间充当中间相，具有固体电解质的性质。

图5-27 负极石墨SEI膜

SEI膜主要是在电池化成这一步形成，即锂离子电池首次充放电过程中，电极材料与电解液在固液相界面上发生反应形成SEI膜。当SEI膜层厚到足以阻止电子转移时，SEI膜则停止生长。

在锂电池中生成SEI膜过程会不可逆地消耗锂及电解液，将降低电池的库仑效率。金属锂自身在溶解-沉积过程中同样会产生体积膨胀。当SEI膜的机械稳定性较差时，锂在SEI膜沉积产生应力会导致SEI膜破裂，造成锂的不均匀沉积从而生成锂枝晶。在锂离子二次电池中，由于锂离子的脱嵌过程必然经由SEI膜，SEI膜对嵌脱锂动力学有显著影响。因此，深入研究SEI膜的形成机理、组成结构、稳定性及其影响因素，进而寻找改善SEI膜性能的有效途径，对提高锂电池性能至关重要。

理想的SEI膜具有以下特征：高的锂离子电导率与电子绝缘性，SEI膜厚度超过电子隧穿长度时表现完全的电子绝缘；膜均匀且致密，结构稳定；电化学稳定性与热稳定性好；具有良好的力学性能，能够适应充放电过程中电极表面的体积变化，不易剥离、破碎并防止被枝晶刺穿。

影响SEI膜结构和性能的因素很多。在电解液体系中，一般认为电解质盐比溶剂更易还原。不同电解质锂盐其SEI膜的形成电位和化学组成不同。不同的溶剂在形成SEI膜中的作用不同。由于各种离子的扩散速率和离子迁移数不同，所以在不同的电流密度下进行电化学反应的主体就不相同，SEI膜的组成也不同。

SEI膜在有机电解质溶液中能稳定存在，溶剂分子不能通过该膜，从而防止溶剂分子的共嵌入对电极材料造成破坏，因而显著提高了电极的循环性能和使用寿命。

使用高还原电压的电解质添加剂可以增强锂负极表面上的SEI膜。适合的添加剂可以与锂负极快速反应，且形成的界面比由有机溶剂和锂盐形成的界面更稳定致密。

（2）锂枝晶生长

锂枝晶是不规则锂沉积物的总称，可粗略分为三类（见图5-28）：①无分叉，单根生长，如丝状锂、针尖状锂、晶须状锂；②团簇状，生长时类似于面团的发酵过程，如苔藓状锂、灌木状锂；③可见明显分叉结构，枝干稀疏，如树枝状锂。

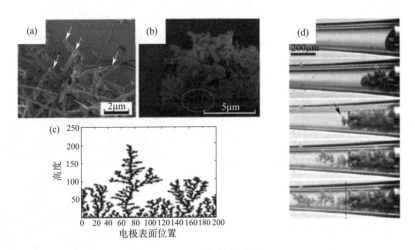

图 5-28 锂枝晶类型

(a) 针状；(b) 苔藓状；(c) 树枝状；(d) 枝晶生长转变

锂枝晶的生长会导致锂离子电池在循环过程中电极和电解液界面的不稳定，破坏SEI膜；锂枝晶在生长过程中会不断消耗电解液并导致金属锂的不可逆沉积，形成死锂造成低库仑效率；锂枝晶的形成甚至还会刺穿隔膜导致锂离子电池内部短接，造成电池的热失控引发燃烧爆炸。另外，锂枝晶还会增加负极的表面积，导致新暴露的锂不断与电解液反应，从而降低电池的库仑效率。因此，抑制锂的枝晶生长是锂电池需要解决的关键问题。

锂枝晶的生长机理与影响因素十分复杂，至今尚没有普适性的锂枝晶生长理论。电沉积过程中锂枝晶生长一般可分为三个阶段（如图5-29所示）：

①初始阶段。电极通电后首先形成SEI膜（SEI膜的形成早于枝晶的产生），然后Li^+穿过SEI膜在电极表面还原。但电极表面锂离子浓度分布和SEI膜的不均匀性，导致其还原反应分布不均匀。

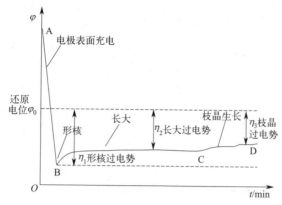

图 5-29 锂金属电沉积电位-时间曲线

② 形核阶段。金属还原形核需要较大的过电势（过电势相当于电结晶形核的推动力），过电势越大，锂形核数越多，形成的晶粒更细。David 等分析了锂枝晶的异质成核过程，提出在锂形核过程中，存在一热力学临界半径 r_{eq} 与动力学临界半径 r_k，分别见式(5-44) 与式(5-45)

$$r_{eq} = -\frac{2\gamma_{NE}V_m}{zF\eta + \Delta G_f V_m} \tag{5-44}$$

$$r_k = -\frac{2\gamma_{NE}V_m}{zF\eta} \tag{5-45}$$

式中，γ_{NE} 为锂/电解质界面的表面能；V_m 为锂的摩尔体积；z 为电荷数；F 为法拉第常数；η 为过电势；ΔG_f 为摩尔体积转化自由能变。

异质成核首先必须克服热力学临界半径，才有足够的能量形核。其次，晶核只有大于动力学临界半径才能够生长，否则该晶核就会逐步消亡。

③ 生长阶段。形核后的锂晶体生长的过电势较低。由于电极表面的不均匀性，某些区域的优势生长，最终形成枝晶形貌。

一般来说，枝晶的数量主要由形核阶段决定，而枝晶的形貌则主要由生长阶段决定。Yamaki 等认为锂枝晶生长方式为晶须生长。

根据 Brissot 和 Chazalviel 等提出的模型，低电流密度时，电极表面 Li$^+$ 浓度梯度恒定，锂金属沉积稳定，无枝晶产生。当电流密度增大，电极表面离子浓度下降，在某一时刻达到临界电流密度，这一时间称为枝晶生长时间，浓度降为零，导致阴极附近出现较强的空间电荷区，空间电荷区将产生强的局部电场，从而诱发枝晶的生长。所以，枝晶生长时间为枝晶生长的临界点，达到这一时间后枝晶开始生长。电流密度越大，枝晶生长时间越小。高电流密度会加速锂枝晶生长，因而降低电流密度，可以延缓锂枝晶生长（如图 5-30 所示）。

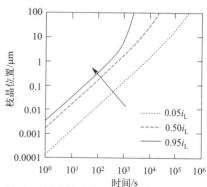

图 5-30 电流密度对锂枝晶生长的影响

锂枝晶的生长与电极表面状态有着直接的关系。电极表面不均匀、电极边缘、负极漏铜箔区域都易于形成锂枝晶。表面越粗糙越有利于形成锂枝晶。电极表面电流分布将极大地影响沉积锂的形貌。很多时候即使电流密度低于临界电流密度，还是会出现锂枝晶生长。这是电流密度在电极表面分布不均匀所致。电极表面凹凸不平，存在许多突起。枝晶生长经典模型认为突触生长速率等于锂离子传质速率乘以其尖端半径。电沉积锂时，基底边缘或者部分毛刺区更容易生长枝晶。沉积电流方式也影响锂枝晶的生长。有报道利用脉冲充电可以有效地抑制锂枝晶的生长。

根据锂枝晶的形成机理及影响因素，抑制枝晶锂生长常用策略包括：

① 均匀锂离子流法。因为电极表面锂离子的空间分布不均匀将导致锂枝晶生长，所以改进锂离子均匀分布对于抑制锂枝晶生长具有重要意义。常见的方法如增加电极的比表面积，降低局部的电流密度，控制正负极集流体涂布后的平整度，或制备出具有微纳孔洞结构的涂层。

② 稳定沉积主体。锂金属的体积膨胀会产生内应力，不利于锂的均匀沉积。因此稳定沉积主体可以减少体积变化并进一步抑制锂枝晶生长。研究表明，采用三维多孔结构的集流体，锂离子在集流体内部的孔隙中沉积，明显抑制了锂枝晶生长。孔隙的尺寸对枝晶生长具有重要的影响，过大的孔隙（100μm 以上）仍会导致枝晶生长，而小的孔隙（几个纳米）则可使锂离子在表面均匀沉积。

③ 制备薄而致密且均匀的 SEI 膜抑制锂枝晶生长。SEI 膜可由锂负极与电解液反应原位生成，也可以在锂的表面预先制备，如利用磁控溅射法在锂金属表面溅射一层 LiF 作为 SEI 层。LiF 具有高离子导通率和高强度等优点，使得锂离子在 LiF 层上可以平稳沉积，而在没有 LiF 层覆盖的区域呈枝晶状生长。

④ 改善电解液体系，抑制锂枝晶的生长和提高库仑效率。采用新型的锂盐、溶剂，特别是采用不同种类功能添加剂。添加剂在锂负极表面分解、聚合或者吸附，作为反应物参与 SEI 膜的生成以改变 SEI 膜的组成与结构。另外也可以作为表面活性剂改变锂负极表面的反应活性，调节锂沉积过程中的电流分布。使用毫克每升水平的添加剂就有可能起到改善锂沉积形貌和循环效率的效果。因此，使用电解液添加剂对锂负极改性是最经济、最简便的方法。如电解质中的卤化物阴离子，特别是氟化物能够使得锂在电解质/锂金属界面的扩散能垒降低，使得锂的表面扩散速率提高，有利于实现锂金属的界面均匀沉积。

⑤ 用高强度凝胶/固体电解质替换液体电解质，可以阻止锂枝晶的生长和蔓延。锂枝晶很难刺穿固体电解质膜导通正负极，安全性得以大大提高。

5.5.5 固态锂电池

采用液态电解质的锂离子电池安全性问题依然很突出，热失控难以彻底避免。另外还存在 SEI 膜不稳定、电解液氧化、析锂、高温失效和体积膨胀等问题。以上缺点与电解质的化学稳定性、电化学稳定性、热稳定性不高有一定关系。为提高液态电解质的锂离子电池的安全性，提出并发展了多种策略。

电池安全性的核心问题是防止热失控和热扩散。热失控的条件是产热速率大于散热速率，同时电芯中的物质在高温下发生一系列热失控反应。发展全固态锂电池最重要的推动力之一是安全性。

全固态锂离子电池的结构包括正极、电解质、负极，全部由固态材料组成。固态锂离子电池的工作原理与传统锂离子电池相同，只是用固体电解质代替了电解液和隔膜。固态电池相比于传统使用液体电解质的电池具有明显的优势,尤其是在安全性方面。因为不使用有机液体类的电解质,不存在漏液、燃烧等安全隐患;固态电池中的固态电解质的电化学窗口更宽,电解质稳定性更强,有助于提升电池的能量密度;固态电池的电解质具备一定的强度,可以防止金属锂中存在的锂枝晶问题。

由于实现固态电池中良好的固固接触十分困难,因此将微量的电解液或离子液体等具有流动性的物质加入固态体系。基于加入液态的数量,可以将电池区分为全固态电池(不加液体)、准固态电池(<5%)与半固态电池(<10%)。

固态电池的研究重点大致包括两个方面。一是优化固体电解质材料的性能。固态电池的核心为固态电解质。固态电解质是一类以固体形式存在,具有锂离子传导能力的电解质。对固体电解质材料的基本要求包括较高的离子电导率、较低的电子电导率、较好的化学与电化学稳定性等。二是研究电极与电解质之间的界面问题,降低电极与电解质间的界面阻抗,提高固态电池总体的电化学性能。

固态电解质按照物质种类可以分为有机聚合物电解质和无机固体锂离子电解质两大类。有机聚合物类固态电解质的特点为易于成膜,便于加工成型,故而有利于扩大化的工业生产。但是目前聚合物固态电解质存在以下问题:自身离子传导能力不足,需要在较高温度下才能有效工作;电化学窗口相对狭窄,在高电压下不稳定;机械强度较低等。无机类固态电解质稳定性高,离子传导能力强,机械强度高,化学性质稳定。存在的主要问题包括加工性能不好,不易成膜,且生产工艺复杂。

有机聚合物固态电解质是一类溶解了锂盐的聚合物基体所构成的具备锂离子传导能力的材料。锂盐在聚合物基体中解离,锂离子在特定的聚合物链段区间运动。聚合物固态电解质由聚合物基体(如聚酯、聚醚和聚胺等)和锂盐(如$LiClO_4$、$LiAsF_4$、$LiPF_6$、$LiBF_4$等)构成,因其质量较轻、黏弹性好、机械加工性能优良等特点而受到了广泛的关注。聚合物基体包括聚环氧乙烷(PEO)、聚丙烯腈(PAN)、聚偏氟乙烯(PVDF)、聚甲基丙烯酸甲酯(PMMA)、聚环氧丙烷(PPO)、聚偏氯乙烯(PVDC)以及单离子聚合物电解质等其它体系等。目前,主流的固态类聚合物电解质(solid polymer electrolyte,SPE)基体仍为最早被提出的PEO及其衍生物,主要得益于PEO对金属锂稳定并且可以更好地解离锂盐。

聚合物体系可以添加部分有机液体增塑剂,因此有机聚合物电解质也被分为SPE和凝胶聚合物电解质(gel polymer electrolyte,GPE)两种类型。加入增塑剂的聚合物电解质的离子传导能力大大增强,界面接触性质也得到了明显改善。聚合物类物质在室温时链段的自由运动十分有限,因此聚合物固态电解质的离子电导率一般为10^{-6}S/cm以下。目前大多数的基于聚合物电解质的电池体系的工作温度均远超出室温,并不能完全满足现阶段的应用需求。

无机类固态电解质包括氧化物固态电解质、硫化物固态电解质、氮氧化物电解质、氢化物电解质等。氧化物类固态电解质又分为LISICON结构[lithium superionic conductor,锂超离子导体,为$Li_{14}Zn(GeO_4)_4$类结构物质的一类派生物质]、NASICON结构(具有$Na_{1+x}Zr_2P_{3-x}Si_xO_{12}$这种钠离子导体晶体结构的固态电解质的总称)、钙钛矿结构[钙钛矿结构的通式为ABO_3,A位由Li与La元素共同占据,主要为$Li_{3x}La_{2/3-x}TiO_3$(LLTO)型电解质]、反钙钛矿结构、Garnet石榴石结构等。富锂反钙钛矿结构(lithium rich anti perovskites,LiRAP)主要为Li_3OX(X=F、Cl、Br、I等),是锂离子电解质中锂浓度最高的一种,离子电导率可达到10^{-3}S/cm。Garnet型电解质的结构符合石榴石型陶瓷的通式

$A_3B_2C_3O_{12}$。氧化物类电解质的优点是制备条件相对没有那么严格，无须特种气氛保护，并且可以被烧结致密，具有较高的强度。

硫化物电解质可以看作是氧化物固体电解质的延伸。氧硫为同族物质，硫的离子半径更大，有助于扩大晶格内部离子通道的尺寸，并且硫的电负性相对较弱，对锂离子的束缚力也随之减弱，因此硫化物电解质中的锂离子运动更强。同样，晶格内部的键合力较弱，使得硫化物电解质的质地更软，更易加工变形。硫化物电解质相比氧化物电解质具有更高的离子电导率，其中 $Li_{10}GeP_2S_{12}$ 电解质离子电导率在室温下可以达到 1.2×10^{-2} S/cm，超越了液体电解质的离子电导率水平。但是硫化物电解质对水敏感，制备条件非常苛刻。

目前固态电池的能量密度与相关性能指标还不能与商业化的传统锂离子电池竞争，主要困难在于：①固态电解质的电导率不高，厚度难以减薄。②固态电池的电解质合成工艺路线复杂，工艺要求高，总体成本较高。③固态电池中电极/电解质界面接触差，锂离子传输困难。④固态电池中电极/电解质的界面稳定性差，电极活性物质与电解质材料存在副反应。⑤使用金属锂作为负极依然存在枝晶生长造成的短路现象。⑥正极中锂离子传输困难，导电相-锂离子导体-活性物质存在三相界面，造成活性物质利用率低下。上述造成电池的比能量不足、电池的功率密度不足、循环性能不足等诸多问题。

许多研究者和企业认为，相对于锂硫、锂空、铝、镁电池以及并不存在的石墨烯电池，全固态金属锂电池是最具潜力的替代现有高能量密度锂离子电池的候选技术，可能从本质上解决现有液态电解质锂离子电池的安全性问题。

5.5.6 锂硫电池

常规锂离子电池的能量密度已经难以满足目前功能不断提升的便携式设备与高里程的电动汽车的能量要求。锂理论比容量为 3860mAh/g，硫理论比容量为 1675mAh/g，远远超出了目前锂离子电池正极容量。因此，采用硫为正极和金属锂为负极构成的锂硫电池的能量密度比传统的锂离子电池高出 7 倍左右。结合硫储量丰富与成本低廉的优势，极有潜力成为新一代高能量密度电化学储能体系。

(1) 锂硫电池基本原理

锂硫电池是指采用硫或硫复合物作为正极，锂或含锂材料为负极，以硫-硫键的断裂/生成来实现电能与化学能相互转换的一类电池体系。常规的锂硫电池正极组成包括活性物质硫、导电物质、黏结剂与支撑电极的集流体等，负极一般直接使用金属锂箔，电解质为溶解锂盐的有机醚类电解液，一般用聚合物隔膜分隔正负极。

锂硫电池的工作原理与传统锂离子电池相似但也有区别。电池充放电过程为

正极反应： $2Li^+ + S + 2e^- \rightleftharpoons Li_2S$

负极反应： $2Li \rightleftharpoons 2Li^+ + 2e^-$

总反应： $2Li + S \rightleftharpoons Li_2S$

因为硫本身是充电态的（最高价态），放电过程中金属锂失去电子成为锂离子，锂离子穿过隔膜到达硫电极并与之反应生成硫化锂，充电时为相反的过程。

值得注意的是，在充放电过程中硫与硫化锂之间的转变经历了多步相变反应，这是锂硫电池不同于传统锂离子电池的主要特点。硫在室温下最稳定的状态是环状 S_8，锂硫电池的放电过程是通过断裂环状硫分子 S_8 中的 S—S 键放出能量，在充电过程中吸收电能形成

S—S键，以转换反应形式实现电池的充放电循环。

由于放电中间产物会溶于有机电解液，锂硫电池的经典放电曲线呈现两个明显的放电平台（图5-31）。第一个放电平台对应着固态硫至可溶态的多硫化锂（Li_2S_x，$x=4\sim8$）的电化学转化过程，固态单质硫由原始环状的S_8逐渐在放电过程中开环变成链状。在这个过程中，随着硫的开环，硫的放电产物溶解性增强，逐步溶解扩散进入有机电解液中，伴随着多硫链段逐渐变短，生成一系列的反应产物，最终对应419mAh/g的理论比容量。这部分反应电化学反应如下：

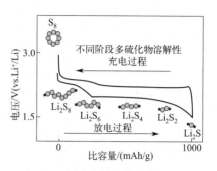

图5-31 锂硫电池经典充放电曲线

$$S_8+4e^-+4Li^+\longrightarrow 2Li_2S_4 \quad E=2.33V(vs.\ Li^+/Li)$$

根据能斯特方程

$$E=E^{\ominus}+\frac{RT}{nF}\ln\frac{[S_8]}{[S_4^{2-}]^2} \tag{5-46}$$

影响放电电压的主要因素是电解液中的多硫化锂的浓度。此过程固态硫到液态的转换较快，S_4^{2-}等还原产物的浓度不断提升，因而电压呈现不断下降趋势，在电压变化曲线中，呈现一个倾斜的曲线。

第二个放电平台对应着Li_2S_4的继续还原转化。Li_2S_4会继续结合锂离子形成更低价态硫的难溶产物Li_2S和Li_2S_2。放电平台特征为较平的直线，在放电接近结束时，出现明显的电压下降，这部分放电过程对应电压为2.10V左右。

$$Li_2S_4+6Li^++6e^-\longrightarrow 4Li_2S \quad E=2.10V(vs.\ Li^+/Li)$$

对应的能斯特方程为

$$E=E^{\ominus}+\frac{RT}{nF}\ln\frac{[S_4^{2-}]}{[Li_2S]^4} \tag{5-47}$$

第二平台中的化学物相转换是由液相转换为不可溶的Li_2S固相，其反应速率较之前长链硫之间的液相转化慢得多，可溶态S_4^{2-}的浓度变化较小，从而由浓度带来的电压变化小，因此电压平台呈现平直的特征。

锂硫电池的最终放电产物为Li_2S，所对应的电化学反应为：

$$S_8+16Li+16e^-\rightleftharpoons 8Li_2S \quad E=2.15V(vs.\ Li^+/Li)$$

需注意的是硫负载量、硫含量以及电解液用量等电池参数对锂硫电池性能有重要影响。锂硫电池充放电过程生成的中间产物为多硫化物（Li_2S_x），对于电池充放电过程和性能有重要影响。单质硫转变为Li_2S过程中伴随着复杂的多相态化学反应和电化学反应，不同形态的中间产物具有显著不同的热力学和电极过程动力学行为，反应机理尚未明确。

尽管锂硫电池已取得显著进展，但离实现真正的商业应用还有很多亟待解决的问题：

① 单质硫与其放电的最终产物Li_2S的电子电导率、离子电导率较差，导致活性物质利用率低下，不利于氧化还原反应的进行。硫的放电产物在充放电过程中由于电子迁移的速率大于多硫化物扩散速率，因此在电极表面处团聚，将电极表面逐渐覆盖，导致电极的整体电导率下降。

② 正极活性物质硫在放电过程中，会逐渐产生可溶态的多硫化物。可溶态的中间产物

多硫化锂溶于电解液，会从正极一侧向负极一侧扩散，产生所谓"穿梭效应"。穿梭效应不仅造成正极活性物质的损失，而且也使金属锂表面被多硫化锂污染和腐蚀负极，导致电池极化增强，容量衰减，库仑效率降低。

③ 锂硫电池中正极物质充放电过程前后会产生 80% 的体积变化（密度比 $S_8/Li_2S=2.03/1.67$），在连续充放电过程中，连续的膨胀与收缩均会造成正极结构的破坏，造成电池性能的明显衰退。

④ 在电池工作过程中，金属锂不仅会被消耗，同时会产生粉化、枝晶等附加问题，使得锂硫电池难以大规模应用。

为提高锂硫电池的电化学性能，非常重要的是要提高正极材料的电导率，另外要抑制不可逆的多硫化锂的扩散迁移。

（2）锂硫电池材料

锂硫电池的正极材料是决定锂硫电池性能的关键因素。由于单质硫的电子导电性极弱，因此需要将单质硫良好均匀地分散到导电基体中，最轻质的导电物质碳成为首要选择。这也是目前常见的碳硫正极材料。碳硫正极材料设计要点是提高碳基体的导电性，通过对硫的均匀分散，提高硫的利用率和硫载量，并且利用所设计碳基体的结构特殊性对可溶态多硫化锂起到物理性抑制溶出的作用。如通过将碳载体的孔隙限制在 0.5nm 以内，小于长链硫的链段长度，可以使得在电化学过程中，活性物质硫无法形成长链的多硫中间体。

由于纯碳正极对溶解态的多硫离子仅仅存在有限的物理吸附，因而只能从结构上控制多硫化物的溶出。而多硫化物自身呈现较强的极性，因此通过提高导电基体的极性，可以增强对多硫化物的吸附控制。如在碳基体中直接分散添加具有强极性的金属氧化物、硫化物、氮化物、碳化物等。一些新型的金属类复合物如金属有机框架（MOF）与二维材料 MXene 等也被用于锂硫电池。

虽然在正极中引入极性成分可以提升对多硫化物的吸附作用，然而基体与多硫化物之间的作用为极性吸附。为此，研究人员将长链硫等直接通过牢固的化学键合作用连接在碳类或者导电聚合物等具备传导电子能力的基体上。实现这种固硫思路主要基于硫的开环加成等聚合反应，而实现固硫反应的前驱体多为有机物质，因此也被认为是有机硫正极。

硫正极必须和金属 Li 配对使用才能体现锂硫电池高能量密度的优势，但实际的锂硫电池中，金属锂负极依然存在着对电解液和锂盐不稳定、金属锂的枝晶生长与其自身的粉化问题。不仅如此，硫正极中的放电产物多硫化锂腐蚀性极强，会迁移到金属锂表面发生腐蚀性反应。

锂离子电池的电解液多为碳酸酯类电解液，但是酯类电解液不能应用于常规的锂硫电池。硫的放电中间产物多硫化锂会与酯类电解液发生亲核取代的化学反应，使得活性物质被直接且不可逆地消耗，造成一般的含硫正极无法在酯类电解液中正常工作。因而为了替代酯类的有机液体电解液，醚类电解液如 1,2-二甲氧基乙烷（DME）与 1,3-二氧戊烷（DOL）的混合溶剂被广泛应用于锂硫电池。

（3）固态锂硫电池

实现锂硫电池的高能量密度的首要前提是使用高比能量的金属锂作为负极。为了消除金属锂与有机电解液相容性差、枝晶生长等问题，固态电解质是理想的选择。在全固态电池中，硫和硫化锂完全被固定在自身的位置上，也就消除了普通锂硫电池中最令人困扰的穿梭效应。

在全固态锂硫电池中，硫的放电形式区别于其在液态电解质中的放电形式。因为在放电过程中没有溶于液态电解液的多硫化物的形成，单质硫会直接转化为固体Li_2S。因此在放电过程中硫的含量不断降低，电压不断下降，放电曲线呈现单一的斜坡。对应的反应方程式为

$$16Li + S_8 \longrightarrow 8Li_2S$$

目前全固态锂硫电池的体系主要是基于硫化物固态锂离子电解质的锂硫电池，另一类具备应用前景的固态电池为基于聚合物固态电解质的锂硫电池。硫化物电解质具有类似液体电解质的极高电导率。目前将硫化物固态电解质制备成全电池的方法为冷等静压等方法，提升电解质内部及电极电解质之间的界面接触。基于硫化物电解质的锂硫电池是目前可以在室温条件下无任何聚合物或者液体存在时能够正常运行的全固态锂硫电池。然而硫化物电池制作工艺复杂，对电池、电解质的装配或生产条件要求高，并且固态电解质原料成本高。

5.6 超级电容器

5.6.1 超级电容器的特点和类型

超级电容器（supercapacitor）是近几十年发展起来的一种能够快速储存和释放能量的储能器件。超级电容器、二次电池与传统电容器构成当今主要的电化学储能系统。三者的性能比较见表5-10。

表5-10 传统电容器、超级电容器、二次电池的性能比较

性能	传统电容器	超级电容器	二次电池
能量密度/(W·h/kg)	<1	1~15	10~280
功率密度/(W/kg)	>10000	500~15000	<2000
放电时长	$10^{-6} \sim 10^{-3}$s	0.3~30s	0.3~3h
充电时长	$10^{-6} \sim 10^{-3}$s	0.3~30s	1~5h
充放电效率/%	约100	85~98	70~85
循环寿命	近乎无限	>100000次	200~2000次
工作电压窗口	受电解质影响	电解液工作窗口	电解液工作窗口和热稳定性

超级电容器作为一种新型的储能装置，具有快速充放电、工作温度范围宽以及超长的循环寿命等优点。超级电容器的功率密度和能量密度介于传统电容器和电池中间。超级电容器的能量密度高于传统电容器2~3个数量级，并且其功率密度是电池的10倍以上。

超级电容器的基本结构如图5-32所示，一般包含电极材料、电解质、集流体和隔膜

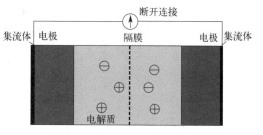

图5-32 超级电容器的基本结构

四个部分。超级电容器所用到的电解质有固态电解质和液态电解质两大类。其中，液态电解

质又包括水系电解质、有机电解质和离子液体。超级电容器隔膜主要有无纺布、聚丙烯（PP）隔膜和琼脂膜等。

超级电容器按正、负电极活性物质的储能机制分为双电层电容器（electronic double layer capacitors）、氧化还原电容器或赝电容器（pseudocapacitors）和混合超级电容器三大类。

超级电容器根据其组装形态，分为对称电容器（symmetric supercapacitors，SSCs）、非对称电容器（asymmetric supercapacitors，ASCs）。目前应用最广泛的对称电容器正负极选取同样的活性物质。目前商业用 SSCs 多是采用活性炭电极和有机电解质。ASCs 由具有不同电位窗口的正负极材料组成，一般采用赝电容材料和双电层电容材料分别作为 ASCs 的两极。ASCs 既有双电层电容比功率大和寿命长的特点，又具备赝电容材料比能量大的特点。ASCs 的优势在于可以充分利用两电极不同的电势窗口，从而使电容器的工作电压范围变宽。具有高比表面积的活性炭一般被选作 ASCs 的一极，而具有较大电容值的金属氧化物材料则被选作为另一个电极。

5.6.2 超级电容器的工作原理

不同类型的超级电容器其工作原理不同。双电层电容器工作原理是双电层静电吸附，而氧化还原电容器基于法拉第赝电容原理。

（1）双电层电容器工作原理

双电层电容器是基于双电层静电吸附原理来存储电量的储能器件。双电层电容器的内部结构如图 5-33 所示，主要是由集流体、电极、电解液、隔膜等组成。双电层电容器工作基于电极/电解液界面双电层中离子的可逆吸附与脱附作用，造成两固体电极之间的电势差，从而实现能量的存储。该过程是一个物理储能过程，不涉及电化学反应，能够在短时间内完成，因此双电层电容器具有超长循环寿命和高功率特性。

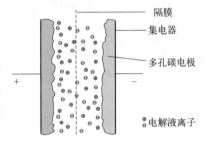

图 5-33　双电层电容器的组成示意图

如图 5-34 所示，当电解质与电极表面接触时，固液之间界面就会出现双电层。外接电源充电，溶液中阳、阴离子便在电场力作用下向负极和正极移动，形成双电层；当去掉外加电场，溶液中相反电荷的离子与电极上的正负电荷便会互相吸引从而使双电层趋于稳定，正负极之间便会产生稳定的电势差。当与负载接通放电时，电极会产生电荷迁移作用使得外电路产生相应电流，溶液中离子迁移会呈现电中性，双电层电容器充放电原理便是如此。

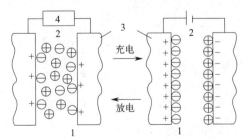

图 5-34　双电层电容器充放电原理示意图
1—双电层；2—溶液；3—正极；4—负载

(2) 氧化还原电容器工作原理

氧化还原电容器又称为赝电容器，也称法拉第准电容器。赝电容是在电极表面或内部空间中，电极材料活性物质在多价态之间发生高度可逆的氧化原反应、化学吸脱附或进行欠电势沉积而产生和电极电势相关的电化学电容，它不仅可以发生在电极材料表面，也可以产生在电极材料内部，因此容易产生比双电层电容更高的电容值和能量密度。在电极材料有效比表面积相同的情况下，赝电容可以产生 10~100 倍的双电层的电容量。

赝电容的产生形式有多种，如来自电极材料本身发生的可逆氧化还原反应，诸如过渡金属氧化物、导电高分子聚合物、掺杂后的碳材料上的杂原子和材料孔道中对氢的电化学吸附。赝电容还可以来自电解质中的氧化还原电对。这两种形式又是主要发生在电极材料的表面，属于法拉第表面赝电容。还有一种是叫作体相插层赝电容，来自电极材料内部。

氧化还原电容器是介于传统电容器和电池之间的一种中间状态，虽然电极活性物质因电子传递发生了法拉第反应，但其充放电行为更接近于电容器而非普通电池。氧化还原电容器原理为：在电极表面或体相中的二维或准二维空间上，电活性物质发生快速、可逆的化学吸附/脱附或氧化/还原反应来存储能量。充电时，在电极和电解液表面发生快速的氧化还原反应或法拉第过程，因电极材料的氧化还原电位发生改变，两电极之间产生电势差，形成赝电容效应；放电时，电极又与电解液发生与充电过程相反的逆反应，两电极间电势差降低，实现放电。在法拉第电容器中，同时存在着赝电容和双电层电容两种存储机制。其中赝电容占据绝对主导地位。这种法拉第反应与二次电池的氧化还原反应不同。

氧化还原电容器主要以金属氧化物或导电聚合物作为电极。金属氧化物如氧化锰、氧化铁、氧化钴及其氢氧化物等，它们的赝电容效应主要来自电化学充放电反应过程，过渡金属的多价态之间的来回变化可逆地储存与释放电荷。例如 $RuO_{x-\delta}(OH)_{y+\delta}$ 和 $RuO_x(OH)_y$ 分别是氧化钌在界面中的不同的价态，在电解液环境中，不同价态的转变导致法拉第电荷的转移 [图 5-35(a)]。

金属氧化物充电过程，电解液离子 H^+ 或 OH^- 在外部电场力下扩散到电极材料表面，在电极和溶液界面处发生电化学反应：

酸性条件： $MO_x + H^+ + e^- \Longleftrightarrow MO_{x-1}(OH)$

碱性条件： $MO_x + OH^- - e^- \Longleftrightarrow MO_x(OH)$

电解质离子在电极表面和内部的活性位点反应，放电时，在电极材料上的电解液离子再次回到溶液里，释放所储存的电荷。

赝电容导电高分子材料如聚苯胺、聚乙烯二氧噻吩、聚吡咯、聚噻吩等，当氧化反应发生在电解质中时，离子从电解质转移到高分子框架上，当发生还原反应时，高分子框架上的离子又返回到电解液中 [见图 5-35(b)]。这种氧化还原转移的过程是在整个电极材料上发生，会得到很高的比电容。但是缺点就在于整个反应过程中，离子的嵌入和脱离会使得高分子电极材料反复收缩膨胀，导致不可逆的体积变化，致使电极材料变质，导电性降低，活性物质受损，进而对循环性能、倍率性能产生较大影响。

(3) 混合超级电容器工作原理

混合超级电容器（ASC）主要是指不对称超级电容器体系以及杂化电容器。其特点是正负极材料的电化学储能机理不同。混合超级电容器通过嵌入/脱嵌行为的电池型负极以及表面物理吸附/脱附行为的电容型正极构筑得到，二次离子电池同双电层电容器并联使用，不仅提高了二次离子电池方面的比功率性能，还提高了双电层电容器方面的比能量性能。它综

 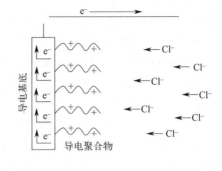

(a) 过渡金属氧化物(RuO$_2$) (b) 导电聚合物

图 5-35 赝电容储能机理示意图

合了两种储能器件的优势,一极通过电化学反应来储存和转化能量,另一极则通过双电层来储存能量。将电池行为引入超级电容器中,能够使得构筑的混合超级电容器具有更高的能量密度,可以在更高的工作电压范围内工作,很好地发挥高能量密度以及高功率密度的特点。混合超级电容器具体的工作机理及构型如图 5-36 所示。

最早期的混合超级电容器是在碱性电解液的情况下,分别使用活性炭和氧化镍/氢氧化镍作为负极和正极,其能量密度达到 7.95W·h/kg。对于非对称电化学电容器正极和负极的主要要求如下:①电化学工作窗口要互补,电池工作电压必须至少增强 30%。②正极和负极要有相似的电容值,这有助于平衡电极质量比。③每个电极都要有长寿命循环能力,这样会使得构成的非对称电化学电容器拥有长循环寿命能力。④两个电极要有相似的功率容量,使器件具有较高的功率密度。

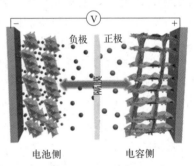

图 5-36 混合超级电容器的构型示意图

(4) 超级电容器性能影响因素

电极/电解质界面双电层电容 C 包括紧密层电容 (C_H) 和扩散层电容 (C_d)

$$1/C = 1/C_H + 1/C_d \tag{5-48}$$

如果不考虑扩散层电容,则双电层电容为

$$C = \frac{\varepsilon_r \varepsilon_o}{d} A \tag{5-49}$$

式中,C 为双电层电容,F;ε_r 为电解液相对介电常数;ε_o 为真空介电常数,$8.854187817 \times 10^{-12}$,F/m;$A$ 为电极材料有效比表面积,m^2/m^3;d 为双电层有效厚度,m。

由式(5-49)可知,双电层电容器电容值的主要影响因素是电极材料的有效表面积、电解液的介电性质以及双电层的厚度。如常用的多孔碳的比表面积很大,通常高达 1000~3000m^2/g,而且双电层有效厚度 d 在纳米级别。因此,双电层电容器的电容值相当高,比传统物理电容器高 3~4 个数量级,这也是称为超级电容器的原因所在。

注意这里所讲的有效比表面积并不是指由 BET 测得的比表面积。因为实际上电解液中的较大的溶剂化离子很难进入电极材料的超微孔中,也就无法形成双电层而贡献电容,因此这部分不能算作有效比表面积。有研究表明亚微孔对双电层比电容有着重要影响,溶剂化的离子通过脱溶剂化后在超微孔发生吸脱附,产生双电层电容。可见孔结构对比电容有很大影响。超微孔比表面积对形成双电层无贡献。过大的比表面积造成电荷散射,不利于电荷在孔道结构中的快速传输。

超级电容器性能主要参数包括比电容、能量密度、功率密度、循环稳定性等。

比电容 C
$$C=\frac{I\Delta t}{m\Delta V} \tag{5-50}$$

式中,C 为比电容,F/g;m 为活性物质的质量,g;V 为工作电压,V;t 为放电时间,s。

能量密度
$$SE=\frac{1}{7.2}C\Delta V^2 \tag{5-51}$$

功率密度
$$SP=\frac{3600SE}{\Delta t} \tag{5-52}$$

SE 和 SP 为电容器的能量密度(W·h/kg)和功率密度(W/kg)。

5.6.3 超级电容器电极材料

超级电容器电极常由主体活性物质与黏结剂、导电剂等混合均匀制得。电极活性材料是电容器的核心,决定了电容器比电容、能量密度、功率密度、稳定性等性能。双电层电容器电极材料包括碳材料、金属氧化物、导电聚合物以及复合材料等。目前研究较多的氧化还原电容器材料包括金属氧化物、导电聚合物等。

(1) 碳电极材料

碳材料是最早用于超级电容器的一类电极材料。碳电极材料对电荷的存储通常主要发生在电极和电解液的界面处,而不是发生在材料的内部,因此电解质离子可以进入的电极材料的有效面积的大小对电容值的高低有着至关重要的作用。除了碳材料的比表面积,影响电化学性能的其它因素还包括碳材料的孔径分布、导电性及表面官能团。碳材料包括活性炭、石墨烯、碳纳米管、模板碳、碳纤维等。

活性炭材料由于具有很高的比表面积、较高的导电性和低成本,是超级电容器最常见的电极材料。根据前驱体的选择和活化过程的不同,活性炭的比表面积可以超过 $3000m^2/g$。电容器比电容的高低不仅受到比表面积的影响,孔径结构对比电容也有很大影响。另外,活性炭材料的表面官能团可以影响表面润湿性,同时提供额外的赝电容,因此也是影响电容很重要的因素。

碳纳米管(carbon nanotube,CNT)有单壁、多壁两种。其理论比表面积达到 $8000m^2/g$,导电性良好,结晶度较高,可以在纳米尺度下形成错综复杂的网状结构等特点,用作超级电容器可以提高功率性能。但是 CNT 管与管之间巨大的范德华力导致其容易聚集在一起,使比表面积大幅度下降,也降低了比电容和能量密度。

石墨烯由于具有很高的导电性、出色的机械强度、化学稳定性和高的比表面积,被认为是很有希望的超级电容器电极材料。石墨烯可以被组装成多种结构,比如一维的纤维、二维的薄膜、三维的泡沫,这种结构变换可以增加其质量比电容。但是和其它碳纳米材料一样,由于石墨烯整体较低的堆积密度,其体积比电容较低。

(2) 过渡金属氧化物/硫化物电极材料

金属氧化物电极材料具有高的理论比电容、合适的工作电势窗口。但是其导电性较低、性能不稳定以及倍率性能不好，尤其在多次充放电过程中性能下降明显，一直是制约其广泛应用的重要原因。目前已经有很多种金属氧化物被用作超级电容器电极材料，如 MnO_2、NiO、FeO、RuO_2、TiO_2 等。其中二氧化钌是被最为广泛研究的电极材料。RuO_2 由于高度可逆的氧化还原反应，在 1.2V 电势范围下有 3 种不同价态反应，有很高的比电容和相对高的电导率，其比电容可高达 768F/g，被认为是最好的赝电容材料。然而，二氧化钌是贵金属氧化物，其应用和推广受到限制。替代二氧化钌材料的主要有镍、矾、锰、钼等金属元素的氧化物或氮化物。

二氧化锰（MnO_2）的复合电极材料同样也被广泛用于能源存储领域，因为 MnO_2 价格低廉、理论比电容高且相对于其它过渡金属氧化物毒性很低。通常情况下，MnO_2 多被用于水性电解质体系，但是因为其导电性不好，在电化学充放电过程中，起作用的只有很薄的 MnO_2 层。将 MnO_2 纳米粒子和导电的比表面积较高的活性材料复合可以有效克服这一缺点，从而提高 MnO_2 比电容和电化学性能。

(3) 导电聚合物材料

导电聚合物是另一种主要的赝电容材料，主要包括聚苯胺（polyaniline，PANI）、聚吡咯（polypyrrole，PPy）、聚噻吩（polythiophene，PTh）等。导电聚合物的导电性要比金属氧化物高，其成本也相对较低，对环境无污染，有很宽的电压窗口，以及通过化学修饰可调控的氧化还原活性。但是，导电聚合物电极材料在多次的充放电过程中会产生膨胀和褶皱等变形，从而导致电极材料性能的衰减，一般基于导电聚合物的电容器性能在 1000 次循环过程中就有明显的衰退。

5.7 燃料电池

5.7.1 概述

1839 年，英国科学家 Grove 在水的电解过程中发现了燃料电池原理。20 世纪 50 年代，美国通用电气公司发明了首个质子交换膜燃料电池。20 世纪 60 年代，美国航空航天管理局（NASA）在阿波罗登月飞船上首次使用燃料电池作为主电源。自此之后，燃料电池技术的研究引起各国重视。20 世纪 70 年代之后，第一代燃料电池（以净化重整气为燃料的磷酸盐型燃料电池，PAFC）、第二代燃料电池（以净化煤气、天然气为燃料的熔融碳酸盐型燃料电池，MCFC）和第三代燃料电池（固体氧化物燃料电池，SOFC）相继被开发。中国从 20 世纪 50 年代，也开启了燃料电池的研究。20 世纪 90 年代，在国际能源需求告急以及国内环境恶化的情况下，燃料电池开发再度成为热门领域。

(1) 燃料电池的特点

燃料电池（fuel cells）可以被看成是通过连续供给燃料从而能连续获得电力的发电装置。常规的能量转换过程（除水力发电外）均包含热能转换成机械能的过程，这种热机过程的效率受卡诺循环的限制，且转换过程是不可逆的。与一般的汽油引擎发电机组不同，燃料电池把燃料中的化学能直接转换成电能而不受卡诺循环的限制。燃料电池的转换是可逆的（逆过程是电解）。在一定的条件下，如在再生式燃料电池中，可以在同一电池堆中，供给电能进行电解过程，产生燃料。

燃料电池不同于一次电池和二次电池。一次电池和二次电池与环境只有能量交换而没有物质交换，是一个封闭的电化学系统；而燃料电池却是一个敞开的电化学系统，与环境既有能量交换，又有物质交换。一次电池的活性物质利用完毕就不能再放电，二次电池在充电时也不能输出电能。而燃料电池只要不断地供给燃料，就像往炉膛里添加煤和油一样，它便能连续地输出电能。由于燃料电池在运转过程中，其电极不会发生明显的变化，所以燃料电池的容量仅由燃料箱的大小决定，燃料电池的转换速率或输出功率仅与其电极的大小有关。

燃料电池是一种新型的能量转换装置，主要有以下特点：

① 能量转换效率高。由于受卡诺循环的限制，汽轮机和柴油机等内燃机的效率为 $35\%\sim50\%$，而燃料电池因化学能直接转换成电能，其能量转换效率远高于传统热机或发电机组。在燃料电池实际应用时，考虑到电池堆散热提供额外的热源等提高综合利用，其总效率可达到80%以上。

② 能量密度高。不同于封闭体系的蓄电池（没有与外界发生物质交换，内部整体能量守恒），燃料电池由于外界不断补充燃料和氧化剂，随着工作时间的增加，燃料电池输出能量也持续增长，其比能量高的优势便进一步凸显。

③ 高度的可靠性。燃料电池的可靠性包括电学和结构两个方面。燃料电池在运行工作时，若出现过载或者短路现象时，其电池本身结构不会被破坏，恢复后仍能继续正常工作。当单个电池堆积成电池组（串联和并联），可实现整个发电装置的电压、电流和功率的匹配需求。

④ 环境友好。针对常见的三种发电方式（火力、水力和核能），成规模的燃料电池发电装置具备显著的优势：地点选址自由，无须对河道等改造；不会释放大量的空气污染物；没有危险的核废料产生，氢氧燃料电池的反应产物仅为氢氧结合后的 H_2O，实现了零污染。

(2) 燃料电池的工作原理

燃料电池可表示为(-)Re|电解质|Ox(+)。负极为燃料Re，如氢、肼、烃等活性还原剂，正极输入氧化剂Ox，如氧、过氧化氢等，电解质可用液体电解质如KOH等，也可用固体电解质。如氢氧燃料电池，负极输入氢气，正极输入氧气，电极反应为：

负极： $H_2 \longrightarrow 2H^+ + 2e^-$

正极： $1/2 O_2 + 2H^+ + 2e^- \longrightarrow H_2O$

总反应： $1/2 O_2 + H_2 \longrightarrow H_2O$

在碱性溶液中电极反应不同，但是总反应仍然相同：

负极： $H_2 + 2OH^- \longrightarrow 2H_2O + 2e^-$

正极： $1/2 O_2 + H_2O + 2e^- \longrightarrow 2OH^-$

总反应： $1/2 O_2 + H_2 \longrightarrow H_2O$

燃料电池中化学反应的能量从理论上可认为全部转换为电能，但实际能量转换效率不会达到100%。如电池电动势为 E，工作电压为 V，反应焓变为 ΔH，定义燃料电池的能量转换效率为

$$\varepsilon = -\frac{nFV}{\Delta H} \tag{5-53}$$

在理想状态下 $V=E$，此时燃料电池的最大转换效率 $\varepsilon_{max}=-nFE/\Delta H$。如氢氧电池，$\Delta H^{\ominus}=-241.95 \text{kJ/mol}$，$\Delta G^{\ominus}=-228.72 \text{kJ/mol}$，所以

$$\varepsilon = \frac{-228.72}{-241.95} = 0.95$$

即在 298K 下有 95% 的总能量转变为电能。实际上 $V=E-\eta_a-\eta_c-IR$，如氢氧燃料电池在电流密度 $i=2\text{A/m}^2$ 时，$V=0.9\text{V}$，则

$$\varepsilon = -\frac{2 \times 96500 \times 0.9}{-241950} = 0.72$$

由于燃料电池需要不断地提供燃料，移走反应生成的水和热量，因此需要一个比较复杂的辅助系统。特别是当燃料不是纯氢，而是含有杂质或简单的有机物（如 CH_4、CH_3OH 等），就必须有净化装置或重整设备，同时还应考虑能量综合利用的问题。完整的燃料电池发电系统由燃料预处理单元、燃料电池单元、热量管理单元、直交流变换单元组成（见图 5-37）。

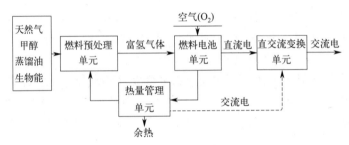

图 5-37 燃料电池系统

5.7.2 燃料电池的主要类型

燃料电池根据不同的反应体系可以选择不同的电解质，按照电解质类型可以分为五种，其特点和用途如表 5-11 所示。

表 5-11 燃料电池分类

类型	碱性燃料电池（AFC）	磷酸盐型燃料电池（PAFC）	熔融碳酸盐型燃料电池（MCFC）	固体氧化物型燃料电池（SOFC）	质子交换膜燃料电池（PEMFC）
燃料	纯氢气	重整天然气	净化煤气、天然气、重整天然气	煤净化气、天然气、煤气	氢气、甲醇
工作温度/℃	90~100	150~200	600~700	650~1000	50~100
温度分类	低温燃料电池	低温燃料电池	高温燃料电池	高温燃料电池	低温燃料电池
发电效率/%	60~70	36~42 CHP:80~85	60 CHP:85	60 CHP:85	50~60
输出功率	10~100kW	50kW~1MW	<1MW	5kW~3MW	<250kW
寿命/10^3h	3~10	30~40	10~40	8~40	10~100
用途	太空、军事	分布式发电	电力公司、大型分布式发电	辅助电源、电力公司、大型分布式发电	备用电源、移动电源、小型分布式发电、交通

续表

类型	碱性燃料电池（AFC）	磷酸盐型燃料电池（PAFC）	熔融碳酸盐型燃料电池（MCFC）	固体氧化物型燃料电池（SOFC）	质子交换膜燃料电池（PEMFC）
优点	材料成本最低，启动快，性能可靠	使用寿命长，技术高度发达	燃料适应性广，余热利用价值高	电解质为固体氧化物，无材料腐蚀、电解液腐蚀问题，余热利用价值高	启动快，功率密度高，寿命长，运行可靠
缺点	纯氢纯氧寿命短，催化剂易中毒	启动时间长，余热回收价值低，材料贵	电解质具有腐蚀性，寿命短	高温条件下材料选择苛刻，成本高	成本高，催化剂易中毒

注：CHP 为热电联产技术。

(1) 碱性燃料电池

碱性燃料电池（AFC）使用的电解质为水溶液或稳定的氢氧化钾基质，其工作温度大约 80℃，反应原理如下：

负极反应： $2H_2 + 4OH^- \longrightarrow 4H_2O + 4e^-$

正极反应： $O_2 + 2H_2O + 4e^- \longrightarrow 4OH^-$

总反应： $O_2 + 2H_2 \longrightarrow 2H_2O$

AFC 的电极设计要求是具有高度稳定性的气、液、固三相界面。双孔结构电极分两层，即粗孔层和细孔层，粗孔层与气室相连，细孔层与电解质接触。如图 5-38 所示，电极工作时，粗孔层内充满反应气体，细孔层内填满电解液。细孔层的电解液浸润粗孔层，液气界面形成并发生电化学反应，离子和水在电解液中传递，而电子则在构成粗孔层和细孔层的合金骨架内传导。

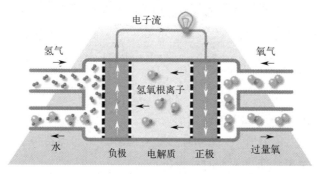

图 5-38 碱性燃料电池工作示意图

常用的催化剂有贵金属（铂、铑、金、银）、贵金属合金（铂-铑、铂-金等）、过渡金属（钴、镍和锰）等。

AFC 的优点是能量转化效率高。通常单位输出电压为 0.8～0.95V，能量转换效率高达 60%～70%。采用非铂系催化剂化学性质稳定。缺点是氧化剂中必须不含有 CO_2。电池电化学反应生成的水必须及时排出，维持水平衡。

(2) 磷酸盐燃料电池

磷酸盐燃料电池（PAFC）是一种以磷酸为电解质的燃料电池。PAFC 采用重整天然气作燃料，空气作氧化剂，浸有浓磷酸的 SiC 微孔膜作电解质，Pt/C 作催化剂，工作温度为 200℃。PAFC 是目前单机发电量最大的一种燃料电池，其反应原理如下：

负极反应： $H_2 \longrightarrow 2H^+ + 2e^-$

正极反应： $1/2O_2 + 2H^+ + 2e^- \longrightarrow H_2O$

总反应： $1/2O_2 + H_2 \longrightarrow H_2O$

Pt/C 催化剂是 PAFC 常用的电极活性材料，其中铂和过渡金属（V、Cr、Co 等）以及贵金属合金等也用作 PAFC 的电催化剂。电极结构包含扩散层、平整层、催化层。电解质材料为浓酸溶液。隔膜材料主要为微孔结构隔膜，由 SiC 和聚四氟乙烯组成。PAFC 的优点是抗 CO_2，可应用于独立电站。缺点是贵金属催化剂对 CO 敏感≤1%，电解质电导率低。

（3）熔融碳酸盐燃料电池

熔融碳酸盐燃料电池（MCFC）是采用碱金属（Li、Na、K）的碳酸盐作为电解质的燃料电池。MCFC 与其它燃料电池的区别在于：为避免电解质碳流失，反应中需用到 CO_2，CO_2 在正极消耗，在负极再生成，循环使用。实际的 MCFC 燃料可由石油、煤、天然气等转化产生的富氢燃料气代替，这是 MCFC 的优势。熔融碳酸盐燃料电池工作示意图 5-39 所示。

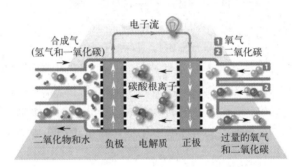

图 5-39 熔融碳酸盐燃料电池工作示意图

MCFC 的反应原理如下

负极反应： $2H_2 + 2CO_3^{2-} \longrightarrow 2CO_2 + 2H_2O + 4e^-$

正极反应： $O_2 + 2CO_2 + 4e^- \longrightarrow 2CO_3^{2-}$

总反应： $O_2 + 2H_2 \longrightarrow 2H_2O$

MCFC 属高温燃料电池，其主要特点为：

① 在工作温度下，MCFC 可以进行内部重整燃料，例如在负极反应室进行甲烷的重反应，重整反应所需热量由电池反应的余热提供。

② MCFC 的工作温度为 650～700℃，其余热可用来压缩反应气体以提高电池性能，可以用于供暖。

③ 燃料重整时产生的 CO 可以作为 MCFC 的燃料，且由于 MCFC 为高温燃料电池，不会受到 CO 使催化剂中毒的威胁。

④ 催化剂为镍合金，不使用贵金属。

MCFC 的膜主要采用偏铝酸锂（$LiAlO_2$）膜，隔膜材料为 $LiAlO_2$ 粉体。MCFC 的正极原料选用羰基法制备的 Ni 粉，也可以选用高温合成法制备的 Ni-Cr 合金粉（Cr 的含量为 8%），加入一定比例的胶黏剂、增塑剂和分散剂，用正丁醇和乙醇作溶剂调成浆料，用带铸法制膜。MCFC 的负极原料选用 $LiCoO_2$、$LiMnO_2$ 或 CeO_2 等，同样采用带铸法制成负极。

（4）固体氧化物燃料电池

固体氧化物燃料电池（SOFC）是一种在中高温下直接将储存在燃料和氧化剂中的化学

能转化成电能的全固态化学发电装置,属于第三代燃料电池,未来有望与 PEMFC 一样得到广泛应用。

SOFC 的电解质是固体氧化物,如 ZrO_2、Bi_2O_3 等,其负极是 Ni-YSZ 陶瓷,正极目前主要采用锰酸镧(LSM,$La_{1-x}Sr_xMnO_3$)材料。SOFC 的固体氧化物电解质在高温下(800~1000℃)具有传递 O^{2-} 的能力,在电池中起传递 O^{2-} 和分隔氧化剂与燃料的作用。固体氧化物燃料电池工作示意如图 5-40 所示。

负极反应:$2O^{2-} + 2H_2 \longrightarrow 2H_2O + 4e^-$

正极反应:$O_2 + 4e^- \longrightarrow 2O^{2-}$

总反应: $O_2 + 2H_2 \longrightarrow 2H_2O$

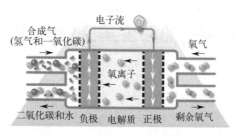

图 5-40 固体氧化物燃料电池工作示意图

固体氧化物电解质材料为萤石结构的氧化物、钙钛矿结构的氧化物。正极材料为锰酸镧(锶掺杂)。负极材料为 Ni 与 YSZ 混合制成的金属陶瓷电极。双极板材料为 Cr-Ni 合金、铬酸镧(钙、锶掺杂)。该类燃料电池的优点是无须贵金属催化剂、无须 CO_2 再循环、效率高;缺点是制备工艺复杂、工作温度高、价格昂贵。

(5)质子交换膜燃料电池

质子交换膜燃料电池(PEMFC)又称固体聚合物燃料电池(SPFC),以含氢燃料为主,在 50~100℃下工作。以高分子质子交换膜为电解质,在增湿的情况下可以传导质子。PEMFC 以全氟磺酸型固体聚合物为电解质,以 Pt/C 或 Pt-Ru/C 为电催化剂,燃料为氢或净化重整气,氧化剂采用空气或纯氧,双电极材料目前采用石墨或金属。直接甲醇燃料电池(DMFC)其实是 PEMFC 的一个亚类,只是燃料采用了甲醇。如果燃料为乙醇,则为直接乙醇燃料电池,但甲醇相对更容易被氧化,因而 DMFC 较为常见。DMFC 的性能与以氢为燃料的 PEMFC 还有较大差距,但氢燃料 PEMFC 造价高,这为 DMFC 提供了可能。DMFC 作为小功率、便携式的电源有较多的优点。

PEMFC 的电催化剂材料主要以铂为主。碳载铂合金催化剂合金元素主要有铂、铬、锰、钴和镍等,铂在合金元素中的比例一般在 35%~65% 之间。纳米级颗粒 Pt/C 为催化剂。质子交换膜燃料电池工作示意如图 5-41 所示。

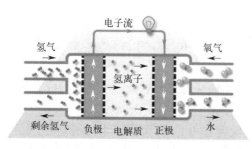

图 5-41 质子交换膜燃料电池工作示意图

负极反应:$H_2 \longrightarrow 2H^+ + 2e^-$

正极反应:$1/2 O_2 + 2H^+ + 2e^- \longrightarrow H_2O$

总反应:$1/2 O_2 + H_2 \longrightarrow H_2O$

PEMFC 电极采用多孔气体扩散电极,由催化层和扩散层构成,扩散层起支撑催化层的作用,同时还有收集电流,为电化学反应提供电子通道、气体通道和排水通道等功能。催化层是电极的核心部分,电池的电化学反应发生在催化层。

质子交换膜的厚度不同,会造成电池内阻的差异。研究发现质子交换膜越薄,越有利于提高电极的催化活性。提高电池的操作温度,有利于提高电化学反应速率和质子在电解质膜内的传递速率。考虑到质子交换膜为有机物,操作温度通常在室温到 90℃。

操作压力为 $P(H_2)$ 和 $P(O_2)$ 的和。如果增加气体压力，可以改变氢、氧气体的传质，影响电池的性能。同时，会增加整个系统的能耗。

质子交换膜中的水含量影响电解质膜的电导，膜如果失水，膜电导会下降。对反应气体增温可以防止膜失水，以确保电池正常运行。

5.8 液流电池和金属空气电池

5.8.1 液流电池

液流电池是一种大规模的电化学储能装置。液流电池的特点是电极本身不参与电化学反应，只是反应进行的场所，通过电解液中反应活性物质的价态变化实现电能与化学能相互转换与能量存储。液流电池工作原理如图 5-42 所示。液流电池由电池/电堆、正负极储罐、循环泵和管路系统等部件组成。储罐的作用是存储正、负极电解液，电解液通过外接循环泵在储罐和电池/电堆中循环流动，电解液平行流过电极表面并在电极表面发生电化学反应。电池正、负极采用离子传导膜隔开，通过双极板收集和传导电流，实现化学能和电能之间的相互转化。

液流电池有效地实现电化学反应场所与储能活性物质在空间上的分离，电池功率与容量设计相对独立。功率由电池或电堆决定，容量由电解液的浓度和体积决定，这使得液流电池设计灵活，在大规模储能中更具优势。

液流电池按电极反应形式可分为无沉积反应和有沉积反应两种。无沉积反应即离子在电极表面变价后又回到液流中去的反应，例如全钒氧化还原液流电池。有沉积反应液流电池包括双沉积反应如全沉积型铅酸液流电池、单沉积反应如锌溴电池、全铁电池。根据电解液中活性物质的种类不同，典型的液流电池包括全

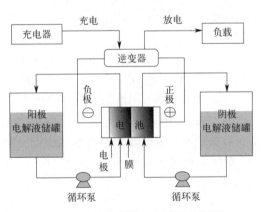

图 5-42　液流电池工作原理示意图

钒液流电池、铁铬液流电池、多硫化钠-溴液流电池、锌溴液流电池及有机液流电池等。

铁铬液流电池是最早被提出的液流电池体系。在该电池中，正极采用 Fe^{2+}/Fe^{3+} 电对，负极采用 Cr^{2+}/Cr^{3+} 电对，电池标准开路电压为 1.18V。但由于铬的氧化还原反应可逆性较差，并且充电时析氢副反应较为严重，随着新的液流电池体系被提出，该电池已逐渐被取代。

全钒液流电池是人们研究较为深入并已有大规模商业示范应用的液流电池。全钒液流电池使用不同价态的钒离子为正、负极的电解液。正极采用 VO^{2+}/VO_2^+ 电对，负极采用 V^{3+}/V^{2+} 电对，电池标准开路电压为 1.26V。由于两极的电解液为同一物质的不同价态，能够很好地解决电解液交叉污染的问题，而且钒的氧化还原反应可逆性好，能够在高电流密

度下表现出很好的能量效率。全钒液流氧化还原体系电池工作机理如图 5-43 所示。

全钒液流电池充电时的反应机理如下：

正极反应： $VO^{2+} + H_2O \rightleftharpoons VO_2^+ + 2H^+ + e^-$ $\varphi^\ominus = 1.00V$

负极反应： $V^{3+} + e^- \rightleftharpoons V^{2+}$ $\varphi^\ominus = -0.26V$

总反应： $VO^{2+} + V^{3+} + H_2O \rightleftharpoons VO_2^+ + V^{2+} + 2H^+$ $\varphi^\ominus = 1.26V$

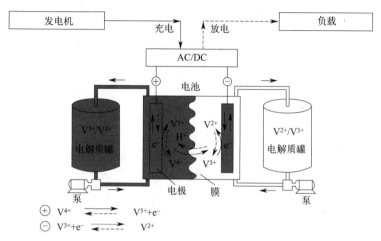

图 5-43　全钒液流氧化还原体系电池工作机理示意图

从第一次提出全钒液流电池后，人们对全钒液流电池进行非常多的研究，但由于钒的价格较高，且钒物质溶解度较低，限制了钒液流电池的发展。

锌溴液流电池的理论能量密度可达 430W·h/kg，输出电压可达 1.84V，且造价低，环境友好，是近年来发展迅速的液流电池之一。锌溴电池体系负极采用 Zn/Zn^{2+} 电对，正极采用 Br^-/Br_2，电解液采用溴化锌水溶液。在电池工作过程中，含有溴化锌的水基电解液被泵进正负极电极室中，并在正负极电极上完成氧化还原反应，储存在外部储液罐中，在电解液的不断循环中，完成电池的充电或放电过程，从而起到对电能的存储与释放的作用。

负极： $2Br^- \rightleftharpoons Br_2(aq) + 2e^-$

正极： $Zn^{2+} + 2e^- \rightleftharpoons Zn$

电池净反应： $ZnBr_2 \rightleftharpoons Zn + Br_2(aq)$

5.8.2　金属空气电池

金属空气电池采用固体金属（如镁、铝、锌、锂等）为电池的阳极，阴极是用空气中的氧气或纯氧活性物质的空气电极。根据电池阳极金属的不同，金属空气电池分为锂空气电池、铝空气电池、锌空气电池和镁空气电池等。

金属空气电池本质是燃料电池的一种。金属空气电池的构造与氢氧燃料电池基本相同，如图 5-44 所示。

金属空气电池主要由金属阳极、空气电极以及中性或碱性电解液组成。在电池阳极，金属 M 发生氧化反应，在阴极，大气中的氧气或纯氧透过电极到达催化层，在固液相界面发生氧气的还原反应。其反应式如下：

负极反应：$M \rightleftharpoons M^{n+} + ne^-$
正极反应：$O_2 + 2H_2O + 4e^- \rightleftharpoons 4OH^-$
总反应：$4M + nO_2 + 2nH_2O \rightleftharpoons 4M(OH)_n$

其中，M 是金属；n 是金属氧化反应的价态。由于阳极金属在电解液中会发生自放电反应，生成 H_2，其总反应式如下：

$$M + nH_2O \longrightarrow M(OH)_n + \frac{n}{2}H_2$$

目前金属电极一般采用金属合金，有少部分研究是采用纯度为 99.9% 的金属片或是金属板作为金属电极。常见阳极材料的电化学性能如表 5-12 所示。

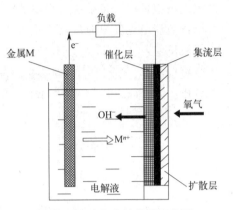

图 5-44 空气电池结构示意图

表 5-12 常见金属阳极材料的电化学性能

阳极材料	电化学当量/(Ah/g)	理论电压/V (vs. 氧电极)	理论比能量/(kW·h/kg)	实测电压/V
锂	3.86	3.4	13.0	2.4
铝	2.98	2.7	8.1	1.6
镁	2.20	3.1	6.8	1.4
钙	1.34	3.4	4.6	2.0
铁	0.96	1.3	1.2	1.0
锌	0.82	1.6	1.3	1.1

金属空气电池都是基于氧气和金属间的氧化还原反应来实现能量的转化与传递的。因此，不同类金属空气电池都有一个相同的电化学反应，那就是阴极的氧还原反应。通常情况下，由于热力学本身的影响，阴极氧气的电化学反应进程较为缓慢，这就直接限制了金属空气电池实际的能量密度。因此，开发高效、低耗的氧还原电催化剂是这类燃料电池的研究核心。

氧电极催化剂需满足以下条件：对氧的还原/析出具有良好的催化活性；对过氧化氢的分解具有促进作用；耐电解质和氧化/还原气氛的腐蚀；电导率和比表面积大。目前研究的氧电极催化剂主要有：铂及其合金、银、金属配合物、金属氧化物等。

典型的金属空气电池空气电极包含三层：集流层、防水扩散层和催化层。集流体是一种具有网状结构且耐腐蚀的金属导电材料，镍网因其具有良好的导电性和抗腐蚀性，成为集流体的最佳选择。防水扩散层是允许氧气通过的多孔结构，且具有较好的疏水性。催化层是空气电极最为重要的组成部分，它是催化氧还原反应发生的场所，是决定电池电化学性能的主要因素。

金属空气电池所用电解液一般为中性或者碱性电解液，对于不同的金属阳极，在同一空气电极时，电解液的不同对电池影响较大。中性电解液一般以 NaCl 作为电解质，价格低廉，材料来源丰富，且不受环境变化的影响。但实验发现，当盐溶液作为铝空气电池的电解质时，相对于碱性电解质，工作电压和放电电流相对较弱。碱性电解液一般使用 KOH，KOH 电解质在铝空气电池中使电池性能变得更优异，但在镁空气电池中的效果没有那么明显。虽然碱性电解质在电池放电时具有较高的放电电压和较大的电流密度，但是碱性溶液具有腐蚀性。目前，锌空气电池和锂空气电池多用固态电解质和凝胶电解质，而镁空气电池和铝空气电池多用水溶液电解质。

(1) 锌空气电池

锌空气电池的阴极活性物质来源于空气中的氧气，负极采用廉价的锌，在碱性电解液中，反应如下：

负极：
$$Zn \longrightarrow Zn^{2+} + 2e^-$$
$$Zn^{2+} + 2OH^- \longrightarrow Zn(OH)_2$$
$$Zn(OH)_2 \longrightarrow ZnO + H_2O$$

正极：
$$1/2 O_2 + H_2O + 2e^- \longrightarrow 2OH^-$$

总反应：
$$Zn + 1/2 O_2 \longrightarrow ZnO$$

(2) 铝空气电池

电池中以铝（Al）为负极，氧为正极，在铝空气电池两侧有一对辅助空气电极，作为铝空气电池正极，在工作时只能消耗铝和少量的水。两极反应为：

负极（Al）：
$$Al - 3e^- \rightleftharpoons Al^{3+}$$
$$Al^{3+} + 3OH^- \rightleftharpoons Al(OH)_3 \text{（中性溶液）}$$
$$Al^{3+} + 4OH^- \rightleftharpoons Al(OH)_4^- \text{（碱性溶液）}$$

正极：
$$O_2 + 2H_2O + 4e^- \rightleftharpoons 4OH^-$$

总反应式：
$$4Al + 3O_2 + 6H_2O \rightleftharpoons 4Al(OH)_3 \text{（中性溶液）}$$
$$4Al + 3O_2 + 6H_2O + 4OH^- \rightleftharpoons 4Al(OH)_4^- \text{（碱性溶液）}$$

5.9 电化学在新能源开发中的应用

5.9.1 电化学与氢能开发

氢能被誉为21世纪最具发展前景的二次能源。2017年波恩气候大会预计，2050年时氢能占总能耗的1/5。氢能产业链包括氢的制取、储存、运输和应用等环节。电化学在氢能产业中的应用包括水电解制氢、电化学储氢材料、燃料电池等。

目前，制氢技术主要有传统能源和生物质的热化学重整、水的电解和光解等技术。从各类含氢排放气或驰放气、煤制合成气、天然气转化气、甲醇转化气等提纯获得的氢气约占90%以上，以水电解获得的氢气占比为2%～4%。由于煤气化制氢和天然气重整制氢的CO_2排放量均较高，化石燃料制取氢气不能解决能源和环境的根本矛盾。光解水技术目前的难点是光转化效率太低，需要开发高效率催化剂。

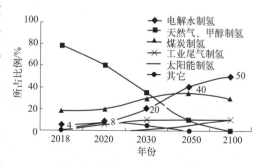

图 5-45　氢气制备发展趋势

而电解水制氢可以有效地消纳风电、光伏发电等不稳定电力，以及其它富余波谷电力，电解水制氢技术不断发展，成本逐渐降低，有望成为未来氢气制取的主流方式（见图 5-45）。

与电化学有关的制氢方法最重要的是水电解制氢。根据隔膜不同，电解水制氢可分为碱水电解、质子交换膜水电解（PEM）、固体氧化物水电解（SOE）等，三种水电解技术比较见表 5-13。

表 5-13 三种水电解技术比较

项目	单套制氢能力/(m³/h)	效率/%	成本/(元/kW)	寿命/h	技术成熟度
碱水电解	1000	65~82	5500~9750	60000~90000	成熟
PEM	400	65~90	9750~24700	20000~60000	早期市场导入
SOE	实验室阶段	85~90	—	≤1000	研发

纯水因其电导率极低，不可能进行电解制氢。虽然原则上酸性电解液也可电解生产氢和氧，但因其腐蚀性强，设备选材及制造困难，故一般不采用。水电解都采用碱性电解液 KOH 或 NaOH 水溶液。目前可实际应用的电解水制氢技术主要有碱性液体水电解与质子交换膜水电解两类技术。

（1）碱性水溶液电解制氢

碱性水溶液电解原理如图 5-46 所示。以 KOH、NaOH 水溶液为电解质，石棉布等作为隔膜，在直流电的作用下，将水电解生成氢气和氧气。

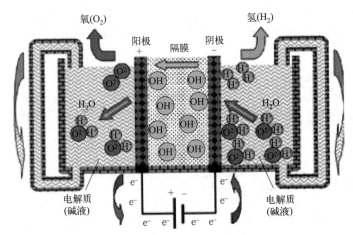

图 5-46 碱性液体水电解原理示意图

阴极反应： $4e^- + 4H_2O \longrightarrow 2H_2\uparrow + 4OH^-$

阳极反应： $4OH^- \Longrightarrow 2H_2O + O_2\uparrow + 4e^-$

总反应： $2H_2O \Longrightarrow 2H_2\uparrow + O_2\uparrow$

碱性溶液的电导率与浓度、温度有关。无论 NaOH 溶液或 KOH 溶液，都在质量分数为 20%~30%附近电导率最大。温度越高，电导率也越高。不过若在高温高浓度下操作，则绝缘材料及金属材料的腐蚀损坏将变得更为严重。因此碱的浓度常为 20%~25%，操作温度在 50~80℃。

电极应选用耐碱性强和过电势较低的材料。铁在碱液中耐腐蚀性较强，氢过电势也较低，故可用不锈钢来作阴极。为降低极化，还常用镍基合金，如 Ni-Co、Ni-Fe、Ni-Mo 等。但阳极极化时铁会稍微溶解。改用银作阳极较适合。或采用贵金属氧化物，如 RuO_2 等。

电解生成氢气和氧气,由于气泡效应会严重地阻碍电解电流的通过,因此,在电极和电解槽的设计上都要设法迅速除去两极上的气泡。此外,阴阳极之间必须有隔膜,主要目的在于防止氢气与氧气的混合。

在电解过程中,KOH 不会被消耗,消耗的只有水。产出的气体需要进行脱碱雾处理。所用的碱性电解液(如 KOH)可能与空气中的 CO_2 反应,形成在碱性条件下不溶的碳酸盐。这些不溶性的碳酸盐会阻塞多孔的催化层,阻碍产物和反应物的传递。另外,必须时刻保持电解池的阳极和阴极两侧上的压力均衡,防止氢、氧气体穿过多孔的石棉膜混合引起爆炸。

(2) 质子交换膜水电解

由于碱性液体电解仍存在着诸多问题需要改进,质子交换膜水电解(SPE)技术受到关注。质子交换膜水电解也被称为固体聚合物水电解(SPE)。PEM 电解槽的运行电流密度通常高于 $1A/cm^2$,是碱水电解槽的四倍以上,被认为是极具发展前景的电解制氢技术之一。

典型的 SPE 水电解池主要部件包括阴阳极端板、阴阳极气体扩散层、阴阳极催化层和质子交换膜等。其中,端板起固定电解池组件,引导电的传递与水、气分配等作用;扩散层起集流,促进气液的传递等作用;催化层的核心是由催化剂、电子传导介质、质子传导介质构成的三相界面,是电化学反应发生的核心场所;质子交换膜作为固体电解质,一般使用全氟磺酸膜,起到阻止电子的传递,同时传递质子的作用。质子交换膜水电解制氢原理如图 5-47 所示。

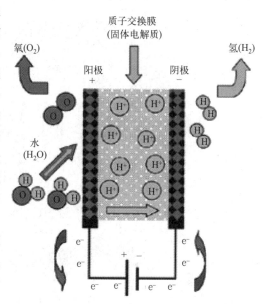

图 5-47 质子交换膜水电解制氢原理

水电解反应原理与碱性电解法类似。PEM 电极反应中阳极析氧反应极化远高于阴极析氢反应的极化,是影响电解效率的重要因素。析氧催化剂主要是 Ir、Ru 等贵金属及其氧化物。因为 Ir、Ru 的价格昂贵且资源稀缺,需要减少 IrO_2 在 PEM 中的用量。由于催化剂与电解池材料的成本较高,现阶段 PEM 技术价格高于传统的碱水电解技术,主要途径是提高电解池的效率,即提高催化剂、膜材料与扩散层材料的技术水平。

PEM 电解池的酸性电解质环境中所使用的质子交换膜和贵金属电催化剂的成本过高,不利于 PEM 电解池的大规模推广。在碱性条件下,由于可以使用低成本的非贵金属催化剂,从而使得电解池成本大幅下降。采用碱性固体电解质代替质子交换膜,用以传导氢氧根离子,将传统碱性液体电解质水电解与 PEM 的优点结合起来,碱性固体阴离子交换膜(AEM)水电解技术应运而生。

(3) 固体氧化物水电解(SOE)

采用固体氧化物作为电解质材料,又名高温水蒸气电解法。可在 400~1000℃高温下工作,可以利用热量进行电氢转换,具有能量转化效率高且不需要使用贵金属催化剂等优点。

阳极反应: $$O^{2-} \longrightarrow 0.5O_2 + 2e^-$$

阴极反应： $H_2O + 2e^- \longrightarrow H_2 + O^{2-}$

总反应： $H_2O \longrightarrow H_2 + 0.5O_2$

SOE 对材料要求比较苛刻。在电解的高温高湿条件下，常用的 Ni/YSZ 氢电极中 Ni 容易被氧化而失去活性。常规材料的氧电极在电解模式下存在严重的阳极极化和易发生脱层，氧电极电压损失也远高于氢电极和电解质的损失，因此需要开发新材料和新氧电极以降低极化损失。另外，在电堆集成方面，需要解决在 SOE 高温高湿条件下玻璃或玻璃-陶瓷密封材料的寿命显著降低的问题。若在这些问题上有重大突破，则 SOE 有望成为未来高效制氢的重要途径。

5.9.2 光电化学电池

电化学在利用太阳能等可持续能源领域具有诱人的前景（见图 5-48）。其中光电化学电池（photoelectrochemical cell）是太阳能利用的新方法之一。

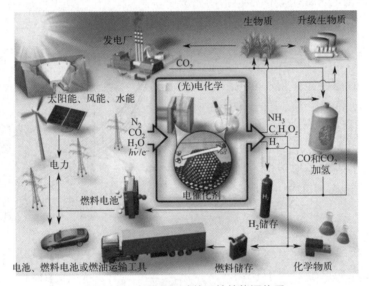

图 5-48 电催化驱动的可持续能源体系

光电化学电池，是指利用半导体-液体结制成的电池。该类型电池是基于光电化学过程，光电化学反应体系也伴随着电流的流动（见图 5-49）。

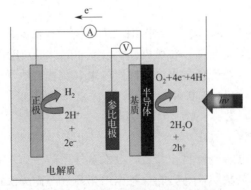

图 5-49 光电化学电池原理示意图

光电极由光电材料组成，是光电化学电池的核心部分，由具备多孔结构的半导体氧化物薄膜组成，对电荷进行分离。目前光阳极材料主要为 TiO_2，其它还有 ZnO、Nb_2O_5 和 SnO_2 等。通过在透明导电玻璃（FTO）上制备多孔的纳米结构薄膜电极，热处理形成三维纳米空间结构，并通过分子吸附作用，在表面吸附充足的染料分子，制备染料敏化的光阳极。在染料敏化后的光阳极和对电极之间填充含有氧化还原电对的电解质溶液（如含 I^-/I_3^- 电对的有机溶液），经密封后，形成三明治结构。对电极为金属铂（Pt），参比电极有甘汞电极（Hg/Hg_2Cl_2）或者银/氯化银电极（Ag/AgCl）。当光照射到光电极，能够激发光电材料时，在光电极上会发生光生电子-空穴对的分离，并通过外电路转移走光生电子，在对电极上电解分解水分子或者氢离子，进而生成氢气。发生的反应如下：

光电极： $2h\nu \longrightarrow 2e^- + 2h^+$ 或 $2h^+ + H_2O \longrightarrow 1/2 O_2 + 2H^+$

对电极： $2H^+ + 2e^- \longrightarrow H_2$

总反应： $2h\nu + H_2O \longrightarrow 1/2 O_2 + H_2$

光电化学电池一般分为电化学光伏电池、光电解电池和光催化电池三类。

① 电化学光伏电池。电解液中只含一种氧化还原物质，电池反应为阳、阴极上进行的氧化还原可逆反应，光照后电池向外界负载提供电能，电解液不发生化学变化，其自由能变化等于零。

② 光电解电池。电解液中存在两种氧化还原离子，光照后发生化学变化，其净反应的自由能变化为正，光能有效地转换为化学能。

③ 光催化电池。光照后电解液发生化学变化，其净反应的自由能变化为负，光能提供进行化学反应所需的活化能。

目前研究较为成熟的是电化学光伏电池，光电解电池和光催化电池目前的研究还没有能进行实际的研究。光电化学电池具有液相组分，因此又可制成直接储能的光电化学蓄电池，成为一种既能转换太阳光能又能进行能量储存的多途径转换太阳能的光电化学器件，而且半导体在电解液中容易形成界面液体结，可以广泛应用多晶、薄膜型半导体材料，因而具有制作工艺简便、价格低廉等特点。

思考题与习题

1. 如何评价化学电源的性能？简述改善化学电源性能的主要措施。
2. 什么是电池容量？影响电池实际容量的有哪些因素？
3. 请设计一个测定电池能量密度的实验方案。
4. 何谓电池的放电曲线？从放电曲线可得到有关电池性能的哪些信息？
5. 什么叫作活性物质利用率，为什么活性物质不能全部反应用于产生电流？如何提高活性物质利用率？
6. 锌锰干电池为什么不能大电流放电？
7. 动力电池既需要能量密度高，又需要功率密度高。试用所学电化学知识谈谈如何设计高性能动力电池。
8. 简述锌锰电池、镍镉电池、铅酸电池、锂离子电池、镍氢电池的工作原理、特点和用途。

9. 试叙述实现镍-镉电池密封的方法。

10. 试说明锂离子电池的正极和负极材料是何物质。为什么其溶剂要用非水有机溶剂？锂离子电池比一般的二次电池具有什么特点？

11. 简述 SEI 膜的形成和作用。

12. 以氢氧燃料电池为例，简述燃料电池工作原理和特点、存在的主要问题和可能的解决途径。

13. 已知铅酸蓄电池的开路电压为 2.0V，计算电池的理论能量密度。

14. 对额定容量为 1Ah 的电池进行 0.5C 的恒流充电，达到截止电压所用时间为 20min，求该电池的实际容量。

15. 下表为电池在不同放电电流下的放电数据（电池质量50g）。(1) 绘出两放电电流下的放电曲线。(2) 解释为什么相同初终放电电压而不同放电电流下电池容量不尽相同？

I= 15mA	E/V	3.24	3.11	3.10	3.08	3.06	3.00	2.85	2.75	2.60
	t/min	0	60	120	240	330	600	660	700	740
I= 40mA	E/V	3.24	3.12	3.08	3.00	2.80	2.72	2.50		
	t/min	0	45	90	180	240	270	310		

16. 下表为碱性锌锰电池的开路电压（OCV）和放置时间的关系，放置10个月后电池存量下降了10%。(1) 试计算平均自放电速率，并绘出开路电压-放置时间曲线；(2) 试说明引发该电池自放电的主要原因。

OCV/V	1.52	1.44	1.42	1.40	1.38	1.36	1.36
t/d	0	30	60	120	180	240	300

17. 对于嵌入反应：

$$x\text{Li} + \text{V}_3\text{O}_8 \Longrightarrow \text{Li}_x\text{V}_3\text{O}_8 \text{[电解液为 1mol/L LiClO}_4 + \text{PC：DME(1：1)]}$$

(1) 试将该反应设计成二次电池并写出相应的电极反应。

(2) 试根据嵌入的锂离子的量 x，计算电池的理论容量。

(3) 试简述研究该二次电池性能的一般方法。

18. 查阅文献，简述全固态锂电池用固态聚合物电解质的特点、存在问题和发展趋势。

第 6 章
电化学腐蚀与防护

6.1 概述

在自然环境中或者工况条件下,金属材料及由金属材料制成的结构物,与所处环境介质发生化学或者电化学作用而引起变质和破坏,这种现象称为金属腐蚀(metal corrosion)。其实腐蚀是一种普遍现象,无论是金属材料还是非金属材料都存在腐蚀。高分子材料如涂料和橡胶由于光照或者物理化学作用发生变质也属于材料腐蚀(往往称为老化)。因为金属及其合金至今仍然是最重要的结构材料之一,所以金属腐蚀尤其引人注意。生锈一般专指钢铁和铁基合金的腐蚀现象。

金属腐蚀带来的直接危害是大量的金属材料和设备因腐蚀而报废,每年由于腐蚀而报废的金属设备和材料相当于金属年产量的 20%~40%。更为严重的是由金属腐蚀而造成的间接危害,如金属设备受腐蚀而引起停工停产、渗漏、环境污染,甚至造成火灾、爆炸等重大事故。据估计,全世界每年因腐蚀造成的经济损失大约是各项天灾(火灾、风灾及地震等)损失总和的 6 倍,所以研究金属腐蚀发生的原因及其防护方法具有重要的意义。

为了防止和减缓腐蚀破坏及其损伤,通过改变某些作用条件和影响因素而阻断和控制腐蚀过程,由此所发展的方法、技术及相应的工程措施称为防腐蚀工程技术。

6.1.1 金属腐蚀的分类

金属腐蚀有多种分类方法(见表 6-1)。根据腐蚀作用机理可以将金属腐蚀分为化学腐蚀(chemical corrosion)和电化学腐蚀(electrochemical corrosion)两大类。化学腐蚀指金属表面与非电解质直接发生化学作用而引起的腐蚀。电化学腐蚀指金属与电解质溶液接触时,由电化学作用引起的腐蚀。

化学腐蚀的特征是在腐蚀过程中没有电流产生。金属表面没有作为离子导体的电解质存在,发生的是氧化剂粒子与金属表面直接"碰撞"并"就地"生成腐蚀产物的反应过程。纯化学腐蚀的情况并不多,只有在无水的有机溶剂或干燥的气体中发生的金属腐蚀才属于化学腐蚀。金属与合金在干燥气体中的化学腐蚀,一般都需要在高温下才能以较显著的速率进行。

与化学腐蚀不同,电化学腐蚀过程中有电流产生,破坏金属的氧化剂不需要与金属直接接触,以原电池(也叫腐蚀电池)的方式破坏金属,因此电化学腐蚀的本质是腐蚀电池放电的过程。金属在大气、海水、土壤和各种电解质溶液中的腐蚀一般都属于电化学腐蚀。绝大部分金属腐蚀是由电化学原因造成的,因此应用电化学原理研究腐蚀过程及其防护技术,就成为了应用电化学的重要领域。

按照腐蚀破坏形式,可以把腐蚀分为全面腐蚀(general corrosion)和局部腐蚀(localized corrosion)两大类。全面腐蚀也称为均匀腐蚀,其特点是腐蚀作用发生在整个金属表面上,腐蚀结果是金属变薄。局部腐蚀的特点是腐蚀仅局限于或集中在金属的某一特定部位,电偶腐蚀、点蚀、缝隙腐蚀、晶间腐蚀等是常见的局部腐蚀现象。

根据腐蚀环境不同可以将金属腐蚀分为自然环境中的腐蚀（如大气腐蚀、土壤腐蚀、海水腐蚀等）和工业环境中的腐蚀（如酸碱腐蚀、盐腐蚀、高温气体腐蚀等）。

表 6-1 腐蚀的分类

分类依据	腐蚀类型
相互作用的性质	电化学腐蚀、化学腐蚀
液体存在与否	湿腐蚀、干腐蚀
腐蚀形态	全面腐蚀、局部腐蚀
腐蚀环境	自然环境腐蚀（大气腐蚀、土壤腐蚀、淡水腐蚀、海水腐蚀）；工业环境腐蚀（酸性溶液、碱性溶液、盐类溶液、高温气体腐蚀）
温度	低温腐蚀、高温腐蚀

6.1.2 腐蚀程度的表征

腐蚀表征方法包括以 X 射线衍射、金相显微镜及扫描电子显微镜分析为主的表面分析技术，电化学分析技术，盐雾试验法以及腐蚀速率测定等。近些年，电化学测试技术在研究腐蚀过程中应用越来越广泛。如应用开路电压法研究金属或合金的腐蚀和钝化情况，通过动电位测量法（包括极化曲线法以及循环伏安法等）分析金属与合金的耐腐蚀性、金属溶解与钝化过程，应用电化学阻抗技术来研究腐蚀过程中电极表面的变化和腐蚀物质对涂层及镀层的破坏情况，以及金属的阳极溶解及钝化等过程。

利用金属腐蚀过程中其物理性质（如质量、厚度、力学性能、组织结构、电阻等）的变化来评价腐蚀程度是相对简单有效的方法。下面介绍三种最常用的腐蚀速率评价方法。

(1) 质量指标

金属腐蚀程度的大小可用腐蚀前后试样质量的变化来评定，即用试样在单位时间、单位面积的质量变化来表示金属的腐蚀速率。

如果腐蚀产物完全脱离金属试样表面或很容易从试样表面清除，可以根据失重计算腐蚀速率

$$v_- = \frac{m_0 - m_1}{St} \tag{6-1}$$

式中，v_- 为失重腐蚀速率，$g/(m^2 \cdot h)$；m_0 为试样腐蚀前的质量，g；m_1 为试样清除腐蚀产物后的质量，g；S 为试样表面积，m^2；t 为腐蚀时间，h。

当金属腐蚀后试样质量增加且腐蚀产物完全牢固地附着在试样表面时，可用增重法表示腐蚀速率

$$v_+ = \frac{m_2 - m_0}{St} \tag{6-2}$$

式中，v_+ 为增重腐蚀速率，$g/(m^2 \cdot h)$；m_0 为试样腐蚀前的质量，g；m_2 为带有腐蚀产物的试样质量，g。

质量法求得的腐蚀速率是均匀腐蚀的平均腐蚀速率，不适用于局部腐蚀。质量法的局限是没有考虑金属的密度，不便于比较相同介质中不同金属材料的腐蚀速率。

(2) 深度指标

在工程上金属腐蚀深度或腐蚀变薄的程度直接影响金属部件的寿命。在衡量密度不同的金属的腐蚀程度时，可用腐蚀速率的深度指标来表征。

腐蚀速率的深度指标是单位时间内金属试样或制品被腐蚀的厚度，以 v_h 表示

$$v_h = \frac{\Delta h}{t} \tag{6-3}$$

式中，Δh 为金属试样或制品腐蚀的厚度；t 为腐蚀时间。如果以 mm 为长度单位，则以深度指标表示的金属腐蚀速率的公式为：

$$v_h = \frac{8.76 \times 10^4 \times (m_0 - m_t)}{S\rho t} \tag{6-4}$$

式中，v_h 为腐蚀速率的深度指标，mm/a；ρ 为金属的密度，g/cm^3；m_0 为金属试样腐蚀前的质量，g；m_t 为金属试样腐蚀后的质量，g；S 为金属试样的表面积，cm^2；t 为腐蚀时间，h。

当两种密度不同的金属，其质量损失相同时，若两种金属的表面积也相同，则这两种金属腐蚀深度不同，密度大的金属其腐蚀深度自然就浅一些。例如当质量损失为 1.0g/(m^2·h)，钢铁样品的腐蚀深度为 1.1mm/a，铝样品为 3.4mm/a。

根据腐蚀速率的深度指标可以将不同金属材料的耐蚀性进行分级（见表6-2）。

表 6-2 我国金属耐蚀性四级标准

级别	腐蚀速率/(mm/a)	耐蚀性评价
1	<0.005	优良
2	0.005~0.5	良好
3	0.5~1.5	可用，腐蚀较重
4	>1.5	不适用，腐蚀严重

(3) 电流指标

在电化学中习惯用电流密度来表示电极反应速度。对于金属的电化学腐蚀，由法拉第定律可知腐蚀产物质量

$$\Delta m = \frac{QM}{nF} = \frac{ItM}{nF} \tag{6-5}$$

式中，M 是金属原子量。对于均匀腐蚀来说，整个金属表面积 S 可看成阳极面积，结合式(6-1) 可得腐蚀速度

$$v_- = \frac{\Delta m}{St} = \frac{IM}{nFS} = \frac{iM}{nF} \tag{6-6}$$

即腐蚀速率与腐蚀电流密度成正比，可用腐蚀电流 I 或腐蚀电流密度 i 来评定金属腐蚀的速率。

若电流密度 i 的单位取 μA/cm^2，金属密度 ρ 的单位取 g/cm^3，v_- 的单位为 g/(m^2·h)，v_h 的单位为 mm/a，则以不同单位表示的腐蚀速率为：

$$v_- = 3.73 \times 10^{-4} \times \frac{iM}{n} \tag{6-7}$$

$$v_h = 3.27 \times 10^{-3} \times \frac{iM}{n\rho} \tag{6-8}$$

应当指出，用上述方法来评定金属的腐蚀程度，只是在均匀腐蚀的情况下才是正确的，局部腐蚀的腐蚀程度不能采用这种方法来测定。另外，金属的腐蚀速率一般随时间而变化。重量法测得的腐蚀速率是整个腐蚀期间的平均腐蚀速率，不反映金属材料在某一时刻的瞬时腐蚀速率。通常用电化学方法（如 Tafel 极化法、线性极化法等）测得的腐蚀速率才是瞬时

腐蚀速率。瞬时腐蚀速率并不代表平均腐蚀速率，在工程应用方面，平均腐蚀速率更具有实际意义。还需注意，很多情况下，难以确定实际腐蚀面积，因此测定腐蚀电流密度比测定电流更困难。

6.2 电化学腐蚀热力学

6.2.1 电化学腐蚀热力学判据

在一般介质中绝大多数金属从热力学上看是不稳定的，所以金属腐蚀是一自发过程（其逆过程为金属冶金）。可以用腐蚀反应自由能的变化 $\Delta G_{T,P}$ 来判断金属腐蚀倾向。如果 $\Delta G_{T,P} < 0$，腐蚀反应可能发生。$\Delta G_{T,P}$ 负值越大，表示金属越不稳定，金属越易腐蚀。如果 $\Delta G_{T,P} > 0$，腐蚀反应不可能发生。

金属发生电化学腐蚀时，金属作为阳极，发生氧化反应。与此同时，体系中还存在一种平衡电极电势比金属电势更正的物质发生还原反应，它们构成了一种特殊的电池（称为腐蚀电池）。如果腐蚀电池的电动势为 E，因为 $\Delta G_{T,P} = -nFE$，可知当 $E > 0$ 时，金属会发生腐蚀。由 $E = \varphi_e^C - \varphi_e^A$ 可知，对于同一个阴极反应，金属的平衡电极电势 φ_e^A 越负，金属越容易腐蚀。

由能斯特方程可知，平衡电极电势主要由标准电极电势 $\varphi^\ominus$ 所决定（因为浓度对数项与 $\varphi^\ominus$ 相比很小），所以可用金属的标准电极电势来初步判断金属腐蚀的倾向。例如图 6-1(a) 中，铁在盐酸中存在两个电极反应

$$Fe^{2+} + 2e^- \longrightarrow Fe \qquad \varphi_{Fe}^\ominus = -0.44V$$

$$2H^+ + 2e^- \longrightarrow H_2 \uparrow \qquad \varphi_H^\ominus = 0.00V$$

由于 $\varphi_{Fe}^\ominus < \varphi_H^\ominus$，腐蚀反应可以自发进行，故铁在 HCl 溶液中会腐蚀。

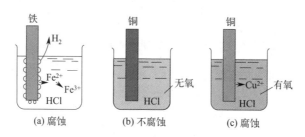

图 6-1 金属在盐酸中的反应

图 6-1(b) 和图 6-1(c) 中，铜在酸溶液中可能发生的电极反应有：

$$Cu^{2+} + 2e^- \longrightarrow Cu \qquad \varphi_{Cu}^\ominus = 0.33V$$

$$2H^+ + 2e^- \longrightarrow H_2 \uparrow \qquad \varphi_H^\ominus = 0.00V$$

$$1/2 O_2 + 2H^+ + 2e^- \longrightarrow H_2O \qquad \varphi_{O_2}^\ominus = 1.229V$$

图 6-1(b) 中由于 $\varphi_{Cu}^\ominus > \varphi_H^\ominus$，故铜在无氧的 HCl 溶液中不腐蚀，也不会有氧气放出。

图 6-1(c) 中 $\varphi_{Cu}^{\ominus}<\varphi_{O_2}^{\ominus}$，故铜在有氧的 HCl 溶液中，是以 O_2 的还原作为阴极反应使铜发生腐蚀，故也没有 H_2 放出。

使用标准平衡电势来判断金属腐蚀的倾向时，应特别注意金属所处的条件和状态，以及在实际应用中的局限性。因为实际金属在腐蚀介质中的电势顺序不一定与标准电极电势顺序相同。严格来说，要用金属或合金在一定条件下测得的稳定电势的相对大小——电偶序来判断金属的电化学腐蚀倾向。

6.2.2 电势-pH 图

金属的电极电势是金属离子浓度、温度及溶液 pH 的函数。如果金属离子浓度和温度一定，则电极电势的大小仅与溶液的 pH 有关。所以在腐蚀科学中经常用电势-pH 图来分析金属腐蚀的可能性。

电势-pH 图是比利时学者 M. Pourbaix 首先提出的，又称为 Pourbaix 图。它是用金属的氧化还原电势 φ 作纵坐标，用溶液的 pH 值作横坐标，依据金属与水的电化学反应或化学反应而作出的电化学相图。φ-pH 图中每一条线，相当于一个平衡反应。

下面以 $Fe-H_2O$ 体系的 φ-pH 图为例（图 6-2），介绍 φ-pH 图的绘制过程。$Fe-H_2O$ 体系包含的平衡反应可以分为三类：

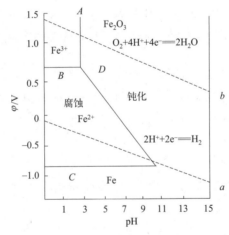

图 6-2 $Fe-H_2O$ 体系的部分 φ-pH 图（298K）

① 有 H^+ 和 OH^- 参加的非氧化还原反应，如

$$Fe_2O_3 + 6H^+ \rightleftharpoons 2Fe^{3+} + 3H_2O \tag{6-9}$$

上述反应只有 H^+ 而无电子参加，可以从平衡常数得到其在电势-pH 图上的平衡线。在一定温度下上面反应的平衡常数

$$K_a = \frac{a_{Fe^{3+}}^2}{a_{H^+}^6}$$

由反应的热力学数据 $\Delta G^{\ominus} = 8.22 kJ/mol$ 可求出 K_a 为 0.0362，取对数后得

$$\lg a_{Fe^{3+}} = -0.7203 - 3pH \tag{6-10}$$

此式与电极电势无关，只和反应物的浓度及 pH 值有关，故在 φ-pH 图上为平行于纵坐标的垂直线 A。

② 没有 H^+ 和 OH^- 参加的氧化还原反应

如反应
$$Fe^{2+} + 2e^- \Longrightarrow Fe \tag{6-11}$$

根据能斯特方程可得
$$\varphi = -0.440\text{V} + 0.02958\text{V}\lg a_{Fe^{2+}} \tag{6-12}$$

式(6-12)的电势 φ 与 pH 无关,为平行于横轴的直线 C。直线下方还原态 Fe 占优势,上方氧化态 Fe^{2+} 占优势。

对于反应
$$Fe^{3+} + e^- \Longrightarrow Fe^{2+} \tag{6-13}$$
$$\varphi = 0.771\text{V} - 0.05916\text{V} = 0.712\text{V} \tag{6-14}$$

为平行于横轴的直线 B。

③ 有 H^+ 或 OH^- 参加的氧化还原反应,其电势 φ 与 pH 有关。

对于反应
$$Fe_2O_3 + 6H^+ + 2e^- \Longrightarrow 2Fe^{2+} + 3H_2O \tag{6-15}$$
$$\phi = 0.728\text{V} - 0.1773\text{V pH} - 0.05916\text{V}\lg a_{Fe^{2+}} \tag{6-16}$$

Pourbaix 提出将溶液中金属离子的浓度为 10^{-6} mol/L 作为金属是否腐蚀的界限,即溶液中金属离子的浓度小于此值时可认为金属不发生腐蚀。根据式(6-16),当 $a_{Fe^{2+}} = 10^{-6}$ 时
$$\varphi = 1.083\text{V} - 0.1773\text{V pH} \tag{6-17}$$

式(6-17)在 φ-pH 图上为倾斜的线 D。下方 Fe^{2+} 占优势,上方 Fe_2O_3 占优势。

考虑到金属的腐蚀过程,除金属的离子化反应之外,还往往同时涉及有两个重要反应,即析氢反应和氧的还原,这两个反应的平衡电势随溶液的 pH 值发生变化,可通过能斯特方程计算。因此,在同一个图上把这两个反应的平衡值也表示出来,这就是在图上的两条倾斜虚线 a 和 b。

$$2H^+ + 2e^- \longrightarrow H_2$$
$$\varphi = -0.05916\text{V pH} - 0.02958\text{V}\lg p_{H_2} \tag{6-18}$$

为直线 a。直线下方为 H_2 的稳定区,上方为 H^+ 的稳定区。如电势在 a 线之下,则有氢逸出。

$$O_2 + 4H^+ + 4e^- \longrightarrow 2H_2O$$
$$\varphi = 1.23\text{V} - 0.05916\text{V pH} + 0.0148\text{V}\lg p_{O_2} \tag{6-19}$$

为直线 b。直线上方为 O_2 的稳定区,下方为 H_2O 的稳定区。如电势在 b 线之上有 O_2 生成。

在 φ-pH 图中 a、b 线是相互平行的,a、b 线之间为 H_2O 的稳定区。

6.2.3 电势-pH 图的应用

φ-pH 图对于研究金属腐蚀状况以及确立防止金属腐蚀的方法有重要指导意义。φ-pH 图的主要用途包括:①预测反应的自发方向,从热力学上判断金属腐蚀趋势;②估计腐蚀产物的成分;③预测减缓或防止腐蚀的环境因素,选择控制腐蚀的途径。

可以用 φ-pH 图来判断金属在水溶液中的腐蚀倾向和估计腐蚀产物。如果假定将平衡金属离子浓度为 10^{-6} mol/L 作为金属是否腐蚀的界限,那么,对于 Fe-H_2O 体系可得到如图 6-3 所示的简化 φ-pH 图。

在图 6-3 上,根据铁的状态可以划分为腐蚀区(B、C 点)、免蚀区(稳定区)(A 点)、钝化区和超钝化区四个区域,分别对应着热力学稳定态、腐蚀态、钝化态和超钝化态四种

状态。

① 腐蚀区。当铁的电势处于腐蚀区和超钝化区时，$\varphi > \varphi_e$，金属腐蚀可自发进行，即金属从热力学上看不稳定，将变为离子。金属铁处于不稳定状态，铁将发生腐蚀。在该区域内处于稳定状态的是可溶性的 Fe^{2+}、Fe^{3+}、FeO_4^{2-} 和 $HFeO_2^-$ 等。

② 免蚀区。处于免蚀区时，$\varphi < \varphi_e$，腐蚀不能自行进行，离子会还原为金属。金属铁处于热力学稳定状态，在此区域内金属铁不发生腐蚀。

③ 钝化区。Pourbaix 在制作金属的 φ-pH 图时，把凡有难溶性腐蚀产物存在的区域，都统称为钝化区。在此区域内，铁生成稳定的固态氧化物、氢氧化物或形成固态膜。金属是否遭受腐蚀，取决于所生成的固态膜是否有保护性，即看它能否进一步阻碍金属的溶解。这时铁的腐蚀虽然仍然存在，但腐蚀速率受到很大抑制。

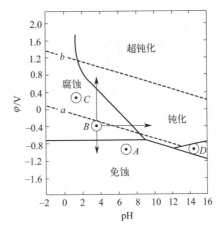

图 6-3 Fe-H_2O 体系简化的 φ-pH 图

由图 6-3 可以看出，氢的析出反应的平衡线（a）在整个 pH 的范围内都位于非腐蚀区的上面，这意味着铁在水溶液中所有的 pH 值下都可能发生溶解并有 H_2 析出。

例如，从图 6-3 中 A、B、C、D 各点对应的条件，可判断铁的腐蚀情况。A 点处于 Fe 和 H_2 的稳定区，故不会发生腐蚀。B 点处于腐蚀区，且在氢线（a）以下，即处于 Fe^{2+} 和 H_2 的稳定区，在该条件下，铁将发生析氢腐蚀。若铁处于 C 点条件下，即在腐蚀区，又在氢线以上，对于 Fe^{2+} 和 H_2O 是稳定的，铁仍会腐蚀，但不是析氢腐蚀，而是吸氧腐蚀。D 点对应的是 Fe 被腐蚀，生成 $HFeO_2^-$。

为了使铁免受腐蚀，从 φ-pH 图来看，可以采取三种方法：

① 把铁的电极电势降低至非腐蚀区，这就是通常采用的阴极保护法。把要保护的金属构件与直流电源的阴极相连，使被保护金属的整个表面变成阴极。当介质的 pH 在 0~9 之间时，将铁的电势降低到 Fe^{2+}/Fe 平衡电势 −0.6V 以下，可进入稳定区，使铁免遭腐蚀。

② 把铁的电极电势升高使它进入钝化区，在某种情况下，将铁作为阳极，通上一定的电流使其阳极极化，即可达到这个目的，这就是所谓阳极保护法。但更普遍采用的方法是在溶液中加入阳极缓蚀剂，或氧化剂等，使金属表面生成一层钝化膜。

③ 调节介质的 pH 值。将介质的 pH 调整在 9~13 之间，铁不会受腐蚀。在该情况下，当电势较低时落在稳定区，电势较高时进入钝化区。为了防止钢铁在工业用水中的腐蚀，根据这一原理常常加入一些碱，使水的 pH 值达到 10~13 之间，以减轻铁的腐蚀。要注意的是，当调整溶液的 pH 值时，碱性不能调得过强，因为在很高的 pH 值时，铁可能进行反应生成 $HFeO_2^-$ 而溶解，这相当于在铁的 φ-pH 图中右下方的小三角形的腐蚀区。钢铁在强碱性溶液中遭受的腐蚀，通常又称为钢铁的苛性脆裂，是应力腐蚀裂开的一个例子。

需要强调的是必须认识到应用 φ-pH 图来研究腐蚀问题的局限性。首先，φ-pH 图是以热力学数据为基础的电化学相图，所以只能够解决腐蚀趋势问题，而不能解决腐蚀速率的问题。其次，在 φ-pH 图中的各条平衡线，只是假定金属与金属离子之间或溶液中的离子与腐蚀产物之间建立了平衡状态，但在实际腐蚀条件下，可能远离这个平衡条件。再有就是在求金属与水反应的平衡值的时候，只考虑到 OH^- 这种阴离子，而在实际的腐蚀环境中，往往

存在 Cl^-、SO_4^{2-}、PO_4^{3-} 等阴离子，这些都可能发生一些附加反应，而使问题复杂化。另外，在平衡反应中，如涉及 H^+ 和 OH^- 的生成，则金属局部表面的 pH 值会发生变化。金属表面的 pH 值和溶液内部的 pH 值还有一定的差别，不能通过溶液 pH 值的测定，来直接断定金属表面的 pH 值。还需要说明的是，Pourbaix 把金属氢氧化物存在的区域当作钝化区，但是所生成的氢氧化物不一定都能成为有保护性的钝化膜，即使这种钝化膜有保护性，但由于环境的变化（温度、电势、共存的阴离子等），也可能造成钝化膜的破坏。

因为 φ-pH 图有如上所述的局限性，因此人们基于理论 φ-pH 图，补充关于金属钝态的实验或经验数据，得到了经验的 φ-pH 图。经验 φ-pH 图对于判断金属在某一环境下是否发生腐蚀和如何进行腐蚀控制具有更重要的实际意义。

6.3 电化学腐蚀动力学

虽然某种金属从热力学上看可能发生腐蚀，但由于腐蚀速率非常小，实际上腐蚀可以忽略。所以在讨论实际腐蚀问题时，动力学分析具有更重要的意义。由热力学可以判断金属腐蚀的可能性，通过电化学腐蚀动力学研究可以了解腐蚀的机理和影响腐蚀速率的因素。

6.3.1 共轭体系和稳定电势

在金属与溶液构成的腐蚀体系中，当系统稳定时，金属/溶液界面上能建立起一相对稳定的电势差。如图 6-4 所示，将金属 M（例如 Fe）浸入酸性溶液中，在金属表面发生反应

$$M^{2+} + 2e^- \underset{\overleftarrow{i_1}}{\overset{\overrightarrow{i_1}}{\rightleftharpoons}} M \qquad (6-20)$$

对于反应式(6-20)，在其平衡电势 $\varphi_{e,1}$ 下，氧化与还原反应速率相等，等于其交换电流密度，$\overrightarrow{i_1} = \overleftarrow{i_1} = i_{0,1}$，建立了电荷平衡和物质平衡，金属不腐蚀[见图 6-4(a)]。

如金属发生溶解，有 $\overrightarrow{i_1} > \overleftarrow{i_1}$。如无外电流产生，则必定有另外的反应发生，即有氧化剂的还原反应以消耗金属溶解产生的电子。如析氢反应[见图 6-4(b)]，其平衡电势为 $\varphi_{e,2}$

$$2H^+ + 2e^- \underset{\overleftarrow{i_2}}{\overset{\overrightarrow{i_2}}{\rightleftharpoons}} H_2 \qquad (6-21)$$

即在同一金属电极上同时进行两个反应。一个孤立电极上，同时进行着一个阳极反应和另一过程的阴极反应的现象称为电极反应的耦合，互相耦合的反应称为共轭反应，相应的电极系统称为共轭体系。

对于这种同时发生两个不同的电极反应的共轭反应体系所构成的特殊电池，在开路电压下外电流为 0。假设 $\varphi_{e,2} > \varphi_{e,1}$，如果开路电压大于 $\varphi_{e,2}$，则两个电对都会发生净的氧化反应，这显然不可能。同理，开路电压也不可能小于 $\varphi_{e,1}$。所以开路电压只能处于 $\varphi_{e,1}$ 和 $\varphi_{e,2}$ 之间。这样两个电极反应一个按净氧化反应方向进行，另一个按净还原反应方向进行，并且两个净反应必须以相同的速率进行，以使两个电流相互抵消从而保持外电流为 0，即有

$$\overrightarrow{i_1} + \overrightarrow{i_2} = \overleftarrow{i_1} + \overleftarrow{i_2} \qquad (6-22)$$

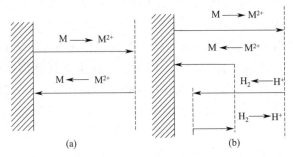

图 6-4 建立平衡电势（a）与稳定电势（b）的示意图

此时该体系的电荷交换达到平衡，金属/溶液界面电势差不变。该电势差称为稳定电势。但由于有共轭反应存在，此时体系的物质交换不平衡，电极上存在净反应

$$M+2H^+ \rightleftharpoons M^{n+}+H_2+(n-2)e^- \tag{6-23}$$

稳定电势又称为混合电势（mixed potential）或开路电压（open circuit potential, OCP）。在金属腐蚀科学中，将金属与电解质溶液接触的稳定电势称为腐蚀电势，用 φ_c 或 φ_s 表示。在腐蚀电势下，金属的自溶解速率和氢气析出速率相等，即 $\overleftarrow{i_1}-\overrightarrow{i_1}=\overrightarrow{i_2}-\overleftarrow{i_2}=i_c$，此处 i_c 称为腐蚀电流密度。可以据 i_c 来评定金属的腐蚀程度。

需要指出的是，共轭体系的稳定状态与平衡体系的平衡状态是完全不同的概念。平衡状态是单一电极反应的物质交换和电荷交换都达到平衡，因而没有物质积累和电荷积累的状态；而稳定状态则是两个（或两个以上）电极反应构成的共轭体系没有电荷积累却有产物生成和积累的非平衡状态。在腐蚀电势下，腐蚀反应的阳极电流值等于在该电势下进行的去极化剂的还原电流的绝对值之和。这些电极反应除了极少数之外，都处于不可逆地向某一方向进行的状态，所以腐蚀电势不是平衡电势，也就不是热力学参数。下面对稳定电势的特点进行进一步讨论。

① 在稳定电势下，同时存在两对反应均处于非平衡态，即都发生了极化。对于热力学平衡电势比较高的电对，按净还原反应的方向进行；热力学平衡电势比较低的电对按净氧化反应的方向进行。整个电极上电荷转移平衡，但物质转移不平衡。

② 不同的电极反应如果以相同的净反应速率进行，那么交换电流密度大者，偏离平衡小，产生的极化小；反之，产生的极化大。显然，在稳定电势下它们的净反应速率大小相等，故 i_0 较大的电对偏离其热力学平衡电势小，所以 φ_c 接近于 i_0 较大的电对的 φ_e。

③ 如果在一个孤立的电极上有多个电极反应同时进行，且电极的外电流等于零，则其中一部分电极反应发生净氧化反应，另一部分电极反应发生净还原反应。稳定电势总是处于最高的平衡电势与最低的平衡电势之间。凡是平衡电势比稳定电势高的电极反应，发生净还原反应；反之，则发生净氧化反应。另外，稳定电势主要由 i_0 较大的反应体系决定。

金属的腐蚀电势与很多因素有关，如溶液的成分、浓度、温度、搅拌情况以及金属的表面状态，一般采用实验测定。

不同的金属或合金在同一种电解质溶液中按腐蚀电势的顺序（电势减小或增大）进行排列称为电偶序，表 6-3 列出了部分金属或合金在海水中的电偶序。由金属在电偶序中的位置，可以判断当两种金属在指定的电解液中相互接触时，哪一种金属可能发生腐蚀。需要注意的是表中所列的金属的位置顺序只是大概的，因为随着金属纯度、海水的成分、金属表面

状态不同以及充气程度不同，金属的腐蚀电势可以发生不同程度的改变。

表 6-3 金属在海水中的电偶序（按电势由低到高顺序）

镁	阳极性
镁合金	
锌	
铝	
镉	
杜拉铝（硬铝、飞机合金等）	
铸铁、软钢	
铁铬合金（活化态）	
高镍铸铁	
18-8 型不锈钢（活化态）	腐蚀电位依次增加
锡焊条	
铅	
锡	
因科镍（铬镍铁合金）（活化态）、镍（活化态）	
镍铬钼合金、耐酸镍基合金（哈氏合金-2）	
蒙乃尔（耐蚀高强度镍铜合金）、铜镍合金	
青铜、铜、黄铜	
银焊条	
因科镍（钝态）、镍（钝态）	
18-8 型不锈钢（钝态）	
银	
钛	
石墨	
金	
铂	阴极性

6.3.2 腐蚀电池

金属与溶液接触，在不通外电流时的溶解过程叫作金属的自溶解。金属的阳极自溶解是金属发生电化学腐蚀的基本原因。实现金属自溶解过程的必要条件是溶液中有电极电势高于金属电极电势的氧化性物质，如 H^+、O_2 等。金属作为阳极溶解，同时还存在相应的阴极过程，它们实际上构成了一种特殊的原电池，一般称为腐蚀电池（corrosion cell）。

腐蚀电池的阳极和阴极可以是不同金属（此时两电极在空间上可分割），也可以是同一块金属，此时金属表面因电势分布不均匀，电势较低的部分成为阳极，发生氧化反应，受到腐蚀，电势较高的部分成为阴极，起传导电流作用。所以腐浊电池影响腐蚀的速率和破坏的形态。

腐蚀电池的工作原理与一般原电池相同，如图 6-5 所示。

阳极区域的电极上发生失去电子的氧化反应，阳极（区）发生腐蚀。该区域的电极电势相对较低，是电池中的负极。阴极区域的电极上发生吸收电子的还原反应。该区域电极电势相对较高，是电池中的正极。腐蚀电流从阳极流出进入溶液中，再从溶液流入阴极。阴极（区）发生吸收电子的还原反应，不会发生腐蚀。如果以上三个环节中任何一个停止，则整个电池工作就停止，体系中的金属腐蚀也就停止。

与一般原电池比较，腐蚀电池的特点是：①是不可逆电池；②其化学能全部转变为热能散失，不能被利用转化为电功；③是短路电池。腐蚀电池只能导致金属材料破坏而不能对外

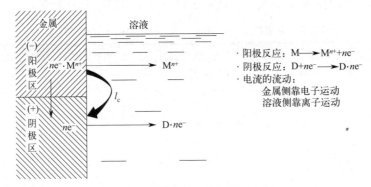

图 6-5 腐蚀电池工作原理示意图

界做功，其结果是加速了金属的腐蚀。

根据电极的大小，并考虑形成腐蚀电池的主要影响因素及金属被破坏的表现形式，通常把腐蚀电池分为宏电池和微电池两大类。

（1）宏电池

宏电池尺寸较大，肉眼可见阴、阳极，而且阳极区和阴极区保持长时间的稳定。常见宏电池包括腐蚀电偶、浓差电池和温差电池。

① 腐蚀电偶。两种或两种以上不同金属相接触，在电解质溶液中构成的腐蚀电池称为腐蚀电偶（见图 6-6）。

异种金属在同一介质中接触，由于腐蚀电势不同，其中电势较低的金属溶解速率加快，造成接触处的局部腐蚀；而电势较高的金属，溶解度反而减小，这就是电偶腐蚀，亦称接触腐蚀或双金属腐蚀。电势相差愈大，腐蚀愈严重。

② 浓差电池。浓差电池指同一种金属与不同成分的电解质溶液相接触构成的腐蚀电池。由于电解质浓度不同，金属不同部位其电势不同，因而构成腐蚀电池。最有实际意义的是氧浓差电池或充气不均形成的电池（也可称为供氧差异电池）。金属各部分与不同含氧量的介质相接触，在含氧量高的部分，氧易于还原成为阴极，在含氧量低的部分，氧还原困难，成为阳极，金属易腐蚀。

如地下管道通过不同性质土壤交接处时，黏土段贫氧，易发生腐蚀[见图 6-7(a)]，特别是在两种土壤的交接处或埋地管道靠近出土端的部位腐蚀最严重。对储油罐来讲，氧浓差主要表现在罐底板与砂基接触不良，还有罐周和罐中心部位的透气性差别，中心部位氧浓度低，成为阳极被腐蚀。

插入水中的金属设备，也常因水中溶解氧比空气中少，使紧靠水面下的部分易被腐蚀[称为水线腐蚀，见图 6-7(b)]。这是由于水的表层含有较高浓度的氧气，水的下层氧气浓度则较低，水下层的氧气被消耗后由于氧气不易到达而补充困难，因而产生了氧气的浓度差。贫氧区的金属表面发生金属的氧化溶解。远离水线以下的区域虽然氧气浓度低，但由于距离远，水溶液的电阻大，腐蚀电流小，因而腐蚀并不严重，通常严重腐蚀的部位离开水线是不远的，故称水线腐蚀。

再如金属表面水滴腐蚀，由于水滴边缘有较多的氧气，而水滴中心与金属接触的部位含氧较少，所以因腐蚀而穿孔的部位应在水滴中心，而不是边缘。

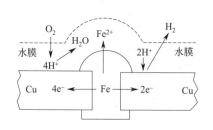
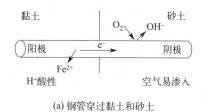
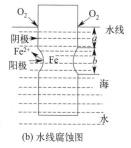

(a) 钢管穿过黏土和砂土　　(b) 水线腐蚀图

图 6-6　腐蚀电偶示意图　　　　图 6-7　氧浓差电池

③ 温差电池。浸入电解质溶液中金属各部分温度不同而形成温差电池，一般高温端电势较负，腐蚀较严重。温差电池常见于热交换器、锅炉等。

（2）微电池

微电池的电极尺寸很小（1mm～0.1μm）。微电池是由金属表面电化学不均匀性引起的，其腐蚀形态从宏观上看多为均匀腐蚀。

形成微电池的原因很多（见图 6-8），常见的有金属表面化学组成（如铁中的铁素体和碳化物）与组织（如局部缺陷）不均一、金属表面上物理状态不均一（如存在内应力）、金属表面膜不完整、金属表面局部环境不同等。

① 金属表面化学成分不均匀。金属含有杂质或合金，在腐蚀介质中基体金属与杂质构成了许多微小的短路微电池[见图 6-8(a)]。杂质或合金成分通常为阴极性组分，它将加速基体金属的腐蚀。如碳钢中的渗碳体 Fe_3C、铸铁中的石墨及工业铝中的杂质 Fe 和 Cu、工业锌中的铁杂质等，在腐蚀介质中它们作为阴极相，起到加剧基体金属腐蚀的作用。

② 金属组织不均匀。在同一金属或合金内部一般存在着不同组织结构区域，如晶界处由于晶体缺陷密度大，容易富集杂质原子，产生晶界吸附沉淀，电势要比晶粒内部低，成为腐蚀电池的阳极[见图 6-8(b)]。

③ 金属物理状态不均匀。在机械加工过程中，常常会出现金属各部分变形和受应力作用的不均匀。一般情况下，变形和应力集中的部位成了阳极，如铁板弯曲处[见图 6-8(c)]。

④ 金属表面膜不完整。无论是金属表面形成的钝化膜，还是涂镀覆上的阴极性金属层，由于存在孔隙或破损，这些裸露出极微小的基体金属成为阳极[见图 6-8(d)]。

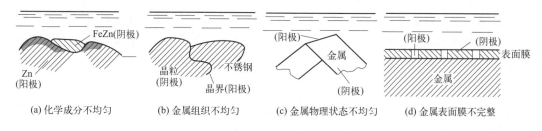

(a) 化学成分不均匀　(b) 金属组织不均匀　(c) 金属物理状态不均匀　(d) 金属表面膜不完整

图 6-8　腐蚀微电池形成原因

例如极纯的金属铁在酸性溶液中腐蚀速率是很小的，但若含有少量杂质碳，则当铁与电解质溶液接触时，铁表面就形成许多微电池（见图 6-9）。由于这些微电池是短路的，外电阻很小，反应速率很快，因此微电池反应加快了金属的腐蚀（溶解）速率。

在大多数情况下腐蚀电池是有害的，必须防止。不过微电池腐蚀在某些情况下也可能是有利的。例如 PbS 矿在酸性溶液中浸出，因矿石中常含有 FeS，可以构成微电池，加速了 PbS 的溶解，即强化了浸出过程。再如以铁的氧化物为主的锈层在酸溶液中的溶解过程以电化学还原性溶解为主，包括化学溶解、电化学溶解以及基

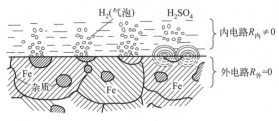

图 6-9 微电池腐蚀示意

底金属在酸中腐蚀产生氢气的剥离作用的综合过程。单靠化学溶解过程是无法完成对锈层的清洗任务的。锈层的电化学还原性溶解过程，不仅能够很好地解释为什么铁的氧化物粉末（Fe_2O_3 或 Fe_3O_4）或被剥离下来的金属锈层（不附着在基底金属上的锈层）在酸中的溶解速率慢，而附着在基底金属上的锈层或实际锅炉结垢管样在酸中的溶解速率则快得多，而且还能够说明，在锅炉清洗时，锈层溶解到酸液中的主要是亚铁离子（Fe^{2+}），而不是三价铁离子（Fe^{3+}）。

6.3.3 电化学腐蚀电极过程

金属阳极自溶解的必要条件是溶液中含有能使金属氧化的物质（氧化剂），也称为腐蚀过程的去极化剂。金属阳极溶解与去极化剂阴极还原共同组成整个腐蚀过程，即形成了加速金属腐蚀作用的腐蚀电池。

在腐蚀电池中，金属阳极过程可能的步骤包括：

① 金属原子离开金属晶格变为表面吸附原子

$$M_{晶格} \longrightarrow M_{吸附}$$

② 表面吸附原子成为水化离子或络合离子，此时发生电子的转移

$$M_{吸附} \longrightarrow M^{n+} + ne^-$$

③ 离子由金属表面向溶液中扩散，即液相传质步骤

$$M^{n+} \longrightarrow M^{n+}(溶液)$$

在阳极溶解过程中控制步骤往往是固体晶格的破坏或电子的转移步骤。

原则上讲，所有能吸收金属中电子的还原反应，都可以构成金属电化学腐蚀的阴极过程。实际腐蚀中，有时不单单是一种阴极反应在起作用，而是两个或多个阴极反应共同构成腐蚀的总阴极过程。实践中，最常发生的最重要的阴极过程是氢离子和氧分子作为去极化剂的还原反应，其中氧的还原作为阴极反应的腐蚀过程最为普遍。

（1）氢去极化腐蚀

金属作为阳极发生溶解，对应的共轭阴极反应是 H^+ 放电，此种腐蚀常称为析氢腐蚀或氢去极化腐蚀。如果金属电势比氢电极电势负，则可能发生氢去极化的腐蚀。如铁在无氧的酸性介质中的腐蚀，其阴极反应为

$$2H^+ + 2e^- \longrightarrow H_2$$

因为 H^+ 在溶液中有较大的迁移速率和扩散能力，且浓度较大，另外产物 H_2 以气泡形

式析出，存在附加搅拌作用。所以，氢电极过程浓差极化较小，极化方程一般符合 Tafel 公式

$$\eta_{H_2} = a + b\lg i_c$$

对氢去极化腐蚀，阴极析氢过电势愈大，析氢反应愈难进行，因而腐蚀速率也就愈小。析氢过电势与金属材料种类和表面状态、溶液 pH 值、温度等有关。不同金属材料的析氢过电势不同。通常在酸性溶液中 pH 值每增加 1 个单位，氢过电势将增加 59mV。因而不同材料的腐蚀速率均随溶液的 pH 值减小（即酸度增大）而加快。

当金属阳极反应交换电流较大时，氢去极化腐蚀往往受阴极析氢反应控制。当阳极反应交换电流较小时，则可能受金属阳极控制或混合控制。

在析氢腐蚀时，需要注意对于有些金属（如铁和镍），其表面吸附的部分 H 原子会向金属内部扩散，这有可能导致金属在腐蚀过程中发生"氢脆"现象。

(2) 氧去极化腐蚀

在 pH 接近中性的介质中，H^+ 浓度较低，此时金属腐蚀的共轭阴极反应是氧的还原

$$O_2 + 2H_2O + 4e^- \longrightarrow 4OH^-$$

这种腐蚀常称为吸氧腐蚀或氧去极化腐蚀。

当金属阳极电势较氧电极的平衡电势为负时，可能发生氧去极化腐蚀。氧的平衡电势可用能斯特公式来计算，例如在中性溶液中氧的平衡电势

$$\varphi = 0.401 + \frac{0.05916}{4}\lg\frac{0.21}{(10^{-7})^4} = 0.805(V) \tag{6-24}$$

在溶液中有氧溶解的情况下，如果某种金属的电势小于 0.805V，就可能发生氧去极化的腐蚀。因为氧的平衡电势较氢的平衡电势更正，金属的平衡电势一般都在电势-pH 图的 b 线以下，所以绝大多数金属在有氧存在的溶液中首先是发生氧去极化腐蚀。

氧在阴极上还原的过程较为复杂，大致可以分成两个基本步骤：氧向金属表面输送和氧还原离子化。

氧向金属（电极）表面的输送过程如图 6-10 所示。大致分为以下几个步骤：①氧通过空气/溶液界面，溶入溶液中。②以对流和扩散方式通过溶液本体的厚度层。③仅以扩散方式通过金属表面的静止扩散层溶液而到达金属表面。虽然扩散层的厚度不大，一般为 $10^{-2} \sim 5 \times 10^{-2}$ cm，但氧只能以扩散这种唯一的方式通过，因此通常扩散步骤最缓慢而成为整个阴极过程的控制步骤。

氧还原反应的阴极极化曲线要比氢的复杂，如图 6-11 所示。由于控制因素不同，氧还原过程总阴极极化曲线分为四个部分。

① 阴极过程由氧的离子化反应速率所控制（图 6-11 中 $OPBC$）。

当电流密度不大且阴极表面氧的供给比较充足的情况下，氧去极化腐蚀属此情形。在一定电流密度范围内，氧的过电势与电流密度的对数呈直线关系，并服从塔菲尔公式。但实际上，当 $i < 1/2 i_d$（极限扩散电流密度）时，浓度极化就会出现，曲线将偏离原来的走向。

② 阴极过程由氧的离子化反应和氧的扩散过程混合控制（图 6-11 中 PF）。

当电流为 $1/2 i_d < i < i_d$ 时，由于浓度极化出现，曲线将从 P 点开始偏离 BC 线而走向 F 点，阴极过程的速率将与氧的离子化反应和氧的扩散过程都有关。

③ 阴极过程由氧的扩散过程控制（图 6-11 中 FSN）。

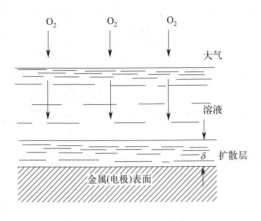

图 6-10 氧的输送过程

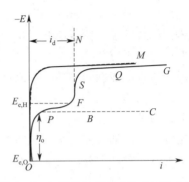

图 6-11 氧阴极还原反应的总极化曲线

当 $i=i_d$ 时,因扩散过程困难,随电流密度增大,极化曲线开始突然上升。此时,整个阴极过程的速率完全由氧的扩散过程控制。氧去极化的过电势不再取决于电极材料和表面状态,而是完全取决于氧的极限扩散电流密度 i_d,即取决于氧的溶解度及氧在溶液中的扩散条件。

④ 阴极过程由氧去极化和氢去极化共同控制(图 6-11 中 FSQ 曲线)。

当电势负到一定程度时,某种新的电极过程也可能进行。例如在水溶液中当电势负移达氢去极化电势后,阴极过程由氧去极化和氢去极化进程共同组成。

作为去极化剂的氧分子与氢离子有本质不同,这就使得氧去极化腐蚀的影响因素与氢的很不相同。

氧去极化腐蚀与氧的溶解度有关。在不发生钝化的情况下,溶解氧的浓度越大,氧离子化反应速率越快,氧的极限扩散电流密度也将越大,因而氧去极化腐蚀随之加剧。例如,碳钢在盐水中,随着盐浓度增高氧的溶解度减小,所以饱和盐水中碳钢的腐蚀要比稀盐水中的腐蚀轻。

浓度极化突出,氧去极化腐蚀一般为阴极控制居多,并且主要是氧扩散控制。这是因为去极化剂 O_2 在溶液中浓度较小,氧溶解度随温度升高和盐浓度增加而下降,并且 O_2 只能以对流和扩散两种方式传质,而 H^+ 可以对流、扩散、电迁移三种方式传质。另外反应产物为 H_2O 或 OH^-,不像 H_2 有附加搅拌作用。因而溶液流速对氧去极化腐蚀的影响很大。

析氢腐蚀和吸氧腐蚀的比较见表 6-4。

表 6-4 析氢腐蚀和吸氧腐蚀的比较

比较项目	析氢腐蚀	吸氧腐蚀
去极化剂性质	H^+ 可以对流、扩散和电迁移三种方式传质,扩散系数大	中性氧分子只能以对流和扩散传质,扩散系数较小
去极化剂的浓度	在酸性溶液中 H^+ 作为去极化剂,在中性、碱性溶液中水分子作为去极化剂	浓度较小,在室温及普通大气压下,氧在中性水中,饱和浓度约为 0.0005mol/L,其溶解度随温度的升高或盐浓度增加而下降
阴极反应产物	以氢气泡逸出,使金属表面附近的溶液得到附加	水分子或产物只能靠电迁移、对流或扩散离开,没有气泡逸出,得不到附加搅拌

续表

比较项目	析氢腐蚀	吸氧腐蚀
腐蚀控制类型	阴极、阳极、混合控制类,并以阴极控制较多,而且主要是阴极的活化极化控制	阴极控制较多,并主要是氧扩散浓差控制,少部分属于氧离子化反应控制(活化控制)或阳极钝化控制
腐蚀速率的大小	在不发生钝化现象时,因 H^+ 浓度和扩散系数都较大,所以单纯的氢去极化速率较大	在不发生钝化现象时,因氧的溶解度和扩散系数都很小,所以单纯的吸氧腐蚀速率较小
合金元素或杂质的影响	影响显著	影响较小

6.3.4 电化学腐蚀过程的动力学分析

采用第 1 章所学的电化学动力学理论,可以分析影响金属腐蚀速率的主要因素,明确腐蚀过程的控制步骤,从而寻找控制腐蚀的方法。

(1) 腐蚀速率方程

以酸性溶液中 Fe 的腐蚀为例。

$$Fe^{2+} + 2e^- \longrightarrow Fe \qquad \varphi_{Fe}^{\ominus} = -0.44V \qquad (6\text{-}25)$$

$$2H^+ + 2e^- \longrightarrow H_2\uparrow \qquad \varphi_H^{\ominus} = 0.00V \qquad (6\text{-}26)$$

两个反应有各自的平衡电势 $\varphi_{e,1}$、$\varphi_{e,2}$ 和交换电流密度 $i_{0,1}$、$i_{0,2}$。两个反应同时在一个电极上发生,形成了共轭体系,此时两个反应都偏离了各自的平衡电势,即都发生了极化,实际都处于稳定电势 φ_c 下进行。

对于反应式(6-26),其稳定电势负于平衡电势,$\varphi_c < \varphi_{e,2}$,发生了阴极极化,阴极过电势为 $\eta_{c,2} = \varphi_{e,2} - \varphi_c$,$\overleftarrow{i_2} > \overrightarrow{i_2}$,按净还原反应的方向进行。对于反应式(6-25),其稳定电势正于平衡电势,$\varphi_c > \varphi_{e,1}$,$\overleftarrow{i_1} < \overrightarrow{i_1}$,阳极过电位为 $\eta_{a,1} = \varphi_c - \varphi_{e,1}$,按净氧化反应的方向进行。此时金属的自溶解速率和氢气析出速率相等,即

$$i_c = \overrightarrow{i_1} - \overleftarrow{i_1} = \overleftarrow{i_2} - \overrightarrow{i_2} \qquad (6\text{-}27)$$

氢去极化腐蚀往往受电化学步骤控制。因此,对于反应式(6-25)、反应式(6-26)可以根据 Butler-Volmer 方程计算电流密度

$$i = i_0 \left[\exp\left(-\frac{\overrightarrow{\alpha}F\Delta\varphi}{RT}\right) - \exp\left(\frac{\overleftarrow{\alpha}F\Delta\varphi}{RT}\right)\right] = i_0\left[\exp\left(-\frac{2.3\Delta\varphi}{b_c}\right) - \exp\left(\frac{2.3\Delta\varphi}{b_a}\right)\right]$$

式中,b_c 和 b_a 分别为阴极过程和阳极过程的塔菲尔常数。

$$b_c = \frac{2.3RT}{\overrightarrow{\alpha}F}, b_a = \frac{2.3RT}{\overleftarrow{\alpha}F}$$

在腐蚀电位 φ_c 下,腐蚀电流 i_c 为

$$i_c = i_{0,1}\left[\exp\left(-\frac{2.3(\varphi_c - \varphi_{e,1})}{b_{c,1}}\right) - \exp\left(\frac{2.3(\varphi_c - \varphi_{e,1})}{b_{a,1}}\right)\right] \qquad (6\text{-}28)$$

$$i_c = i_{0,2}\left[\exp\left(-\frac{2.3(\varphi_c - \varphi_{e,2})}{b_{c,2}}\right) - \exp\left(\frac{2.3(\varphi_c - \varphi_{e,2})}{b_{a,2}}\right)\right] \qquad (6\text{-}29)$$

当极化较大时,即电极过程处于塔菲尔区,$\overleftarrow{i_1} \ll \overrightarrow{i_1}$,$\overleftarrow{i_2} \gg \overrightarrow{i_2}$,则

$$\overrightarrow{i_1} \approx \overleftarrow{i_2} \approx i_c \qquad (6\text{-}30)$$

于是式(6-28)、式(6-29)可简化为

$$i_c = i_{0,1} \exp\left(\frac{2.3(\varphi_c - \varphi_{e,1})}{b_{a,1}}\right) = i_{0,1} \exp\left(\frac{2.3\eta_{a,1}}{b_{a,1}}\right) \tag{6-31a}$$

$$i_c = i_{0,2} \exp\left(-\frac{2.3(\varphi_c - \varphi_{e,2})}{b_{c,2}}\right) = i_{0,1} \exp\left(\frac{2.3\eta_{c,2}}{b_{c,1}}\right) \tag{6-31b}$$

由式(6-31)可以得到

$$\varphi_{e,2} - \varphi_{e,1} = b_{a,1} \lg \frac{i_c}{i_{0,1}} + b_{c,2} \lg \frac{i_c}{i_{0,2}} \tag{6-32}$$

用 b_a、b_c 分别代表反应式(6-25)和反应式(6-26)的阳极过程与阴极过程的塔菲尔常数,即 $b_a = b_{a,1}$,$b_c = b_{c,2}$,可得

$$\frac{\varphi_{e,2} - \varphi_{e,1}}{b_a + b_c} = \frac{b_c}{b_a + b_c} \lg \frac{i_c}{i_{0,1}} + \frac{b_a}{b_a + b_c} \lg \frac{i_c}{i_{0,2}} \tag{6-33}$$

可得腐蚀电流 i_c 为

$$\lg i_c = \frac{\varphi_{e,2} - \varphi_{e,1}}{b_a + b_c} + \frac{b_a}{b_a + b_c} \lg i_{0,1} + \frac{b_c}{b_a + b_c} \lg i_{0,2} \tag{6-34}$$

式(6-34)表明,电化学极化控制的金属腐蚀速率 i_c 与阴、阳极反应的交换电流密度 $i_{0,2}$、$i_{0,1}$ 和 Tafel 斜率 b_c 或 b_a 及阴、阳极反应的起始电势差($\varphi_{e,2} - \varphi_{e,1}$)等参数有关。

阴、阳极反应的起始电势差($\varphi_{e,2} - \varphi_{e,1}$)越大,腐蚀速率越大。$\varphi_{e,2}$ 和 $\varphi_{e,1}$ 虽然是热力学参数,但它们的差值与动力学有直接联系,是腐蚀过程的驱动力。所以在动力学参数相同或相近的条件下,($\varphi_{e,2} - \varphi_{e,1}$)的数值越大,腐蚀速率就越大。

当 $\varphi_{e,1}$ 和 $\varphi_{e,2}$ 及 Tafel 斜率 b_c 和 b_a 不变时,$i_{0,1}$ 或 $i_{0,2}$ 越大,则腐蚀速率越大。阳极反应和阴极反应的交换电流密度越大,腐蚀电流密度 i_c 就越大。

当平衡电势和交换电流不变时,Tafel 斜率越大,即极化曲线越陡,则腐蚀速率越小,腐蚀电势也会相应地发生变化。动力学参数 b_c 或 b_a 对 i_c 的影响主要是通过 $\dfrac{\varphi_{e,2} - \varphi_{e,1}}{b_a + b_c}$ 这个因子体现的,所以 b_c 和 b_a 的数值越大,i_c 就越小。

由式(6-31)也可以得到腐蚀电势

$$\varphi_c = \frac{b_a b_c}{b_a + b_c} \lg \frac{i_{0,2}}{i_{0,1}} + \frac{b_a}{b_a + b_c} \varphi_{e,2} + \frac{b_c}{b_a + b_c} \varphi_{e,1} \tag{6-35}$$

由式(6-34)、式(6-35)可见,金属腐蚀速率与腐蚀电势之间并无必然的关系,不能单凭腐蚀电势的数值来估计腐蚀速率的大小。

由式(6-35)可见,阴、阳极反应的交换电流密度对于腐蚀电势的数值有决定性影响。当 $i_{0,2} \gg i_{0,1}$ 时,腐蚀电势非常接近于阴极反应的平衡电势,而当 $i_{0,2} \ll i_{0,1}$ 时,腐蚀电势非常接近于阳极反应的平衡电势。对于多数腐蚀体系而言,阴、阳极反应的交换电流密度相差不大,因此腐蚀电势多位于其阴极反应和阳极反应的平衡电势之间并与它们相距都较远。

测定出 φ_c、$\varphi_{e,1}$ 和 $\varphi_{e,2}$ 后,可计算出 $\eta_{a,1}$ 和 $\eta_{c,2}$,比较 $\eta_{a,1}$ 和 $\eta_{c,2}$ 的大小可确定腐蚀是阴极控制还是阳极控制。

如果金属阳极溶解交换电流比较大,如铅在硫酸溶液中的腐蚀,金属腐蚀速率受阴极析氢控制。如果金属阳极溶解交换电流比较小,则可能是由阳极过程和共轭阴极过程共同控制,而不像铅腐蚀仅受阴极过程控制。如铁在酸中的腐蚀,由于铁电极的交换电流比较小,而氢析出反应的过电势又比较低,铁在 1mol/L HCl 中的稳定电势与共轭体系中任一反应的

平衡电势相差较远，故位于一对共轭体系的平衡电势之间。铁的腐蚀电流是由一对共轭体系的反应动力学参数共同决定，这类腐蚀称为混合控制。

注意上述公式的推导是在假定溶液电阻可忽略不计，而且是均匀腐蚀的前提下，如果是局部腐蚀，则电流密度应改为电流强度。

在金属腐蚀中，氢去极化腐蚀往往受电化学步骤控制，而氧去极化腐蚀一般是液相传质步骤控制。对于传质控制的过程，腐蚀过程极化方程的推导可参见金属腐蚀的相关专著。

(2) 腐蚀过程极化曲线分析

采用极化曲线可以更直观地分析金属腐蚀过程的特点。共轭体系中两对交换反应在同一个电极上发生，可以在同一张图上将四个反应的电化学极化曲线都画出来（见图6-12），然后综合分析其相互影响形成的表观动力学特点。

如图 6-12 所示，在强极化区，阳极极化电流密度与金属氧化溶解的电流密度 $\overleftarrow{i_1}$ 相重合，阴极极化电流密度与氢还原的电流密度 $\overrightarrow{i_2}$ 重合。两条 Tafel 区直线延长线的交点对应的电流密度就是腐蚀电流密度 i_c。于是可通过测稳态极化曲线的方法来测量金属腐蚀速率。

一般来说，只有在腐蚀速率不大的情况下，才较容易测得阳极极化的 Tafel 直线。在不容易得到阳极极化 Tafel 直线的情况下，可以单独让阴极极化的 Tafel 直线与 φ_c 水平线相交，交点即为腐蚀电流密度。另外，如果共轭反应的平衡电势可用 Nernst 方程计

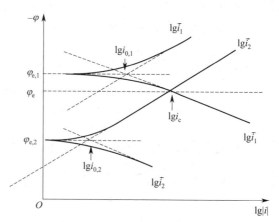

图 6-12 金属自溶解过程中共轭反应的稳态极化曲线

算得出，则将单条 Tafel 直线延长线与 $\varphi_{e,1}$ 或 $\varphi_{e,2}$ 水平线相交，交点对应的电流密度即为各自的交换电流密度。

极化曲线外延法有它的局限性，只有当腐蚀的阴极或阳极过程由电化学步骤控制时才适用。它常用于测定酸性溶液中金属的腐蚀速率，因为在此情况下容易测得极化曲线的 Tafel 直线段。该方法的主要缺点是极化较强，导致测定阳极极化曲线时可能发生钝化，测定阴极极化曲线时可能使金属表面的氧化膜还原。另外，电流密度大能引起浓度极化及电极表面状态显著变化，从而会出现偏离线性关系的情况。再者，由于腐蚀电势会随时间而变，到一定时间才稳定下来。因此，测定阴、阳极极化曲线时 φ_c 稍有差别，结果所得的 i_c 会略有差异。

对处于自腐蚀状态下的金属电极进行极化时，会影响电极上的电化学反应。比如腐蚀金属进行阳极极化时，电势变正，将使电极上的净氧化反应速率增加，净还原反应速率减小，二者之差为外加阳极极化电流

$$i_a = (\overleftarrow{i_1} + \overleftarrow{i_2}) - (\overrightarrow{i_1} + \overrightarrow{i_2}) \tag{6-36}$$

同样，对于腐蚀金属进行阴极极化时，电势负移，使净还原反应速率增加，净氧化反应速率减小，二者之差为外加阴极极化电流

$$i_c = (\overrightarrow{i_1} + \overrightarrow{i_2}) - (\overleftarrow{i_1} + \overleftarrow{i_2}) \tag{6-37}$$

如果电极上不止两种氧化-还原电对，则在阳极极化电势下，电极上通过的阳极极化电

流等于电极上所有的氧化反应速率的总和减去所有还原反应速率的总和。

在中性或碱性介质中,金属溶解过程的共轭反应往往是氧的还原反应。由于溶液中氧的溶解度有限(约 2×10^{-4} mol/L),在吸氧反应的极化曲线上,往往出现由溶解氧的扩散速率所决定的极限电流密度,如图 6-13 所示。曲线 1、2、3 分别表示三种不同金属的阳极反应极化曲线。三者与氧的阴极反应极化曲线 i_c 有不同的交点,各交点对应电流值相同,而电势值不同。

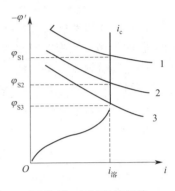

图 6-13 氧扩散控制的金属腐蚀过程

由图 6-13 可知,金属的自溶解速率完全受氧的极限扩散速率控制。因此在同一介质中,不同金属可以具有几乎相同的自溶解速率,$i_{溶1}=i_{溶2}=i_{溶3}$。不同金属的稳定电势(即腐蚀电势)由金属阳极极化曲线的位置所决定。

设法降低溶液中氧的浓度,或者增大氧的扩散阻力,都可减少金属的腐蚀。例如,Fe、Zn 等电势较负的金属,它们在中性或弱酸性溶液中都可能因氧的还原而发生腐蚀。已测得这些金属的腐蚀电势有很大的差别,而它们的腐蚀电流却相差不大。由此也可解释为什么不同种的钢件在海水中腐蚀速率大致相同。

6.3.5 金属腐蚀过程的图解分析

上述腐蚀过程的动力学分析方法的优点是可以定量或半定量地分析各种因素对腐蚀速率的影响,但实际金属腐蚀问题复杂,因此在腐蚀科学中还常用英国腐蚀科学家伊文斯(Evans)提出的腐蚀极化图来对金属腐蚀问题进行定性分析。

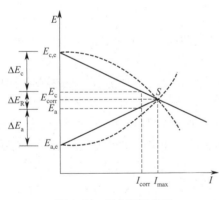

图 6-14 伊文斯极化图

腐蚀极化图(也叫伊文斯图)如图 6-14 所示。将表征腐蚀特征的阴极极化曲线和金属溶解阳极极化曲线提取出来,忽略电势随电流密度变化的细节,将极化曲线画成直线。一般横坐标表示电流强度,而不是电流密度。因为腐蚀电池的阴极和阳极的面积是不相等的,但阴极和阳极上的电流总是相等的,故用电流强度代替电流密度更为方便。

图 6-14 中阴、阳极的起始电势就是阴极反应和阳极反应的平衡电势,分别用 $E_{c,e}$ 和 $E_{a,e}$ 表示。若忽略溶液的欧姆电阻,腐蚀极化图有一个交点 S,S 点对应的电势即为这一对共轭反应的腐蚀电势 E_{corr},与此电势对应的电流即为腐蚀电流 I_{max}。如果不能忽略金属表面膜电阻或溶液电阻,则极化曲线不能相交,对应的电流就是金属实际的腐蚀电流,它要小于没有欧姆电阻时的电流 I_{max}。

腐蚀极化图中极化曲线的斜率表示它们的极化程度,线 $E_{c,e}S$ 和 $E_{a,e}S$ 的斜率代表阴极过程和阳极过程的平均极化率,分别用符号 P_c 和 P_a 表示。

阴极极化率 $\qquad P_c = \Delta E_c / I_{corr}$ (6-38)

阳极极化率 $\qquad P_a = \Delta E_a / I_{corr}$ (6-39)

腐蚀电流与腐蚀推动力（$E_{c,e}-E_{a,e}$）和腐蚀的阻力（P_c、P_a、R）的关系为

$$I_{corr}=\frac{E_{c,e}-E_{a,e}}{P_c+P_a+R} \tag{6-40}$$

当体系的欧姆电阻等于零时，有

$$I_{max}=\frac{E_{c,e}-E_{a,e}}{P_c+P_a} \tag{6-41}$$

由式（6-40）得

$$E_{c,e}-E_{a,e}=IP_c+IP_a+IR=|\Delta E_c|+\Delta E_a+\Delta E_R \tag{6-42}$$

P_c、P_a 和 R 分别是阴极过程阻力、阳极过程阻力和腐蚀电池的电阻。电极的极化率较大，则极化曲线较陡，电极反应过程的阻力也较大；而电极的极化率较小，则极化曲线较平坦，电极反应就容易进行。通常将这些阻力称为腐蚀速率的控制因素。腐蚀速率控制步骤可能是阴极过程，也可能是阳极过程或两者混合控制。在腐蚀过程中如果某一步骤阻力最大，则这一步骤对于腐蚀进行的速率就起主要影响。当 R 很小时，如果 $P_c \gg P_a$，腐蚀电流 I_{corr} 主要由 P_c 决定，这种腐蚀过程称为阴极控制的腐蚀过程；如果 $P_c \ll P_a$，腐蚀电流 I_{corr} 主要由 P_a 决定，这种腐蚀过程称为阳极控制的腐蚀过程；如果 $P_c \approx P_a$，同时决定腐蚀速率的大小，这种腐蚀过程称为阴、阳极混合控制的腐蚀过程；如果腐蚀系统的欧姆电阻很大，$R \gg (P_c+P_a)$，则腐蚀电流主要由电阻决定，称为欧姆电阻控制的腐蚀过程。图 6-15 是不同腐蚀控制过程的腐蚀极化图。例如，钢铁在天然水中的腐蚀过程，包含了铁的阳极溶解和溶解氧的阴极还原这组共轭反应。其中，溶解氧向钢铁表面扩散的传质过程进行得最为困难，因此，它是控制钢铁在天然水中腐蚀速率的瓶颈。所以我们说钢铁在天然水中的腐蚀，受溶解氧的扩散控制。

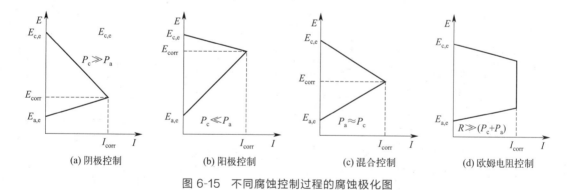

图 6-15 不同腐蚀控制过程的腐蚀极化图

利用腐蚀极化图，不仅可以定性地说明腐蚀电流受哪一个因素控制，而且可以定量计算各个控制因素的控制程度。定义 C_c、C_a 和 C_R 分别表示阴极、阳极和欧姆电阻的控制程度。

阴极控制程度

$$C_c=\frac{P_c}{P_a+P_c+R}\times100\%=\frac{\Delta E_c}{\Delta E_a+\Delta E_c+\Delta E_R}=\frac{\Delta E_c}{E_{c,e}-E_{a,e}} \tag{6-43}$$

阳极控制程度

$$C_a=\frac{P_a}{P_a+P_c+R}\times100\%=\frac{\Delta E_a}{\Delta E_a+\Delta E_c+\Delta E_R}=\frac{\Delta E_a}{E_{c,e}-E_{a,e}} \tag{6-44}$$

欧姆电阻控制程度

$$C_R = \frac{R}{P_a + P_c + R} \times 100\% = \frac{\Delta E_R}{\Delta E_a + \Delta E_c + \Delta E_R} = \frac{\Delta E_R}{E_{c,e} - E_{a,e}} \quad (6\text{-}45)$$

为减少腐蚀程度，最有效的办法就是采取措施影响其控制因素。如对于阴极控制的腐蚀，若改变阴极极化曲线的斜率可使腐蚀速率发生明显的变化。例如，Fe 在中性或碱性电解质溶液中的腐蚀就是氧的阴极还原过程控制，若除去溶液中的氧，可使腐蚀速率明显降低。这种情况下采用缓蚀剂的效果就不明显。碳钢在海水中的腐蚀属阴极控制的情况，海水流动促进 O_2 的去极化反应，从而导致腐蚀速率明显增大。

对于阳极控制的腐蚀，腐蚀速率主要由阳极极化率 P_a 决定，增大阳极极化率的因素，都可以明显地阻滞腐蚀。例如，向溶液中加入少量能促使阳极钝化的缓蚀剂，可大大降低腐蚀速率。

如果体系的欧姆电阻可以忽略，而阴极与阳极极化的程度相差不大，腐蚀受阴极、阳极混合控制。如铝和不锈钢在不完全静态下的腐蚀就属此类。

腐蚀极化图解在研究腐蚀问题及解释腐蚀现象时十分方便。下面举例说明它的应用。

如图 6-16(a) 所示，氢在锌上析出的过电势较高，反应阻力大，故属于阴极控制腐蚀。作为杂质的 Cu 存在时，由于 Cu 上析氢的过电势比在 Zn 上要低，氢的析出容易，从而增强锌的腐蚀。而 Hg 上析氢的过电势要比在 Zn 上高，所以 Hg 在 Zn 中存在，使析氢过程更困难，从而减缓了锌的腐蚀，故腐蚀速率为 $I_{c,Hg} < I_{c,Zn} < I_{c,Cu}$。干电池外壳的锌筒，常常由于局部腐蚀电池作用，而自己放电发生穿孔现象。为了防止这种现象发生，通常在糊状电解质中加入少许 $HgCl_2$，当锌筒内壁与 $HgCl_2$ 溶液接触时，锌被汞取代，于是在锌筒内壁形成汞齐，因为汞的氢过电势很大，可以阻滞锌筒局部电池所引起的腐蚀。

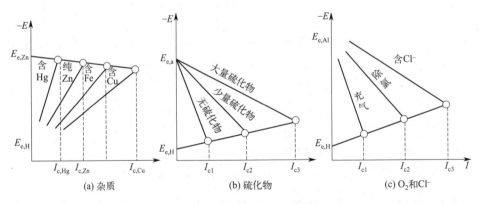

图 6-16 不同因素对腐蚀的影响

由图 6-16(b) 可以分析硫化物对碳钢在酸溶液中腐蚀的影响。硫化物的存在会促进碳钢腐蚀的阳极反应，从而加速碳钢在酸中的腐蚀，即 $I_{c1} < I_{c2} < I_{c3}$。硫化物的来源可以是金属相的硫化物（硫化锰、硫化铁等），也可以是溶液中所含有的。图 6-16(c) 所示为氧和 Cl^- 对铝和不锈钢在稀硫酸中腐蚀的影响。由于铝在充气的稀硫酸中能产生钝化现象，腐蚀速率较小。当溶液中去气后，铝的钝化程度显著变差，阳极极化率变小，腐蚀速率也增大。当溶液中含活性 Cl^- 时，钝态被破坏，腐蚀大大加剧，即 $I_{c1} < I_{c2} < I_{c3}$。

6.4 金属的钝化

6.4.1 金属的钝化现象

将一块普通的铁片放在硝酸中,可以发现铁片的溶解速率在最初阶段随着硝酸浓度的增大而增加,但当硝酸浓度增大到一定程度时,铁片的溶解速率迅速降低,若继续增大硝酸浓度,其溶解速率降低到很小。经过浓硝酸处理过的铁即使把它放在稀硝酸(例如30%的稀硝酸,普通的铁在其中很易腐蚀)中,其腐蚀速率也比未处理前有显著的下降,这种现象叫作铁的钝化现象。不仅是铁,其它金属,例如铬、镍、钼、钽、铌、钨等,在适当条件下都可以钝化。除硝酸之外,其它试剂(通常是强氧化剂),例如 $AgNO_3$、$HClO_3$、$K_2Cr_2O_7$、$KMnO_4$ 等都可以使金属发生钝化。有时非氧化剂也能使金属钝化,例如钼可以在 HCl 中钝化。

人们把金属和合金在特定环境中失去化学活性的现象称为钝化。只要环境适当,几乎所有金属均可钝化。可以通过两种方法使金属钝化。①用氧化剂处理。金属与氧化剂(亦称钝化剂)之间因化学作用产生的钝化一般称为化学钝化。如钢铁的"发蓝",就是利用 $NaNO_2$ 和 NaOH 在高温下,使金属表面生成一层蓝色钝化膜,提高了其耐蚀性。一些金属如铝、铬、钛等能被空气中或溶液中溶解的氧钝化。这些金属常被称为自钝化金属。②利用外加电流(将金属与直流电源的正极相连)使之变成阳极,通过阳极极化,当电极电势增大到某一数值后,金属溶解速率突然下降,这称为电化学钝化或阳极钝化。

利用金属的钝化现象可以保护某些金属不受腐蚀,如阳极保护法。而在有些情况下又必须防止钝化现象产生,如电镀和化学电源都不希望出现阳极钝化。因此必须了解金属钝化的有关规律。

事实上,大部分化学钝化也是按电化学机理进行的。为此我们对金属的阳极极化曲线进行分析。由于阳极极化时,金属表面不断受到破坏,同时,电极表面液层中的变化也比较复杂,因此大多数阳极极化曲线是在非稳态或准稳态的条件下测出的,故阳极极化曲线的形式以及数值在很大程度上将依赖测量条件而改变(改变电势或电流的速度)。图 6-17 为用恒电势法测定的典型阳极极化曲线。可以分成四个区:

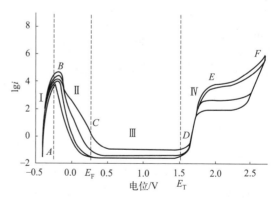

图 6-17 恒电势法测得的不锈钢阳极极化曲线

Ⅰ区(AB 段):活性溶解区域。该区中的金属处于活性溶解状态,金属以低价离子形式溶解后成为水化离子。如 Fe 发生反应

$$Fe \longrightarrow Fe^{2+} + 2e^-$$

在活性溶解区域电流随电势升高而增大,基本上服从塔菲尔规律。

Ⅱ区（BC段）：钝化过渡区或钝化膜的形成区。当电势继续变正，达到B点，金属溶解速率（即阳极电流密度）不仅不增大，反而开始急剧下降，这一现象就是钝化现象。可能原因是金属表面生成了一层阻碍电极反应进行的表面膜（钝化膜）。此时金属表面状态发生急剧变化，处于不稳定状态，也称为活化-钝化过渡区。

B点对应的电势称为临界钝化电势或致钝电势（critical passivation potential）E_{CRIT}。致钝电势是开始发生阳极钝化的电势。对应于B点的电流密度称为临界钝化电流密度或致钝电流密度（critical current）i_{CRIT}。当电流密度超过i_{CRIT}，金属表面就开始钝化，电流密度急剧降低。

C点阳极电流密度降到最低点，金属转入完全的钝化。对应于C点的电势称为初始稳态钝化电势E_P。对于已处于钝化状态的金属来说，将电极电势从正向负移到E_P附近时，金属表面将从钝化状态转变为活化状态，这一电位称为Flade活化电势，用E_F表示（与E_P比较接近）。

Ⅲ区（CD段）：金属稳定钝化区。钝化膜的生成与溶解形成动态平衡，金属表面处于稳定钝化状态。其特点是电流密度通常较小，且电流密度几乎不随电势改变。这一微小电流密度称为钝化电流密度或维钝电流密度（passive current density）i_{PASS}。金属表面可能生成耐蚀性好的高价氧化物膜。此时可以说金属基本上不再受腐蚀。如对于铁为

$$2Fe + 3H_2O \longrightarrow \gamma\text{-}Fe_2O_3 + 6H^+ + 6e^-$$

Ⅳ区（DEF段）：过钝化区。金属进入过钝化区，金属表面从钝化状态转变为活化状态，电流再次随电势升高而增大。这可能是氧化膜进一步氧化，成更高价态的可溶性化合物，膜被破坏使腐蚀再次加剧。如不锈钢中形成六价铬离子形式就属于此类情形。另外也可能是发生新的阳极过程，如氧的析出（EF段），即电极电势到达析氧电势，电流密度因发生析氧反应而再次增大。金属表面从钝化状态转变为活化状态的拐点电势（D点电势）称为过钝化电势或活化电势E_T。

致钝电流密度i_{CRIT}、钝化电流密度i_{PASS}、Flade活化电势E_F、过钝化电势E_T等是阳极钝化的重要参数。当电流密度小于i_{CRIT}时，金属可以长时间溶解而不发生钝化。当大于i_{CRIT}时，金属才可能发生钝化。致钝电流密度i_{CRIT}越小，E_F越低，体系越容易钝化。E_F与E_T之间的电势越宽，钝化电流密度i_{PASS}越小，表明维钝控制容易且稳定，钝态保护效果更好。

6.4.2 金属钝化的影响因素

钝化是否发生及发生速度多快，取决于金属和环境两方面因素。

(1) 阳极电流密度的影响

建立钝态需要一定时间，该时间称为致钝时间t_P。致钝时间在一定程度上反映了钝化的难易程度。t_P愈小，说明钝化愈容易发生，钝化发生速度愈快。

如图6-18所示，发生钝化时，电势会发生突变，致钝时间t_P为从开始通电到电势突跃所需的时间。当阳极电流密度$i < i_{CRIT}$（曲线A），不会发生钝化。阳极电流密度愈大，致钝时间愈短，愈容易建立钝态。

(2) 金属性质的影响

有的金属容易钝化，有的较难钝化。例如Ni比Fe容易钝化。Ni除能在上面列举的试

剂中钝化外，在醋酸、草酸、柠檬酸、磷酸以及一系列中性溶液中也可钝化。铝在浓硝酸及铬酸的作用下可以钝化，而铬甚至在稀疏酸作用下就可以钝化。

固溶体合金中含有一定量的易钝化的金属组分，该合金也具有易钝化的性质。因而可以将某些易钝化的金属如 Ti、Al、Cr、Mo 等和钝化性弱的金属组成固溶体合金，可使钢表面易于形成钝化膜，显著提高钢的耐蚀性及其它性能。如加入铬使钢表面很快生成 Cr_2O_3 保护膜，而且钢中含 Cr 量越高，其耐蚀性越好。钼也是不锈钢中重要的合金元素，通常添加 2％～3％ Mo 时，钢的表面能形成富钼氧化膜。当铬和钼配合使用时，能有效地提高钢的耐孔蚀性能。在一定介质条件下，合金的耐蚀性与合金元素

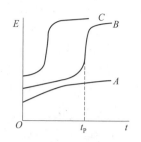

图 6-18　不同阳极电流密度时的电势-时间曲线

A—$i<i_{CRIT}$；B—$i>i_{CRIT}$；
C—$i \gg i_{CRIT}$

的种类和含量有直接的影响，所加入的合金元素数量必须达到某一个临界值，才有显著的耐蚀性。例如 Fe-Cr 合金中，只有当 Cr 的加入量不小于 12％时才能成为不锈钢，合金才能发生自钝化，其耐蚀性才有显著的提高。

(3) 溶液组成的影响

溶液的 pH 值、中性盐的浓度、阴离子的种类及浓度等，对钝化过程有重要的影响。如在中性或碱性溶液中金属较易钝化，而在酸性溶液中难以钝化。溶液中存在氧化剂，如高锰酸钾等，能促使金属钝化。

能促进阳极溶解、防止钝化的物质称为活化剂。如卤素离子存在能延缓或完全防止钝态的出现。所以在含卤素离子的介质中，金属即使在钝化区也容易发生点蚀腐蚀。一般阴离子对于钝化电极活化能力的大小顺序为：$Cl^->Br^->I^->F^->ClO_4^->OH^-$。

(4) 搅拌的影响

当电流密度一定时，随着搅拌的加强，致钝时间增加。若电流密度不太大，强烈搅拌可以防止钝化现象的出现。但当电流密度很大时，搅拌作用效果不明显。这说明搅拌能在某种程度上延缓金属的钝化，表明钝化现象与电极表面液层中的浓差极化有关。搅拌加快了扩散，使电极表面附近液层中的浓差极化减弱。

6.4.3　钝化机理

由于金属由活性状态转变成钝态是一个比较复杂的过程，直到现在还没有一个很完整的理论来说明所有的金属钝化现象。目前常用的主要有薄膜理论和吸附理论。

(1) 薄膜理论

薄膜理论认为金属钝态是金属和介质作用时在金属表面上生成一种非常薄的、致密的、覆盖性良好的固态产物独立相（常称为钝化膜），把金属与溶液机械地隔开，阻碍阳极过程的进行，导致金属溶解速率大大降低，使金属进入钝态。形成钝化膜的先决条件是在金属表面形成固态产物，因而也称为成相膜理论。

薄膜理论最直接的实验证据是在某些金属上可以直接观察到固相膜的存在。例如使用适当的溶剂（$I_2+10％$ KI 甲醇溶液），可以单独溶去基体金属铁而分离出铁的钝化膜。近年来使用表面分析技术，不必把膜从金属表面上取下来也能测其厚度和组成。一般钝化膜的厚度在 1～10nm 之间。如 Fe 在浓 HNO_3 中钝化膜厚度为 2.5～3.0nm，碳钢为 9～10nm，不锈

钢为 2~5nm。运用电子衍射法对钝化膜进行相分析的结果表明，大多数钝化膜是由金属氧化物组成的。Fe 的钝化膜是 $\gamma\text{-}Fe_2O_3$ 或 $\gamma\text{-}FeOH$；Al 的钝化膜是无孔 $\gamma\text{-}Al_2O_3$ 或多孔 $\beta\text{-}Al_2O_3$。除此以外，在一定条件下，铬酸盐、磷酸盐、硅酸盐及难溶的硫酸盐和氯化物、氟化物也能形成钝化膜。如 Pb 在 H_2SO_4 中生成 $PbSO_4$，Mg 在氢氟酸中生成 MgF_2 膜等。在用电化学方法进行阳极钝化过程中，金属表面可能生成氧化物薄膜或氢氧化物薄膜。

金属在钝化过程中所生成的薄膜可能的作用是：当薄膜无孔时，它可以把金属与腐蚀性介质完全隔离，这就防止了金属与该介质的直接作用，从而使金属基本上停止溶解；如果薄膜有孔，在孔中仍然可能发生金属溶解的过程，但由于阴极过程困难增加（由于膜的生成，氧在膜上的还原过程有较大的超电压）或是由于金属离子转入溶液的过程直接受到阻碍，都可能使阳极过程发生阻滞，结果使金属变成钝态。

尽管形成钝化膜的先决条件是在金属表面形成固态产物，但生成固相产物也并不构成出现钝态的充分条件，即并非任何固态产物都能导致钝态的出现。只有那些直接在金属表面上生成的、致密的金属氧化合物（或其它盐）层才有可能导致出现钝态。不锈钢的钝化膜最薄，但最致密，保护性最好。Al 在空气中氧化生成的钝化膜厚度为 2~3nm，也具有良好的保护性。而腐蚀次生过程的腐蚀产物往往是疏松的，它若沉积在金属表面上，并不能直接导致金属的钝化，而只能阻碍金属的正常溶解。不过这种阻碍的结果可促使钝化的出现。例如铅蓄电池放电时次生过程生成的硫酸铅，只有在生成厚度达 $1\mu m$ 的盐层后才可能促使铅电极发生钝化。

若金属表面被厚的保护层覆盖，如被金属的腐蚀产物、氧化层、磷化层或涂漆层等所覆盖，一般不能认为是金属薄膜钝化，只能认为是化学转化膜。化学转化膜指金属表面与介质作用生成的较厚的非电子导体膜，如铝合金表面的化学氧化膜、钢铁表面的磷化膜等。

(2) 吸附理论

吸附理论认为，只要在金属表面或部分表面上生成不足单层的吸附粒子，就可以导致钝态的出现。德国学者塔曼（Tamman）和美国科学家尤利格（Uhlig）认为金属钝化是由于表面生成氧或含氧粒子的吸附层。在金属表面吸附的含氧粒子究竟是哪一种，这要由腐蚀体系中的介质条件来决定。可以是 OH^-，也可能是 O_2，还可能是氧原子。也有人认为金属表面吸附了一层氧原子后再吸附氧分子。

吸附理论的主要实验依据是界面电容测量的结果。如果界面上生成哪怕是很薄的膜，其界面电容值也应比自由表面上双层电容的数值小得多。但测量结果表明，在 Ni 和 18-不锈钢上相应于金属阳极溶解速率大幅度降低的那一段电势内，界面电容值的改变不大，这表示氧化膜并不存在。另外，实验表明，在某些情况下只需要通过很少的电量就可以使金属钝化，例如在 0.05mol/L NaOH 用 $1\times10^{-5}A/cm^2$ 的电流密度极化铁电极时，只需要通过相当于 $3mC/cm^2$ 电量就能使铁电极钝化。而这些电量甚至不足以生成氧的单分子吸附层。这些实验事实表明，金属表面的单分子吸附层不一定将金属表面完全覆盖，甚至可以是不连续的。金属表面所吸附的单分子层只要在最活泼的、最先溶解的表面区域上，例如在金属晶格的顶角及边缘吸附着单分子层（这些地方从电化学的观点来看正好是腐蚀电池的阳极区），便能抑制阳极过程，使金属纯化。

吸附造成钝化的原因有多种解释。一种解释是金属表面原子的未饱和价键，在吸附了氧以后便饱和了，因而使金属表面原子失去其原有的活性。另外一种解释是在金属表面上所形成的氧吸附层，能将原来吸附着的水分子层排挤掉，因而使金属离子化的速率降低（因为金属变成离子时，必须伴随着金属离子水化）。

有人从电化学的角度解释了氧吸附层引起金属钝化的机理。他们认为金属表面吸附了氧之后，会改变金属与溶液间界面的双电层结构，并指出了所吸附的氧原子可能被金属上的电子诱导成为氧偶极子，使得它正的一端位于金属中，负的一端在溶液中形成双电层。这样，原先有的金属离子平衡电势将部分地被吸附电势所代替，结果使得金属总的电势朝正方移动。因为吸附改变了金属/溶液界面的结构，阳极反应的活化能显著提高，金属本身的反应能力显著降低。根据实验数据，被吸附氧所遮盖的金属表面仅 6%（Pt 在 HCl 溶液中），其电势朝正方移动 0.12V，同时使金属溶解速率变为原来的十分之一。

吸附理论可以较好地解释铁、铬、镍等金属的过钝化现象。根据成相膜理论，钝态金属的溶解速率取决于膜的化学溶解，这样难以解释过钝化现象的出现。根据吸附理论，增大阳极电极电势可能造成两种不同结果。一方面造成含氧粒子表面吸附作用的增强，使阳极溶解阻滞作用增强；另一方面，电势变正还能增加界面电场对阳极反应的活化作用。这两个互相对立的作用可以在一定的电势范围内基本上互相抵消，从而使钝态金属的溶解速率几乎不随电势的改变而变化。但在过钝化的电势范围内，则主要是后一因素起作用。如果电极电势达到可能生成可溶性的高价含氧离子（如 CrO_4^{2-}），则氧的吸附不但不阻滞电极反应，反而能促使高价离子的形成，因此出现金属溶解速率再次增大的现象。

两种钝化理论均能较好地解释部分实验事实，但又都有不足之处。目前尚不清楚在什么条件下形成成相膜，在什么条件下形成吸附膜。两种理论相互结合还缺乏直接的实验证据，因而钝化理论还有待人们进一步深入研究。

6.5 实际腐蚀问题

6.5.1 局部腐蚀

相对于均匀腐蚀而言，局部腐蚀集中在金属表面某一区域，而表面其他部分则几乎不腐蚀，所以腐蚀难以预测和防止，危害更大。据统计，化工设备的破坏事例中，局部腐蚀所引起的超过 85%。

在实际中常遇到的局部腐蚀现象见图 6-19。斑点腐蚀指腐蚀像斑点一样分布在金属表面上，所占面积较大，但不太深[图 6-19(b)]。脓疮腐蚀指金属被腐蚀破坏的情形好像人身上长的脓疮，被损坏的部分较深较大[图 6-19(c)]。孔腐蚀（又称点腐蚀）指在金属某些部分被腐蚀成为一些小而深的圆孔，有时甚至发生穿孔[图 6-19(d)]。晶间腐蚀发生在金属晶体的边缘上。金属遭受晶间腐蚀时，它的晶粒间的结合力显著减小，内部组织变得很松弛，从而机械强度大大降低[图 6-19(e)]。穿晶粒腐蚀破坏是沿最大张应力线发生的一种局部腐蚀，其特征是腐蚀可以贯穿晶粒本体，例如金属在周期的交变载荷下的腐蚀及在一定的张应力下的腐蚀。穿晶粒腐蚀通常又称腐蚀开裂[图 6-19(f)]。

局部腐蚀发生的必要条件是金属表面不同区域的腐蚀遵循不同的阳极溶解动力学规律，这使局部表面区域的阳极溶解速率明显地大于其余表面区域。其充分条件是随着腐蚀的进

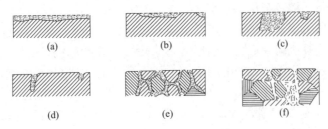

图 6-19 常见的腐蚀现象

(a) 均匀腐蚀；(b) 斑点腐蚀；(c) 脓疱腐蚀；(d) 孔腐蚀；(e) 晶间腐蚀；(f) 穿晶粒腐蚀

行，金属表面不同区域的阳极溶解速率的差异变大，使局部腐蚀持续进行，最终形成严重的局部腐蚀。

均匀腐蚀电池一般为微电池，阴阳极尺寸非常小，大量的微阴极、微阳极在金属表面随机分布，因而可把金属的自溶解看成是在整个电极表面均匀进行。而局部腐蚀中腐蚀电池具有一些特点：其一，为宏电池，即阴阳极区毗连但截然分开。大多数情况下，具有小阳极大阴极的面积比结构。而且随 $S_阴/S_阳$ 的增大，阳极区的溶解电流密度加大。例如，孔蚀中的孔内（小阳极区）和孔外（大阴极区），晶界腐蚀中的晶界（小阳极区）和晶粒（大阴极区），缝隙腐蚀中缝内（小阳极区）和缝外（大阴极区）等。其二，具有闭塞性。局部腐蚀中的电池，其阳极区相对阴极区要小得多，因此，腐蚀产物易堆积并覆盖在阳极区出口处，这就会造成阳极区内的溶液滞留，与阴极区之间物质交换困难，这样的腐蚀电池称为闭塞电池。其三，存在自催化效应。在腐蚀过程中，阴阳极分区形成闭塞电池，往往造成供氧差异产生自催化效应。

(1) 孔蚀

孔蚀（pitting）又叫点蚀、坑蚀，是指在金属的表面局部区域出现向深处发展的腐蚀小孔，其余部分不腐蚀或腐蚀很轻微的现象。其特征是蚀孔小（直径数十微米）且深，蚀孔沿重力方向或横向发展，孔口多数有腐蚀产物覆盖，从起始到暴露有一个腐蚀诱导期。

孔蚀是在生产实践中经常发生的一种典型局部腐蚀现象。在具有自钝化特性的金属和合金（如不锈钢、铝及其合金等）表面，特别是在含 Cl^- 的介质中，容易发生孔蚀。下面以不锈钢在 NaCl 水溶液中的孔蚀为例讨论孔蚀机理。通常认为孔蚀是从有钝化膜的金属表面开始的。当介质中含有某些活性阴离子（例如 Cl^-）时，如图 6-20 所示，它们首先被吸附在金属表面某些位点，对钝化膜发生破坏作用。按照薄膜理论，氯离子之所以会破坏钝态或阻碍钝化，是因为 Cl^- 能够穿透薄膜孔隙或某些缺陷处而使膜受到破坏。吸附理论则认为 Cl^- 在金属表面的吸附比溶解 O_2 或 OH^- 的吸附更为容易，当 Cl^- 与金属表面接触，有利于金属离子的水化，从而使金属离子转移到溶液中引起腐蚀。也有人认为 Cl^- 破坏金属的钝化，是由所吸附的 Cl^- 能降低金属阳极过程的超电势所引起的。

从热力学角度上看，钝态下的金属仍具

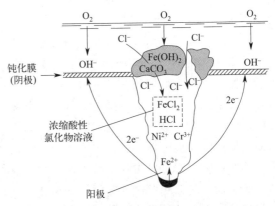

图 6-20 不锈钢在 NaCl 溶液中孔蚀示意图

有很高的不稳定性，一旦钝化膜破坏，金属就会以很高的溶解速率腐蚀。钝化膜受到破坏的地方成为蚀孔的活性中心，形成孔蚀核。蚀孔一旦形成，孔内处于活态，电势较负成为阳极；孔外处于钝态，电势较正为阴极。阴阳极分区，构成供氧差异电池。显然该电池具有小阳极大阴极面积比结构，阳极电流密度很大，容易使腐蚀产物覆盖在孔口，孔内溶液呈滞流状态，形成闭塞电池（活化-钝化电池）。随着腐蚀进行，孔内金属阳离子浓度不断增加，为保持溶液为电中性，孔外氯离子大量向孔内迁入，孔内的金属氯化物（如 $FeCl_2$、$NiCl_2$、$CrCl_3$）聚集。这种溶液可使小孔表面继续保持活化状态。另外，氯化物发生水解使孔内介质酸度增大。例如 $Cr_{18}Ni_{12}Mo_2Ti$ 不锈钢的蚀孔内氯离子聚集可达 6mol/L，pH 值接近于零。酸化促进阳极溶解，又使孔内金属阳离子增多，导致孔内金属阳极溶解动力学行为发生改变，自催化效应使腐蚀加剧。如此循环，很快腐蚀穿孔。加之受溶液重力的影响，所以小孔就进一步被腐蚀加深。

从电化学角度分析，金属发生孔蚀有一个很重要的条件，就是金属在介质中必须达到某一临界电势才能够发生孔蚀，该临界电势称为孔蚀电势或击穿电势（break down potential）E_b。孔蚀的临界电势可通过恒电势法或动电势法测定。铁在含有 NaCl（$>3×10^{-4}$mol/L）的 1mol/L H_2SO_4 溶液中进行恒电势阳极极化，可以发现它的过钝化区明显地移向较低的电势，但此时没有观察到有 O_2 的逸出，而是在金属表面的局部发生可以看得见的孔蚀。同样，若将 18-8 不锈钢放在 0.1mol/L NaCl 中，在较低的钝化区内进行阳极极化，它与不锈钢在 H_2SO_4 溶液的性能很相似，即不论时间多久，它仍然保持着钝态。但是当达到某一临界电势值之上时，可以观察到电流很快地增加，同时金属表面有孔蚀点形成。在 0.1mol/L NaCl 中，这一临界电势（虚线表示）相当于不锈钢在该溶液中的孔蚀电势 E_b。18-8 不锈钢在不同介质中的阳极极化曲线如图 6-21 所示。

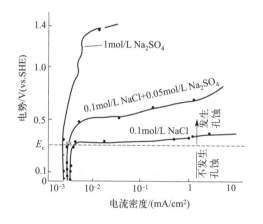

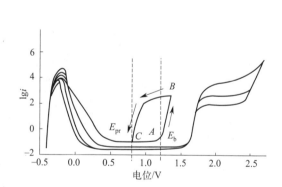

图 6-21　18-8 不锈钢放在不同介质中的阳极极化曲线　　　　图 6-22　含有 Cl^- 的环状阳极极化曲线

为什么金属达到某一临界电势就发生孔蚀，其原因有各种不同的解释。有的认为是当到达临界电势时所产生的电场强度，足以使 Cl^- 能够穿过金属表面钝化膜最薄的地方，使膜受到局部破坏。有的用氧与 Cl^- 相互竞争吸附来解释，认为在金属表面的 Cl^- 浓度将随电势变正而增加，达到某一临界电势时，Cl^- 将原来金属表面所吸附的氧排挤掉，吸附有 Cl^- 的金属与吸附有氧的相比，具有更低的金属阳极溶解的超电势，因而有更快的腐蚀速率。若低于临界电势，只要钝化膜保持完整，Cl^- 就不能排挤所吸附的氧，所以也就不会发生孔蚀。

测定环状阳极极化曲线是经典的孔蚀电化学研究方法。如图 6-22 所示，采用慢速扫描

（扫速≤0.1mV/s），正向扫描至 A 点，电流突然增大时的电势为活化电势或击穿电势 E_b。继续增大到 B 点后反向回扫，与钝化区相交于 C 点，此点的电势 E_{pr} 称为再钝化电势或保护电势。$A \to B \to C$ 构成的环称为滞后环。腐蚀介质中有 Cl^- 时，极化曲线中活化电势比无 Cl^- 时的要低。

当 $E > E_b$，原孔蚀继续长大，并不断产生新的孔蚀。$E_b > E > E_{pr}$，原孔蚀继续长大，但不产生新的孔蚀。$E \leq E_{pr}$，不产生新的孔蚀，原孔蚀再次钝化而不再继续长大。

由上可知，Cl^- 对钝化膜的破坏只出现在一定的电势范围内。E_b 与 E_{pr} 可以用来衡量钝化状态的稳定性及耐蚀性。金属的击穿电势 E_b 越正，说明其耐孔蚀性能越好；E_b 与 E_{pr} 的差值越小，金属的耐孔蚀性能越好。但要注意 E_b 值与扫描速率有关，E_{pr} 与回扫的电流密度有关。只有在相同的测试条件下，才能用 E_b 与 E_{pr} 来相对比较金属的耐孔蚀和再钝化能力。

金属的孔蚀电势受 Cl^- 浓度、pH 和温度的影响。当溶液中 Cl^- 浓度增加时，临界电势朝负方向移动；而当 pH 值增加和温度降低时，临界电势则移向较正的方向（表 6-5 给出几种金属在 0.1mol/L NaCl 溶液中的孔蚀电势）。

表 6-5　0.1mol/L NaCl 中的孔蚀电势（25℃）

金属	孔蚀电势/V（vs. SHE）	金属	孔蚀电势/V（vs. SHE）
Al	-0.40	12%Cr-Fe	0.20
Ni	0.28	Cr	>1.0
Zr	0.46	Ti	>1.0(1mol/L NaCl,室温)
18-8 不锈钢	0.26		约 1.0(1mol/L NaCl,200℃)
30%Cr-Fe	0.62		

在 NaCl 溶液中，加入不同种盐类如 Na_2SO_4、$NaNO_3$、$NaClO_4$ 等，不锈钢的临界电势也向较正的方向移动。如果临界电势移动达到比它的腐蚀电势更正一些的电势值，不锈钢在此盐类混合物的溶液中将不会发生孔蚀。例如在 10%$FeCl_3$ 溶液中加入 3%$NaNO_3$，可以长期防止 18-8 不锈钢发生孔蚀，而没有 $NaNO_3$ 存在时，则可以观察到在几小时内便受到严重的点蚀。所以这时 $NaNO_3$ 实质上就是一个有效的防止点蚀的缓蚀剂。

根据对孔蚀过程的分析，影响孔蚀的因素主要包括：

① 金属或合金的性质和成分。金属自钝化性能高，孔蚀敏感性升高。降低钢中 S、P、C 等杂质元素，可减小孔蚀敏感性。Cr 能提高钝化膜的稳定性。Mo 能抑制 Cl^- 的破坏作用。

② 溶液的成分和性质。活性阴离子如 Cl^- 是孔蚀的"激发剂"。有氧化性金属阳离子的氯化物如 $FeCl_3$、$CuCl_2$、$HgCl_2$ 等，是强烈的孔蚀促进剂。有一些阴离子与 Cl^- 共存时，具有抑制孔蚀的作用，对于不锈钢的抑制次序为：$OH^- > NO_3^- > Ac^- > SO_4^{2-}$。

③ 溶液流速的影响。静止状态的溶液中比流动的容易发生孔蚀。流速增大，O_2 增多，金属易钝化，沉积物减少，孔蚀减少。但流速太大时，会使局部腐蚀加剧。

④ 表面状态的影响。金属表面粗糙、残留焊渣、积灰屑时，孔蚀严重。

可以从内因和外因两方面来防止或减少孔蚀。从金属材料内因方面来看，采用抗孔蚀的合金材料，如 Ti 和 Ti 合金抗孔蚀性能最好；含 Cr、Mo 高的不锈钢抗孔蚀较好；高纯铁素体不锈钢和双相不锈钢抗孔蚀也好。在奥氏体不锈钢中添加一定的氮量可以改善耐孔蚀的性能。通过精炼除去钢中的 S、C 等杂质，减少硫化物夹杂，可以改善耐孔蚀的性能。

改变外部条件也是抑制孔蚀的重要途径。主要方法包括：

① 改善介质条件。如降低 Cl^- 含量、提高 pH 值、降低温度等。保证有均匀的氧或氧化剂浓度；避免缝隙存在；将溶液加以搅拌、通气或循环。

② 加缓蚀剂。如在含氯化物的介质中加入其它阴离子（如 OH^- 或 NO_3^-）。

③ 设备及构件加工后进行钝化处理。

④ 用阴极保护的方法使金属的电势低于临界的孔蚀电势。

(2) 缝隙腐蚀

金属与金属或金属与非金属之间形成缝隙，其宽度足以使介质进入缝隙而又使这些介质处于停滞状态，使得缝隙内部腐蚀加剧的现象，叫作缝隙腐蚀（crevice corrosion）。

几乎所有金属和合金都可能发生缝隙腐蚀。缝隙腐蚀的临界电势比孔蚀电势低，对同一种合金而言缝隙腐蚀更易发生。缝隙腐蚀和小孔腐蚀一样，也是钢铁设备（特别是不锈钢设备）在含 Cl^- 的介质（如海水）中容易发生的一种腐蚀形式，例如机械设备的某些部件与垫片接触处，或与泥沙等沉积物

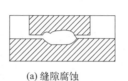
(a) 缝隙腐蚀

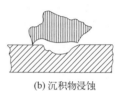
(b) 沉积物浸蚀

图 6-23　缝隙腐蚀示意图

接触处，都很容易发生缝隙腐蚀，图 6-23 为缝隙腐蚀和沉积物浸蚀的示意图。

缝隙腐蚀的机理与孔蚀类似，两者的比较见表 6-6。

表 6-6　缝隙腐蚀与孔蚀的比较

项目	孔蚀	缝隙腐蚀
发生条件	起源于孔蚀核	起源于特小的缝隙
腐蚀过程	逐渐形成闭塞电池，闭塞程度大	迅速形成闭塞电池，闭塞程度小
环状极化曲线的特点	孔蚀 E_b 高，难发生在 $E_b \sim E_p$ 间，原孔继续发展，不产生新孔	E_b 低，易发生于 $E_b \sim E_p$ 间，缝隙腐蚀可继续发展
腐蚀形貌	蚀孔窄而深	蚀坑广而浅

缝隙腐蚀起源于特殊的几何缝隙。缝内缺氧为阳极，缝外为阴极。缝隙介质的阴极去极化剂（例如溶解氧），由于进行腐蚀反应而很快地被消耗掉，缝隙内部的阳极反应却仍能依赖缝隙外面的阴极反应而继续进行。缝隙内溶液的金属离子浓度增加，腐蚀电流的流通使缝隙外的阴离子（如 Cl^-）不断迁移进来，其结果将使缝隙内金属盐溶液的浓度增加；金属盐（如 $FeCl_2$ 和 $CrCl_3$）进行水解导致酸度增加，使缝隙内溶液的 pH 下降，又使在阳极表面生成的氢氧化物或氧化物的溶解度增加。因此，在缝隙内的金属总是处于活化状态，这样循环下去，就发生一种自催化溶解过程。虽然在缝隙内（阳极）与缝隙外自由表面（阴极）之间的电势差很小，仅有 50～100mV，但由于腐蚀电池的继续作用，所以缝隙内的腐蚀仍然很严重。

对于缝隙腐蚀的研究，目前远不及对孔蚀研究得多。关于防止缝隙腐蚀的措施，除了在设计时注意在机器部件中尽可能减少缝隙之外，也可在有缝隙处充填某些具有一定弹性的、耐久性的填料，以排除腐蚀介质的进入。在某种情况下，也可以采用一些能抵抗缝隙腐蚀的金属材料。例如一些高镍、铬、钼的特殊合金以及钛等都具有较强的抗缝隙腐蚀能力。此外，如果条件许可，也可以采用阴极保护法。

(3) 晶间腐蚀

晶间腐蚀（intergranular corrosion）也是常见的一种局部腐蚀形式。所谓晶间腐蚀，是指沿着金属晶粒边界或附近发生的腐蚀现象。这种腐蚀能使晶粒间的结合力大大地减弱，使材料强度显著降低。存在晶间腐蚀的金属表面，从外表看好像还很光亮，但因已失去了机械强度，有的仅轻轻敲击，就可破碎成细粒。由于晶间腐蚀不易检查，常常造成设备突然破坏，所以危害性很大。不锈钢、镍基合金、铝合金、镁合金等都存在晶间腐蚀问题。下面以奥氏体不锈钢的晶间腐蚀为例讨论晶间腐蚀发生机理以及防止措施。

奥氏体不锈钢含有少量的碳，在高温（例如1050℃）时，碳可以完全分布在整个合金里面，但若在400~800℃的范围内加热或者冷却，碳就与铬及铁生成复杂的碳化物$(Cr、Fe)_{23}C_6$沿晶粒边缘析出，此时这种钢就有对晶间腐蚀的敏感性。这样的热处理，又叫作敏化处理。

关于奥氏体不锈钢的晶间腐蚀产生的原因，被广泛接受的是贫铬理论，其要点为：不锈钢在敏化区温度的范围内，碳很快向晶粒边界扩散，并在那里优先与铬化合成为碳化铬析出，因为铬的扩散速率比碳慢，碳化物中的铬主要由晶粒附近获取，这就造成析出碳化物的晶粒边缘一带铬的含量减少，即所谓贫铬。如果铬的含量降低到钝化所需的极限（例如12%）以下，则贫铬区处于活化状态，即成为阳极区。而晶粒本身面积大（大阴极），晶界贫铬区面积很小（小阳极），就构成活化-钝化电池。电池工作的结果是晶粒边界加速腐蚀。图6-24 为18-8不锈钢有碳化铬颗粒在晶间析出的示意图。

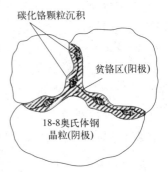

图6-24 不锈钢有碳化铬颗粒在晶间析出造成晶间腐蚀

如果将不锈钢很快地通过敏化温度范围进行冷却，则碳没有足够的时间到达晶粒边界，这样就可以防止碳化铬在那里析出。另外，如果将合金维持在敏化温度范围经过很长一段时间（常常需要几千小时），那么铬可以再向贫铬区扩散，重新建立钝态，因而可以消除对晶间腐蚀的敏感性。

根据上述的不锈钢晶间腐蚀的现象及其机理，可以认为碳是产生晶间腐蚀的最有害的元素，只要控制碳化物在晶间析出，就可防止晶间腐蚀。加入能形成稳定碳化物的合金元素，是防止晶间腐蚀最常用的方法。合金元素钛、铌同碳之间的亲和力要比碳同铬之间的亲和力大，所以当在敏化区温度加热时，碳优先与钛、铌形成TiC、NbC而不析出碳化铬颗粒，这样就不致引起晶粒边界附近含铬量发生变化，从而消除晶间腐蚀倾向。

不锈钢在焊接时，热的影响（焊缝附近处于敏化区温度范围内），也会引起对晶间腐蚀的敏感，所以在腐蚀介质的作用下，焊缝附近很容易发生晶间腐蚀，这个现象通常叫作焊接劣化。为了防止晶间腐蚀，可以将不锈钢在1050~1100℃进行热处理，接着进行淬火。高温处理时，可以把析出的碳化物重新溶入固体溶液。而快速冷却则可以防止碳化铬再在晶粒边界生成，这种热处理法一般是在焊接作业之后进行。

铝合金如果热处理进行得不适当，也可能在晶粒边缘有$CuAl_2$颗粒连续析出，这样其近旁铜的含量就比晶粒内部少，结果晶粒边界附近就成为阳极，而晶粒本身则成为阴极，在一定的腐蚀条件下，就发生晶界腐蚀。此外，锌、锡、铝等低熔点的合金，也会发生晶间腐蚀。

(4) 应力腐蚀开裂

金属在应力（拉应力或内应力）和腐蚀介质联合作用下引起的一种破坏，称为应力腐蚀开裂（stress corrosion cracking）。其特征是形成腐蚀-机械裂缝，这种裂缝不仅可以沿着金属晶粒边界发展，而且也可穿过晶粒发展。裂缝在金属内部发展，使得金属结构的机械强度大大降低，严重时就会使金属设备突然损坏。如果是高压设备就可能造成严重的爆炸事故。

应力腐蚀开裂要在一定的条件下才能发生，这些条件是：一定的拉应力或金属内部残余应力；金属本身对应力腐蚀的敏感性；能引起该金属发生应力腐蚀的介质。

一般认为纯金属是不会发生应力腐蚀的，含有杂质的金属或者合金才可能发生应力腐蚀。对于某种金属或合金，并不是随便什么腐蚀介质都能够引起它发生应力腐蚀的，而是在特定的腐蚀介质中才能发生。表 6-7 列出了某些能使金属或合金产生腐蚀开裂的介质。

表 6-7 引起合金产生应力腐蚀开裂的一些介质

材料	介质	材料	介质
低碳钢和低合金钢	NaOH 溶液、沸腾硝酸盐溶液、含 H_2S 和 HCl 溶液、沸腾浓 $MgCl_2$ 溶液	铝合金	氯化物 潮湿工业大气 海洋大气
不锈钢	沸腾氧化物溶液 沸腾 NaOH 溶液 海水	钛合金	NaCl（>290℃） 甲醇 发烟硝酸
镍基合金	热浓 NaOH 溶液 HF 蒸气和溶液		
铜合金	氨蒸气及溶液、胺类		

关于应力腐蚀开裂有各种各样的理论解释，下面简单介绍应力腐蚀开裂的电化学机理。

我们知道，当各种金属合金暴露在潮湿的大气中，在表面会形成很薄的氧化膜。当金属或合金在应力和腐蚀介质的作用下（特别是在介质中含有活性离子，如 Cl^-），金属表面的氧化膜就会受到破坏，而破坏的地方对于有膜覆盖的表面来说是阳极，由于阳极比阴极面积要小得多，所以阳极的电流密度大，结果就被腐蚀成为沟形裂缝。当裂缝向深处发展时，应力即集中于裂缝尖端，使附近区域发生塑性变形，在这种情况下，又加速了阳极溶解，阻止了膜的重新生成。同时在裂缝两边因为有效应力很快消失，可以再生成膜（钝化），而成为阴极部分，这样，裂缝在应力作用下，通过电化学过程，就继续发展、传播，呈尖刀形向前延伸，最终导致金属发生破裂。图 6-25 表示金属应力腐蚀裂缝形成和发展的过程。

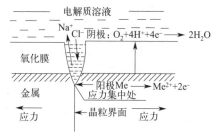

图 6-25 金属应力腐蚀裂缝形成及发展示意图

由上述机理可知，金属的应力腐蚀破裂是腐蚀和机械应力相互作用的结果，应力的作用在破坏金属的保护性被膜，提供活性点（阳极）。

电化学理论虽然能够说明应力腐蚀的许多电化学特征，但对某些现象仍然不能进行很好的解释，比如在热盐、液态金属、气体等介质中的应力腐蚀，无法使用电化学机理进行很好的解释。除电化学理论之外，还有人提出吸附理论、氢脆理论、力学理论等来解释金属应力腐蚀的某些现象。

防止金属应力腐蚀的主要措施包括：

① 合理使用材料。可能时最好避免使用对应力腐蚀敏感的金属材料。例如马氏体不锈钢容易受应力腐蚀开裂，我们就可以选用别的钢种代替。近年来发展了抗应力腐蚀开裂的不锈钢系列，如高镍奥氏体钢、高纯奥氏体钢、复相钢、超纯高铬铁素体钢等。

② 在金属设备结构上的设计要力求合理，尽可能减小应力集中。零件焊接时，应使温度尽可能均匀分布，消除产生局部应力的可能性。要避免在有应力存在的地方发生腐蚀介质浓缩的可能性（如果结构是不锈钢，这点特别重要），用机械或化学热处理的方法，改变金属表面结构，有时也可以降低其对应力腐蚀的敏感性。

③ 如果应力难以避免，就要考虑有无可能改善腐蚀的环境。例如采取措施减少水中的氧和氯化物的含量达到千万分之几，就可以防止不锈钢的密闭、热交换系统的应力腐蚀。在腐蚀介质中，添加缓蚀剂也有可能减少或消除应力腐蚀破裂。也可采用金属或非金属保护层，以隔绝腐蚀介质的作用，来达到防止应力腐蚀的目的。

④ 采用阴极保护法也可以减少金属的应力腐蚀开裂。

6.5.2 大气腐蚀

地球表面自然状态的空气叫作大气。在大气之中，金属材料和设备由水和氧等的化学作用或电化学作用而引起的腐蚀，称为大气腐蚀。

大气腐蚀非常普遍而且严重。据统计在总的金属腐蚀损失中，约有一半是大气腐蚀所造成的。因此，研究大气腐蚀的原因及其有效的防治方法，有着很重要的意义。大气中除了基本的空气成分（O_2、N_2）之外，常因环境的不同，含有 $NaCl$、SO_2、煤烟、尘埃等，所以金属在大气中的腐蚀速率，也因环境不同而异。

（1）大气腐蚀类型

空气中所含的氧和水的作用，特别是水能使金属表面润湿，对于大气腐蚀速率或腐蚀形态起着重要的影响。可以根据水在金属表面附着的状态，把金属的大气腐蚀分成以下几类：

① 肉眼能看见的有凝结水的膜存在时的大气腐蚀，称为湿的大气腐蚀。

② 在相对湿度 100% 以下肉眼看不见的很薄的液膜存在时的大气腐蚀，称为潮的大气腐蚀。

③ 在金属表面没有液膜存在时的大气腐蚀，称为干的大气腐蚀。

大气腐蚀速率与金属表面的潮湿程度有一定关系，可以定性地用图 6-26 来表达。

在区域Ⅰ只有几个分子层的吸附膜，没有形成连续的电解质液膜，这相当于干的大气腐蚀。区域Ⅱ相当于潮的大气腐蚀，是由于金属表面有一层电解液膜存在，虽然很薄（100Å～1μ），已足以引起电化学腐蚀。区域Ⅲ液膜的厚度已达到肉眼能看见的程度，但是随着液膜的增厚氧的扩散减慢了，腐蚀速率反而比液膜较薄时有所减小。当液膜进一步变厚时，即相当于区域Ⅳ，此时和在液体条件下的腐蚀差不多。区域Ⅲ、Ⅳ相当于湿的大气腐蚀。

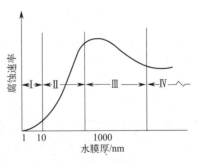

图 6-26 腐蚀速率与金属表面潮湿程度的关系

在普通环境中，大气腐蚀一般是在Ⅱ、Ⅲ区域内进行。

当金属与比金属表面温度高的空气接触时，在空气中所含的水蒸气，在金属表面凝结而使金属面润湿，这个现象叫作结露。结露形成液态的水是金属发生潮的大气腐蚀的基本原因。金属表面上如果有微细的缝隙、氧化物或腐蚀产物的小孔或者灰尘存在，由于毛细管的凝聚作用，相对湿度即使低于100%，也可能优先在这些地方结露。这就是我们经常观察到的在钢铁构件的狭缝中或有灰尘的表面特别容易锈蚀的原因。

当金属表面上存在着水膜时，由于大气中的某些气体如CO_2、SO_2、NO_2或盐类溶解进去，这种水膜实际上就是一种电解质溶液，在这种情况下，金属表面很自然地就会进行电化学腐蚀。大气腐蚀过程不同于一般金属完全浸在电解液中的电化学腐蚀过程，其特点是金属表面的液层很薄，阻力很小，空气中的氧可以不断地供给，所以阴极过程主要是氧的去极化作用

$$\frac{1}{2}O_2 + H_2O + 2e^- = 2OH^-$$

同时，由于金属表面的液层很薄，金属变成离子的阳极过程也进行得缓慢，氧容易通过水膜而使阳极容易发生钝化，结果就使阳极过程受到一定的阻碍。

（2）影响大气腐蚀的因素

大气的相对湿度对金属在大气中的腐蚀速率有很大影响。经验表明，在一定的温度下，大气的相对湿度在60%以下，铁的大气腐蚀是很轻微的，但当湿度增加到某一数值，大气腐蚀速率即开始突然升高，这一数值称为临界湿度。对于钢、铜、镍和锌来说，临界湿度一般在50%和70%之间。

超过临界湿度时腐蚀速率突然增加的原因，可能是在低于临界湿度时金属表面没有水膜，只有化学腐蚀，腐蚀速率很小。当高于临界湿度时，由于水膜的形成，化学腐蚀转变成电化学腐蚀，所以腐蚀速率明显增加。由此可见，只要把大气的相对湿度设法降至临界湿度以下（例如50%），基本上就可以防止金属发生大气腐蚀。

大气中的灰尘对于金属的大气腐蚀也有很大影响。因为灰尘具有毛细管凝聚作用，在有灰尘的地方，特别容易结露，这就产生了进行电化学腐蚀的条件，而使得金属容易受到腐蚀。大气中灰尘的含量，因地区不同而有很大差别。一般城市的大气中含尘埃$2mg/m^3$，但在工业区的大气中可达$100mg/m^3$。工业区大气常有碳、碳化合物、金属氧化物、H_2SO_4、$(NH_4)_2SO_4$、NaCl及其它盐类的微粒。海洋区的大气中，则含有NaCl微粒，这些微粒能够吸潮，有的可溶于水膜生成电解质溶液，所以工业区的金属结构遭受大气腐蚀要比在乡村严重得多。

大气中存在的有害气体对大气腐蚀有很大影响。在工厂附近，大气中的CO_2、SO_2、H_2S、NO_2、NH_3、Cl_2等气体的含量会有所增加。在这些气体中，特别有害的是由燃烧煤和石油而产生的SO_2。

（3）防止大气腐蚀的方法

防止大气腐蚀可采用以下方法：

① 应用有机的、无机的或金属覆盖层。涂层保护是防止大气腐蚀最简便的方法，为提高防腐蚀效果，目前常采用多层涂装或组合使用几种防护层。

② 减少相对湿度。对于一般金属材料来说，如能将空间的湿度降低到50%以下，大气腐蚀基本上就可以防止。这适用于室内储存物品的环境控制，最好能控制湿度在30%以下。

一般用加热空气、冷冻除湿或利用各种吸湿剂等手段。

③ 在钢中加入某些少量合金元素，制成耐大气腐蚀的低合金钢。据报道，在钢中加入少量 Cu、P、Ni 和 Cr 等元素，对于减轻大气腐蚀特别有效。例如，含 Cu 0.2% 的钢比含 Cu 0.03% 的钢抗海洋大气腐蚀和工业大气腐蚀的性能要好得多。

④ 应用暂时性保护涂层。主要用于保护储藏和运输过程中的金属制品。需要注意的是，随温度升高其挥发量增加，因此应严禁暴晒，需加盖密封以防挥发后失效。临时性保护涂层有水稀释型防锈油、溶剂稀释型防锈油、防锈脂等。

6.5.3 土壤腐蚀

埋设在地下的金属构筑物，例如油管、水管、天然气管以及电缆等，由于土壤的腐蚀会产生很大的损失。金属受土壤腐蚀，按其性质来说，也是和金属在水中的腐蚀一样，属于电化学腐蚀范畴，但土壤腐蚀的情况要比在水中腐蚀复杂得多。

(1) 土壤结构和特点

土壤是无机物、有机物、水和空气等不同成分按一定比例组合在一起的集合体，具有复杂的多相结构。土壤的颗粒间形成了孔隙（毛细孔、微孔），孔中充满空气和水，是一种具有特殊性质的电解质体系。土壤中存在各种微结构组成的土粒，存在着气孔、水分及结构紧密程度的差异，这些因素造成了土壤的不均匀性。下面简单介绍对土壤腐蚀性有较大影响的几个因素：

① 土壤的电阻率（导电性）。土壤的电阻率受土壤颗粒大小及其分布的影响，同时又受土壤的含水量及溶解的盐类的影响。在多数情况下，土壤的腐蚀性，可以用土壤的电阻率来衡量。一般来说，土壤电阻率在数千欧厘米以上的，对钢铁的腐蚀比较轻微。在海水渗透的低洼地和盐碱地，电阻率很低，为 $100\sim 300\Omega\cdot cm$，其腐蚀性相当强。

② 土壤中的含氧量。土壤中的含氧量对腐蚀过程也有很大的影响。除了酸性很强的土壤另作别论外，通常金属在土壤中的腐蚀主要受吸氧阴极反应控制。

土壤中的氧有两个来源：一是从地表渗透进来的空气；二是在雨水、地下水中原有溶解的氧。对土壤腐蚀起主要作用的是土壤颗粒缝隙间的氧。在干燥的砂土中，由于氧容易渗透，所以含氧量较多；在潮湿的砂土中，因为氧较难通过，含氧量较少；在潮湿而又致密的黏土中，因为氧通过非常困难，则含氧量最少。在湿度不同和结构不同的土壤中，含氧量有时相差可达几百倍。

③ 土壤的酸度。一般认为，pH 值低的土壤，其腐蚀性较大。这是因为可能发生氢去极化腐蚀。当在土壤含有大量有机酸时（如腐殖酸），其 pH 值虽然接近中性，但其腐蚀性仍然很强，特别是对于铁、锌、铝和铜等金属，会引起腐蚀。因此，在检验土壤的腐蚀性时，不能只看 pH 值这个指标，最好同时测定土壤的总酸度。

④ 土壤中的微生物。如果土壤中缺氧，按理金属腐蚀是难以进行的。但是土壤中含有大量的微生物，它们的分泌物对腐蚀影响很大。微生物中对腐蚀影响最大的是厌氧的硫酸盐还原菌。土壤中含有硫酸盐，并且在缺氧或完全不透气的情况下，厌氧的硫酸盐还原菌的繁殖活动，对于附近的钢铁构件，起着促进腐蚀的作用。硫酸盐还原菌之所以能促进腐蚀，是因为在它们生理过程中，需要氢或者某些还原物质，将硫酸盐还原成为硫化物。对于埋藏土壤中的钢铁构件，如果析氢（原子态氢）附在金属表面不继续成为气泡逸出，就会造成阴极

极化，而使腐蚀慢下来甚至停止进行。如果有硫酸盐还原菌活动，恰好就利用金属表面的氢，把 SO_4^{2-} 还原。实际上，就是使阴极过程去极化，其结果就是加速了金属的腐蚀。

（2）土壤腐蚀的主要控制途径

① 覆盖层保护。常用的有焦油沥青、环氧煤沥青、聚乙烯塑胶带等。为了提高防护寿命，又发展了重防腐蚀涂料和熔结环氧粉末涂层等。

② 阴极保护。涂覆层与阴极保护联合防护是最经济有效的方法之一，既弥补了涂覆层的缺陷又节约了阴极保护的电能消耗。如有硫酸盐还原菌存在时，可考虑维持保护电势更负一些。

③ 局部改变土壤环境。例如酸度比较高的土壤里，在地下构件周围填充些石灰石，或在构件周围移入侵蚀性小的土壤以减轻腐蚀性。

6.5.4 海水腐蚀

海洋面积占地球表面的 70% 以上，我国的海岸线长达 18000 千米。因此，研究海水腐蚀具有十分重要的意义。

（1）海水腐蚀的特点

海水腐蚀一个突出的特点是受海洋环境的影响。根据海水深度不同，海洋环境可分为浅水区、大陆架区和深海区。海洋环境还可分为大气区、浪溅区、潮汐区、全浸区和海泥区。不同海洋环境的腐蚀特点见图 6-27。

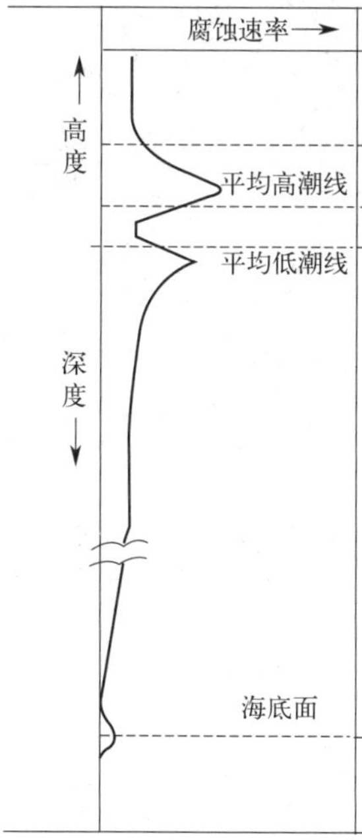

腐蚀速率→	海洋区域	环境条件	腐蚀特点
高度↑	大气区	风带来小海盐颗粒，影响腐蚀因素有：高度、风速、雨量、温度、辐射等	海盐粒子使腐蚀加快，但随离海岸距离而不同
平均高潮线	浪溅区	潮湿、充分充气的表面，无海生物沾污	海水飞溅，干湿交替，腐蚀激烈
	潮汐区	周期沉浸，供氧充足	由于氧浓差电池，本区受到保护
平均低潮线 深度↓	全浸区	在浅水区海水通常饱和，影响腐蚀的因素有：流速、水温、污染、海生物、细菌等；在大陆架生物沾污大大减少，氧含量有所降低，温度也较低 深海区氧含量可能比表层高，温度接近0℃，水流速低，pH值比表层低	腐蚀随温度变化，浅水区腐蚀较重，阴极区往往形成石灰质水垢，生物因素影响大；随深度增加，腐蚀减轻，但不易生成水垢保护层 钢的腐蚀通常较轻
海底面	（深海区）		
	海泥区	常有细菌（如硫酸盐还原菌）	泥浆通常有腐蚀性，有可能形成泥浆海水间腐蚀电池，有微生物腐蚀的产物如硫化物

图 6-27 不同海洋环境区域的腐蚀特点

海水是一种典型的电解质溶液，金属的海水腐蚀是电化学腐蚀。海水接近中性，里面含有溶解的氧，钢、铁等金属在海水中的腐蚀速率一般由阴极氧去极化过程所控制。

因为海水中含有大量 Cl^-，在海水中大多数金属（铁、钢、铸铁、锌等）的阳极极化程度很小，用增加阳极阻滞的方法来防止腐蚀一般效果不大。

由于海水电阻率很小，不同金属相接触而引起的电偶腐蚀，比起土壤腐蚀来要严重得多。在大气腐蚀的条件下，几乎不可能构成长距离的宏电池，因此腐蚀比较均匀。海水中异种金属接触易造成严重的电偶腐蚀。在大气腐蚀中，电偶腐蚀只能在一个小范围内发生，离两种金属的连接处不超过2cm，但海水中电偶腐蚀，这个距离可达30m以上。

(2) 影响海水腐蚀性的因素

海水是含有多种盐类的溶液，还含有生物、悬浮泥沙、溶解的气体、腐败的有机物等。影响海水腐蚀性的既有化学因素，又有物理因素和生物因素，因而它比单纯的盐溶液腐蚀要复杂得多。

① 盐类及其浓度。海水盐含量为3%～3.5%。海水中氯化物占总盐量的77.8%。海水中含盐的总量通常以盐度来表示。盐度系指1000g海水中溶解的固体物质的总质量（g）。一般来说，在相通的海洋中盐度不会有很大的变化。在公海的表层海水中，正常盐度变化在32‰～37.5‰。

海水的盐度直接影响海水的电导率。海水的电导率约为河水的200倍。同时因为海水中含有大量Cl^-，它会妨碍或者破坏金属钝化，所以很多金属构件与海水接触容易受到严重的腐蚀。

② 溶解的氧。海水中的氧是海水腐蚀的重要因素，大多数金属在海水中是进行氧去极化腐蚀，其腐蚀速率也是受阴极过程控制。海水中的氧含量随海水深度的变化如图6-28所示。

表层海水由于表面开阔又有海浪作用，溶氧量接近饱和浓度（8×10^{-6}）。随着海水深度的增加，含氧量不断下降，在海平面下800m左右含氧量达最低，再往下去含氧量又逐渐增大，在水深1500m处，含氧量比水面处还高。这是因为深海水温低和压力高。所以金属有时在深海中会遭到更为严重的腐蚀。

海水中的溶氧量随温度升高而下降，也随盐度的升高而下降。海水中的绿色植物的光合作用、波浪作用等能提高含氧量，而死生物分解因需消耗氧，将使含氧量降低。

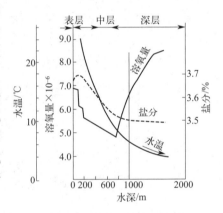

图6-28 温度、盐度、溶氧分布与海水深度的关系

海水接近中性，pH值在7.5～8.5之间，通常为8.1～8.3。如果在厌氧细菌繁殖的情况下，氧溶解量小且还含有H_2S，则pH值可低于7；如果在植物非常茂盛处CO_2减少，溶解氧量会上升10%～20%，pH值可接近9.7。

③ 温度。海水温度是随纬度、季节和深度不同而变化的。温度愈高，海水腐蚀速率愈快。一般认为，海水温度每上升10℃，金属腐蚀速率将增加1倍。因而铁、铜及其合金在炎热的季节里侵蚀速率较快。

④ 流速。海水运动可以加快空气中的氧扩散到金属表面的速度，所以随着海水运动速度的增加，腐蚀速率也随之增大。

有些特殊的腐蚀形式与海水的流速有关。例如磨蚀是由夹带泥沙的海水高速流动对金属表面冲刷而产生的。空蚀则是因为流速很快时与液体接触的金属表面会出现所谓空泡，当空泡裂破，常常引起机械损伤并造成严重腐蚀。如船舶的螺旋桨推进器，由于转速较高，很容易发生空蚀。

⑤ 海洋生物。金属浸入海水中几小时后，便会附着上一层生物黏泥（活的细菌及其他微生物），然后会吸附其他固着生物，如海藻、藤壶、牡蛎、珊瑚、硅质海绵等，所以海船的水下部分很容易长满海洋生物，会间接地影响金属的腐蚀。海洋生物新陈代谢分泌出有机酸等腐蚀性物质；光合作用放出氧形成局部氧浓差电池；破坏表面油漆层形成腐部腐蚀电池。海洋生物附着在金属表面，在其缝隙处氧较少，这样便形成氧的浓差电池，而成为阳极受到腐蚀，所以船底长满海洋生物的地方，常常出现严重的坑蚀。

（3）海水腐蚀的主要控制途径

① 合理选用金属材料。普通碳钢是在海洋设施中使用最广泛的金属。不锈钢在海水中的耐蚀性主要取决于钝化膜的稳定性，它的均匀腐蚀速率虽然很小，但会发生孔蚀和缝隙腐蚀等局部腐蚀。在静止的或在流速不大的海水中，由于氧的供应不足，在 Cl^- 的作用下，不锈钢的钝态就会受到破坏。特别是当有海洋生物附着时，在缝隙处更易引起严重的点蚀。但在海水流速较大的情况下，由于得到氧气的充分供应，同时海洋生物不易附着，不锈钢就可以保持钝态，点蚀现象反而要轻微得多。

不锈钢中添加少量 Mo 时，如 $Cr_{18}Ni_{10}Mo_2$，可以大大地提高抗海水腐蚀的能力。铜和铜合金也具有耐海水腐蚀性和防污性，常用来制造螺旋桨、海水管路、海水淡化装置等。含砷的海军黄铜（admiralty brass）常用来制作海水冷却管，它的平均腐蚀速率为 0.04mm/a。

在海水中耐蚀性最好的是钛合金和镍铬钼合金。钛及钛合金具有最优越的耐蚀性，它能抵抗海水的缝隙腐蚀，即使在海水流速高达 20m/s 的情况下，或是在 350℃ 的高温下也能耐蚀。钛不仅在静止的和流动的海水中有着很高的稳定性，而且在抗磨蚀、空蚀、腐蚀疲劳以及在海水中的应力腐蚀等方面都具有很优越的性能，因此钛及钛合金是海船制造及其它海洋构筑物的一种理想的结构材料。

② 涂镀层保护。大型海洋工程结构必须用涂镀层保护。常用的有喷锌、锌铝合金、铝层。金属涂镀层有孔隙，常要封孔处理，通常用有机涂层覆盖。在杭州湾跨海大桥钢管桩上，采用多层复合加之熔融结合改性环氧涂层，再和阴极保护联合的防护措施，设计寿命预计 100 年。

③ 阴极保护。适用于海水全浸区。它与涂料联合防护是最为经济有效的一种保护方法。

6.6 腐蚀防护与控制

6.6.1 腐蚀防护方法概述

金属防护的目的是控制构成金属制品的金属材料因腐蚀而引起的消耗，防止金属制品的破坏，从而延长它的使用寿命。因此，除了防止金属腐蚀之外，还包含着保护金属意义，所以称为金属的防护。

为了达到金属防护的目的，首先必须了解影响金属腐蚀的因素。影响金属腐蚀的因素很多，可以从金属材料的内因和环境因素的外因这两大方面分析。从金属材料方面考虑，金属的化学稳定性、合金成分、金相组织与热处理、金属表面状态、形变及应力等因素都对金属腐蚀有影响。从腐蚀环境方面考虑,介质pH值、成分和浓度、温度压力、流体流速等都影响金属腐蚀过程。只有通过对金属腐蚀原因和影响因素的分析,才能确定适宜的防护方法。

金属防护最有效的措施是正确选用金属材料和合理设计金属结构。在制造金属制品时应选择对使用介质具有耐蚀性的金属材料,同时还要考虑机械强度、加工特性及价格等使用要求。大多数的金属材料在各种介质中的耐蚀性能一般都可从有关手册查阅。在制造金属制品时,合理设计也是非常重要的。如设计时应当注意避免电势差别很大的金属材料相互接触,以免产生电偶腐蚀。特别是不要把作阴极部分的面积弄得过大而阳极部分的面积弄得过小,因为大阴极和小阳极配置将加速阳极部分的腐蚀。

金属防护的方法很多,应用最为广泛的是防腐涂层。

由电位-pH图可知,通过改变金属电极电势可以达到保护金属的目的,这种方法叫作电化学保护法。在本书中主要介绍几种基于电化学原理的防护方法。

6.6.2 阴极保护

如果在能导电的介质中将金属连接到直流电源的负极,通以电流进行阴极极化,使其电势下降至稳定区,这种方法叫作阴极保护。

阴极保护可以通过如下两种方法来实现:一是利用外加电流,使被保护的金属结构的整个表面变成阴极,这叫作外加电流的阴极保护,见图6-29(a)。二是在要保护的金属设备上连接一种电势更负的金属或合金,这叫作牺牲阳极的阴极保护(又称保护器保护),见图6-29(b)。

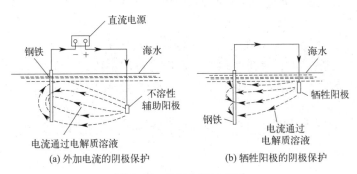

图6-29 阴极保护示意图

(1)阴极保护的基本原理

采用外加电流或者是牺牲阳极来实施阴极保护,两种方法的基本原理相同,都是借助电流使被保护的金属进行阴极极化。前者是依靠外加电源的电流来极化,后者则是借助牺牲阳极与被保护的金属之间有较大的电势差所产生的电流来进行极化。

将金属用导线接到一外加电源的负极,把另一辅助阳极接到电源的正极,可用图6-30表示外加电流阴极保护模型。为了简化起见,我们可把它看成是一双电极原电池。

金属结构通以电流之后,由辅助阳极流经电解质溶液的电流,主要集中于金属表面的阴极部分,通过它再流回到电源。此时金属将发生阴极极化,使得金属的总电势进一步降低(见图6-31)。此时的腐蚀阳极电流 I_a 减小,即原来的腐蚀电流 I_c 减小;当电势负移至腐蚀阳极反应的平衡电势 $E_{e,a}$(严格讲应为阳极的开路电压)时,阳极电流 I_a 为零,此时该材

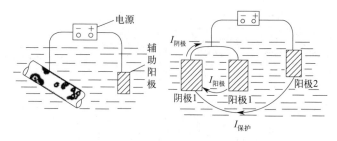

图 6-30 金属外加电流阴极保护模型

料被完全保护,不再发生腐蚀。要达到完全保护,在阴极上加的保护电流一般要比腐蚀电流大。保护电流的大小与很多因素有关,如金属的性质、介质中氧的扩散速率、介质的侵蚀性等。

牺牲阳极阴极保护法原理如图 6-32 所示。把金属 M_1 单独放在介质中,其腐蚀电势为 E_{c1},腐蚀电流为 I_{c1}。将金属 M_2 单独放在介质中,其腐蚀电势为 E_{c2},腐蚀电流为 I_{c2}。假如把金属 M_1、M_2 短路,相当于把更负的金属 M_1 与被保护金属 M_2 连接,它们的腐蚀极化图如图 6-32 中虚线所示。它们的总腐蚀电势为 E_c,二者的腐蚀电流均为 I_c。体系在 E_c 条件下,金属 M_1 的电势 $E_{c1}<E_c$,所以是阳极,此时它的腐蚀电流从 I_{c1} 上升至 I'_{c1},M_1 的溶解速率比原先单独存在时增大(牺牲)了。金属 M_2 的电势 $E_{c2}>E_c$,所以是阴极,此时,它的腐蚀电流从 I_{c2} 降低至 I'_{c2},M_2 的溶解速率大大减小了,M_2 受到了保护。

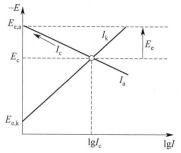

图 6-31 外加电流阴极保护极化图

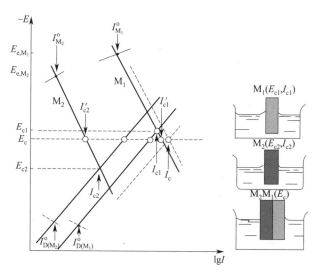

图 6-32 牺牲阳极的阴极保护法极化图

(2) 阴极保护的基本参数

最小保护电流密度和最小保护电势是阴极保护的两个基本参数。最小保护电势是被保护金属开始获得完全阴极保护的起始电势(金属的平衡电极电势或开路电压),高于此电势时,金属将得不到完全保护。最小保护电势的数值与金属种类、介质条件有关。表 6-8 列出一些最小保护电势值。

表 6-8　英国标准中阴极保护最小电势值　　　　　　　　　　　　　单位：V

金属或合金		参比电极			
		铜/饱和硫酸铜（土壤和淡水）	银/氯化银/饱和氯化钾（任何电解质）	银/氯化银/海水①	锌/海水①
铁和钢	通气环境	-0.85	-0.75	-0.8	0.25
	不通气环境	-0.95	-0.85	-0.9	0.15
铅		-0.6	-0.5	-0.55	0.5
铜合金		-0.5～-0.65	-0.4～-0.55	-0.45～-0.6	0.6～0.45
铝	正极	-0.95	-0.85	-0.9	0.15
	负极	-1.2	-1.1	-1.15	-0.1

① 用于清洁、未稀释和充气的海水中，海水直接和金属电极相接触。

也有人主张用另一标准来判定完全保护，认为只要将被保护的金属体加以阴极极化，使其电势降低 0.25～3.0V（与没有通电时相比较），就可以达到完全保护。

最小保护电流密度指使金属得到完全保时所需的电流密度。它的数值与被保护金属的种类、介质的侵蚀性、极化现象以及金属与介质间的过渡电阻等有关。最小保护电流密度可通过实验测得。表 6-9 给出了某些金属在不同腐蚀介质中所需要的最小保护电流密度。

表 6-9　最小保护电流密度

金属	介质	最小保护电流密度/（mA/m²）	实验条件
铁	0.1mol/L HCl	350000	吹入空气,温和搅拌
锌	0.1mol/L HCl	32000	吹入空气,温和搅拌
铁	1.3mol/L H_2SO_4	310000	吹入空气,温和搅拌
锌	1.3mol/L H_2SO_4	60000	吹入空气,温和搅拌
不同组分的钢和铸铁	0.02mol/L H_2SO_4	6000～220000	吹入空气,温和搅拌
铜	0.02mol/L $(NH_4)_2SO_4$	42500	静置溶液,18℃
铁	3%NaCl	130	静置溶液,18℃
锌	0.05mol/L KCl	1500	温和搅拌
铁	海水	170	—
铁	土壤	16	有破坏的沥青覆盖层

图 6-33 表示锌在 0.005mol/L KCl 溶液中的保护程度与电流密度的关系。当通过的电流密度约为 15mA/cm² 时，其保护完全程度可达 97%～98%，但当再增加电流密度，使之超过 30mA/cm² 时，保护完全程度便有一些降低，这种现象称为过保护。如果过度阴极极化，被保护设备表面析氢，可能导致氢损。

(3) 阴极保护用的阳极材料

实施阴极保护时，无论是采用外加电流法还是牺牲阳极法都要用到阳极，但是这两种方法所用的阳极要求是不大相同的。

外加电流法所用的辅助阳极，主要是为了使外加电流通过它输送到被保护的金属体上进行阴极极化，因此要满足以下基本要求：①有良好的导电性；②阳极本身不受介质的侵蚀；③有较好的机械强度；④容易加工，价格便宜。

外加电流法所采用的阳极材料有废钢、石墨、高硅铁、磁性氧化铁、铅银（2%）合金、镀铂的钛等。这些阳极材料除废钢外，都具有难溶特性，

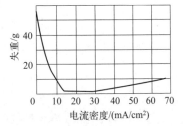

图 6-33　锌在 KCl 溶液中腐蚀失重与电流密度的关系

可供长期使用无须调换。

牺牲阳极法因为是利用阳极与被保护的金属之间的电势差所产生的电流来达到保护的目的，所用的材料需具备如下的条件：①有足够低的电势，在使用过程中很少发生极化；②每单位消耗量所发生的电量要很大；③自己腐蚀很少，电流效率很高；④有较好的机械强度，价格便宜等。

现在实际上能作为牺牲阳极材料的只有 Al、Mg、Zn 及其合金。其中以含 Al 6%、Zn 3% 的镁合金，高纯度的锌（含 Zn 在 99.995% 以上）及 Zn-Al（0.5%）-Cd（0.1%）三元合金等用得最多。近年来铝合金在海水中也得到广泛应用，如 Al-Zn-Hg、Al-Zn-Sn、Al-Zn-In 等三元合金最为常用。

（4）电流在阴极上的分布

当保护电势确定后，阴极保护实际的效果主要是看能否在形状复杂的设备表面各处均匀地极化到所需的保护电势，也就是说，要看电流是否能均匀地到达被保护设备表面的各个部位。因此，把电流在电极上均匀分布的能力称作分散能力。

结构复杂的设备进行阴极保护时，离辅助阳极近的地方，电流密度大，距阳极远的部位电流密度小，有些部位甚至得不到保护。这是由于电流有"走近路"的特点。这样就使离阳极近处，可能因极化到较负的电势甚至达到过保护；离阳极远的地方，有可能达不到完全保护，有的地方甚至根本得不到保护。这种现象称为遮蔽现象，也就是这时的电流分散能力不好。

改善分散能力的主要措施有：适当加大阳极和阴极间的距离，可使电流的分布更为均匀；适当增加阳极数量并合理布置；在被保护设备上涂覆涂料等。涂料使被保护设备表面各处的阻力增大，结果使得电流的分布更为均匀，所以阴极保护和涂料联合防护，能大大提高分散能力，使较复杂的设备也可用阴极保护来防护。辅助阳极布置原则是用最少的阳极数量和分布，使被保护设备表面获得最佳的电流分散能力。

（5）阴极保护的应用

阴极保护是一种安全性保护方法，而且简单易行，因此使用广泛。如地下输油及输气管线、地下电缆等；海上舰船、采油平台、水闸、码头等；化工生产中，海水、河水冷却设备，卤化物结晶槽、制盐蒸发器等。阴极保护也可防止某些金属的应力腐蚀开裂、腐蚀疲劳、黄铜脱锌等特殊腐蚀。

外加电流阴极保护的优点是：可以调节电流和电压，可用于要求大电流的情况，使用范围广。缺点是：需用直流电源设备，需有人操作，经常要维护检修，投资及日常维持用高；当附近有其他构件时，可能产生杂散电流腐蚀，且必须使用不溶性阳极，才能使装置耐久。牺牲阳极法阴极保护的优点是：不需要直流电源，适用于无电源或电源安装困难的场合；施工简单；不需人员操作维护；对附近设备没有干扰，特别适用于局部保护的场合；投资也不高。缺点是：输出电流、电压不可调，相对适用小电流场合；阳极消耗大，需定期更换。

阴极保护法在金属的防护中占着很重要的地位。但是应该指出，它并不是万能的方法，它的应用仍然有着一定的局限性。实施阴极保护的必备条件为：一是腐蚀介质必须能导电，且要足以建立连续的电路，因此，它不能用于防止大气腐蚀、蒸气介质腐蚀以及有机介质的腐蚀。二是金属材料在所处的介质体系中容易进行阴极极化，否则耗电太大不经济，故适用于中性、碱性介质中。在酸性很强的介质中由于要耗费过多的电能，使用阴极保护法也没有什么经济意义。另外需要注意的是如果原来处在钝态的金属，阴极极化会使其活化，反而加剧腐蚀，此种情况不适宜采用阴极保护。

6.6.3 阳极保护

将外加电流通到被保护的金属结构上，使其进行阳极极化来达到保护目的的方法，叫作阳极保护。阳极保护的装置与阴极保护刚刚相反，是将电源的正极连接到被保护的金属上，负极接到另一个辅助的阴极上，如图 6-34 所示。

当金属在给定的条件下有可能变成钝态时，如果给它通上适当的阳极电流（即以金属作为阳极进行电解），它就会发生阳极极化，使电势往正方移动。当电势达到足够正的数值时，金属就由活性状态转变为钝态。如果继续给以较小的电流密度，就能维持这一钝态，显然金属的腐蚀就可以防止。

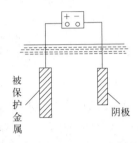

图 6-34 阳极保护示意图

例如 1Cr18Ni8 不锈钢在 30%～60% H_2SO_4 中，于 18～50℃的温度下，其腐蚀速率为 4～217g/(m^2·h)，但实施阳极保护以后可以使腐蚀速率降低到 0.15g/(m^2·h) 以下。

应用阳极保护时，首先要在实验室内求出被保护金属在给定腐蚀介质条件下的恒电势阳极极化曲线，然后确定三个基本参数：①临界电流密度 i_c（或称致钝电流密度），即金属达到钝化时所需的电流密度；②钝化区电势范围 $\varphi_P \sim \varphi_O$，即阳极保护时需维持的安全电势范围；③维持钝化电流密度 i_P，即确定阳极保护时金属的腐蚀速率和耗电量。

从阳极保护的实用角度来看，希望临界电流密度不能太大，否则所需电源容量很大，造成投资费用很高；钝化区电势范围尽可能宽些，这样在进行阳极保护时，即使电势稍有波动，尚不致落入活化区造成严重腐蚀，一般这个范围不得小于 50mV。维持钝化的电流密度，自然要求愈小愈好，维持钝化的电流密度小，说明腐蚀速率慢，保护效果显著。

因为上述三个参数与金属材料和腐蚀介质的性质（包括温度、浓度、pH 值）有关，只有通过测定恒电势阳极极化曲线，找出这三个参数，然后才能够判断是否可能进行阳极保护。如果某一金属在某一腐蚀介质的条件下，致钝电流密度过大，钝化电势范围很小，维持钝化的电流密度又较大，在这样的情况下，就不具备进行阳极保护的基本条件。

阳极保护具有独特的优点，如耗电量小，适用于某些强腐蚀介质（如硫酸、磷酸等），所以目前在工业上受到广泛的重视。在强氧化性介质中，优先考虑阳极保护。现在阳极保护主要是用于碳钢、不锈钢浓硫酸系统，碳钢的氨水贮槽，纸浆蒸煮锅等设备，应用阳极保护，已取得显著的保护效果。

阳极保护也有一定的缺点。阳极保护只适用于金属在该介质中能进行阳极钝化的情况，故阳极保护要比阴极保护的应用范围窄得多。例如当介质中 Cl^- 含量较高时，一般不应用阳极保护，因为它能局部破坏钝化膜，并造成严重孔蚀。阳极保护也不能保护设备的气相部分。对于液面急剧波动的容器，由于电势不易控制，阳极保护不仅没有保护效果，而且有可能促进腐蚀。如果可用阳极保护也可用阴极保护且保护效率基本相同时，优先考虑阴极保护。如果氢脆不能避免，则有可能用阳极保护。

6.6.4 缓蚀剂

腐蚀介质是影响金属腐蚀的重要因素，因此介质处理也是防止腐蚀的重要途径。介质处理可以除去介质中有害的成分,以降低介质对金属的腐蚀作用。通常有去氧、除 Cl^-、调节介质的 pH 值、降低气体介质中的含水量等。另外,还可以在腐蚀介质中加入少量某种物质,使金属的腐蚀速率大大地降低,这种物质称为缓蚀剂(inhibitor)或称腐蚀抑制剂。

根据美国材料与试验协会(ASTM)的定义,缓蚀剂是指一种以适当的浓度和形式存在于环境(介质)中时,可以防止或减缓腐蚀的化学物质或几种化学物质的混合物。在腐蚀介质中加入很少量的这类化学物质就能有效地阻止或减缓金属的腐蚀。一般添加量在万分之几到百分之几之间。添加缓蚀剂保护金属的方法称为缓蚀剂保护。

(1) 缓蚀剂分类

缓蚀剂按化学成分可分为无机缓蚀剂和有机缓蚀剂。可使金属氧化并在金属表面形成钝化膜或在金属表面形成均匀致密难溶沉积膜的无机化合物都有可能成为缓蚀剂。形成钝化膜的物质主要是含 MO_4^{n-} 型阴离子的化合物,如 K_2CrO_4、Na_2MoO_4、Na_3PO_4、$NaWO_4$ 等,以及 $NaNO_2$、$NaNO_3$ 等。产生难溶盐沉积膜物质主要有聚合磷酸盐、硅酸盐、HCO_3^-、OH^- 等,这类物质多数是和水中的钙离子、铁离子在阴极区产生难溶盐沉积膜。有机缓蚀剂主要是那些含有未配对电子元素(如 O、N、S)的化合物和含有极性基团的有机物,特别是含有氨基、醛基、羧基、羟基、巯基的有机化合物。有机缓蚀剂起缓释作用一般认为是因为在金属表面上吸附从而阻止腐蚀性物质与金属表面接触。

按物理状态可将缓蚀剂分成油溶性缓蚀剂、水溶性缓蚀剂和气相缓蚀剂三类。油溶性缓蚀剂一般作为防锈油添加剂,主要有石油磺酸盐、羧酸和羧酸盐类、酯类及其衍生物、氮和硫的杂环化合物等。水溶性缓蚀剂常用于冷却液中。无机类(如硝酸钠、亚硝酸钠、铬酸盐、重铬酸盐、硼砂等)和有机类(如苯甲酸盐、乌洛托品、亚硝酸二环己胺、三乙醇胺)物质均可用作水溶性缓蚀剂。

气相缓蚀剂是指本身具有一定蒸气压并在有限空间内能防止气体或蒸气对金属腐蚀的缓蚀剂,又称挥发性缓蚀剂。典型的有无机酸或有机酸的胺盐(如亚硝酸二环己胺、苯甲酸、二甲酸二丁酯、甲基肉桂酸酯等)、混合型气相缓蚀剂(如亚硝酸钠和苯甲酸钠的混合物等),其它还有苯并三氮唑、六亚甲基四胺等。气相缓蚀剂常用于防止大气腐蚀,适用于结构复杂、不易为其它涂层所保护的制件。如使用气相缓蚀剂封存武器保护可达 10 年之久。

缓蚀剂还可按用途的不同分为油气井缓蚀剂、冷却水缓蚀剂、酸洗缓蚀剂、石油化工缓蚀剂、锅炉清洗缓蚀剂和封存包装缓蚀剂等。此外,按被保护金属种类不同,可分为钢铁缓蚀剂、铜及铜合金缓蚀剂、铝及铝合金缓蚀剂等。按使用的 pH 值不同,可分为酸性介质中的缓蚀剂、中性介质中的缓蚀剂和碱性介质中的缓蚀剂。

根据缓蚀剂电化学作用机理,可将缓蚀剂分为阴极型缓蚀剂、阳极型缓蚀剂和混合型缓蚀剂三类。

(2) 缓蚀性能评价及其影响因素

缓蚀剂的主要性能指标是缓蚀率。缓蚀率(η)可用如下公式来表示

$$\eta = \frac{v_0 - v}{v_0} \times 100\% \tag{6-46}$$

式中,v_0 为不加入缓蚀剂的腐蚀速率;v 为加入缓蚀剂的腐蚀速率。

缓蚀率 η 越大,缓蚀性能越好。若腐蚀完全停止($v=0$)时,$\eta=100\%$。若缓蚀剂完全没有作用时,$\eta=0$。缓蚀剂的性能评定主要是在各种条件下,对比金属在腐蚀介质中有无缓蚀剂时的腐蚀速率,从而确定缓蚀率、最佳添加量和最佳使用条件。一般认为缓蚀率达

到90%以上的缓蚀剂为良好的缓蚀剂。

许多情况下金属表面常产生孔蚀、晶间腐蚀和选择性腐蚀等非均匀腐蚀。此时，评定缓蚀剂的有效性，除缓蚀率以外，还需测量金属表面的非均匀腐蚀程度等。

对缓蚀剂除了要求具有较高的缓蚀率，还希望具有较好的后效性能。后效性能指缓蚀剂浓度从其正常使用浓度显著降低后仍能保持缓蚀作用的一种能力。

缓蚀剂的保护效果不仅与缓蚀剂的种类和剂量有关，还与腐蚀介质的性质、浓度、温度、流动情况以及被保护金属材料的种类与性质等有密切关系。需要指出的是，缓蚀剂保护法有选择性。某种缓蚀剂对一种腐蚀介质和被保护金属能起缓蚀作用，但对另一种介质或另一种金属不一定有同样效果，甚至还会加速腐蚀。

腐蚀介质的流动状态对缓蚀剂的使用效果有相当大的影响。某些缓蚀剂如盐酸中的三乙醇胺和碘化钾，当流速加快时，缓蚀效率降低，甚至还会加速腐蚀。当缓蚀剂由于扩散不良而影响保护效果时，则加快介质流速可使缓蚀剂能够比较容易、均匀地扩散至金属表面，有助于缓蚀效率的提高。

温度对缓蚀效果的影响比较复杂。大多数有机及无机缓蚀剂在较低温度范围内缓蚀效果很好，而当温度升高时，缓蚀效率便显著下降。有些缓蚀剂在一定温度范围内缓蚀效果变化不大，但超过某温度时缓蚀效果显著降低。例如苯甲酸钠在20~80℃的水溶液中对碳钢腐蚀的抑制能力变化不大，但在沸水中苯甲酸钠的缓蚀效果显著降低。也有缓蚀剂（如硫酸溶液中的二苄硫、碘化物等，盐酸溶液中的含氮碱等）随着温度的升高其缓蚀效率反而增高。另外，要注意温度对缓蚀效率的影响有时与缓蚀剂的水解等因素有关。例如，温度升高会促进各种磷酸钠的水解，因而它们的缓蚀效率一般均随温度的升高而降低。

很多有机及无机缓蚀剂，在酸性及浓度不大的中性介质中，缓蚀效率随缓蚀剂浓度的增加而增加。例如在盐酸和硫酸中，缓蚀效率随缓蚀剂剂量的增加而增加。也有一些缓蚀剂的缓蚀效率随浓度的变化有极值。即在某一浓度时缓蚀效果最好，浓度过低或过高都会使缓蚀效率降低。有些缓蚀剂用量不足时，不但起不到缓蚀作用，反而会加速金属的腐蚀或引起孔蚀。例如亚硝酸钠在盐水中如果添加量不足时，腐蚀反而加速。

(3) 缓蚀剂作用机理

缓蚀剂的作用机理至今尚未达成共识。常常从电化学作用和物理化学作用两方面来解释缓蚀作用机理。电化学作用机理认为缓蚀作用主要是缓蚀剂对金属腐蚀电化学过程的抑制。物理化学作用机理认为缓蚀作用主要是金属表面发生某种物理化学变化从而在金属表面形成了一层保护膜。缓蚀剂种类繁多，每种缓蚀剂的具体作用机理取决于缓蚀剂化学结构、金属种类和环境条件等多种因素。

基于缓蚀剂的电化学作用机理，按照缓蚀剂对于电极过程所发生的主要影响，可以分为阳极型缓蚀剂、阴极型缓蚀剂和混合型缓蚀剂三类（见图6-35）。由图6-35可以看出，加入缓蚀剂之后，由于增大阳极极化或阴极极化或者两者同时增大，腐蚀电流密度从原来的 i_c 降至 i'_c，也就是说腐蚀速率减小了。

① 阳极型缓蚀剂（或阳极抑制型缓蚀剂）。阳极型缓蚀剂主要阻滞腐蚀的阳极过程，增大阳极极化而使腐蚀电势正移，见图6-35(a)。阳极缓蚀剂的缓蚀作用可能来源于两个方面：直接地阻止金属表面阳极部分的金属离子进入溶液；在金属的表面上形成保护膜（钝化膜），使阳极的面积减小。如果腐蚀的减慢是由第一种原因引起的，则金属的腐蚀强度（单位面积的腐蚀速率）将随之降低。但是如果是由第二种原因引起的，当阳极表面尚未完全被保护膜

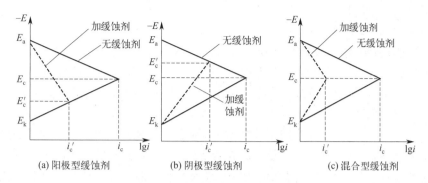

图 6-35　缓蚀剂电化学作用机理
实线未加缓蚀剂；虚线为加入缓蚀剂

遮盖时，由于阳极面积的减小，阴极面积相对增加，有利于阴极去极化过程的进行（钝化剂本身在阴极上可以被还原），反而会引起阳极腐蚀电流密度增大，造成孔蚀。因此，在应用阳极缓蚀剂时，如果使用方法不适当，加入缓蚀剂的量不足（特别是溶液中含有 Cl^- 时），可能是危险的。所以这一类缓蚀剂有人称为有危险的缓蚀剂，使用时应该特别注意。

阳极缓蚀剂是一大类具有氧化性的物质，如铬酸盐、重铬酸盐、硝酸钠、亚硝酸钠等。这些物质作为缓蚀剂时，在溶液中即使在没有 O_2 存在的情况下也能使钢铁钝化，在阳极表面形成钝化膜。例如在中性水溶液中添加少量的铬酸盐或重铬酸盐，由于其本身具有氧化性，可使钢铁氧化成 $\gamma\text{-}Fe_2O_3$，并与自身的还原产物 Cr_2O_3 一起形成氧化物保护膜，其反应如下：

$$2Fe + 2Na_2CrO_4 + 2H_2O \longrightarrow Fe_2O_3 + Cr_2O_3 + 4NaOH$$

$$4Fe + 2K_2Cr_2O_7 + 2H_2O \longrightarrow 2Fe_2O_3 + 2Cr_2O_3 + 4KOH$$

$NaNO_2$ 用来作为钢铁制件的短期或长期的防护。例如 20% $NaNO_2$ 溶液可用于工序间的防护及成品、半成品在仓库中的防护。

还有一类阳极缓蚀剂是非氧化性物质，如 $NaOH$、Na_2CO_3、Na_2SiO_3、Na_3PO_4、C_6H_5COONa 等。非氧化性物质需要溶液中有溶解 O_2，这样才能促使金属钝化。这一类缓蚀剂的缓蚀作用在于它们能与金属表面阳极部分溶解出来的金属离子生成难溶性产物，沉积于阳极表面，因而控制阳极过程，例如缓蚀剂的某些阴离子（OH^-、PO_4^{3-} 等）能与亚铁离子形成沉淀。

磷酸盐广泛地用来防止锅炉的腐蚀。多磷酸盐如六偏磷酸钠常作为工业冷却水的缓蚀剂，用量一般为 10~50mg/L，多磷酸盐对于带有适当硬度的工业用水其缓蚀效果更为显著。

② 阴极型缓蚀剂（或阴极抑制型缓蚀剂）。阴极型缓蚀剂的缓蚀作用主要是阻碍阴极过程的进行，如图 6-35(b) 所示，使腐蚀电势向负方向移动，降低腐蚀速率。阴极缓蚀剂增大阴极极化，并不改变阳极的面积。这类缓蚀剂用量不足时，不会加速腐蚀，故又称为安全性缓蚀剂。但阴极缓蚀剂的浓度一般要比阳极缓蚀剂高一些，而且缓蚀效率也比较低。阴极型缓蚀剂主要通过以下作用实现缓蚀：

a. 增大阴极反应过电势。如在酸性介质中，砷、铋、锑、汞等金属盐在腐蚀过程中在金属表面阴极区析出，可提高析氢的过电势，使 H^+ 在金属表面的还原反应受阻。向硫酸溶液中加入 0.045% 砷盐（按 As_2O_3 计）后，钢的腐蚀速率明显降低，说明砷盐在酸性溶液中可以抑制氢去极化腐蚀。

b. 在金属表面形成保护膜阻止去极化剂到达金属表面。如在中性溶液中锌盐、$Ca(HCO_3)_2$等物质与阴极附近所形成的离子结合生成难溶性的氢氧化物或碳酸盐,覆盖于阴极表面,减慢阴极去极化过程（例如氧去极化过程）,结果就减小了腐蚀速率。一些有机缓蚀剂如低分子有机胺及其衍生物,可以在金属表面阴极区形成多分子层吸附,可以使去极化剂难以到达金属表面而减缓腐蚀。

③ 混合型缓蚀剂（或混合抑制型缓蚀剂）。混合型缓蚀剂阻滞腐蚀的阴极过程的同时,又阻滞其阳极过程,如图6-35(c)所示。其特点一是对腐蚀的阴、阳极过程同时起抑制作用;二是腐蚀电势变化不大,可腐蚀电流密度大大减小。混合型缓蚀剂主要有三类:

a. 与阳极反应产物生成不溶物。如果这些难溶物直接沉积在腐蚀过程开始的地方并在金属上紧密附着,保护是很有效的。这样的保护膜抑制了阳极过程而起到缓蚀作用,又使阴极上氧的还原过程变得困难。这类缓蚀剂包括$NaOH$、Na_2CO_3、Na_3PO_4、Na_2S、$NaAlO_2$等。

b. 形成胶体物质。带负电荷的胶体粒子主要在阳极区集中和沉积,抑制阳极过程。而凝胶与$Fe(OH)_3$一起沉淀,可以抑制氧的还原。这类缓蚀剂主要是硅酸盐和铝酸盐。

c. 某些有机物在金属表面吸附。典型的有含氮有机化合物（如胺类、有机胺的亚硝酸盐等）,含硫有机化合物（如硫醇、硫醚、环状含硫化合物等）,含氮、硫的有机化合物（如硫脲及其衍生物等）。

根据缓蚀剂的物理化学机理,缓蚀剂之所以对金属具有缓蚀作用,是由于缓蚀剂在金属表面形成一层保护膜。按照缓蚀剂所形成的保护膜的特征,可将缓蚀剂分为氧化膜型缓蚀剂、沉淀膜型缓蚀剂和吸附膜型缓蚀剂三类（见图6-36）。

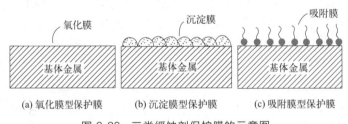

图6-36 三类缓蚀剂保护膜的示意图

① 氧化膜型缓蚀剂。这类缓蚀剂能使金属表面生成致密、附着力好的氧化物膜,从而抑制金属的腐蚀。由于具有钝化作用,故又称钝化剂。它又可分为阳极抑制型缓蚀剂（如铬酸盐、重铬酸盐等）和阴极去极化型缓蚀剂（如亚硝酸盐等）两类。应注意的是如果用量不足,则因不能形成完整保护膜,反而会加速腐蚀。

② 沉淀膜型缓蚀剂。这类缓蚀剂能与腐蚀介质中的有关离子发生反应并在金属表面形成防腐蚀的沉淀膜。沉淀膜的厚度比钝化膜厚（10～10nm）,其致密性和附着力比钝化膜差。典型的有硫酸锌、碳酸氢钙、聚磷酸钠、α-巯基苯并噻唑（MBT）、苯并三氮唑（BTA）等。

③ 吸附膜型缓蚀剂。这类缓蚀剂能吸附在金属表面,从而改变金属表面的电荷状态和界面性质,使金属的能量状态趋于稳定化,增加腐蚀的反应活化能,从而防止腐蚀。能形成吸附膜的缓蚀剂大多是有机缓蚀剂。有机缓蚀剂的分子由两部分组成:一部分是容易被金属吸附的亲水极性基团;另一部分是憎水或亲油的非极性基团。被金属表面吸附的是缓蚀剂分

子的极性基团一端，而离开金属表面的是憎水基一端，在金属表面形成定向排列，这样缓蚀剂分子就能使介质与金属表面分隔开来，起到保护金属的作用。

吸附理论认为有机缓蚀剂的分子是由两部分组成的：一部分是容易被金属表面吸附的极性基（亲水基）；另一部分是疏水的（或亲油的）有机原子团（例如烷基）。当缓蚀剂加入介质中，由于分子结构关系，分子带极性基的一端即被金属表面所吸附而使分子疏水的一端向上形成定向排列，介质被缓蚀剂的分子排挤出来，将介质与金属表面分隔开，因而使金属的腐蚀速率大大降低。根据吸附机理的不同，它又可分为物理吸附型（如胺类、硫醇和硫脲等）和化学吸附型（如吡啶衍生物、苯胺衍生物、环亚胺等）两类。

为了能形成良好的吸附膜，金属必须有洁净的（活性的）表面，所以在酸性介质中常采用这类缓蚀剂。因此，有机缓蚀剂在工业上被广泛地用于酸洗钢板、酸洗锅炉以及开采油、气田进行地下岩层的酸化处理。

(4) 缓蚀剂的应用

缓蚀剂保护方法简单，使用方便，投资少，收效快，且使整个系统内凡与介质接触的设备管道、阀门等均能受到保护，因而被广泛应用于石油、化工、钢铁、机械、动力和运输等部门。缓蚀剂特别适用于那些腐蚀程度属中等或较轻系统的长期保护（如水系统等），以及对某些强腐蚀介质的短期保护（如化学清洗介质）。缓蚀剂保护的缺点是只能在腐蚀介质的体积量有限的条件下才能采用，因此一般用于有限的封闭或循环系统，以减少缓蚀剂的流失。

工业应用缓蚀剂基本要求包括：应有较高的缓蚀效率，投入腐蚀介质后应立即产生缓蚀效果；在腐蚀环境中应具有良好的化学稳定性；不影响被保护的金属材料的性能和寿命；毒性低或无毒；使用成本低等。

工业上实际使用的缓蚀剂往往都是利用协同作用研制的多组分配方。当几种缓蚀剂分别加入介质中时效果不大，甚至没有缓蚀作用，而将它们按某种配方复配加入，则可能产生很高的缓蚀效率。这种现象称为缓蚀剂的协同效应（或协同作用）。相反，复配加入时缓蚀效果反而降低，则称为负协同效应。利用缓蚀剂的协同效应已经开发出许多高效的复合缓蚀剂。例如硫酸酸洗金属常用的若丁，除主要成分二甲苯基硫脲之外，还加入少量 NaCl，其目的就是更好地发挥二者之间的协同作用。下面举例说明缓蚀剂的应用。

在采油工业中采用高温高压酸化压裂技术增产原油。在酸化时如果在盐酸中不加入适量的缓蚀剂，将会使油、套管以及压裂设备严重腐蚀，特别是在深井温度较高而又使用浓盐酸进行酸化的情况下，腐蚀就更为严重。压裂酸化缓蚀剂的配方都是应用复合缓蚀剂，要根据具体使用情况来确定。为抑制盐酸对管道等的腐蚀，必须加入酸化缓蚀剂。酸化缓蚀剂主要为有机缓蚀剂，一般用量为 $2\%\sim4\%$，使用温度在 $80\sim100℃$（有的超过 $150℃$），缓蚀效率可达 90% 以上。对于高温、高浓酸所用的缓蚀剂在配方中多半含有炔醇类化合物。炔醇的优点是对于高温浓盐酸具有较高的缓蚀效率而且腐蚀较为均匀，不会出现点蚀。这可能与炔醇吸附在金属表面并能够进一步形成较稳定的聚合物膜有关。

为抑制烧碱生产中的铸铁熬碱锅的腐蚀（腐蚀可能引起危险的碱脆），加 0.03% 左右的 $NaNO_3$ 后，铸铁锅的腐蚀深度从每年几毫米降低到每年 1mm 以下，缓蚀效率达 $80\%\sim90\%$。

在化学清洗中一般都需要使用缓蚀剂。锅炉、管道在使用过程中会逐渐形成不同类型的水垢和锈层，必须适时进行化学清洗除垢。常采用酸洗除掉金属表面的锈或积垢。添加高效酸洗缓蚀剂，不但可降低金属的腐蚀速率，而且降低酸的消耗（用酸量为没加缓蚀剂时的 $\frac{1}{5} \sim \frac{1}{4}$）和减少车间酸雾的污染。常用的酸洗缓蚀剂其主要成分是乌洛托品、醛、胺缩聚物、硫脲、吡啶、喹啉及其衍生物等。

在工业生产中大量使用循环式冷却水系统，由于冷却水经多次循环，水中的重碳酸钙和硫酸钙等无机盐逐渐浓缩，再加上微生物的生长，由此而产生局部腐蚀、水垢下腐蚀和细菌腐蚀。一般加入 30～50mg/L 的重铬酸钾和 30～50mg/L 的聚磷酸盐的混合物，这是敞开循环冷却系统中效果最佳的缓蚀剂。内燃机等用密闭循环式冷却水系统比敞开式系统更易腐蚀，采用的缓蚀剂有铬酸盐（投加量为 0.05%～0.3%）、亚硝酸钠（加 0.1%）、锌盐、铝盐、硅酸盐及含硫、氮的有机化合物等。

目前工业生产上所应用的缓蚀剂，例如酸洗缓蚀剂或开发石油、天然气时使用的酸化压裂缓蚀剂，一般都是采用某些工业副产品。我国目前用得最多的是焦化厂蒸馏吡啶剩下的釜渣（吡啶釜渣）以及某些制药厂的副产品，即四甲基吡啶釜渣，这些副产物的成分很复杂，其中的主要有效成分是吡啶类的衍生物。这一类缓蚀剂的优点是缓蚀率高，价格便宜。

思考题与习题

1. Mg 在海水中的腐蚀速率为 $1.45g/(m^2 \cdot d)$，问每年腐蚀多厚？若 Pb 也以这个速率腐蚀，其腐蚀深度多大？已知 Mg 的密度为 $1.74g/cm^3$，Pb 的密度为 $11.35g/cm^3$。
2. 已知铁的密度为 $7.87g/cm^3$，铝的密度为 $2.7g/cm^3$，当两种金属的腐蚀速率均为 $1.0g/(m^2 \cdot h)$ 时，求以腐蚀深度指标（mm/a）表示的两种金属的腐蚀速率。
3. 电势-pH 图对研究腐蚀有何作用？
4. 在 25℃ 和 101325Pa 大气压下，Fe 在下列不同腐蚀介质中是否发生腐蚀？
（1）在酸性水溶液中（pH=0）；
（2）在同空气接触的纯水中（pH=7，$p_{O_2}=0.21 \times 101325Pa$）。
5. 稳定电势与平衡电势有何不同？
6. 简述腐蚀电池与普通原电池的相同与不同之处。
7. 简述电化学腐蚀的机理。
8. 伊文斯极化图有何作用？
9. 比较氢去极化腐蚀与氧去极化腐蚀的特点。
10. 金属钝化的薄膜理论和吸附理论各有何根据？影响金属钝化的有哪些因素？
11. 为什么会发生孔蚀？如何防止？怎样用环状阳极极化曲线评价金属的耐孔蚀性能？
12. 影响金属腐蚀的主要因素是什么？
13. 简述阴极保护和阳极保护的基本原理。
14. Ni 阳极溶解反应，25℃ 时 Tafel 公式中的 $b=0.052V$ 和 $i_0=2 \times 10^{-5} A/m^2$，求 Ni^{2+} 离子活度为 1 的溶液中电极电势为 0.02V 时阳极溶解的速度。
15. 可采取什么措施来防止氯碱隔膜电解槽的腐蚀，说明其原理。
16. 在研究防腐蚀涂料时需对涂料的防腐结果做出定量评价。请设计一实验方案以测定涂料的防腐蚀性能。

17. 高温下普通钢铁在空气中会发生化学腐蚀，为什么许多高温反应器依然采用钢铁材料？

18. 如何得到伊文斯图？从该图可达到哪些电化学信息？在一般条件下钢铁发生吸氧腐蚀，说明钢铁腐蚀过程的控制步骤是什么？

19. 实验室用 Zn 和稀 H_2SO_4 制备 H_2 时，常加入少许 $CuSO_4$，这样 H_2 的析出速率会快很多。为什么？

20. 在钢铁表面镀锌和镀镍对钢铁防腐有何不同？

21. 为什么粗锌（杂质主要是 Cu、Fe 等）比纯锌容易在 H_2SO_4 中溶解？为什么在水面附近的金属部分比在空气中或水中的金属部分更容易腐蚀？所有的杂质都促使主体金属腐蚀过程加快，这种说法对不对？

22. 铜板上的铁铆钉为什么特别容易生锈？

23. 请你说出马王堆汉墓女尸不腐的秘密。

24. 试以热力学判据说明：(1) 铜在 25℃ 无氧的硫酸铜溶液（pH=1）中是否会发生氢去极化腐蚀？(2) 铜在 25℃ 含氧的中性溶液（pH=7）中是否会发生氧去极化腐蚀？（已知 25℃ 时氢氧化铜的溶度积为 5.6×10^{-20}。）

25. 在某体系中进行采用缓蚀剂抑制腐蚀的实验，用电化学方法评价缓蚀剂的缓蚀效率。测得添加缓蚀剂 A 时，腐蚀电流密度 i_a 为 $0.8\mu A/cm^2$，缓蚀效率 η_a 为 90%。添加缓蚀剂 B 时，腐蚀电流密度 i_b 为 $0.1\mu A/cm^2$。计算缓蚀剂 B 的缓蚀效率 η_b。

第 7 章
电化学表面处理与加工

7.1 概述

表面处理是指通过物理、化学、机械等方法在基体材料表面上形成与基体性能不同的表层的工艺技术。通过表面处理形成的表层材料包括金属表面层、陶瓷表面层、聚合物表面层和复合材料表面层。为使金属制品耐腐蚀和美观,大多数金属制品都需要进行表面处理,称为金属精饰(metal finishing)。现在的表面处理技术已从金属扩展到非金属,如塑料、陶瓷和玻璃等。而且,表面处理已不仅仅局限于满足制品的耐蚀性与美观要求,还能赋予表面某些特殊的功能,以及利用表面处理技术对基体进行特殊加工。

(1) 表面处理技术分类

根据表面处理过程作用机制,表面处理技术可分为四类:

① 机械表面处理。如喷砂、磨光、滚光、抛光、刷光等。机械表面处理常用于基体材料的预处理。

② 化学表面处理。如化学镀、化学转化膜、化学气相沉积(CVD)等。

化学镀是在无外电流通过的情况下,利用还原剂将金属离子化学还原而沉积出与基体牢固结合的镀覆层。工件可以是金属,也可以是非金属。镀覆层主要是金属和合金。

化学转化膜是金属与特定的处理液发生化学反应形成表面膜层。常用的方法有化学氧化、磷化、钝化等。因为金属基体直接参与成膜反应,因而膜与基体的结合力强。

化学气相沉积是利用气相化学反应在工件表面沉积成膜。所采用的化学反应有多种类型,如热分解、氢还原、金属还原、离子体激发反应、光激发反应等。主要方法有热化学气相沉积、低压化学气相沉积、等离子体化学气相沉积、金属有机化合物气相沉积、激光诱导化学气相沉积等。

③ 电化学表面处理。如电镀、阳极氧化、电化学抛光等。

④ 物理表面处理。如涂装、物理气相沉积、离子注入、离子镀等。

涂装是指采用不同涂布方法将涂料涂覆于基体表面形成涂膜的过程。这是应用最为广泛的表面处理技术。涂料(俗称漆)一般由成膜物质、颜料、溶剂和助剂组成,可以涂装在金属、陶瓷、塑料、木材、水泥、玻璃等不同制品上。

物理气相沉积(PVD)是指在真空条件下采用物理方法将材料源(固体或液体)表面气化成气态原子或分子,或部分电离成离子,并通过低压气体(或等离子体)过程,在基体表面沉积薄膜的技术。主要方法包括真空蒸镀、真空溅射镀和分子束外延等。

(2) 电化学表面处理技术简介

电化学表面处理有时也称为电化学加工(electrochemical machining,ECM)。根据表面处理的原理,可将电化学表面处理方法分为以下三大类。

① 利用电化学阴极沉积进行表面处理。在阴极上发生电沉积反应

$$M^+ + e^- \longrightarrow M$$

基于阴极电沉积的电化学表面处理技术应用最为广泛,主要有电镀、电铸等。电镀是利用金属电沉积原理,在具有导电性的工件表面沉积与基体牢固结合的镀层。包括非晶态电

镀、复合电镀、合金电镀、电刷镀等。

② 利用电化学阳极溶解来进行表面加工处理，包括电解加工、电解抛光。所对应的阳极溶解反应为

$$M \longrightarrow M^+ + e^-$$
$$M^+ + OH^- \longrightarrow MOH \downarrow$$

③ 利用电化学技术与其它加工方法相结合的电化学复合加工处理，如电解磨削、电化学阳极机械加工等。

电化学表面处理加工与电化学合成虽然都是基于电化学原理进行的，但两者有其不同的特点。一是两者的目的不同。电化学合成是制备新的物质，而电化学加工是在已有基体材料上进行处理来改善材料的性能。二是两者的规模往往相差很大。电化学合成属于大规模的化工生产过程，而电化学加工规模一般要小得多，属于精细加工过程。由此带来两者关注重点的不同。电化学合成非常重视降低能源等消耗，而电化学加工更为关注的是产品质量。

在众多电化学表面处理技术中，本章重点介绍基于阴极金属电沉积的电镀技术，同时简要介绍阳极氧化、电泳涂装、电抛光等其它电化学表面处理技术。

7.2 金属电沉积

金属离子或它们的配合物在阴极上还原沉积的过程称为金属电沉积。金属电沉积过程非常复杂。因为在电沉积过程中电化学过程和结晶过程同时进行，并且阴极表面沉积是在不均匀且动态变化的电极表面上反应，难以确定真实的电极面积和真实的电流密度。尽管基于金属电沉积原理的电化学表面处理技术如电镀等的应用已非常广泛，但由于金属电沉积过程的复杂性，目前对金属电沉积研究还不完善，在解决电镀等实际问题时，许多问题还只能通过实验来解决。

7.2.1 电沉积热力学

金属电沉积过程的热力学分析主要是考察金属离子从溶液中析出的能力。析出电势越正，表明金属离子越容易得到电子，容易在阴极还原析出。从理论上讲，只要所施加的阴极电极电势足够负，使其小于金属离子的还原析出电势，则任何金属离子都可能在阴极上还原沉积。但实际上溶液中总是多种离子共存，若溶液中某种离子的还原电势比待沉积金属离子的还原电势更正，这时就不能使金属离子还原析出了。

生产上应用的电镀溶液主要是水溶液，并非所有的金属离子都能从水溶液中析出沉积。如果金属离子还原电势比氢离子还原电势负，则电极上大量析氢，金属沉积很少。在元素周期表的金属元素中，有 30 多种可以在水溶液中沉积。表 7-1 区域 1 中的元素不能在水溶液中沉积，如 Li、Na、K、Be、Mg、Ca 等的标准电极电势比氢负得多，很难沉积，即使在阴极上还原，也会立即与水反应而氧化。区域 2 中的金属可以自水溶液中沉积，越靠右边的金属越易还原。区域 3 中金属电极电势更正，且交换电流密度较大，在硫酸盐溶液中 Cd 的 i_0

为 $0.04A/cm^2$，Cu 的 i_0 为 $0.03A/cm^2$，可以在水溶液中沉积而且析出速率较快，为了得到致密的镀层，常采用络合物溶液。因为络合体系平衡电势变负，使配位离子析出速率减小。

在水溶液中不能析出的一些金属离子，可以在非水溶液中析出。如 Mg、Al 可以从醚溶液中析出，因为溶剂不同改变了金属的电极电势。另外，一些难还原的金属可以某种合金形式在阴极上还原。如以汞作阴极，碱金属、碱土金属、稀土金属可以从水溶液中还原生成相应的汞齐。这是因为合金中金属的活度比纯金属小，电极电势变正，有利于金属的还原析出。

表 7-1 金属离子沉积的可能性

周期\族	ⅠA	ⅡA	ⅢB	ⅣB	ⅤB	ⅥB	ⅦB	Ⅷ			ⅠB	ⅡB	ⅢA	ⅣA	ⅤA	ⅥA	ⅦA	0
二	Li	Be											B	C	N	O	F	Ne
三	Na	Mg											Al	Si	P	S	Cl	Ar
四	K	Ca	Sc	Ti	V	Cr	Mn	Fe	Co	Ni	Cu	Zn	Ga	Ge	As	Se	Br	Kr
五	Rb	Sr	Y	Zr	Nb	Mo	Tc	Ru	Rh	Pd	Ag	Cd	In	Sn	Sb	Te	I	Xe
六	Cs	Ba	La	Hf	Ta	W	Re	Os	Ir	Pt	Au	Hg	Tl	Pb	Bi	Po	At	Rn
	区域 1						区域 2				区域 3						非金属	

7.2.2 金属电沉积的电极过程

（1）金属电沉积的基本历程

金属电沉积包括金属离子从溶液中析出和基体金属表面晶体生长两个过程。金属离子在阴极还原沉积的基本步骤包括：

① 离子液相传质。溶液本体中的离子通过电迁移、扩散、对流的形式传递到电极表面附近。

② 前置转换。研究发现许多在阴极上还原的金属离子结构与溶液中主要离子（浓度最大的金属离子）结构形式不同。在放电之前，离子在阴极附近或电极表面发生化学转化，如水合离子的水化数下降或配位离子配体发生交换或配体数下降等。

③ 电荷转移。即金属离子得到电子还原。研究表明电荷转移不是一步完成的，而是经过一种中间活性粒子状态，它保留部分水化分子和部分电荷，通常称为吸附原子，它与电极快速交换电荷。多价金属离子还原是分步进行的，一般得第一个电子较困难，所以很难检测到中间价离子。

④ 形成晶体。部分或完全失去溶剂化外壳的吸附原子通过表面扩散到达生长点进入晶核生长，或通过吸附原子形成晶核长大成晶体。

（2）阴极过程

金属阴极过程涉及多种极化。浓度极化与溶液中的金属离子浓度和传质条件有关，并可采取适当措施（如增大浓度、提高流速）予以减小。而电化学极化则与电极过程本身的可逆性，即交换电流密度有关。金属电沉积的已有研究表明：

① 碱金属和碱土金属电极体系大都具有较高的交换电流密度，因此它们不能从水溶液中析出并非动力学的原因。

② 过渡元属金属电极体系的交换电流密度一般都很小。

③ 铜副族及在周期表中位于其右方的金属电极体系，其交换电流密度要比过渡元素金属大许多。

④ 金属若以配位离子形态存在时，其阴极还原速率一般要小得多（但若与卤素离子络合则例外）。在电镀中增大电化学极化，有利于获得细小致密的镀层，因此实际电镀许多都采用络合体系，以增大电化学极化。

⑤ 溶液中的其它组分对金属阴极过程的速率有影响，尤其是卤素离子，往往可使反应速率提高。反之，加入有机表面活性物质，则大都使反应速率降低。

关于配位离子电沉积过程，早期认为配位离子必须先解离为简单金属离子才能在阴极上还原，由于解离步骤困难，电极过程产生较大极化。但通过计算证明，络合体系中解离出来的简单金属离子非常少，可以忽略不计，用这样微量的金属离子还原形成镀层是不可能的。那么，是否就是溶液中以主要形式存在的配位离子在电极上直接放电呢？对此提出了不同的看法。有人对很多络合盐体系进行了试验，测出在电极上放电的配位离子形式。证明在电极上放电配位离子的结构与主要配位离子形式不同。如在氰化镀镉溶液中，只含一种络合剂，配位离子的主要存在形式为$[Cd(CN)_4]^{2-}$，经过前置转换步骤变为$[Cd(CN)_2]^{2-}$的形式，即减少了配位数，降低了反应活化能有利于放电。在氰化镀锌溶液中有CN^-和OH^-两种配体，溶液中配位离子的主要形式为$[Zn(CN)_4]^{2-}$，前置转换过程就比较复杂，可以经过如下步骤放电：

配位体转换 $[Zn(CN)_4]^{2-}+4OH^- \longrightarrow [Zn(OH)_4]^{2-}+4CN^-$

配位数降低 $[Zn(OH)_4]^{2-} \longrightarrow Zn(OH)_2+2OH^-$

电荷转移 $Zn(OH)_2+2e^- \longrightarrow Zn(OH)_2^{2-}$（吸附）

从以上反应可以看出，络合盐溶液进行电沉积时阴极出现很大的极化，这不仅是由于配位离子的结构比较复杂，也与多个步骤的还原过程有关。

在电镀中经常加入有机添加剂，在多数情况下它们对金属离子阴极还原过程具有阻化作用，增大了阴极变化。研究表明这与它在电极溶液界面上的吸附有关。

（3）阳极过程

在电镀中大多数镀种都采用可溶性阳极，金属在阳极发生氧化产生金属离子：

$$M \longrightarrow M^{2+}+2e^- \quad （M 为二价金属）$$

产生的金属离子数量应与在阴极析出的数量相等，才能保持镀液稳定。在一定电流密度范围内，随着电流密度升高，阳极溶解速率加快，电极处于活化状态。由于可溶性阳极都有较大的交换电流密度，电极极化不大。但有时会出现反常现象，随着外加电势升高，阳极产生很大极化而溶解速率很快降低，这是因为出现了阳极钝化。所以在有些镀液中需要加入阳极活化剂。例如不含氯离子的镀镍溶液中，镍阳极很容易钝化，加入氯离子以后，能使阳极活化，保持正常溶解。

金属阳极溶解的另一个问题是金属的自溶解。自溶解是指金属与某些溶液发生的化学溶解作用。除有阳极溶解之外还有化学溶解存在，无疑会使溶液中金属离子浓度升高。如锌酸盐镀锌，由于锌在强碱性溶液中化学溶解作用很强，溶液中锌离子浓度很快升高。为了解决这一问题可以加入一部分不溶性阳极，减少锌的溶解，维持镀液平衡。

7.2.3 电结晶过程

金属离子放电以后进入晶格形成晶体，即晶体的产生和长大过程，称为电结晶过程。

(1) 电结晶的特点

溶液中结晶过程一般包括形核和晶体生长两个步骤。一旦溶液的浓度达到了一定的过饱和度，溶液中便开始析出细小的晶核，而且过饱和度越大，形成的速度越快，晶核越细小。也就是说晶核的形成速度、晶核大小与过饱和度有密切的关系。在晶核形成的同时，还伴着晶核的长大，如果晶核的形成速度大于长大速度，得到的结晶细小。反之，晶核的形成速度小，则结晶粗大。由此可以看出，过饱和度是溶液中获得晶体和影响晶体生长的重要因素，过饱和度越大，结晶越细致。

电结晶过程与盐溶液结晶有类似的规律。电结晶的形式主要有两种。一种是吸附原子聚集形成晶核，产生新的生长点，然后生长形成宏观晶体。另一种是吸附原子通过扩散到达原有晶面某一位置并入晶格，在基体金属的晶格上继续生长。在存在完整晶面及过电势较高时可能形成新晶核，而在晶面不完整及过电势较低时，则多是在原有晶面上生长。与盐溶液结晶相比较，电结晶过程更为复杂，有明显的特殊性。

首先，电结晶伴随一个电化学过程，电化学反应对结晶过程有明显影响。金属离子是否能够从溶液中还原析出取决于阴极电势。在平衡电势下，金属离子不会在阴极沉积。只有施加一定阴极过电势，金属离子才会还原为金属。所以金属离子电结晶过电势的作用相当于盐溶液中产生结晶的过饱和度。盐类的过饱和溶液是在外界提供热能加热蒸发而形成的，而电结晶超电势则是外界提供电能通电流产生的。

其次，电结晶与一般溶液中结晶不同点还在于电结晶是在固体电极基体上的结晶过程，固体电极为晶体的生长提供了条件，因此，形核不是电结晶的必备步骤，电结晶可以在电极原有晶面上生长。

对于电结晶过程，金属沉积时第一层的形成决定了电沉积或电结晶层的结构和与基底的黏附力。当覆盖于电极表面的金属原子超过单分子层时，接着的电沉积过程在同种金属基质上进行，不同于电沉积刚开始时异相金属基质上的沉积。

(2) 结晶形核理论

虽然形核不是电结晶的必备步骤，但晶核的形成对于电结晶层的结构和性能有重要影响。

通常所说的各种盐类从其饱和溶液中析出固体结晶是指粗粒晶体，即饱和溶液与其粗粒晶体间成平衡状态。但相对于细粒晶体则是不饱和的。这是由于晶粒越细小，其表面能越大，则其溶解度越大。因此，细小的晶粒只有在过饱和溶液中才能形成，而且过饱和度越大，晶核越容易形成。电结晶过程中晶核的形成与盐类自溶液中结晶的过程以及自蒸气中凝结液滴的过程有很多相似之处。电极处在平衡电势下是不能形成金属晶核的，而只能在一定的超电势下才能形成晶核，而且阴极极化越大晶核越容易形成。

电结晶过程涉及电极表面电子转移和新相生成（吸附原子扩散形核），由此产生的阴极过电势 η_k 也称为相变极化过电势。它实质上包括了阴极电化学极化和新相生成极化两种过电势。可能出现两种情况：

① 如果吸附原子与晶格的交换速率很快，即不影响外电流，那么新相生成步骤就不会引起过电势。

② 如果新相生成步骤的速率小于电子转移步骤的交换电流密度 i_0，则放电步骤中形成的吸附原子来不及扩散到生长点上，吸附原子的表面浓度 c_M 超过平衡时的数值 c_M^0，引起电极电势极化，则出现新相生成步骤导致的结晶过电势 $\eta_{结晶}$。此时如果电化学步骤的平衡

未被破坏，吸附原子表面覆盖度 $\theta_M \ll 1$，则结晶过电势为

$$\eta_{结晶} = \frac{RT}{nF} \ln \frac{c_M}{c_M^0} = \frac{RT}{nF} \ln\left(1 + \frac{\Delta c_M}{c_M^0}\right) \tag{7-1}$$

式中，$\Delta c_M = c_M - c_M^0$。 (7-2)

当结晶过电势很小时

$$\eta_{结晶} = \frac{RT}{nF} \times \frac{\Delta c_M}{c_M^0} \tag{7-3}$$

在电沉积过程中，由于原子的迁移速率很快，所以实验中无法获得结晶过电势。形核过电势一般只出现在沉积过程的最初阶段。

Rossell 和 Volmer 提出了二维形核理论。所谓二维晶核是指只有一个原子厚度的晶体，而有完整晶面的晶核称三维晶核。从所需要的表面能量来考虑，最有利的二维晶核形状是圆柱形（见图 7-1）。金属离子从液相转变为固相，体系自由能降低，在新相形成的同时要建立新的界面，又使体系自由能升高，所以体系能量的变化应是这两部分能量之和。设圆柱体半径为 r，体系自由能的变化为

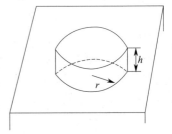

图 7-1 圆柱形二维晶核

$$\Delta G = -\frac{\pi r^2 h \rho n F \eta_k}{A} + 2\pi r h \sigma_1 + \pi r^2 (\sigma_1 + \sigma_2 - \sigma_3) \tag{7-4}$$

式中，A 为沉积金属原子量；ρ 为沉积金属密度；n 为金属离子还原价数；η_k 为电极界面步骤导致的阴极过电势；σ_1 为晶核/溶液界面张力；σ_2 为晶核/电极界面张力；σ_3 为电极/溶液界面张力。

根据结晶原理可知，当体系自由能升高时，晶核不稳定，晶核即使形成也会自发溶解。只有当体系自由能下降时，晶核才能稳定。因此可以通过 ΔG 对 r 的微分，即 $\frac{\partial \Delta G}{\partial r} = 0$ 求得晶核能够稳定存在的临界半径 r_c

$$r_c = h\sigma_1 / \left[\frac{h\rho n F \eta_k}{A} - (\sigma_1 + \sigma_2 - \sigma_3)\right] \tag{7-5}$$

显然，只有当 $r > r_c$ 时，体系自由能才能下降，晶核可以形成并长大。由式(7-5)可知，阴极过电势 η_k 值越大，晶核临界半径越小，越容易形成细小晶核。

如果阴极过电势很高，使 $\frac{h\rho n F \eta_k}{A} \geqslant (\sigma_1 + \sigma_2 - \sigma_3)$，或当沉积原子铺满第一层以后的各层生长时，使 $\sigma_1 = \sigma_3$、$\sigma_2 = 0$，可将临界自由能表达式简化为：

$$\Delta G_c = \frac{\pi h \sigma_1^2 A}{\rho n F \eta_k} \tag{7-6}$$

根据形核速率与能量变化的关系：

$$W = k \exp\left(-\frac{\Delta G}{RT}\right) N_A$$

式中，k 为玻尔兹曼常数；R 为摩尔气体常数；N_A 为阿伏伽德罗常数。则形核速率 v 为

$$v = k\exp\left(-\frac{\pi h \sigma_1^2 A}{\rho n FRT} \times \frac{1}{\eta_k}\right) \tag{7-7}$$

式(7-7) 表示了形核速率随过电势升高的定量关系，过电势越大，形核速率越快，结晶越细致。

在稳态形核时，电结晶形核密度可用式(7-8) 表示

$$N = N_0 [1 - \exp(-At)] \tag{7-8}$$

式中，N 为单位面积上分布于电极表面核的数目；N_0 为活性位置的数目密度；A 为每个位置上稳态形核的速率常数。

当 At 远大于 1 时（如可通过施加一个高过电势实现），$N = N_0$，形核过程瞬时进行（称为瞬时形核）；当 At 远小于 1 时，$N = N_0 At$，即形核随反应的进行连续发生（称为连续形核）。瞬时形核与连续形核仅仅是成核速率常数很大和很小时出现的两种极端情况，在实际体系中更多更普遍的是介于两者之间的情况。

电结晶过程的控制步骤可能为溶液离子扩散控制或界面极化控制。在理想光滑电极表面上金属的阴极电沉积过程中，金属析出的迟缓步骤往往是二维晶核或者三维晶核在电极表面上的生成步骤。此时结晶步骤速率取决于吸附原子的表面浓度（电化学反应速率决定）、表面扩散系数和生长点的表面密度等。离子扩散步骤速率取决于浓度梯度、温度、离子种类等。金属电沉积过程由扩散步骤控制时，晶粒生成数目不多，易形成粗晶。

表 7-2 给出了玻碳电极上铜电沉积时不同阴极过电势下的成核密度。当施加电势（负值）较小时，电流密度低，形核密度较低。晶面只有很少生长点，吸附原子表面扩散路程长，表面扩散为电结晶过程的速率控制步骤。当施加电势高（负值）时，电流密度大，形核密度较高。晶面上生长点多，表面扩散容易进行，电子传递为电结晶的速率控制步骤。

表 7-2 铜电沉积时不同阴极过电势下的成核密度

η/mV	$N \times 10^{-6}$/cm^{-2}	η/mV	$N \times 10^{-6}$/cm^{-2}
390	0.9	400	1.5
395	1.0	405	1.7

注：电沉积所用溶液为 0.05mol/L $CuSO_4$ 和 1.8mol/L H_2SO_4。

一般来说，交换电流密度大的金属，溶液纯而离子浓度低时，形核密度较低，通常沉积层松散、毛糙或生成枝晶。反之，交换电流密度小、离子浓度高并有表面活性剂存在时，形核密度较高，有利于获得致密的沉积层。

（3）晶体生长

晶体生长机理是由生长界面的结构所决定的。根据生长界面结构的不同，金属电结晶可能按两种不同的机理进行。一种是以晶核为新的生长点形成宏观晶体，常用二维成核式的生长机理来描述。另一种是在利用基体金属原有晶面上的位错进行生长，常见的为螺旋位错生长机理。

二维形核理论认为金属离子在原有基体金属表面上沉积，如果是理想的完整晶面，首先形成二维晶核，若界面上不存在台阶，则二维晶核是生长界面上台阶的唯一来源。在台阶上吸附的原子沿台阶一维扩散到扭结点，最后进入晶格并析出结晶潜热。通过台阶作多次重复的运动和生长线的不断延伸，生长面最终被新晶层覆盖，生长成为单原子薄层。如果晶体要继续生长，则需在新晶层上再一次形成二维晶核以便提供新的台阶源，然后在新的晶面上再次生长。每长满一层都需要生成新的二维晶核。一层层排列生长，直到成为宏观的晶体

镀层。

但是实际金属表面不可能是理想的完整晶面，总是存在着大量的空穴、位错、晶体台阶等缺陷。有时位错密度高达 $10^{10} \sim 10^{12} \mathrm{cm}^{-2}$。晶体的生长不可能简单地遵循着二维形核的规律。在实际晶体中大量的位错都是结晶的生长点。吸附原子可以借助这些缺陷，进入这些位置时，由于相邻的原子较多，需要的能量较低，比较稳定，因而可在已有金属晶体表面上延续生长而无须形成新的晶核。

金属基体晶面上的结晶生长历程可用图 7-2 所示的模型来分析。金属晶面上有各种缺陷和位错，表面各处能量不一样，如 a、b、c、d、e 位置的能量顺次降低。晶面生长遵循能量最低原理，即放电后的金属原子首先应占据能量最低的位置。图 7-2 中 c 这个位置能与 3 个相邻原子成键，称为扭结点或生长点，bc 线（单层原子阶梯）称为生长线。晶体的生长是由生长点到生长线一排排地完成的。到每一层晶面长满以后，就不存在生长点和生长线了，此时新的晶面的形成需要晶面上生成二维晶核。

在晶面上生长有两种可能的历程。一种是金属离子的放电在生长点（c 点）发生，此时放电步骤与结晶步骤合二为一，如图 7-2 的Ⅳ过程；另外一种放电在晶面上任何一点进行，首先形成吸附原子，然后通过表面扩散转移到能量较低的生长线和生长点，如图 7-2 所示的Ⅰ→Ⅱ→Ⅲ，此时放电过程和结晶过程是分别进行的。前者称为直接转移机理，后者称为表面扩散机理。现有的研究证明，在固体电极的全部表面上都可发生放电，因此后一种历程更有可能发生。

晶面上的吸附原子扩散到位错的台阶边缘时，可沿位错线生长。据此，Frank 提出了螺旋位错生长机理。如图 7-3 所示，如果生长面上存在着螺旋位错露头点，晶界面并不能向外无限延长而总是围绕某中心旋转形成锥形台阶晶界，由后者在晶面上引起的台阶可以直接作为晶体生长的台阶源，在生长过程中生长台阶绕着螺旋位错线回旋扩展但永不消失，其螺旋曲率半径控制了螺旋在锥形台阶上的生长速率。因此，螺旋位错的存在提供了无须经历晶核形成过程但又能持续生长的方式。

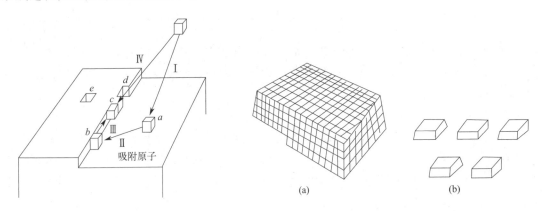

图 7-2　金属基体晶面上的结晶生长历程　　图 7-3　晶体的螺旋位错的生长（a）和二维成核式生长（b）

螺旋位错生长机理与二维成核生长机理相比较，主要区别在于前者不需要形成二维晶核，晶体在一定条件下就能生长。

金属沉积层的晶体结构由金属的晶体学性质决定。而电结晶所得金属沉积层的宏观几何形貌（或称为生长形态）虽然受到晶体内部结构的对称性、结构基元之间的成键作用力以及晶体缺陷等因素的制约，但在很大程度上由电沉积条件所决定。电结晶形貌的差异是由晶体生长各向异速造成的，即不同晶面的生长速率不同（见图7-4）。生长速率较快的晶面形貌会被不断地覆盖并发生改变，而生长速率慢的晶面则会保形生长，这种生长速率的不同决定了最终形成的晶体形貌。

有研究表明，在不同铜晶面上以 10^{-2}A/cm^2 的电流密度进行电沉积时，晶体生长速率不同。(110)、(100) 和 (111) 三个晶面的电沉积过电势分别为 85mV、125mV 和 185mV。由此可知，不同铜晶面的电化学活性存在差异，其中铜(110)晶面的电化学活性最高，铜(111)晶面电化学活性最低。因为铜(111)晶面上原子排布最为紧密，这种紧密结构造成的结果就是新生成的吸附态原子在与其结合使只有最邻近的3个原子能与之键合，而在(100)晶面上能有4个相邻原子，(110)晶面则有5个相邻原子。形成的金属键越多，体系能量越低，同一电流密度下晶面生长速率越快。

电结晶形貌取决于晶体生长方式，常见的有层状生长、晶界生长、块状生长、树枝状生长等（如图7-5所示）。

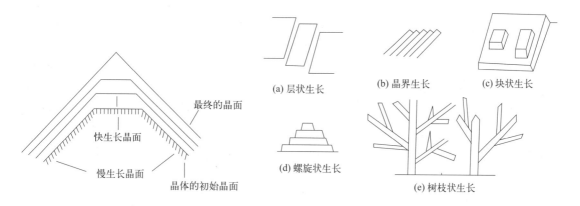

图7-4 不同晶面生长速率的晶体生长　　　图7-5 金属结晶的几种不同晶格生长方式

① 层状生长。这是金属电结晶生长的最常见类型。层状生长物具有平行于基体某一结晶轴的台阶边缘，层本身包含无数的微观台阶，晶面上的所有台阶沿着同一方向扩展。层状的形成是微观台阶集拢作用的结果。当集拢成的宏观台阶的平均高度达 50nm 时，就成为可以观察到的层状结晶生长。

② 块状生长。块状可以看成是层状生长的扩展。如果基体的表面是低指数面，层状生长相互交盖便变成块状生长。如果电沉积初期所形成的规则棱锥的顶点被杂质分子所占据，该处的生长就受到抑制，随着电沉积过程的延续，棱锥状将逐渐转变为块状。

③ 螺旋状生长。在低指数面的单晶电极上偶然可以观察到这种生长形态。此种生长对表面活性物质很敏感，采用方波脉冲电流可以增加螺旋状生长出现的概率。

④ 树枝状生长（枝晶生长）。为呈苔藓状或松树叶状的沉积物，其空间构型可能是二维或三维的。目前认为，枝晶的出现是由溶液中金属离子传输困难造成的。枝晶顶端（凸出部分）的生长速率比电极表面其他位置的生长速率快得多。主要原因是枝晶顶端曲率半径较小，周围存在球面扩散场，球面扩散流量较大，因此有利于细小枝晶的生长。

枝晶生长是电沉积过程中的一个非常重要的问题。这种生长形态比较容易出现在交换电流密度大，但浓度低的简单金属离子的电沉积中。枝晶生长用传统的欧式几何处理十分困难。近年来，一些研究人员引入分形几何理论来研究枝晶生长问题。如 1981 年 Witten 和 Sander 提出的分形演化的扩散限制凝聚（diffusion limited aggregation）的生长模型（简称 DLA 模型），在一定程度上揭示了实际体系中分形生长的机理。

枝晶生长是电沉积过程中一个非常重要也非常复杂的问题。枝晶为呈苔藓状或松树叶状的沉积物。电结晶生长形态虽然受到晶体内部结构的对称性、结构基元之间的成键作用力以及晶体缺陷等因素的制约，但在很大程度上受电沉积条件的影响。一般认为枝晶形成的主要原因为：其一是晶体晶面的各向异性，使得在某个方向有生长优势；其二是电场分布的不均匀。因而溶液中金属离子传输过程成为影响枝晶生长的重要因素。

可以利用晶体生长的最小表面能原理来解释枝晶生长现象。在电场的作用下，结晶析出具有一定的方向性，将沿着电场线的方向，逐渐形成针状或者丝状并长大。这种枝晶现象的出现是由晶体表面各处生长速率不同造成的。在这些晶面上存在着许多螺旋生长造成的突起尖端，在这里会发生离子向电极的球面扩散过程，导致尖端处的分枝生长。在比表面能大的晶面，相应的生长速率也大，在这些小晶面的突起、尖角等处，其比表面能大，金属逐渐在上面析出。在沉积物的前端，存在着球面电场，而在其他位置是平面场。前者的扩散流量比后者的大。枝晶顶端的曲率半径较小，球面扩散流量较大，因此球面扩散有利于细小枝晶的生长。枝晶的顶端越细，表面能对电极反应速率的影响越大。

枝晶生长比较容易出现在交换电流密度大，但浓度低的简单金属离子的电沉积中。金属的枝晶生长现象在铜、锌、银、锡、锂、钠等金属的沉积过程中都比较常见，然而并非所有的金属都存在这种行为。有人发现金属镁电沉积过程中总能够获得相对平整的无枝晶形貌。通过第一性原理计算发现金属镁原子之间具有强的金属键（0.18eV）。这意味着镁金属具有更高的表面能，电沉积时更倾向于形成高维度的结构，而非呈一维的纤维形貌。

须晶与枝晶的区别在于须晶的纵向尺寸与侧面尺寸之比非常大。须晶在非常高的电流密度下形成，而且溶液中必须有杂质（添加剂）存在。须晶的形成归因于添加剂的选择性吸附抑制作用。在可能发生晶体生长的特定晶面上，添加剂分子的吸附与金属离子的沉积进行着竞争，而且在稳态条件下添加剂分子的表面覆盖度大小恰好能够维持晶体的线状生长。在其他的晶面上，添加剂则强烈地吸附以致完全阻塞这些晶面上的离子放电和晶体生长。

枝晶这一非线性的生长问题用传统的欧式几何处理十分困难，结合分形几何的基本理论，人们将计算机应用于各种生长过程的模拟中，提出了不同的枝晶生长模型，如分形演化的扩散限制凝聚（diffusion limited aggregation，DLA）生长模型。借助于分形几何的模型可以对枝晶的形貌和特征进行描述，有利于进一步在机理上研究枝晶的生长问题。

应该指出，施加电势和电流密度是影响电结晶生长过程的重要参数（如图 7-6 所示）。当施加电势较小，电流密度低，形核密度较低，表面扩散为速率控制步骤。这时容易形成螺旋位错晶体生长。当施加电势高，电流密度大，形核密度较高，电子传递为电结晶的速率控制步骤。

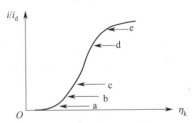

图 7-6　不同电流密度时的晶格生长方式

a—螺旋状生长、层状生长、块状生长；
b—晶界生长；c—多晶生长；
d—瘤状、树枝状、扫帚状生长；
e—粉末状结晶

这时所生成的晶格将是杂乱无序的，形成各种不同类型的多晶体。当电流密度进一步升高时，晶格沉积层将继续向外生长，这时传质过程将成为控制步骤，形成树枝状和扫帚状结晶，甚至形成海绵状沉淀。

7.3 电镀

7.3.1 电镀简介

通过电沉积在金属或非金属制品表面形成平滑致密的金属层，这种表面加工技术称为电镀。电镀是金属精饰方法之一，与其它的精饰方法相比，具有工艺设备简单、操作容易控制等优点。

在电解槽中（电镀行业称为电镀槽），待镀的零部件为阴极。阳极可以是所镀金属的可溶性阳极，或采用惰性阳极。通以一定电流，电解液（或称电镀液）中金属离子在阴极上还原沉积，形成固相沉积层，即所谓的镀层。电极反应可表示为

阴极 $\qquad M^{n+} + ne^- \longrightarrow M$

阳极 $\qquad M \longrightarrow M^{n+} + ne^-$

如采用惰性阳极，阳极反应通常为析氧反应。实际电镀过程还存在副反应，如阴极的析氢反应。

从电化学角度看，电镀是金属阴极过程的应用，属于金属电沉积过程。与电解工业相比，电镀能耗低。因所用电流密度较小，一般为 $10\sim70\text{mA}/\text{cm}^2$，电流效率较高，所以电耗不高。

电镀的目的是在基体金属表面形成具有一定机械性能、化学性能和物理性能的金属沉积层。电镀中最关心的是镀层质量。不同的镀层有不同的特性，要求也不尽相同，但以下几点是基本的共同要求：①镀层细致紧密；②镀层厚度均匀，表面平整；③镀层与基体材料结合牢固；④镀层能完整地覆盖基体。

根据表面处理的目的不同，电镀可分为三类：

① 防护性电镀。主要目的是提高金属的耐蚀能力。防护性电镀约占电镀总量的60%。应用最广是镀锌。

② 防护装饰性电镀。得到防护装饰性镀层，一方面赋予制品装饰性外观，同时也提高了制品的抗腐蚀能力。如仿金镀（Cu-Zn 合金镀）。

③ 功能电镀。得到功能性镀层，使制品表面具有某种特殊的功能。如耐磨和减磨镀层、导电镀层、磁性镀层、可焊性镀层、耐热镀层等。

根据镀层结构可将镀层分为三类：

① 简单镀层。指单层金属镀层，如 Zn、Cd 镀层。

② 层状镀层。相同金属或不同金属多层叠加而得。如暗镍/半光镍/光亮镍、铜/镍/镉三层叠加的层状镀层。

③ 复合镀层。由在电镀液中不溶的无机或有机物固体颗粒均匀地分散在金属中而形成的镀层，如 Ni-SiC、Cu-Al$_2$O$_3$ 镀层。也称为弥散镀层或结构复合镀层。

据镀层金属不同，电镀分为不同的镀种，如镀 Zn、Cd、Cu、Ni 等。

镀层有很多种，每一种镀层都具有独特的性质并兼有多种用途。在选择镀层时除考虑镀层的应用性质以外，还应考虑加工工艺及成本等问题。镀层选择需要考虑的主要因素包括：①零件工作的环境及要求；②零件材料性质；③零件的结构、形状及尺寸公差；④不同金属零件相互接触的状况；⑤镀层的性能及使用寿命。

完整的电镀工艺过程包括镀前处理、电镀、镀后处理、镀层质量检测等步骤。

金属制件的镀前处理，是指制件在进入镀液之前对表面进行的各种精整与清理工序，如机械磨光、除油和浸蚀等。主要目的是除去零件表面的浮灰、残渣、油脂、氧化皮等各种腐蚀产物。即使是肉眼看不到的氧化膜也应完全除去，使基体金属呈现出洁净的晶体表面，接受金属离子的沉积，以获得完整、致密的镀层。如果镀前处理不彻底，镀层就会出现起泡、脱皮的现象，严重时镀不上镀层，致使镀件报废。所以镀前处理是电镀工艺中的重要步骤，它对镀层质量起着决定性的作用。

电镀槽一般采用矩形槽（属于简单箱式反器），体积为 100～2000L。电镀操作方式依据镀件尺寸和数量可分为三种：

① 流水线电镀（line plating）。成批工件放置在夹具上，从清洗到测试都自动连续操作。一般为生产规模较大的工厂采用。

② 箱式电镀（vat plating）。人工操作，过程不是连续自动进行。一般为中等规模厂采用。

③ 桶式电镀（barrel plating）。主要用于尺寸很小的零件电镀，可以自动或半自动操作。它是将多个工件一起放在多孔桶内，圆与阴极连接，圆桶以一定速度转动，工件在桶内随机震动，金属沉积在工件上。

镀后处理一般是将工件清洗干净，然后干燥。在有些情况下还要进行除氢和钝化处理。如镀锌通过除氢来消除零件在电镀过程中渗氢而引起的材料氢脆敏感性，通过钝化和染色来提高镀锌层的耐蚀性和装饰性。

7.3.2 电镀液的分散能力、覆盖能力和整平能力

电镀的目的是获得细致紧密、厚度均匀、表面平整、结合牢固的金属镀层。为此，希望金属离子在基体金属上能均匀沉积，这样才能得到厚度均匀的镀层，在电镀中常常用分散能力来表示镀层均匀分布的能力。所谓分散能力是指镀液能使镀层均匀分布的能力。镀液分散能力越好，镀层厚度分布越均匀。它指的是镀层宏观轮廓面的厚度分布，所以又称均镀能力。

(1) 金属在阴极上的分布

分散能力的好坏取决于金属在阴极上的分布，而影响金属阴极分布的最主要因素是阴极电流分布。在第 3 章中介绍了电流分布的基本原理。在实际电镀时的电流分布一般为二次电流分布，如下所示。

$$\frac{I_1}{I_2} = 1 + \frac{\Delta L}{\frac{1}{\rho} \times \frac{\Delta \varphi}{\Delta I} + L_1}$$

电流分布与镀液的比电阻、极化度、阴极的几何参数有关。提高阴极极化度，使 $\frac{\Delta\varphi}{\Delta I}$ 增大，电流分布更为均匀。在这里应特别指出，影响镀液分散能力的是极化度，而不是极化值。

镀层金属的分布取决于电流的分布，但金属分布不等于电流分布，因为通过阴极的电流一部分消耗于金属离子的沉积，另一部分消耗于析氢和其它副反应，也就是说存在电流效率的问题。因此阴极不同部位的镀层厚度，应取决于该处的电流密度和电流效率。如用 M_1、M_2 和 η_1、η_2 分别表示近、远阴极上金属的质量及电流效率，则金属分布等于电流密度与电流效率的乘积之比，即：

$$\frac{M_1}{M_2}=\frac{i_1\eta_2}{i_2\eta_1} \tag{7-9}$$

分析各种镀液电流效率与电流密度的关系，主要存在三种情况。如图 7-7 所示曲线 1，电流效率不随电流密度而改变，有 $\eta_1=\eta_2$。金属分布与二次电流分布相同，电流效率对金属分布没有影响，只有少数镀液如硫酸盐镀铜等是这种类型。对于曲线 2，电流效率随电流密度升高而下降。由于 $i_1>i_2$，而相应的 $\eta_1<\eta_2$，电流效率的这种补偿作用使金属的分布比二次电流分布更均匀。一般的络合物镀液都有这样的规律。对于曲线 3，电流效率随电流密度的升高而加大。这种情况会使电流密度高的部位沉积金属量增多，造成金属的分布比二次电流分布更不均匀。镀铬溶液具有这种特殊规律。

（2）改善电镀液分散能力的方法

可以将分散能力理解为镀液在一定电解条件下，能够促使电流或金属在阴极上朝更均匀方向重新分布的程度，所以可以通过测量镀层金属的质量、厚度以及电流的变化来测定分散能力。远近阴极法和弯曲阴极法是常用的两种方法。

影响分散能力的因素可以从电化学因素和几何因素两方面分析。溶液电导、极化度和电流效率等电化学因素是影响分散能力的主要方面。电镀槽的几何形状，阴阳极的形状、尺寸及其配置等几何因素，也对分散能力有重要影响。通过分析分散能力的影响因素，可以设法改善镀液分散能力。在生产实践中常采用如下措施：

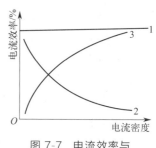

图 7-7 电流效率与电流密度的关系

① 加入支持电解质以提高镀液的电导，如镀镍液中加入 Na_2SO_4。但要注意慎重选择强电解质以避免副反应的发生。

② 加入添加剂以增大阴极极化。如加入 Na_2SO_4、$MgSO_4$ 等无机盐，它们难以在阴极上还原，而改变了双电层结构，降低放电金属离子的活度，从而增大了阴极极化。或加入有机物，通过吸附阻化作用而增大阴极极化。

③ 改变放电金属离子在溶液中的状态，通常是将放电金属离子络合起来，借以提高极化度，这样可以显著地提高分散能力。如采用焦磷酸盐、柠檬酸盐、有机胺类络合物等。

④ 调整几何因素，如增加防护阴极、辅助阳极等。但该法成本高，操作麻烦，是不得已的办法。如镀铬电解液分散能力差，从电化学因素来考虑改善不大，只好调整几何因素。

（3）镀液的整平能力

将微观粗糙的金属表面填平的作用称为整平作用。镀层填平程度取决于金属在微观表面上的分布，所以整平能力又称为电镀液的微观分散能力。

微观分散能力与宏观分散能力不同。在微观轮廓面上，峰处的电势与谷处的电势近似相等,即电势分布可以看作是没有差异的。影响微观表面电流和金属分布的重要因素是扩散层厚度。对于宏观表面轮廓,扩散层厚度 δ 值处处相等,所以表面各点物质的扩散速率也是相同的。而对于微观表面,扩散层沿外形线不均匀分布,对物质的扩散速率产生了较大影响,以致能改变电流和金属的分布。

镀液的整平作用存在三种形式。当峰上的沉积速率等于谷上的沉积速率时,镀层金属沿着微观轮廓基本上均匀分布,表面各点厚度相同,这种情况称为几何整平。当峰上沉积速率大于谷上沉积速率,则峰处的厚度大于谷处厚度,称为负整平。当峰上沉积速率小于谷上沉积速率,则峰处的厚度小于谷处厚度,使微观粗糙的表面能够变得平整而称为正整平。电镀溶液的整平作用均指正整平。

镀液中具有整平作用的添加剂称为整平剂。实践证明整平剂具有以下特点:①能强烈吸附在电极表面并阻化电极过程,提高阴极过电势。②整平剂在电极上是消耗的,在阴极上有还原反应,也可能夹杂在镀层中,而且峰上的消耗大于谷上的消耗。③整平剂受扩散控制,峰处的吸附量大于谷处的吸附量。关于整平剂的作用机理有不同的理论,常用的是整平剂的扩散控制理论。

(4) 覆盖能力

所谓覆盖能力是指镀液使镀件沉孔、凹洼的表面沉积上镀层的能力,又称深镀能力。它表征镀件表面是否全部都有镀层,而不考虑镀层厚度是否均匀。它与分散能力共同表示镀液使镀件得到完整、均匀的镀层的能力。一般镀液分散能力好,覆盖能力也好。

根据结晶原理已知,金属离子能够沉积,阴极电势必须达到一定的数值。由于电流在零件表面分布不均匀,在较低电流密度区的极化值小,以致达不到金属的析出电势,此处就没有镀层。因此影响覆盖能力的重要因素是金属离子的析出电势;析出电势越正,越易沉积并覆盖;析出电势越负,越难于沉积和覆盖。

基体材料的性质对金属离子析出电势有很大影响。例如铬在镍上容易沉积,其次是在黄铜上,在钢或在铸铁上不容易沉积,所以生产上对钢件尤其是铸铁件直接镀铬时,都要采用冲击电流的方法才能将零件表面完全覆盖。在有些情况下,也采用先镀中间层的方法来改善零件表面的性质,提高覆盖能力。

如果基体金属很容易析氢,镀层金属就不容易沉积。所以当零件表面含有易析氢的金属杂质时,金属的覆盖能力降低。

粗糙的金属表面覆盖能力差,这是由于真实电流密度低,达不到析出电势,所以粗糙表面零件电镀应适当提高电流密度。

7.3.3 电镀的主要影响因素

(1) 镀液组成

镀液组成是影响电镀过程与镀层质量的最重要因素。镀液主要成分包括主盐、各种添加剂等。

沉积金属的盐类称为主盐,包括单盐和络盐两大类。金属离子在镀液中以简单离子(水合离子)的形式存在时称为单盐溶液。如硫酸盐镀铜或镀锡溶液中的 Cu^{2+}、Sn^{2+} 都是简单离子。在镀液中金属离子与络合剂形成络合物并解离成配位离子,金属离子存在于配位离子中,即称为络合物溶液。常用的络合剂有氰化物、氢氧化物、焦磷酸盐、酒石酸盐、氨三乙酸、柠檬酸等。如氰化物镀锌的锌配位离子为$[Zn(CN)_4]^{2-}$、锌酸盐镀锌的锌配位离子为$[Zn(OH)_4]^{2-}$。目前在生产上应用的络合物镀液主要有氰化物镀液、氢氧化物络合物镀液、焦磷酸盐镀液。除此之外，还可以用酒石酸、氨三乙酸、EDTA等有机酸为络合剂的镀液。有时为了提高镀液的性能将络合剂组合使用，如氯化铵氨三乙酸镀锌、柠檬酸酒石酸镀铜等。这时镀液中除有金属离子与一种络合剂形成的配位离子外，还能与两种络合剂形成混合配位体的配位离子。

络合剂作为配体与金属离子形成络合物，改变了镀液的电化学性质和金属离子沉积的电极过程，对镀层质量有很大影响。由于生成了稳定的络合物，游离金属离子的浓度显著下降，使溶液体系的平衡电势向负方向移动。例如在简单溶液中镀锌，平衡电势 $\varphi_{Zn^{2+}/Zn}=-0.763V$，若在氨溶液中形成配位离子$[Zn(NH_3)_4]^{2+}$，平衡电势降低，$\varphi_{[Zn(NH_3)_4]^{2+}/Zn}=-1.03V$。若络合剂采用氰化物，有更强的络合能力，平衡电势更负，$\varphi_{[Zn(CN)_4]^{2-}/Zn}=-1.26V$。

为了提高镀层质量，镀液中必须加入添加剂改善镀液的电化学性质。添加剂加入量很少，但效果非常明显。添加剂种类众多，作用机制各不相同。导电剂、缓冲剂都是镀液中常用的添加剂。另外，在电镀过程中金属离子是不断消耗的，大多数采用可溶性阳极来补充，使在阴极析出的金属量与阳极溶解量相等，保持镀液成分平衡。加入活化剂能维持阳极处于活化状态，不发生钝化，溶解正常。

添加剂还有许多其它的作用，如增加光亮度、整平度，改善润湿性，细化晶粒，提高镀层硬度，降低镀层应力等。为此开发了多种特殊的电镀添加剂。如在锌酸盐镀锌液中不加添加剂，得到的是海绵状沉积物，加入添加剂以后，镀层致密、细致而且光亮。光亮剂是装饰性电镀层不可缺少的成分，加入光亮剂并与其它添加剂配合使用，进一步提高镀层光亮度。整平剂能使基体显微粗糙表面变得平整，提高光洁度，广泛用于装饰性电镀。润湿剂可以降低金属与溶液的界面张力，使镀层与基体能更好地附着，使阴极上析出的氢气泡容易脱离，防止生成针孔。

(2) 镀前与镀后处理

完整的电镀工艺过程包括镀前处理、电镀、镀后处理、镀层质量检测等步骤。这些都对镀层质量有重要影响。

镀前处理是指制件在进入镀液之前对表面进行的各种精整与清理工序。根据目前生产上应用的情况，可将前处理分为三类：

① 机械法。采用机械设备，磨削除去表面厚锈蚀产物、毛刺、焊接残渣、氧化皮等，主要用于粗糙零件的精整。如吹砂、磨光、滚光和抛光等。

② 化学方法。在有机溶剂中或在酸碱性溶液中浸渍，依靠化学作用将油污或氧化物除去。如酸性溶液中浸蚀、碱性溶液中除油等。

③ 电化学方法。在电解液中依靠电解的作用除去表面的油脂或氧化物。如电化学浸蚀、电化学除油等。

在实际生产上，前处理方法的分类及名称并不十分严格。习惯上，为了除去油脂统称除油；为了除去氧化物及各种腐蚀产物统称浸蚀或酸洗。

镀后处理一般是将工件清洗干净，然后干燥。在有些情况下还要进行除氢和钝化处理。如镀锌通过除氢来消除零件在电镀过程中渗氢而引起的材料氢脆敏感性，通过钝化和染色来提高镀锌层的耐蚀性和装饰性。

（3）电镀工艺条件

电镀必须根据不同镀层的性能要求综合考虑电镀槽、电镀液成分、电流密度、温度等多种因素的影响。为了保证过程的重现性，应该确保电镀槽在长时间内稳定可靠，同时应允许在一定范围内改变操作条件而不影响镀层质量。一般需根据实验来确定电镀工艺条件。对镀层质量影响较大的电镀工艺参数包括镀液pH值、电流密度、温度和搅拌等。

镀液的pH值需保持一定。单盐溶液的pH值不能过大，否则将有氢氧化物沉淀析出，pH值过低则氢气容易析出，引起氢脆使镀层质量下降。络盐溶液的pH值也需要恒定，否则配位离子的形式将发生变化，引起阴极极化值的改变而影响镀层质量。

搅拌是加速电沉积的方法，生产中常采用阴极移动法和压缩空气法来进行搅拌。搅拌可使电极附近的扩散层厚度减薄，降低浓差极化。搅拌使阴极极化作用降低，对电结晶沉积出致密的镀层不利。但搅拌能提高电流密度的上限，能抵消搅拌而引起的晶粒粗大现象。

大多数电镀过程电流密度较低，为 $10 \sim 7 mA/cm^2$。电流密度增大可加快电沉积。任何镀液都有一个电流密度范围，电镀时将电流密度控制在允许的范围内越大越好。如果电流密度大于上限，镀件会被"烧黑"或"烧焦"。电流密度低于下限，阴极上沉积不出镀层或沉积上不合要求的镀层。

电镀操作温度一般略高于室温。升高镀液的温度会降低阴极极化作用，使晶粒变粗。但升温可以使盐类的溶解度增加，镀液的导电性提高。所以，适当改变其它条件，升高温度能得到好的镀层。

7.3.4 典型电镀

一些典型的电镀过程及其应用见表7-3。

表7-3 某些典型镀种的应用

金属镀种	应用
锡	用于食品包装等的保护性镀层，电接触的软焊等
镍	家用品的防护和装饰，工程与化工设备的防护等
铜	电子工业的触点和线路，镀铬、镍的预镀层、消费品的装饰等
铬	家用品、汽车零件、机械零件、工具等装饰和耐磨层等
镉、锌	铁基合金的防护
银、金	装饰镀层、反射器和电接点等

（1）镀铜

铜镀层是使用最广泛的电镀底层和中间层。铜镀层对于钢铁工件是阴极性镀层，加之其化学稳定性较差，一般不宜作防护性镀层。铜镀层经过适当的化学或电化学处理，可以获得铜绿色、古铜色、黑色等装饰性镀层。此外，铜镀层可以增加导电性，常用于印制电路板。

镀铜最早用于工业的是氰化物和硫酸盐镀液，此外还有氟硼酸盐、焦磷酸盐、氨基磺酸盐、有机胺、羧酸盐、HEDP等类型的镀液。氰化物电镀的显著特点是镀液分散能力好，容易维护和控制。但氰化物有剧毒，为此开发了焦磷酸盐等多种无氰镀液。

硫酸盐镀铜是酸性镀铜中应用最广泛的工艺。其特点是成分简单、镀液稳定、沉积速率快等，是生产成本最低的镀液之一。硫酸盐镀铜目前存在的问题是分散能力较差，钢铁基体及锌压铸件需要预镀而不能直接用硫酸盐镀液镀铜。

酸性硫酸铜镀液体系中包含硫酸铜、硫酸和氯离子等组分。镀液中的铜离子带有正电荷，会移动到阴极表面得到电子被还原成单质铜，并在阴极表面形成铜晶粒，生成铜镀层；而铜阳极上的铜单质则会失去电子被氧化成铜离子，溶解在电镀液中补充铜离子。硫酸盐镀铜为单盐型镀液，其主要电极反应：

阴极 $\qquad Cu^{2+}+2e^-\longrightarrow Cu$

$\qquad\qquad\qquad 2H^++2e^-\longrightarrow H_2$

阴极副反应析出氢气可能会附着在镀层表面，阻碍铜的沉积，造成镀层出现"针孔"的现象。

阳极 $\qquad Cu\longrightarrow Cu^{2+}+2e^-$

阳极还可能发生不完全氧化及与镀液接触时产生歧化反应。

焦磷酸盐镀铜分散能力较好、无毒。镀液的主要成分为焦磷酸铜和焦磷酸钾。焦磷酸根作为配体与铜离子形成络盐

$$Cu_2P_2O_7+3K_4P_2O_7\Longrightarrow 2K_6[Cu(P_2O_7)_2]$$

随着 pH 值的变化，络合离子有不同的存在形式。当镀液中有过量的焦磷酸根离子存在时，$[Cu(P_2O_7)_2]^{6-}$ 最为稳定（不稳定常数为 1.0×10^{-9}）。阴极主要反应为

$$[Cu(P_2O_7)_2]^{6-}+2e^-\longrightarrow Cu+2P_2O_7^{4-}$$

阴极过电势较高时可能发生析氢反应。

阳极反应：$Cu+2P_2O_7^{4-}\longrightarrow [Cu(P_2O_7)_2]^{6-}+2e^-$

阳极可能发生的副反应有：

$$4OH^--4e^-\longrightarrow 2H_2O+O_2\uparrow$$

电镀铜时阳极发生氧化反应，如果铜阳极氧化不完全会生成亚铜离子。当电极表面的亚铜离子积累到一定浓度时，亚铜离子会发生歧化反应，产生"铜粉"，结果就是在阴极生成的镀层粗糙发黑。

$$Cu-e^-\longrightarrow Cu^+$$

$$2Cu+2OH^-\longrightarrow 2CuOH\longrightarrow Cu_2O+H_2O$$

(2) 镀锌

锌是一种银白色的金属，常温下较脆，标准电极电势为 $-0.762V$，比钢铁负（Fe^{2+}/Fe 电势为 0.44V），当受到腐蚀而形成原电池时，锌作为阳极自身发生溶解而保护钢铁基体。正是由于锌层这种优异的耐蚀性，而且成本低廉，因而广泛地用于钢铁零件的防护。

镀锌溶液可分为：碱性溶液镀锌，如氰化物镀锌、锌酸盐镀锌和焦磷酸盐镀锌等；酸性溶液镀锌，如硫酸盐镀锌等；弱酸性溶液镀锌，如氯化钾（钠）镀锌、氯化铵镀锌等。其中以氰化物镀锌、锌酸盐镀锌和氯化物镀锌应用最多。

氰化物镀锌具有镀液稳定，容易维护，镀层质量好，镀液分散能力好，工艺操作简单等优点。它的主要缺点是镀液中含有剧毒的氰化物，污染环境，危害人体健康，因而需要采取相应的"三废"处理措施。

碱性锌酸盐镀锌的镀液操作维护方便，在合适添加剂、光亮剂的作用下，镀层结晶细致、光亮。但是，这类镀液也存在着镀层脆性大和电流效率稍低的缺点。锌酸盐镀锌基本成分为 ZnO、NaOH。在镀液中 NaOH 是络合剂，它可以和 ZnO 作用生成锌酸盐，其反应式为：

$$ZnO + 2NaOH + H_2O \longrightarrow Na_2Zn(OH)_4$$

锌酸盐电离：$Na_2Zn(OH)_4 \rightleftharpoons 2Na^+ + [Zn(OH)_4]^{2-}$

由于镀液中 NaOH 是过量的，所生成的 $[Zn(OH)_4]^{2-}$ 的不稳定常数比较小，因而溶液比较稳定。

当溶液中的四羟基合锌配位离子迁移到阴极表面后，首先是配位数下降，然后放电

$$[Zn(OH)_4]^{2-} \longrightarrow Zn(OH)_2 + 2OH^-$$

$$[Zn(OH)_2] + 2e^- \longrightarrow [Zn(OH)_2]^{2-}_{ad}$$

$$[Zn(OH)_2]^{2-}_{ad} \longrightarrow Zn + 2OH^-$$

另外，在阴极上还可能发生析氢反应。

阳极反应主要是锌阳极的电化学溶解

$$Zn + 4OH^- - 2e^- \longrightarrow Zn(OH)_4^{2-}$$

当电流密度较高时，阳极电势变正，阳极上 OH^- 放电析出氧气

$$4OH^- - 4e^- \longrightarrow O_2\uparrow + 2H_2O$$

在锌酸盐镀液中，添加剂对镀层性能起着关键作用。在不含添加剂时，只能得到海绵状的沉积镀层。当加入某些有机添加剂后，提高了镀液的阴极极化值，所获得的镀层均匀细致。常用的添加剂是有机大分子化合物。

(3) 镀镍

镍是一种银白略带黄色的金属。镍的标准电极电势为 $\varphi^{\ominus}_{Ni^{2+}/Ni} = -0.25V$。在电镀工业中，镀镍层的生产量仅次于镀锌层而居第二位。表 7-4 给出了部分类型镀镍溶液的工艺特点和应用情况。

表 7-4 部分类型镀镍工艺特点和应用情况

镀液类型	工艺特点	用途
普通镀镍液	镀层结晶细致，韧性好；易于抛光，耐蚀性优于亮镍，操作简单，维护方便	预镀，滚镀，高浓度可用于厚镍，电铸
全硫酸盐镀液	镀液价廉，对设备的腐蚀小，镍层韧性好，内应力很小，可用不溶性阳极，配方简单，控制方便且沉积速率很快	管、筒件内壁镀镍，预镀
全氯化物镀液和高氯化物镀液	镀液导电性好，分散能力好，镀层结晶细致，内应力高，硬度 230~260HV，对设备腐蚀大，主盐浓度较低，可用大电流电镀	修复磨损工件、电铸，微裂纹铬底层
半光亮镍镀液	瓦特镍为基础加入添加剂，整平性好，含硫量低于 0.005%	多层镍的中间层或底层
光亮镍镀液	瓦特镍为基础加入添加剂，高整平性，全光亮，镀层较脆，不宜镀厚，耐蚀性较差	用量很大的装饰性镀层
氨基磺酸盐镀液	镀液价格昂贵，沉积速率快，内应力低，分散能力好，镀层力学性能好	电铸，特别是尺寸精度高的工件，如电铸版唱片压模
氟硼酸盐镀液	镀液价格昂贵，镀层韧性好，内应力低，镀液电导性好，阳极溶解性好，对金属杂质的敏感性低，对设备腐蚀大	电铸
焦磷酸盐镀液	镀液呈碱性，对设备腐蚀小	可直接在锌及其合金压、铸件上电镀
黑镍	镀层含有一定量的硫和锌，黑色	光学仪器，消光
硬镍	镀液含铵，镀层硬度可达 500HV，强度、内应力均高，韧性差	耐磨镀层

暗镍又称无光泽镍、普通镍。暗镍镀液是单盐电解液，由于其成分简单、镀液稳定、镀层内应力低、与钢铁基体结合力好，常用于防护装饰性镀层的中间层或底层，也用于镀厚镍或电铸。镀光亮镍已成为现代电镀工业的一个主要的基本镀种。在镀光亮镍工艺问世之前，获得的光亮镍层是由暗镍经机械抛光而来的。

目前，镀层的光亮度依然是人的一种感觉，还无法客观评定，甚至没有一个明确的概念。对于镀层光亮的机理，已经有相当多的研究工作，提出了各种不同的观点，归纳起来有以下几个方面：①添加剂通过提高阴极极化而使晶粒细化，当镀层的晶粒细化到小于可见光的波长时，光线就不能发生漫散射，镀层外观看起来很光亮。②添加剂改变了镀层生长方式，使原来随机取向生长的晶体按某一方向择优取向生长，形成光亮度较高的层状结构。③添加剂使镀层均匀平整，整平剂使原来微观粗糙的表面变得平整光滑。添加剂优先吸附在吸附能力较强、生长较快的高指数晶面，使阴极表面上各处的生长速率趋于一致或者添加剂在阴极表面形成完整的吸附层，且处于不断进行吸附、脱附的动平衡状态，在脱附与吸附的间隙发生电沉积，由于在整个阴极表面上这一过程是均匀进行的，所得到的镀层也是均匀的。④当无机金属盐作为光亮剂时，这些金属的吸附原子在阴极表面上成为结晶中心，使镀层晶粒细化。在结晶细致、层状结构、平整均匀三个因素中似乎只有镀层平整均匀算得上是必要条件，而另外两个因素很多情况是伴随现象，但也都有反例存在。

镀镍光亮剂可分为两类：第一类光亮剂又称为初级光亮剂、载体光亮剂，第二类光亮剂又称为次级光亮剂。初级光亮剂具有显著降低镀层晶粒尺寸的作用，使镀层产生柔和的光泽，但不能产生镜面光泽。初级光亮剂对阴极电势的影响比次级光亮剂小，当其浓度较低时，一般可使阴极过电势平均增加 15~45mV。次级光亮剂的作用是使镀液具有良好的整平能力，与初级光亮剂配合使用可获得具有镜面光泽的镀层。目前使用最广泛的次级光亮剂是 1,4-丁炔二醇及其衍生物，有时也适当配合使用香豆素等。次级光亮剂能够大幅度提高阴极极化。初级光亮剂对镀液的分散能力几乎没有影响，但次级光亮剂则能较好地改善分散能力。

镍镀层对于钢铁基体是阴极性镀层。暗镍层是多孔的柱状结构，光亮镍层虽然是比较致密的层状结构，由于含硫，其电势也可以达到接近铁的电势，但内应力较高，不能镀得较厚，且亮镍层仍没有阳极保护作用，所以镀镍层的防护作用较差。为了改善镀镍层的防护能力，人们利用电化学腐蚀的原理，提出了多层镍的结构，提高了防护能力。

（4）镀铬

铬是一种较活泼的金属，但由于它在空气中极易钝化，其表面常常被一层极薄的钝化膜所覆盖而显示了贵金属的性质。铬镀层具有很高的硬度、高耐磨性、高耐热性和良好的化学稳定性。在可见光范围内，铬的反射能力约为 65%，介于银（88%）和镍（55%）之间，且因铬不变色，使用时能长久地保持其反射能力而优于银和镍。铬镀层的良好性能，使镀铬一直在电镀工业中占有重要的地位，并相继发展了微裂纹和微孔铬、黑铬、松孔镀铬、低浓度镀铬、三价铬镀铬等技术。

与其它镀种相比，镀铬的阴极电流效率十分低，通常只有 13%~18%，而且电流效率随 CrO_3 浓度升高而下降，随温度升高而下降，随电流密度增加而提高。铬镀液的分散能力甚差。欲获得均匀的镀层，往往要调节电镀的几因素，如根据零件的几何形状而设计象形阳极或保护阴极。

7.3.5 电镀合金

合金镀层系指两种或两种以上的元素共沉积所形成的镀层。能从水溶液中电镀的单金属共 33 种，在工业生产中常用的有 14 种。合金镀层显著地扩大了镀层的种类。另外，有些热冶金难以得到的高熔点金属组成的合金，可用电沉积方法来获得。一些不能从水溶液中单独沉积的钨、钼、钛、钒等可与过渡元素（铁族）形成合金如镍钼、镍钨合金等。

合金镀层与组成它的单金属镀层相比，可能更平整、光亮及结晶细致。如高磷镍合金镀层，用 X 射线衍射看不到晶界，是一种非晶态结构，被视为金属玻璃。合金镀层中组分及比例选择合适，则该合金镀层有可能比组成它们的单金属镀层更耐腐蚀，如锡锌、锌镍、锌钛及镉钛合金等。许多合金具有特殊的物理性能。如镍铁、镍钴或镍钴磷合金具有导磁性；低熔点合金镀层如铅锡、锡锌合金可用作钎焊镀层；铜铅、银铅、铅铟等软合金具有良好的减摩性；钢上电镀黄铜可使与橡胶的结合更牢靠；电镀的金铜合金其硬度和耐磨性比纯金高 1~2 倍。

(1) 金属共沉积与合金镀层结构

合金电镀与单金属电镀的主要区别在于必须使合金镀液中各金属元素按一定比例沉积。我们知道，两种金属离子共沉积应具备两个基本条件：

① 两种金属中至少有一种金属能从其盐的水溶液中沉积出来，但并不一定要求各组分金属都能单独地从水溶液中沉积出来。有些金属如钨、钼等虽不能从其盐的水溶液中沉积出来，但它可以与铁族金属一同共沉积。

② 要使两种金属共沉积，它们的沉积电势必须十分接近，如果相差太大的话，电势较正的金属优先沉积，甚至完全排斥电势较负的金属析出。

影响金属共沉积的因素包括热力学因素（平衡电位 φ_e）和动力学因素（阴极极化 $\Delta\varphi$）。但需知道的是，在金属共沉积体系中，合金中单个金属的极化值是无法测量及计算的。

为了实现金属共沉积，一般可采用如下方法：

① 改变镀液中金属离子浓度，增大较活泼金属离子的浓度使它的电势正移，或者降低不活泼金属离子的浓度使它的电势负移，从而使它们的电势接近。多数金属离子的平衡电势相差较大，故采用改变金属离子浓度的措施来实现共沉积是难以实现的。例如在简单镀液中通过改变镀液中离子的相对浓度，使 Cu、Zn 共沉积是不可能的。这是因为 $\varphi^{\ominus}_{Cu^{2+}/Cu} = 0.337V$，$\varphi^{\ominus}_{Zn^{2+}/Zn} = 0.763V$，两种金属析出电势相同时，镀液中离子含量要维持 $c_{Zn^{2+}}/c_{Cu^{2+}} = 10^{38}$，即当镀液中 Cu^{2+} 的浓度为 1mol/L 时，则 Zn^{2+} 的浓度为 10^{38}mol/L，如此高的锌离子浓度是根本不能实现的。

② 采用络合剂。为了使电势相差大的金属离子实现共沉积，采用络合剂是最有效的方法。金属配位离子能降低离子的有效浓度，使电势较正金属的平衡电势负移（绝对值）大于电势较负的金属。这样就能使电势相差大的两种金属的平衡电势接近。金属配位离子不仅在镀液中稳定，同时使该配位离子在阴极上析出所需的活化能提高，从而使阴极极化作用增强，所以络合剂的加入使欲沉积的两种金属离子的平衡电势及极化电势趋于接近。

③ 采用添加剂。少数体系可以使用添加剂使两种金属共沉积成为可能。添加剂对金属离子的平衡电势影响很小，而对金属沉积时的极化则往往有明显的影响。必须指出，添加剂的作用具有选择性，某种添加剂可能对几种金属的沉积起作用，而对另一些金属无效果。例

如，在含有铜及铅离子的电解液中，添加明胶可实现合金的共沉积。

合金镀层结构主要形式有三种：

① 机械混合合金，也称为共晶合金。这不是真正的合金，而是两种金属的混合，仍保持各自原有特性。在电镀合金中纯属这种结构的极少。

② 固溶体合金。它是一种均匀体系，在某些情况改变了原有的金属特性，如溶解电势，许多合金属于这种结构。

③ 金属间化合物。它具有某些独特的性质，如有固定的溶解电势和固定的熔点。镍锡合金、高锡青铜属于这种情况。

(2) 电镀合金的阳极

同单金属电镀一样，阳极的作用为补充金属离子的消耗及保持阴极电力线分布均匀。要求合金电镀阳极能等量和等比例地补充溶液中的金属消耗，故合金电镀对阳极的要求比较高。目前在合金电镀中采用如下几种阳极：

① 可溶性合金阳极。将要沉积的两种或两种以上金属按一定比例熔炼为合金，浇铸成单一的可溶性阳极。合金阳极的组成一般与合金镀层的组成相近，例如电镀低锡青铜的阳极，含锡 10%~15%。采用这类阳极比较经济，控制简单，是目前应用最广的类型。

② 可溶性的单金属联合阳极。如果几种金属性质差别太大，或合金阳极在镀液中溶解的阳极电流效率太低，则应采用可溶性的单金属联合阳极。为使几种单独阳极按所要求的比例溶解，需要有一套比较严格的控制系统。如分别控制几种金属阳极的电势或者调节浸入镀液的阳极面积；控制每种阳极与阴极间的电势降；调整镀槽中阳极的配置及分布等。使用这类阳极的设备和操作都比采用单一阳极复杂。

③ 不溶性阳极。采用可溶性阳极有困难的镀液，使用化学性质稳定的金属或其它电子导体（如石墨、铂等）作阳极，起导电作用。阳极上发生的反应大多数情况下是氧气的析出。镀液中金属离子的消耗是外加补充金属盐，这样会给镀液带来较多不需要的阴离子。添加金属氧化物虽然可以避免这种现象，但金属氧化物的溶解常常是困难的，而且溶液的 pH 值也不稳定，这就会影响电镀的正常操作。此外，补充金属盐一般成本较高。

④ 可溶性和不溶性阳极联合。上述三种类型的任一组合，均可构成一种新类型。将单金属阳极与不溶性阳极联合使用是对不溶性阳极的一种改进。镀液中消耗量不大的金属离子，可用金属盐或氧化物来补充。例如电镀低钴的镍钴合金时，用镍和不锈钢联合阳极，钴以硫酸钴及氯化钴形式加入，采用一部分不锈钢阳极是为了调整镍阳极的电流密度，防止镍阳极钝化。

(3) 合金电镀实例

合金电镀工艺较单金属电镀复杂。下面结合实例简要介绍合金电镀的应用。

① 电镀铜锡合金。铜锡合金是优良的代镍镀层。它具有孔隙率低、耐蚀性好、容易抛光和直接套铬等优点。铜锡合金，俗称青铜，按镀层含锡量可分为低锡、中锡和高锡三种。低锡青铜含锡在 15% 以下，中锡含 15%~40% 的锡，含锡量超过 40% 的称高锡青铜。青铜的色泽随镀层中铜的含量不同而异。

低锡青铜对钢铁基体为阴极镀层，其孔隙率随锡含量升高而下降，耐蚀性则提高。工业用低锡青铜含锡 8%~15%，它的抛光性好，硬度较低，耐蚀性较好，但在空气中易变色，因此表面必须套铬。中锡青铜呈银白色，亦称白青铜。其硬度介于镍、铬之间，抛光后有良好的反光性能，在大气中不易变色（氧化），在弱酸及弱碱溶液中很稳定，它还具有良好的钎焊和导电性能，可作为代银和代铬镀层。

铜的标准电极电势 $\varphi^{\ominus}_{Cu^{2+}/Cu}=0.337V$，$\varphi^{\ominus}_{Cu^+/Cu}=0.52V$，锡的标准电极电势 $\varphi^{\ominus}_{Sn^{4+}/Sn}=0.005V$，两种金属的标准电极电势相差较大，因此在简单的溶液中很难得到合金镀层，必须选用适当的络合剂。

氰化物电镀铜锡合金镀液采用两种络合剂分别络合两种金属离子，以氰化钠与一价铜离子络合，氢氧化钠与四价锡络合成锡酸钠，两种络合剂互不干扰，故电镀液很稳定，维护方便。其缺点是镀液含大量剧毒的氰化物，而且操作温度较高，故在生产中对环保安全要求严格。为此开发了多种无氰镀液。

② 电镀铜锌合金。铜含量高于锌的铜锌合金通常称黄铜。应用最广泛的黄铜其含铜量为68%~75%。含铜量为70%~80%的铜锌合金呈金黄色，具有优良的装饰效果，它还可以进行化学着色而转化为其它色彩的镀层，广泛应用于灯具、日用五金及工艺品等方面。锌含量高于铜的铜锌合金通常称为白黄铜。它具有很强的抗腐蚀能力，可作为钢铁零件镀锡、镍、铬、银及其它金属的中间层。

目前电镀黄铜的最大用途是其装饰性，也就是大家俗称的仿金电镀，这种仿金电镀装饰工艺已成为定型的装饰技术。仿金电镀中最关键的是镀层色泽及镀层耐变色的问题。镀层的色泽可以通过镀液组成的调整及工艺参数的改变而获得各种成色，例如黄铜色、18K至20K金色、玫瑰金色等。仿金镀层的变色问题，可通过后处理来解决，后处理包括钝化处理及涂覆有机膜。

在生产上能大规模使用的黄铜镀液，目前主要为氰化物镀液。无氰镀液研究较多，例如硫酸盐、酒石酸盐、锌盐、三乙醇胺、甘油、焦磷酸盐及乙二胺等，但大都未能得到工业应用。

7.4 现代电沉积技术

7.4.1 复合镀

复合镀是在常规的镀液中加入不溶性的纳米微粒，并使之在镀液中稳定悬浮，或者采取必要的措施将微粒合理地配置于基体表面，在金属离子（一种或多种）阴极上还原析出的同时，得以将微粒包覆镶嵌在镀层中的过程。镀层中固体微粒均匀地分散在单金属或合金的基质中，故复合镀又称为分散镀或弥散镀。

复合镀层中由于固体微粒的嵌入，兼有基质金属沉积层和镶嵌微粒的性能，从而扩展了它在不同领域中的应用。一般来说，任意金属镀层都可成为复合镀层的基质材料，但常用和研究得较多的有镍、铜、铁、钴、铬、锌、银、金、铅、镍-磷、镍-铁、镍-硼、铅-锡、铜-锡等。作为固体微粒的有金属氧化物、碳化物、硼化物、氮化物等无机化合物分散剂，以及尼龙、聚四氟乙烯、聚氯乙烯等有机化合物分散剂，还有石墨、铝、铬、银、镍等导电微粒，在镀液中也可作为分散剂。

通常认为，悬浮在镀液中的固体微粒，会吸附溶液中的各种离子。若微粒表面净吸附结果是正离子占优势，也即微粒表面带上正电荷后，才有可能与金属离子一道在阴极上共沉积。微粒表面吸附的正离子，通常以镀液中主盐的金属离子为主。多数研究者认为吸附了金属离子的带正电荷固体微粒与金属离子实现共沉积的过程大致经过三步：

① 带正电荷微粒迁移到达阴极表面。微粒向阴极迁移主要靠搅拌的机械作用，而电场力的作用是次要的。所以，搅拌方式、强度及阴极外形是影响微粒吸附量及分布均匀性的最主要因素。

② 在电场作用下，微粒被吸附在阴极表面上。微粒表面吸附阳离子种类及电荷多少，决定着它们与阴极之间的相互作用力。在静电场力的作用下，微粒脱去水化膜与阴极表面直接接触，它们之间的作用力进一步加强，形成化学吸附的强吸附。但只有部分微粒能完成这种从弱吸附到强吸附的转化，其余大多数微粒还会重新进入镀液中，故存在着一个不断有微粒吸附到阴极上来，同时又不断有微粒脱落下去的动态关系。

③ 微粒吸附的金属离子获得电子放电而进入金属晶格，微粒留下来，逐步被电沉积的金属原子所埋没而镶嵌在镀层之中。微粒被沉积的金属掩埋牢固所需的时间越短，则同一时间内，能够进入镀层内的微粒的数量就会越多，即共沉积量越大。

鉴于纳米材料特殊的性质，采用纳米微粒的复合镀受到人们的关注。纳米粒子对镀层具有强化作用，主要体现在三个方面：①具有高活性表面的纳米微粒的加入，为金属离子的沉积提供了更多的形核中心，提高了金属形核率，抑制了金属晶粒的长大，使镀层结晶更加细致，即细晶强化；②当镀层受到外力时，这些弥散在基质中的纳米微粒能够有效地阻止位错滑移和微裂纹扩散，使镀层产生弥散强化；③纳米粒子的加入使镀层中晶体的缺陷密度升高，使位错的滑移运动困难，使金属能够有效抵抗塑性形变，表现出高密度位错强化效果。

纳米颗粒的晶型和种类对复合沉积过程有很大影响。比如 α-Al_2O_3 比 γ-Al_2O_3 容易沉积到铜镀层中。研究发现，镀液中纳米颗粒浓度对主盐离子还原所需最小电流和镀层的沉积速率有重大影响。纳米颗粒最终在复合镀层中的复合量一般随纳米颗粒浓度的增大而增加。另外许多研究发现，纳米颗粒的粒径越小其在复合镀层中的复合量也越小，而且随着纳米颗粒尺寸的减小其在复合镀层中有团聚趋势。

7.4.2 刷镀

刷镀（brush plating）是使浸有专用镀液的镀笔与镀件相对运动，通过电解而获得镀层的电镀过程。刷镀也称为选择电镀、擦镀、笔镀、涂镀、无槽镀等。刷镀也是基于阴极电沉积的原理，与一般的槽镀和化学镀不同的是通过阴极、阳极的相对运动，使镀液中的金属离子在工件表面上还原（如图 7-8 所示）。

刷镀时，将表面处理好的镀件（工件）与直流电源负极相接成为阴极，而镀笔与专用直流电源正极连接作阳极，在镀笔的包套中浸满电镀液。施镀时，镀件与镀笔之间做相对运动。当通入直流电流时，流动于镀件表面与镀笔之间的镀液中的金属离子，在电场的作用下向镀件表面迁移，并在表面还原沉积，形成相应的金属镀层。随着刷镀时间的延长，镀层逐渐增厚，直至达到要求厚度为止。刷镀因没有可溶性阳极，所用的金属离子全部来源于电镀液，又由于没有镀槽，

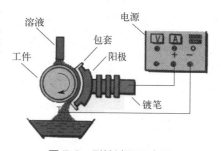

图 7-8 刷镀过程示意图

故镀液必须循环更新。

如果把电源的极性反接,镀件就成了阳极,此时镀笔所到之处,镀件表面的金属就要发生溶解,表面上凸起部位的电流密度比凹陷处大,凸部的溶解比凹部快,于是镀件表面就由粗糙变成平滑,由平滑而变为光亮,这就是利用同一种刷镀设备还可以进行去毛刺、蚀刻和电抛光的原理。

电刷镀溶液质量好坏以及能否正确使用,对镀层性能有关键影响。每一种镀液都有一定的使用范围,需要根据被镀工件的工况和技术要求合理选择。

刷镀有以下几个特点:①刷镀是一种高速电镀,其沉积速率比一般槽镀快5～50倍。②刷镀是一种在选定部位进行的局部电镀。刷镀不像槽镀那样将整个镀件浸入槽中电镀,而是只有镀笔对镀件的选定部位进行电镀的方法。③刷镀是一种靠镀笔(刷)涂刷的方式进行的电镀。其操作方法独特,它不需要镀槽,和一般的槽镀有很大区别,其主要施镀工具就是镀笔(刷)。

根据刷镀的特点,在工业应用中能发挥其特殊优势:

① 可以对大型固定设备进行现场电镀。刷镀在不需要拆卸或很少拆卸大型固定设备上零件的情况下电镀,节约了大量的人力、物力和财力,广泛应用在涡轮发电机、海上钻井平台、采矿机械、铁路机车,以及航空、汽车等方面。

② 可在不分解和不遮蔽的情况下进行电镀。如组装好的电子器件,需局部电镀时,因受溶液污染影响其性能,而不能进行槽镀,但可以用刷镀。印制板接点导电表面的金或铑磨光后,液压部件发生刮痕或擦伤时,用刷镀进行修复是多、快、好、省的方法。

③ 是一种高结合强度的镀覆方法。对于表面易产生氧化膜的铝、铬、不锈钢,以及高熔点金属和碳,用刷镀比用传统的电镀方法能得到更高的镀层结合强度。

④ 适于盲孔零件,对凹槽或盲孔零件,刷镀可用大小适当的阳极,直接伸进被镀部位,反复擦拭即可镀覆。

⑤ 可以获得低氢脆的镀层。高强度钢零件在槽镀时容易产生氢脆,但用刷镀时,由于刷镀溶液中金属离子的浓度高、电流效率高,沉积速率快、析氧量少,加上镀液的酸度很少为强酸性,所以析氢量少,氢脆性也小。

刷镀也存在一些缺点,如劳动强度大,消耗镀液较多,消耗阳极包缠材料等。

7.4.3 化学镀

1944年美国科学家A. Brenner和G. Riddell最早发明了化学镀镍。化学镀是指在没有外电流通过的情况下,利用化学方法使溶液中的金属离子还原为金属并沉积在基体表面,形成金属镀层的一种表面加工方法。化学镀除了用于制取非金属材料电镀前的导电层之外,也可以作为单独的加工工艺,用来改善材料的表面性能和用于不适合电镀制件的表面金属沉积。

(1) 化学镀特点

化学镀与电镀主要的不同是不使用外电源,而是采用化学方法使金属离子沉积到其它基体上。被镀件浸入相应的镀液中,化学还原剂在溶液中提供电子使金属离子还原沉积在制件表面。化学镀主要反应可以表示为

$$M^{n+} + 还原剂 \longrightarrow M + 氧化剂 \tag{7-10}$$

化学镀常用的还原剂有次磷酸盐、甲醛、肼、硼氢化物、胺基硼烷和它们的某些衍生物。还原剂的还原电势要显著低于沉积金属 M 的电势，从而使金属在基材上被还原而沉积出来。

被还原析出的金属本身应具有催化活性，这样氧化还原沉积过程才能持续进行。通常次外层的 d 轨道上容易得到电子的金属能从其它物质上夺取电子，故容易产生化学吸附，具有自催化作用。在元素周期表中，符合此条件的是第Ⅴ族到第Ⅷ族的过渡金属。另外，B 族的铜、银、金虽不符合此条件，但是这些金属的次外层 d 电子跃迁到外层轨道上所需的能量不高，故在 d 轨道上可能造成电子空穴，因而也有催化作用。据此，可能进行化学镀的金属有金、银、铁、镍、钴、铜、锑、铂、钯等，它们的合金也可进行化学镀，甚至一些本来不能直接依靠自身催化而沉积出来的金属和非金属也可夹在上述金属中，化学沉积出合金或复合镀层。

化学镀要求镀液不产生自发分解，而是与催化表面接触时才发生金属还原沉积过程，还原作用仅仅发生在催化表面，且反应生成物不妨碍镀覆过程的正常进行，即溶液有足够长的使用寿命。

化学镀与电镀相比其主要特点是：

① 可用于金属、半导体及非金属等多种基体上的镀覆。

② 镀层均匀。化学镀液的分散能力接近 100%，无明显的边缘效应，复杂工件的各个部位都可以得到较均匀的镀层。良好的覆盖能力和深镀能力，可以减少镀层盲孔、深孔内无镀层的现象。

③ 化学镀工艺设备简单，不需要电源、输电系统及辅助电极。镀层表面没有导电触点。

④ 化学镀所能沉积的金属品种比电镀少很多。

完整的化学镀工艺流程一般包括去应力、除油、粗化、敏化/活化、施镀等多个步骤。基体材料存在的应力可能导致镀层与基体结合力不强，所以一般要通过热处理或化学处理消除基体的应力。有机除油、酸性除油和碱性除油是常用的除油方法。粗化是用机械或化学的方法使基体材料表面变得粗糙，包括物理粗化（机械粗化、等离子体刻蚀等）和化学粗化。粗化后的制品还需进行敏化/活化处理。

敏化的目的是使制品表面吸附一层容易被氧化的敏化剂。敏化剂是一种还原性物质，如二价锡盐、三价钛盐、锆的化合物及钍的化合物。当其吸附在制件表面时，能在活化液中将金属离子还原为金属原子，使其表面形成"活化层"或"催化膜"。

除化学镀银可在敏化后直接进行化学镀外，其余的化学镀均必须进行活化处理，通过活化在基体表面形成催化位点才能诱发后续的化学镀。传统的活化处理一般是将基体浸渍到含有催化活性金属（如银、钯、铂、金等）的盐溶液中，这些金属离子被敏化膜还原成金属微粒，从而在制品表面产生一层催化金属层。这些具有催化活性的微粒是化学镀的结晶中心，故活化又称为"核化"。

常用的方法是钯活化。钯活化可分为敏化-活化两步法和胶体钯直接活化法两种。直接活化法是将敏化和活化合为一步进行。这种方法是将氯化钯和氯化亚锡在同一份溶液中反应生成金属钯和四价锡，利用四价锡的胶体性质形成以金属钯为核心的胶体团，这种胶体团可以在非金属表面吸附，然后通过解胶流程将四价锡去掉后，露出的金属钯就成为活性中心。

经过活化处理后的制品在化学镀前还要进行还原或解胶处理。用氯化钯活化及清洗后，必须进行还原处理。否则，残留的活化剂如钯离子会在接下来的化学镀中先被还原，导致化学镀溶液提前分解。用胶体钯活化的镀件，表面上吸附的是一层胶体钯微粒（以原子态钯为中心的胶团），这种胶态钯微粒无催化活性，不能成为化学镀金属的结晶中心，必须将钯粒周围的二价锡离子水解胶层等去掉，露出具有催化活性的金属钯微粒。生产中通常把这一工序称为"解胶"。

(2) 化学镀镍

化学镀镍层与一般电镀镍层相比，具有优良的抗蚀性、耐磨性和钎焊性。如模具和铸件表面化学镀镍可改善润滑性，易脱模，提高耐磨性等。压缩机叶片化学镀镍，能提高耐磨和耐蚀性。铝制件化学镀镍，可获得能进行钎焊的表面。化学镀镍层具有独特的性能，使其在工业上的应用比例不断上升。

化学镀镍采用的还原剂有次磷酸盐、肼及其衍生物、硼氢化钠和二甲氨基硼烷等。目前生产中广泛使用的是次磷酸盐（如 NaH_2PO_2）。次磷酸盐作为还原剂将镍盐还原成镍，同时镀层中含有一定量的磷，实际所得镀层是镍磷合金，含磷量在 3%～15% 范围。化学镀镍层是具有自催化性能的沉积层，只要被镀表面始终与化学镀镍溶液保持接触，则镍离子的还原反应便会继续进行。

镀镍液由主盐、还原剂、络合剂、稳定剂、光亮剂、加速剂及缓冲剂等组成。化学镀镍溶液可照不同的方法将其分为多种。以次磷酸盐为还原剂的酸性高温镀液，常用于钢和其它金属制件上沉积镍层；以次磷酸盐为还原剂的碱性中温镀液，用于塑料和其它非金属基体上沉积镍层；以硼氢化物为还原剂的碱性镀液，用于钢、铜等材料制件上沉积镍层；以氨基硼烷为还原剂的镀液，镀液温度低于酸性高温镀液，可用于金属和非金属制件沉积镍层。由于次磷酸盐型酸性高温镀液配制成本低、镀液稳定、易操作，得到了广泛应用，约占整个化学镀镍生产量的 90%。

化学镀镍机理复杂，目前常见的有吸附氢理论、氢化物理论和电化学理论。较为普遍接受的是吸附氢理论。首先，溶液中的次磷酸根在固体催化剂表面上脱氢，生成亚磷酸离子，同时放出初生态原子氢。

$$H_2PO_2^- + H_2O \longrightarrow H^+ + HPO_3^{2-} + 2[H] \tag{7-11}$$

吸附在催化剂表面上的活泼氢原子使镍离子还原成金属镍。沉积在工件表面的镍对还原反应又起到催化作用，使反应能够继续进行下去，直至达到所需要的厚度。

$$Ni^{2+} + 2[H] \longrightarrow Ni + 2H^+ \tag{7-12}$$

部分次磷酸根离子也被氢原子还原生成单质磷，使镍原子和磷原子共同沉积，形成 Ni-P 合金。

$$H_2PO_2^- + [H] \longrightarrow P + H_2O + OH^- \tag{7-13}$$

式(7-13) 反应速率取决于固液界面上的 pH 值。只有当固液界面上的 pH 值足够低时，反应式(7-13) 才有条件进行。即式(7-11)、式(7-12) 产生足够的 H^+ 时，反应式(7-13) 才能发生。

除上述反应外，化学镀镍过程中还会发生析氢的副反应。镍离子与亚磷酸根反应会生成亚磷酸镍沉淀，导致镀液自发分解。

由上述反应历程可知，化学镀镍的速率、还原剂的利用率以及溶液的稳定性等均与溶液的组成和工作条件有关。

(3) 化学镀铜

化学镀铜常用于在非导体材料表面形成导电层。印刷线路板孔金属化和塑料电镀前的化学镀铜，已在工业上广泛应用。化学镀铜层的物理化学性质与电镀法所得铜层基本相似。

化学镀铜的主盐通常采用硫酸铜。可使用的还原剂有甲醛、肼、次磷酸钠、硼氢化钠等，但生产中普遍采用的是甲醛。化学镀铜溶液的 pH 值为 11~13，为了防止氢氧化铜沉淀而需在镀液中加络合剂。酒石酸盐是最常用的络合剂，其它还有 EDTA、三乙醇胺等。常用化学镀铜溶液配方及工艺条件见表 7-5。化学镀铜液一般由甲液和乙液两部分组成，这两种溶液预先分别配制，在使用时将它们混合在一起。

表 7-5　化学镀铜常用配方及工艺条件

项目	配方 1		配方 2		配方 3	
甲液	硫酸铜	10g/L	硫酸铜	5~10g/L	硫酸铜	10g/L
	酒石酸钾钠	50g/L	α-α 联吡啶	0.1g/L	EDTA	20g/L
	氢氧化钠	10g/L	EDTA	20~40g/L	氢氧化钠	10g/L
	2-巯基苯并噻唑	0.25mg/L			甲基二氯硅烷	0.25g/L
乙液	甲醛(40%)	10~15mL/L	甲醛(40%)	10~15mL/L	甲醛(40%)	20mL/L
pH 值	12.5~13		12.5~13		大于 11	
温度	30℃		70~90℃		65℃	

基材通过前处理在其表面得到催化活性点（如钯催化活性位点），铜首先沉积在具有催化活性点的部位，形成一些孤立的铜粒，这段时间一般称为化学镀铜的诱导期。诱导期过后，活性点沉积的铜粒逐渐连接和聚集成为新催化层，使铜离子在新铜晶粒表面继续还原成铜原子，直至形成一层完整的铜膜。新沉积的铜膜由于其特殊的微观结构，对甲醛的氧化具有催化作用，令化学镀铜持续进行。

化学镀铜反应进行的可能性取决于它们的电极电势。以甲醛为还原剂时，铜和甲醛的标准电极电势为：

$$Cu^{2+} + 2e^- \longrightarrow Cu \qquad \varphi^{\ominus}_{Cu^{2+}/Cu} = 0.337V$$

$$HCHO + 3OH^- \longrightarrow HCOO^- + 2H_2O + 2e^- \qquad \varphi^{\ominus}_{HCHO/HCOO^-} = -0.98V$$

由此可见，甲醛在碱性溶液中将 Cu^{2+} 还原是可能的。

化学镀铜主反应为：

$$Cu^{2+} + 2HCHO + 4OH^- \longrightarrow Cu + 2HCOO^- + 2H_2O + H_2\uparrow \qquad (7-14)$$

在钯催化下，主反应中电子转移机理为如下四步：

① 甲醛吸附、醛键被激活而断键、氢取代氧与钯配位、铜离子得电子还原。

② 醛键被激活而断键。

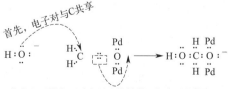

其次，双键中一对电子直接转移至氧电子轨道

③ 氢取代氧与钯配位。

$$\text{H:\ddot{O}:C:\ddot{O}:} \begin{matrix} H & Pd \\ & \\ H & Pd \end{matrix} \longrightarrow \text{H:\ddot{O}:C:\ddot{O}} \begin{matrix} Pd \\ \\ H \end{matrix} + \begin{matrix} Pd \\ H- \end{matrix}$$

甲叉二醇根与钯配位　　　甲酸与钯配位　　H-与钯配位

④铜离子得电子还原。

$$2Pd:H^- + Cu^{2+} \longrightarrow \begin{matrix} Pd \\ Pd \end{matrix} Cu + H_2\uparrow$$

$$2Pd:H^- + 2Cu^{2+} \longrightarrow 2Pd + 2Cu^+ + H_2\uparrow$$

$$Pd:H^- + Cu^+ \longrightarrow Pd\cdots Cu + 0.5H_2\uparrow$$

除主反应外，还可能发生甲醛参与的副反应：

$$2Cu^{2+} + HCHO + 5OH^- \longrightarrow Cu_2O + HCOO^- + 3H_2O \tag{7-15}$$

$$Cu_2O + H_2O \longrightarrow 2Cu^+ + 2OH^- \tag{7-16}$$

$$2HCHO + NaOH \Longleftrightarrow HCOONa + CH_3OH \tag{7-17}$$

反应式(7-15)为液相中的氧化还原反应，它所形成的 Cu_2O 在碱性溶液中会发生歧化反应而形成金属铜。Cu_2O 和 Cu 分散在溶液中，成为镀液自发分解的催化中心，这是造成镀液不稳定的根本原因。Cu_2O 还可能夹杂于化学镀铜层中而影响镀层韧性。反应式(7-16)是难以避免的，但加入适当的配合剂可以使一价铜形成可溶性配合物，从而避免 Cu_2O 的存在和歧化反应。反应式(7-17)是一个可逆反应，反应向右进行会消耗甲醛。温度越高，平衡常数越大，反应速率越快。为了减少甲醛的消耗，可加入甲醇加以抑制。

7.4.4　非金属材料表面处理

现在各种塑料、玻璃、陶瓷等非金属材料的应用越来越广。但是，非金属材料存在着不导电、不导热、耐磨性差等缺点。非金属表面处理金属化（利用物理或化学手段在非金属材料表面镀上一层金属）可以为非金属材料提供金属外观的装饰层，如塑料的金属化可用作装饰，被广泛应用于汽车、飞机、手机、笔记本、工艺品等，以实现其轻量化和获得精致的外观。非金属处理表面金属化还可以赋予非金属材料一些特殊的功能，如导电、导磁、耐磨、耐热、抗老化、可焊接等，可以代替金属制品，降低成本。非金属材料表面金属化的方法包括化学镀、电镀、物理气相沉积（PVD）、化学气相沉积（CVD）、离子镀以及化学还原等。在工业中应用最多的是化学镀和电镀。

(1) 非金属材料电镀

目前，非金属材料电镀在工业上的应用越来越广。应用最为广泛的是塑料电镀。塑料的种类很多，并非所有的塑料都可以电镀。目前用于电镀最多的是由丙烯腈（A）、丁二烯（B）和苯乙烯（S）三种单体聚合而成的 ABS（占塑料电镀的 80%～90%），其次是聚丙烯（PP）。ABS 中丁二烯在聚合物中保持极细微的球状结构，易于溶解而使塑料表面粗化并获得良好的结合力。因而随着丁二烯含量的不同，ABS 塑料的可镀性也有所差别。一般应选用电镀级 ABS 材料（丁二烯含量为 15%～25%）。

除了导电塑料以外，非金属材料通常是不导电的，无法直接用电沉积方法沉积金属层。因而进行非金属材料电镀的前提是使工件表面获得一定的导电性。非金属材料电镀与金属电镀的主要区别在于前者表面需要金属化处理，即在不通电的情况下，在基体表面施镀一层导电金属薄膜。可以有多种前处理方法使非金属表面形成金属化导电层，如金属涂布法、真空镀金属层、化学镀、气相沉积等。化学镀是最常使用的方法。

镀前预处理是非金属材料电镀的关键。通常包括以下工序：封闭、消除应力、除油、粗化、敏化、活化、还原或解胶、化学镀。不同的非金属制品，在镀前预处理某些工序的具体处理上有些差别。如 ABS 塑料无须封闭处理，粗化多采用铬酸体系。玻璃陶瓷等基体则无须消除应力，粗化多用氢氟酸体系。

敏化处理是影响塑料电镀效果的关键因素。在生产过程中，敏化液中 Sn^{2+} 浓度将不断降低，因此定期添加 $SnCl_2$ 和盐酸是保证敏化质量的必要措施。

塑料制品表面上沉积二价锡的数量对化学镀的诱导期、镀层的均匀性和结合力都有影响。制品表面 Sn^{2+} 的数量越多，在活化处理时形成的催化中心越致密，化学镀的诱导周期就越短，镀层的均匀性和结合力也越好。如果二价锡过量，催化金属微粒就会堆积，引起化学镀层疏松多孔。

ABS 塑料活化包括氯化钯型活化和胶体钯活化两种方法。胶体钯活化液相当稳定，使用维护方便，并且钯的用量很低，使电镀成本降低。胶体钯的活性并非取决于溶液中钯的含量，而是取决于胶体颗粒的尺寸和浓度。一般而言，相同钯含量的活化液制备出的胶体颗粒越细、数量越多，则活化液体现出的活性越高。

(2) 碳纤维表面电化学氧化处理

除了前述化学镀和电镀外，电化学氧化也是非金属材料表面处理的一种电化学处理技术。在此以碳纤维表面电化学氧化处理为例进行简要介绍。

碳纤维复合材料使用过程会发生腐蚀现象，因此一般要对碳纤维进行表面处理。表面处理方法主要有电化学方法、化学方法、等离子体法、涂层法等。电化学氧化法操作相对简单，并且进行表面处理时环境比较容易控制，因此在碳纤维的表面处理中应用较为普遍。

碳纤维电化学氧化处理流程如图 7-9 所示。首先对碳纤维进行高温退浆处理，然后以碳纤维为阳极进行电化学氧化，表面处理后的碳纤维再进行水洗、干燥、收卷。

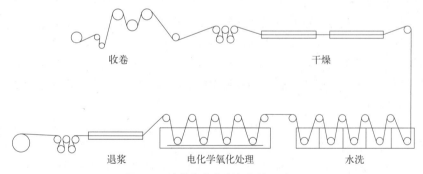

图 7-9　连续化电化学氧化处理流程

碳纤维其含碳量随种类不同而异，一般在 90% 以上。碳纤维的结构与人造石墨的微观结构相似，由结晶和孔洞构成。电化学表面处理会影响到碳纤维结构中孔洞的大小、分布以及元素含量，进而对碳纤维的性能产生影响。表面处理对碳纤维/树脂复合材料产生细晶化和氧化刻蚀的作用。细晶化使得碳纤维的层间剪切强度以及拉伸强度增大。氧化刻蚀提升了碳纤维表面的整齐有序程度，使得碳纤维表面上的薄弱层消失，层间剪切强度得以增大。

电化学氧化可能发生的反应如式(7-18) 所示：

$$\underset{(1)}{\xrightarrow{[O]}} \underset{(2)}{\xrightarrow{[O]}} \underset{(3)}{\xrightarrow{[O]}} \underset{(4)}{\xrightarrow{[O]}} +CO_2 \qquad (7\text{-}18)$$

经过电化学氧化处理，碳纤维表面的含碳量降低，含氧量和含氮量提高。碳纤维表面的羟基和羧基增加，羟基可进一步被氧化成二氧化碳。由于羟基和羧基可以与环氧树脂基体发生化学反应生成一定的化学键，因此提高羟基和羧基含量有利于提高碳纤维与环氧树脂基体的界面剪切强度。

7.4.5 脉冲电镀

脉冲电镀是借助脉冲电流沉积金属的工艺技术。脉冲电镀以高频下断续的脉冲电流来代替直流电流，实质上是一种通断直流电镀。脉冲电镀可以分为恒电流控制和恒电势控制两种形式。按脉冲性质及方向又可以分为单脉冲、双脉冲和换向脉冲等。脉冲电流常见的波形有方波、三角波、锯齿波、阶梯波等。使用较为普遍的为方波脉冲电镀。

脉冲电镀主要参数（参见图 7-10）包括脉冲电流密度 i_p、平均电流密度 i_m、导通时间（或脉冲宽度）t_{on}、关断时间（或脉冲间隔）t_{off}、脉冲周期 T（或脉冲频率 $f=1/T$）、占空比 $D=t_{on}/(t_{on}+t_{off})$。脉冲电镀可通过控制波形、频率、通断比及平均电流密度等脉冲参数，改变金属离子的电沉积过程，从而改善镀层的性能。

脉冲电镀的通电时间短，为几十微秒，断开时间一般大于通电时间的几十倍。当电流导通时，接近阴极的金属离子被充分地沉积；当电流关断时，阴极周围的放电离子恢复到初始浓度。脉冲电镀通电的瞬间阴极表面上有很高的电流密度，比直流电流密度大 5～20 倍。与直流电沉积相比，脉冲电沉积具有更高的沉积速率、电流效率和极化度。由于高的瞬时脉冲电流密度，提高了阴极极化作用，促使形核速率加快，晶核生长速率变慢，因此可以获得致密、光亮和均匀的镀层，而且沉积速率和电流效率高。

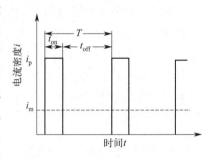

图 7-10 方波脉冲电流参数

脉冲电流电沉积的镀层的晶粒小、分散能力强、深镀能力好。达到同样的技术指标，采用脉冲电镀可以用比较薄的镀层代替较厚的直流电镀层。因而脉冲电镀主要用于镀贵金属，是节约贵金属的一个重要途径。

直流沉积时电极表面的金属离子消耗得不到及时补充，放电离子表面浓度低，电极表面形成晶核速率慢，晶粒的长大较快。而在脉冲条件下，由于电沉积受扩散控制，镀层中晶粒长大速率很慢，对纳米晶材料生成十分有利。如用周期换向脉冲电沉积法制备纳米晶钴。通过控制正、反方向脉冲工作时间以及平均电流密度等参数可获得不同晶粒尺寸的纳米晶钴。而直流电沉积获得的是晶粒尺寸为 $3\mu m$ 的微米晶钴（粗晶钴）。

7.4.6 喷射电沉积

(1) 喷射电沉积原理

喷射电沉积是电解液从喷嘴高速喷射到阴极极板上，在喷射覆盖区阴极与阳极之间通过电解液构成回路，从而在阴极极板上进行电沉积的一种工艺。其工作原理如图 7-11 所示，在工件（阴极）和喷嘴（阳极）之间施加一定的电压，同时电解液高速喷射到阴极基板上，在喷射覆盖区，阴极与阳极通过电解液构成回路，此时喷射覆盖区有电流通过，产生电沉积，而其它部位没有电流通过，则不产生沉积。

喷射电沉积的原理与普通电沉积基本相同，其不同点在于液体传质过程方面存在很大差别。喷射电沉积是一种局部高速电沉积技术，由于其特殊的流体动力学特性，兼有高的热量和物质传输率，尤其是高的沉积速率而引人注目。

喷射电沉积的突出优点是具有高选择性、定域性和高的沉积速率。一定流量和压力的电解液从阳极喷嘴高速喷射到阴极工件表面，不仅对表面进行了机械活化，同时还有效地减少了扩散层的厚度，加快溶液的搅拌速率。由于

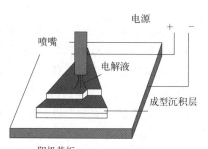

图 7-11 喷射电沉积原理图

扩散层厚度与极限电流密度成反比，减薄扩散层厚度是提高极限电流密度的关键，这也是采用喷射电沉积能提高极限电流密度从而提高沉积速率的根本原因。因此，喷射电沉积特别适用于快速电沉积、盲孔和深孔零件沉积以及磨损或损伤部件的修复。喷射电沉积存在的缺点是沉积层的厚度和面积不易控制。

喷射电沉积可用来合成金属纳米晶材料。如用高纯度镍管为阳极，铝钢为阴极，通过喷射电沉积法制备纳米晶镍，沉积层平均晶粒尺寸为 20～30nm。

(2) 喷射电沉积制备多孔金属镍

当采用较大的电流密度进行喷射电沉积时，沉积速率相应加快，浓差极化加剧，从而导致在阴极界面处缺乏足够的金属离子而产生树枝状或海绵状金属沉积层。同时高电流密度在阴极附近会有氢气析出，导致金属沉积层呈疏松多孔结构。利用这一特性，选用活性材料作阴极材料，采用大电流密度，用喷射电沉积法可以制备多孔泡沫金属如多孔金属镍。

采用线性扫描法测定石墨电极上 Ni^{2+} 的还原喷射电沉积极化曲线，如图 7-12 所示。极化曲线可以分为 4 个阶段。

AB 段（-0.2～-0.7V），曲线呈现平台区。阴极电势急剧变负，出现较大的阴极极化度，随电势增长电流上升较平缓。该阶段石墨电极的表面无明显镍沉积现象，表明镍离子的沉积速率较小。可以认为在此阶段发生的是水分子重排和配位离子水化程度降低的过程。此时主要反应如式(7-19)所示。该阶段受电化学极化控制。

$$Ni^{2+} \cdot mH_2O + e^- \longrightarrow Ni^+ \cdot mH_2O \quad (7-19)$$

BC 段（-0.7～-0.97V）。电流密度随外加电势增加呈指数型增长。实验观察到石墨电极表面出现白色发亮的镍膜。在此阶段可能的反应除了反应式(7-19)外，还有水合一价镍离子转化为单质镍和完全去水化过程

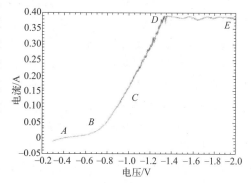

图 7-12 喷射电沉积多孔镍极化曲线

喷射流速为 2m/s，扫描速率为 10mV/s，扫描电压范围为 -0.2～-2.0V

$$Ni^+ \cdot mH_2O + e^- \longrightarrow Ni + mH_2O \quad (7-20)$$

研究表明，镍等铁族元素金属离子简单盐电沉积时，阴极极化主要受电化学控制步骤控

制。喷射电沉积液相传质较快,扩散层的影响可近似忽略,所以 BC 段的控制步骤可以推断为电化学极化控制步骤。

在此区间体系总反应方程式如式(7-21)所示

$$\text{Ni}^{2+} \cdot m\text{H}_2\text{O} + 2e^- \longrightarrow \text{Ni} + m\text{H}_2\text{O} \tag{7-21}$$

CD 段(-0.97~-1.33V)。随着扫描电压的继续增大,电流密度和外加电势间呈明显线性增长关系,此区间的电势-电流直线的斜率就可以近似认为是体系反应电阻。表明反应体系的反应电流密度已经逼近极限扩散电流密度。此时观察电极表面,可见表面沉积产物为亮白色镍枝状晶,并且在沉积层表面富集微小的气泡析出层,表明体系反应的过电势已经达到了析氢过电势。析氢反应的发生表明此时阴极极化过程为反应物或产物的扩散速率控制步骤,阴极过程由电化学极化逐渐转化为浓差极化。

DE 段。此区间外加电势增加而电流保持不变,表明已经达到了极限扩散电流,阴极过程完全为浓差极化步骤控制。观察制备试样,可见沉积层质量严重下降,出现烧焦、烧黑等现象。

在电沉积过程中,沉积物的不同形貌主要受沉积过程的动力学因素影响。动力学因素包括:电化学反应速率,即反应界面的电子转移的化学过程;晶体生长速率,即还原出的镍原子在晶体表面的迁移速率;溶液中的溶质向反应表面扩散的速率;如果考虑最初的晶核形成阶段,还存在着晶体形核速率。喷射电沉积多孔镍的阴极极化过程分为三种控制状态,并且反应过程伴随着氢气析出过程。当受电化学反应的动力学控制时,晶体将沿着晶面规则生长,最后的形态为菜花状结构。当受溶质扩散动力学控制时,沉积的枝状晶按 DLA 模型所描述的典型枝晶分形形态生长。当电沉积过程受电化学极化和浓差极化混合控制,两种动力学因素竞争控制镍枝晶的生长过程,最终形成生长前端连续的具有随机和自相似特征分叉分形枝晶形态。

(3) 静电纺丝法

静电纺丝法可视为喷射电沉积技术的一种特例。静电纺丝法是一种通过高压静电来获得纤维的技术。高压静电纺丝技术装置如图 7-13 所示。由高压直流电源、纺丝管(带有毛细管的样品管)和收集板三部分组成。直流电源的正极与插入样品管内的金属电极相连,负极与接收板连接。

纺丝管顶端的液滴在表面张力作用下呈凸形的半球状。在液体内施加某一电势的电压,液滴曲面的曲率将逐渐改变,当电压达到临界值 V_c 时,这时管口液滴所受的电场力与液体表面张力相等,液滴被逐渐拉长为角度为 49.3°的 Taylor 锥。进一步增加电压,电场力便可以克服液体表面张力,这时带电液体细流就以纤维束的形式从喷丝口喷射而出。在这个过程中,经过一系列弯曲不稳定过程和电场拉伸过程,纤维束逐渐劈裂,直径不断减小,同时溶剂逐渐挥发离开纤维表面,随后干燥的纤维落在收集板上。临界电压值 V_c 可以由式(7-22)确定

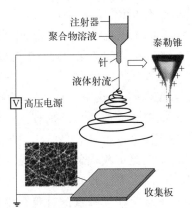

图 7-13 高压静电纺丝过程示意图

$$V_c^2 = (2H/L)^2 [\ln(2L/R) - 1.5](0.117\pi\gamma R) \tag{7-22}$$

式中,H 为毛细管与电极之间的距离;L 为毛细管长度;R 为毛细管半径;γ 为液体表面张力。

静电纺丝技术重要应用是制备各种纳米纤维。所制纳米纤维是连续的,其长度可以

达到几米甚至几千米。电纺丝法适用于所有可溶可熔的高分子材料,还可用来制备无机的纳米纤维。

7.5 其它电化学加工技术

7.5.1 电化学氧化

化学转化膜是将金属工件浸渍于处理液中,通过化学或电化学反应,使被处理金属表面发生溶解并与处理溶液发生反应,在金属表面生成附着力良好、稳定的化合物膜层。与电镀层、化学镀层等其它表面处理层相比,化学转化膜的特点在于:①基体金属发生溶解、参与成膜反应;②形成的是难溶的化合物膜层;③不改变金属外观。

化学转化膜按形成方式可分为阳极氧化膜、化学氧化膜、磷化膜、钝化膜等。阳极氧化是通过电化学氧化在金属表面生成氧化膜的工艺过程。它常用于铝表面的精饰处理,也可用于钛、铜、钢材表面的处理。5%~10%的铝材在使用前都需要进行阳极氧化处理。处理后的铝材用于建筑装饰材料和动力传输线等。

(1) 铝的阳极氧化

铝阳极氧化一般采用强酸性电解液,在阳极发生的主要反应是

$$H_2O \longrightarrow [O] + 2H^+ + 2e^-$$
$$2Al + 3[O] \longrightarrow Al_2O_3$$
$$Al_2O_3 + 3H_2SO_4 \longrightarrow Al_2(SO_4)_3 + 3H_2O$$

由于阳极电势较高,所以阳极反应实质上是 H_2O 的放电过程,产生的初生态氧 [O] 的氧化能力很强,与铝表面发生化学氧化反应生成氧化铝,即在阳极上很快生成一层薄而细密的氧化膜 (Al_2O_3)。铝氧化膜在酸性电解液中具一定的溶解性,因此阳极氧化时阳极区有电化学反应与溶解两个过程同时进行。要生成氧化膜,必须使氧化膜的生成速率大于其溶解速率。

铝阳极氧化时的阴极反应为析氢反应。

$$2H^+ + 2e^- \longrightarrow H_2 \uparrow$$

当铝合金中其它元素在阳极上溶解下来后,则有可能在阴极上沉积析出。

铝氧化膜的生长过程可以用阳极氧化的电压-时间特性曲线来说明(如图 7-14 所示)。大致可以分为三个阶段。

① AB 段——阻挡层形成阶段。通电开始的几秒至十几秒时间内,电压随时间急剧增加到最大值,称为临界电压或形成电压。最初形成的氧化膜薄而细密,它具有较高的电阻,称为阻挡层,促使电压急剧升高。这一段的特点是氧化膜的生成速率远大于溶解速率。

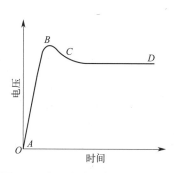

图 7-14 铝阳极氧化电压-时间曲线

随着膜层加厚,电阻增大,引起槽电压急剧地呈直线上升。阻挡层的出现阻碍了膜层的继续加厚。阻挡层的厚度与形成电压成正比,与氧化膜的溶解速率成反比。形成电压越高,阻挡层越厚。在普通硫酸阳极氧化时采用 13~18V 槽电压,阻挡层厚度为 $0.01\sim0.015\mu m$。

② BC 段——膜孔生成。随着电压增大到临界电压,由于阻挡层膨胀凹凸不平,凹处电阻较小而电流较大,在电场作用下发生电化学溶解,以及溶液侵蚀的化学溶解,在氧化膜上这些薄弱部位造成电击穿,被击穿处溶解速率加快,凹处不断加深而出现孔穴。这就是氧化膜中最初出现孔膜的过程。阳极电压达到最大值后因为电阻减小而开始有所下降。

③ CD 段——多孔层增厚。大约在阳极氧化 20s 后,电压变化趋向平稳。这说明阻挡层在不断地溶解,孔穴逐渐变成孔隙而形成多孔层,电流通过每一个膜孔,新的阻挡层又在生成。这时阻挡层的生长和溶解的速率达到动态平衡,阻挡层的厚度保持不变,而多孔层则不断增厚。

多孔层的厚度取决于工艺条件,主要因素是氧化时间和温度。氧化生成热和溶液的焦耳热使溶液温度升高,对膜层的溶解速率也随之增大。当多孔层的形成速率与溶解速率达到平衡时,氧化膜的厚度也就不会再继续增加。该平衡到来的时间愈长,则氧化膜愈厚。

氧化膜孔隙的形成可通过电渗现象来解释,如图 7-15 所示。实验发现铝阳极氧化膜是圆锥形的,其扩大的喇叭口朝外。部分孔壁水化氧化膜带负电,新鲜的酸溶液从孔中心直入孔底,在孔底处因酸溶液的溶解而形成富 Al^{3+} 的液体,带正电。在电场作用下发生电渗流,使富 Al^{3+} 液体只能沿孔壁向外流动,而新鲜溶液又从中心向底部补充,使孔内液体不断更新,结果孔底继续溶解而加深。沿孔壁向外流动的高 Al^{3+} 液体对膜已失去溶解能力,因此随氧化时间的延续,孔不断加深,逐渐形成多孔层。所以讲电渗液流的存在是阳极氧化膜成长增厚的必要条件之一。

值得注意的是阳极氧化时金属氧化膜生成方向与金属电沉积完全不同,氧化膜不是在零件表面上向着溶液的深处成长,而是在已生成的氧化膜下面,即铝与膜的交界处向基体金属生长。

电子显微镜观察证实,铝阳极氧化膜由阻挡层和多孔层组成。图 7-16 所示是铝在 4% 磷酸中 120V 电压下形成的氧化膜结构模型。阻挡层薄而无孔、致密、电阻率高。而多孔层则较厚、疏松、多孔、电阻率低。

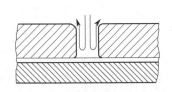

图 7-15 膜孔内电渗液流示意图

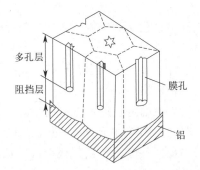

图 7-16 铝阳极氧化膜结构

铝及铝合金阳极氧化膜由氧化物、水和溶液的阴离子组成,水和阴离子在氧化膜中除游离形态外,还常以键结合的形式存在,这就使膜的化学结构随溶液类型、浓度和电解条件而变得很复杂。

铝及铝合金阳极氧化工艺流程应根据材料成分、表面状态以及对膜层的要求来确定。通常采用的工艺流程如下：机械准备→除油→水洗→浸蚀（或化学抛光、电化学抛光）→水洗→阳极氧化→水洗→干燥。

铝的阳极氧化是在与电镀槽很相似的电解槽中进行的，阴极是钢板或铜板，温度 20～25℃，电压 0～50V，电流密度为 10～20mA/cm^2。当耐腐蚀要求高时，氧化膜厚达 10～100μm，这时需要较高的氧化电压。一旦部分表面氧化，则这部分表面即被钝化，随后的氧化反应一定发生在未覆盖氧化层的表面。所以氧化电解槽的分散能力是不成问题的。

阳极氧化处理后不着色时，可以直接进行封闭，若需要着色则在着色后封闭。有涂漆要求的产品不进行封闭，例如建筑用铝型材硫酸阳极氧化及电解着色后，经去离子水清洗即可转入电泳涂漆。

（2）铝氧化膜着色与封闭处理

经过阳极氧化的氧化膜，通常是无色透明的。氧化后的铝材表面由一系列垂直于表面的平行孔组成，其孔隙率达 20%～30%，吸附能力强，可进一步着色处理。通过着色使铝氧化表面由单调、枯燥的色彩换上了色彩绚丽的外衣，从而提高铝制品的价格。

铝合金着色的机理是多孔氧化膜通过吸附作用而带色的。着色应在阳极氧化后立即进行，不能受到沾污或高温处理，这样才能保持氧化膜的吸附性能，使表面得到均匀的颜色。

经典的铝合金着色工艺有三种方法：化学着色、自然着色和电解着色。这些方法使用的材料不同，着色剂在氧化膜孔中位置不同，因而性能也不尽相同。

化学着色又称吸附着色。化学着色可分为无机盐着色和有机染料着色两大类。由于化学着色的色素体处于多孔层的表面部分，故耐磨性较差，大多数有机染料还易受光的作用或热的作用而分解褪色，耐久性差。

自然着色法是铝材通过阳极氧化处理时，基体自然生成色彩，不需要再进行着色或染色。由于阳极氧化和着色同步进行，因此也叫整体着色法或一步着色法。利用溶液在电极上发生的电化学反应，使部分产物夹杂在氧化膜中而显色。有的是合金中的有色氧化物显色。这种着色法的色素体存在于整个膜壁和阻挡层中，故称为整体着色。

铝及铝合金氧化膜在含金属盐的溶液中进行电解，使金属离子在膜孔底部还原析出而显色的方法，称为电解着色，又称为二次电解着色或两步法电解着色。电解着色时色素体沉积于氧化膜孔的阻挡层上（如图 7-17 所示）。由于阻挡层没有化学活性，故普遍采用交流电的极性变化来活化阻挡层。

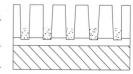

图 7-17　电解着色的色素体分布

封闭处理是铝阳极氧化工艺中最后一道重要的工序。封闭处理是使刚形成的氧化膜表面从活性状态转变为化学钝态。由于铝及铝合金阳极氧化膜具有多孔结构，表面活性大，所处环境中的侵蚀介质及污染物质会被吸附进入膜孔，着色膜的色素体也容易流出，从而降低氧化膜的耐蚀性及其它特性。未封闭或封闭不良的阳极氧化膜，短时间内就可能出现污斑和腐蚀。

氧化膜封闭处理有多种方法。按封闭介质可分为：利用水化反应产物膨胀，如热水封闭、水蒸气封闭；利用盐水解而吸附阻化，如无机盐封闭；利用有机物屏蔽，如浸油脂、蜡、树脂及电泳涂漆、浸渍涂漆等。

7.5.2 电泳涂装

有机涂层是使用最为广泛的表面处理技术。常用的涂装方法包括刷涂、喷涂、浸涂等。电泳涂装（也称作电沉积涂装）是通过电化学方法进行涂装的一种涂装工艺。电泳涂装法主要用于汽车车身的涂装，现已由汽车工业推广应用到建材、轻工、农机、家用电器等工业领域。

与一般的有机涂料涂装相比较，电泳涂装的主要特点为：一是采用具有导电性的专门涂料（电泳涂料）；二是利用电沉积作用使涂料在基体上沉积涂覆。电泳涂装一般采用水性电泳涂料（有时含有少量有机溶剂）。电泳涂料主要成分包括起主要成膜作用的树脂（一般是含酸性或碱性基团的高分子化合物）、固化剂、填料（如二氧化钛）、颜料与溶剂等。电泳涂料是靠添加中和剂使水不溶性的涂料树脂变成水溶化和水分散性的液态涂料。所用树脂加入相应碱或酸可生成胶体粒子。根据电泳涂料的电解特性可以分为阳极电泳涂料和阴极电泳涂料两大类。阳极电泳涂料采用含酸性基团的树脂，使用碱性中和剂；阴极电泳涂料采用含碱性基团的树脂，使用的是酸性中和剂。相应有阳极电泳涂装和阴极电泳涂装两类涂装方法。它们的沉积机理与涂料组成见表 7-6。

电泳涂装涉及以下四个过程：

① 电解。在电泳涂装过程中，电泳涂料电解成阳离子型或阴离子型的胶体涂料粒子，水电解成 H^+ 和 OH^-，在阴极上析出氢气，阳极上析出氧气。

② 电泳。在电场作用下，导电介质中带电荷的胶体粒子向相反电极泳动的现象称为电泳。

③ 电沉积。涂料粒子在电极上的沉积。例如，在阴极电泳涂装时，带正电荷的涂料粒子到达阴极被涂物表面，并与水分子放电产生的 OH^- 反应变成水不溶物质而沉积在基体上。

④ 电渗。在用半透膜间隔的溶液的两端（阴极和阳极）通电后，低浓度的溶质向高浓度侧移动的现象称为电渗。

表 7-6 阳极电泳涂装和阴极电泳涂装的沉积机理与涂料组成

项目	阳极电泳涂装法（AED）	阴极电泳涂装法（CED）
主体基料（树脂）	含羧基的合成树脂（R—COOH），以聚丁二烯系树脂为代表	含氨基的合成树脂（R—NH_2），以胺改性的环氧树脂为代表
固化剂	①无；②部分三聚氰胺树脂	封闭异氰酸酯树脂
中和剂	碱性：KOH，有机胺 R—COOH + A $\longrightarrow$ R—COO^- + A^+ 水不溶性　中和剂　水可溶性	酸性：有机酸（醋酸） R—NH_2 + HA $\longrightarrow$ R—NH_3^+ + A^- 水不溶性　中和剂　水可溶性
涂膜	酸性	碱性
形成涂膜的反应	阳极（被涂物）反应： ① $2H_2O \longrightarrow 4H^+ + 4e^- + O_2$（酸性） ② R—$COO^-$ + $H^+ \longrightarrow$ R—COOH ③ $M \longrightarrow M^{n+} + ne^-$（发生被涂物金属溶解）	阴极（被涂物）反应： ① $2H_2O + 2e^- \longrightarrow 2OH^- + H_2$（碱性） ② R—$NH_3^+$ + $OH^- \longrightarrow$ R—NH_2 + H_2O 阳极反应：

续表

项目	阳极电泳涂装法（AED）	阴极电泳涂装法（CED）
	④$R-COO^- + M^{n+} \longrightarrow (R-COO)_n M$ 阴极反应： $2H_2O + 2e^- \longrightarrow 2OH^- + H_2$ 通直流电后，阳极（被涂面）pH 值下降，使聚羧酸树脂凝聚涂覆	$2H_2O \longrightarrow 4H^+ + 4e^- + O_2$ 通直流电后，阴极（被涂面）pH 上升，使聚胺树脂凝聚涂覆
涂膜的固化反应	氧化聚合反应	NCO 反应

以阴极电泳涂装为例，涂装过程一般为：

① 采用碱性树脂（如氨基改性的环氧树脂），用有机酸中和制成水溶化（水乳化）的带阳离子的涂料粒子，在电场作用下荷正电的阳离子胶粒向阴极电极运动。

② 阴极发生析氢反应后其 OH^- 浓度较高，荷正电的阳离子胶粒在阴极表面被 OH^- 中和。

③ 中性的高聚物夹带和吸附无机固体及有机颜料并沉淀析出，凝聚为不溶的湿膜。

④ 在强电场作用下，涂膜内部所含的水分从不导电的涂膜中向外电渗析使涂膜脱水。

电泳涂装的主要优点：①采用水溶性涂料，涂料黏度低，易浸透到被涂物的袋状部位及缝隙中。②电解液具有高的导电性，涂料粒子能活泼泳动，而沉积到被涂物上的湿漆膜导电性小，随湿漆膜增厚其电阻增大，达到一定电阻值时，就不再有涂料粒子沉积上去，所以电泳涂装分散能力好，复杂形状的表面也易获得较好的表面覆盖度（如深凹槽和管子内壁等处），但为了形成一定厚度的涂层需要较高的电压。③涂料的附着力强，耐腐蚀性能优异。④过程易实行自动化。

但是电泳涂装工艺只适用于导电材料的表面涂装，因而只能生成单层树脂层，而且颜色范围也受到限制。

阳极电泳涂装过程可生成质量较高的、表面重现性好的表面涂层，但可能引起部分金属的腐蚀。阴极电泳过程将不会引起金属的腐蚀反应，而且分散能力也比阳极涂装好，但涂料成分较复杂。

电泳涂装工艺一般由漆前处理、电泳涂装（含后清洗）和烘干（涂膜固化）三个主要工艺步骤组成。

7.5.3 电化学抛光、清洗与浸蚀

（1）电化学抛光

电化学抛光（electrochemical polishing）是一种与阳极氧化工艺很相近的过程，它能使金属工件表面形成光洁度高、反射能力较强的镜面。待抛光的工件为阳极，电抛光液含磷酸、硫酸和铬酐及其它添加剂，阴极是钢、铜、铅板等。电化学抛光常用于铝、钢、铜、镍/银等合金的表面精饰。

电化学抛光过程的主要机理包括阳极选择性溶解和氧化膜的生成。阳极表面的电势分布使得表面凸出部位比凹进去的部位容易腐蚀溶解从而达到抛光的效果。电化学抛光过程中，根据阳极金属的性质、电解液组成、浓度及工艺条件的不同，在阳极表面上可能发生下列一种或几种反应：

① 金属氧化成金属离子溶入电解液中，$M \Longrightarrow M^{2+} + 2e^-$。
② 阳极表面生成钝化膜，$M + H_2O \Longrightarrow MO + 2H^+ + 2e^-$。
③ 氧的析出，$2H_2O \Longrightarrow O_2 + 4H^+ + 4e^-$。
④ 电解液中各组分在阳极表面的氧化。

电化学抛光后的阳极表面状态主要取决于上述四种反应的强弱程度。

电化学抛光过程的工艺条件比阳极氧化过程的要求更为严格。影响电化学抛光效果的主要因素包括电解液、电流密度和温度等。电解液（也称为抛光液）有酸性、中性和碱性三种。电化学抛光液中加入少量添加剂，可显著改善溶液的抛光效果。研究发现，含羟基（—OH）、羧基（—COOH）类添加剂主要起缓蚀作用；含氨基（—NH$_2$）、环烷烃类添加剂主要起整平作用；糖类及其它杂环类添加剂主要起光亮作用。但它们的作用并非截然分开，相互匹配可起到多功能作用。

电流密度对抛光质量有很大影响，对于一定的溶液体系应有适当的电流密度范围，才能获得最好的抛光效果。电流密度过低，整平作用很差，抛光时间长，工作效率低；电流密度过大，因阳极溶解过快会引起腐蚀。

另外，电解时间和电解温度也对抛光效果有一定的影响。温度对抛光质量的影响与电流密度有类似的规律，提高电解液温度可以提高溶液导电能力，提高金属溶解速率，提高表面质量。

电化学抛光是一种金属表面处理方法，它具有很多优点，如能够得到高光洁度金属镜面，且无机械抛光时所产生的内应力；能够加工任何形状、尺寸的外表面和内表面；与机械抛光相比设备较为简单和便宜等等。但它也有一些缺点，如所得表面质量取决于被加工金属的组织均匀性和纯度，金属结构的缺陷被突出地暴露出来，对表面有序化组织敏感性较大；较难保持零件尺寸和几何形状的精确度。

超声电化学抛光是将电化学作用与超声波振动作用相结合的一种复合抛光技术，可显著提高抛光效率。研究表明，超声波对电化学过程起到了促进和物理强化作用（主要体现为对电化学抛光中的扩散传质过程起到强化作用），加快了电极表面氧化还原的速度，提高了抛光效率。

(2) 电化学浸蚀

电化学浸蚀（electrochemical picking）实质上是一种电化学腐蚀过程。通过腐蚀进行刻蚀的方法包括干法刻蚀和湿法刻蚀，而干法刻蚀又分为离子刻蚀和反应离子刻蚀等，湿法刻蚀又分为化学腐蚀和电化学腐蚀。各种金属腐蚀方法的优缺点如表 7-7 所示。

表 7-7 金属腐蚀方法的优缺点

腐蚀因素	干法刻蚀		湿法刻蚀	
	离子刻蚀	反应离子刻蚀	化学腐蚀	电化学腐蚀
腐蚀动力	—	反应气体	腐蚀溶液	外加电流
环境	真空	真空	酸/碱性溶液	大部分是中性溶液
腐蚀速率	10nm/min	100nm/min	1μm/min	10μm/min
选择性	差	高	高	高
线条边缘垂直度	完全垂直	完全垂直	存在侧向腐蚀	侧向腐蚀优于化学腐蚀
环境影响	低	中/高	高	低

电化学浸蚀比化学浸蚀具有更高的效率和速度，但电解液的分散能力差，复杂零件应用难度较大。电化学浸蚀液一般为 H_2SO_4 和 $FeCl_3$ 的混合液，工件既可在阳极上浸蚀，也可在阴极上浸蚀。阳极电化学浸蚀时氧化皮去除是借助于金属的电化学溶解，以金属上析出的氧气机械地剥离氧化物的作用。阴极电化学浸蚀时氧化铁皮的去除是借助猛烈析出的氢对氧化物的还原和机械剥落作用。

（3）电化学清洗

电化学清洗工艺可用于从金属工件表面除去油污。电化学除油与碱性化学除油相似，但其要依靠电解作用强化除油效果，通常电化学除油比化学除油更有效、速度更快、除油更彻底。

电化学除油除了具有化学除油的皂化与乳化作用外，还具电化学作用。在电解条件下，电极的极化作用降低了油与溶液的界面张力，溶液对零件表的润湿性增加，使油膜与金属间的黏附力降低，使油污易于剥离并分散到溶液中乳化而除去。在电化学除油时，不论制件作为阳极还是阴极，表面上都有大量气体析出。当零件为阴极时，其表面析出氢气；零件为阳极时（阳极除油），其表面析出氧气。电解金属与溶液界面所释放的氧气或氢气在溶液中起乳化作用。因为小气泡很容易吸附在油膜面，随着气泡的增多和长大，这些气泡将油膜撕裂成小油滴并带到液面上，同时对溶液起搅拌作用，加速了油污的脱除。

电化学除油可分为阴极除油、阳极除油及阴极-阳极联合除油。由于阴极除油和阳极除油各有优缺点，生产中常将两种工艺结合起来，即阴极-阳极联合除油，使电化学除油方法更趋于完善。

7.5.4 电铸

电铸成形（electroforming，EF）是电镀的特殊应用。电铸加工的原理如图 7-18 所示。电铸设备主要包括电解槽、直流电源、搅拌和循环过滤系统、加热和冷却系统等。用可导电的原模（芯模）作阴极，用电铸材料（例如红铜）作阳极，用电铸材料的金属盐（例如硫酸铜）溶液作电铸镀液，在直流电场下，电铸液中的金属离子（正离子）在阴极（工件）上得到电子后还原为金属沉积于原模表面。当达到预定厚度时，设法将电铸成形件与原模分离，就得到与原模相复制的成形零件。

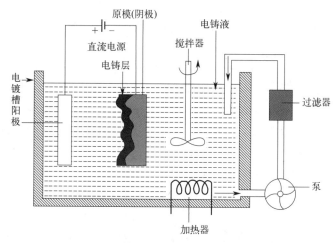

图 7-18 电铸加工原理

电铸成形工艺过程包括：模型制作→原模表面处理→电铸成形→脱模加固→清洗干燥→成品。

电铸成形加工的优点有两个。一是一次成形。基于电铸复制成形的原理，可以像翻拍、印制照片那样，利用石膏、石蜡、环氧树脂甚至橡皮泥等作为原模材料，将难以电铸成形的零件复杂内表面复制为外表面，然后在此外表面上电铸复制与零件复杂内表面完全一致的电铸成形件。二是电铸加工能准确、精密地复制复杂的型面和细微的纹路，误差在$\pm 2.5\mu m$，表面粗糙度$\leqslant 0.1\mu m$。采用同一原模成形的电铸件重复精度高，特别适用于批量精密成形加工。另外，电铸设备简单，原模可重复使用。但电铸也存在一些缺点，如加工时间长，原模的制作往往需要精密加工以及照相制版的技术，电铸件不易脱离原模等。

电铸成形已经在精密微细加工中得到大量应用。如复制非常精密的图形、花纹，制造形状复杂且精度高的空心零件和薄壁零件等。

思考题与习题

1. 镀层是如何分类的？应怎样选择镀层？
2. 试叙述影响电镀层质量的因素。
3. 金属离子电沉积的热力学条件是什么？
4. 在电镀中为什么常加入有机添加剂？它们对电镀有什么影响？
5. 金属电结晶过程中晶核形成的条件是什么？如何才能得到致密的镀层？
6. 什么叫电镀液的分散能力？它与覆盖能力和整平能力有何不同？电镀槽分散能力受哪些因素影响？如何改善电镀槽的分散能力？说明所采取措施的原理。
7. 为什么要进行镀前处理？怎样选择镀前处理工艺？
8. 为什么氰化物镀铜层与钢铁基体的结合力很好，而硫酸盐镀铜和焦磷酸盐镀铜在钢铁件上却需要预镀？
9. 电镀锌有哪几类溶液？各有什么特点？
10. 锌酸盐镀锌中加入添加剂会对镀层质量带来什么影响？为什么？
11. 镀光亮镍的添加剂有哪些类型，各有何作用？
12. 电镀时阴极上电结晶有什么特点？简述溶液中结晶和电结晶的异同。
13. 怎样才能得到符合要求的合金镀层？试举例说明。
14. 简述电镀、阳极氧化和电泳涂装的原理和特点。
15. 在 $0.01mol/L\ CdSO_4$ 溶液中（pH=5），由于镉的平衡电势为$-0.433V$，氢的平衡电势为$-2.295V$，所以电镀时，氢先在钢铁零件上（作阴极）析出。这种说法对吗？为什么？
16. 电解 $1.0mol/L\ CuSO_4$ 溶液，用金属铂作阳极；阴极是面积为 $55cm^2$ 的铜盘，电流强度保持恒定在 $0.40A$，如果电解槽中有 1L 溶液，铜析出将维持多少时间？析铜的槽电压为多少？
17. 镀锌槽中 ZnO 的含量为 $15g/L$，在自然对流的条件下，扩散层厚度 $\delta=0.01cm$，Zn^{2+} 的扩散系数为 $D=1.5\times 10^{-5}cm^2/s$，电流效率为 80%，已知锌的密度为 $7.14g/cm^3$，

如果外加电流密度是极限电流密度的 10%，求电镀半小时后锌镀层的厚度。

18. 在无添加剂的锌酸盐溶液中镀锌，其阴极过程受扩散控制。18℃时测得某电流密度下的过电势为 0.056V。若忽略阴极上析氧反应，并已知 $Zn(OH)_4^{2-}$ 的扩散系数为 $0.5×10^{-5} cm^2/s$，浓度为 $2 mol/L$，在电极表面液层（$x=0$ 处）的浓度梯度为 $8×10^{-2} mol/cm^4$，试求：(1) 阴极过电势为 0.056V 时的阴极电流密度；(2) $Zn(OH)_4^{2-}$ 在电极表面液层中的浓度。

19. 电镀铜时的反应为

$$Cu^{2+} + 2H_2CO + 4OH^- \longrightarrow Cu + H_2 + 2H_2O + 2HCO_2^-$$

假设 Cu^{2+} 的转化率为 25%，电镀液的体积为 1L，各物质浓度分别为 $CuSO_4$ 0.05mol/L，NaOH 0.25mol/L，甲醛（H_2CO）0.33mol/L。计算铜离子和甲醛的浓度及放出 H_2 的体积。

20. 298K 时，欲回收电镀液中的银，废液中 $AgNO_3$ 浓度为 $10^{-6} mol/L$，还含有少量的 Cu^{2+} 存在，若以石墨为阴极，银用阴极电解法回收，要求回收 99% 的银。假设活度系数均为 1。试计算：(1) Cu^{2+} 的浓度应低于多少？(2) 阴极电势应控制在什么范围内？(3) 什么情况下 Cu 与 Ag 同时析出？

21. 以惰性电极电解 $SnCl_2$ 的水溶液进行阴极镀 Sn，阳极中产生 O_2，已知 $a_{Sn^{2+}} = 0.10$，$a_{H^+} = 0.010$，阳极上 $\eta_{O_2} = 0.50V$，$\varphi_{Sn^{2+}/Sn} = -0.140V$，$\varphi_{H^+, H_2O/O_2} = 1.23V$，试求：(1) 试写出电极反应，并计算实际分解电压；(2) 若 $\eta_{H_2, 阴} = 0.40V$，要使 $a_{Sn^{2+}}$ 降低到何值时才开始析出氢？

第 8 章
金属电解提取与精炼

电化学不仅用于制取无机化合物（如氯碱工业）和有机化合物（有机电合成），还用于金属的制取和提纯，常称为电解冶金，包括金属电解提取和精炼。电化学对电解冶金技术的发展与提高具有重要作用。在选择电解冶金的电极材料、电解液、工艺参数时，必须应用电化学的基本概念和理论。在改进生产技术及探索过程机理时则经常应用电化学的方法及手段。本章重点介绍电化学在金属制备中的应用，即金属的电解提取与精炼。采用熔盐电解质的电极过程具有一些新的特点，因为其重要的应用价值，促进了熔盐电化学的发展。在本章中将结合铝熔盐电解介绍熔盐电化学的基本概念与方法。

8.1 金属电解提取与精炼的基本原理

8.1.1 金属电解提取与精炼的特点

金属可分为黑色金属（铁及其合金）和有色金属两大类。有色金属也称非铁金属（nonferrous metals），按其密度、价格、贮量不同，有色金属可分为重金属、轻金属、贵金属和稀有金属。一般密度大于 $4.5g/cm^3$ 的金属称为重金属，包括铜、铅、锌、镍、钴、锡、锑、汞、镉、铋、铬、锰；密度在 $4.5g/cm^3$ 以下的金属称为轻金属，如铝、镁、锂、钾、钠、钡、钙、锶；金、银、铂族金属（钌、铑、钯、锇、铱、铂）称为贵金属；钨、钼、铌、铍等及稀土金属称为稀有金属。

虽然有色金属的产量仅占世界金属产量的5%，但却是不可或缺的重要金属产品。中国是世界最大有色金属生产国和消费国。若干金属（包括钨、钼、锡、锑及稀土金属）的探明储量居全球前列。十种有色金属（铜、铝、铅、锌、锡、镍、锑、汞、镁及钛）的产量居全球第一位。

冶金（metallurgy）是指从矿物中提取金属或金属化合物，用各种加工方法将金属制成具有一定性能的金属材料的过程和工艺。冶金方法可分为火法冶金和湿法冶金两大类。前者是利用高温从矿石提取金属的冶金过程。后者则是利用溶剂，借助于化学及化工过程，从矿物原料中分离、提取金属的冶金过程。湿法冶金一般包括浸出（即将矿物中的金属转入溶液）、净化（将浸出液净化，去除杂质）和沉积（从净化液中提取金属）三个步骤。湿法冶金常采用电化学方法使金属离子在阴极还原析出，因此，湿法冶金有时也称为电解冶金。

电解冶金按过程的目的和特点，分为电解提取（electrowinning）和电解精炼（electrorefining）。电解提取主要目的是将金属离子还原制得金属产品，其特点是采用不溶性阳极，使经浸出、净化处理的电解液中的待提取金属离子在阴极还原。电解精炼以提纯金属为目的，其特点是采用可溶性阳极，即以其它方法（主要为火法冶金）炼制的粗金属作为阳极，通过选择性地阳极溶解及阴极沉积达到纯化目标。

电解冶金的优点是具有高的选择性，可获得高纯金属，能回收有用的金属，有利于资源的综合利用。与同样基于金属电沉积过程的电镀比较，电解冶金的生产特点及工艺要求大不相同。电解冶金对金属沉积物的表面质量（如光洁度）及其与基底的结合力的要求远不及电镀高，但对其纯度要求很严格。另外，电解冶金的规模远远大于电镀，因此耗电量甚大，能耗和节能问题十分重要。

电解冶金按所用电解质可分为水溶液电解冶金和熔盐电解冶金。电解冶金方法主要用于有色金属工业，常常是其主要的不可取代的冶金方法（见表 8-1）。电解冶金还可以用于制造金属粉末，如在水溶液中电解制取 Cu、Ni、Fe、Ag、Sn、Pb、Cr、Mn 粉末，在熔融盐中电解制取 Ti、Zr、Te、Nb、Be 等金属粉末。

表 8-1 电解冶金的应用

体系	电解提取	电解精炼
水溶液电解质	Zn、Cd、Cu、Mn、Co、Ni、Cr	Cu、Ni、Co、Pb、Sn、Ag、Au、Sb、Hg、Pt 族
熔融电解质	Al、Mg、Li、Na、K、Ca、Sr、Ba、Be、Ti、Zr、Mo、Ta、Nb	Al、Ti、V

8.1.2 阴极过程

金属离子的阴极还原沉积是金属电解提取与精炼的基本过程。这一过程中涉及两个关键问题，即离子的共析和电结晶，它们不仅决定产物的质量（金属沉积物的纯度、结构及性质），而且影响生产的电流效率和能耗等技术经济指标。

(1) 不同离子在阴极的共析

金属电解提取与精炼时，电解液中主要存在三类离子，即待沉积的金属离子、氢离子和杂质离子。离子的共析包括两种情况：一是金属离子与氢离子的共析，由于电解提取与精炼时经常采用酸性水溶液，这一现象更易发生；二是待沉积的金属离子与杂质离子的共析。应该指出，这些杂质离子的存在是不可避免的。和电镀不同（电镀溶液往往是由试剂配制的），电解提取时它们来自浸出和净化后的电解液，电解精炼时则来自待精炼的可溶性阳极（含杂质的粗金属）。电解冶金的目的正是去除和分离这些杂质，因此应力求减少或避免它们在阴极共析，这和合金电镀的目的恰恰相反。

对于析出电势与氢接近或更负的金属，应特别注意第一种离子共析。而当电解液中存在与待沉积金属离子电势接近甚至电势更正的杂质离子时，后一种共析则容易发生。

如果电解液中存在 n 种离子，它们在阴极共析的条件是具有相同的析出电势，即

$$\varphi_1=\varphi_2=\varphi_3=\cdots=\varphi_n \tag{8-1}$$

而每一种离子的析出电势 $\varphi=\varphi_e+\eta$，由其平衡电极电势 φ_e 及过电势 η 决定。可以看出，影响离子共析的因素分为两类：

① 热力学因素。即影响离子平衡电极电势的各种因素，包括标准电极电势 $\varphi^\ominus$、浓度、温度，它们的关系可通过 Nernst 公式表示

$$\varphi=\varphi^\ominus+\frac{RT}{nF}\ln\frac{a_O}{a_R}$$

② 动力学因素。即影响离子析出过电势的诸因素。由于过电势可能因电化学极化、浓度极化或电结晶过程产生，其影响因素也是多方面的，包括：a. 反应的特点，如电子转移步骤的动力学参数（交流电流密度 i_0、传递系数 β）、离子的本性、电结晶的特点。b. 反应的条件，如电解液组成、浓度、温度、电极材料的电催化性能、电流密度、传质条件（扩散、对流速率）。

离子共析时，其相对电流密度之比 i_1/i_2 是我们关心的问题，因为它决定阴极沉积物的组成。如果两种离子的析出都属于电子转移控制，在极化较大时其动力学方程可表示为

$$i = i_0 \exp\left(-\frac{\beta F \Delta \varphi}{RT}\right)$$

则
$$\frac{i_1}{i_2} = \frac{i_{0,1}}{i_{0,2}} \exp\left[\frac{F\varphi(\beta_2 - \beta_1)}{RT}\right] \exp\left[\frac{F}{RT}(\beta_1 \varphi_{e,1} - \beta_2 \varphi_{e,2})\right] \quad (8-2)$$

另一种情况是一种离子的析出为电子转移控制，另一种离子析出为扩散控制。在电解提取与精炼时，经常发生这种情况。由于待沉积金属离子浓度高，析出时浓度极化甚小，基本为电子转移控制，但是溶液中杂质离子的浓度很低，析出时往往是扩散控制。此时两种离子析出速度之比为：

$$\frac{i_1}{i_2} = \frac{i_1}{i_d} \quad (8-3)$$

式中，i_1 为待沉积的金属离子的沉积速率；i_2 为杂质离子的沉积速率；i_d 为杂质离子的极限沉积速率。

在杂质浓度及溶液流速一定时 i_d 基本不变，而 i_1 可随电势提高增大，所以二者之比可随极化程度改变，即极化增大，i_1 提高，i_d 却不变，因此 i_1/i_2 加大，电流效率提高。

应该注意的是，多种离子共析时，一般不能根据其单独存在时的极化曲线、还原速率进行简单地加和求出它们共析的极化曲线及还原速率。这是因为，在实际体系中（有的文献称为真实的共轭体系），每一种离子都不能完全保留其单独存在时的性质，即所谓理想的非共轭体系的性质。

通过上述分析可知，改变离子共析的方法包括：

① 改变离子浓度。增加待沉积的金属离子浓度，减小氢离子和杂质离子浓度，将降低它们共析的可能性。因为这不仅使金属离子的 φ_e 变正，氢和杂质的 φ_e 变负，也将减小前者析出的过电势，增大后者析出的过电势。

② 使用添加剂或络合剂。如使用增大氢还原过电势的添加剂，可降低氢共析的可能性。

③ 改变电流密度和析出电势。由于不同离子极化曲线的斜率不等，即 $b_1 \neq b_2$，所以当析出电势由 φ 变为 φ' 后，两种离子析出速率之比将发生变化：

$$\frac{i_1}{i_2} \neq \frac{i_1'}{i_2'}$$

如果杂质离子析出受扩散控制，即 $i_2 = i_d$ 为一定值，而增大极化后，待沉积金属离子的析出速率 i_1 增加，则 $\frac{i_1}{i_2}$ 增大，即电流效率可提高。

④ 改变传质条件。如果一种离子（如杂质离子）的放电受制于扩散控制，那么改变电解液的流速，可改变其极限扩散电流密度。例如提高流速，将使 i_d 增大，杂质共析增加，电流效率降低。

（2）金属的电结晶

关于金属电结晶的一般原理及影响因素在第 7 章已论及，在此仅对影响电解冶金过程的金属电结晶一些重要问题进行简要讨论。在电化学工程中，由于目的不同，对电结晶的要求也不尽相同。如在电镀中对电结晶的表面状态及表面质量（外观、厚度及其均匀性、孔隙率、显微硬度等）、电结晶沉积层与基体的结合力有严格的要求，否则不能发挥电镀层的防护及装饰作用。在化学电源中，金属负极的充电也属于电沉积及电结晶过程，为了使活性物质在充放电过程中反复有效地利用，则要求过程具有良好的可逆性。在电解提取和电解精炼金属时，对电结晶表面状态的要求不及电镀高，但由于沉积量大、时间长，电流效率和能耗成为过程的主要技术经济指标。

电解冶金过程要尽量避免枝晶和海绵状结晶。因为枝晶可能导致电极短路，疏松的海绵状沉积物容易脱落和氧化。电结晶粗糙，将使析氢过电势降低并加速金属的化学溶解，这都可能导致金属损失，电流效率下降，能耗增高。

8.1.3 阳极过程

金属电解提取和电解精炼的阴极过程相似，但阳极过程则迥然不同。前者采用不溶性阳极，后者则采取可溶性阳极。下面分别讨论。

(1) 不溶性阳极的阳极过程

金属电解提取时的不溶性阳极材料因电解液而异。对于广泛使用的硫酸盐电解液，基本是采用铅及其合金作为不溶性阳极。一般认为，铅及其合金在硫酸盐介质中阳极极化时，主要发生析氧反应，即

$$2H_2O \longrightarrow O_2 + 4H^+ + 4e^- \qquad \varphi^\ominus = 1.23V$$

在这样正的电极电势下，铅不发生溶解的原因是其进入钝态。虽然对于这一过程的机理尚不完全清楚，但一般认为可能包括以下历程

铅的活化溶解 $\qquad Pb + SO_4^{2-} \longrightarrow PbSO_4 + 2e^- \qquad \varphi^\ominus = 0.355V$

由于生成的 $PbSO_4$ 难溶，覆盖在电极表面使电流减小，电极电势继续增高，进而发生新的电化学或化学反应，使电极表面进一步变化

$$Pb + 2H_2O \longrightarrow PbO_2 + 4H^+ + 4e^- \qquad \varphi^\ominus = 1.455V$$

或 $\qquad PbSO_4 + 2H_2O \longrightarrow PbO_2 + 2H^+ + H_2SO_4 + 2e^- \qquad \varphi^\ominus = 1.685V$

这样，铅电极表面逐渐转变为 PbO_2。因此 O_2 实际上是在 PbO_2 表面上析出的。生成的 PbO_2 膜是多孔的，可能脱落，为了提高其稳定性常加入一些合金元素（如银），同时还可提高其耐腐蚀性和导电性。但由于膜的多孔性，电解液仍可能渗入并达到电极基体（Pb），在其上进行电化学反应（铅溶解）。

(2) 可溶性阳极的阳极过程

金属电解精炼时的阳极过程是可溶性阳极（粗金属，即待精炼的金属）的溶解，可归入阳极的活化溶解过程，但有其特点，即选择性溶解。发生选择性溶解的原因是精炼的金属和各种杂质的电化学性质不同，因而在阳极过程中溶解的先后顺序和数量都不相同，即不能均匀地溶解。金属电解精炼时由于选择性溶解，阳极物质分别进入阴极沉积物、电解液和阳极泥。阳极各组分的选择性溶解取决于以下因素：

① 各组分的电化学性质。包括热力学性质（标准电极电势和金属含量）和动力学性质（交换电流密度、反应速率常数、传质系数）。可以根据标准电极电势 $\varphi^\ominus$ 按由正变负列出一个电势序，如 Au、Ag、Cu、Bi、Sb、Pb、Sn、Ni、Co、Cd、Fe、Cr、Zn、Mn，大致表征金属电化学溶解的可能性。

在理想情况下，即接近可逆的条件下，那些电势比待精炼金属更负的杂质将发生阳极溶解，进入电解液，但是却不能在阴极析出，而留在电解液中，实现了分离杂质的目的，这也正是电解精炼的原理。

然而，上述原则只有在金属溶解过程的可逆性较高，即 i_0 较大，过电势很低时，而且

待精炼的金属与杂质的 $\varphi^\ominus$ 相差较大时方能适用。实际上选择性溶解还取决于多种因素。

② 阳极材料的组织与结构。在阳极中的待沉积金属及各种杂质的性质和它们单独存在时的性质并不完全相同，而与它们形成的聚集态的组织结构有关。

如果阳极是待沉积金属与杂质形成的机械混合物，而杂质的电极电势较负时，它首先将溶解，进入电解液，而电极表面将余下电势较正的待精炼金属，此时电极电势将升高，直到这种金属发生溶解时，电极电势和电极组分不再变化。反之，如果杂质的电极电势较正时，则发生溶解的是电势较负的待精炼金属。

当金属与杂质形成固溶体时，固溶体具有本身特定的电极电势，其数值介于两组分的电势之间，并偏向含量较高的组分的电极电势。

③ 多价态金属的阳极溶解。具有多种价态的金属阳极极化时可能以较低价态溶解，如果按正常的价态计算，将发现电流效率大于 100% 的现象。例如，铜除了可按二价溶解 ($Cu \longrightarrow Cu^{2+} + 2e^-$) 外，还可按一价溶解 ($Cu \longrightarrow Cu^+ + e^-$)。有文献列举 Be、Mg、Al 阳极溶解时发现 H_2 析出的现象，认为这是由于阳极溶解生成的低价离子具有很强的还原性能力，可与水分子发生均相次级反应而释出 H_2。

另有一类电流效率大于 100% 的现象则是由金属的非电化学溶解，如化学溶解、机械剥落而产生的。

8.1.4 金属电解提取与精炼的工程问题

有的研究者形象地将电解提取与精炼称为"二维的"冶金方法。因为与每一块电极的面积（例如 $2m^2$）相比，金属沉积层的厚度（通常小于 10mm）几乎可以忽略。一座日产 500t 铜的精炼铜厂几乎需要 $2×10^5 m^2$ 的总电极面积。电解冶金的另一特点是传质速率缓慢，电解冶金的传质过程基本是由自然对流实现的，强制对流的作用不大。由于以上特点，不论处理何种金属，电解提取与精炼都需要解决以下问题：连续地提供新的电解液和排出旧的电解液；周期性地更换阴极。对于电解精炼，还要周期性地更换可溶性阳极，取出残极，处理阳极泥。

为实现电解冶金过程技术经济指标的优化，从工程角度来考虑需要特别关注电极、电解液、操作条件、传质以及资源综合利用等问题。

(1) 电极

电解提取和精炼中使用的阴极有两种。一种是可反复使用的始极片。当金属在这种始极片上沉积到一定厚度（如 2~3mm）后，即将沉积层剥离，而始极片则再次使用。例如，电解提取锌时使用纯铝作始极片，电解提取钴时使用不锈钢作始极片。另一种阴极是一次性使用的种板，当金属在其上沉积到一定厚度后即取出熔炼。

为了防止电流分布不均匀产生的边缘效应导致枝晶的生成，阴极的尺寸应当比阳极的尺寸略大，一般宽为 90~100cm，长为 95~100cm。

电解提取时使用的不溶性阳极则应根据电解液及电解条件选择，要求稳定、耐蚀、可长期使用，并对阳极过程具有良好的电催化活性，以降低阳极反应的过电势和槽电压。通常在硫酸盐介质中使用铅及其合金阳极，在碱性介质中可使用铁及其合金阳极，在氯化物介质中可使用石墨阳极及 DSA 电极。

电解精炼时采用粗金属铸成的可溶性阳极。电解精炼时，阳极不可能全部溶完才更换，电解周期结束，剩余的残阳极与入槽阳极的质量比，称为残极率，一般为15%～20%，残阳极出槽后除去表面的阳极泥，可熔化再铸成阳极使用。

（2）电解液

金属电解提取与精炼时大多使用酸性电解液，而且主要是含游离 H_2SO_4 的硫酸盐溶液，因为它具有稳定、腐蚀性较低、阳极反应析出的氧无毒且无腐蚀性、电解槽可不密封、结构简单、制造及操作均方便等优点。氯化物电解液的电导率虽更高，但腐蚀性强，阳极反应又析出有毒及强腐蚀性氯，电解槽要密封，制造复杂，使用也不方便，因此很少采用。同理，硝酸盐电解液也极少应用。

为了改善阴极沉积物的电结晶结构，使之较为均匀致密，在电解中还常加入一些添加剂，包括各种胶、水玻璃及有机物。

电解过程中使用的电解液一般要经过净化处理。对于那些影响电沉积过程的杂质事先需要通过各种分离方法进行分离。

（3）工艺操作参数

电解提取精炼中需要控制的工艺参数包括电流密度、电解时间（金属沉积的厚度）、电解温度及电解液的流速、浓度等。

提高电流密度可使生产强度提高，但同时使槽电压升高，能耗增大，因此亦应兼顾二者，找到一合理的电流密度，即经济电流密度。应该充分注意电流密度对阴极沉积物结构的影响。电流密度过高可能出现枝晶和海绵状沉积物，电流密度过低则可能使电结晶粗大。

电解冶金时如电解时间过短，金属沉积物厚度小，电流效率较高，但沉积层不易剥离，而且使得消耗于单位产量的劳动量增大；电解时间增长，金属沉积物厚度增加，较易剥离，但金属的化学溶解量及析氢反应可能增加，使得电流效率降低。所以，电解时间也应仔细选择，如在锌电解提取时，阴极在24～48h电解后取出剥锌；在电解精炼铜时，阴极在电解沉积4～6天后取出。

提高电解温度使电解液的电导率提高，电极反应的过电势也可能降低，有利于降低槽电压和能耗。但是温度升高也使电解液的腐蚀性增大，并加速沉积金属的化学溶解，电流效率下降。

在电解提取时，由于使用不溶性阳极，随着电解的进行，溶液中的金属离子浓度不断降低，为了使电极反应在恒定的电流密度及槽电压下进行，应通过连续地加入新电解液，补充消耗的金属离子及其它组分（如添加剂）。不应忘记的是，电解液的送入、放出及其流速，还会影响电解槽内的热平衡及热交换，波及电解温度。因此入槽电解液的温度、流速都应仔细选择，它和电流密度的高低也有密切关系。

（4）传质过程

金属电解精炼时，金属离子由阳极表面溶解进入电解液，最后到达阴极表面发生电化学还原反应，一般传质过程是由扩散和自然对流共同完成的。

引起扩散的原因是电极表面液层和体相的浓度差。在阳极表面附近，金属离子的浓度高于体相；而在阴极表面附近，由于金属离子的阴极还原不断消耗，金属离子的浓度则低于体相。

引起自然对流的原因与上述浓度差密切相关。因为浓度大的区间，电解液密度必然较高，这样一来，阳极附近溶液的密度一定高于阴极附近溶液的密度，而体相的密度则介于二者之间，这种密度差导致溶液的流动，即自然对流。这种流动对扩散层的厚度及其分布产生影响。而影响其自然对流速度的因素包括电流密度和电解液浓度。当电流密度较低，电解液浓度不高时，密度梯度小，自然对流的速度也低，仅能形成层流。在电解精炼时，由于密度梯度很大，有的文献认为可达到湍流状态。

一些研究认为强制对流不能明显促进传质。对于铜精炼进行的计算表明，只有强制对流的速度远大于 3cm/s 才可能有效，但在生产中仅能达到 0.30cm/s 以下的流速。不过，电解液的循环，对于稳定槽温和电解液组成还是有益的。

金属电解提取，由于采用不溶性阳极，阳极过程主要为析气电极反应（如析氧），从而加强了溶液的自然对流。因为电解槽中一般无隔膜，阳极析气也可加强阴极的传质。阴极析氢更能加强自然对流，使扩散层厚度减小，能使电解槽在更高的电流密度下工作，获得较致密的沉积物。例如，电解提取锌时，氢析出可使扩散厚度减至 0.1mm，仅为纯自然对流时的三分之一。

(5) 资源的综合利用及回收

电解冶金的一大优点是可能有效地综合回收利用资源。那些很少形成单独矿物和矿床的金属元素，如铱、铟、铊、锗、硒、碲、镉、铋等，主要从重金属冶炼过程中综合回收。而一些在矿石中含量极低的金属，如金、银、铂族金属则往往是在主金属冶炼过程中逐步富集于中间产物，如金属精炼的阳极泥中。因此阳极泥的处理成为资源回收、提取上述金属的重要来源。例如，日本 70% 的银和几乎全部的金都来自铜精炼的阳极泥。美国几乎全部的硒、钯、砷都是从铜冶炼过程中回收的，几乎 100% 的铋是来自铅冶炼过程的回收利用，而锗、镉、铟、铊则全部从锌冶炼过程中回收。

8.2 锌的电解提取

锌是应用最广泛的有色金属之一。锌标准电极电势较负（在水溶液中为 -0.762V）且价廉易得，在化学电源中是应用最多的一种负极材料。炼锌发源于中国。青铜就是铜锌合金，原料为炉甘石（主要成分为碳酸锌）。自然界中的锌大多以闪锌矿形式存在（ZnS），且往往与其它元素共生。作为炼锌主要原料的硫化锌精矿，主要含有锌、铁和硫，其中硫含量约 30%、锌 40%～60%、铁 2%～12%。锌精矿除含有锌、硫、铁外，还含有少量的铅、镉、铜及贵金属。锌的冶炼方法可以分为火法和湿法两类。世界锌产量中 70% 以上是湿法生产的，因此锌冶炼是最重要和最典型的电解提取过程。

8.2.1 湿法炼锌的生产流程

湿法炼锌的主要生产流程如图 8-1 所示。焙烧通常在流态化焙烧炉中进行，温度达到 850～900℃，所得到的焙烧矿中可溶锌已占全锌量的 90% 以上。浸出的目的是要使焙烧矿中的锌溶解进入电解液。按作业终点控制的酸度分为中性浸出及酸性浸出。中性浸出采用电解槽中流出的电解液及各种过滤返回液，可得锌含量为 120～170g/L 的浸出液，温度为 55～60℃，pH 为 5.2～5.4，时间为 60min 左右。中性浸出矿浆中残余的氧化锌还需用酸性浸出，温度为60~75℃，时间为120~150min，终点残酸量为3~5g/L。

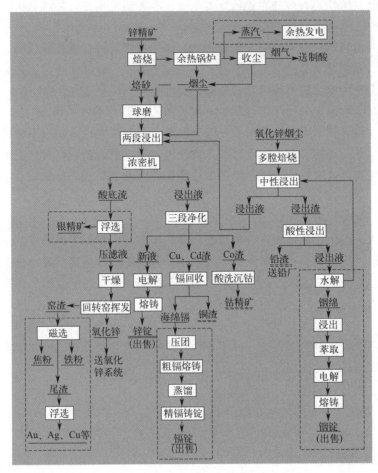

图 8-1 湿法炼锌生产流程

锌电解沉积所获得的阴极锌片经洗涤干燥后可用感应电炉熔铸成锌锭，其品位可达到 99.94%~99.99%。

为使电沉积过程获得高纯度的锌，尽可能减少杂质的共析，浸出液应净化以除去砷、锑、铜、钴、镉、镍等杂质离子。常采用电化学置换法。由于锌的标准电极电势均低于上述离子的标准电极电势（见表8-2），因此加入锌粉去除上述杂质离子。如用锌粉置换铜离子

$$Zn+Cu^{2+}\longrightarrow Zn^{2+}+Cu$$

表 8-2 几种金属的标准电极电势

电对	Zn^{2+}/Zn	Cd^{2+}/Cd	Co^{2+}/Co	Ni^{2+}/Ni	Cu^{2+}/Cu
$\varphi^{\ominus}/V$	−0.763	−0.403	−0.277	0.257	0.34

一般先除铜、镉，再除钴和镍。在生产中有时加入铜盐强化锌粉置换过程。加入Cu盐后，可以使Zn粉末置换出Cu，覆盖在Cd、Co、Ni表面形成Cu-Zn微电池，产生一定电动势，电动势加快Zn粉置换的速度，使金属离子发生还原反应的速率加快。另外，随着Zn粉置换出Cd、Co、Ni，溶液浓度下降，加入Cu盐充当电解质的作用，提高电解的程度。还有是加入铜盐后，Zn粉置换出Cu，Cu单质在Cd、Co、Ni表面形成一层均匀、致密的

膜，抑制了析出金属的回溶。另外在金属电极的表面可能发生析氢反应，由于 Cu 的电极电势高于氢的电极电势，所以减少了析氢反应的发生。

8.2.2　锌电解提取的电极过程

锌电解提取时阳极采用 Pb-Ag 合金不溶性阳极，阴极采用纯铝，电解液为含 H_2SO_4 的 $ZnSO_4$ 溶液。因为采用不溶性阳极，阳极过程主要为析氧反应

$$2H_2O \longrightarrow 4H^+ + O_2 + 4e^- \qquad \varphi^\ominus = 1.229V \tag{8-4}$$

应注意的是，析氧反应实际并不一定在铅表面进行，因为铅电极放入含有硫酸的电解液后，其表面将形成 $PbSO_4$ 薄膜，并进一步转化为 PbO_2，所以 O_2 可能在 PbO_2 表面析出。阳极材料不同时，O_2 析出的过电势不同，因此阳极电势也随之变化。如在 Pb-Ag 阳极表面析出 O_2 的电极电势就比在铅电极析出时低。研制电催化活性高的阳极材料可以降低阳极电势及槽电压，从而降低能耗。

在锌电解提取的正常生产条件下，阳极析 O_2 的电流效率高达 95%，除了析 O_2 还可能发生以下的阳极副反应：

$$2Cl^- \longrightarrow Cl_2 + 2e^-$$
$$Mn^{2+} + 2H_2O \longrightarrow MnO_2 + 4H^+ + 2e^-$$
$$MnO_2 + 2H_2O \longrightarrow MnO_4^- + 4H^+ + 3e^-$$

氯的析出，不仅使阳极腐蚀，且造成空气污染，因此应限制电解液中 Cl^- 的含量。

如果阳极表面的 PbO_2 存在孔隙或发生脱落，铅阳极基体与 H_2SO_4 接触后再度生成 $PbSO_4$，可微溶于电解液，在电解液中可能使 Pb^{2+} 含量达到 5~10g/L，如在阴极析出，将使锌的纯度降低。

锌电解提取阴极过程可能是锌的析出和析氢反应：

$$Zn^{2+} + 2e^- \longrightarrow Zn \qquad \varphi^\ominus = 0.763V \tag{8-5}$$
$$2H^+ + 2e^- \longrightarrow H_2 \qquad \varphi^\ominus = 0V$$

从热力学分析，显然 H_2 更容易析出。然而考虑到动力学因素，H_2 在锌电极表面析出的过电势很高（锌属于析 H_2 过电势高的一类电极材料），因此阴极过程主要是锌的析出，电流效率达到 90% 以上。这是锌电解提取电极过程的一大特点，即所沉积的金属，本身具有抑制氢共析的动力学特点。

电解液中那些标准电极电势比锌更正的杂质离子可能在阴极析出。然而由于溶液经过净化，它们的浓度很低，其阴极还原过程一般都受制于扩散控制的极限电流密度（i_d），因此其危害就大为降低了。

电解时发生以下总反应：

$$2ZnSO_4 + 2H_2O \longrightarrow 2Zn + 2H_2SO_4 + O_2 \tag{8-6}$$

随着电解的进行，锌不断析出，电解液中锌离子浓度不断下降，而硫酸浓度却逐渐提高。

8.2.3　锌电解提取的工艺控制

(1) 电极

锌电解提取时阳极采用含银 0.5%~1% 的 Pb-Ag 电极。与纯铅相比，电极的机械强度、

电导率、耐蚀性均有所提高。电极结构有平板式及电极网栅式两种，后者可增大电极真实表面积，降低真实电流密度及电极质量，但机械强度较差。阳极尺寸一般为 900～1100mm，宽为 600～800mm，厚为 5～7mm。

锌电解提取的阴极是采用压延铝板制造。其优点是析氢过电势较高，而且锌沉积层容易剥离，并且具有一定的耐蚀性。一般长为 100～1200mm，宽为 650～900mm，厚为 4mm。

为了防止边缘效应形成枝晶，阴极应比阳极稍大（如每边大 30mm）。电解沉积所获得的阴极锌片经洗涤干燥后可用感应电炉熔铸成锌锭，其品位可达到 99.94%～99.99%。

(2) 电解液

锌电解提取的电解液主要组成是 H_2SO_4 和 $ZnSO_4$。一般含量为 Zn^{2+} 60～70g/L、H_2SO_4 120～160g/L。随着电解的进行，电解液中锌含量不断下降，而 H_2SO_4 浓度不断增加，这将使锌析出的电流效率下降。对于电解提取这种沉积量大、大规模连续生产的电化学工程，保持电解液组成的恒定，是保证生产稳定和技术经济指标先进的条件。一般要通过电解液的循环即不断向电化学反应器（电解槽）中加入新的电解液（含锌量为 120～130g/L）和放出废液（含锌量为 50g/L 以下）来实现。放出的废液可以全部送至浸出工序使用，也可与新液按一定比例混合后再加入电解槽中使用，后一种方法使用更多。

电解液中 Zn^{2+} 含量增大时，其阴极电沉积的电流效率提高。电解液中 H_2SO_4 的含量增大，有利于氢的析出使电流效率下降。但可使电解液的电导率提高，降低槽电压，因此在增大电流密度时，应适当提高电解液中 H_2SO_4 的浓度。

为了改善阴极沉积物的电结晶结构，使其更为均匀、细小致密，锌电解提取时要在电解液中加入一些添加剂，如各种胶、水玻璃、甲酚、β-萘酚等。

(3) 电解温度与电流密度

锌电解提取的温度一般为 35～40℃，提高温度可增大电解液电导率，降低槽电压。但温度的提高也有不利的影响，将使析氢过电势降低，并加速锌沉积物的化学溶解，这都可能使电流效率降低。

锌电解提取的电流密度可在较宽的范围内变化，如 200～1000A/m²，采用较多的是 400～600A/m²。提高电流密度除了可提高生产强度，减小固定投资外，还有利于提高锌沉积电流效率。如图 8-2 所示。

这是因为电流密度提高后，电沉积的速率加快，而沉积锌的化学溶解速率却不因其提高而提高。此外，氢析出的极化率比锌析出的极化率更高，因此在电流密度提高后，锌的化学溶解和氢的共析都相对减少，电流效率得以提高。然而，电流密度提高使得槽电压升高，直流电耗增加，并且增加了电解液中酸的挥发，这是不利的，因此应慎重选择。

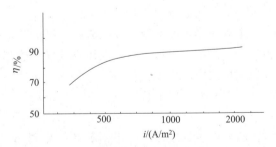

图 8-2 电流密度对电流效率的影响

(4) 沉积时间

与电镀不同，以提取金属为目的的电解冶金，需要厚得多的金属沉积物，但厚度的大小也必须合理选择，这是通过沉积时间的控制实现的。考虑到生产安排方便和定时剥锌作业，沉积周期一般为24h或48h，沉积厚度因电流密度的不同而有所变化，一般为2～3mm。

沉积厚度可用下式计算：

$$\delta = \frac{itK\eta}{\rho} \tag{8-7}$$

式中，i 为电流密度，A/cm^2；t 为沉积时间，h；K 为电化当量，g/Ah，Zn 是 1.219g/Ah；η 为电流效率，%；ρ 为金属沉积物的密度，g/cm^3，Zn 是 $7.14g/cm^3$。

(5) 槽电压与直流电耗

锌电解提取的槽电压一般为3.3～3.6V。槽电压的高低取决于多种因素，包括电解液组成、电解温度、电流密度以及电极材料和电解槽结构。首先是极间距，一般极间距为60～70mm。表8-3为一个锌电解提取电解槽槽电压分析的实例。

表8-3 锌电解提取的槽压衡算

理论分解电压/V	2.00
阴极过电势/V	0.15
溶液的欧姆压降/V	0.50
其它硬件上的压降/V	0.25
总计/V	3.50

锌电解提取的直流电耗一般为3000～3300kW·h/t。它取决于槽电压、电流效率及电化当量。

8.3 铜的电解精炼

铜是产量仅次于铝的有色金属。由于铜具有优良的导电性、导热性、延展性、抗蚀性，因此在电气、机械、冶金、化工、轻工等各行业得到广泛的应用。地壳中铜的含量约为0.01%，其矿物包括自然铜、硫化矿、氧化矿三种，而以硫化矿分布最广，是铜冶炼的主要原料。

铜冶炼的方法虽也分为火法和湿法两种，但国内外皆以火法为主，约占铜产量的80%以上。由火法精炼生产的铜其纯度已达99.5%，杂质虽不多，但对其导电性及延展性仍影响很大，不能满足电气工业的要求。为此，尚需采用电解精炼法进一步去除杂质，使其纯度达到99.95%以上。铜电解精炼的另一重要目的是要综合利用资源，回收粗铜中有很重大经济价值的金属，如金、银、铂、镍、钴、硒、碲等。

8.3.1 铜精炼的生产流程

铜电解精炼通常包括阳极加工、始极片制作、电解、净液及阳极泥处理等工序。其一般的生产流程如图8-3所示。首先是在种板槽中，用火法精炼产出的阳极铜作为阳极，用纯铜或钛母板作为阴极，通以一定电流密度的直流电，使阳极铜电解，在母板上析出纯铜薄片，称为始极片。将其从母板上剥离下来后加工作为生产槽所用的阴极。在生产槽中，用同样的阳极板和种板槽生产出的始极片进行电解，产出最终的产品阴极铜。

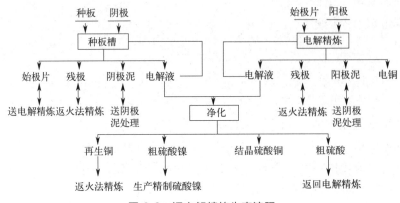

图 8-3 铜电解精炼生产流程

8.3.2 铜电解精炼的电极过程

铜电解精炼时电解液主要含有 $CuSO_4$ 和 H_2SO_4。阳极是待精炼的粗金属（来自火法冶炼），这是一种含杂质的可溶性阳极，电解时可能发生以下多种电极反应。

$$Cu \longrightarrow Cu^{2+} + 2e^- \quad \varphi^\ominus = 0.34V \tag{8-8}$$

$$Cu \longrightarrow Cu^+ + e^- \quad \varphi^\ominus = 0.51V \tag{8-9}$$

$$Cu^+ \longrightarrow Cu^{2+} + e^- \quad \varphi^\ominus = 0.17V \tag{8-10}$$

$$2H_2O \longrightarrow 4H^+ + O_2 + 4e^- \quad \varphi^\ominus = 1.229V$$

此外，阳极中含有的比铜电势负的杂质离子也可能从阳极溶解。铜电解精炼时阳极过程的主要反应是反应式(8-8)，即铜以二价铜离子从阳极溶解，因为电极电势比反应式(8-9)更负。反应式(8-9)，即生成一价铜离子的反应，虽然是次要的反应，但因溶液中存在以下化学平衡：

$$2Cu^+ \Longleftrightarrow Cu^{2+} + Cu \tag{8-11}$$

Cu^+ 的浓度虽很低，却可能发生 Cu^+ 的氧化反应[式(8-12)]和过饱和分解反应[式(8-13)]，使电流效率下降。

$$Cu_2SO_4 + 1/2 O_2 + H_2SO_4 \longrightarrow 2CuSO_4 + H_2O \tag{8-12}$$

$$Cu_2SO_4 \longrightarrow CuSO_4 + Cu \tag{8-13}$$

所生成的铜为粉状，落入阳极泥，造成损失。

铜电解精炼时主要的阴极过程是二价铜离子的还原析出：

$$Cu^{2+} + 2e^- \longrightarrow Cu \quad \varphi^\ominus = 0.34V \tag{8-14}$$

它和发生在阳极的反应[式(8-8)]恰好是一对可逆反应。

由于电解液为酸性，并溶有来自阳极的杂质离子，因而也可能发生析氢反应及杂质离子的共析：

$$2H^+ + 2e^- \longrightarrow H_2 \quad \varphi^\ominus = 0V$$

但因氢析出的电势比铜更负，且需一定的过电势，所以一般情况下，氢很少析出。但当 Cu^{2+} 浓度下降到一定程度后，使二者电势接近，也可能发生铜和氢的共析。

电解精炼时的总反应为：Cu（粗）$\longrightarrow$ Cu（纯）

金属电解精炼的目的是分离杂质和提纯金属，因此，阳极（粗金属）中杂质的行为成为关键问题。表 8-4 为待精炼的阳极中杂质的含量。可按其行为将这些杂质分为三类。

表 8-4 阳极中杂质的含量

元素	阳极/%		阴极/%	
	国内	国外	国内	国外
Cu	99.2～99.7	99.4～99.8	99.95	99.99
S	0.0024～0.015	0.001～0.003	0.005	0.0004～0.0007
O	0.04～0.2	0.1～0.3	0.02	—
Ni	0.09～0.15	0～0.5	0.002	微量～0.0007
Fe	0.001	0.002～0.03	0.005	0.0002～0.0006
Pb	0.001～0.04	0～0.1	0.005	0.0005
As	0.02～0.05	0～0.3	0.002	0.0001
Sb	0.018～0.3	0～0.3	0.002	0.0002
Bi	0.0026	0～0.01	0.002	微量～0.0001
Se	0.017～0.025	0～0.02	—	0.0001
Te	—	0～0.001	—	微量～0.0003
Ag	0.058～0.1	微量～0.1	—	0.0005～0.001
Au	0.003～0.007	0～0.005	—	0～0.00001

① 不发生电化学溶解的杂质。包括比铜电极电势更正的杂质，如金、银、铂族元素以及以稳定化合物形态存在于阳极中的元素，如 Cu_2O、Cu_2S、Cu_2Se、Cu_2Te 等，它们将以极细微粒进入阳极泥中。

② 形成不溶性产物的杂质。包括铅和锡，它们虽能溶解，却形成不溶性产物。前者生成 $PbSO_4$，并可进一步氧化为 PbO_2，覆盖在阳极表面；后者溶解生成的 $SnSO_4$，能进一步氧化为 $Sn(SO_4)_2$，进而水解，生成难溶的碱式盐落入阳极泥中。

③ 发生电化学溶解的杂质。包括电极电势比铜更负的杂质，如铁、锌、镍，以及与铜电势接近的杂质，如砷、锑、铋。前者发生电化学溶解后进入电解液，虽含量甚低，但如长时间积累，仍然有害，应定期进行净化处理；后者最为有害，它们既能在阴极与 Cu 共析，影响阴极铜的纯度，降低电流效率，又可能在溶解后产生漂浮的阳极泥，黏附在阴极表面，产生同样有害的后果。

表 8-5 列出了铜精炼时常见杂质的去向，其数量将随电解工艺，如电解液成分、温度、流速、电流密度和阳极组成而变化。

表 8-5 铜电解精炼阳极杂质的去向 单位:%

杂质	电解液	阳极泥	阴极
Cu	1～2	0.03～0.1	98～99
Ag	2	97～98	<1.6
Au	1	99	<0.5
铂族	—	约 100	0.05
Se、Te	2	约 98	1
Pb、Sn	2	约 98	1
Ni	75～100	0～25	<0.5
Fe	100	—	—
Zn	100	—	—
Al	约 75	约 25	5
As	60～80	20～40	<10
Sb	10～60	40～90	<15

续表

杂质	电解液	阳极泥	阴极
Bi	20～40	60～80	5
S	—	95～97	3～5
SiO_2	—	100	—

通过以上的讨论可以看出,在铜电解精炼时,电极电势较铜负的杂质在阳极共溶,但不能在阴极与铜析出;而电极电势较铜正的杂质虽可能在阴极共析,却不可能在阳极共溶,进入电解液,而只能进入阳极泥。这正是金属电解精炼的电化学原理。最危险的杂质是电势与铜接近的杂质,它们既可在阳极共溶,又可能在阴极共析,因此它们在溶液中的浓度应加以控制,即通过定期地对电解液进行净化处理,来降低这些离子在溶液中的积累。

8.3.3 铜电解精炼的工艺控制

(1) 电极

铜电解精炼的阳极是由火法精炼铜铸造而成的,其铜含量约为 99.50%。阳极的大小取决于工厂规模及生产条件。现代铜电解厂则多采用大阳极,质量为 300～350kg,使用周期达 20～50d,不仅劳动生产率提高,而且可节省辅助生产设备及土建投资,获得明显的经济效益。

阴极由厚度为 0.4～0.8mm 的纯铜片制成,称为始极片。始极片是在专门的电解槽(称为始极槽或种板槽)中得到的。始极片要求表面光滑、结晶致密、各处厚薄均匀,具有一定的硬度,板面无缺陷,通常要求始极片比阳极板长 25～30mm,宽 20～30mm。其尺寸略大于阳极,以避免边缘效应,生成树枝状结晶。

(2) 电解液

铜电解精炼液的主要组成为 Cu^{2+} 和 H_2SO_4,为了改善阴极沉积物的电结晶结构,还要加入少量添加剂。

Cu^{2+} 是待沉积的离子,由阳极溶解产生,在电解液中的含量一般为 40～50g/L,这样才能保证阴极电沉程过程的需要,否则过电势增高,导致离子共析。但 Cu^{2+} 的浓度提高后,溶液电导率降低,槽电压升高,所以也不宜过大。

H_2SO_4 对于电极过程而言是局外电解质,但对于提高电解液的电导率必不可少,其浓度也不可过高,否则使 $CuSO_4$ 溶解度下降,且增大酸雾,恶化劳动条件。一般含量为 170～240g/L。

铜电解精炼时,使用的添加剂通常包括以下几种:动物胶,可细化电结晶晶粒,一般用量为 25～50g/t;干酪素,可抑制枝晶生长,一般用量为 15～40g/t;硫脲,亦可细化晶粒,用量为 20～50g/t。此外,还加入 HCl 以沉淀溶液中的 Ag^+ 及 Pb^{2+},也可防止阳极钝化及枝晶。

(3) 电解温度与电流密度

铜电解精炼的电解温度一般为 25～62℃。提高温度可提高电解液的电导率,降低黏度,改善传质,降低电极反应的过电势和槽电压。因此,在提高生产强度(即电流密度)时应适当升高温度。但温度过高,会加速沉积金属的化学溶解及电解液的蒸发,这又是不利的。

铜电解精炼的电流密度一般为 200～300A/m²,提高电流密度,可使生产强度提高,但能耗增大。此时应采取提高温度、适当缩小极间距等措施，使电耗不致过高。

(4) 电流效率、槽电压和电耗

铜电解精炼的电流效率很高，可达 95%～97%，造成电流效率下降的可能原因包括阴极铜的化学溶解、由枝晶造成的电极短路等。

铜电解精炼的槽电压很低，一般仅为 0.2～0.3V。这首先是由于铜电解精炼的两个电极反应是一对可逆反应，过程总的自由能变化（ΔG）甚小，因此，理论分解电压趋于零。

表 8-6 为铜电解精炼槽电压衡算的一个实例。可以看出，由于电极反应可逆性很高，过电势甚低，槽电压的主要组成是电解液的欧姆压降，可是电解液的电导率很高，这一项数值也不大。

表 8-6　铜电解精炼的槽电压（电流密度为 210A/m²）

理论分解电压 mV	0
阴极过电势 mV	80
阳极过电势 mV	30
溶液欧姆压降 mV	100
硬件压降 mV	70
槽电压 mV	280

由于铜电解精炼的电流效率高，槽电压低，因此其直流电耗仅为 200～300kW·h/t，这在电解工程中是少见的。应该注意的是，炼制高纯铜的全过程的总能耗远远高于此数值，即直流电耗仅为总能耗的一部分。在进入电解精炼前，经过火法炼铜（包括火法精炼）的各工序，已消耗了不少能量。

8.4　铝的电解提取

虽然铝在地壳中的含量居金属元素之首（约为 8%，仅次于氧和硅），但铝的化学性质活泼，使得从矿物中提取金属铝变得十分困难。直到 19 世纪中叶，人们才制得金属铝。1845 年，德国的韦勒（Wohler）将氧化铝蒸气通过熔融钾表面，通过化学方法制得了金属铝珠。德国的本生（Bunsen）于 1854 年通过电解 $NaCl-AlCl_3$ 熔盐制得金属铝。美国的霍尔（Hall）和法国的埃鲁（Heroult）于 1886 年各自独立地完成了以冰晶石氧化铝熔盐电解炼铝的研究，并取得专利权，这种方法被称为霍尔-埃鲁法。迄今为止，霍尔-埃鲁法仍然是工业炼铝的唯一方法。

铝是世界上产量最大、应用最广的有色金属，熔盐电解铝工业是规模仅次于氯碱工业的电化学工业，由此可见熔盐电解的重要价值。为此，本节以铝电解提取为例，介绍熔盐电化学和熔盐电解的基本概念与特点，并对铝电解相关问题进行简要讨论。

8.4.1　熔盐电解简介

熔盐电解法是以熔盐为电解质，将电能转化为化学能，实现金属电解提取与精炼的过程。熔盐电解在冶金工业和化学工业上有广泛的应用。采用熔盐电解法生产的主要有铝、镁、钙、碱金属（锂和钠）、高熔点金属（钽、铌、锆、钛）、稀土金属、锕系金属（钍、铀）、非金属元素的氟和硼。其中氟、铝、铀、镁、混合轻稀土金属，熔盐电解法是其唯一的或主要的生产手段。熔盐电解还可进行金属精炼和制取合金。

熔盐一般指高温下盐类的熔体。熔盐虽然也属于电解质，但因为熔盐与通常的电解质溶液的形成原因和工作条件迥异，因而给熔盐电解带来一系列特殊的问题。如熔盐电解是高温电化学过程，因而极化小，可以采用大电流电解。另外，存在金属在熔盐中溶解的问题等。因而，首先需要对熔盐的结构和性质有基本的认识。

(1) 熔盐的结构与性质

熔盐电解质虽然也有溶剂、溶质和溶液之分，但不像水溶液和有机电解质那样泾渭分明，熔盐电解质的结构更为复杂。描述熔盐结构的准晶格模型认为，熔盐的结构介于固态和气态之间，并更接近于固态，具有近程有序、远程无序的特点，即熔盐中的离子在短距离内按一定规则排列，超过一定距离则无序。但准晶格模型是粗略的半经验模型，难以直接用于计算液态的各种性质。另外，盐类熔解时摩尔体积增大等现象也难以用准晶体模型来解释。因而，人们又相继提出了熔盐结构的空穴模型、细胞模型及自由体积模型等。

基于静电作用以晶格模型为框架来描述熔盐结构，在很多情形下对于熔盐结构与其性质之间关系的解释仍存在困难。这是因为熔盐中的化学键并不都是纯离子键，还具有共价键成分。因此，熔盐体系中的各种质点（离子、原子、分子等）之间的相互作用不能仅用静电理论解释，溶质的溶解过程不是简单的物理过程，还可能发生了化学反应。

以冰晶石（Na_3AlF_6）-氧化铝熔盐结构为例，Al_2O_3 溶入 Na_3AlF_6 溶剂后，由于氧离子和氟离子的大小接近（O^{2-} 的半径为 0.140nm，F^- 的半径为 0.133nm），因而二者相互取代，可能形成铝氧氟离子。它们通常以氧离子取代 AlF_6^- 和 AlF_4^- 这些络离子中的部分氟离子。然而，关于铝氧氟离子的具体结构仍然众说纷纭。实际上，当 Al_2O_3 的浓度变化时，冰晶石-氧化铝溶液的结构也随之改变（即可能存在不同质点），如表 8-7 所示。

表 8-7 Al_2O_3 溶入 Na_3AlF_6 溶液成分

电解液	阳离子	阴离子	工业铝电解槽情况
纯冰晶石溶液	Na^+	F^-、AlF_6^{3-}、AlF_4^-	临近发生阳极效应
0%～2%Al_2O_3(质量分数)	Na^+	F^-、AlF_6^{3-}、AlF_4^-、$Al_2OF_{10}^{6-}$、$Al_2OF_8^{4-}$、$Al_2OF_6^{2-}$	
2%～5%Al_2O_3(质量分数)	Na^+	F^-、AlF_6^{3-}、AlF_4^-、AlF_5^{4-}、$AlOF_3^{2-}$	进行正常电解
5%Al_2O_3(质量分数)	Na^+	F^-、AlF_6^{3-}、AlF_4^-、$AlOF_2^-$、$Al_2O_2F_4^{2-}$	

熔盐的结构决定熔盐的性质。随着氧化铝浓度的提高，冰晶石-氧化铝体系的各种物理化学性质均发生变化，如熔点、密度、蒸气压、电导率、表面张力减小，而黏度却提高。这些性质对于熔盐电解至关重要，下面予以讨论。

① 熔点。熔点是熔盐电解质由固态转变为液态的温度。熔点与熔盐结构有关。一般认为，对于离子晶体，如果其晶格能较高，则熔解需较高能量，因而熔点较高。对于分子晶体，由于质点间作用力较弱，故其熔点较低。

熔盐电解一般在略高于其熔点的温度下进行。因此为了降低能耗和对反应器材料及保温性能的要求，希望降低熔盐电解质的熔点。采用多种电解质组成低共熔系可使熔盐的熔点下降。常用氯化物或氟化物熔盐体系的熔点见表 8-8。

表 8-8 常用熔盐体系的熔点

熔盐体系	熔点/℃
NaCl-KCl(等物质的量)	663
LiCl(59%)-KCl(41%)	352
LiCl(43%)-NaCl(33%)-KCl(24%)	357
NaF(60%)-KF(40%)	700
LiF(46.5%)-NaF(42.0%)-KF(11.5%)	454
NaCl(35%)-NaF(65%)	675

注：均为摩尔分数。

由冰晶石和氧化铝组成的二元系是简单的共晶系，其共晶点在 Al_2O_3 含量为 10%～11.5%（质量分数）或 18.6%～21.1%（摩尔分数）处，温度为 960～962℃。铝电解往往在上述二元系中还加入 AlF_3 形成三元系，不仅使熔点降低，还可改善电解质的理化性质。

② 密度。熔盐电解时其金属产物往往也是液态，因此熔融电解质的密度关系到电解质与产物的分离。希望二者密度不同，自然分层。当熔盐密度大于液体金属的密度时，金属就浮在上面，如镁、钠电解提取。当熔盐密度小于液体金属的密度时，金属就沉到电解槽底部，如铝、稀土电解提取。当二者密度相近时，金属会悬浮在熔盐中而不易分离。

熔盐的密度随温度上升而下降，可用式(8-15)近似计算

$$\rho_T = \rho_0 + \alpha(T - T_0) \tag{8-15}$$

式中，α 为温度系数（负值）；ρ_0 为接近熔点时的密度。

纯 Al_2O_3 在熔点（2050℃）时密度为 $3.01g/cm^3$，冰晶石在熔点（1010℃）时密度为 $2.18g/cm^3$，但二者形成的二元系的密度却更小（$2.088g/cm^3$）。这说明二者相溶的过程不是一个简单的物理过程，而是发生了化学过程，可能是形成了络合离子。在铝电解中，铝液的密度约为 $2.38g/cm^3$，大于熔盐电解质密度（$2.088g/cm^3$），二者自然分层。液态铝较重，沉于槽底。

需要注意的是 Na_3AlF_6-Al_2O_3 二元系的密度随 Al_2O_3 含量增加而减少。可以采用添加剂改变熔盐的密度的方法。如加入 AlF_3 及其它添加剂后，可使电解质的密度降低。

③ 电导率。熔盐的电导率取决于其电解质的本性，即组成、结构、离子的特性（荷电及在电场中的运动速度）以及熔盐的温度。表 8-9 是一些熔盐的电导率。

表 8-9 一些熔盐在接近熔点时的电导率

熔盐	T/℃	电导率$\times 10^{-2}$/(S/m)	熔盐	T/℃	电导率$\times 10^{-2}$/(S/m)
LiCl	620	5.85	$PbCl_2$	505	1.478
NaCl	805	3.54	$BiCl_3$	250	0.406
KCl	800	2.42	AgCl	500	3.910
RbCl	783	1.49	$ZnCl_2$	336	0.0024
CsCl	660	1.14	$CaCl_2$	580	1.878
NaF	1000	4.01	NaOH	350	2.380
KF	860	4.14	KOH	400	2.520
NaBr	800	3.06	K_2SO_4	1100	1.840
NaI	700	2.56	$LiNO_3$	265	0.967
KI	700	1.39	$AgNO_3$	247	0.317
$AlCl_3$	200	0.56×10^{-6}	$CaCl_2$	800	2.020
$NaNO_3$	310	0.997	$MgCl_2$	800	1.700
KNO_3	350	0.666	Na_3AlF_6	1020	2.67
$SnCl_2$	253	0.780			

一般而言,熔盐的电导率比室温下水溶液的电导率大得多,故熔盐电解可采用较高的电流密度。增大熔盐的电导率有利于降低熔盐电解的槽电压和能耗。电解质的黏度影响其电导率,黏度增大,电导率减小。

对于 Na_3AlF_6-Al_2O_3 二元系,Al_2O_3 的含量增大时,电导率将减小。在工业电解槽中,在加料前后,Al_2O_3 含量及温度均有所变化,因此电解质的电导率可能变化 15%~20%。此外尚需考虑碳电极氧化剥落产生碳粒、原料携入杂质以及溶解的金属铝滴对电解质电导率的影响。

可以用添加剂改变熔盐的电导率。如加入 MgF_2、AlF_3、CaF_2 使其电导率降低,而加入 LiF、NaCl 和 NaF 则使电导率提高。

④ 黏度。熔盐的黏度一般在 $1\sim10\times10^{-3}$ Pa·s 范围。熔盐黏度除影响电导率外,还影响熔盐中的各种传递过程,包括传质、动量传递、析气效应。

熔盐黏度大,导电性差,还使金属液滴与电解质不易分离,阳极气体也不易从阳极上排出,还不利于泥渣沉降,也妨碍电解质对流循环和离子扩散,影响正常电解所必须维持的正常传质和传热过程。但黏度太小,对流严重,降低电流效率。因此,熔盐电解质要有适当的黏度。

熔盐黏度随温度升高而降低。混合盐的黏度随组成变化,因为影响黏度的因素相当复杂,多数不能用加和规则来计算。不仅加入添加剂可使黏度变化,熔盐中掺入微量的固体粉末,如电极碳粉、氧化铝粉末、泥渣也影响黏度的大小。

Na_3AlF_6-Al_2O_3 二元系中 Al_2O_3 含量增加时,黏度将增大。而添加剂的影响则不相同,加入 MgF_2、CaF_2 可使电解质黏度增加;加入 AlF_3 和 LiF 却使电解质的黏度降低。

⑤ 表面张力。熔融电解质在电极表面的润湿性,对熔盐电解时的两大特殊现象——金属的溶解和阳极效应都有很大的影响。如果电解质在电极表面润湿不好,在电极表面生成的气体更易黏附在其表面,形成气膜,促使阳极效应的发生。通常金属与熔盐间的界面张力愈大,金属在熔盐中的溶解度愈小,阴极析出的液态金属更易于凝聚,减少了金属的溶解损失。

气-液-固三相界面上的润湿角(又称接触角)θ 可用杨式方程式(8-16)来计算

$$\cos\theta = \frac{\sigma_{g/s} - \sigma_{l/s}}{\sigma_{l/g}} \tag{8-16}$$

式中,$\sigma_{g/s}$ 为气相与固相的界面张力;$\sigma_{l/s}$ 为液相与固相的界面张力;$\sigma_{l/g}$ 为液相与气相的界面张力。对 θ 影响最大的是熔盐与固相(即电极)的界面张力 $\sigma_{l/s}$,一切使 $\sigma_{l/s}$ 减小的因素都可能导致润湿角 θ 减小,即电解质在电极表面的润湿性改善。

Na_3AlF_6-Al_2O_3 溶液在碳电极上的润湿角随 Al_2O_3 的含量增大而减小。

⑥ 蒸气压。熔盐的组成和结构对其蒸气压也影响甚大。温度升高时,熔盐蒸气压增大。蒸气压愈高,熔盐愈易蒸发,这不仅引起熔盐的损失,而且造成生产车间的大气污染。因此,应选择蒸气压低、挥发性小的熔盐作电解质。但挥发性小的盐类往往熔点较高。一般情况是氟化物体系的挥发损失比氯化物的小得多,而且氟化物熔体对氧化物有很大的溶解能力,但氟化物腐蚀性强。所以人们对氟化物-氯化物混合熔盐或氯化物中添加少量氟化物的熔盐较感兴趣。

上述可知,选择合适的熔盐体系并对其性能进行综合调控对于提高熔盐电解的技术经济性具有重要意义。常见熔盐包括氟化物体系、氯化物体系、氢氧化物体系、氧化物体系,硝酸盐、硫酸盐、碳酸盐及硼酸盐体系等。在选择熔盐体系时,需考虑多方面因素。如所用熔盐体系必须满足产品质量要求,采用的熔盐体系要经济方便,原料在熔盐中的溶解度大,熔盐电解质稳定性好等。

(2) 熔盐电极过程特点

对于熔盐电解过程依然可以应用水溶液中电化学热力学的概念及方法,如运用电动势和电极电势可以研究电极反应的可能性以及电解反应所需最低能量。但是对于熔盐电解而言,电极电势的建立和应用遇到了困难。第一,不可能像水溶液一样找到一种通用的溶剂,因此难以建立一个通用的电势序。各种熔盐在不同的溶剂中,可能具有不同的电势序,即具有不同的氧化还原趋势。第二,由于熔盐的温度高,温度变化的区间大,因此电极电势的变化范围也大得多,甚至可能导致相互位置的变化。第三,由于以上两个困难,熔盐中电极电势的定量也比较困难,缺少通用的参比电极,因而不易确定共同的电极电势标度,所得的数据也较难比较。

有鉴于此,人们根据实践需要确定了不同种类溶剂中的电势序。例如根据生成金属氯化物的自由能进行热力学计算,得出单一氯化物熔盐作电解质的化学电池的电动势,把 Cl^-/Cl_2 电极的电势定为零,求得各种温度下金属的电极电势数值(见表8-10)。

表8-10 某些金属在氯化物中的电极电势 单位:V

电极	100℃	200℃	400℃	600℃	800℃	1000℃
K^+/K	4.153	4.056	3.854	3.656	3.441	3.115
Li^+/Li	3.955	3.881	3.722	3.571	3.457	3.352
Na^+/Na	3.910	3.810	3.615	3.424	3.240	3.019
Ca^{2+}/Ca	3.830	3.754	3.605	3.462	3.323	3.208
La^{3+}/La	3.504	3.426	3.227	3.134	2.997	2.867
Mg^{2+}/Mg	3.006	2.922	2.760	2.602	2.460	2.346
Th^{4+}/Th	2.779	2.699	2.546	2.399	2.264	
Mn^{2+}/Mn	2.235	2.166	2.032	1.902	1.807	1.725
Ti^{2+}/Ti	2.202	2.134	2.006	1.885		
Zn^{2+}/Zn	1.854	1.776	1.665	1.552		
Fe^{2+}/Fe	1.516	1.451	1.327	1.207	1.118	1.050
Ag^+/Ag	1.093	1.073	0.935	0.870	0.828	0.734

金属在熔盐中的电势序,虽然在氯化物和氟化物中略有差异,但是都和水溶液相似,碱金属、碱土金属电势最负,在电势序前面;稀土金属、轻金属、难熔金属次之;有色重金属、贵金属电势最正,在电势序后面。在选择电解介质时,应选碱金属和碱土金属的盐,因为它们不会首先析出来。氯化物主要用在金属氯化物为原料的电解中,氟化物主要用在金属氧化物为原料的电解中。表8-11 为一些金属在不同溶剂所形成的熔盐体系中的电势序。

表8-11 金属在不同熔盐体系中的电势序

溶剂	温度/℃	电势序
单独的氟化物	1000	Ba,Sr,Ca,Na,K,Mg,Li,Al,Mn,Cr,Ca,Ni,Fe,Cu,Ag
NaF-KF	1000	Na,Mg,Li,Al,Mn,Zn,Cd,Ce,Pb,Co,Ni,Bi
Na_3AlF_6	850	Al,Mn,Cr,Nb,W,Fe,Co,Mo,Ni,Cu,Ag
单独的氯化物	800	Ba,Sr,K,Li,Na,Ca,La,Mg,Th,Be,Mn,Al,Zn,Cd,Pb,Sn,Ni,Co,Hg,Bi,Sb
LiCl-KCl	450	Li,La,Ce,Mg,Th,Mn,U,Zr,Al,Be,Ta,Tl,Zn,W,Cd,Mo,V,Co,Ni,Ag,Sb,Bi,Cu,Pd,Pt
NaCl-KCl	700	Mg,Th,U,Mn,Al,Zr,Ti,Zn,Cr,Fe,Pb,Sn,Co,Cu,Ni,Ag,Pb,Pt,Au
单独的溴化物	700	Ba,K,Sr,Li,Na,Ca,Mg,Mn,Fe,Al,An,Cd,Pb,Sn,Ag,Cu,Co,Hg,Bi,Sb
单独的碘化物	700	Na,Mg,Mn,Zn,Cd,Al,Ag,Sn,Pb,Cu,Bi,Hg,Co,Sb

在熔盐电解研究中，常用方法是计算或测量熔盐的分解电压，以此来判断电极反应的可能性，以及某些物质（例如金属）氧化还原能力的高低。例如，通过比较同一种金属离子与不同阴离子组成的多种熔盐的分解电压，可以判断这些阴离子的氧化还原能力；而对比同一种阴离子与不同金属离子组成的熔盐的分解电压，则可判断这些金属离子氧化还原的能力。表 8-12 为某些氯化物和氟化物的分解电压。

表 8-12 某些氯化物和氟化物的分解电压

盐	温度/℃	分解电压/V	盐	温度/℃	分解电压/V
CsCl	700	3.68	LiF	1000	2.20
RbCl	700	3.62	KF	1000	2.54
$BaCl_2$	700	3.62	NaF	1000	2.76
$SrCl_2$	800	3.30	MgF_2	1400	2.25
KCl	700	3.53	CaF_2	1400	2.40
LiCl	650	3.41	SrF_2	1440	2.43
$CaCl_2$	700	3.38	BaF_2	1000	2.63
NaCl	877	3.35	ZnF_2	1000	2.16
$MgCl_2$	700	2.51	AlF_3	1000	2.25
$AlCl_3$	277	1.90	PbF_2	1000	1.74
$ZnCl_2$	427	1.60	BiF_3	1000	1.36
$PbCl_2$	500	1.27	FeF_3	1000	1.00
$SnCl_2$	700	1.15	NiF_2	1000	1.58
$CoCl_2$	700	0.97	CoF_2	1000	1.72

应该注意的是，温度同样影响分解电压的高低。在运用热力学数据计算熔盐中电化学反应的分解电压时，应注意物质的温度及每一种物质的状态，而不能直接引用常温下热力学数据计算。

熔盐电极过程与水溶液中进行的电极反应比较，熔盐电极过程动力学有以下特点：

① 电化学极化很小。熔盐中的电极过程由于在高温下进行，其电子转移步骤的速度比水溶液中的电极过程快很多。对于大多数金属还原，其交换电流密度在 $5\sim 33 kA/m^2$ 之间，而水溶液中的交换电流一般仅为 $10^{-2}\sim 10^{-6} kA/m^2$。

② 由于高温下离子运动速度很快，因而溶液相传质迟缓所产生的浓度极化也很小。在采用单一的熔盐时，由于离子浓度高，浓度极化更小。

③ 如果阴极过程是金属还原，由于高温熔盐电解时通常生成液态金属，因此结晶过电势也几乎不存在。

④ 由于高温，熔盐化学性质活泼，容易发生各种副反应。

(3) 阳极效应

阳极效应是熔盐电解的一种特殊现象。熔盐电解时，当其电流密度达到一定值后（称为临界电流密度），槽电压骤升，可从几伏增至几十伏（有时甚至达 100V 以上），阳极附近出现火花和爆裂声，这一现象称为阳极效应。

阳极效应产生的原因是当接近临界电流密度时，电极表面发生了某种变化。电化学反应是一种特殊的异相反应，因此界面的性质对电极过程影响极大。在电极表面形成新的化合物会改变表面性质。析气效应是电化学反应中的普遍现象，由于电化学反应产生气体，在电极表面形成所谓"气泡帘"，不仅影响阳极过程，也影响阴极过程的进行。据此，人们提出了两种阳极效应产生机制：

① 由于电极/电解质界面的表面现象引起阳极效应。熔盐电解时，如果阳极过程析出气体，那么电极和电解质界面上将出现三相界面，即气-液-固界面。这时，熔盐电解质在电极表面的润湿角与气泡在电极表面的滞留状态密切相关，如图8-4所示。

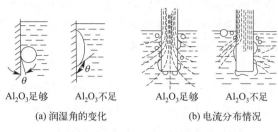

图 8-4　阳极效应前后润湿角的变化及电流分布

如果 θ 增大，电解质对电极表面润湿变差，气体在电极表面附着扩展成一层气泡膜时，电极即与电解质隔离，此时电流密度急剧下降，这时电流密度的分布极不均匀，在个别点电流密度甚高，槽电压骤升，并可能导致火花放电，遂发生阳极效应。

② 阳极过程形成某种导电不良或润湿性差的表面化合物导致阳极效应。根据表面化合物结构和性质、形成过程以及导致阳极效应的不同，不同研究者根据自己的实验研究结果，又提出了各不相同的机理。

各种熔盐产生阳极效应的临界电流密度随电解温度、电解质组成、阳极材料而异。氟化物的临界电流密度比氯化物低，碱土金属氯化物又比碱金属氯化物低。例如 NaCl 的临界电流密度为 $1.08A/cm^2$，$NaF+KF$ 为 $0.25A/cm^2$，$CaCl_2+BaCl_2$ 为 $0.7A/cm^2$。

电解制取钠、钾、镁时，常在低于临界电流密度下进行，一般看不到阳极效应。电解制取铝是在接近临界电流密度下进行的，所以会周期性地出现阳极效应。有人将铝电解阳极效应分为两类。一类是氧化铝浓度减小所引起的阳极效应。随着电解进行，氧化铝浓度减小到 $0.5\%\sim2\%$ 时，电解质对碳阳极的湿润性开始变差，同时氟离子开始在阳极表面放电，生成碳氟和碳氧氟等中间化合物，使得电解质对碳阳极的湿润性更差，气泡更难脱离电极表面，甚至可能发展为一层气膜，使电极导电面积减小，真实电流密度大大提高，阳极电势和槽电压骤升，于是发生阳极效应。另一类是提高电流密度引起的阳极效应。这时电解质中氧化铝的含量并不低（如大于 3%），但由于电流密度过高，析气剧增，覆盖了大部分电极表面（可达 $70\%\sim80\%$），也将发生阳极效应。

铝电解时阳极效应受多种因素的影响。因为发生阳极效应的临界电流密度的大小可表征阳极效应发生的难易，即 i_K（临界电流密度）愈小，阳极效应愈易发生，反之，i_K 愈大，阳极效应愈难发生，所以我们讨论影响 i_K 的因素，亦即影响阳极效应的因素。

① 氧化铝浓度对 i_K 的影响。电解质中 Al_2O_3 的浓度减小时，i_K 减小。

② 温度对 i_K 的影响。电解质温度提高后，它对电极表面的润湿改善，因而 i_K 增大。

③ 电解质的性质对 i_K 的影响。i_K 与电解质的性质有关。一般来说，按氮化物、氯化物、溴化物、碘化物的顺序，i_K 逐渐增大。

④ 电极材料对 i_K 的影响。由于电极材料的性质将影响固-液和固-气相界面张力，必然对气泡的生成、长大、脱离和电解液在电极表面的润湿情况等产生影响，因此这都使 i_K 变化。

⑤ 电化学反应器及电极的结构对 i_K 的影响。与其它工业电化学反应器相同，析气效应

对立式反应器的影响比对水平式反应器小，因此前者的 i_K 应较大。

阳极效应并不是完全无益的，表面瞬间放电反应将使阳极表面燃烧，从而产生更优良的阳极，阳极效应还提供了电解质中氧化铝浓度的简单分析方法。电解池中氧化铝加入量过多时，将会引起氧化铝在熔融阴极的沉积，因此一般允许铝电解槽定期产生阳极效应。铝电解槽每天发生阳极效应的次数称为阳极效应系数，一般为每天 0.5~1 次，也即大约一两天出现一次阳极效应。阳极效应持续的时间为 3~5min。

（4）金属在熔盐中的溶解

金属在熔盐中的溶解是熔盐电解时的另一种特殊现象。所谓金属在熔盐中的溶解，实际上是阴极析出的液态金属与电解质相互作用，使金属分散到熔盐中的现象。这样形成的分散体系有时被称为金属雾。表 8-13 是一些金属在熔盐中的溶解度。

表 8-13　一些金属在熔盐中的溶解度

金属	熔盐	温度/℃	金属的溶解度/%（摩尔分数）
Li	LiF	847	1.00
	LiCl	610	0.50
	LiI	470	1.00
Na	NaF	990	3.00
	NaCl	811	2.80
	NaBr	740	2.90
Mg	$MgCl_2$	720	0.55
	$MgCl_2$	900	1.28
	MgI_2	900	1.25
Al	Na_3AlF_6	1060	0.18
	$Al_2O_3 + Na_3AlF_6$	1060	0.27

实际上金属溶解的过程并非单纯的物理过程，还存在电化学和化学作用。例如铝电解时，铝在冰晶石溶液中的溶解除了物理溶解（即铝以分散的液态金属颗粒分散于熔盐中）外，还可能有以下几种过程：

通过以下化学反应生成低价铝离子。

$$2Al + Al^{3+} \longrightarrow 3Al^+ \tag{8-17}$$

化学置换反应生成钠：

$$Al + 3NaF \longrightarrow 3Na + AlF_3 \tag{8-18}$$

铝还能置换冰晶石中的钠。有的研究表明电解质中也可能存在少量悬浮的铝。尽管铝在冰晶石-氧化铝溶液中溶解度很低，1000℃时仅为 0.05%~0.1%（质量分数），但由于溶解的金属还可继续发生次级反应，如溶解的铝可与阳极析出的 CO_2 作用，进而造成铝的损失。

$$2Al(溶解) + 3CO_2(气) \longrightarrow Al_2O_3(溶解) + 3CO \tag{8-19}$$

影响金属溶解的因素甚多。一般规律是温度上升时，金属溶解增加。同一金属在卤化物中的溶解度按氟化物、氯化物、溴化物、碘化物的顺序增加。对于同一族金属，随着原子半径增加，溶解度提高。当金属和熔盐的界面张力增加时，金属的溶解度减小。在熔盐中加入电势更负的局外阳离子可减小金属的溶解度。

8.4.2　铝电解提取原理

铝电解的电化学体系由电极（阳极为碳电极，阴极为液态铝）和熔融电解质组成。所用熔盐为冰晶石（Na_3AlF_6 或 $3NaF \cdot AlF_3$）。冰晶石无色，熔点为 1010℃，单斜晶系。虽有天然物，但数量颇少。炼铝工业采用的是合成冰晶石。电解原料氧化铝（Al_2O_3），白色粉末，熔点为 2050℃。工业氧化铝中 Al_2O_3 含量约为 99%。氧化铝粉在 2020℃ 熔化生成不导电的熔体。当熔化成 15% 的 Na_3AlF_6-Al_2O_3 熔体时，1030℃ 即生成导电性介质。

在 Na_3AlF_6-Al_2O_3 熔体中，由于氟和氧原子大小相近，可能生成氟氧离子，所以熔解度较高。需注意的是随着电解的进行，Al_2O_3 浓度发生变化会带来熔盐电解质性质的变化（如表 8-14 所示）。

表 8-14 铝电解槽中 Al_2O_3 含量的变化及其影响

项目	初始态	中间态	结束态
Al_2O_3 含量/%	8.0	5.0	1.7
熔点/℃	945~940	960~955	975~970
密度/(g·cm^3)	2.105~2.085	2.110~2.090	2.125~2.105
黏度/(10^{-3}Pa·s)	3.65~3.50	3.26~3.10	2.95~2.85
电导率/(S/m)	1.85~1.75	2.05~1.95	2.25~2.15

（1）阳极过程

采用碳电极进行铝电解时生成 CO_2，但不能简单地认为阳极过程是

$$C + 2O^{2-} \longrightarrow CO_2 + 4e^- \tag{8-20}$$

问题的复杂性不只因为氧离子来自铝氧氟离子，即处于络合态的离子，而且在于反应历程也很复杂。现在一般认为首先发生的是氧电极过程，即氧离子的氧化，在碳电极表面生成吸附氧原子

$$O^{2-}（络离子的）\longrightarrow O（吸附）+ 2e^- \tag{8-21}$$

然后碳电极与吸附氧原子作用，生成碳氧化合物

$$O（吸附）+ xC \longrightarrow C_xO \tag{8-22}$$

最后碳氧化合物分解，放出 CO_2，但仍被吸附于电极表面。而当吸附的 CO_2 分子解吸后，便产生了 CO_2 气体，即

$$2C_xO \longrightarrow CO_2（吸附）+ (2x-1)C \tag{8-23}$$

$$CO_2（吸附）\longrightarrow CO_2（气体）\tag{8-24}$$

上述反应历程中，CO_2 的吸附与解吸的速率往往较慢，成为控制步骤，因而产生电化学极化。

由于 O^{2-} 来自铝氧氟离子，这种络合离子的形式又与氧化铝浓度有关，因此，阳极过程应以不同的反应式来表示。

在 Al_2O_3 浓度为 3%~5% 时，阳极过程为

$$2AlOF_5^{2-} + C \longrightarrow CO_2 + AlF_6^{3-} + AlF_4^- + 4e^- \tag{8-25}$$

或

$$2AlOF_3^{2-} + C \longrightarrow CO_2 + 2AlF_3 + 4e^- \tag{8-26}$$

在 Al_2O_3 浓度低于 2% 时，阳极过程为

$$2Al_2OF_8^{4-} + C \longrightarrow CO_2 + 4AlF_4^- + 4e^- \tag{8-27}$$

$$2Al_2OF_6^{2-} + 4F^- + C \longrightarrow CO_2 + 4AlF_4^- + 4e^- \tag{8-28}$$

然而铝电解的阳极气体中常含有 20%~30%（体积分数）的 CO，原因何在？现在认为，CO 并非直接由阳极反应产生，而是由溶解的铝与 CO_2 作用产生的：

$$2Al（溶解的）+ 3CO_2（气）\longrightarrow Al_2O_3（溶解的）+ 3CO（气体）\tag{8-29}$$

所以，这是次级副反应的产物。当电流密度提高后，这一副反应减慢，CO 含量减少，电流效率将提高。

(2) 阴极过程

铝可能有几种存在形态，但迄今为止上述体系的化学成分尚未完全查明，因此很难写出完整的电极反应式。

一般认为阴极反应是 Al^{3+} 还原为熔融态金属铝。如前所述，在冰晶石-氧化铝溶液中，并无简单的 Al^{3+}，铝实际存在于多种络合阴离子中，而且电解质中有 Na^+ 存在。研究表明，90%的电流是由 Na^+ 迁移的。因此，早期曾有人认为铝电解的阴极过程应为 Na^+ 放电，而铝则为次级反应的产物。然而，进一步的研究排除了这一可能，因为在 1000℃ 时，钠从这一体系析出的平衡电势要比铝的析出电势负 250mV，因此在阴极不可能首先析出钠。应该注意的是，当温度升高和 NaF 与 AlF_3 摩尔比增大时，这两种离子析出电势的差值会减小，在一定情况下，Na^+ 也可能同时析出，此时电流效率将降低，颇为不利。

不过，在正常情况下，铝仍首先析出，阴极反应可表示为

$$Al^{3+}（络合的）+3e^- \longrightarrow Al（液态） \tag{8-30}$$

考虑到 Al^{3+} 来自 AlF_6^{3-} 和 AlF_4^- 络离子，可将反应式改写为

$$AlF_6^{3-}+3e^- \longrightarrow Al+6F^- \tag{8-31}$$

或

$$AlF_4^-+3e^- \longrightarrow Al+4F^- \tag{8-32}$$

由于阴极极化时，阴极对 AlF_4^- 的斥力较小，反应式(8-32)的可能性更大。

(3) 理论分解电压

通过热力学数据可以计算铝电解反应的理论分解电压

$$Al_2O_3(s)+3/2C(s) \longrightarrow 2Al(l)+3/2CO_2（气） \tag{8-33}$$

如果考虑到副反应的存在及生成 CO 气体，则上式可修改为

$$Al_2O_3(s)+aC(s) \longrightarrow 2Al(l)+bCO_2(g)+cCO(g) \tag{8-34}$$

设 y 为 CO_2 在阳极气体中的摩尔分数，则

$$y=b/(b+c) \tag{8-35}$$

利用式(8-34)中的碳、氧平衡，应有 $a=b+c$，$3=2b+c$

以上三式联立解之，可求出 a、b、c 与 y 的关系，代回式(8-34)，即得

$$Al_2O_3(s)+\frac{3}{1+y}C(s) \longrightarrow 2Al(s)+\frac{3y}{1+y}CO_2(g)+\frac{3(1-y)}{1+y}CO(g) \tag{8-36}$$

这样，根据不同的 y 值（即阳极气体中 CO_2 含量），即可得到相应的电解反应表达式，例如在 CO_2 含量为 70% 时，总的电解反应为

$$Al_2O_3(s)+1.77C(s) \longrightarrow 2Al(l)+1.24CO_2(g)+0.53CO(g) \tag{8-37}$$

如果采用惰性阳极，电解反应将变为

$$Al_2O_3(s) \longrightarrow 2Al(l)+3/2CO_2(g) \tag{8-38}$$

这一反应的 $\Delta G^{\ominus}$ 值要比反应式(8-37)的 $\Delta G^{\ominus}$ 值大，因此所对应的 $E^{\ominus}$ 也较高，例如在 727℃ 时，其标准理论分解电压为 2.35V，而在 1027℃ 时，则为 2.178V。

以上计算，均视 Al_2O_3 为固态纯物质，取其活度为1，实则 Al_2O_3 溶解于冰晶石溶液中，其活度不为1，因此在应用能斯特公式计算 $E^{\ominus}$ 时应使用 Al_2O_3 的活度值，然而要在复杂的熔盐体系中确定某一组分的活度是困难的，这涉及目前尚不十分清楚的熔盐结构

问题。

从理论上讲阳极反应是氧离子氧化生成氧气,目前很难找到适应此条件的惰性阳极材料。一般以石墨作为自耗电极,其电池总反应是:

$$2Al_2O_3 + 3C \Longrightarrow 4Al + 3CO_2 \qquad V_{可逆} = 1.18V \qquad (8-39)$$

这个反应的自由焓变是 340kJ/mol (1000℃)。如果阳极反应析出氧气时反应式为:

$$2Al_2O_3 \Longrightarrow 2Al + 3O_2 \qquad V_{可逆} = 2.21V \qquad (8-40)$$

而此反应的自由焓变是 640kJ/mol,因此采用自耗阳极可降低槽电压和能量消耗。

由于铝电解的电解质中还含有其它组分,如 MgF_2、AlF_3、CaF_2、LiF、$NaCl$ 等,为判断其放电可能性,对其分解电压也应估算,方法同上,即先计算反应的 $\Delta G^{\ominus}$,再求出 $E^{\ominus}$,如表 8-15 所示。可以看出,它们的理论分解电压都比 Al_2O_3 高,因此一般不会在 Al_2O_3 反应前分解。

表 8-15 铝电解各组分的分解电压

反应	$\Delta G^{\ominus}_{1300}$/(kJ/mol)	$E^{\ominus}_{100}$/V
$Al + 1.5F_2 \Longrightarrow AlF_3$	1151437	3.98
$Na + 0.5F_2 \Longrightarrow NaF$	429278	4.45
$Ca + F_2 \Longrightarrow CaF_2$	1003616	5.2
$Mg + F_2 \Longrightarrow MgF_2$	897426	4.6
$Li + 0.5F_2 \Longrightarrow LiF$	491913	5.1
$Na + 0.5Cl_2 \Longrightarrow NaCl$	288893	3.0

8.4.3 铝电解提取工艺及其控制

(1) 铝冶炼工艺

目前炼铝的主要原料是铝土矿(又称铝矾土)。铝土矿工业储量超过 250 亿吨,其中含氧化铝为 40%~70%,远高于其它有色金属矿物的金属含量。炼铝工艺流程如图 8-5 所示。第一步是由铝土矿制取氧化铝,第二步以氧化铝为原料,以冰晶石为熔剂,以熔盐电解法提取纯铝。

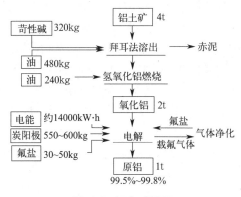

图 8-5 铝生产流程

由于氧化铝用量甚大,每 1t 原铝大约需 2t 氧化铝,因此氧化铝生产成为铝工业的独立分支。

铝土矿含水合氧化铝、硅和其它金属氧化物。铝土矿用苛性碱进行压力浸出,大量铝以

铝酸盐形式溶解,其主要反应为

$$Al_2O_3 \cdot 3H_2O + 2NaOH \longrightarrow 2NaAlO_2 + 4H_2O \tag{8-41}$$

铝土矿经氢氧化钠处理,氧化铝转换为铝酸盐,而氧化铁则为不溶性的物质,与此同时,硅则转变为了硅酸铝钠材料。铁、硅等杂质元素不溶解而残留在渣中,过滤后水合氧化铝随晶种沉淀,苛性钠溶液可重新利用,将水合氧化铝水洗并加热到1200℃以除去水分生成氧化铝粉。电解工业氧化铝中 Al_2O_3 含量应在99%左右,并且对其杂质含量也有严格的要求。

采用碳来还原氧化铝只有在很高的温度下才能实现,当温度降低时即发生逆向反应,因此采用电解法生产金属铝。而且由于铝的化学特性,铝的还原反应不能在水溶液中进行,几乎所有的工业铝生产过程都是在熔融冰晶石(Na_3AlF_6)体系中进行的。

氧化铝电解流程见图8-6。依靠电流产生的焦耳热维持电解温度为950~970℃。在阴极上电解产生液体铝。在阳极上生成的是氧,使碳阳极氧化而析出气体 CO_2 和 CO,铝液通过真空罐法抽出,再经净化澄清之后,浇注成商品铝锭,产品质量一般可达到99.5%~99.7%。

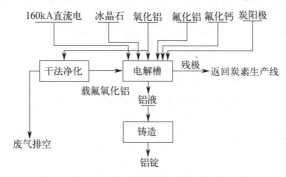

图8-6 氧化铝电解生产流程

(2)铝电解的生产控制

铝电解的生产控制包括电解质的成分、浓度(以及加料方式),电解温度,电流密度,电极距离以及阳极效应的控制等。

铝电解的电解质典型的组成见表8-16。为了改善电解质的物化性能,铝电解的工业电解质中往往加入一些添加剂。添加剂 CaF_2 可降低电解质的初晶点和蒸气压,增大电解质和铝液界面上的表面张力,减小铝的损失。缺点是使电导率降低,Al_2O_3 溶解度减小。MgF_2 也可使电解质初晶点降低,并减小电解质对碳电极的润湿性,有利于碳渣和电解质的分离,减少电解质向碳电极内部的渗透。NaCl可使电解质初晶点降低,电导率提高,而且价廉易得,但腐蚀性强,故不可多加。LiF作用与NaCl相同,但腐蚀性小,然而价格昂贵。

表8-16 铝电解的电解质

物质	含量/%(质量分数)	物质	含量/%(质量分数)
Al_2O_3	3~6	LiF	
Na_3AlF_3	80~90	CaF_2	4~6
AlF_3	4~6	MgF_2	

铝电解的电解质通常呈酸性,这是由于加入 AlF_3 后,电解质中含有游离的 AlF_3。可采用NaF和 AlF_3 的物质的量比来表示电解质酸性的大小(称为酸度)。我国铝电解的电解质酸度一般在2.5~2.7之间。

在正常情况下即冰晶石中含CaF_2和过量AlF_3时,操作温度为970℃,这时氧化铝的溶解度仅为6%。随着电解的进行,Al_2O_3不断消耗,因此应及时添加补充。氧化铝的加料是周期性操作的,加料时必须打碎表面壳层。按加料量及加料的时间间隔不同有边部下料、中间下料及点式下料等不同加料方式。

铝电解温度取决于电解质的熔点,一般比熔点高10~20℃,还与电解质组成、浓度、加料方式有关,采用点式下料时,电解温度比熔点仅高5%~10%。现在一般铝电解的电解质熔点为940~960℃,所以电解温度为950~970℃。

由于金属铝的熔点仅为660℃,电解温度显著高于这一数值,而且电解温度愈高,液铝在电解质中的溶解损失愈大,导致电流效率降低,这当然是不利的。因此人们一直力图降低电解温度,而关键则在降低电解质的熔点。此外,降低电解温度,对于减小热损、槽电压和能耗,都具有重大意义。

铝电解时电流密度很高,为6000~10000A/m² (0.6~1A/cm²),远远高于锌电解提取(400~800A/m²)和铜电解精炼(200~350A/m²)。一般来说,电流密度提高生产强度即提高,但却增大了能耗,两者权衡,选择合适的经济电流密度是电化学工程的重要任务。

在铝电解中采用高电流密度电解有利于提高电流效率,因为铝的生成速度随电流密度提高而提高,而铝的溶解损失却与电流密度关系不大。熔盐电解时采用高电流密度的另一重要原因是熔盐电解所需的高温是由电流通过电解槽产生的焦耳热维持的。正因为如此,铝电解时采用的电流密度与电解槽的容量有关,因为电解槽越大,相对热损失就较小,可在较低的电流密度下生产,维持热平衡。铝电解时能采用高电流密度也是由于熔盐电解的特点。在高温下进行的电极过程其交换电流密度远远高于水溶液中的电极过程的交换电流密度,即电化学极化小。此外浓度极化也小,结晶过电势则因生成液态金属,几乎可忽略。

在铝电解生产中控制极间距十分重要。极间距的大小影响槽电压的高低和能耗的大小,极间距增大,槽电压升高;减小极间距,则可降低槽电压。但是,极间距的变化,受到多种因素的制约,如铝液面受磁场作用的波动、电极的材质、电流密度的高低。铝电解槽是水平式电化学反应器,其电极是水平放置的,电极的距离系指阳极表面至铝表面(阴极)的垂直距离,一般为4~5mm。由于阳极(碳阳极)参加阳极反应,不断消耗,因此电极间距离不断增大,应及时调节,即降低阳极,以保持恒定的间距。另外一个必须考虑的问题是铝电解时电解的温度是由电流通过电解质产生的焦耳热维持的,极间距愈大,欧姆压降愈大,所产生的焦耳热也愈多,因此温度愈高。这样,熔盐的温度在一定程度上可以通过调节极间距改变。

(3) 电流效率影响因素

铝电解的电流效率一般为85%~95%。造成电流效率下降的主要原因有以下几种:

① 铝的溶解损失。这是导致电流效率下降的主要原因。
② Na^+的放电。虽然一般条件下不会发生,但在某种情况下钠离子也可能在阴极还原。
③ 歧化反应。即
$$Al^{3+} + 2e^- =\!=\!= Al^+$$
铝离子不完全放电,反应反复进行,浪费电流。

④ 水和其它杂质的放电。它们是随原料进入电解槽的,水既可发生电解反应,高温下也可和溶解的铝作用:

$$2Al(l) + 3H_2O(g) \longrightarrow 3H_2(g) + Al_2O_3(s) \qquad (8\text{-}42)$$

影响电流效率的因素则包括：

① 电解质的组成。熔盐的密度、黏度、表面张力、电导率、金属的溶解度等都与电解组成有关，因而会影响电流效率。

较多研究者认为，电解质的酸度增大（冰晶石摩尔比减小）时，电流效率提高。这是由于酸度增大时，铝液和电解质界面上的表面张力增加，有利于铝珠的聚集，从而减小了铝的溶解损失，提高了电流效率。同时，酸度增大时，可减少 Na^+ 放电及铝取代钠的反应，这都有利于电流效率的提高。提高酸度使电流效率提高的另一原因是可能降低电解温度。

② 温度的影响。温度过高时，增加金属在熔盐中的溶解度，加速了阴极和阳极产物的扩散、盐的挥发。但是温度过低时，熔盐黏度增加，使金属损失增大。因此，电流效率随温度变化的曲线会出现最高点。

温度上升时，铝的溶解度增加，因此电流效率下降。

③ 电流密度。通常电流效率随电流密度升高而增加，因为在一定条件下，金属溶解的量基本不变。对单组分熔体，电流效率理论上可以接近 100%。对于多组分熔体，电流密度达到其它离子的放电电势时，就会引起其它离子放电，从而降低电流效率。电流密度上升后，铝电解的电流效率将提高，这是因为提高电流密度将使铝生成速度增大，而铝的溶解损失基本不随电流密度变化，但当电流密度增大到一定程度后，电流效率不再提高，而趋于不变。这是因为电流密度增大会引起温度上升，而且气体生成速度加快，加强了搅拌，将导致金属溶解增加。

④ 极间距的影响。极间距增加，在阴极区的溶解金属向阳极扩散的路程增长，从而减少金属的损失，使电流效率增加。但极间距加长，熔盐电压降增加，使电能损失增大，因此必须在改善熔盐电导的情况下，才能在不增加电能消耗条件下扩大极间距。铝电解槽中极间距增大时，电流效率将提高。极间距增大后，由析气引起的搅动减小，充气率降低，因此金属的溶解损失减小，使电流效率提高。

但是极距增大后，槽电压升高，导致能耗提高，又是不利的，所以不可能单纯根据极间距对电流效率的影响来选择极间距，而需综合考虑其影响。

（4）铝电解的槽电压与电耗

铝电解时槽电压为 4~4.3V，其理论分解电压仅为 1.2V 左右，可见其电压效率甚低。因此对这一电化学反应器的工作电压进行分析，研究其组成、影响因素，找出降低槽电压的措施是十分重要的。

铝电解槽电压的构成如表 8-17 所示。可以看出，和其它电化学反应器一样，它也是由热力学数据（理论分解电压）、动力学数据（各种极化产生的过电势）、各类导体上的压降三大部分组成的，只是相对比例及绝对数值不同。

如以生产钢的能耗为 1（650kW·h/t），则生产铅、锌、铝等金属的相对能耗分别为 2.5、5、24。以上对铝而言，系指从铝土矿提炼出纯铝的全过程能耗。从电解过程看，铝电解的直流电耗也很高（见表 8-18）。

表 8-17 铝电解槽电压构成

项目	数值/V	占比/%
理论分解电压	1.25	30.0
阳极过电势	0.50	12.2
阴极过电势	0.05	1.2

续表

项目	数值/V	占比/%
熔盐电解质欧姆压降	1.40	34.0
阳极上的压降	0.30	7.3
阴极上的压降	0.40	9.7
外线路的压降	0.20	4.8
合计	4.10	100

表 8-18　三种金属直流电耗比较

金属	电化当量		槽电压/V	电流效率/%	直流电耗/(kW·h/t)
	g/Ah	Ah/g			
Zn(提取)	1.219	0.820	3.4	90	3100
Cu(精炼)	1.186	0.843	0.3	95	280
Al(提取)	0.3356	2.979	4.1	90	13571

铝电解能耗高的主要原因有两个。一是铝的电化当量很小，因此其理论耗电量大，而且这是不可改变的。二是铝电解的电压效率低。铝熔盐电解时，阳极过电势为 $400\sim600\mathrm{mV}$，主要是电子转移步骤引起的电化学极化，即阳极析氧反应的过电势。阴极过电势仅为 $10\sim100\mathrm{mV}$。但电解质的欧姆压降很大。这是由于电极尺寸大，而且其电阻较高。为了降低碳电极的电阻，常常在碳电极中插入钢棒。另外由于电极间距大，所以电解质的电压降也较大。一般电解工程中都力求降低这一部分压降，但对于铝电解，由于需要一定的焦耳热维持高温生产，同时由于它是一种电极水平放置的反应器，铝液面波动、气泡效应影响大，极间距难以缩小，因此电解质的欧姆压降难以进一步降低。

铝电解的节能措施在于提高电流效率和降低槽电压。但是降低槽电压的关键和前提是减小电解槽的热损失，否则不能保持热平衡和高温熔盐电解的正常稳定生产。

（5）铝电解的工艺设备

熔盐电解和一般电解比较有不同的特点。由于反应是在高温下进行，因此反应器（电解槽）的热平衡及热损成为重要问题。铝电解时也不能配置一个电解液系统，因输入电解槽的不是电解液，而是固体物料，它们在反应器内由于高温才熔化为熔融盐。同样，自电解槽取出的不是固态金属，而是液铝，出槽后需经铸造，成为铝锭。因此，铝电解的工艺设备包括电解槽、直流电源、加料系统、阳极操作系统、出铝设备和烟气处理系统。

铝电解槽是电化学工程中容量最大的电化学反应器，其单槽电流现在可达到 $2.5\times10^5\mathrm{A}$ 以上，超过氯碱工业的电解槽。这样的巨型电化学反应器不仅能耗高，而且进出的物流量也很大。由于采用活性阳极，阳极在反应中不断消耗，所以除了加入电解原料，电极材料也要不断补充。

铝电解槽由槽体、电极、导电部件三部分构成。槽体的外壳多为钢板，内衬碳块（包括底碳块和侧碳块），以保温并构成电解槽内腔。阳极为碳电极，阳极实际是铝液，它覆盖在槽底碳块上。

铝电解槽按结构分为两大类。一类为自熔阳极电槽，常简称为自焙式电槽。这种电解槽的阳极是将阳极糊（炭素电极材料）装进铝箔和钢质框架后送入电解槽，利用槽中高温烧结成型的。这种电解槽按导电方式还可分为侧插棒式电解槽和上插棒式电解槽，如图8-7所示。

另一类为预焙阳极电解槽，常简称预焙式电解槽。这种电解槽的阳极是在预先烧结加工成型后装入电解槽中，如图8-8所示，这类电解槽又可分为连续预焙电解槽和非连续预焙电解槽两种。

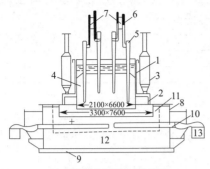 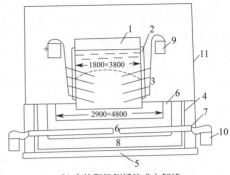

(a) 自焙阳极上插棒式电解槽
1—阳极框套；2—集气罩；3—燃烧器；4—阳极；5—阳极棒；
6—阳极棒的铝导杆；7—阳极母线梁；8—槽壳；9—槽壳底部
的型钢；10—阴极棒；11—侧部碳块和底部碳块；12—保温层；
13—阴极母线

(b) 自焙阳极侧插棒式电解槽
1—铝箱；2—阳极框架；3—阳极棒；4—槽壳；
5—底部加固型钢；6—边部碳块和底部碳块；7—阴极棒；
8—保温层；9—阳极母线；10—阴极母线；11—槽帘

图 8-7　铝电解的自焙式电解槽

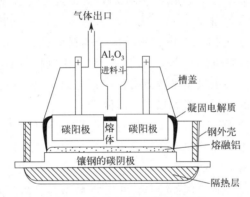

图 8-8　铝电解的预焙式电解槽

自焙式电解槽的阳极可连续使用（因不断加入阳极糊），消耗的阳极得到不断补充，保证电解连续进行。但它在槽中焙烧时散发有毒的沥青烟，造成空气污染。而且因在槽中焙烧温度较低，阳极电压较大，使得槽电压较高。预焙式电槽则不产生沥青气体，阳极电压降较低，适合于大型生产，生产强度高，打壳加料可自动化，便于计算机控制，电槽密封好，集气效率高达100%。但是需一套阳极成型、焙烧设备，投资较大。

8.5 电解法制备金属粉末

电解制备金属粉末是电化学在粉末冶金这一金属材料科学与工程热点领域的重要应用。中南大学黄培云教授开创了粉末冶金新学科，在其领导下建立的中南大学粉末冶金研究院是国内外最为知名的粉末冶金研究机构之一。

粉末冶金是制取金属粉末或用金属粉末（或金属粉末与非金属粉末的混合物）作为原

料，经过成形和烧结，制取金属材料、复合材料以及各种类型制品的工业技术。粉末冶金技术具备节能、省材、性能优异、产品精度高且稳定性好等一系列优点，非常适合于大批量生产。另外，部分用传统铸造方法和机械加工方法无法制备的材料和复杂零件也可用粉末冶金技术制造。粉末冶金技术已广泛应用于交通、机械、电子、航空航天、生物、新能源、信息和核工业等领域。

粉末冶金工艺的基本工序包括原料粉末的制备、粉末成型为所需形状的坯块、坯块的烧结和产品的后序处理。现有的制粉方法大体可分为两类：机械法和物理化学法。机械法可分为机械粉碎及雾化法；物理化学法又分为电化腐蚀法、还原法、化合法、还原-化合法、气相沉积法、液相沉积法以及电解法。

不同场合对于金属粉末的组成（包括金属、合金、金属氧化物等）、形状、粒度等各不相同，因而需要采用不同的生产方法。用电解法制取金属粉末的优点是产物纯度高，工艺过程简单，不仅可生产多种金属粉末，而且可制得合金粉末，还可利用半成品或废料作原料。然而电解法也有一些缺点，如耗电高，所制金属粉末的大小及形状不规则，不宜用于生产致密的制品等。

除了在水溶液中电解制取金属粉末外，还可通过熔盐电解法制取难熔金属的粉末，如Ti、Zr、Ta、Nb、Th、U、Be等金属及其合金。适合制取金属粉末的阴极沉积物可分为三类。一是硬而脆的沉积物，破碎后成粉末，如铁粉、铬粉。一般采用高氢离子浓度、低金属离子浓度、高电流密度电解，使金属被氢饱和，提高脆性而易破碎。二是软的海绵状物，容易破碎，如银粉、锌粉等。生产条件是低电流密度、高溶液酸度、低电解质浓度。三是松散的黑色沉积物，电解能直接得到的高分散粉末。

铜粉是我国生产和消费量最大的有色金属粉末之一。电解法制备铜粉工艺比较成熟，目前工艺包括两种，一种方法是采用可溶性铜阳极，利用铜电极的溶解制备金属铜粉；另一种方法为电积法，即采用不溶性阳极，铜电解液中的铜离子在阴极析出铜粉。所用电化学体系为：（－）Cu（粉）/$CuSO_4$，H_2SO_4，H_2O/Pb合金（＋）。

阳极主要发生析氧反应：$H_2O \rightleftharpoons 2H^+ + 1/2 O_2 + 2e^-$

阴极主要是Cu离子放电而析出金属的反应：$Cu^{2+} + 2e^- \rightleftharpoons Cu$

常伴随析氢反应：$2H^+ + 2e^- \rightleftharpoons H_2$

电解制粉要求金属以粉末形态析出，因此，其电结晶过程不同于电解沉积和电解精炼过程。电化学法制备铜粉基本条件是采用大电流密度，在极限扩散电流下进行，枝晶化生长是铜粉生长的显著特征。电沉积法制备一般间隔10～20min将沉积在阴极的铜粉刮掉，以避免颗粒长大。

根据金属电沉积的理论，粉末状的金属沉积物是在极限扩散电流密度（i_d）下，即阴极过程处于扩散控制时形成的。此时，成核速率远远大于晶体生长速率，因而生成金属粉末。但是，当电流密度达到i_d后，需经过一个诱导时间（induction time）τ才出现粉末，这一时间可以直观地观测，这时电极光泽的表面会突然地变黑。当金属析出过程主要受浓差极化控制时，τ值较小，即容易出现枝晶生长。如果交换电流密度而极化度不大，则τ显著增大，电化学极化控制的金属析出过程不易出现枝晶生长。减小扩散层厚度有助于实现枝晶生长。通过提高浓度极化和加强对流以减小扩散层厚度，将有助于促进枝晶生长。

降低沉积离子的浓度，提高支持电解质的浓度，增加溶液黏度，降低沉积温度，减缓电解液的运动都有利于形成粉末状电结晶，并使粉末变得更为细小。表8-19为电解制取铜粉时溶液中铜离子浓度对粉末粒度的影响。这是因为,它们都使金属离子的析出过程更早地进入扩散控制。

表 8-19 铜离子浓度对粉末粒度的影响

Cu^{2+} 浓度/(g/L)	8	10	12	16	20
粉末的粒度/μm	94	110	124	160	205

电解法制粉与电解提取和精炼的电化学原理相似,但因阴极产物是金属粉末,故电解条件不同于电解提取和精炼。以电解制取镍粉为例,对于电解镍可以分为三种情况:一是镍电解精炼;二是硫化镍阳极直接电解提取镍;三是电解制取金属镍粉。这三种情况的典型技术条件列于表 8-20 中。

表 8-20 镍电解工艺条件

名称	Ni^{2+} 浓度/(g/L)	pH 值	添加剂/(g/L)	温度/℃	电流密度/(A/m²)
粗镍电解精炼	40~50	5~6	NaCl(50) H_3BO_3(4~6)	60~65	150~200
硫化镍电解沉积	60~70	4.5~5.5	Cl^-(40~50) H_3BO_3(>6)	65~70	200~220
制取镍粉	5~15	6.3	NH_4Cl(50) NaCl(200)	约 55	2000~3000

电解制取镍粉一般要在浓差极化控制产生枝晶条件下进行。电解制取镍粉的主要条件:5~15g/L Ni^{2+},150g/L NH_4Cl,200g/L NaCl,pH 为 6.3,温度为 55℃,电流密度为 2000~3000A/m²。通过采用低浓度金属离子,在高出精炼镍 10 倍以上电流密度时可以得到电解镍粉。离子浓度、电流密度、pH 值、添加剂、温度等的差异会对电解镍粉过程和质量造成影响。

① 金属离子浓度。电解制粉采用比电解精炼低得多的金属离子浓度,为的是抑制金属离子向阴极的扩散数量,使沉积速率降低到利于形成松散粉末。但浓度不能过低,以免粉末太细,降低产量和使溶液导电性变差,引起槽电压上升。金属离子浓度的选择取决于粉末粒度,一般为 10g/L 左右。

阴极粉末再溶解和停电时阳极可能发生化学溶解,都会引起金属离子浓度增加。为减少金属离子浓度的波动,可在电解槽中放置不溶性阳极(如石墨、铅等),或更换部分电解液,或加水稀释并补加酸。

② 电流密度。电流密度显然对于金属粉末的形成有关键的影响,不仅决定粉末能否形成,而且决定粉末的粒度。在可能生成粉末的电流密度区间内,电流密度愈高,生成晶核的速度愈快,因此形成更细小的金属粉末。电流密度增加也有利于提高产量,但会使电能消耗增加。

③ pH 值。采用高氢离子浓度,使氢易于析出,有利于海绵状及松散沉积物形成,提高硬沉积物的脆性。低 pH,溶液导电性好,但粉末的再溶解增加。粉末再溶解和氢的析出,使 pH 值升高,溶液导电性会降低,特别是在 pH 接近 7 时,金属离子可能发生水解,妨碍电解正常进行。因此必须适当控制 pH 值,一般在 5.5~6.5。

④ 添加剂。如电解制取镍粉时加入 NH_4Cl 和 H_3BO_3 提高溶液的导电性或缓冲溶液的 pH 值。添加少量胶体(如糊精、明胶、甘油)、有机表面活性物质(如尿素、葡萄糖),可以改变阴极沉积物形态。

⑤ 温度。电解制取金属粉末通常采用较低的温度，有利于细粉末的生成。因为温度升高，阴极附近金属离子容易得到补充，阴极沉积速率加快，有利于粉末晶核长大，易于得到粗粉末及致密金属膜层。但温度过低，溶液电阻增加，电流效率和产量都会降低，要根据粉末粒度来选择合适的温度。

思考题与习题

1. 简述金属电解提取与电解精炼的原理。
2. 在湿法炼锌时，为什么采用锌粉置换法除杂质离子？
3. 简述锌电解提取时的电极过程。
4. 电解液组成和浓度对锌电解提取有什么影响？
5. 简述铜电解精炼除杂的方法和原理。
6. 电解法制银粉与其它方法相比有什么特点？
7. 简述熔盐电解的特点。
8. 生产1t铝的能耗是生产1t钢的24倍，降低能耗对铝生产具有重要意义。请根据所学知识提出降低能耗的方法和措施。
9. 一般情况下，在工业用锌粉胶结Cd、Co、Ni时，在溶液中加入铜盐以改善净化工艺。为什么？
10. 简述铝电解阳极效应。
11. 铝电解为什么要采用高电流密度？

附 录

附录1 常用电极反应的标准电极电势（298.15K，101.325kPa）

1. 酸性溶液中

电极反应	$\varphi^{\ominus}/V$	电极反应	$\varphi^{\ominus}/V$
$Ag^+ + e^- \Longrightarrow Ag$	0.7996	$[Fe(CN)_6]^{3-} + e^- \Longrightarrow [Fe(CN)_6]^{4-}$	0.358
$Ag^{2+} + e^- \Longrightarrow Ag^+$	1.980	$Fe_2O_3 + 4H^+ + 2e^- \Longrightarrow 2FeOH^+ + H_2O$	0.16
$AgBr + e^- \Longrightarrow Ag + Br^-$	0.07133	$FeO_4^{2-} + 8H^+ + 3e^- \Longrightarrow Fe^{3+} + 4H_2O$	2.20
$AgCl + e^- \Longrightarrow Ag + Cl^-$	0.22233	$Ga^{3+} + 3e^- \Longrightarrow Ga$	−0.560
$AgF + e^- \Longrightarrow Ag + F^-$	0.779	$2H^+ + 2e^- \Longrightarrow H_2$	0.00000
$AgI + e^- \Longrightarrow Ag + I^-$	−0.15224	$H_2(g) + 2e^- \Longrightarrow 2H^-$	−2.23
$Al^{3+} + 3e^- \Longrightarrow Al$	−1.662	$HO_2 + H^+ + e^- \Longrightarrow H_2O_2$	1.495
$Au^+ + e^- \Longrightarrow Au$	1.692	$H_2O_2 + 2H^+ + 2e^- \Longrightarrow 2H_2O$	1.776
$Au^{3+} + 3e^- \Longrightarrow Au$	1.498	$Hg^{2+} + 2e^- \Longrightarrow Hg$	0.851
$H_3BO_3 + 3H^+ + 3e^- \Longrightarrow B + 3H_2O$	−0.8698	$Hg_2Br_2 + 2e^- \Longrightarrow 2Hg + 2Br^-$	0.13923
$Ba^{2+} + 2e^- \Longrightarrow Ba$	−2.912	$Hg_2Cl_2 + 2e^- \Longrightarrow 2Hg + 2Cl^-$	0.26808
$Be^{2+} + 2e^- \Longrightarrow Be$	−1.847	$Hg_2I_2 + 2e^- \Longrightarrow 2Hg + 2I^-$	−0.0405
$Br_2(溶液) + 2e^- \Longrightarrow 2Br^-$	1.0873	$Hg_2SO_4 + 2e^- \Longrightarrow 2Hg + SO_4^{2-}$	0.6125
$Br_2(液体) + 2e^- \Longrightarrow 2Br^-$	1.066	$I_2 + 2e^- \Longrightarrow 2I^-$	0.5355
$Ca^{2+} + 2e^- \Longrightarrow Ca$	−2.868	$In^{3+} + 3e^- \Longrightarrow In$	−0.3382
$Cd^{2+} + 2e^- \Longrightarrow Cd$	−0.4030	$Ir^{3+} + 3e^- \Longrightarrow Ir$	1.159
$CdSO_4 + 2e^- \Longrightarrow Cd + SO_4^{2-}$	−0.246	$K^+ + e^- \Longrightarrow K$	−2.931
$Cd^{2+} + 2e^- \Longrightarrow Cd(Hg)$	−0.3521	$La^{3+} + 3e^- \Longrightarrow La$	−2.522
$Ce^{3+} + 3e^- \Longrightarrow Ce$	−2.483	$Li^+ + e^- \Longrightarrow Li$	−3.0401
$Cl_2(g) + 2e^- \Longrightarrow 2Cl^-$	1.35827	$Mg^{2+} + 2e^- \Longrightarrow Mg$	−2.372
$ClO_4^- + 8H^+ + 7e^- \Longrightarrow 1/2Cl_2 + 4H_2O$	1.39	$Mn^{2+} + 2e^- \Longrightarrow Mn$	−1.185
$ClO_4^- + 8H^+ + 8e^- \Longrightarrow Cl^- + 4H_2O$	1.389	$Mn^{3+} + e^- \Longrightarrow Mn^{2+}$	1.5415
$Co^{2+} + 2e^- \Longrightarrow Co$	−0.28	$MnO_2 + 4H^+ + 2e^- \Longrightarrow Mn^{2+} + 2H_2O$	1.224
$Co^{3+} + e^- \Longrightarrow Co^{2+}$	1.92	$MnO_4^- + e^- \Longrightarrow MnO_4^{2-}$	0.558
$CO_2 + 2H^+ + 2e^- \Longrightarrow HCOOH$	−0.199	$MnO_4^- + 4H^+ + 3e^- \Longrightarrow MnO_2 + 2H_2O$	1.679
$Cr^{2+} + 2e^- \Longrightarrow Cr$	−0.913	$MnO_4^- + 8H^+ + 5e^- \Longrightarrow Mn^{2+} + 4H_2O$	1.507
$Cr^{3+} + e^- \Longrightarrow Cr^{2+}$	−0.407	$N_2 + 2H_2O + 6H^+ + 6e^- \Longrightarrow 2NH_4OH$	0.092
$Cr^{3+} + 3e^- \Longrightarrow Cr$	−0.744	$N_2 + 6H^+ + 2e^- \Longrightarrow 2NH_3(aq)$	−3.09
$Cr_2O_7^{2-} + 14H^+ + 6e^- \Longrightarrow 2Cr^{3+} + 7H_2O$	1.232	$Na^+ + e^- \Longrightarrow Na$	−2.71
$HCrO_4^- + 7H^+ + 3e^- \Longrightarrow Cr^{3+} + 4H_2O$	1.350	$Ni^{2+} + 2e^- \Longrightarrow Ni$	−0.257
$Cu^+ + e^- \Longrightarrow Cu$	0.521	$NiO_2 + 4H^+ + 2e^- \Longrightarrow Ni^{2+} + 2H_2O$	1.678
$Cu^{2+} + e^- \Longrightarrow Cu^+$	0.153	$O_2 + 2H^+ + 2e^- \Longrightarrow H_2O_2$	0.695
$Cu^{2+} + 2e^- \Longrightarrow Cu$	0.3419	$O_2 + 4H^+ + 4e^- \Longrightarrow 2H_2O$	1.229
$F_2 + 2H^+ + 2e^- \Longrightarrow 2HF$	3.053	$O(g) + 2H^+ + 2e^- \Longrightarrow H_2O$	2.421
$F_2 + 2e^- \Longrightarrow 2F^-$	2.866	$H_3PO_3 + 2H^+ + 2e^- \Longrightarrow H_3PO_2 + H_2O$	−0.499
$Fe^{2+} + 2e^- \Longrightarrow Fe$	−0.447	$H_3PO_4 + 2H^+ + 2e^- \Longrightarrow H_3PO_3 + H_2O$	−0.276
$Fe^{3+} + 3e^- \Longrightarrow Fe$	−0.037	$Pb^{2+} + 2e^- \Longrightarrow Pb$	−0.1262
$Fe^{3+} + e^- \Longrightarrow Fe^{2+}$	0.771	$PbBr_2 + 2e^- \Longrightarrow Pb + 2Br^-$	−0.284

续表

电极反应	$\varphi^{\ominus}/V$	电极反应	$\varphi^{\ominus}/V$
$PbCl_2+2e^- \Longrightarrow Pb+2Cl^-$	−0.2675	$Ti^{3+}+e^- \Longrightarrow Ti^{2+}$	−0.368
$PbF_2+2e^- \Longrightarrow Pb+2F^-$	−0.3444	$TiO^{2+}+2H^++e^- \Longrightarrow Ti^{3+}+H_2O$	0.099
$PbI_2+2e^- \Longrightarrow Pb+2I^-$	−0.365	$TiO_2+4H^++2e^- \Longrightarrow Ti^{2+}+2H_2O$	−0.502
$PbO_2+4H^++2e^- \Longrightarrow Pb^{2+}+2H_2O$	1.455	$V^{2+}+2e^- \Longrightarrow V$	−1.175
$PbO_2+SO_4^{2-}+4H^++2e^- \Longrightarrow PbSO_4+2H_2O$	1.6913	$V^{3+}+e^- \Longrightarrow V^{2+}$	−0.255
$PbSO_4+2e^- \Longrightarrow Pb+SO_4^{2-}$	−0.3588	$VO^{2+}+2H^++e^- \Longrightarrow V^{3+}+H_2O$	0.337
$Pd^{2+}+2e^- \Longrightarrow Pd$	0.951	$VO_2^++2H^++e^- \Longrightarrow VO^{2+}+H_2O$	0.991
$Pt^{2+}+2e^- \Longrightarrow Pt$	1.118	$V_2O_5+6H^++2e^- \Longrightarrow 2VO^{2+}+3H_2O$	0.957
$Rb^++e^- \Longrightarrow Rb$	−2.98	$V_2O_5+10H^++10e^- \Longrightarrow 2V+5H_2O$	−0.242
$SiO_2(石英)+4H^++4e^- \Longrightarrow Si+2H_2O$	0.857	$WO_2+4H^++4e^- \Longrightarrow W+2H_2O$	−0.119
$Sn^{2+}+2e^- \Longrightarrow Sn$	−0.1375	$WO_3+6H^++6e^- \Longrightarrow W+3H_2O$	−0.090
$Sn^{4+}+2e^- \Longrightarrow Sn^{2+}$	0.151	$Y^{3+}+3e^- \Longrightarrow Y$	−2.37
$Sr^++e^- \Longrightarrow Sr$	−4.10	$Zn^{2+}+2e^- \Longrightarrow Zn$	−0.7618
$Ti^{2+}+2e^- \Longrightarrow Ti$	−1.630	$ZnOH^++H^++2e^- \Longrightarrow Zn+H_2O$	−0.497

2. 碱性溶液中

电极反应	$\varphi^{\ominus}/V$	电极反应	$\varphi^{\ominus}/V$
$AgCN+e^- \Longrightarrow Ag+CN^-$	−0.017	$MnO_4^-+2H_2O+3e^- \Longrightarrow MnO_2+4OH^-$	0.595
$[Ag(CN)_2]^-+e^- \Longrightarrow Ag+2CN^-$	−0.31	$MnO_4^{2-}+2H_2O+2e^- \Longrightarrow MnO_2+4OH^-$	0.60
$Al(OH)_3+3e^- \Longrightarrow Al+3OH^-$	−2.31	$Mn(OH)_2+2e^- \Longrightarrow Mn+2OH^-$	−1.56
$Ag_2O+H_2O+2e^- \Longrightarrow 2Ag+2OH^-$	0.342	$Mn(OH)_3+e^- \Longrightarrow Mn(OH)_2+OH^-$	0.15
$2AgO+H_2O+2e^- \Longrightarrow Ag_2O+2OH^-$	0.607	$Ni(OH)_2+2e^- \Longrightarrow Ni+2OH^-$	−0.72
$Ag_2S+2e^- \Longrightarrow 2Ag+S^{2-}$	−0.691	$NiO_2+2H_2O+2e^- \Longrightarrow Ni(OH)_2+2OH^-$	−0.490
$H_2AlO_3^-+H_2O+3e^- \Longrightarrow Al+4OH^-$	−2.33	$2NO+H_2O+2e^- \Longrightarrow N_2O+2OH^-$	0.76
$H_2BO_3^-+5H_2O+8e^- \Longrightarrow BH_4^-+8OH^-$	−1.24	$NO+H_2O+e^- \Longrightarrow NO+2OH^-$	−0.46
$H_2BO_3^-+H_2O+3e^- \Longrightarrow B+4OH^-$	−1.79	$O_2+H_2O+2e^- \Longrightarrow HO_2^-+OH^-$	−0.076
$Ba(OH)_2+2e^- \Longrightarrow Ba+2OH^-$	−2.99	$O_2+2H_2O+2e^- \Longrightarrow H_2O_2+2OH^-$	−0.146
$Ca(OH)_2+2e^- \Longrightarrow Ca+2OH^-$	−3.02	$O_2+2H_2O+4e^- \Longrightarrow 4OH^-$	0.401
$Cd(OH)_2+2e^- \Longrightarrow Cd(Hg)+2OH^-$	−0.809	$O_3+H_2O+2e^- \Longrightarrow O_2+2OH^-$	1.24
$CdO+H_2O+2e^- \Longrightarrow Cd+2OH^-$	−0.783	$HO_2^-+H_2O+2e^- \Longrightarrow 3OH^-$	0.878
$ClO^-+H_2O+2e^- \Longrightarrow Cl^-+2OH^-$	0.81	$HPO_3^{2-}+2H_2O+2e^- \Longrightarrow H_2PO_2^-+3OH^-$	−1.65
$CrO_2^-+2H_2O+3e^- \Longrightarrow Cr+4OH^-$	−1.2	$PO_4^{3-}+2H_2O+2e^- \Longrightarrow HPO_3^{2-}+3OH^-$	−1.05
$CrO_4^{2-}+4H_2O+3e^- \Longrightarrow Cr(OH)_3+5OH^-$	−0.13	$PbO+H_2O+2e^- \Longrightarrow Pb+2OH^-$	−0.580
$Cr(OH)_3+3e^- \Longrightarrow Cr+3OH^-$	−1.48	$HPbO_2^-+H_2O+2e^- \Longrightarrow Pb+3OH^-$	−0.537
$Cu^{2+}+2CN^-+e^- \Longrightarrow [Cu(CN)_2]^-$	1.103	$PbO_2+H_2O+2e^- \Longrightarrow PbO+2OH^-$	0.247
$[Cu(CN)_2]^-+e^- \Longrightarrow Cu+2CN^-$	−0.429	$Pd(OH)_2+2e^- \Longrightarrow Pd+2OH^-$	0.07
$Cu_2O+H_2O+2e^- \Longrightarrow 2Cu+2OH^-$	−0.360	$Pt(OH)_2+2e^- \Longrightarrow Pt+2OH^-$	0.14
$Cu(OH)_2+2e^- \Longrightarrow Cu+2OH^-$	−0.222	$S+2e^- \Longrightarrow S^{2-}$	−0.47627
$2Cu(OH)_2+2e^- \Longrightarrow Cu_2O+2OH^-+H_2O$	−0.080	$S+H_2O+2e^- \Longrightarrow HS^-+OH^-$	−0.478
$Co(OH)_2+2e^- \Longrightarrow Co+2OH^-$	−0.73	$2S+2e^- \Longrightarrow S_2^{2-}$	−0.42836
$Co(OH)_3+e^- \Longrightarrow Co(OH)_2+OH^-$	0.17	$SiO_3^{2-}+3H_2O+4e^- \Longrightarrow Si+6OH^-$	−1.697
$Fe(OH)_3+e^- \Longrightarrow Fe(OH)_2+OH^-$	−0.56	$Sn(OH)_3^-+2e^- \Longrightarrow HSnO_2^-+H_2O$	−0.93
$2H_2O+2e^- \Longrightarrow H_2+2OH^-$	−0.8277	$ZnO_2^{2-}+2H_2O+2e^- \Longrightarrow Zn+4OH^-$	−1.215
$Hg_2O+H_2O+2e^- \Longrightarrow 2Hg+2OH^-$	0.123	$Zn(OH)_2+2e^- \Longrightarrow Zn+2OH^-$	−1.249
$HgO+H_2O+2e^- \Longrightarrow Hg+2OH^-$	0.0977	$Zn(OH)_4^{2-}+2e^- \Longrightarrow Zn+4OH^-$	−1.199
$La(OH)_3+3e^- \Longrightarrow La+3OH^-$	−2.90	$ZnO+H_2O+2e^- \Longrightarrow Zn+2OH^-$	−1.260
$Mg(OH)_2+2e^- \Longrightarrow Mg+2OH^-$	−2.690		

资料来源：D. R. Lide. Handbook of Chemistry and Physics，82nd ed. 2001—2002.

附录2 符号表

A 面积；速率常数表达式中的指前因子

A_s 比电极面积

a_i 物质 i 的活度

$a_\pm$ 电解质的平均活度

C 电容；倍率；电池容量

C_d 双层微分电容

C_H 紧密层电容

C_G 分散层电容

C_w 浓差电容

c 浓度

c^0 本体浓度

c^s 表面浓度

D 扩散系数

E 电池电动势；理论分解电压；电场场强；电势

$E^\ominus$ 标准电动势

E_a 活化能

E_b 孔蚀电位或击穿电位

E_F Flade 活化电位

E_T 过钝化电位

E_{pr} 再钝化电位或保护电位

F 法拉第常数

ΔG_m 摩尔吉布斯自由能变

$\Delta G_m^\ominus$、$\Delta G^\ominus$ 标准摩尔吉布斯自由能变

ΔH 反应焓变

I 电流强度；离子强度

i 电流密度

i_0 交换电流密度

i_c 充电电流密度；腐蚀电流密度

i_{CRIT} 致钝电流密度

i_d 极限扩散电流密度

i_F 法拉第电流密度

i_P 峰值电流密度

i_{PASS} 钝化电流密度

$\vec{i}$ 绝对还原电流密度

$\overleftarrow{i}$ 绝对氧化电流密度

J 液相传质流量

$J_{i,d}$ i 种离子扩散流量

$J_{i,c}$　i 种离子对流流量

$J_{i,e}$　i 种离子的电迁移流量

K　电化当量；平衡常数

$K^{\ominus}$　标准平衡常数

$K_c^{\ominus}$　反应物生成活化配合物的平衡常数

k　理论耗电量；反应速率常数；标准速率常数

k_B　玻尔兹曼常数

k_m　传质系数

L　电导；电感

M　物质的摩尔质量

$m_{\pm}$　电解质的平均质量摩尔浓度

n　电化学反应中得失的电子数

Q　电量

Q_P　热效应

Q_r　可逆放电时与环境交换的热量

Q_i　不可逆放电时与环境交换的热量

q、q^M　电荷密度

R　电阻；摩尔气体常数

R_{ct}、R_r　电荷传递电阻

R_S、R_Ω　溶液欧姆电阻

R_u　参比电极和研究电极间的溶液欧姆电阻

R_w　浓差电阻

r_c　临界半径

ΔS_m　反应熵变

t　时间

t_i　i 种离子迁移数

T　热力学温度

u　离子淌度

u_0　离子绝对淌度；液体恒定流速

U　内能

ΔU_m　内能变化

V　体积；电压

v　电解质分子中正、负离子的总数 $v=v_+ + v_-$；反应速率；液体流速；扫描速率

v_+　电解质分子中正离子的数目

v_-　电解质分子中负离子的数目

W　功；直流电耗

Y　产率

Y_{ST}　时空产率

Z　阻抗

Z_W　Warburg 阻抗

Z_F　法拉第阻抗

z 电极反应中涉及的电子数

z_i 物质 i 的电荷数

$\vec{\alpha}$、$\overleftarrow{\alpha}$ 多电子反应传递系数

β 单电子反应传递系数

$\gamma_{\pm}$ 电解质的平均活度系数

ε 介质的介电常数

ε_0 真空介电常数

ε_r 介质的相对介电常数

κ 电导率

μ 黏度

$\bar{\mu}_i$ 物质 i 的电化学势

φ 电极电势

φ_e 平衡电极电势

φ_a 阳极极化电势

φ_c 阴极极化电势；稳定电极电势

φ_P 峰值电势；临界钝化电势

$\varphi_{P/2}$ 半峰电势

φ_Z 零电荷电势

$\varphi^{\ominus}$ 标准电极电势

$\varphi^{\ominus\prime}$ 形式电势

$\varphi_{1/2}$ 半波电势

φ_q 离子双层电势差

φ_{ad} 吸附双层电势差

φ_{dip} 偶极双层电势差

η 过电势，$\eta = \varphi - \varphi_e$；缓蚀率

η_c 阴极极化过电势 $\eta_c = \varphi_{c,e} - \varphi_c$

η_a 阳极极化过电势 $\eta_a = \varphi_a - \varphi_{a,e}$

η_I 电流效率

η_V 电压效率

η_W 能量效率

Λ_m 摩尔电导率

θ 表面覆盖度；转化率

ρ 密度；电阻率；粗糙度

σ 剩余电荷密度；界面张力

δ 扩散层厚度

δ_B 边界层厚度

ψ_1 分散层电势

ω 角速度

ν 计量数；液体运动黏度

ξ 反应进度

λ 活性物质利用率

参 考 文 献

[1] Derek Pletcher, Frank C. Walsh. Industrial electrochemistry, 2nd ed. New York: Springer Science & Business Media, 2012.
[2] 阿伦·J. 巴德, 拉里·R. 福克纳. 电化学方法原理和应用. 2版. 邵元华、朱果逸、董献堆, 等译. 北京: 化学工业出版社, 2005.
[3] 高鹏, 朱永明. 电化学基础教程. 北京: 化学工业出版社, 2013.
[4] 张祖顺, 汪尔康. 电化学原理和方法. 北京: 科学出版社, 2000.
[5] 查全性. 电极过程动力学导论. 3版. 北京: 科学出版社, 2002.
[6] 李荻. 电化学原理. 3版. 北京: 北京航空航天大学出版社, 2008.
[7] 郭鹤桐, 覃奇贤. 电化学教程. 天津: 天津大学出版社, 2000.
[8] 吴浩青, 李永舫. 电化学动力学. 北京: 高等教育出版社, 1998.
[9] 卡尔·H. 哈曼, 安德鲁·哈姆内特. 电化学. 2版. 陈艳霞, 夏兴华, 蔡俊, 译. 北京: 化学工业出版社, 2010.
[10] 龚竹青. 理论电化学导论. 长沙: 中南工业大学出版社, 1988.
[11] 徐艳辉, 耿海龙. 电极过程动力学: 基础、技术与应用. 北京: 化学工业出版社, 2015.
[12] 贾铮, 戴长松, 陈玲. 电化学测量方法. 北京: 化学工业出版社, 2006.
[13] 胡会利, 李宁. 电化学测量. 北京: 化学工业出版社, 2020.
[14] 郭鹤桐, 姚素薇. 基础电化学及其测量. 北京: 化学工业出版社, 2009.
[15] 舒余德, 杨喜云. 现代电化学研究方法. 长沙: 中南大学出版社, 2015.
[16] 曹婉真, 夏又新. 电解质. 西安: 西安交通大学出版社, 1991.
[17] 邓友全. 离子液体——性质、制备与应用. 北京: 中国石化出版社, 2006.
[18] 曹楚南, 张鉴清. 电化学阻抗谱导论. 北京: 科学出版社, 2002.
[19] 扬辉, 卢文庆. 应用电化学. 北京: 科学出版社, 2001.
[20] 扬绮琴, 方北龙, 童叶翔. 应用电化学. 广州: 中山大学出版社, 2001.
[21] 谢德明, 童少平, 曹江林. 应用电化学基础. 北京: 化学工业出版社, 2018.
[22] 邝生鲁, 陈芬儿, 梁启勇. 应用电化学. 武汉: 华中理工大学出版社, 1994.
[23] 覃海错. 应用电化学. 桂林: 广西师范大学出版社, 1994.
[24] 代海宁. 电化学基本原理及应用. 北京: 冶金工业出版社, 2014.
[25] 陈伟, 邹淑君. 应用电化学. 哈尔滨: 哈尔滨工程大学出版社, 2008.
[26] 吴辉煌. 应用电化学基础. 厦门: 厦门大学出版社, 2006.
[27] 陈延禧. 电解工程. 天津: 天津科学技术出版社, 1993.
[28] 龚竹青, 王志兴. 现代电化学. 长沙: 中南大学出版社, 2010.
[29] 曹楚南. 腐蚀电化学原理. 3版. 北京: 化学工业出版社, 2008.
[30] 安茂忠. 电镀理论与技术. 哈尔滨: 哈尔滨工业大学出版社, 2004.
[31] 史鹏飞. 化学电源工艺学. 哈尔滨: 哈尔滨工业大学出版社, 2006.
[32] 曾振欧, 黄慧民. 现代电化学. 昆明: 云南科技出版社, 1999.
[33] 王凤平, 敬和民, 辛春梅. 腐蚀电化学. 北京: 化学工业出版社, 2017.
[34] 王利霞, 闫继, 贾晓东. 现代电化学工程. 北京: 化学工业出版社, 2019.
[35] 种延竹, 马桂香. 氯碱生产技术. 北京: 化学工业出版社, 2021.
[36] 刘国桢. 现代氯碱技术手册. 北京: 化学工业出版社, 2018.
[37] 程新群. 化学电源. 北京: 化学工业出版社, 2019.
[38] 陈军, 陶占良. 化学电源: 原理、技术与应用. 北京: 化学工业出版社, 2022.
[39] 孙克宁, 王振华, 孙旺, 等. 现代化学电源. 北京: 化学工业出版社, 2017.
[40] 钟澄. 电冶金与电化学储能. 北京: 化学工业出版社, 2020.
[41] 徐艳辉, 等. 锂离子电池活性电极材料. 北京: 化学工业出版社, 2017.
[42] 程新群. 化学电源. 2版. 北京: 化学工业出版社, 2018.
[43] 曾蓉, 等. 新型电化学能源材料. 北京: 化学工业出版社, 2019.
[44] 叶康民. 金属腐蚀与防护概论. 北京: 高等教育出版社, 1965.

[45] 林玉珍. 金属腐蚀与防护简明读本. 北京：化学工业出版社，2019.
[46] 郭国才. 电镀电化学基础. 上海：华东理工大学出版社，2016.
[47] 覃奇贤，郭鹤桐. 电镀原理与工艺. 天津：天津科学技术出版社，1985.
[48] 蒋汉瀛. 冶金电化学. 北京：冶金工业出版社，1983.
[49] 陈尔跃，梁敏，赵云鹏. 金属表面的电化学处理. 哈尔滨：东北林业大学出版社，2008.
[50] 曹凤国. 电化学加工. 北京：化学工业出版社，2014.
[51] 郭国才. 电镀电化学基础. 上海：华东理工大学出版社，2016.
[52] 蔡元兴，孙齐磊. 电镀电化学原理. 北京：化学工业出版社，2014.
[53] 陈敏元. 有机电解合成基础. 昆明：云南科技出版社，1989.
[54] 冯乃祥. 现代铝电解：理论与技术. 北京：化学工业出版社，2020.
[55] 曹凤国. 电化学加工. 北京：化学工业出版社，2014.
[56] 安茂忠，杨培霞，张锦秋. 现代电镀技术. 2版. 北京：机械工业出版社，2018.
[57] 王玥，冯立明. 电镀工艺学. 2版. 北京：化学工业出版社，2018.
[58] 张林森. 金属表面处理. 北京：化学工业出版社，2016.
[59] 李永军，胡志英. 表面处理技术：涂装技术基础. 上海：华东理工大学出版社，2020.
[60] 刘光明. 表面处理技术概论. 2版. 北京：化学工业出版社，2018.
[61] 陈治良. 电镀合金技术及应用. 北京：化学工业出版社，2016.
[62] 王建业，徐家文. 电解加工原理及应用. 北京：国防工业出版社，2001.